国外电子与通信教材系列



# MATLAB 实用教程

## （第六版）

# MATLAB for Engineers

## Sixth Edition

[美] Holly Moore 著

宿淑春 王丽丰 李雪梅 李秀滢 译

電子工業出版社

Publishing House of Electronics Industry

北京 · BEIJING

## 内 容 简 介

本书分三个部分介绍了 MATLAB 原理及其应用，共 15 章。第一部分为 MATLAB 技术基础，主要介绍 MATLAB 环境、基本运算、内置函数、矩阵运算和绘图功能。第二部分为 MATLAB 编程方法，主要包括自定义函数、接口函数、逻辑函数和程序控制结构等内容。第三部分为高级 MATLAB 应用，重点介绍矩阵代数求解、数据变量类型、符号运算、数值分析、数据可视化和 Simulink 仿真等内容。第三部分的各章内容相互独立，读者可根据自身情况进行选择。每一章结束均附有习题，供练习巩固之用。书中提供的大量实例来自非常基础的学科领域，内容丰富，可以边阅读边录入示例程序进行调试运行，具有很强的实用性。

本书不要求读者掌握高深的数学知识和计算机理论，就可以轻松地学会 MATLAB 并在实际工程中予以应用。本书既可以作为理想的教学用书，也可以作为自学参考书。



**图书在版编目（CIP）数据**

MATLAB 实用教程 ：第六版 / (美) 霍莉·摩尔 (Holly Moore) 著 ；宿淑春等译. -- 北京 ：电子工业出版社, 2024. 9. -- (国外电子与通信教材系列).
ISBN 978-7-121-48835-1

Ⅰ. TP317

中国国家版本馆 CIP 数据核字第 2024TT8199 号

责任编辑：袁　月
印　　刷：三河市鑫金马印装有限公司
装　　订：三河市鑫金马印装有限公司
出版发行：电子工业出版社
　　　　　北京市海淀区万寿路 173 信箱　　　邮编　100036
开　　本：787×1092　1/16　　印张：36.25　　字数：928 千字
版　　次：2010 年 1 月第 1 版（原著第 2 版）
　　　　　2024 年 9 月第 3 版（原著第 6 版）
印　　次：2024 年 9 月第 1 次印刷
定　　价：139.00 元

凡所购买电子工业出版社图书有缺损问题，请向购买书店调换。若书店售缺，请与本社发行部联系，联系及邮购电话：（010）88254888，88258888。

质量投诉请发邮件至 zlts@phei.com.cn，盗版侵权举报请发邮件至 dbqq@phei.com.cn。

本书咨询联系方式：classic-series-info@phei.com.cn

# 译者序

《MATLAB 实用教程》是 Holly Moore 教授为本科生编写的一本优秀教材，该书面世以来得到了广泛的认可，被许多高校采用。伴随着 MATLAB 软件版本的不断更新，Holly Moore 教授对此书多次进行改版和修订。《MATLAB 实用教程（第六版）》保留了原有教材的特色，针对 2021 版 MATLAB 软件新增的函数及诸多新功能，对全书内容进行了相应的更新和调整，并根据使用过该教材的教师和学生的反馈意见，增加了习题，同时对一些习题进行了修改，习题中使用的历史数据也相应做了更新，从而使内容安排更加合理。

本书作者从事 MATLAB 和其它计算机语言教学多年，经验丰富。在本书的内容组织上，作者立足于通用性和实用性，使本书更适用于工科专业的低年级本科生，既可以作为理想的教材，也可以作为自学参考书。书中提供的大量实例来自于基础学科领域，内容丰富，学生们可以边阅读边录入示例程序进行调试运行，使得本书具有很强的实用性。每章结束附有习题，供学生练习巩固。本书的最大特点是不要求读者掌握高深的数学知识和计算机理论，就可以轻松地学会 MATLAB 并在实际工程中应用。

本书的内容分为三部分，共十五章。第一部分为 MATLAB 技术基础，主要介绍 MATLAB 环境、基本运算、内置函数、矩阵运算和绘图功能等。第二部分介绍 MATLAB 编程方法，主要包括自定义函数、接口函数、逻辑函数和程序控制结构等内容。第三部分为高级 MATLAB 应用，重点介绍矩阵代数求解、数据变量类型、符号运算、数值分析、数据可视化和 Simulink 仿真等内容，第三部分各章内容相互独立，读者可根据自身情况进行选择。

本书由北京电子科技学院电子通信工程系教师宿淑春（翻译了前言、第 3 章至第 7 章）、王丽丰（翻译了第 1 章至第 2 章、第 10 章至第 12 章）、李雪梅（翻译了第 13 章至第 15 章）、李秀滢（翻译了第 8 章至第 9 章和附录），全书由宿淑春审校和统稿。电子工业出版社的编辑为本书的出版做了大量艰苦细致的工作，译者谨向所有为此书的出版提供帮助的同志表示由衷的谢意。由于本书涉及的内容较多，覆盖的学科范围较广，加之译者水平有限，译文中难免有疏漏和不妥之处，欢迎广大读者批评指正。

# 前　言

本书是我在盐湖城社区学院为工程学专业大学本科一年级学生讲授 MATLAB 和其他计算机语言期间教学经历的结晶。尽管市面上已经有很多很全面的教材，但那些教材都需要读者具备一定的数学和计算机基础，而我的学生还不具备这些知识基础。另外，因为 MATLAB 最初是被信号处理领域和电气工程领域的开发者采用的，因此相应教材中提供的大部分例题都来源于这些领域，无法满足一般工程课程的需要。本书从基本的代数学开始，展示 MATLAB 如何用于解决多学科的工程问题。这些工程问题均来源于早期的化学和物理课程，以及本科一年级和二年级的工程学课程中所介绍的概念，并且本书始终采用标准的解题方法。

本书假设学生对代数知识有基本了解并掌握了三角函数的概念，数学基础较好的学生通过阅读这些材料一般能更快地进步。本书虽然不会重点讲解统计学和矩阵代数的相关主题，但是当遇到有关这方面的问题时，会简单介绍背景知识。此外，在某些章的结尾处用一些段落介绍了利用微积分学和微分方程的 MATLAB 解题方法，对于数学基础较好的学生，这是扩展知识的补充资料，或进一步学习工程学课程的参考资料。

本书旨在成为一本实践指南手册，也就是当学生们读这本书时，会坐在计算机旁并录入示例程序进行调试运行，很多人都会非常有成就感。书中加入了大量的例题，为了强化对所介绍的概念的理解，每章中还增加了少量的更复杂的例题，每章后均附有习题，以便学生进行训练。

本书分为三个部分，第一部分讨论 MATLAB 技术基础，引导学生入门，包含以下各章：

- 第 1 章展示了 MATLAB 在工程中的应用并介绍标准的解题方法。
- 第 2 章介绍了 MATLAB 环境以及进行基本计算所需的技术，也介绍了 MATLAB 程序文件和将代码分节管理的概念。书中尽早介绍这部分内容，目的是让学生能更容易保存他们的工作成果并形成一致的编程策略。
- 第 3 章详细列举了可以用 MATLAB 的内置函数求解的各种问题，介绍了许多函数的背景知识以便学生了解可能的使用方法，例如描述了高斯随机数与均匀随机数之间的不同，并各自举例说明。
- 第 4 章展示了在 MATLAB 中用矩阵描述问题的能力，并对定义这些矩阵的方法进行了扩展。主要介绍了 `meshgrid` 函数及如何用两个变量来求解问题，还介绍了如何使用矩阵来存储和处理文本，并将处理数值矩阵的相同技术应用于文本。
- 第 5 章描述了 MATLAB 中包含的各种二维图和三维图的绘制方法。重点介绍通过 MATLAB 命令行、命令窗口或在 MATLAB 程序中创建图形的方法，也介绍了交互式编辑图形这种特别重要的方法，以及在工作区窗口直接创建图形的方法。

MATLAB 是一种功能强大的编程语言，与大多数编程语言具有相同的基本结构。由于 MATLAB 是一种脚本语言，因此在创建和调试程序时，通常比传统编程语言如 C++ 更容易，这使得 MATLAB 成为入门编程课程的一种有价值的工具。本书第二部分讨论了 MATLAB 编程方法，包含以下各章：

- 第 6 章描述了怎样创建和使用自定义函数，也介绍了如何创建函数工具箱并在读者自己的编程项目中使用。
- 第 7 章介绍了与程序用户的交互功能，包括自定义输入、格式化输出和图形输入技术。本章也介绍了 MATLAB 调试工具的使用方法。
- 第 8 章介绍了诸如 `find` 之类的逻辑函数，展示了它们与 `if` 和 `if/else` 结构的不同，还介绍了 `switch/case` 结构，并重点强调了如何使用逻辑函数来控制结构。这样做主要是因为已经有编程经验的学生(以及教师)常常忽略了 MATLAB 具有内置矩阵功能的优点。
- 第 9 章介绍了循环结构，如 `for` 循环、`while` 循环，以及用 `break` 命令实现的中断循环。本章还给出了很多例题，因为笔者发现学生对这些概念的理解有一定的难度。

第 1 章至第 9 章应该按顺序进行授课。第三部分讨论了高级 MATLAB 应用，这部分内容中各章互相独立，其中的任何一章或全部都可以在入门课程中讲授，也可以作为自学材料。本书大部分内容都适合大一新生，2 学分的课程应该包括第 1 章至第 9 章，外加第 10 章。3 学分的课程应该包括第 1 章至第 14 章，并去掉其中有关微分、积分以及微分方程求解方法的 12.5 节和 12.6 节，以及 13.4 节至 13.6 节。随着学生越来越多地参与解决工程问题，学习这些章节后培养的技能将特别有用。第三部分包含以下各章：

- 第 10 章讨论了需要用矩阵代数求解的问题，包括点积、叉积和线性系统方程的求解。虽然矩阵代数广泛应用于各个工程领域，但是较早还是在很多工科专业的静力学和动力学课程中得到应用。
- 第 11 章介绍了 MATLAB 中的各种数据类型，这些内容对电气工程和计算机工程专业的学生特别有用。
- 第 12 章介绍了 MATLAB 的符号运算包，我的学生告诉我，这个符号运算包是本课程内容中最有用的技术之一，学完之后能够立即上手使用。
- 第 13 章介绍了得到广泛应用的数值技术，特别是曲线拟合和统计。学生在上物理或化学实验课，或在进行与工程学课程有关的实验，如热传导实验、流体动力学实验或材料强度实验时，都觉得这些技术非常有用。
- 第 14 章探讨了用于数据可视化的绘图技术，这些技术适合对数值分析计算的结果进行分析，包括对结构分析、流体动力学和热传导代码的结果进行分析。
- 第 15 章介绍了 Simulink，这是个建立在 MATLAB 平台上的仿真包。Simulink 使用了图形用户界面，能让编程者构建动态系统的模型。Simulink 在电气工程领域得到了广泛的认可，在工程领域也得到了广泛的应用。

附录 A 列出了本书介绍的特殊字符、命令和函数。附录 B 描述了坐标轴放缩技术，这种方法能使最终的图形结果为线性图形。附录 C 给出了许多例题中使用的美国北卡罗来纳州阿什维尔市的天气数据。

读者可以从网站下载本书实训练习的程序文件。采用本书作为教材的授课教师，可申请本书相关教辅资料[①]。

## 本版中的新内容

MATLAB 的版本每 6 个月更新一次，这使得教材很难随软件保持一致更新。本版教材内容上的变化反映了 R2021b 之前的软件更新，具体包括：

- 更新了书中展示的屏幕截图，与 2021b 版本一致；
- 对 MATLAB 程序中使用的子函数进行了修改；
- 强调使用实时脚本。脚本（M 文件）和实时脚本（MLX 文件）都可以用来完成教材中的编程任务。所有例题、实训练习和作业习题的脚本文件和实时脚本文件都可以从本书网站下载。
- 强调使用字符串数据类型而非字符数组，并对这种编程策略变化的好处进行了讨论。保留元胞数组内容的讲授，以使学生能识别并理解“遗留”代码中看到的程序结构。
- 强调了表比元胞数组和结构数组更适合作为包含多种数据类型的数据集的主要存储介质。
- 本书引入了大量的新函数；
- 根据使用过该教材的指导教师和学生的反馈意见增加了习题，同时对一些习题进行了修改。习题中使用的历史数据已更新过，例如 ACE 飓风信息包括了 2021 年的数据。

① 登录华信教育资源网(www.hxedu.com.cn)并免费下载本书实训练习的程序文件。采用本书作为教材的授课教师，可联系 te_service@phei.com.cn 申请教辅资料。——编者注

# 致　谢

没有我的家人和学生的支持，就不会有这本书的成功出版，感谢 Mike, Heidi, Meagan, David 以及我的丈夫 Steven Purcell 博士。盐湖城社区学院电气工程系的 Lee Brinton 和 Gene Riggs 对有关电学方面的习题提出了建议，我从中受益匪浅，他们乐于且努力地教我了解电的奥秘，我非常感谢。我还要感谢同在盐湖城社区学院工作的 Quentin McRae，他提出了许多改进习题的建议。最后，ART Fox 是我 20 年来的同事和伙伴，他始终不知疲倦而且责任心极强，主要负责盐湖城社区学院的 MATLAB 计算课程，并获得了成功(尤其是该课程的在线版本)。

谨以此书献给我的父亲 George E. Moore 教授，他在南达科他州矿业理工学院的电气工程系任教近 20 年。Moore 教授 54 岁时获得了大学学位，此前曾经是美国空军的一名成功的飞行员。他的经历生动地提醒我们，活到老，学到老。我的母亲 Jean Moore 鼓励两个女儿去探索外面的世界，她的爱和支持使我和姐姐可以在工程领域找到自己的事业，在 20 世纪 70 年代早期很少有女性能这样做。我希望本书的读者能花一点时间来感谢那些帮助他们实现梦想的人。谢谢爸爸妈妈！

目　录


第 1 章　MATLAB 简介 ……1
1.1　MATLAB 概述 ……1
1.2　学生版 MATLAB ……2
1.3　MATLAB 在工业中的应用 ……2
1.3.1　电气工程……3
1.3.2　生物医学工程 ……3
1.3.3　流体动力学 ……3
1.4　解决工程和科学中的问题 ……5

第 2 章　MATLAB 环境 ……8
2.1　启动……8
2.2　MATLAB 窗口 ……10
2.2.1　命令窗口……10
2.2.2　命令历史……10
2.2.3　工作区窗口 ……11
2.2.4　当前文件夹窗口 ……13
2.2.5　文档窗口……14
2.2.6　图形窗口……14
2.2.7　编辑窗口……15
2.3　用 MATLAB 解决问题……15
2.3.1　使用变量……15
2.3.2　数据类型……17
2.3.3　数值数组的计算 ……18
2.3.4　数值显示……32
2.4　保存工作成果……36
2.4.1　保存变量……36
2.4.2　程序 ……38
2.4.3　分节模式……43
小结……45
习题……48

第 3 章　MATLAB 内置函数……55
3.1　内置函数的使用 ……55
3.2　帮助功能的使用 ……57
3.3　初等数学函数 ……58
3.3.1　常见的计算 ……58
3.3.2　舍入函数 ……61
3.3.3　离散数学 ……62
3.4　三角函数……65
3.5　数据分析函数……69
3.5.1　最大值和最小值……69
3.5.2　平均数 ……71
3.5.3　和与积 ……72
3.5.4　数值的排序 ……73
3.5.5　确定矩阵大小……76
3.5.6　标准差和方差……81
3.6　随机数……86
3.6.1　均匀随机数 ……86
3.6.2　高斯随机数 ……87
3.7　复数 ……89
3.8　计算的局限性……92
3.9　特殊值和其他函数 ……94
小结……95
习题……98

第 4 章　MATLAB 矩阵运算 ……103
4.1　数值矩阵运算……103
4.1.1　定义数值矩阵……103
4.1.2　冒号运算符的使用 ……105
4.2　利用 meshgrid 求解双变量问题……109
4.3　特殊矩阵 ……116
4.3.1　全零矩阵 ……117
4.3.2　全 1 矩阵 ……117
4.3.3　对角矩阵 ……118
4.3.4　魔方矩阵 ……119
4.4　字符矩阵和字符串矩阵简介……120
4.4.1　字符矩阵 ……121

4.4.2 字符串矩阵 ……122
小结 ……124
习题 ……126

**第 5 章 绘图** ……133
5.1 二维绘图 ……133
5.1.1 基本绘图 ……133
5.1.2 线型、颜色和标记 ……139
5.1.3 坐标轴的缩放和注释 ……142
5.2 子图—分块图布局 ……148
5.3 其他类型的二维图 ……151
5.3.1 极坐标图 ……151
5.3.2 对数图 ……153
5.3.3 条形图和饼形图 ……157
5.3.4 直方图 ……158
5.3.5 双 $y$ 轴图 ……161
5.3.6 函数图 ……164
5.4 三维图 ……165
5.4.1 三维线图 ……165
5.4.2 曲面图 ……166
5.5 用菜单栏工具编辑图形 ……171
5.6 由工作区窗口创建图形 ……173
5.7 保存图形 ……174
5.8 其他绘图选项 ……174
小结 ……175
习题 ……177

**第 6 章 自定义函数** ……185
6.1 创建函数文件 ……185
6.1.1 语法 ……185
6.1.2 注释 ……192
6.1.3 多输入多输出函数 ……192
6.1.4 无输入或无输出的函数 ……197
6.1.5 确定输入和输出参数的数量 ……198
6.1.6 局部变量 ……200
6.1.7 全局变量 ……201
6.1.8 查看函数文件代码 ……202
6.2 子函数 ……203
6.2.1 在其他函数中使用子函数 ……203
6.2.2 MATLAB 程序中的子函数 ……207
6.3 创建自己的函数工具箱 ……208
6.4 匿名函数和函数句柄 ……209
6.5 复合函数 ……211
小结 ……211
习题 ……213

**第 7 章 输入/输出控制** ……218
7.1 自定义输入 ……218
7.2 输出选项 ……222
7.2.1 显示函数 ……223
7.2.2 格式化输出——fprintf 函数 ……225
7.2.3 格式化输出——sprintf 函数 ……231
7.2.4 table 函数 ……233
7.3 图形输入 ……234
7.4 从文件中读写数据 ……235
7.4.1 导入数据 ……235
7.4.2 导出数据 ……238
7.5 调试代码 ……238
7.5.1 代码分析器 ……239
7.5.2 调试工具栏 ……239
小结 ……242
习题 ……243

**第 8 章 逻辑函数和选择结构** ……248
8.1 关系运算符与逻辑运算符 ……248
8.2 流程图和伪代码 ……250
8.3 逻辑函数 ……252
8.3.1 find 命令 ……252
8.3.2 find 命令的流程图和伪代码 ……255
8.4 逻辑索引 ……258
8.5 选择结构 ……262
8.5.1 简单 if 语句 ……262
8.5.2 if/else 结构 ……262
8.5.3 elseif 结构 ……263

8.5.4 switch/case 语句 …………267
8.5.5 menu 函数 …………272
8.6 调试 …………276
小结 …………276
习题 …………278

第 9 章 循环结构 …………288
9.1 for 循环 …………289
9.2 while 循环 …………295
9.3 break 和 continue …………302
9.4 中断循环 …………303
9.5 嵌套循环 …………307
9.6 提高循环效率 …………307
小结 …………310
习题 …………311

第 10 章 矩阵代数 …………316
10.1 矩阵运算和函数 …………316
10.1.1 转置 …………316
10.1.2 点积 …………317
10.1.3 矩阵乘法 …………323
10.1.4 矩阵的幂 …………325
10.1.5 逆矩阵 …………326
10.1.6 行列式 …………328
10.1.7 叉积 …………330
10.1.8 单位矩阵 …………333
10.2 求解线性方程组 …………334
10.2.1 用逆矩阵解方程 …………335
10.2.2 用矩阵左除方法求解方程 …………338
10.2.3 利用行阶梯矩阵的逆运算函数求解方程组 …………341
10.3 特殊矩阵 …………347
小结 …………347
习题 …………350

第 11 章 其他类型的数组 …………355
11.1 数值型数据类型 …………356
11.1.1 双精度浮点数 …………356
11.1.2 单精度浮点数 …………357
11.1.3 整数 …………359
11.1.4 复数 …………360
11.2 字符数据和字符串数据 …………361
11.2.1 创建字符数组和字符串数组 …………361
11.2.2 字符编码方案 …………362
11.3 符号数据 …………365
11.4 逻辑数据 …………365
11.5 稀疏数组 …………366
11.6 分类数组 …………367
11.7 时间数组 …………367
11.8 多维数组 …………371
11.9 元胞数组 …………373
11.10 结构数组 …………375
11.11 表格数组 …………380
11.11.1 从工作区变量中创建表格 …………380
11.11.2 从数据文件中创建表格数组 …………382
11.11.3 使用表格信息 …………386
11.12 时间表数组 …………388
小结 …………392
习题 …………394

第 12 章 符号数学运算 …………401
12.1 符号代数 …………401
12.1.1 创建符号变量 …………402
12.1.2 符号表达式和符号方程的处理 …………405
12.2 求解表达式和方程 …………407
12.2.1 solve 函数 …………407
12.2.2 求解方程组 …………411
12.2.3 替换和符号函数 …………413
12.3 符号绘图 …………417
12.3.1 fplot 函数 …………417
12.3.2 其他的符号绘图函数 …………420
12.4 计量单位 …………424
12.5 微积分运算 …………428

12.5.1 微分 ······428
12.5.2 积分 ······433
12.6 微分方程 ······439
12.6.1 一阶微分方程 ······440
12.6.2 高阶微分方程 ······441
12.6.3 微分方程组 ······441
12.7 将符号表达式转换为匿名函数 ······442
小结 ······443
习题 ······445

第 13 章 数值计算方法 ······452
13.1 插值 ······452
13.1.1 线性插值 ······452
13.1.2 三次样条插值 ······453
13.1.3 外插法 ······458
13.1.4 多维插值 ······458
13.2 曲线拟合 ······460
13.2.1 线性回归 ······460
13.2.2 过零点线性回归 ······462
13.2.3 多项式回归 ······463
13.2.4 polyval 函数 ······464
13.3 交互式拟合工具 ······471
13.3.1 基本拟合工具 ······471
13.3.2 曲线拟合工具箱 ······473
13.4 差分与数值微分 ······473
13.4.1 diff 函数 ······473
13.4.2 前向、后向和中心差分法 ······476
13.5 数值积分 ······481
13.6 求微分方程的数值解 ······485
13.6.1 函数句柄输入 ······487
13.6.2 求解过程中要注意的问题 ······487
13.6.3 求解高阶微分方程 ······489
13.6.4 边值问题 ······490
13.6.5 偏微分方程 ······492
小结 ······492
习题 ······494

第 14 章 高级绘图 ······500
14.1 图像 ······500
14.1.1 图像类型 ······502
14.1.2 读写图像文件 ······511
14.2 图形对象 ······512
14.2.1 曲线句柄 ······513
14.2.2 图形窗口句柄 ······515
14.2.3 坐标轴句柄 ······516
14.2.4 坐标轴注释 ······518
14.2.5 属性编辑器 ······518
14.3 动画 ······519
14.3.1 重绘和擦除 ······519
14.3.2 电影 ······521
14.4 其他可视化方法 ······525
14.4.1 透明度 ······525
14.4.2 隐藏线 ······526
14.4.3 光源 ······527
14.5 三维体可视化简介 ······528
14.5.1 标量数据的三维体可视化 ······528
14.5.2 矢量数据的三维体可视化 ······530
小结 ······531
习题 ······534

第 15 章 Simulink 简介 ······537
15.1 应用 ······537
15.2 入门 ······537
15.3 Simulink 求解微分方程 ······545
小结 ······550
习题 ······551

附录 A 特殊字符、命令和函数 ······554

附录 B 坐标轴放缩技术 ······566

附录 C 年度气象数据汇总 ······568

# 第 1 章　MATLAB 简介

**本章目标**

学完本章后应能够：

- 知道什么是 MATLAB，知道其为什么在工程和科学研究中得到了广泛的应用；
- 了解学生版 MATLAB 的优点和功能限制；
- 了解 MATLAB 在工业中用于解决问题的应用实例；
- 用结构化的解题方法将问题用公式表示。

## 1.1　MATLAB 概述

MATLAB 是一种多范式编程语言，它可以用几种不同的方式来执行编程任务。这些任务范围很广，可以从支票簿的计算这样简单的任务到复杂的工程建模应用程序。处理完成任务的计算方式会有所不同，这取决于经验和个人偏好、所需的计算的数量、所涉及的数据量、数学限制条件、结果的受众以及许多其他考虑因素。

MATLAB 是一种通用的语言，但它不能解决所有的问题。它是一个旨在优化数学计算的大型应用程序，数字运算是核心。例如，不能用它来编写文字处理程序，如果想编写一个操作系统或设计软件，可以选择 C++、Java 或其他一些更高级的语言。事实上，MATLAB 最初是用 Fortran 编写的，后来用 C 语言重写。那么为什么在编程任务中使用 MATLAB 而不是底层的高级语言呢？因为 MATLAB 更容易解决数学问题，可以重复计算的数组计算，使得 MATLAB 比高级语言运行得更快，而且还可以很容易地使用图形功能，使结果更加清晰。

> **关键知识**
> MATLAB 提供了方便的交互式绘图功能。

由 MathWorks 制作的 MATLAB 有几种不同的访问方式。MATLAB 有专业版、学生版和家庭版。专业版通常在学院或大学的计算机实验室中安装，但如果所在机构有网站许可证，就可以下载一份副本。如果机构有网站许可证，或者购买了学生许可证或家庭许可证，也可以在线使用。使用在线版本，即可以在网络浏览器中使用 MATLAB，而无需在个人电脑上安装任何软件。MATLAB 软件定期更新，本书是基于 MATLAB 9.10 的。如果使用的是不同的版本，图形用户界面布局上可能会有不同，但是，代码编写方法上的差异是很小的。

> **关键知识**
> MATLAB 工具箱提供了扩展功能，是可以单独购买的。

MATLAB 的标准安装可以解决各种各样的技术问题，并且足够满足许多应用程序。扩展功能以函数工具箱的形式提供，这些工具箱需单独购买，完整的 R2021b 版本的软件需要近 28 千兆字节的内存。未来的版本肯定会更大，在决定下载哪些工具箱之前，需要明智地仔细考虑计算机的内存存储限制和互联网下载速度。MATLAB 产品系列的全部清单可以在 MathWorks 网站上找到。

## 1.2 学生版 MATLAB

MATLAB 专业版和学生版很相似，初学者可能分辨不出其中差别。学生版 MATLAB 有安装到 Windows 系统，Mac 系统和 Linux 系统的三种，均可以从学校的书店或者 MathWorks 的线上地址购买。

MathWorks 公司将其软件以及其他产品打包成一组称作发布版，例如将 MATLAB9.10 以及 Simulink 等其他产品打包成 Matlab R2021b 发布版，新的版本每 6 个月发布一次。学生可以只购买 MATLAB 或者购买一组捆绑件，包括：

- 单用户许可，仅限学生作业使用(专业版可以单用户使用，也可以集体使用)
- 控制系统工具箱
- 曲线拟合工具箱
- DSP 系统工具箱
- 完整的 MATLAB
- 图像处理工具箱
- 仪器控制工具箱
- 优化工具箱
- 并行计算工具箱
- 信号处理工具箱
- Simulink
- 统计和机器学习工具箱
- 符号数学工具箱

学生版之外的工具箱可以单独购买，如果安装的是专业版，那么学生版中所有的工具箱，专业版可能都不提供。这两版之间的最大差别就是命令行提示符，专业版的提示符为“>>”，而学生版的提示符为“EDU>>”。

## 1.3 MATLAB 在工业中的应用

> **关键知识**
> 工程领域广泛应用 MATLAB。

能够使用 MATLAB 之类的工具正在快速成为许多工程职位的必备要求，最近在求职网站上搜索职位时发现以下广告：

招聘具有航空电子设备研发经历的系统测试工程师，负责修改 MATLAB 脚本，进行 Simulink 仿真以及最终数据的分析。应聘者必须非常熟悉 MATLAB，Simulink 和 C++，等等。

这种广告并不罕见，有许多公司出现过这类招聘广告，明确要求入门级工程师具有 MATLAB 技能。MATLAB 在工程和科学领域得到了广泛的应用，尤其是在电气工程领域的应用更加普及。以下内容对当前 MATLAB 的很多应用中的一小部分进行介绍。

### 1.3.1　电气工程

MATLAB 在电气工程中得到了广泛的应用，例如图 1.1 包含多个图像，这些图像可用来将电磁场在空间和时间上的排列可视化，这些图像表明了实际应用中的真实物理环境。根据对这种美丽现象的理解，产生了很多技术发明，蜂窝通信、医学诊断和家用电脑等只是其中的一小部分。

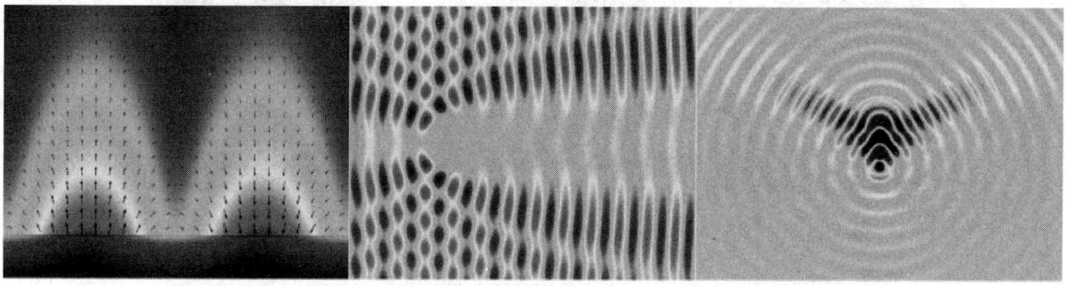

(a)　(b)　(c)

图 1.1　电磁场的排列：(a)表面等离子体极化声子；(b)被圆形金属筒散射的光；(c)由六元偶极子阵列构成的电子束

### 1.3.2　生物医学工程

医学图像通常存储为 dicom 文件(数字图像和数字通信的医学标准)，其扩展名为.dcm，MathWorks 公司提供了图像处理工具箱，能读取这种文件并能将数据传递给 MATLAB(学生版 MATLAB 包含这个工具箱，但在专业版 MATLAB 中，它是个可选的组件)。图像处理工具箱包含大量的各种函数，其中有很多特别适合处理医学影像，有一定数量的磁共振成像(MRI)数据集已经转换为 MATLAB 兼容的格式，并与标准 MATLAB 程序一起提供。如果安装了带有扩展图像处理工具箱的 MATLAB，那么数据集就可以用一些图像处理函数进行处理。图 1.2 展示了基于 MRI 数据集的 6 个头部水平切片图像。

同样的数据集也可用来建立三维图像，如图 1.3 所示。关于建立这些图像的详细指令，请参考 MATLAB 中的软件教程，这些教程可以通过 MATLAB 工具栏的帮助按钮获得。

### 1.3.3　流体动力学

在许多不同的领域中，关于流体速度和方向的计算都是非常重要的工作，尤其是航空航天工程师对气体的特性特别感兴趣，无论是在飞机或宇宙飞船外部、还是在燃烧室内部。流体特性的三维可视化是非常棘手的问题，但是 MATLAB 提供了一些工具，使之变得比较容易。图 1.4 所示的是将推力矢量控制器的流场计算结果用 `quiver` 函数绘制成一个图，矢量控制就是推动执行机构(一个活塞装置)改变喷嘴方向(从而改变火箭飞行方向)的过程。图中的模型表示一个高压储气装置(静压室)最终将气体压入活塞，从而控制执行器的长度。

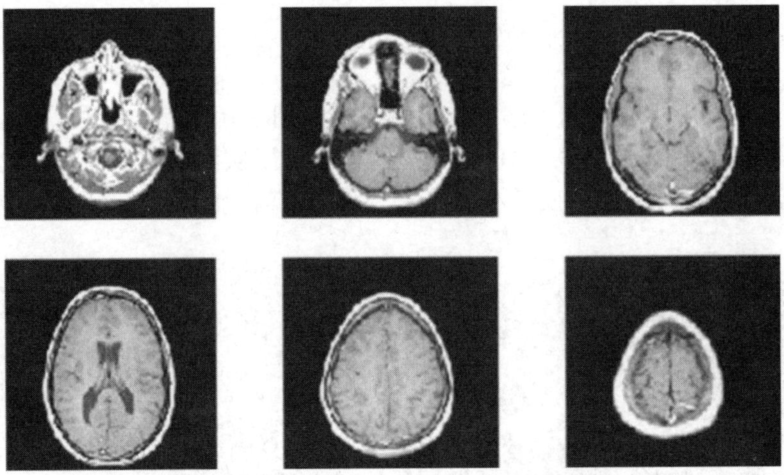

图 1.2　根据 MATLAB 中的样本数据文件得到的头部水平切片

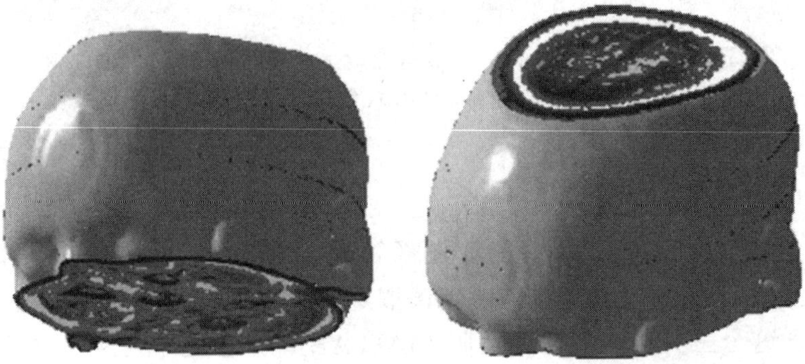

图 1.3　由 MATLAB 中的样本数据集画出的 MRI 数据的三维图像

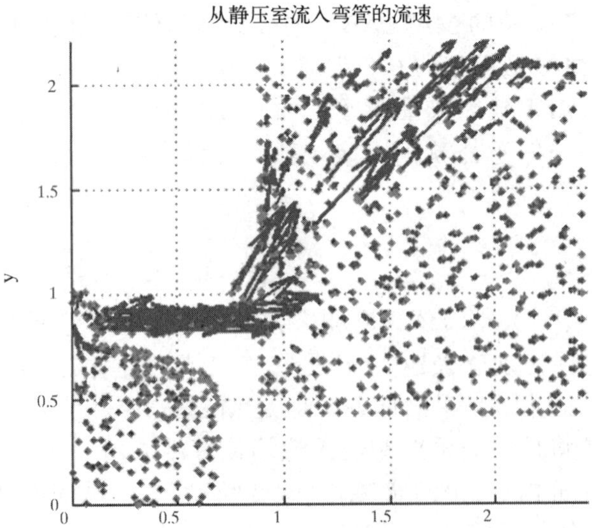


图 1.4　矢量控制器中气体特性的矢量图

## 1.4　解决工程和科学中的问题

整个工程、科学和计算机编程学科中，统一的解决技术问题的方法很重要，这里描述的方法在化学、物理、热力学和工程设计等课程中非常有用，也可以应用于社会科学，例如经济学和社会学。不同人解决问题的策略不同，但是其基本过程是相同的，其步骤如下：

- 对问题进行描述。
  - 这一步通常画一张图是有帮助的；
  - 如果对问题还没有理解透彻，那么就没办法解决问题。
- 描述输入值(已知)和所需要的输出值(未知)。
  - 注意描述输入值和输出值时要包含单位，对单位的草率处理会导致错误的结果；
  - 明确计算中所需常数，例如理想气体常数和重力加速度；
  - 必要的时候用已经明确的值画一个示意图或列一个表格。
- 开发解决问题的算法。在利用计算机进行应用开发时，这一步通常可以手工完成，此时需要：
  - 确定已知和未知之间的关系方程；
  - 通过手工或计算器对问题进行化简。
- 解决问题，本书中，这一步包括创建 MATLAB 解决方案。
- 对结果进行验证。
  - 结果有物理意义吗？
  - 与样本的计算结果一致吗？
  - 结果是所期望的吗？
  - 一般情况下，使用图表是验证计算结果是否合理的有用方法。

如果始终如一地使用结构化的解决问题的方法，例如上述方法，就会发现复杂的问题变得更容易解决。例 1.1 展示了这种解决问题的方法。

**例 1.1　质量转化为能量**

爱因斯坦(见图 1.5)是 20 世界公认的最伟大的物理学家，1879 年出生于德国，曾在德国和瑞士就读。在波恩当专利局职员的时候，他提出了著名的相对论。也许当今最有名的物理方程就是他的

$$E = mc^2$$

这个极其简单的方程将先前分离的物质和能量世界联系起来，并可用来计算物质在自然和人工核反应中形态改变所释放的能量。

太阳的能量辐射强度为 $385 \times 10^{24}$ J/s，全部都是将物质通过核反应转换成的能量。用 MATLAB 以及爱因斯坦方程求每天需要将多少物质转换为能量才能产生这样强度的辐射。

图 1.5　爱因斯坦

1．描述问题

求太阳每天产生辐射的能量所需物质的量。

2．描述输入和输出

**输入**　　能量：$E = 385 \times 10^{24}$ J/s 必须转换为一天之内辐射的总能量

　　　　　光速：$c = 3.0 \times 10^{8}$ m/s

**输出**　　质量 $m$，单位为 kg

3．建立手工算例

每天辐射的能量为

$$385 \times 10^{24}\ \text{J/s} \times 3600\ \text{s/h} \times 24\ \text{h/天} \times 1\ \text{天} = 3.33 \times 10^{31}\ \text{J}$$

方程 $E = mc^2$ 转换为求 $m$ 的形式，同时代入 $E$ 和 $c$ 的值，于是得

$$m = \frac{E}{c^2}$$

$$m = \frac{3.33 \times 10^{31}\ \text{J}}{(3.0 \times 10^{8}\ \text{m/s})^2} = 3.7 \times 10^{14}\ /\ (\text{J/m}^2/\text{s}^2)$$

因为输出中质量的单位是 kg，所以需要对其进行单位转换：

$$1\ \text{J} = 1\ \text{kg} \cdot \text{m}^2/\text{s}^2 \quad 3.7 \times 10^{14} \frac{\text{J}}{\text{m}^2/\text{s}^2} \times \frac{\text{kg} \cdot \text{m}^2/\text{s}^2}{\text{J}} = 3.7 \times 10^{14}\ \text{kg}$$

4．开发 MATLAB 程序

到目前为止，还没有学习如何编写 MATLAB 代码，但是通过以下代码样例会发现，MATLAB 语法与大多数代数科学计算器所用的语法相似。MATLAB 命令在提示符(>>)后面输入并回车，下一行就会显示其结果。代码如下：

```
>> E=385e24   用户输入信息
E =

   3.8500e+026    计算机响应
>> E=E*3600*24
E =
   3.3264e+031
>> c=3e8
c =
   300000000
>> m=E/c^2
m =
   3.6960e+014
```

从此处开始，描述命令窗口中的交互功能时，不再显示提示符。

5．验证结果

MATLAB 计算结果与手工计算结果一致，但是这个数值有意义吗？任何数值乘以 $10^{14}$ 都是一个巨大的值，但是考虑到太阳的质量为 $2 \times 10^{30}$ kg，如果辐射强度为 $3.7 \times 10^{14}$ kg/天，消耗掉太阳的全部质量需要多长时间？已知：

$$时间\ T = 太阳的质量/消耗速率$$

$$时间\ T = (2\times10^{30}\ \text{kg}/3.7\times10^{14}\ \text{kg/天})\times(年/365\ 天) = 1.5\times10^{13}\ 年$$

也就是 15 万亿年，因此在我们有生之年不必担心太阳会全部转换为能量而消失掉的问题。

## 关键术语

| | | | |
|---|---|---|---|
| 算法 | 高级计算机语言 | 网站许可证 | 应用程序 |
| 表面等离子体 | 航空电子设备 | 核磁共振成像 | 推力矢量控制 |
| 电磁场 | 多范式编程 | 工具箱 | 函数 |
| 操作系统 | 网页浏览器 | 图形用户界面 | 脚本 |
| 文字处理程序 | | | |

# 第 2 章　MATLAB 环境

**本章目标**

学完本章后应能够：

- 启动 MATLAB 并在命令窗口中求解简单的问题；
- 认识并使用各种 MATLAB 窗口；
- 认识并使用 MATLAB 的基本数据类型；
- 定义和使用简单数组；
- 命名和使用变量；
- 了解 MATLAB 使用过程中的运算顺序；
- 了解 MATLAB 中标量、数组和矩阵运算的不同；
- 用浮点数和科学计数法表示数字；
- 调整命令窗口中数据的显示格式；
- 保存 MATLAB 会话中使用的变量的值；
- 将一系列命令保存到 MATLAB 程序中，可以作为脚本(M 文件)，也可以作为实时脚本(MLX 文件)；
- 使用分节模式。

## 2.1　启动

第一次使用 MATLAB 会感觉非常简单，但是要彻底掌握却需要很长时间。本章将介绍 MATLAB 的环境并展示如何进行简单的数学计算。学完本章内容后，应该能够启动并使用 MATLAB 做作业或工作，当然也能够继续学习后续章节的内容。

因为 MATLAB 的安装过程与操作系统和计算环境有关。假设在计算机中已经安装了 MATLAB，或者在已经安装了 MATLAB 的计算机实验室中工作，或者正在使用在线 MATLAB。无论是在 Windows 还是 Mac 环境下，双击桌面上的图标，或者用“start”菜单找到该程序并启动 MATLAB。在 UNIX 环境下，是在 shell 提示符下输入 Matlab 来启动软件。无论怎样启动，只要 MATLAB 打开了，就能看到 MATLAB 提示符(>>或 EDU>>)，这表示已经准备好可以输入命令了。如果已经编写完一段 MATLAB 代码，可以在提示符处键入 quit 或 exit 命令，这样就能退出 MATLAB。MATLAB 也使用标准菜单框，所以也可以选择屏幕右上角处的关闭图标退出程序。每次启动 MATLAB 时的默认窗口如图 2.1 所示(版本不同，MATLAB 桌面稍有差别)。

使用 MATLAB 时需要关注命令窗口(在屏幕中心处)，可以在命令窗口中进行计算，其方式类似于用科学计算器进行计算，甚至大多数语法都是相同的，例如计算 5 的平方，输入命令

```
5^2
```

输出会显示如下：
```
ans =
                    25
```
或者求 cos(π) 的值，输入
```
cos(pi)
```
输出结果为
```
ans =
      -1
```

关键知识

MATLAB 采用标准的代数运算法则来确定运算次序。

MATLAB 采用标准的代数运算法则，当把一连串的运算写在一个表达式中时，运算次序非常重要。这些规则将在 2.3.3 节中讨论。注意，π 的值是 MATLAB 内建的，无须输入。

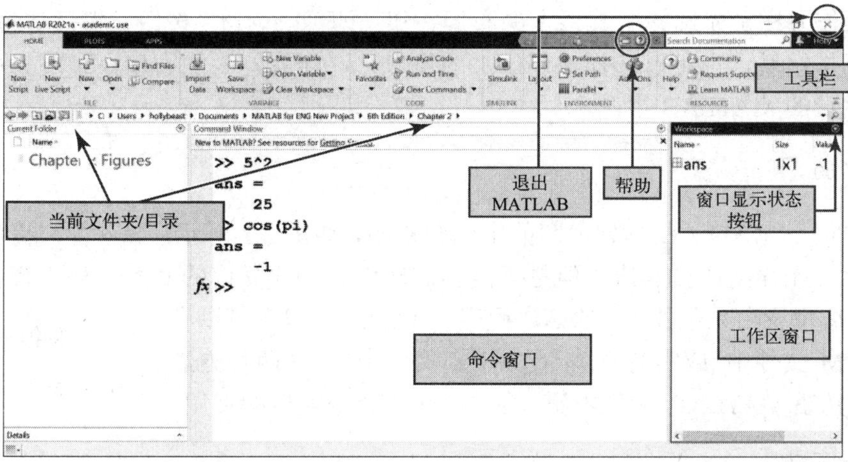


图 2.1　MATLAB 2021a 打开后的窗口环境包含多个窗口，其中三个是默认打开的，剩余的根据需要打开

**提示：** 可能有人认为有些例题太简单，读一遍就够了，没必要动手操作，但是只有既读又操作，才会更好地记住这些知识。

在继续学习其他内容前，先做实训练习 2.1。

## 实训练习 2.1

在 MATLAB 命令提示符下键入下列表达式并观察结果。

1. `5+2`
2. `5*2`
3. `5/2`
4. `3+2*(4+3)`
5. `2.54*8/2.6`
6. `6.3-2.1045`
7. `3.6^2`
8. `1+2^2`
9. `sqrt(5)`
10. `cos(pi)`

**提示：** 如果输入错误的命令并且已经执行后，就会发现这个错误操作没办法覆盖。之所以出现这种现象，是因为命令窗口一直在建立一个所有已执行命令的列表，无法撤销命令或返回之前的列表状态。在重新操作时必须执行正确的命令，也只能如此。MATLAB 提供了多种方法能使这步简单化，其中之一就是使用键盘上的向上的箭头按键，这个按键能反向找到已执行命令列表中的每一项，找到某个想找的命令后就可以进行编辑，然后执行。

## 2.2 MATLAB 窗口

MATLAB 使用了多个显示窗口，三列的 MATLAB 视图的布局形式如图 2.1 所示，包括位于中部较大的命令窗口，右边的工作区窗口和左边的当前目录窗口，此外命令历史窗口、文档窗口、图形窗口以及编辑窗口在需要的时候会自动打开，后续的几节内容中会分别介绍。MATLAB 还包含有内联的帮助手册，帮助文件通过点选图 2.1 中工具栏上的问号图标可以进行访问。为了使 MATLAB 默认视图具有个性化，可以通过改变任何一个窗口的大小，使各窗口之间互相重叠，或者关闭不使用的窗口，或者通过每个窗口右上角的窗口显示状态按钮将窗口与 MATLAB 桌面分离，变成浮动窗口。最后就可以将这种布局设置为默认的 MATLAB 视图了。其操作方法是先选择工具栏上的布局按钮，即“Layout”按钮，然后选择为默认的，或者选择布局按钮后，也可以选择希望添加的窗口，这样就能添加窗口，最终就可以将这个布局设置为默认的 MATLAB 视图。

### 2.2.1 命令窗口

命令窗口位于 MATLAB 三列视图的中间窗格中，如图 2.1 所示，命令窗口提供了类似于便笺纸的环境，能存储计算的值，但是不能存储产生这些计算值的命令。如果想存储这些命令，需要使用编辑窗口来创建 MATLAB 程序。MATLAB 程序可以存储为脚本(在 M 文件中)或实时脚本(在 MLX 文件中)。这两种方法都很有用，在介绍 MATLAB 程序之前，将重点介绍命令窗口的使用。

**关键知识**

命令窗口类似于便笺纸。

### 2.2.2 命令历史

命令历史窗口记录了命令窗口发出的所有命令，它在 MATLAB 的默认视图中处于关闭状态，但是通过单击 Layout，选择命令历史并勾选停靠项“docked”便可以将其添加到视图中。书中的例题会展示命令历史停靠的配置。退出 MATLAB 或执行 `clc` 命令后，命令窗口就会清理干净，但是命令历史窗口会保留所有的命令清单。可以用窗口右上角的显示命令历史操作按钮“Show Command History Actions”下拉菜单清除命令历史。如果使用的是公共计算机，出于安全的目的，应该将其设置为退出 MATLAB 时默认清理历史痕迹。需要注意的是，如果输入了书中列出的前面使用过的样例命令，那么这些命令在命令历史窗口中会重复出现。这个窗口在很多情况下都很有用，包括回顾之前的 MATLAB 操作，也可以用于向命令窗口传送命令。例如，首先清理命令窗口中的内容，需要键入命令

**关键知识**

命令历史窗口记录了在命令窗口中发出的所有命令。

```
clc
```

该动作清除了命令窗口，同时会完整地将数据保留到命令历史窗口中，通过双击代码行(这样也会执行该命令)或点选命令行并将其拖曳到命令窗口的方法，能将任何命令从命令历史窗口传送到命令窗口中。双击命令历史窗口中的命令

```
cos(pi)
```

该命令便拷贝到命令窗口并执行，返回值为

```
ans =
       -1
```

将命令历史窗口的命令

```
5^2
```

拖曳到命令窗口，只要敲击了回车键，则该命令就会执行，然后得到结果

```
ans =
       25
```

由此可以发现，当在命令窗口进行复杂计算时，命令历史用处很大。

## 2.2.3　工作区窗口

在命令窗口中执行的命令时，工作区窗口会跟踪已经定义的变量，这些变量代表已经存储在计算机内存中的值，用户是可以使用这些值的。如果在计算机中刚刚做完上面的练习题，那么工作空间将仅仅显示一个变量 ans，并表明其为双精度数组，值为 25：

| 名称 | 维数 | 类型 | 值 |
|---|---|---|---|
| ans | 1×1 | 双精度 | 25 |

(根据 MATLAB 配置不同，你看到的工作区窗口可能与此稍微有些不同。)

若想让工作区展示所显示变量的更多信息，则右击工作区窗口右上角的显示窗口操作按钮，然后将光标移动到“选择列”位置，勾选字节、名称、值、类型和维数，工作区窗口就会显示下列信息，为了能看见所有信息，可能需要调整窗口的大小。

> **关键知识**
> 工作区窗口列出了描述程序创建的所有变量的信息。

| 名称 | 维数 | 类型 | 字节 | 值 |
|---|---|---|---|---|
| ans | 1×1 | 双精度 | 8 | 25 |

田字格形的符号表示变量 ans 是一个数组，其大小为 1×1，也就是一个单一的值(一行一列)，因此也是一个标量，数组占用了 8 字节的存储单元。MATLAB 是用 C 语言编写的，它的类型名称说明了 ans 是一个双精度浮点数组。对于用户来说，知道变量 ans 可以存储浮点数(带有小数点的数)就可以了。无论输入的数据是否带有小数点，MATLAB 始终都将其视为浮点数。

> **关键知识**
> 默认数据类型是存储在数组中的双精度浮点型。

除了存储的数组类型、大小等信息，还可以有选择地显示该数据的统计信息。再次右击显示窗口操作按钮并将光标移动到“选择列”位置，会发现还有很多可以选择的统计数据，例如最大值、最小值和标准差等。

在命令窗口再定义一个变量，然后也会在工作空间列表中显示出来。例如，键入

```
A = 5
```

返回值为

```
A =
     5
```

注意到变量 A 已经按字母顺序排列方式添加到工作区中了，小写字母开头的变量在前，大写字母开头的变量在后。

| 名称 | 维数 | 类型 | 字节 | 值 |
|---|---|---|---|---|
| A | 1×1 | 双精度 | 8 | 5 |
| Ans | 1×1 | 双精度 | 8 | 25 |

在 2.3.2 节中将详细讨论如何输入数组，现在可以输入一个简单的一维数组，键入

```
B = [1, 2, 3, 4]
```

命令返回值为

```
B =
     1 2 3 4
```

其中的逗号是可选项，如果按照下面的输入方法可以得到同样的结果。

```
B = [1 2 3 4]

B =

     1 2 3 4
```

现在发现变量 B 也添加到工作区中了，并且是一个 1×4 的数组：

| 名称 | 维数 | 类型 | 字节 | 值 |
|---|---|---|---|---|
| A | 1×1 | 双精度 | 8 | 5 |
| ans | 1×1 | 双精度 | 8 | 25 |
| B | 1×4 | 双精度 | 32 | [1,2,3,4] |

按照同样方式可以定义二维数组，分号是行分隔符，例如，

```
C = [1 2 3 4; 10 20 30 40; 5 10 15 20]
```

返回值为

```
C =
     1    2    3    4
     10   20   30   40
     5    10   15   20
```

| 名称 | 维数 | 类型 | 字节 | 值 |
|---|---|---|---|---|
| A | 1×1 | 双精度 | 8 | 5 |
| ans | 1×1 | 双精度 | 8 | 25 |
| B | 1×4 | 双精度 | 32 | [1,2,3,4] |
| C | 3×4 | 双精度 | 96 | <3×4 双精度> |

此时变量 C 也以 3×4 数组形式出现在工作空间，为了节省空间，没有列出数组的值。也可以通过键入变量的名字来调用任何一个变量，例如，键入

```
A
```

返回值为

```
A =
     5
```

虽然这里介绍的仅仅是含有数字的变量，但实际上其他类型的变量也是可以的。

在描述命令窗口时引入了 clc 命令，该命令能够清除命令窗口，留下空白的命令窗口，这样就可以继续工作了。但是这种操作并不能清除已经建立的，存在存储器中的变量。而 clear 命令能删除工作区中所存储的所有变量。在命令窗口中键入下面的命令：

```
clear
```

此时工作区是空的：

| 名称 | 值 | 维数 | 类型 | 字节 |
|---|---|---|---|---|
| | | | | |

如果关闭了工作区窗口(通过工具栏上的布局菜单，或者是窗口右上角的窗口操作按钮关闭)，似乎就看不到已经定义的变量了，但此时使用 whos 命令仍然能找到已定义变量：

```
whos
```

如果在执行 clear 命令之前执行该命令，则会返回如下的值：

| 名称 | 维数 | 字节 | 类型 |
|---|---|---|---|
| A | 1×1 | 8 | 双精度 |
| B | 1×4 | 32 | 双精度 |
| C | 3×4 | 96 | 双精度 |
| ans | 1×1 | 8 | 双精度 |

## 2.2.4　当前文件夹窗口

当前文件夹窗口列出了当前活动目录的所有文件，当 MATLAB 访问文件或存储信息时，都会使用当前文件夹(也称为当前目录)，除非指定其他文件夹。当前文件夹的默认位置随软件版本和安装方式的不同而变化，但是不管怎么样，当前文件夹会显示在主窗口的上部。当前文件夹也是可以改变的，改变方法有两种，第一种方法是通过单击主窗口上当前文件夹右边的三角形下拉按钮来选择其他文件夹，另一种方法是通过单击主窗口上当前文件夹左边的浏览计算机文件的按钮来改变当前文件夹(见图 2.2)。

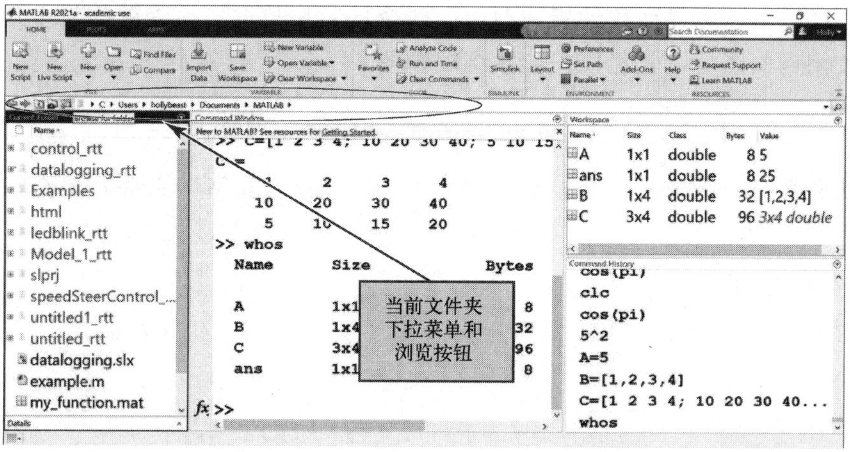


图 2.2　当前文件夹窗口列出了活动文件夹中的所有文件，可以用下拉菜单或浏览按钮改变当前文件夹

## 2.2.5 文档窗口

双击工作区窗口中的任何一个变量，会自动打开含有变量编辑器的文档窗口，存储在变量中的值会以电子表格的形式显示出来，可以在变量编辑器中修改变量的值或添加新的值。比如在命令窗口键入下列命令：

> **关键知识**
> 分号可以抑制命令窗口中命令的输出。

```
C = [1 2 3 4; 10 20 30 40; 5 10 15 20];
```

为了使命令不在窗口中重复出现，可在命令行尾部加一个分号来抑制输出显示，但数组 C 仍将在工作区中列出。双击该数组，会在命令窗口的上部打开文档窗口，如图 2.3 所示。此时可以向数组添加更多的值或修改现有的值。注意到工具栏自动打开变量标签，该标签用来选择变量并对编辑器中的数据进行处理。

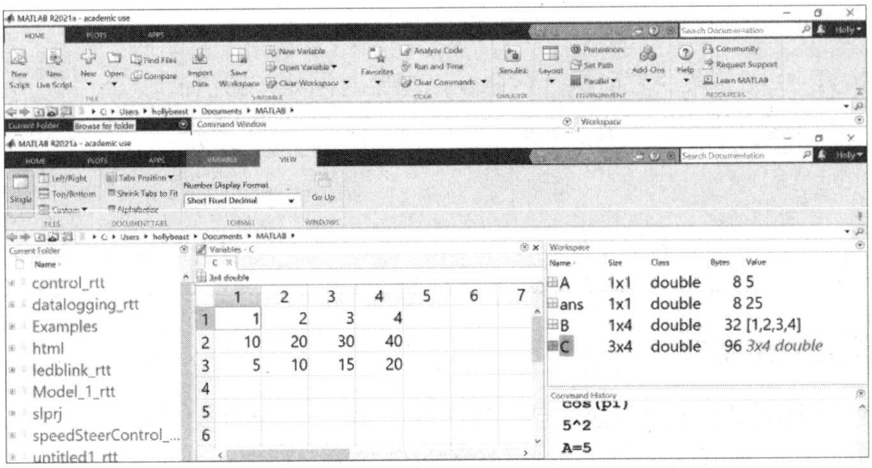

图 2.3 显示变量编辑器的文档窗口

结合工作区窗口操作菜单，文档窗口/数组编辑器也可用于创建全新的数组，创建步骤为：右击工作区标题栏，选择新建，名字为 unnamed 的新变量就出现在列表中，将光标放在新变量所在的行上，右击并选择重命名，然后就可以修改变量的名字。双击新变量，会打开变量编辑窗口，这样就可以在变量编辑窗口中向新变量添加数据了。创建完新变量后，单击窗口右上角的关闭窗口图标，就可以关闭数组编辑器。

## 2.2.6 图形窗口

执行画图命令时，图形窗口会自动打开，为了演示这个过程，首先在命令窗口建立一个数组 x：

```
x = [1 2 3 4 5];
```

(分号可以抑制该命令的输出，但是新的变量 x 会出现在工作区窗口。)

现在再建立一个 y：

```
y = [10 20 30 40 50];
```

画图需要使用 plot 命令：

```
plot(x,y)
```

图形窗口会自动打开(见图 2.4)，但并没有与主界面停靠。请注意，在屏幕底部的任务栏上将出现一个新的 MATLAB 窗口。创建的任何其他图形都将覆盖图 1，除非特别指定 MATLAB 打开一个新的图形窗口。可以通过选择窗口右上角的箭头来停靠图形。

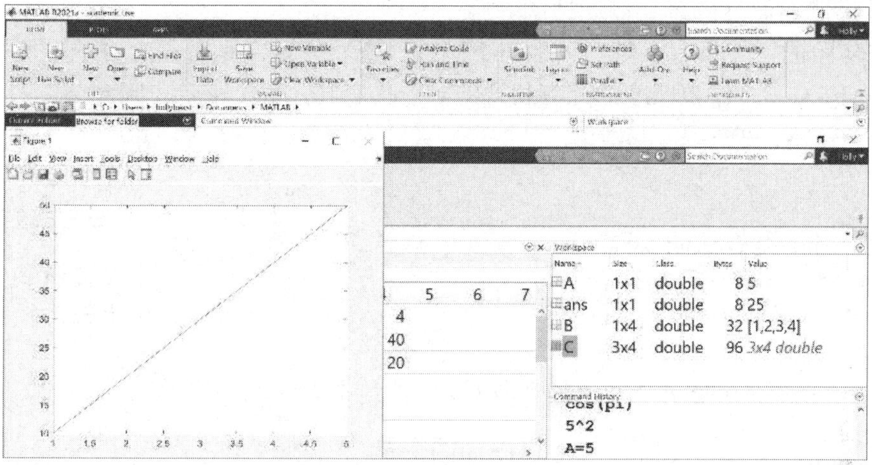

图 2.4　MATLAB 创建图形很容易。图形窗口在桌面的最顶层打开，且不会自动停靠

在 MATLAB 中能很容易地修改图形，例如增加标题、$x$ 轴和 $y$ 轴，画线，等等。对图形进行注释的问题会在第 5 章中介绍。工程师和科学家绝对不会画出一个没有图例的图形。

> **关键知识**
> 必须要为生成的图形添加标题和坐标轴标签。

### 2.2.7　编辑窗口

MATLAB 编辑器允许录入并存储一系列命令，但是不执行这些命令。MATLAB 中的大部分工作都将在一个编辑窗口中完成。有两种类型的 MATLAB 编辑器：脚本编辑器和实时脚本编辑器。要打开编辑器，请从工具栏中选择“新建脚本”或“新建实时脚本”。还可以通过在命令提示符处键入 `edit` 命令来打开编辑窗口。请注意，编辑器标签会自动出现在工具栏上。实时脚本类似于常规脚本，允许在文档中包含格式化的文本。在任何一个编辑器中创建的计算机代码都完全相同。

## 2.3　用 MATLAB 解决问题

命令窗口和编辑窗口是解决工程问题的有力工具，为了更好地使用这些工具，需要更进一步理解 MATLAB 的工作原理。

### 2.3.1　使用变量

虽然将 MATLAB 当作一个计算器能解决很多问题，但是给所用的数值命名通常更加方便，MATLAB 采用的命名习惯与绝大多数计算机程序的命名习惯一致。

- 所有名字必须以字母开头，长度不限，但是在 MATLAB 中，只有前 63 个字母是有意义的(用 `namelengthmax` 命令确定名字长度)，虽然 MATLAB 允许建立长的变量名称，但过长的名称会显著增大错误的几率。命名的基本规则是变量名称用小写字母和数字，常数的名称用大写字母。但是，如果常量传统上使用小写字母表示，那就没必要遵循这种约定。例如在物理教材中，光速始终是用小写的 c 表示。名称应该尽量短，便于记忆，而且应该是描述性的。

- 允许使用的字符只有字母、数字和下画线。查看变量名是否是允许的，可以使用命令 `isvarname`。作为标准的计算机语言，1 代表真，0 代表假，因此

```
isvarname time
ans =
       1
```

表明 `time` 是合法的名称，而

```
isvarname cool-beans
ans =
       0
```

> **关键知识**
> 变量名必须以字母开头。

说明 `cool-beans` 是一个非法的名称(连接符是不许使用的字符)。

- 名称区分大小写，变量 `x` 与 `X` 是不同的变量。
- MATLAB 保留了一些了关键字，这些字是在编程中不能当作变量名称使用的，命令 `iskeyword` 可以让 MATLAB 列出这些保留的关键字：

```
iskeyword
ans =
    20×1 cell array
    {'break'      }
    {'case'       }
    {'catch'      }
    {'classdef'   }
    {'continue'   }
    {'else'       }
    {'elseif'     }
    {'end'        }
    {'for'        }
    {'function'   }
    {'global'     }
    {'if'         }
    {'otherwise'  }
    {'parfor'     }
    {'persistent' }
    {'return'     }
    {'spmd'       }
    {'switch'     }
    {'try'        }
    {'while'      }
```

- MATLAB 允许用户创建的变量名称与内联函数的名称相同，例如可以用下列命令创建新的变量 `sin`：

```
sin = 4
```

返回值为

```
sin =
4
```

很显然，这种做法是危险的，因为 sin 函数没法再调用了，如果想使用已经被覆盖的函数，则会得到错误的结果，并会给出建议的解决方法。

```
sin(3)
Index exceeds the number of array elements (1).
```

sin 既是一个函数，也是一个变量。如果不想这样，可以使用“clear sin”从工作空间中删除变量 sin。可以键入下面语句重置 sin 为函数

```
clear sin
```

一旦重置了 sin，可以再次检查它是一个函数还是一个变量。

现在键入

```
which sin
```

则返回值为

```
built-in (C:\ProgramFiles\MATLAB\R2011a\toolbox\matlab\elfun\
@double\sin)
% double method
```

返回了内联函数的位置信息。

**实训练习 2.2**

下列名称中哪些是 MATLAB 合法的名称？先做出预测，然后用命令 isvarname, iskeyword 和 which 验证。

| | |
|---|---|
| 1. test | 2. Test |
| 3. if | 4. my-book |
| 5. my_book | 6. Thisisoneverylongnamebutisitstillallowed? |
| 7. 1stgroup | 8. group_one |
| 9. zzaAbc | 10. z34wAwy?12# |
| 11. sin | 12. log |

### 2.3.2 数据类型

MATLAB 中使用的基本数据类型为数组(Array)，一个单一的数值称作标量(Scalar)，表示为 1×1 的矩阵，排列成一行或一列的一系列值是一维数组，称作向量(Vector)。数值列表用二维数组表示。尽管本章中将数据限制为标量、向量和二维数组，但是 MATLAB 能够处理更高阶的数组。虽然矩阵和数组在数学上是不同的，但是 MATLAB 用户认为二者可以互相代替，意思相同。如果一个数组用于矩阵代数计算，那么它实际上只是一个矩阵，这将在第 3 章中讨论。

> **关键知识**
> MATLAB 中的所有数据存储在数组中。

在 MATLAB 中，数组数据类型被进一步划分为数据类型或类。到目前为止，我们已经使用了 MATLAB 的数值信息。MATLAB 中的数字默认为双精度浮点表示(double)，这只是数值数据类型之一。其他不太常用的数值数据类型将在后面的章节中讨论。另一种广泛应

用于工程和科学应用的数据是文本信息。MATLAB 提供了两种用于存储文本的数据类型：字符(char)和字符串(string)。逻辑类型的数据只有逻辑真和逻辑假，对于编程条件的决策很有用。还有许多其他类型的 MATLAB 数组只存储一种类型的信息，但这四种基本类型(双精度浮点表示、字符、字符串和逻辑)足够让程序员开始工作了。

> **关键知识**
> MATLAB 数组可以是标量(单个值)、向量(一行或一列)、二维数组或多维数组。

还有一些数据类型可以在同一数组中存储多个数据类型。对于初学者最有用的是表格(table)，因为从文件导入数据时，表格是默认的数据类型。表格看起来很像电子表格，它们被用于存储信息和显示结果。

在数组中操作数据的基本规则是相同的，与数据类型无关。在本章中，我们将探讨使用数值数组的计算。接下来的几章将介绍文本信息、逻辑信息和表格。只要掌握了基本的编程理念，后面的章节将探索出使用更多的数据类型。

### 2.3.3 数值数组的计算

数学上，数组用方括号内的行和列表示：

$$A=[5] \quad B=[2 \quad 5] \quad C=\begin{bmatrix}1 & 2\\5 & 7\end{bmatrix}$$

式中，$A$ 是一个 1×1 的数组，$B$ 是一个 1×2 的数组，$C$ 是一个 2×2 的数组，用数组表达方式的优点是可以将一组信息用一个名称表示。绝大多数人认为给单一的值命名很容易，所以下面首先介绍 MATLAB 处理标量的方法，然后再介绍更复杂的数组。

**标量的运算**

MATLAB 中两个标量之间的算术运算方式与计算机程序甚至是手持计算器的运算方式相同。其加、减、乘、除以及指数运算的语法如表 2.1 所示。命令

```
a = 1 + 2
```

应该读作“a 被赋值为 1+2 的值，”是两个标量的加法。两个标量变量之间的算术运算使用同一种语法。例如，假设在前面的语句中已经定义了 a，且 b 的值为 5：

```
b = 5
```

且

```
x = a + b
```

则返回以下结果：

```
x =
     8
```

**表 2.1 两个标量之间的算数运算(二元运算)**

| 运算 | 代数语法 | MATLAB 语法 |
|---|---|---|
| 加法 | $a+b$ | a+b |
| 减法 | $a-b$ | a-b |
| 乘法 | $a\times b$ | a*b |
| 除法 | $a/b$ 或 $a\div b$ | a/b |
| 指数 | $a^b$ | a^b |

单一的等号(=)在 MATLAB 中称为赋值运算符，赋值运算符将运算结果保存到计算机存储器中。继续上面的例题，x 的值等于 8，如果在 MATLAB 中键入变量名称

```
x
```

则结果为

```
x =
      8
```

很显然，赋值运算符不同于等号，例如下面的语句：

```
x = x + 1
```

**关键知识**

赋值运算符不同于等号。

这是一个错误的代数表达式，因为 x 显然不等于 x+1。但是如果将其看成赋值语句，那就表示用 x 加上 1 的新值代替保存在存储器中的 x 的值。

因为最初 x 中的值为 8，所以语句的返回值为

```
x =
      9
```

这表明保存在存储器中，名称为 x 的值已经变成 9。赋值语句类似于存储文件的过程，当第一次存储 word 文档时，要对其进行命名，之后对其进行了改动，需要再次保存，但是仍然用同一个名称。第二次和第一次存储的内容不同，第二次保存已经将新版文件存储到现有的存储单元中。

**运算顺序**

数学计算中最重要的是弄清计算的顺序，MATLAB 按照标准的代数运算规则进行计算：

- 首先进行括号内的计算，从最里面的括号依次向外计算；
- 之后进行指数运算；
- 再之后进行乘除运算，从左到右进行；
- 最后进行加减运算，也是从左到右。

为了更好地理解运算次序的重要性，下面计算圆柱体的表面积。

表面积等于上下底面积与曲面面积之和，如图 2.5 中令圆柱体高度为 10 cm，半径为 5 cm，下列 MATLAB 代码可计算出表面积：

```
radius = 5;
height = 10;
surface_area = 2*pi*radius^2 + 2*pi*radius*height
```

代码返回值为

```
surface_area =
            471.2389
```

该题中 MATLAB 首先进行指数运算，求出半径的平方，然后再从左向右计算，先求出第一个乘积项，然后计算出第二个乘积项，最后将两个乘积项相加。也可以将计算式表示为

```
surface_area = 2*pi*radius*(radius + height)
```

代码返回值也是

```
surface_area =
      471.2389
```

这种情况下，MATLAB 首先求半径和高度之和，然后进行从左到右的乘法运算，如果忘记了小括号，则表达式为

```
surface_area = 2*pi*radius*radius + height
```

此时程序只能先计算乘积项 2*pi*radius*radius，然后再加上 height，很显然，结果是错误的。注意在小括号之前必须使用乘法运算符，因为 MATLAB 没有能力假设存在任何运算符，会错误理解表达式

```
radius(radius + height)
```

将其理解为：半径与高度之和为 15(半径 = 10，高度 = 5)，所以 MATLAB 会寻找名称为 radius 的数组的第 15 个值，这种解释的结果会产生下列错误语句：

```
??? Index exceeds the number of array elements(1)
```

将方程转换为 MATLAB 语句时必须特别注意，这一点非常重要。多加个括号不会有任何损失，而且无论对编程者还是将来的代码使用者来说，都会使代码更容易理解。这里是另一种常见的错误，通过充分使用括号就可以避免。如下表达式所示：

$$e^{\frac{-Q}{RT}}$$

在 MATLAB 中，e 指数的值是用 exp 函数来计算的，所以正确的语法格式为

```
exp(-Q/(R*T))
```

非常遗憾，如果省略内部的括号，如下所示：

```
exp(-Q/R*T)
```

则所得结果完全不同。因为计算过程是从左至右进行的，先计算 $Q$ 除以 $R$，然后将计算结果再乘以 $T$——这根本不是想要的结果。

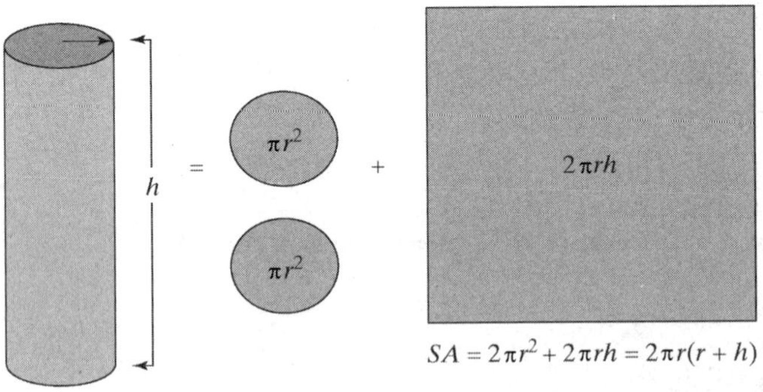


图 2.5 求圆柱体的表面积，含有加法、乘法和指数运算

使代码更具有可读性的另外一种方法是将长的表达式分成多个语句，例如，方程

$$f = \frac{\log(ax^2+bx+c)-\sin(ax^2+bx+c)}{4\pi x^2+\cos(x-2)*(ax^2+bx+c)}$$

在这个方程中，很容易造成输入错误，为尽量避免错误发生，将方程分成多个部分。例如，首先对变量 x、a、b、c 赋值(可以在一行中对多个变量赋值)：

```
x = 9; a = 1; b = 3; c = 5;
```

然后定义多项式和分母：

```
poly = a*x^2 + b*x + c;
denom = 4*pi*x^2 + cos(x - 2)*poly;
```

最后用各部分表示最终的方程：

```
f = (log(poly) - sin(poly))/denom
```

结果为

```
f =
     0.0044
```

**关键知识**

尽力让出错的几率最小化。

这种方法能使出错的概率最小化，不必三次输入多项式(每次输入都有输入错误的可能)，仅仅输入一次即可。这样，MATLAB 代码可能更准确，也更容易让别人理解。

**提示**：MATLAB 不会识别“空格键”，所以可以在命令中添加空格，这样也不会改变语句的含义，在长的表达式中，如果在加号(+)和减号(–)的前后分别增加一个空格，则表达式会更加易读，但是不要在乘号(*)和除号(/)前后加空格。

**实训练习 2.3**

预测下列 MATLAB 表达式的结果，然后在命令窗口中输入表达式并验证结果是否正确。

1. `6/6 + 5`
2. `2*6^2`
3. `(3 + 5)*2`
4. `3 + 5*2`
5. `4 * 3/2 * 8`
6. `3 - 2/4 + 6^2`
7. `2^3^4`
8. `2^(3^4)`
9. `3^5 + 4`
10. `3^(5 + 4)`

按照 MATLAB 语法建立下列各表达式的计算式，然后比较计算结果是否与手工计算结果一致。

11. $\dfrac{5+3}{9-1}$　　12. $2^3-\dfrac{4}{5+3}$　　13. $\dfrac{5^{2+1}}{4-1}$　　14. $4\dfrac{1}{2}*5\dfrac{2}{3}$　　15. $\dfrac{5+6*\dfrac{7}{3}-2^2}{\dfrac{2}{3}*\dfrac{3}{3*6}}$

### 例 2.1　标量的运算

风洞(如图 2.6 所示)在高性能飞机的特性研究中扮演着重要的角色，为了解释风洞的数据，工程师需要弄清楚气体的特性。描述气体性质的方程就是理想气体定律，在大一化学课程中详细研究过，理想气体定律的表达式为

$$PV = nRT$$

其中，$P$ 为压力，单位为 kPa；$V$ 为体积，单位为 $m^3$；$n$ 为样本中气体的 kmol 数；$R$ 为理想气体常数，取值 8.314(kPa · $m^3$)/(kmol · K)；$T$ 为温度，单位为开氏温度(K)。

此外，气体的 kmol 数等于气体质量除以摩尔质量(也称为分子量)，或者

$$n = m / MW$$

其中，$m$ 为质量，单位是 kg；$MW$ 为摩尔质量，单位是 kg/kmol。

如果调整 $R$ 的值，则方程中也可以使用不同的单位。

现假设已知风洞中空气的体积为 1000 m$^3$，在风洞开启之前，空气的温度为 300 K，压力为 100 kPa，空气的平均摩尔质量(分子量)约等于 29 kg/kmol，求风洞中空气的质量。

为求解这个问题，采用下面的解题步骤：

1．描述问题

在解决问题时，最好用自己的语言对问题重新描述一遍：求风洞中空气的质量。

2．描述输入和输出

| | | |
|---|---|---|
| **输入** | 体积 | $V = 1000\ \text{m}^3$ |
| | 温度 | $T = 300\ \text{K}$ |
| | 压力 | $P = 100\ \text{kPa}$ |
| | 分子量 | $MW = 29\ \text{kg/kmol}$ |
| | 气体常数 | $R = 8.314\,(\text{kPa}\cdot\text{m}^3)/(\text{kmol}\cdot\text{K})$ |
| **输出** | 质量 | $m = ?\ \text{kg}$ |

图 2.6　风洞

3．建立手工算例

通过手工(或者用计算器)对问题的算法进行大概描述，这也是将来用于转换为 MATLAB 代码的算法，应该选择简单的数据，便于校核。该问题中，已知两个相关数据的方程：

$PV = nRT$　理想气体定律

$n = m/MW$ 质量和摩尔数间的关系

根据理想气体定律求出 $n$ 并代入已知值：

$$n = PV / RT$$
$$= \frac{100\ \text{kPa} \times 1000\ \text{m}^3}{8.314(\text{kPa}\cdot\text{m}^3)/(\text{kmol}\cdot\text{K}) \times 300\ \text{K}}$$
$$= 40.0930\ \text{kmol}$$

根据质量和摩尔数关系方程求出 $m$，将摩尔数转换为质量：

$$m = n \times MW = 40.0930\ \text{kmol} \times 29\ \text{kg/mol}$$
$$m = 1162.70\ \text{kg}$$

4．开发 MATLAB 程序

首先清理屏幕和内存：

```
clear, clc
```

在命令窗口中执行下列计算：

```
P = 100
P =
    100

T = 300
T =
    300
V = 1000
V =
       1000
MW = 29
MW =
       29
R = 8.314
R =
     8.3140
n = (P*V)/(R*T)
n =
     40.0930
m = n*MW
m =
         1.1627e+003
```

在 MATLAB 解决方案中有几点需要注意。首先，因为没有使用分号抑制输出，所以在每个赋值语句后面都会重复显示变量的值。其次是在 $n$ 的计算式中两次使用了括号，分母中的括号是必须的，而分子中的括号就可以省略，分子分母中都使用括号能使代码易读。

5. 验证结果

这种情况下，只要将计算结果与手工计算结果进行比较就可以了。在 MATLAB 中求解更复杂的问题时应该使用各种不同的输入数据，这样能确保在各种情况下结果的正确性。求解该问题的屏幕显示如图 2.7 所示。

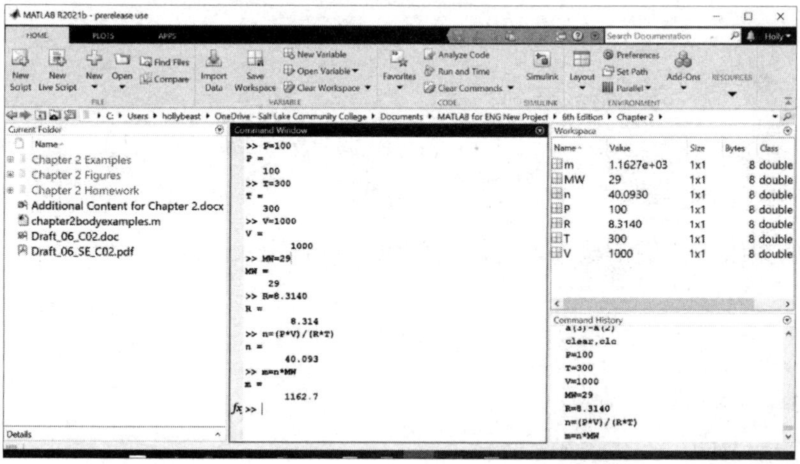


图 2.7　求解理想气体问题时的屏幕显示

如果已经用了 MATLAB 计算，为什么还要做手工计算呢？一旦精通了这个程序，一个快速的估算是真正必要的。然而，新手经常会犯一些简单的错误，比如忘记在分母中使用圆括号，例如：

$$n = (P*V)/R*T$$

这将产生一个错误的答案。学习的时候，应该用一个适合的工具来检查，比如计算器。

注意到命令窗口中定义的变量都列在了工作区窗口中，命令历史窗口中也列出了命令窗口中执行的命令。如果将命令历史窗口向上滚动，将能看到前几个阶段使用过的命令，所有这些命令都可以移动到命令窗口。

**数组运算**

将 MATLAB 当作一个高级的计算器来使用当然是很好的，但是 MATLAB 的真正强项是处理数组，如前所述，定义数组的最简单方法就是使用数字列表，称为显式列表。命令

```
x = [1 2 3 4]
```

> **关键知识**
> MATLAB 的强项在于数组计算。

会返回行向量

```
x =
        1 2 3 4
```

注意，在定义该向量时，各个列表值之间可以使用逗号，也可以不使用逗号。分号表示新一列的开始，所以一个列向量定义如下：

```
y = [1; 2; 3; 4]
```

含有行和列向量的数组用下列语句定义：

```
a = [1 2 3 4; 2 3 4 5; 3 4 5 6]
```

返回

```
a =
        1 2 3 4
        2 3 4 5
        3 4 5 6
```

**提示：** 如果在输入数组时，让数组的每行单独占据一行，则很容易跟踪已经输入了多少个值了，此时分号可以省略。

```
a = [1 2 3 4;
2 3 4 5;
3 4 5 6]
```

虽然复杂的数组需要手工输入，但均匀间隔的数组输入起来比较容易。命令

```
b = 1:5
```

和命令

```
b = [1:5]
```

是等效的语句，都返回一个行数组

```
b =
        1 2 3 4 5
```

方括号是可选项，该向量的默认增量是 1，如果增量不等于 1，则需要将增量放在命令右侧的两个值中间。例如，

```
c = 1:2:5
```

表明增量为 2，且返回

```
c =
       1   3   5
```

如果需要 MATLAB 计算相邻元素之间的差值，应该使用 `linspace` 命令，该命令指定了初始值、终值和取值的总数量。例如，

```
d = linspace(1, 10, 3)
```

返回含有三个值的向量，三个值在 1 至 10 之间等间隔分布：

```
d =
       1  5.5  10
```

如果不指定位于第三个位置的参数的值，则函数默认产生 100 个元素值，所以命令行

```
d = linspace(1, 10);
```

会创建一个含有 100 个元素值的数组。命令中的分号抑制了输出，但是查询工作区窗口能够看到 `d` 是一个 1×100 的向量。

用 `logspace` 命令可以创建对数间隔的向量，该命令也需要三个输入，前两个输入是 $10^k$ 中的指数 $k$，表示数组的初值和终值，最后一个值是数组中元素的数量，因此

```
e = logspace(1, 3, 3)
```

返回三个值：

```
e =
    10 100 1000
```

注意，数组中的第一个元素是 $10^1$，最后一个元素是 $10^3$。

**提示：** MATLAB 的新手在使用 `logspace` 命令时，经常错误地输入数据，输入的是第一个值和最后一个值的实际值，而不是输入 10 的指数。例如，命令

```
logspace (10,100,3)
```

MATLAB 理解为创建一个含有三个值的向量，值分布于 $10^{10}$ 至 $10^{100}$ 之间，其结果为

```
ans =
       1.0e+100 *
       0.0000 0.0000 1.0000
```

三个结果的值有一个公因子 $1\times10^{100}$，但是因为前两个值与第三个值相比太小了，所以他们实际上等于 0。

**提示：** 在数组定义语句的内部可以包含数学运算，例如可以定义数组 a = [0:pi/10:pi]。

在许多计算中，数组可以与标量进行计算，如果

```
a = [ 1 2 3 ]
```

可以将数组中的每个值加 5，语法如下：

```
b = a + 5
```

返回值为

```
b =
      6    7    8
```

这种方法非常适合加法和减法运算，但是对乘法和除法是不同的。在矩阵运算中，乘法符号(*)表示矩阵乘积，因为所有的 MATLAB 运算都可以包含矩阵运算，对于表示逐个元素的乘积，就需要用不同的运算符来表示。这种运算符就是 .*(读作点乘或数组乘)。例如，

```
a.*b
```

其结果为　数组 a 的第一个元素乘以 b 数组的第一个元素，
数组 a 的第二个元素乘以 b 数组的第二个元素，
数组 a 的第 *n* 个元素乘以 b 数组的第 *n* 个元素

**关键知识**

矩阵乘法不同于按元素(数组)相乘。

对于当前的 a(即[1　2　3])和 b(即[6　7　8])，

```
a.*b
```

返回值为

```
ans =
       6      14      24
```

(通过手工计算验证结果的正确性。)

当数组乘以一个标量时，两种运算符都可以用(*或.*)，但是如果将两个数组做乘积时，意思就完全不同了。使用*表示的是矩阵乘积，此时会返回一个错误信息，因为这里的 a 和 b 不符合矩阵代数中乘法规则。总之，进行逐个元素的乘积运算时，一定要注意正确使用运算符。

相似的语法也适用于指数运算(.^)和逐个元素的除法(./)：

```
a.^2
a./b
```

然而，在做标量除以数组的运算中，仍然要使用(./)语法，因为(/)表示将矩阵的逆矩阵返回给 MATLAB。通常情况下，在没有明确说明所作的计算是有关线性代数(矩阵数学)的问题时，都应该使用点运算符。

作为一个练习，对上述两个表达式的结果做个预测，然后在 MATLAB 中执行命令，验证预测的正确性。

## 实训练习 2.4

在进行下列计算时，注意区分运算符(*)和(.*)，(/)和(./)，(^)和(.^)。

1．将数组 $a=[2.3\quad 5.8\quad 9]$定义为一个 MATLAB 变量。
2．求 $a$ 的正弦。
3．将 $a$ 中每个元素加 3。
4．将数组 $b=[5.2\quad 3.14\quad 2]$定义为一个 MATLAB 变量。
5．将数组 $a$ 和 $b$ 中的每个元素相加。
6．将数组 $a$ 中的每个元素乘以数组 $b$ 中的对应元素。

7. 将数组 $a$ 中的每个元素取平方。
8. 创建一个数组 $c$，数组的值从 0 至 10 等间隔分布，增量为 1。
9. 创建一个数组 $d$，数组的值从 0 至 10 等间隔分布，增量为 2。
10. 用 linspace 函数创建一个由 6 个等间隔分布的值构成的数组，值从 10 至 20。
11. 用 logspace 函数创建一个由 5 个对数间隔分布的值构成的数组，值从 10 至 100。

MATLAB 能够处理数组，因此使得重复计算变得容易。例如，假设有一系列单位为度的角度，想将它们转换为弧度。首先将其输入数组，如 10，15，70，90，输入

```
degrees = [10 15 70 90];
```

为将其转换为弧度，必须乘以π/180：

```
radians = degrees*pi/180
```

该命令返回一个名字为 radians 的数组，各个值的单位是弧度。此时应该使用(*)或(.*)运算，因为乘法运算包括一个数组(degrees)和两个标量(pi 和 180)，因此也可以写成

```
radians = degrees.*pi/180
```

**提示：** π 的值是 MATLAB 的一个内置的浮点数，写成 pi。

因为π是一个无理数，无法用浮点数准确表示，所以 MATLAB 常数π其实是一个近似值，这一点在求 sin(pi)时就能发现，根据三角函数可知其值应该等于 0，但是 MATLAB 返回了一个很小的值 1.2246e-016。绝大多数运算中，这个值不会影响最终结果。

另一个重要的数组运算就是转置，转置运算将行转换为列，列转换为行，例如，

```
degrees'
```

返回

```
ans =
      10
      15
      70
      90
```

这使得在多列的数组中，对信息分组很容易。例如，要创建一个将度数转换为弧度的数组，输入

```
Deg_to_R = [degrees', radians']
```

该命令创建了一个名称为 Deg_to_R 的数组，其第一列为度数，第二列为弧度：

```
Deg_to_R =
          10.0000 0.1745
          15.0000 0.2618
          70.0000 1.2217
          90.0000 1.5708
```

如果将一个二维数组转置，则所有的行变为列，所有的列变为行。例如，命令

```
Deg_to_R
```

结果为

```
10.0000    15.0000    70.0000    90.0000
 0.1745     0.2618     1.2217     1.5708
```

**例 2.2 数组和标量间的计算**

类似来自风洞等科学数据通常以国际单位制表示，但是美国的很多基础生产设施都是用英制单位(有时候称为美国工程或美国标准)，工程师需要对两套系统都熟悉，尤其与其他工程师共享数据时要特别小心。最著名的因单位混乱而造成事故的事件就是火星气候人造卫星(见图 2.8)，这是火星探测计划的第二次飞行。1999 年 9 月，这艘宇宙飞船在火星轨道上烧毁，原因是飞船的软件中嵌入了一张查找表，该查找表可能来源于风洞实验，使用的力的单位是磅(lbf)，然而程序希望使用的力的单位是牛顿(N)。

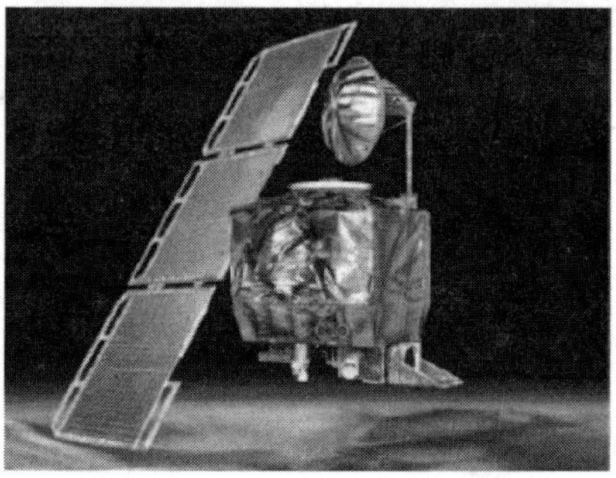

图 2.8 火星气候人造卫星

本例中将用 MATLAB 创建一个转换表，将力的单位由磅转换为牛，表的数值从 0 到 1000 lbf，间隔为 100 lbf，转换因子为

$$1\ \text{lbf} = 4.4482216\ \text{N}$$

1. 描述问题

   以数组的形式创建一个图表，将力的单位由 lbf 转换为 N。

2. 描述输入和输出

| | | |
|---|---|---|
| **输入** | 数组的开始值： | 0 lbf |
| | 数组的最终值： | 1000 lbf |
| | 各值间的增量值： | 100 lbf |
| | 转换关系： | 1 lbf = 4.4482216 N |
| **输出** | 数组列出力的磅值(lbf)和牛值(N)。 | |

3. 建立手工算例

   因为要建立一个数组，所以应该能够校核很多不同的值。选择数学运算简单、容易手算的数值，但仍然可以作为校验的依据：

$$0 \quad * \quad 4.4482216 = 0$$
$$100 \quad * \quad 4.4482216 = 444.82216$$
$$1000 \quad * \quad 4.4482216 = 4448.2216$$

4. 开发 MATLAB 程序

```
clear, clc
lbf = [0:100:1000];
N = lbf * 4.44822;
[lbf',N']
ans =
   1.0e+003 *
      0              0
0.1000          0.4448
0.2000          0.8896
```

```
0.3000        1.3345
0.4000        1.7793
0.5000        2.2241
0.6000        2.6689
0.7000        3.1138
0.8000        3.5586
0.9000        4.0034
1.0000        4.4482
```

最好在开始新问题前清除工作区和命令窗口。注意到工作区窗口(见图 2.9)的 `lbf` 和 `N` 都是 1×11 的数组，而 `ans`(也就是创建的数组所存储的位置)是一个 11×2 的数组。前两个命令的输出因为在行尾加了分号得到了抑制。如果将增量改为 10 甚至改为 1，则很容易建立含有更多数据的数组。同时也注意到需要将结果乘以 1000 才能得到正确结果，MATLAB 将此公因子放在紧邻数组的上方。

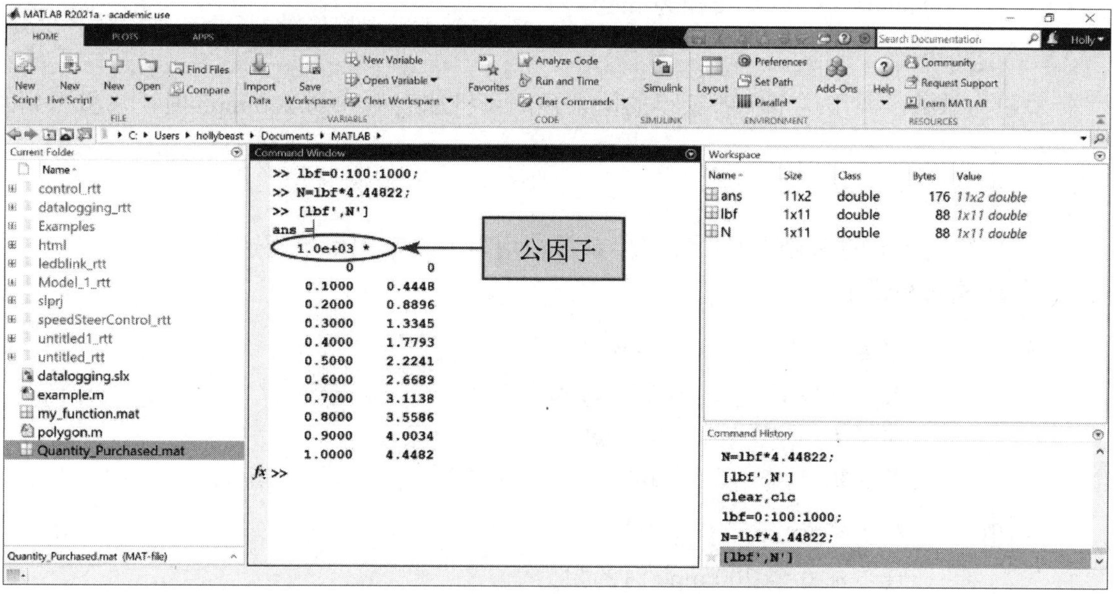


图 2.9 MATLAB 工作区窗口展示了所创建的变量

5. 验证结果

比较手工计算结果和程序计算结果发现二者相等。如果证明了程序的正确性，则可以用同一种算法创建其他的图表。例如修改该例题将牛(N)转换为磅(lbf)，建立一个数组形式的图表，其增量为 10 N，数值从 0 至 1000 N。

### 例 2.3 计算阻力

风洞中能够确定的一个性能特点就是阻力，火星气候观察者上的摩擦阻力(火星大气层引起的)导致宇宙飞船在姿态调整过程中烧毁。在地面飞机的设计中，阻力也特别重要(见图 2.10)。

阻力是当物体例如飞机通过流体时产生的力，对于风洞来说，是空气流过固定的模型，但方程是一样的。阻力很复杂，和很多因素有关。其中之一是表面摩擦力，它是飞机表面特性、流体属性(此处就是指空气)以及由飞机外形引起的流体流动方式(或者指此时的火星气候观察者，因宇宙飞船外形引起的)的函数。阻力可以用阻力方程计算。

$$阻力 = C_d \frac{\rho V^2 A}{2}$$

其中，$C_d$为阻力系数，通常在风洞中通过实验获得；$\rho$ 为空气密度；$V$ 为飞机的速度；$A$ 为参考面积(空气流过的表面积)。

虽然阻力系数并非是一个常数，但在低速时(小于 200 mph)可以看作常数，假如下列数据是在风洞中测得的：

| | |
|---|---|
| 阻力 | 200 N |
| $\rho$ | 1.225 kg/m$^3$ |
| $V$ | 100 mph(需要将其转换为 m/s) |
| $A$ | 1 m$^2$ |

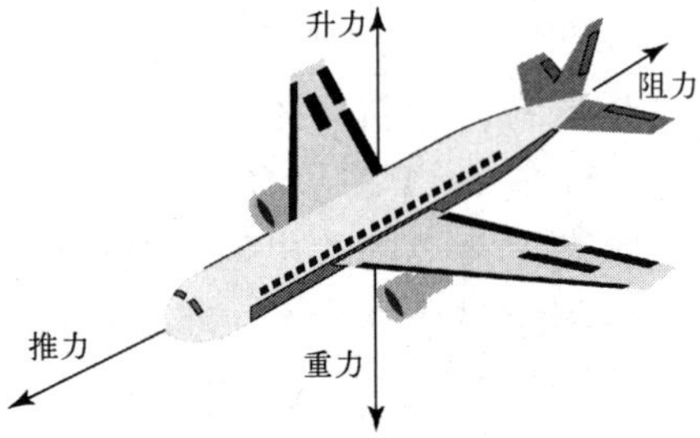


图 2.10　阻力是固体物体通过流体时产生的机械力

计算阻力系数，并用这个实验获得的值来预测飞机速度从 0 到 200 mph 时，飞机受到的阻力大小。

1. 描述问题

   根据风洞获得的基础数据计算阻力系数，用阻力系数求出不同速度下的阻力。

2. 描述输入和输出

| | | |
|---|---|---|
| **输入** | 阻力 | 200 N |
| | 空气密度 $\rho$ | 1.225 kg/m$^3$ |
| | 速度 $V$ | 100 mph |
| | 表面积 $A$ | 1 m$^2$ |
| **输出** | 阻力系数 | |
| | 速度从 0 至 200 mph 时的阻力 | |

3. 建立手工算例

   首先根据实验数据求出阻力系数，需要注意的是速度为英里/小时(mph)，必须转换为与其他数据一致的单位(m/s)，在工程计算中携带单位十分重要。

$$C_d = \frac{阻力\times 2}{\rho\times V^2\times A} = \frac{(200\ \text{N}\times 2)}{1.225\ \text{kg/m}^3\times\left(100\ \text{miles/h}\times 0.4470\dfrac{\text{m/s}}{\text{miles/h}}\right)^2\times 1\ \text{m}^2} = 0.163$$

因为 1N 等于 1 kg·m/s$^2$，阻力系数是没有单位的，现在用阻力系数求不同速度下的阻力：

$$阻力 = C_d\times\rho\times V^2\times A/2$$

令 $V = 200$ mph，用计算器求得阻力的值：

$$阻力=\frac{0.163\times 1.225\ \mathrm{kg/m^3}\times\left(200\ \mathrm{miles/h}\times 0.4470\dfrac{\mathrm{m/s}}{\mathrm{miles/h}}\right)^2\times 1\ \mathrm{m^2}}{2}\approx 800\ \mathrm{N}$$

4．开发 MATLAB 程序

```
drag = 20000;                                定义变量
density = 1.225 ;                            将V的单位转换为国际单位制
velocity = 100*0.4470;
area = 1;
cd = drag*2/(density*velocity^2*area)        计算阻力系数
cd =
 0.163
velocity = 0:20:200;                         将V定义为一个矩阵
velocity = velocity*0.4470;                  将单位转换为国际单位并计算阻力
drag = cd*density*velocity.^2*area/2;
results = [velocity', drag']
results =
1.0e+004 *
              0            0
           8.94            8
          17.88           32
          26.82           72
          35.76          128
           44.7          200
          53.64          288
          62.58          392
          71.52          512
          80.46          648
           89.4          800
```

注意，阻力方程或下式中使用(.^)运算：

```
drag = cd * density * velocity.^2 * area/2;
```

因为希望对数组 velocity 中的各个元素值取平方，而不是整个数组取平方，仅使用指数运算(^)会造成错误结果。本来也应该用(.*)运算代替对式中的(*)运算，但是因为其他所有的量都是标量，所以用哪个都可以。但是遗憾的是，这样错误地使用运算符号可能不会给出错误信息，却会得出错误结果，这就使得求解方法中的第 5 步显得特别重要。

5．验证结果

比较手算结果和 MATLAB 计算结果(见图 2.11)，可见其结果相同。当已经确定程序对给定的数据计算结果的正确性之后，就可以用新数据代入并能保证结果的正确性。理想情况下结果应该和实验数据相比较，以便保证所用方程能准确反映实际的物理过程。

6．评论

在这个问题中计算的阻力系数相当高。测量值范围从 F-4 幻影 II 的 0.021 到波音 747 的 0.031 和 F-104 星际战斗机的 0.048。汽车阻力系数更高，从 20 世纪 20 年代的 0.6 到 0.95 变化到当今的 0.2 到 0.4。

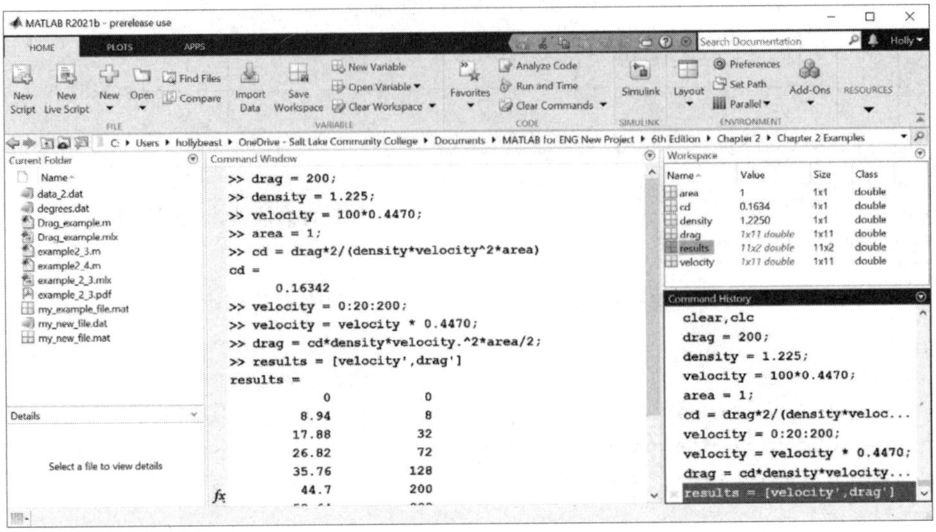


图 2.11　命令历史窗口记录了之前的命令

## 2.3.4　数值显示

### 科学计数法

虽然能够用十进制计数法输入任何数字，但是如果数据特别小或者特别大，这种方式就不方便了。例如在化学中常用的阿伏伽德罗常数，表示为四位有效数字是 602,200,000,000,000,000,000,000，类似的还有铁原子的直径大约为 140 pm，也就是 0.000000000140 m。科学计数法将一个数用 1～10 之间的数乘以 10 的幂(指数)来表示，这样，阿伏伽德罗常数就表示为 $6.022\times10^{23}$，铁原子直径就表示为 $1.4\times10^{-10}$ m。在 MATLAB 中，用科学计数法表示的值记作小数和指数中间加个 e(计算器可能用的是相似的计数法)，例如

> **关键知识**
> 科学计数法允许有效地表示特别大和特别小的数字。

```
Avogadro's_constant = 6.022e23;
Iron_diameter = 140e-12; or
Iron_diameter = 1.4e-10
```

非常重要的一点是要省略掉小数和指数之间的空格，例如 MATLAB 会将下面的语句解释为两个值(6.022 和 $10^{23}$)：

```
6.022 e23
```

因为在一个赋值语句中含有两个值是错误的，因此 MATLAB 会产生错误信息：

**提示：** 虽然用 e 表示 10 的幂是公认的约定形式，但是学生(以及教师)时常将这种表示形式与数学常数 e(e = 2.7183)相混淆。求 e 的幂使用的是函数 exp，例如 exp(3)就等于 $e^3$。

### 显示格式

在 MATLAB 中，数值有多种显示格式，无论选择哪种显示格式，在计算过程中，MATLAB 始终进行双精度浮点数运算，其结果是 16 位精度的十进制数，改变显示格式不会改变结果的精度。不同于其他计算机程序的是，MATLAB 默认将整数和十进制数按照浮点数处理。

当 MATLAB 中显示数组的各个元素时，整数不带小数点，但是显示的如果是小数值，则默认格式为带有小数点后四位数的短格式数，因此

```
A = 5
```

返回

```
A =
      5
```

但是

```
A = 5.1
```

返回

```
A =
      5.1000
```

而

```
A = 51.1
```

返回

```
A =
      51.1000
```

**关键知识**

无论选择哪种显示格式，都使用双精度浮点数进行计算。

**关键知识**

MATLAB 不区分整数和浮点数，除非调用特殊函数来限制类型。

MATLAB 中也可以采用其他格式显示更多位数的数字，例如，显示小数点后 15 位的十进制数可以使用命令

```
format long
```

该命令将改变所有后续数值的显示格式，因此，用 format long 命令定义数据格式后，

```
A
```

此时的返回值为

```
A =
      51.100000000000001
```

注意到此时最后一位数字是 1，代表了取舍误差。当使用命令 format bank 定义数据格式后，就会显示两个小数位：

```
A =
      51.10
```

Bank 格式的数据只能显示实数，所以不适合表示复数。因此，命令

```
A = 5+3i
```

用 Bank 格式时返回值就变为

```
A =
      5.00.
```

但是如果使用 format long 格式时，其返回值就是

```
A =
      5.000000000000000 + 3.000000000000000i
```

可以用下面的命令将显示格式恢复成四位小数

```
format short
```

为了验证格式改变后的结果，再显示 A 的值:

```
A
A =
     5.0000 + 3.0000i
```

当数字太大或太小，以至于 MATLAB 的默认格式无法显示该数据时，MATLAB 会自动用科学计数法表示。例如，在 MATLAB 中用十进制计数法输入阿伏伽德罗常数

```
a = 602000000000000000000000
```

程序返回值为

```
a =
   6.0200e+023
```

也可以用命令 format short e(有 4 位小数)或者 format long e(含有 15 位小数)强制将所有数值用科学计数法显示。例如，

```
format short e
x = 10.356789
```

返回值为

```
x =
     1.0357e+001
```

还有一对显示格式命令 format short eng 和 format long eng，是工程师和科学家常见的很有用的命令，类似于科学计数法，但是计数方式是 10 的幂的形式，指数是 3 的倍数，这种方式符合常见的命名习惯。例如，

$$1 \text{ millimeter} = 1 \times 10^{-3} \text{ meters}$$

$$1 \text{ micrometer} = 1 \times 10^{-6} \text{ meters}$$

$$1 \text{ nanometer} = 1 \times 10^{-9} \text{ meters}$$

$$1 \text{ picometer} = 1 \times 10^{-12} \text{ meters}$$

考虑下面的示例，先改为工程格式，然后输入 y 的值。

```
format short eng
y = 12000
```

得到的结果为

```
y =
   12.0000e+003
```

当数组的值发送到屏幕上显示时，如果元素的值非常大或非常小，则会产生一个作用于整个数组的公因子，该公因子随提取了该公因子后的值一起显示出来，例如当命令窗口恢复为

```
format short
```

例 2.3 的结果显示如下:

```
results  =
1.0e+005 *
                 0              0
            0.0002         0.0400
            0.0004         0.1602
            0.0006         0.3603
            0.0008         0.6406     etc...
```

还有两个偶尔会用到的格式命令 format+和 format rat，当数组以 format+格式显示的时候，数组的元素只用加号或减号显示，正值以加号显示，负值以减号显示，如果值为 0，则不显示任何符号。这种格式便于观察大型数组的符号：

```
format +
B = [1, -5, 0, 12; 10005, 24, -10,4]
B =
        +- +
        ++-+
```

格式命令 format rat 会以有理数(也就是分数)的形式显示数字，因此，

```
format rat
x = 0:0.1:0.5
```

返回值为

```
x =
    0    1/10    1/5    3/10    2/5    1/2
```

如果不确定用哪种格式更好，则可以用 format short g 或者 format long g(其另外一种语法形式为 format shortg 或 format longg)，这种格式会从定点数和浮点数中选择一种最合适的方式，大多数人觉得这种格式是最通用的，因为这种格式避免了使用公因子。

还可以用 format 命令控制命令窗口中信息的间隔，默认格式(format loose)会在用户提供的表达式和计算机返回的结果之间插入空行，但是 format compact 命令会去掉这些空行。本书中的例题为了节省空间使用的是紧凑格式。表 2.2 展示了π值和 123.456 的各种显示格式。

如果上述数值显示格式都不合适，则可以用 fprintf 函数控制每个输出行，该函数在后续章节中介绍。

**表 2.2　数值显示格式**

| MATLAB 命令 | 显示 | 示例 |
|---|---|---|
| format short | 4 位小数 | 3.1416 |
| format long | 14 位小数 | 3.14159265358979 |
| format short e | 4 位小数科学计数法 | 3.1416e+000 |
| | | 1.2346e+002 |
| format long e | 14 位小数科学计数法 | 3.141592653589793e+000 |
| | | 1.234567890000000e+002 |
| format bank | 2 位小数，仅显示实数 | 3.14 |
| format short eng | 4 位小数工程计数法 | 3.1416e+000 |
| | | 123.4568e+000 |
| format long eng | 14 位小数工程计数法 | 3.141592653589793e+000 |
| | | 123.456789000000e+000 |
| format + | +,–,空格 | + |
| format rat | 分数形式 | 355/113 |
| format short g | MATLAB 选择最佳格式 | 3.1416 |
| | | 123.46 |
| format long g | MATLAB 选择最佳格式 | 3.14159265358979 |
| | | 123.456789 |

## 2.4 保存工作成果

在命令窗口中操作类似于在科学计算器上进行计算，关闭计算器或退出程序后，所有工作都会消失。有两种不同的保存工作的方法，保存执行的计算结果或者保存输入 MATLAB 的代码，以便将来重复计算。换句话说，创建一个计算机程序来解决问题。

### 2.4.1 保存变量

为了保留在命令窗口中创建的变量中存储的值(搜索 MATLAB 屏幕上工作区窗口中的变量列表)，必须将工作区窗口的内容存储到一个文件中，文件的默认格式为二进制文件，称为 MAT 文件。为了将工作区存储到一个文件中，需要在命令行键入

```
save <file_name>
```

> **关键知识**
> MAT 文件使用一种专有格式来保存存储在 MATLAB 工作区中的变量。

虽然 `save` 是一个 MATLAB 命令，但 `file_name` 是一个自定义的文件名，只要符合 MATLAB 中变量的命名规则，指定任何名称都可以。实际上甚至无须提供名称也可以，此时 MATLAB 会将文件命名为 `matlab.mat`。也可以从工具栏中选择“保存工作区”按钮

```
Save Workspace
```

会弹出对话框，提示输入存储数据的文件名称。需要恢复工作区时，只要键入命令

```
load <file_name>
```

同样，`load` 是一个 MATLAB 命令，但 `file_name` 是一个自定义的文件名，如果只键入 `load`，则 MATLAB 将搜寻默认的文件 `matlab.mat`。

保存的文件会放到当前文件夹中。

键入命令

```
clear, clc
```

该命令会清除工作区窗口和命令窗口，检查工作区窗口就可以看到工作区窗口是空的，或者键入下列命令也可以验证这一点：

```
whos
```

现在定义多个变量，

```
a = 5;
b = [1, 2, 3];
c = [1, 2; 3, 4];
```

再检查一下工作区窗口，确保变量已经存储到工作区。现在再将工作区保存到名称为 `my_example_file` 的文件中：

```
save my_example_file
```

确定当前文件夹中已经保存了一个新文件。如果想将文件存储到其他文件夹中(例如，存储到闪存盘上)，那么就浏览找到(见图 2.2)需要的文件夹就可以。需要记住，在公共计算机实验室中，当每个用户退出系统后当前文件夹可能会被清空。

现在键入下列命令，清空工作区和命令窗口

```
clear, clc
```

此时工作区窗口就是空白的，通过加载文件(my_example_file.mat)可以恢复丢失的变量和变量的值：

```
load my_example_file
```

准备加载的文件必须在当前文件夹中，否则 MATLAB 找不到文件。在命令窗口中键入

```
a
```

返回值为

```
a =
    5
```

同样可以访问工作区窗口中的任何变量。

MATLAB 也能将单一的数组或数组列表保存为当前文件夹中的文件，使用的命令为

```
save <file_name> <variable_list>
```

其中 file_name 是自定义的文件名称，在存储器中分配地址来保存欲存储的信息，variable_list 是欲存储到文件中的变量的列表。例如，命令

```
save my_new_file a b
```

只是会将变量 a 和 b 存储到文件 my_new_file.mat 中。

如果存储的文件将来被 MATLAB 以外的其他程序使用(如 C 或 C++)，则.mat 格式的文件就不合适了，因为.mat 格式的文件是 MATLAB 独有的。如果想共享文件，则 ASCII 格式文件是各种计算机平台之间的更合适的标准格式。按照下列命令就可以将文件保存为 ASCII 文件：

```
save <file_name> <variable_list> -ascii
```

命令中的参数-ascii 使 MATLAB 将数据存储为标准的 8 位文本格式，ASCII 文件将保存成.dat 文件或.txt 文件，而不是.mat 文件；要确保给文件加上扩展名：

```
save my_new_file.dat a b -ascii
```

如果不加扩展名.dat，则 MATLAB 会自动默认文件的扩展名为.mat。

如果需要更高精度的数据，则可以将数据存储为 16 位文本格式：

```
save file_name variable_list -ascii -double
```

也可以再次访问当前文件夹中的数据，需要用命令

```
load <file_name>
```

例如为了建立数组 z 并保存为 8 位文本格式文件 data_2.dat，使用下列命令：

```
z = [5 3 5; 6 2 3];
save data_2.dat z -ascii
```

同时该命令会将数组 z 的行写到数据文件中独立的一行。通过双击当前文件夹窗口(见图 2.12)中的文件名称可以查看 data_2.dat 文件。如果文件包含一个单一的数组，则访问 ASCII 文件中数据的最简单方法就是执行 load 命令，后面加上文件名称，这样操作能将信

息读入与数据文件同名的数组当中。如果文件中含有多个变量，则这种方法不能用。实际上使用 MATLAB 的交互式导入向导来加载数据还是非常容易的。当双击当前文件夹中数据文件的名字来查看文件内容时，导入向导就会自动启动，只要按照向导将数据加载到工作区就可以,数据的名称和数据文件的名称相同。从工具栏上的下拉菜单中指定数据的输出类型。(默认的数据类型是表，将在后一章中讨论)。也可以用这种方法从其他程序导入数据，包括 Excel 电子表格。或者也可以从工具栏选择“导入数据”按钮。

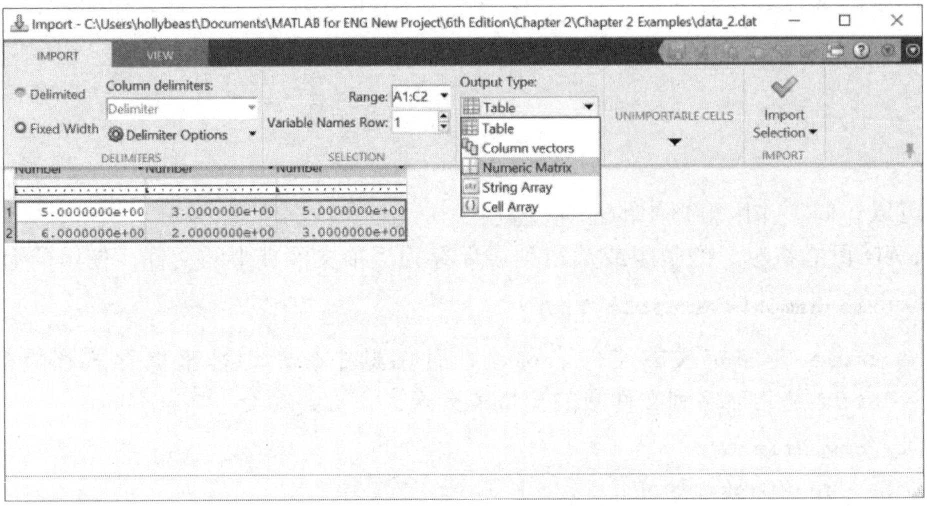


图 2.12 双击命令目录中的文件名，将启动导入向导

重要的是，只有在工作区窗口中列出的变量数组才会存储在使用本节中描述的技术创建的数据文件中。创建数组的命令是不会存储的。

## 2.4.2 程序

用命令窗口进行计算是一种易用又有效的方法。但是一旦关闭了 MATLAB 程序，则所有的计算都会消失。幸运的是 MATLAB 包含一种强有力的编程语言。作为编程人员，可以在程序文件中创建和保存代码。这些文件可以在任何需要重复计算时重新使用。MATLAB 程序被存储在 ASCII 文本文件中，与 C 或 FORTRAN 源文件相似。MATLAB 提供了可以桌面使用的两个内置的编辑器，脚本和实时脚本编辑器。可以用 MATLAB 编辑器/调试器进行创建和编辑(编辑窗口将在 2.2.7 节中讨论)。

**脚本**

最初的 MATLAB 程序都是用脚本编写的，并存储在扩展名为.m 的文件中，因此通常被称为 M 文件。可能看到的大多数现有的 MATLAB 代码都是用脚本编写的。该脚本程序的代码与实时脚本程序的代码完全相同。唯一的区别是编辑器。

> **关键知识**
>
> MATLAB 程序可以存储为脚本或实时脚本。

为了打开编辑窗口，需要从 MATLAB 工具栏中选择按钮“New Script”。MATLAB 编辑窗口如图 2.13 所示，用于解决例 2.3 的代码。大多数编程者喜欢将编辑窗口停靠到 MATLAB 桌面上，操作方法是单击窗口最右上角的显示窗口动作下拉菜单(选择停靠编辑器)，这样既能看见脚本的内容，也能看到程序执行时的结果显示，结果显示在命令窗口中。

保存脚本时，是存储到当前文件夹中，文件的命名方法必须符合合法的 MATLAB 变量命名方法，也就是文件名以字母开始，仅包含字母、数字和下画线，不能使用空格(见 2.3.1 节)。

有三种类型的 M 文件，分别是脚本文件、函数文件和类文件。我们将从学习简单的脚本开始，然后再添加函数和类。脚本文件就是将一系列 MATLAB 语句存储到一个扩展名为.M 的文件中。脚本文件可以使用工作区中已经定义的任何变量，并且当脚本运行时，在脚本中创建的任何变量都会被添加到工作区中。从菜单框中选择 Save and Run 图标就可以执行在 MATLAB 编辑窗口中建立的脚本，如图 2.13 所示。也可以键入文件名称运行脚本，或者如表 2.3 所示在命令窗口使用 run 命令。无论怎么，只能运行已经在当前文件夹中的 MATLAB 程序，或者运行有完整文件地址的命令函数。

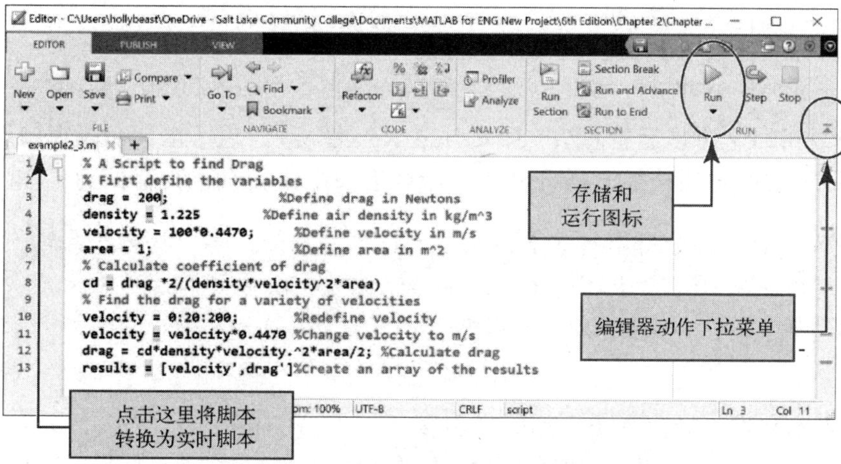


图 2.13　MATLAB 的编辑窗口，也称为编辑器/调试器

**表 2.3　从命令窗口执行脚本的方法**

| MATLAB 命令 | 内容 |
| --- | --- |
| myscript | 键入文件名，例如 myscript，假设文件扩展名为.m |
| run myscript | 使用带文件名称的 run 命令 |
| run('myscript') | 使用 run 命令的函数形式 |

> **关键知识**
> M 文件的三种类型是脚本、函数和类。

在命令窗口中键入命令

```
what
```

就可以找到当前文件夹中含有哪些 MATLAB 程序、函数和 MAT 文件，也可以通过当前文件夹窗口来浏览当前文件夹。

用 MATLAB 程序可以处理一个项目，并且将命令列表保存下来以供将来使用，因为将来要使用这些程序，所以最好是加上注释，MATLAB 中的注释符号是个百分号，如下所示：

```
% This is a comment.
```

该命令行不会执行任何操作。

也可以在命令后面加注释：

```
a = 5    % The variable a is defined as 5
```

下面是一个 MATLAB 代码示例，可以输入脚本中并用于求解例 2.3：

```
clear, clc
% A Script to find Drag
% First define the variables
drag = 200;                      % Define drag in Newtons
density = 1.225;                 % Define air density in kg/m^3
velocity = 100*0.4470;           % Define velocity in m/s
area = 1;                        % Define area in m^2
% Calculate coefficient of drag
cd = drag *2/(density*velocity^2*area)
% Find the drag for a variety of velocities
velocity = 0:20:200;             % Redefine velocity
velocity = velocity*0.4470       % Change velocity to m/s
drag = cd*density*velocity.^2*area/2;      % Calculate drag
results = [velocity',drag']      % Create an array of the results
```

这段代码既可以从脚本运行(单击 Save and Run 图标)，也可以从命令窗口运行(键入文件名称)。两种方法产生的结果一样会显示在命令窗口中，变量也会存储到工作区中。

**提示：** 将脚本的一部分用高亮显示，然后右键单击鼠标，再选择运行片段，可以执行一部分脚本，也可以用同样的方法对程序片段进行注释或“取消注释”；这种方法在创建和调试程序期间特别有用。

**例 2.4　建立脚本文件，计算宇宙飞船的加速度**

在没有阻力的情况下，宇宙飞船所需要的推进功率的确定很简单，根据基础物理学定律有

$$F = ma$$

也就是力($F$)等于质量($m$)乘以加速度($a$)，能量($W$)等于力乘以距离($d$)，又因为功率($p$)是单位时间内的能量，所以功率等于力乘以速度($v$)：

$$W = Fd$$

$$P = \frac{W}{t} = F \times \frac{d}{t} = F \times v = m \times a \times v$$

该式表明宇宙飞船所需功率与其质量、速度和加速度有关，如果不提供功率，则宇宙飞船将按照当前速度运动，只要不想做得太快，就可以用很少的功率完成姿态调整，当然绝大部分功率与导航无关，其功率主要用于通信、管理、科学实验和观察。

20 世纪的最后 25 年时间，旅行者 1 号和旅行者 2 号宇宙飞船探索了太阳系的外层(见图 2.14)。旅行者 1 号遇到了木星和土星，旅行者 2 号不仅遇

图 2.14　旅行者 1 号和旅行者 2 号宇宙飞船于 1977 年发射离开太阳系

到了木星和土星，还继续向天王星和海王星前进。旅行者计划取得了巨大的成功，旅行者号飞船在离开太阳系时继续接收信息。每个航天器上的发电机(低水平核反应堆)预计至少要工作到 2025 年。能量来源是钚 238 的样本，衰变时会产生热量，用热量来发电。每艘飞船发射时，它的发电机产生大约 470 瓦的电力。不仅钚在衰变，而且飞船上的热电偶也在降解。到 2011 年，在发射近 35 年后，产生的功率已经下降到 270 瓦。这个动力是用来操作科学仪器的，但是如果用它来推进系统，宇宙飞船会产生多大的加速度？旅行者 1 号目前的速度是 3.5 AU/year(AU 是一个天文单位)，旅行者 2 号的速度是 3.15 AU/ year，每个宇宙飞船的重量是 721.9 kg。

1. 描述问题

   求由宇宙飞船发动机产生的功率可能产生的加速度。

2. 描述输入和输出

   **输入**　质量 = 721.9 kg
   　　　功率 = 270 W = 270 J/s
   　　　速度 = 3.50 AU/year(旅行者 1 号)
   　　　速度 = 3.15 AU/year(旅行者 2 号)

   **输出**　每个宇宙飞船的加速度，单位为 $m/s^2$

3. 建立手工算例

   已知

$$P = m \times a \times v$$

   该公式可以转换为

$$a = \frac{P}{m \times v}$$

   该式最难的部分是保持单位统一，首先将速度转换为 m/s，对于旅行者 1 号有

$$v = 3.50 \frac{\text{AU}}{\text{year}} \times \frac{150 \times 10^9 \text{ m}}{\text{AU}} \times \frac{\text{year}}{365 \text{ days}} \times \frac{\text{day}}{24 \text{ h}} \times \frac{\text{h}}{3600 \text{ s}} = 16.650 \text{ m/s}$$

   然后计算加速度得到：

$$a = \frac{270 \text{ J/s} \times 1 \text{ kg} \times \text{m}^2/\text{s}^2\text{J}}{721.9 \text{ kg} \times 16.650 \text{ m/s}} = 2.7 \times 10^{-5} \text{ m/s}^2$$

4. 开发 MATLAB 程序

```
clear, clc
% Example 2.4
% Find the possible acceleration of the Voyager 1
% and Voyager 2 Spacecraft using the on board power
% generator
```

```
format shortg
mass = 721.9;              % mass in kg
power = 270;               % power in watts
velocity = [3.5 3.15];     % velocity in AU/year
% Change the velocity to m/sec
velocity = velocity*150e9/365/24/3600
% Calculate the acceleration
acceleration = power./(mass.*velocity)
```

单击 Save and Run 图标执行程序，结果就在命令窗口中显示出来，见图 2.15 所示。

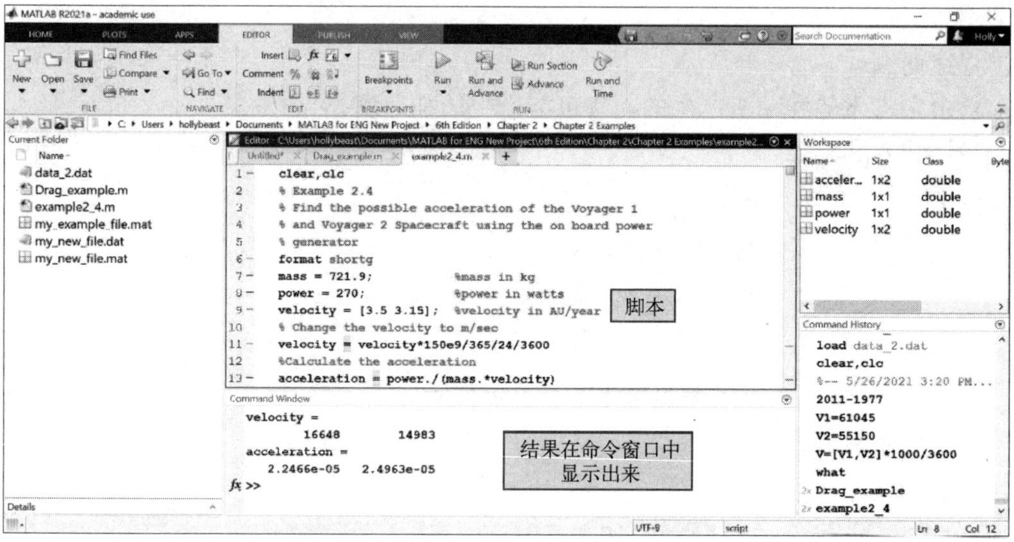


图 2.15　脚本文件执行的结果显示在命令窗口中

5．验证结果

比较发现，对于旅行者 1 号，手工计算结果与 MATLAB 程序计算结果一致。加速度看起来很小，但是如果经历过几周或几个月，则其速度也会发生巨大变化。例如，不变的加速度为 $2.25\times10^{-5}$ m/s$^2$，经过一个月时间，速度变化量为 58 m/s：

$$2.25\times10^{-5}\ \text{m/s}^2\times3600\ \text{s/h}\times24\ \text{h/day}\times30\ \text{days/month}=58.3\ \text{m/s}$$

既然有了正确的 MATLAB 程序，就可以进一步利用该程序解决更复杂的计算问题。

**实时脚本**

实时脚本是一种交互式程序文件，不仅包含代码，还包含文本、图像、公式和程序创建的图形输出。MATLAB 代码与输入到脚本文件中的代码相同。实时脚本存储在扩展名为.mlx 的文件中。除了实时脚本之外，MLX 文件还可以存储函数，但与 M 文件不同，它不支持存储方法(类)。这些其他类型的 MLX 文件将在后面的章节中进行介绍。

> **关键知识**
>
> MLX 文件的两种类型是实时脚本和函数。

如果已有了现成的脚本，可以通过右键单击编辑器窗口中的选项卡上的文件名，选择“Open as Live Script”，如图 2.13 所示，将其转换为实时脚本。第一个示例程序看起来不会有太大的不同，但是一旦代码被执行了，结果将默认显示在代码段的右侧(见图 2.16)。可以通过选择窗口最右边的一个输出位置图标来选择不同的显示输出选项。除了查看如图所示的右边的代码之外，还可以直接选择查看生成它的代码行下方的输出，也可以隐藏代码只显示输出。

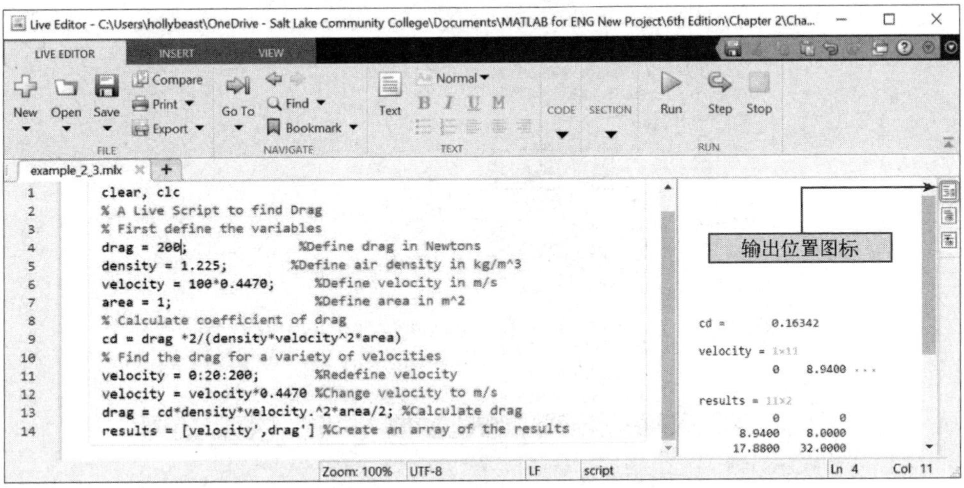


图 2.16　实时脚本与程序代码在同一窗口中显示程序输出

实时脚本不仅可以保存为 MLX 文件，还可以保存为其他几种文件格式。这些格式可以合并到报告或其他网络发布的文档，包括 PDF、Word 和 HTML 文档。还可以通过在 Save As 菜单中选择“MATLAB Code files”，将其转换回 M 文件。

## 2.4.3　分节模式

分节模式是一个实用程序，允许用户将脚本和实时脚本划分为多个节，每次可以执行一个节，这种特性在开发 MATLAB 程序时特别有用。

为了将 M 文件的程序分节，用双百分号加一个空格作为分节符或者从工具栏中选择分段中断图标。如果需要对节进行命名，则只需要将节的名称放在分节符同一行的后面即可：

```
%% Section Name
```

一定要注意非常重要的一点，即在双百分号(%%)后面要留一个空格，否则该行就会被认为是注释行，而不是分节标志。

> **关键知识**
> 分节模式允许用户逐节运行部分代码。

一旦设置了分节符，完成分节工作，则当光标放到节内任何位置时，该整节就会变成淡黄色。例如在图 2.17 中，程序的前 4 行组成第 1 节，现在可以用工具栏上的编辑标签栏中的运行图标来执行一节、执行当前节并移动到下一节或执行整个文件。导航菜单列出了脚本中的所有节并允许跳转到某个指定节或函数(其他章节中会介绍函数)，如图 2.18 所示。

当图 2.17 和图 2.18 中所示的程序转换为实时脚本时，每节都用分节符分隔，标题自动添加节标题和文本。添加额外的文本或代码，就像使用任何文字处理器一样，在工具栏上选择适合的选项(见图 2.19)。如图 2.20 所示，选择插入标签栏可以插入图片、超链接、方程式，甚至节标题的目录。最后，选择视图标签栏(见图 2.21)可以调整视图，包括是否显示行号。在运行程序后清除输出是很有用的。

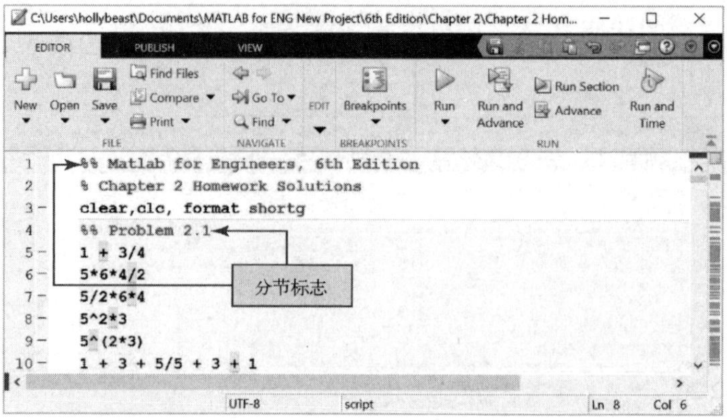


图 2.17 分节模式允许用户每次执行一个单元或一节

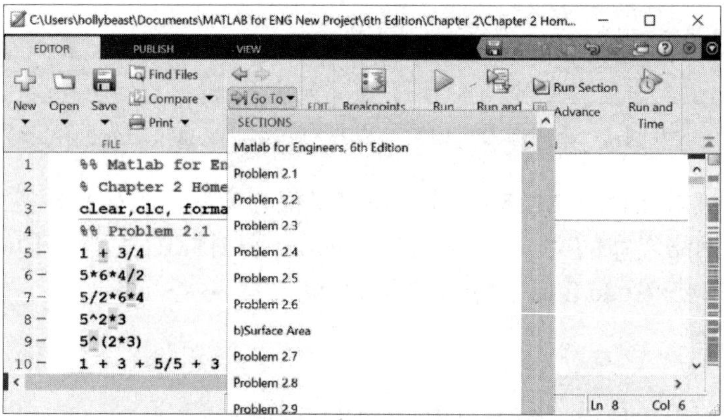


图 2.18 导航下拉菜单列出了 M 文件中全部的节

当不是从脚本开始创建实时脚本程序时，可以在 MATLAB 工具栏中选择新建实时脚本。从工具栏中选择合适的选项来添加文本或代码。MATLAB 脚本创建代码的所有原则都适用于创建 MATLAB 实时脚本的代码。

前面的图片显示了为解决一些问题而编写的程序的前几行。通过将程序划分为各个节，就可以分别处理每个问题。

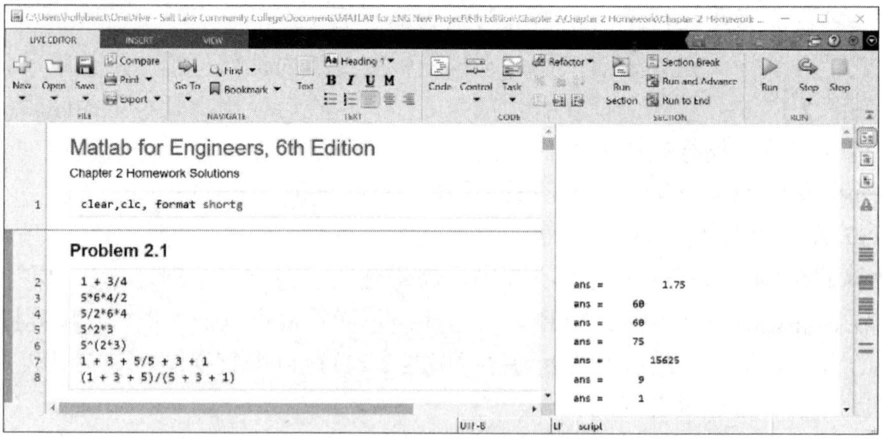


图 2.19 当带有节的 MATLAB 脚本转换为实时脚本时，文本自动格式化

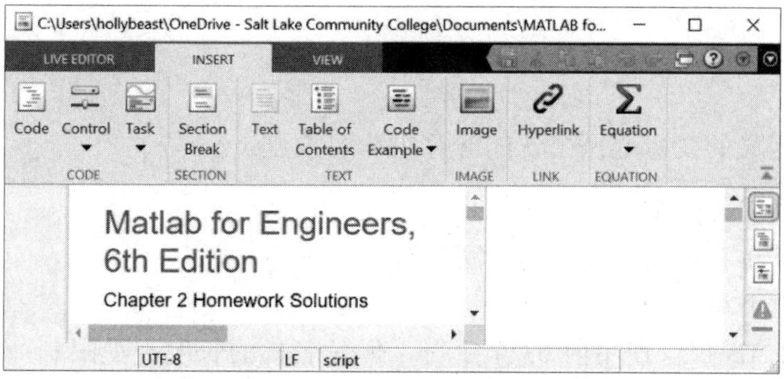


图 2.20　插入标签栏允许程序员将图像、超链接、方程式，甚至是目录添加到一个实时脚本中，除了程序的基本元素中的文本和代码

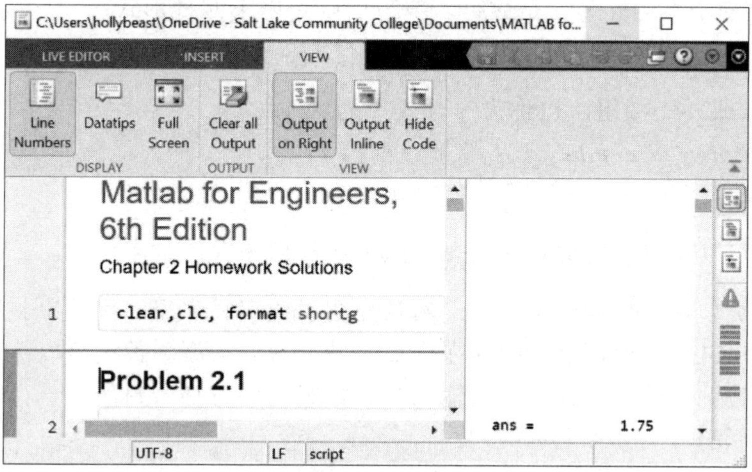


图 2.21　视图标签栏允许程序员调整程序和输出的方式，包括在程序执行后重置输出

将程序文件分成多个节为计算者提供了极大的方便。通过使用 `Run and Advance` 函数（如图 2.17 和图 2.19 所示），计算者可以分步骤地每次一个节地解决问题。更重要的是，程序员可以将复杂的程序分解成方便管理的节并分别独立执行每个节。

## 小结

本章介绍了 MATLAB 的基本组成部分，MATLAB 环境包含多个窗口，其中有三个是默认打开的：

- 命令窗口
- 工作区窗口
- 当前文件夹窗口

另外，还有些窗口在需要时会打开，包括：

- 命令历史窗口
- 文档窗口

- 图形窗口
- 编辑窗口

MATLAB 中定义的变量遵循公认的计算机命名规则：

- 名称必须以字母开头；
- 字母、数字和下画线是仅有的合法字符；
- 名称区分大小写；
- 尽管 MATLAB 仅仅使用前 63 个字符，但是名称的长度不受限制；
- 一些关键字是被 MATLAB 保留的，不能用作变量名称；
- MATLAB 允许将函数名定义为变量名称，但是这种做法实际上不可取。

MATLAB 中的基本运算单元是数组，数组可以是以下四种形式：

- 标量(1×1 数组)；
- 向量(1×$n$ 或 $n$×1 数组，也称为一行或一列)；
- 二维数组($m$×$n$ 或 $n$×$m$)；
- 多维数组。

虽然数组也可以存储其他形式的信息，但是通常用来存储数字信息。

存储的信息类型称为数据类型或类。本章介绍了数字、字符、字符串、逻辑和表格数据类型，尽管在 MATLAB 编程语言中存在许多额外的数据类型。数据可以手工输入到数组中或可以从存储的数据文件中检索。手工输入时，数组要用方括号封闭，一行中的元素用逗号或空格分隔开，新的行用分号表示：

```
a = [1 2 3 4; 5 6 7 8]
```

等间隔数组可以用冒号算子产生，因此命令

```
b = 0:2:10
```

就会产生一个初始值为 0，终值为 10，增量为 2 的数组。linspace 函数和 logspace 函数可用于产生数组，该数组的元素值位于给定的初始值和终值之间，且按线性间隔或按指数间隔分布。help 函数或 MATLAB 帮助菜单可用来查找所有函数的语法。

MATLAB 遵循标准的代数运算顺序。

MATLAB 支持标准的(十进制)和科学计数法，也支持多种不同的显示格式，无论显示的是什么样的值，其存储格式均为双精度浮点数。

MATLAB 可以存储变量，也可以从.mat 文件或.dat 文件导入，.mat 文件是 MATLAB 专有并专用的，因为它存储数据的效率比其他文件格式的效率更高。.dat 文件采用的是标准的 ASCII 格式，而且当在 MATLAB 中建立的数据需要与其他程序共享时，就需要使用这种文件。

MATLAB 命令集可以存储为脚本文件或者实时脚本文件。为了将一系列用于求解问题的命令存储起来，以便后期再次使用，这是最好的方法。利用分节模式可以代码分为多个节，并分别独立地执行每一节代码。当一个脚本用来求解多个问题时，这种方法特别方便。

## MATLAB 小结

下表列出了本章定义的所有特殊字符与命令和函数。

| 特殊字符 | |
|---|---|
| [ ] | 构成数组 |
| ( ) | 用在语句中时，将运算分组； |
| | 和数组名称联合使用，用来指定某个元素 |
| , | 分隔下标或数组元素 |
| ; | 在数组定义中用来分隔行； |
| | 在命令中使用时抑制输出 |
| : | 用于产生数组； |
| | 表示所有行或所有列 |
| = | 赋值运算符将一个值赋给一个内存单元； |
| | 和等号不一样 |
| % | 表示注释 |
| %% | 分节符号 |
| + | 标量和数组加法 |
| – | 标量和数组减法 |
| * | 标量乘法和数组代数中的乘法 |
| .* | 数组乘法（点乘） |
| / | 标量除法和数组代数中的除法 |
| ./ | 数组除法（点除） |
| ^ | 标量指数和数组代数中的数组指数 |
| .^ | 数组指数（点幂） |

| 命令和函数 | |
|---|---|
| ans | MATLAB 计算结果的默认标量名称 |
| ascii | 表示数据存储为标准的 ASCII 格式 |
| clc | 清理命令窗口 |
| clear | 清理工作区 |
| exit | 退出 MATLAB |
| format + | 将显示格式设置为仅显示加减号 |
| format compact | 将显示格式设置为紧凑格式 |
| format long | 将显示格式设置为 14 位小数格式 |
| format long e | 将显示格式设置为 14 位小数的科学计数法格式 |
| format long eng | 将显示格式设置为 14 位小数的工程计数法格式 |
| format long g | 允许 MATLAB 自动选择最合适的 14 位小数格式（或者是定点格式或者是浮点格式） |
| format loose | 将显示格式设置为默认的、非紧凑型格式 |
| format short | 将显示格式设置为默认的 4 位小数位格式 |
| format short e | 将显示格式设置为 4 位小数位的科学计数法格式 |
| format short eng | 将显示格式设置为 4 位小数位的工程计数法格式 |
| format short g | 允许 MATLAB 自动选择最合适的 4 位小数格式（或者是定点格式或者是浮点格式） |
| format rat | 将显示格式设置为有理数（分数）格式 |

续表

| 命令和函数 | |
|---|---|
| help | 激活帮助应用程序 |
| linspace | 线性间隔向量函数 |
| load | 从文件加载数组 |
| logspace | 指数间隔向量函数 |
| namelengthmax | 寻找最大比例名的长度 |
| pi | π的近似值 |
| quit | 退出 MATLAB |
| save | 将比例存储到文件 |
| who | 列出内存中的变量 |
| whos | 列出变量及其维数 |

## 关键术语

| | | | | |
|---|---|---|---|---|
| 数组 | 点运算符 | 提示符 | 数组编辑器 | 编辑窗口 |
| 有理数 | 数组运算符 | 显示列表 | 标量 | ASCII |
| 函数 | 科学计数法 | 赋值 | 图形窗口 | 脚本 |
| 类 | 实时脚本 | 分节 | 命令历史 | M 文件 |
| 工具栏 | 命令窗口 | 矩阵 | 转置 | 当前文件夹 |
| MAT 文件 | 变量 | 数据类型 | MLX 文件 | 向量 |
| 文档窗口 | 运算符 | 工作区 | | |

## 习题

可以将 MATLAB 当作一个电子计算器，在命令窗口中求解这些习题，也可以建立使用脚本(M 文件)或实时脚本(MLX 文件)编程。如果是作为家庭作业来求解这些习题的，或者想记录所有的工作，那么最好的方法是使用程序文件，并用分节符将其分成节。

**开始**

**2.1** 预测下列 MATLAB 算式的结果。

```
1 + 3/4
5*6*4/2
5/2*6*4
5^2*3
5^(2*3)
1 + 3 + 5/5 + 3 + 1
(1 + 3 + 5)/(5 + 3 + 1)
```

在命令窗口中输入算式，验证结果的正确性。

**变量的使用**

**2.2** 确定下列每对变量名称中哪个是合法的 MATLAB 变量名称：

| | |
|---|---|
| fred | fred! |
| book_1 | book-1 |
| 2ndplace | Second_Place |
| #1 | No_1 |
| vel_5 | vel.5 |
| tan | while |

用 `isvarname` 命令证实判断结果，例如输入

```
isvarname fred
```

如果名称是合法的，`isvarname` 命令返回 1，否则返回 0。尽管允许把函数名字当作变量名字用，但是这种做法绝对不可取。验证之前的名称是否是一个函数名称，使用 `which` 命令，例如，

```
which sin.
```

在什么情况下，MATLAB 认为 `sin` 是一个变量名称，而不是函数名称？

**标量运算和运算顺序**

**2.3** 建立 MATLAB 代码进行下列计算：

$5^2$

$\frac{5+3}{5\cdot 6}$

$\sqrt{4+6^3}$

$9\frac{6}{12}+7\cdot 5^{3+2}$

$1+5\cdot 3/6^2+2^{2-4}\cdot 1/5.5$

用科学计算器计算结果，并将代码输入到 MATLAB 中运行，验证代码的正确性。

**2.4** (a) 如图 p2.4 (a) 所示，圆的面积是 $\pi r^2$，已知 $r=5$，用 MATLAB 求圆的面积；

(b) 如图 p2.4 (b) 所示，球体的表面积为 $4\pi r^2$，求半径为 10 ft 的球体的表面积；

(c) 如图 p2.4 (c) 所示，球体的体积为 $(4/3)\pi r^3$，求半径为 2 ft 的球体的体积。

**2.5** (a) 如图 p2.5 (a) 所示，正方形的面积为边长的平方 ($A=e^2$)，已知边长为 5，用 MATLAB 求正方形的面积；

(b) 如图 p2.5 (b) 所示，正方体的表面积是边长平方的 6 倍 ($SA=6\times e^2$)，求边长为 10 的正方体的表面积；

(c) 如图 p2.5 (c) 所示，正方体的体积是边长的立方 ($V=e^3$)，求边长为 12 的正方体的体积。

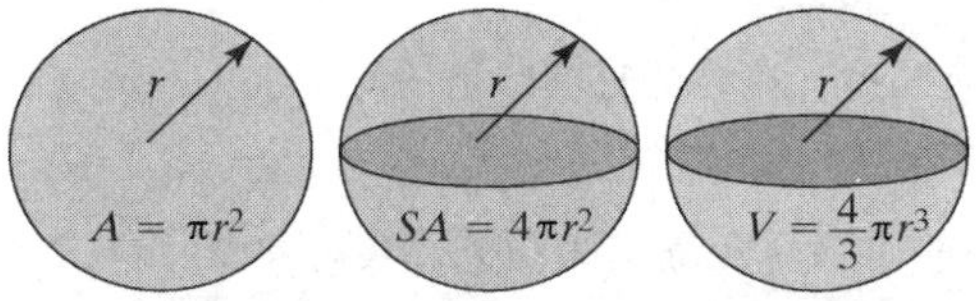


图 P2.4　(a) 圆的面积；(b) 球的表面积；(c) 半径为 r 的球的体积

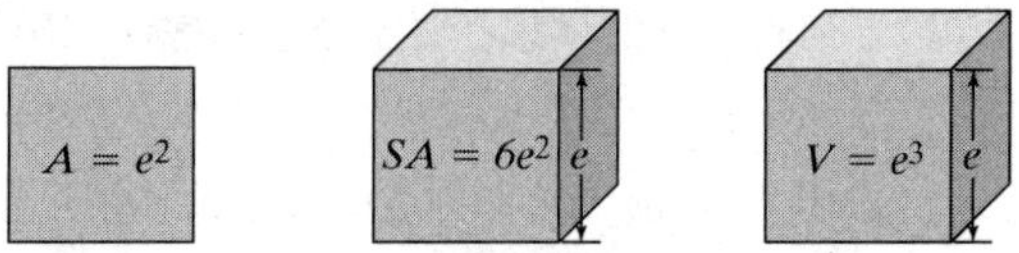


图 P2.5　(a) 正方形的面积；(b) 立方体的表面积；(c) 边长为 e 的立方体的体积

**2.6** 杠铃如图 P2.6 所示。

(a) 如果每个球体的半径为 10 cm，球体间连接杆的长度为 15 cm，杆的直径为 1 cm，假设连接杆就是圆柱形，求杠铃的体积；

(b) 求杠铃的表面积。

图 P2.6　杠铃的几何形状看成两个球体和一个圆柱形杆构成

**2.7** 例 2.1 中介绍了理想气体定律，该定律描述了压力($P$)、温度($T$)、体积($V$)以及气体摩尔数($n$)之间的关系。

$$PV = nRT$$

其中符号 $R$ 代表理想气体常数，当压力较低、温度较高时(低压和高温的介定随气体的不同而不同)，理想气体定律能很好地估计气体的特性。1873 年，约翰内斯•迪德里克•范德瓦耳斯(见图 P2.7)对理想气体定律进行了改进，修改后的方程能在较宽范围的温度和压力下较好地模拟理想气体的特性。

$$\left(P + \frac{n^2a}{V^2}\right)(V - nb) = nRT$$

在该方程中，$a$ 和 $b$ 代表不同气体的特征值。

试分别用理想气体定律和范德瓦耳斯方程计算水蒸气(蒸汽)的压力，所需数据见表 P2.7。

图 P2.7　约翰内斯•迪德里克•范德瓦耳斯

**表 P2.7　蒸汽数据**

| | |
|---|---|
| 压力，$P$ | 220 bar |
| 摩尔数，$n$ | 2 mol |
| 体积，$V$ | 1 L |
| $a$ | 5.536 $L^2$bar/$mol^2$* |
| $b$ | 0.03049 L/mol* |
| 理想气体常数，$R$ | 0.08314472 L bar/K mol |

*数据来源：Weast，R.C.(编)，《化学物理手册》(第 53 版)，克利夫兰：化工橡胶有限公司，1972。

**数组运算**

**2.8** (a) 圆柱的体积是$\pi r^2 h$，设 $r = 3$，$h$ 为数组

```
h = [1, 5, 12]
```

求圆柱体的体积[见图 P2.8(a)]。

(b) 三角形的面积是底乘高除以 2，设底为数组

```
b = [2, 4, 6]
```

高 $h$ 为 12，求三角形的面积[见图 P2.8(b)]。

(c) 任何正棱柱的体积都等于棱柱的底面积乘以其垂直高度，棱柱的底可以是任何形状——例如圆形、长方形或三角形。

求由(b)步的三角形构成的棱柱的体积，假设棱柱的垂直高度为 6[见图 P2.8(c)]。

**2.9** 包含电阻、电感和电容的电路，其响应取决于电阻的相对值和连接方式。描述这种电路的响应的一个重要的中间量就是 $s$，根据 $R$、$L$ 和 $C$ 值的情况不同，$s$ 可能是一个实数、一对共轭复数或者是一对相等的值。

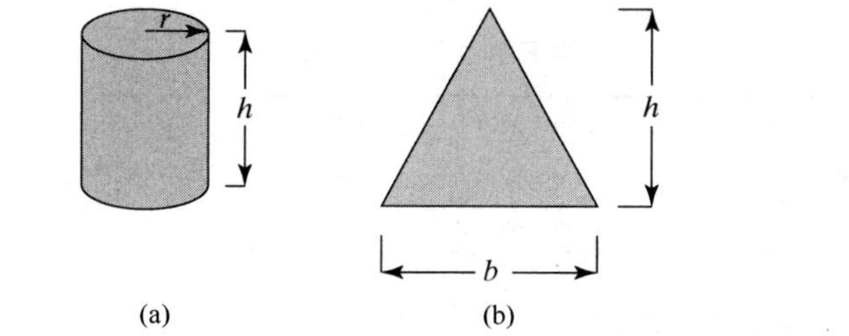


(c)

图 P2.8

确定某个串联电路(如图 P2.9 所示)响应的方程为

$$s=-\frac{R}{2L}\pm\sqrt{\left(\frac{R}{2L}\right)^2-\frac{1}{LC}}$$

(a) 当电阻为 800 Ω 时，求 $s$ 的值;

(b) 建立一个 $R$ 值的向量，值在 100～1000 Ω 之间，并计算 $s$ 的值，找到使 $s$ 为纯实数时的 $R$ 的近似值，说明当 $R$ 值增大时对 $s$ 的影响。

**提示：** 1 μF = $1\times10^{-6}$ F，1 mH = $1\times10^{-3}$ H

**2.10** 决定图 P2.10 所示并联电路响应参数 $s$ 的方程为

$$s=-\frac{1}{2RC}\pm\sqrt{\left(\frac{1}{2RC}\right)^2-\frac{1}{LC}}$$

(a) 当电阻为 200 Ω 时，求 $s$ 的值;

(b) 建立一个 $R$ 值的向量，值在 100～1000 Ω 之间，并计算 $s$ 的值，找到使 $s$ 为纯实数时的 $R$ 值，说明 $R$ 值减小对 $s$ 的影响。

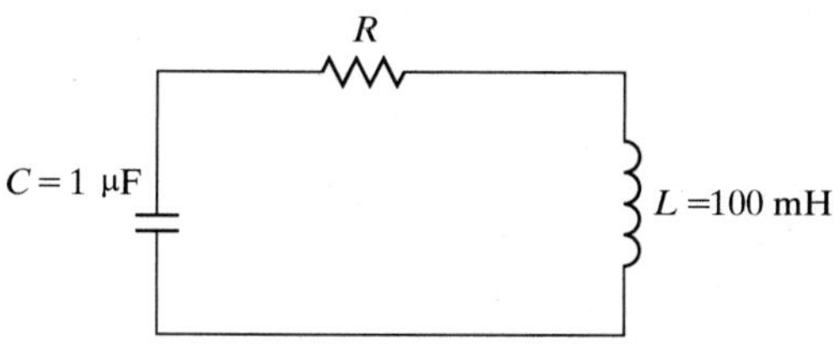


图 P2.9　串联电路

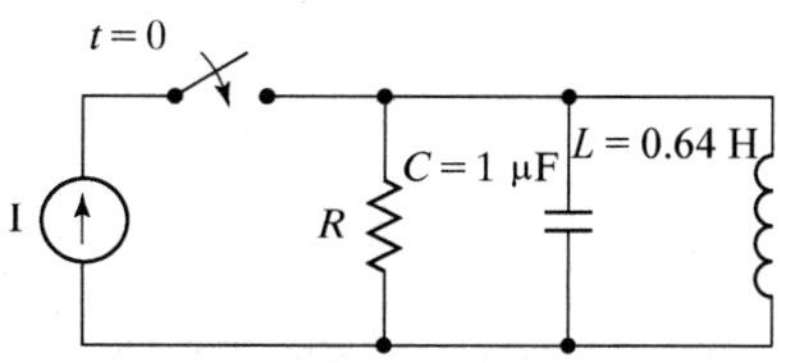


图 P2.10　并联电路

**2.11** 汽车每燃烧 1 gal 汽油就会产生 19.4 lb $CO_2$，计算下列车辆在一年时间内的 $CO_2$ 释放量，假设所有车辆每年行驶 12000 mile。表 P2.11 所示的燃油效率数据来自美国能源部网站，反映了城市和高速公路的综合估计。

**表 P2.11 燃油效率**

| | | | | | |
|---|---|---|---|---|---|
| 2021 | 特斯拉 Model 3 EV | 142 mile/gal | 2021 | 丰田汉兰达混合 | 35 mile/gal |
| 2021 | 本田思域 | 36 mile/gal | 2021 | 福特锐际混合 | 41 mile/gal |
| 2021 | 丰田花冠混合 | 52 mile/gal | 2021 | 宝马 i3 EV | 113 mile/gal |

**2.12** (a) 建立一个等间隔向量，其值从 1 至 20，间隔为 1；

(b) 建立一个向量，其值从 0 至 2π，间隔为π/10；

(c) 建立一个等间隔向量，该向量值在 4～20 之间，共含有 15 个值；(提示：使用 `linspace` 命令，如果忘记了语法，则使用 `help linspace` 命令进行查询。)

(d) 建立一个含有 10 个值的向量，其值从 10 至 1000 按照对数间隔分布。(提示：使用 `logspace` 命令。)

**2.13** (a) 建立一个将英尺转换为米的转换表，范围为 0～10 英尺，增量为 1(在教材或网上查找转换系数)。

(b) 建立一个将弧度转换为度的转换表，范围为 0～π 弧度，增量为 0.1π 弧度(在教材或网上查找转换系数)。

(c) 建立一个将英里/小时转换为英尺/秒的转换表，范围为 0～100 mph，共含有 15 个值(在教材或网上查找转换系数)。

(d) 溶液的酸度通常用 pH 值来表示。溶液的 pH 值定义为水合氢离子浓度取$-\log_{10}$。创建一个从水合氢离子浓度到 pH 值的转换表，从 0.001 到 0.1 mol/L，共含有 10 个对数等间隔分布的值。假设已经把水合氢离子的浓度命名为 `H_conc`，则计算浓度的负对数(也就是 pH 值)的语法就是

```
pH = -log10(H_conc)
```

**2.14** 自由落体(忽略空气阻力)运动距离的一般方程为

$$d = \frac{1}{2}gt^2$$

假设 $g = 9.8\ \text{m/s}^2$，列出一个时间和物体运动距离的对应表，时间从 0 到 100，自行选择合适的时间向量的间隔。(提示：注意正确运用运算符；$t^2$ 是数组运算。)

**2.15** 根据焦耳定律，直流电的功率用下式计算：

$$P = VI$$

其中，$P$ 为功率，单位是瓦(W)；$V$ 为电压差，单位是伏特(V)；$I$ 为电流，单位是安培(A)，结合欧姆定律

$$V = IR$$

可以得到

$$P = I^2R$$

其中，电阻 $R$ 的单位是欧姆(Ω)。

具有均匀截面的导体(例如铁丝或铁棒)的电阻为

$$R = \rho\frac{l}{A}$$

其中，$\rho$ 为电阻率，单位是欧姆米(Ω · m)；$l$ 为导线的长度；$A$ 为导线的横截面面积。

这样就得到功率的方程为

$$P = I^2 \rho \frac{l}{A}$$

电阻率是材料的特性，将很多材料的电阻率归纳后做成了表格，如下表所示：

| 材料 | 电阻率，欧姆米（测量温度为 20℃） | 材料 | 电阻率，欧姆米（测量温度为 20℃） |
|---|---|---|---|
| 银 | $1.59\times10^{-8}$ | 铝 | $2.82\times10^{-8}$ |
| 铜 | $1.68\times10^{-8}$ | 铁 | $1.0\times10^{-7}$ |
| 金 | $2.44\times10^{-8}$ | | |

用所列的每种材料制作成导线，其规格为：直径为 0.001 m，长度为 2.0 m。假设导线承载的电流为 120 A，求每种导线所消耗的功率。

**2.16** 将导线长度从 1 m 到 1 km 按照对数等间隔分成 10 种规格，重复上一道题。

**2.17** 牛顿万有引力定律说明，一个物体给另一个物体施加的引力为

$$F = G\frac{m_1 m_2}{r^2}$$

其中万有引力常数经过实验得到的值为

$$G = 6.673\times10^{-11}\ \mathrm{N\cdot m^2/kg^2}$$

物体的质量分别为 $m_1$ 和 $m_2$，$r$ 为两者之间的距离。用牛顿万有引力定律求月球受到的地球的引力。假设地球的质量约为 $6\times10^{24}$ kg，月球的质量约为 $7.4\times10^{22}$ kg，月球与地球之间的平均距离为 $3.9\times10^{8}$ m。

**2.18** 地球与月球之间的距离不是固定不变的，根据上一道题的方程，取 $3.8\times10^8$ m 至 $4.0\times10^8$ m 之间 10 个不同距离，分别计算月球对地球的引力。注意在进行除法运算时正确使用运算符。

**2.19** 回顾习题 2.7，已知理想气体定律为

$$PV = nRT$$

范德瓦耳斯的改进方程为

$$\left(P + \frac{n^2 a}{V^2}\right)(V - nb) = nRT$$

利用习题 2.7 的数据，求下列情况下的温度值（$T$）：

(a) 压力从 0 bar 变化到 400 bar，取 10 个不同的值，体积为 1 L；

(b) 体积从 0.1 L 变化到 10 L，取 10 个不同的值，压力为 220 bar。

### 数据显示

**2.20** 定义一个数组 a 等于[−1/3, 0, 1/3, 2/3]，然后用下列各种格式显示该数组：

```
format short  （这个是默认的格式）
format long
format bank
format short e
format long e
format short eng
format long eng
format short g
format long g
format +
format rat
```

**存储**

**2.21** ● 定义一个数组 D_to_R，该数组由两列构成，其中一列代表度，另一列对应值代表弧度，任何一组数值都可以这样定义；

● 将数组存储到一个名称为 degrees.dat 的文件中；

● 文件存储完之后，清理工作区，然后将数据从文件加载到 MATLAB 中。

**2.22** 建立一个脚本文件，做本章的所有家庭作业，文件中应该包含适当的注释以便区分不同的题目，并对计算过程进行描述，不要忘记包含姓名、日期和老师要求的其他信息。为了方便起见，可用分节符将脚本分节。

**2.23** 将上题中的脚本文件转换为实时脚本文件，并运行程序，以行和右侧的两种形式显示实验结果，并将结果另存为 PDF 格式。

# 第 3 章　MATLAB 内置函数

**本章目标**

学完本章后应能够：

- 访问和使用 MATLAB 的帮助功能；
- 使用各种常用的数学函数；
- 利用 MATLAB 中的三角函数解题；
- 使用统计函数和数据分析函数进行计算；
- 产生均匀和高斯随机数矩阵；
- 创建复数并应用；
- 了解 MATLAB 的计算极限；
- 认识并使用 MATLAB 内置的特殊值和函数。

## 引言

大量的工程计算需要非常复杂的数学函数，包括对数函数、三角函数和统计分析函数。MATLAB 有一个覆盖面很广的内置函数库，可用来轻松地完成这些计算。

## 3.1　内置函数的使用

很多 MATLAB 内置函数的名称与 C 语言、Fortran 语言、Python 语言以及 Java 语言中定义的函数名称相同。例如求变量 x 的平方根，键入

```
b = sqrt(x)
```

MATLAB 函数的最大优点就是函数的参数一般既可以是标量，也可以是数组。上面的例子中，如果 x 是一个标量，则返回值也是一个标量，因此语句

```
x = 9;
b = sqrt(x)
```

> **关键知识**
>
> 大多数 MATLAB 函数名与其他计算机程序中使用的函数名相同。

返回一个标量：

```
b =
      3
```

平方根函数 sqrt 也可以接受数组作为输入参数，此时就会计算每个元素的平方根，所以

```
x = [4, 9, 16];
b = sqrt(x)
```

返回值为

```
b =
     2   3   4
```

所有函数都可以看成由三个部分构成：名称、输入和输出。在前面的例子中，函数的名称是 sqrt，函数的输入(也称为参数)在括号内，可以是标量或矩阵，输出是计算得到的一个值或多个值。该例子中的输出赋值给名称为 b 的变量。

有些函数需要多个输入。例如，求余函数 rem 需要两个输入：一个被除数和一个除数。表示为 rem(x,y)所以

```
rem(10,3)
```

计算出被除数 10 除以 3 的余数为

```
ans =
        1
```

size 函数返回两个输出，返回值存储在一个独立的数组中，确定了矩阵中的行数和列数。因此

```
d = [1, 2, 3; 4, 5, 6];
f = size(d)
```

返回一个 1×2 的矩阵

```
f =
     2      3
```

也可以将赋值语句的左边表示为一个数组，将计算结果的每一项赋值给一个变量名称，例如，

```
[rows,cols] = size(d)
```

得到

```
rows =
         2
cols =
         3
```

MATLAB 最新版的一个很有用的功能就是自适应帮助功能，即输入函数名称时，正确函数格式的屏幕提示就会出现，也包括函数帮助页的链接。

通过函数嵌套可以建立更复杂的表达式，例如，

```
g = sqrt(sin(x))
```

会求出存储在矩阵 x 中的所有值的正弦值的平方根，如果 x 的赋值是 2，

```
x = 2;
```

则返回的结果为

```
g =
      0.9536
```

> **关键知识**
> 编程时如果将嵌套的函数式分解为两个独立的语句，代码会变得更易读。

函数的嵌套会使 MATLAB 代码复杂化。要确保每个函数的参数是在各自的圆括号内。编程时如果将嵌套的函数式分解为两个独立的语句，则代码会变得更易读，因此

```
a = sin(x);
g = sqrt(a)
```

其结果与 g = sqrt(sin(x))相同，但是程序更容易理解。

**提示**：对于一些函数，看到名称和语法就可能会猜到函数的用法，但是在进行任何重要的计算之前，一定要验证相关的函数的工作方式与你猜测的方式是否相同。

## 3.2　帮助功能的使用

MATLAB 包含非常丰富的帮助工具，尤其是对理解函数的使用方法非常有帮助。有两种方法可以获得帮助：一种是命令行帮助函数 help，这种方法的内容非常有限。另一种方法是用 doc 函数访问基于 HTML 的一组文档。也可以选择工具栏中的 help 按钮或 F1 功能键打开基于 HTML 的文档。因为这两种方法提供的信息有所不同，并提供了指定函数的使用方法，所以两种方法都可以使用。

为了得到某个主题的帮助，需要键入 help <topic>(尖括号表示主题输入的位置，但是在实际的 MATLAB 语句中不包含这两个尖括号)。

例如，为了获得 tangent 函数的帮助，键入

```
help tan
```

会显示下列内容：

```
tan          Tangent of argument in radians.
  tan(X) is the tangent of the elements of X.
See also atan, atan2, tand, atan2d
```

> **关键知识**
>
> 使用 help 函数帮助您使用 MATLAB 中的内置函数。

若想使用独立窗口版的帮助屏幕，则需要在工具栏中选择 Help->Documentation，独立窗口版的帮助列表就会出现，列表中包含了计算机中已经安装的所有 MATLAB 产品的帮助文档，然后就可以搜索到所需的主题。如果想直接从命令窗口访问独立窗口版帮助程序，则需要键入 doc <topic>。如果想要访问 tangent 函数的独立窗口版帮助时，键入

```
doc tan
```

两种方法获得的同一个函数的帮助，内容有所不同。如果从先使用的方法中得不到需要的答案，那么另一种方法通常会有所帮助。

浏览独立窗口版帮助的应用程序极其有用，首先从打开的窗口中选择 MATLAB，会打开交互式 MATLAB 文档。左侧是内容列表，可能是展开的，也可能是收缩的。主屏幕包含分类组织的主题列表的链接。利用链接可以找到求解各种问题的可用 MATLAB 函数。

**实训练习 3.1**

1．在命令窗口中用 help 命令查找下列函数的语法：
   a. cos
   b. sqrt
   c. exp
2．用工具栏中的独立窗口帮助功能学习上一题中的函数。
3．在命令窗口中用 doc 函数访问第 1 题中三个函数的独立窗口帮助信息。

## 3.3 初等数学函数

初等数学函数包括对数函数、指数函数、绝对值函数、舍入函数和离散数学中用到的函数。

> **关键知识**
> 大多数函数都接受标量、向量或矩阵作为输入。

### 3.3.1 常见的计算

表 3.1 中所列出的函数，其变量 x 可以是标量或矩阵。

**提示**：原则上，函数 `log` 在所有的计算机语言中都是指自然对数，虽然这不是数学课本中的标准，但是在计算机编程中就是标准。不知道这种区别是产生错误的常见原因，尤其是对于初学者。如果想取以 10 为底的对数，则需要使用函数 `log10`，MATLAB 中还有 `log2` 这个函数，但是如果取底为其他值的对数运算时，就需要进行计算了，不存在可以将底数作为输入参数的通用的对数函数。

**实训练习 3.2**

从表 3.1 中选择合适的函数求解下列问题。

**表 3.1 常见的数学函数**

| | | |
|---|---|---|
| `abs(x)` | 求 $x$ 的绝对值 | `abs(-3)`<br>`ans = 3` |
| `sqrt(x)` | 求 $x$ 的平方根 | `sqrt(85)`<br>`ans = 9.2195` |
| `nthroot(x,n)` | 求 $x$ 的 $n$ 次方根的实数解，该函数不返回复根，因此(–2)^(1/3)的返回值跟前面的结果不同，但它们都是–2 的三次根 | `nthroot(-2,3)`<br>`ans = -1.2599`<br>`(-2)^(1/3)`<br>`ans = 0.6300-1.0911 i` |
| `sign(x)` | 如果 $x$ 大于 0，则返回值为 1；<br>如果 $x$ 等于 0，则返回值为 0；<br>如果 $x$ 小于 0，则返回值为–1 | `sign(-8)`<br>`ans = -1` |
| `rem(x,y)` | 计算 $x/y$ 的余数 | `rem(25, 4)`<br>`ans = 1` |
| `exp(x)` | 计算 $e^x$ 的值，其中 e 是自然对数的底，其值约为 2.7183 | `exp(10)`<br>`ans = 2.2026e + 004` |
| `log(x)` | 计算 $\ln(x)$ 的值，即 $x$ 的以 e 为底的自然对数 | `log(10)`<br>`ans = 2.3026` |
| `log10(x)` | 计算 $\log_{10}(x)$ 的值，即 $x$ 的以 10 为底的常用对数 | `log10(10)`<br>`ans = 1` |

1. 建立一个向量 $x$，其值从–2 至+2，增量为 1，该向量应该是

```
x = [-2,-1,0,1,2]
```

   a. 求向量中每个元素的绝对值；

   b. 求向量中每个元素的平方根。

2. 求–3 和+3 的平方根

a. 用 sqrt 函数；

b. 用 nthroot 函数(应该得到一个关于–3 的错误语句)；

c. 用幂运算符计算(不要忘记将–3 放在圆括号内)，结果会怎么样？

3. 建立一个向量 $x$，其值从–9 至 12，增量为 3。

a. 求 $x$ 除以 2 的结果

b. 求 $x$ 除以 2 的余数。

4. 用上一道题的向量求 $e^x$。

5. 用练习 3 的向量

a. 求 $\ln(x)$ ($x$ 的自然对数)

b. 求 $\log_{10}(x)$ ($x$ 的常用对数)，对结果加以解释。

6. 用 sign 函数确定向量 $x$ 中哪些元素是正数。

7. 将数据格式改为 rat 格式，显示向量 $x/2$ 的值。

(做完本练习后不要忘记将数据显示格式改回 format short 或 format shortg 格式。)

**提示**：求 e 的幂在数学上的表示方法和 MATLAB 上的语法不同，求 e 的 3 次幂，数学上的表示方法为 $e^3$，MATLAB 的语法是 exp(3)。学生有时也会混淆科学计数法和指数运算，数值 5e3 应该理解为 $5\times10^3$。

### 例 3.1　克劳修斯-克拉珀龙方程的使用

气象学家研究大气，试图了解并最终预测天气(见图 3.1)，即使有充分的数据，天气预报也是相当复杂的过程。气象学家除了研究大气的专业课程外，还要学习化学、物理、热力学和地理。

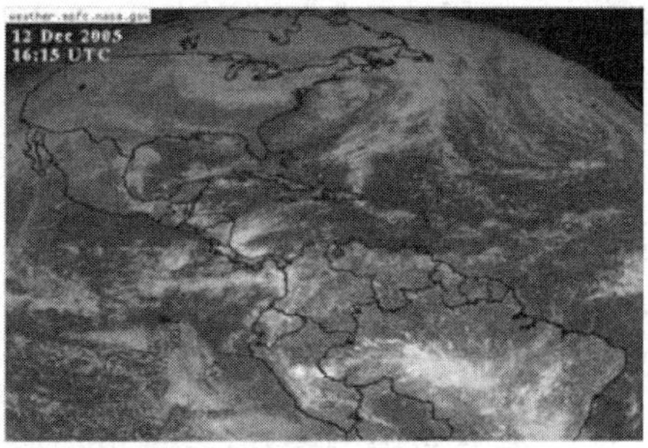

图 3.1　从太空观察地球的天气

气象学家使用的方程是克劳修斯-克拉珀龙方程，该方程通常是在化学课中引入，在热力学课程中进行了详细的讨论。鲁道夫·克劳修斯和埃米尔·克拉珀龙[如图 3.2(a)和图 3.2(b)所示]这两位物理学家对 19 世纪中期热力学原理的早期发展做出了贡献。

(a) 鲁道夫·克劳修斯

(b) 埃米尔·克拉珀龙

图 3.2

气象学中，克劳修斯-克拉珀龙方程用于确定饱和蒸气压和大气温度间的关系。当空气中水的实际分压已知时，饱和蒸气压可用来计算相对湿度，湿度计算也是天气预报的一个重要部分。

克劳修斯-克拉珀龙方程为

$$\ln\left(\frac{P^0}{6.11}\right)=\left(\frac{\Delta H_v}{R_{\text{air}}}\right)\times\left(\frac{1}{273}-\frac{1}{T}\right)$$

其中，$P^0$ 为当温度为 $T$ 时的饱和蒸气压，单位为 mbar；$\Delta H_v$ 为水的蒸发潜热，$2.453\times10^6$J/kg；$R_{\text{air}}$ 为潮湿空气的气体常数，461 J/kg；$T$ 为开氏温度，单位为 K。

地球表面的温度低于−60 °F 或高于 120 °F 的情况很罕见。在这个温度范围内用克劳修斯-克拉珀龙方程求饱和蒸气压，将饱和蒸气压的计算结果与对应的华氏温度列表。

1．描述问题

在−60 °F 至 120 °F 范围内，用克劳修斯-克拉珀龙方程求饱和蒸气压。

2．描述输入和输出

**输入**

$$\Delta H_v = 2.453\times10^6 \text{ J/kg}$$
$$R_{\text{air}} = 461 \text{ J/kg}$$
$$T = -60 \sim 120°\text{F}$$

在没有指定温度的情况下，每隔 10 °F 计算一次。

**输出** 饱和蒸气压

3．建立手工算例

克劳修斯-克拉珀龙方程要求所有变量的单位要统一，也就是温度(T)要用开氏温度表示，华氏温度转换为开氏温度的转换方程为

$$T_k=\frac{(T_f+459.6)}{1.8}$$

现在求解克劳修斯-克拉珀龙方程中的饱和蒸气压 $P^0$ 得

$$\ln\left(\frac{P^0}{6.11}\right)=\left(\frac{\Delta H_v}{R_{\text{air}}}\right)\times\left(\frac{1}{273}-\frac{1}{T}\right)$$
$$P^0=6.11\times e\left(\left(\frac{\Delta H_v}{R_{\text{air}}}\right)\times\left(\frac{1}{273}-\frac{1}{T}\right)\right)$$

接着求某个温度如 $T = 0$ °F 时的饱和蒸气压。因方程要求温度为开氏温度，必须进行单位转换，得

$$T=\frac{(0+459.6)}{1.8}=255.3333 \text{ K}$$

最后代入得

$$P^0 = 6.11\times e\left(\left(\frac{2.453\times10^6}{461}\right)\times\left(\frac{1}{273}-\frac{1}{255.3333}\right)\right) = 1.5836 \text{ mbar}$$

4．开发 MATLAB 程序

创建 MATLAB 程序可以编写脚本文件或实时脚本，不管选择哪一种，代码是一样的。本题选择创建脚本文件：

```
%% Example 3.1
% Using the Clausius-Clapeyron Equation, find the
% saturation vapor pressure for water at different
% temperatures
%
clear, clc
TempF = [-60:10:120];           % Define temp array in F
TempK = (TempF + 459.6)/1.8;    % Convert temp to K
Delta_H = 2.45e6;               % Define latent heat of
                                % vaporization
R_air = 461;                    % Define ideal gas constant for air
%% Calculate the Vapor Pressures
Vapor_Pressure = 6.11*exp((Delta_H/R_air)*(1/273 - 1./TempK));
%% Display the results in an array
my_results = [TempF',Vapor_Pressure']
```

创建 MATLAB 程序时，最好给出充分的注释(行注释要以符号%开始)，这样利于其他读者理解，也利于编程者调试程序。大部分代码行的结尾都使用了分号，这样就抑制了输出显示，因此命令窗口中显示的结果就仅有矩阵 my_results：

```
my_results =
   -60.0000      0.0698
   -50.0000      0.1252
   -40.0000      0.2184
   ...
   120.0000      118.1931
```

5．验证结果

比较当 $T = 0$ °F 时 MATLAB 计算的结果和手算结果：

手算结果：$P^0 = 1.5888$ mbar

MATLAB 计算结果：$P^0 = 1.5888$ mbar

克劳修斯-克拉珀龙方程不仅仅能用来求解湿度问题，如果改变$\Delta H$ 和 $R$ 的值，则可将该程序推广用于处理任何冷凝蒸汽的问题。

也可以使用实时脚本，而不是在脚本文件中创建程序。由于脚本文件已经存在，通过在编辑器窗口中右键单击脚本的文件名并选择“Open as a Live Script”，很容易将其转换为实时脚本。结果如图 3.3 所示。

## 3.3.2　舍入函数

MATLAB 含有一些不同的舍入函数(见表 3.2)，最常见的是舍入为最接近的整数，有时也可能根据不同情况，统一向上或向下舍入。

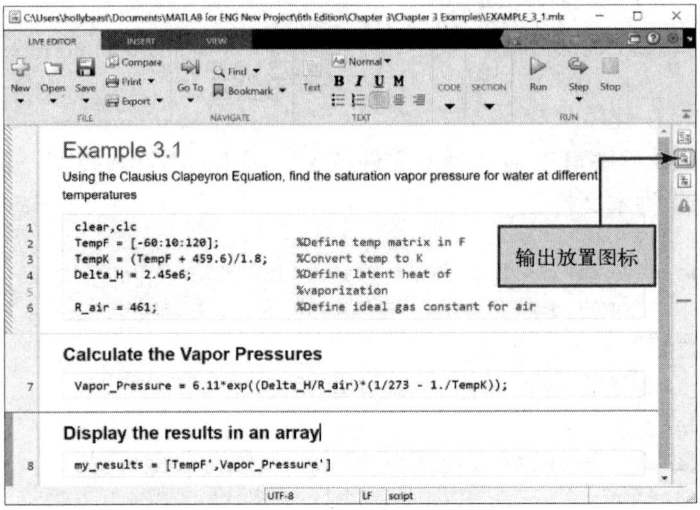


图 3.3 实时脚本可以从脚本文件创建，包含计算机代码和格式化文本

**表 3.2 舍入函数**

| | | |
|---|---|---|
| `round(x)` | 将 x 舍入为最接近的整数 | `round(8.6)`<br>`ans = 9` |
| `round(x,N)` | 将 x 舍入为指定的小数位数 | `round(8.6436, 3)`<br>`ans = 8.644` |
| `fix(x)` | 将 x 向 0 的方向舍入(或斩断)为最接近的整数<br>注意 8.6 截断为 8，而不是 9 | `fix(8.6)`<br>`ans = 8`<br>`fix(~8.6)`<br>`ans = ~8` |
| `floor(x)` | 将 x 向负无穷方向舍入为最接近的整数 | `floor(~8.6)`<br>`ans = ~9` |
| `ceil(x)` | 将 x 向正无穷方向舍入为最接近的整数 | `ceil(~8.6)`<br>`ans = ~8` |

例如，假设想在杂货店购买苹果，每个苹果$0.52，现在有$5.00，能买多少个苹果？数学计算结果为

$$\frac{\$5.00}{\$0.52/\text{苹果}}=9.6154\text{苹果}$$

显然不能买一个苹果的一部分，杂货店也不会同意舍入为最接近的苹果个数，相反，顾客却希望四舍五入。MATLAB 中的 `fix` 函数可完成该计算，即

```
fix(5/0.52)
```

返回能够买苹果的最多个数，结果为

```
ans =
        9
```

### 3.3.3 离散数学

离散数学是整数的数学。MATLAB 包括整数分解为质数、求公因子和公倍数、计算阶乘

以及求质数的函数(见表 3.3)。所有这些函数都要求输入整数标量。此外 MATLAB 还包含 rats 函数，此函数将浮点数表示为有理数——也就是分数。

**表 3.3　离散数学中用到的函数**

| | | |
|---|---|---|
| **factor(x)** | 求 x 的质数因子 | **factor(12)**<br>**ans = 2 2 3** |
| **gcd(x,y)** | 求 x 和 y 的最大公因子 | **gcd(10,15)**<br>**ans = 5** |
| **lcm(x,y)** | 求 x 和 y 的最小公倍数 | **lcm(2,5)**<br>**ans = 10**<br>**lcm(2,10)**<br>**ans = 10** |
| **rats(x)** | 将 x 表示为分数 | **rats(1.5)**<br>**ans = 3/2** |
| **factorial(x)** | 求 x 的阶乘(x!)，阶乘就是所有小于等于 x 的所有整数的乘积，例如 6! = 6×5×4×3×2×1 = 720 | **factorial(6)**<br>**ans = 720** |
| **nchoosek(n,k)** | 从 *n* 项组中取 *k* 项的可能组合数，例如用该函数求从 10 项组中取 3 项组的可能数 | **nchoosek(10,3)**<br>**ans = 120** |
| **primes(x)** | 求小于 x 的所有质数 | **primes(10)**<br>**ans = 2 3 5 7** |
| **isprime(x)** | 查看 x 是否是质数，如果是则返回 1 否则返回 0 | **isprime(7)**<br>**ans = 1**<br>**isprime(10)**<br>**ans = 0** |

阶乘是从 1 到给定值范围内所有正整数的乘积，因此 3 的阶乘(数学教材中表示为 3!)就等于 3×2×1 = 6。很多涉及概率的问题都可以用阶乘求解。例如 5 张牌的排列方式为 5×4×3×2×1 = 5! = 120。选第 1 张牌的时候有 5 次机会；选第 2 张牌的时候有 4 次机会，然后是 3 次，2 次和 1 次机会。这种方法属于组合学。MATLAB 中计算阶乘使用阶乘函数，即

```
        factorial(5)
ans =
        120
```

其结果和下面的一样：

```
5*4*3*2*1
ans =
        120
```

阶乘的值会迅速变得很大，10 的阶乘是 3628800。MATLAB 能处理的最大阶乘是 170!，当实数的值超过了 MATLAB 能表示的最大值的时候，其返回值均为 Inf。

```
factorial(170)
        ans =
        7.2574e+306
factorial(171)
        ans =
               Inf
```

阶乘用来计算可能的排列和组合的数目，所谓排列就是从一个较大的组中抽样形成子组，且子组与排列顺序有关时，此时形成的子组的数目。考虑下面的问题，从四个人的组中抽取两个人构成一个队，能组成多少个不同的队？假设子队的构成与顺序有关，因为该问题的第一个人选是队长。如果将每个人用一个字母表示，则可能的子队如下：

| | | | |
|---|---|---|---|
| AB | BA | CA | DA |
| AC | BC | CB | DB |
| AD | BD | CD | DC |

小队的第一个成员有 4 种选择，第二个成员有 3 种选择，所以子队的可能数量为 4×3 = 12。也可以表示为 4!/2!。更一般情况下，如果有一个 $n$ 个成员的大组，从中选 $m$ 个成员形成子组，则可能的排列数为

$$\frac{n!}{(n-m)!}$$

如果 $n=100$，$m=2$(此处与顺序有关)，则子组的数量为

$$\frac{100!}{(100-2)!}=9900$$

但是如果子队的构成与顺序无关，结果会怎么样？此时子队 AB 和 BA 是同一组，则将所有的可能称为组合，而不是排列。可能的组合数为

$$\frac{n!}{(n-m)!\times m!}$$

虽然可以通过 MATLAB 的阶乘函数计算组合数，但是 nchoosek 函数能直接求组合数，而且当数量很大时，该函数更有优势。如果想从数量为 100 的池中选 2 个成员构成小组，则可能的组合数为

```
nchoosek(100,2)
ans =
    4950
```

nchoosek 函数可用来求组合，其池子的数量可以大于 170，但是此时用阶乘的方法就无法求解了。

```
nchoosek(200,2)
ans =
   19900
         factorial(200)/(factorial(198)*factorial(2))
         ans =
               NaN
```

**提示：**虽然数学上用感叹号(!)表示阶乘，但是它并不是 MATLAB 的运算符，MATLAB 进行阶乘运算使用的是 factorial 函数。

**实训练习 3.3**

1. 将 322 分解为质数。
2. 求 322 和 6 的最大公因子。

3．322 是质数吗？
4．0 和 322 之间共有多少个质数？
5．将π 近似表示为一个有理数。
6．求 10！（10 的阶乘）。
7．从 20 个人的组中选 3 个人构成子组，与顺序无关(20 选 3)，求可能的组的数量。

## 3.4　三角函数

MATLAB 含有一整套完整的标准三角函数和双曲三角函数，和大多数计算机语言和常见数学的标准用法一致，这些函数大多都是假定角度用弧度表示。为了将弧度转换为度或将度转换为弧度，需要利用关系式π 弧度 ＝180 度：

度数＝弧度数(180/π)，弧度数＝(π/180)度数

> **关键知识**
> 大多数三角函数要求输入弧度。

执行该转换关系的 MATLAB 代码为

```
degrees = radians * 180/pi;
radians = degrees * pi/180;
```

MATLAB 提供了将度转换到弧度(deg2rad)和弧度转换到度(rad2deg)的函数，例如将π 弧度转换为度，使用函数

```
rad2deg(pi)
ans =
      180
```

同样，将 90 度转换为弧度时使用函数

```
deg2rad(90)
ans =
        1.5708
```

为了能执行上述计算，需要将π 的值内置为 MATLAB 中的常数 pi，但是因为π 值无法表示为精确的浮点数，所以 MATLAB 中的常数 pi 只是数学量π 的近似值。通常情况下这是无关紧要的，但是有时候会产生令人惊讶的结果。例如下式，其结果并不是所期望的 0。

```
sin(pi)
ans =
        1.2246e-016
```

MATLAB 中还包括一组输入为度数的三角函数，所以无须进行单位转换，包括 sind、cosd 和 tand。

可以使用工具栏中的帮助功能查找 MATLAB 中的完整的三角函数列表。表 3.4 列出了一些常用的三角函数。

**提示**：数学教材中经常使用符号 $\sin^{-1}(x)$ 来表示逆正弦函数，也叫反正弦函数。学生经常搞错符号的含义并试图建立并行的 MATLAB 代码。但是要注意，表达式

```
a = sin^-1(x)
```

是一个非法的 MATLAB 语句，正确的语句应该是

```
a = asin(x)
```

表 3.4 一些可用的三角函数

| | | |
|---|---|---|
| `deg2rad` | 将度转换为弧度 | `deg2rad(90)`<br>`ans = 1.5708` |
| `rad2deg` | 将弧度转换为度 | `rad2deg(pi)`<br>`ans = 180` |
| `sin(x)` | 当 x 为弧度时，求 x 的正弦 | `sin(0)`<br>`ans = 0` |
| `cos(x)` | 当 x 为弧度时，求 x 的余弦 | `cos(pi)`<br>`ans = -1` |
| `tan(x)` | 当 x 为弧度时，求 x 的正切 | `tan(pi)` |
| `asin(x)` | 求 x 的反正弦或逆正弦，其中 x 必须在−1 至 1 之间，函数返回一个单位为弧度的角度，其值位于π/2 和−π/2 之间 | `ans = -1.2246e-016`<br>`asin(-1) ans = -1.5708` |
| `sinh(x)` | 当 x 为弧度时，求 x 的双曲正弦 | `sinh(pi)`<br>`ans = 11.5487` |
| `asinh(x)` | 求 x 的反双曲正弦 | `asinh(1)`<br>`ans = 0.8814` |
| `sind(x)` | 当 x 为度时，求 x 的正弦 | `sind(90)`<br>`ans = 1` |
| `asind(x)` | 求 x 的反正弦，结果的单位为度 | `asind(1)`<br>`ans = 90` |

### 实训练习 3.4

计算下列各题(数学表示法不一定和 MATLAB 表示法相同)。

1. $\sin(2\theta)$，$\theta=3\pi$。
2. $\cos(\theta)$，$0\leqslant\theta\leqslant 2\pi$，令$\theta$以步长 0.2π 变化。
3. $\sin^{-1}(1)$。
4. $\cos(x)$，$-1\leqslant x\leqslant 1$，令 $x$ 以步长 0.2 变化。
5. 求 45° 的余弦值：
   a. 将度转换为弧度，然后用 cos 函数；
   b. 使用 cosd 函数。
6. 求正弦值为 0.5 的角，其单位是度还是弧度？
7. 求 60 的余割值，可能需要使用帮助功能查找其语法。

### 例 3.2 三角函数的使用

基本的工程计算是求物体所受各方向推力或拉力的合力，在静力学和动力学课程中，主要的计算是把力加起来。考虑气球受到图 3.4 所示力的作用。

为了求作用在气球上的合力，需要将重力、浮力和风力加起来。一种方法是分别求出每个力在 $x$ 方向和 $y$ 方向上的分力，然后再将其合成最终的合力。

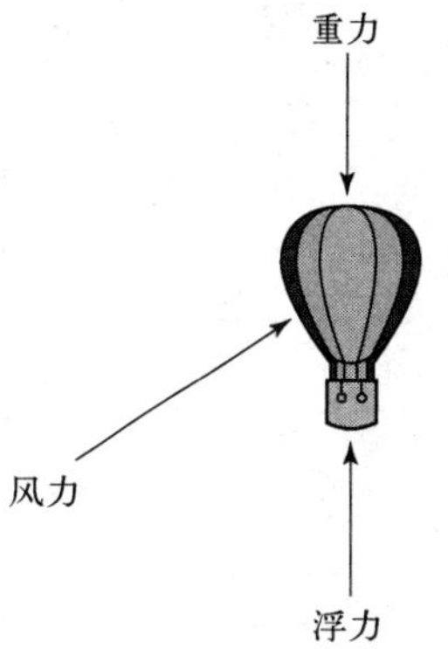

图 3.4　气球上的力平衡

$x$ 方向和 $y$ 方向上的分力可以用三角函数求得，$F$ 为合力，$F_x$ 为 $x$ 方向上的分力，$F_y$ 为 $y$ 方向上的分力。

由三角函数可知，正弦等于对边与斜边之比，所以

$$\sin(\theta)=\frac{F_y}{F}$$

因此

$$F_y = F\sin(\theta)$$

同样，余弦等于邻边与斜边之比，因此，

$$F_x = F\cos(\theta)$$

对 $x$ 方向的所有分力和 $y$ 方向的所有分力分别求和，并用这两个力求最终的合力：

$$F_{x\ \text{total}}=\sum F_{xi} \quad F_{y\ \text{total}}=\sum F_{yi}$$

为了求合力 $F_{\text{total}}$ 的大小和角度，再次使用三角函数。正切等于对边与邻边之比，因此

$$\tan(\theta)=\frac{F_{y\ \text{total}}}{F_{x\ \text{total}}}$$

用反正切形式表示

$$\theta=\tan^{-1}\left(\frac{F_{y\ \text{total}}}{F_{x\ \text{total}}}\right)$$

（反正切也称为 arctangent，也就是在科学计算器中看到的 atan。）

求出 $\theta$ 后就可以用正弦或余弦函数求合力 $F_{\text{total}}$。已知

$$F_{x\ \text{total}} = F_{\text{total}}\cos(\theta)$$

整理得

$$F_{\text{total}}=\frac{F_{x\ \text{total}}}{\cos(\theta)}$$

再考虑图 3.4 中的气球，假设作用到气球上的重力为 100 N，方向向下，浮力为 200 N，方向向上，作用到气球上的风力为 50 N，方向与水平线夹角为 30°。

求作用到气球上的合力。

1. 描述问题

   求作用到气球上的重力，浮力和风力的合力。

2. 描述输入和输出

**输入**

| 力 | 大小 | 方向 |
|---|---|---|
| 重力 | 100 N | −90° |
| 浮力 | 200 N | +90° |
| 风力 | 50 N | +30° |

**输出**　　需要求出合力的大小和方向。

3．建立手工算例

首先求出各个力在 $x$ 和 $y$ 方向上的分力以及两个方向上各分力之和：

| 力 | 水平分量 | 垂直分量 |
|---|---|---|
| 重力 | $F_x = F\cos(\theta)$ | $F_y = F\sin(\theta)$ |
| | $F_x = 100\cos(-90°) = 0$ N | $F_y = 100\sin(-90°) = -100$ N |
| 浮力 | $F_x = F\cos(\theta)$ | $F_y = F\sin(\theta)$ |
| | $F_x = 200\cos(+90°) = 0$ N | $F_y = 200\sin(+90°) = +200$ N |
| 风力 | $F_x = F\cos(\theta)$ | $F_y = F\sin(\theta)$ |
| | $F_x = 50\cos(+30°) = 43.301$ N | $F_y = 50\sin(+30°) = +25$ N |
| 求和 | $F_{x\ \text{total}} = 0 + 0 + 43.301 = 43.301$ N | $F_{y\ \text{total}} = -100 + 200 + 25 = 125$ N |

求合力的方向角：

$$\theta = \tan^{-1}\left(\frac{F_{y\ \text{total}}}{F_{x\ \text{total}}}\right)$$

$$\theta = \tan^{-1}\frac{125}{43.301} = 70.89°$$

求合力的大小：

$$F_{\text{total}} = \frac{F_{x\ \text{total}}}{\cos(\theta)}$$

$$F_{\text{total}} = \frac{43.301}{\cos(70.89°)} = 132.29\ \text{N}$$

4．开发 MATLAB 程序

可以编写脚本文件或实时脚本文件，创建的 MATLAB 程序如下：

```
%% Example 3_2
clear, clc
% Define the input
Force = [100, 200, 50];
theta = [-90, +90, +30];
% convert angles to radians
theta = theta*pi/180;
% Find the x components
ForceX = Force.*cos(theta);
% Sum the x components
ForceX_total = sum(ForceX);
% Find and sum the y components in the same step
ForceY_total = sum(Force.*sin(theta));
% Find the resulting angle in radians
result_angle = atan(ForceY_total/ForceX_total);
% Find the resulting angle in degrees
result_degrees = result_angle*180/pi
% Find the magnitude of the resulting force
Force_total = ForceX_total/cos(result_angle)
```

返回值为

```
result_degrees = 70.8934
Force_total = 132.2876
```

代码中将力的大小和角度值放到了数组中，这样处理使程序更一般化，同时也将角度转换成了弧度。程序清单中除了最终计算结果，其余全部计算结果都被抑制了输出。但是在开发程序过程中，为了能观察到中间结果，需要去掉分号。

5. 结果验证

比较 MATLAB 结果和手工计算结果，发现结果一致。一旦知道其计算原理了，就可以使用该程序计算多个力的合力，此时只需要将附加的信息添加到力向量 `Force` 和角度向量 `theta` 的定义中。注意该例题中假设计算是在二维空间中进行的，其实很容易就能将计算扩展到三维空间。

## 3.5 数据分析函数

在 MATLAB 中对数据进行统计分析特别容易，一部分是因为整个数据集可用单个矩阵表示，另一部分是因为 MATLAB 内置了大量的数据分析函数。

### 3.5.1 最大值和最小值

表 3.5 列出了在一组数据中求最大值和最小值以及其出现的位置的函数。

**表 3.5 最大值和最小值**

| | | |
|---|---|---|
| `max(x)` | 求向量 x 中的最大值。例如，若 x = [1 5 3]，则最大值就是 5 | `x = [1,5,3];`<br>`max(x)`<br>`ans = 5` |
| | 用矩阵 x 每列中的最大值构成一个行向量。例如，若 $x=\begin{bmatrix}1 & 5 & 3\\2 & 4 & 6\end{bmatrix}$，则第 1 列的最大值是 2，第 2 列的最大值是 5，第 3 列的最大值是 6 | `x = [1, 5, 3; 2, 4, 6];`<br>`max(x)`<br>`ans = 2 5 6` |
| `[a,b] = max(x)` | 求向量 x 中的最大值及其在向量中的位置。例如，向量 x = [1 5 3] 的最大值等于 5 且命名为 a，最大值的位置是向量的第 2 个元素且命名为 b | `x = [1, 5, 3];`<br>`[a,b] = max(x)`<br>`a = 5 b = 2` |
| | 用矩阵 x 的每列中的最大值构成一个行向量并返回一个由最大值位置构成的行向量。例如，若 $x=\begin{bmatrix}1 & 5 & 3\\2 & 4 & 6\end{bmatrix}$，则第 1 列的最大值是 2，第 2 列的最大值是 5，第 3 列的最大值是 6。这些最大值分别出现在第 2 行，第 1 行和第 2 行 | `x = [1, 5, 3; 2, 4, 6];`<br>`[a,b] = max(x)`<br>`a = 2 5 6`<br>`b = 2 1 2` |
| `max(x,y)` | 创建一个与矩阵 x 和 y 维数(x 和 y 的行列数必须相等)相同的矩阵，该矩阵由矩阵 x 和 y 中对应元素的最大值构成。例如，矩阵 $x=\begin{bmatrix}1 & 5 & 3\\2 & 4 & 6\end{bmatrix}$ 和 $y=\begin{bmatrix}10 & 2 & 4\\1 & 8 & 7\end{bmatrix}$，则构成的矩阵为 $\begin{bmatrix}10 & 5 & 4\\2 & 8 & 7\end{bmatrix}$ | `x = [1, 5, 3; 2, 4, 6];`<br>`y = [10,2,4; 1, 8, 7];`<br>`max(x,y)`<br>`ans = 10 5 4`<br>`2 8 7` |
| `min(x)` | 除了返回的是最小值，`min` 函数的语法与 `max` 函数的语法相同 | |

本节的所有函数都只对二维矩阵的列起作用，MATLAB 是列优先——也就是说，如果需要选择，那么 MATLAB 会首先选择列，而不是行。如果数据分析要求按行处理数据，则最简单的方法就是对数据矩阵进行转置(也就是行列对调)，转置操作符是一个单引号(')。例如，想求出矩阵

$$x=\begin{bmatrix}1 & 5 & 3\\ 2 & 4 & 6\end{bmatrix}$$

每行的最大值，则需要使用命令

```
max(x')
```

返回值为

```
ans=
    5 6
```

该问题的另一种求法就是指定被分析数据的维数，因为 MATLAB 是列优先的，列被定义为第 1 维，行被定义为第 2 维，维数必须输入到最大值函数的第 3 个输入域。因为第 2 个域大多数情况下不使用，需要一个占位符。因此，求矩阵 x 中每行的最大值使用命令

```
max(x,[],2)
```

返回值为

```
ans =
          5
          6
```

**提示：** 在一组数据中寻找最大值和最小值时常犯的错误是将结果命名为 max 或 min，这样会覆盖函数，造成后续计算不能使用该函数。例如，

```
max = max(x)
```

结果产生一个名称为 max 的变量，该变量的值就是函数的返回值。这在 MATLAB 代码中是允许的，但也是不明智的做法。之后再使用 max 函数就会导致错误，例如，

```
another_max = max(y)
```

返回

```
??? Index exceeds the number of array elements
```

### 实训练习 3.5

考虑下面的矩阵：

$$x=\begin{bmatrix}4 & 90 & 85 & 75\\ 2 & 55 & 65 & 75\\ 3 & 78 & 82 & 79\\ 1 & 84 & 92 & 93\end{bmatrix}$$

1. 每列的最大值是什么？
2. 最大值出现在哪一行？

3. 每行的最大值是多少？（必须将矩阵进行转置或者指定维数才能回答该问题）
4. 最大值出现在哪一列？
5. 整个数据中的最大值是什么？

### 3.5.2 平均数

求一组数据的平均数有多种方法，大多数人所说的平均数指统计学中的均值。均值等于所有值的和除以值的数量。另一种平均数就是中位数或中间值，大于中位数的值的数量和小于中位数的值的数量相等。一组数据中出现次数最多的数叫众数。MATLAB 提供了求均值、中位数和众数的函数，如表 3.6 所示。考虑到所有函数都是列优先，并且对于二维矩阵，每列都会返回一个值，所以与 max 和 min 函数一样，也可以指定感兴趣的维数，以便根据行确定这些函数的值，与 max 和 min 函数不同的是，这些函数指定的是第 2 个输入域，而不是第 3 个输入域。

> **关键知识**
> 定义一组数据的平均数有多种方法，包括均值、中位数和众数。

**表 3.6 平均数**

| | | |
|---|---|---|
| **mean(x)** | 计算向量 x 的均值(或平均数)。例如，若 x = [1 5 3]，则均值为 3 | `x = [1, 5, 3];`<br>`mean(x)`<br>`ans = 3.0000` |
| | 矩阵 x 的每列返回一个均值，构成一个行向量。例如，若 $x=\begin{bmatrix}1&5&3\\2&4&6\end{bmatrix}$，则第 1 列的均值为 1.5，第 2 列的均值为 4.5，第 3 列的均值为 4.5 | `x = [1, 5, 3; 2, 4, 6];`<br>`mean(x)`<br>`ans = 1.5 4.5 4.5` |
| **median(x)** | 求向量 x 中各元素的中位数。例如，若 x = [1 5 3]，则中位数为 3 | `x = [1, 5, 3];`<br>`median(x)`<br>`ans = 3` |
| | 返回值由矩阵 x 的每一列的中位数构成一个行向量。例如，若 $x=\begin{bmatrix}1&5&3\\2&4&6\\3&8&4\end{bmatrix}$，则第 1 列的中位数为 2，第 2 列的中位数为 5，第 3 列的中位数为 4 | `x = [1, 5, 3; 2, 4, 6; 3, 8, 4];`<br>`median(x)`<br>`ans = 2 5 4` |
| **mode(x)** | 求数组中出现次数最多的数值，因此对于数组 x = [1, 2, 3, 3]，众数为 3 | `x = [1, 2, 3, 3]`<br>`mode(x)`<br>`ans = 3` |

**实训练习 3.6**

考虑下面的矩阵：

$$x=\begin{bmatrix}4&90&85&75\\2&55&65&75\\3&78&82&79\\1&84&92&93\end{bmatrix}$$

1. 每列的均值是多少？
2. 每列的中位数是多少？
3. 每行的均值是多少？

4．每行的中位数是多少？
5．众数是多少？
6．整个矩阵的均值是多少？

### 3.5.3 和与积

有时需要将矩阵的所有元素加起来(求和)，或者将所有元素相乘，MATLAB 提供了一些计算和与积的函数，如表 3.7 所示。

表 3.7 和与积

| | | |
|---|---|---|
| **sum(x)** | 将向量中的各元素相加。例如，若 x = [1 5 3]，则和为 9 | **x = [1, 5, 3];**<br>**sum(x)**<br>**ans = 9** |
| | 将矩阵 x 的每列元素相加构成一个行向量。例如，若 $x=\begin{bmatrix}1&5&3\\2&4&6\end{bmatrix}$，则第 1 列的和为 3，第 2 列的和为 9，第 3 列的和为 9 | **x = [1, 5, 3; 2, 4, 6];**<br>**sum(x)**<br>**ans = 3 9 9** |
| **prod(x)** | 将向量中的各元素相乘。例如，若 x = [1 5 3]，则积为 15 | **x = [1, 5, 3];**<br>**prod(x)**<br>**ans = 15** |
| | 将矩阵 x 的每列元素作乘积，构成一个行向量。例如，若 $x=\begin{bmatrix}1&5&3\\2&4&6\end{bmatrix}$，则第 1 列的积为 2，第 2 列的积为 20，第 3 列的积为 18 | **x = [1, 5, 3; 2, 4, 6];**<br>**prod(x)**<br>**ans = 2 20 18** |
| **cumsum(x)** | 将向量 x 的元素作累加，构成一个同维的向量。例如，若 x = [1 5 3]，则其结果为向量[1 6 9] | **x = [1, 5, 3];**<br>**cumsum(x)**<br>**ans = 1 6 9** |
| | 对矩阵 x 的每列元素求累加，构成一个同维的矩阵。例如，若 $x=\begin{bmatrix}1&5&3\\2&4&6\end{bmatrix}$，则结果矩阵为$\begin{bmatrix}1&5&3\\3&9&9\end{bmatrix}$ | **x = [1, 5, 3; 2, 4, 6];**<br>**cumsum(x)**<br>**ans = 1 5 3**<br>**3 9 9** |
| **cumprod(x)** | 将向量 x 的各元素作累乘，构成一个同维的向量。例如，若 x = [1 5 3]，则其结果为向量 [1 5 15] | **x = [1, 5, 3];**<br>**cumprod(x)**<br>**ans = 1 5 15** |
| | 对矩阵 x 的每列元素求累乘，构成一个同维的矩阵。例如，若 $x=\begin{bmatrix}1&5&3\\2&4&6\end{bmatrix}$，则结果矩阵为$\begin{bmatrix}1&5&3\\2&20&18\end{bmatrix}$ | **x = [1, 5, 3; 2, 4, 6];**<br>**cumprod(x)**<br>**ans = 1 5 3**<br>**2 20 18** |

除了简单地将数组中每列的所有元素相加，返回一个单一的数值，`cumsum` 函数将数组中先前的所有元素相加并由这些中间求和值形成一个新的数组。这在处理数值序列时很有用。调和级数

$$\sum_{k=1}^{n}\frac{1}{k}$$

等效于

$$\frac{1}{1}+\frac{1}{2}+\frac{1}{3}+\frac{1}{4}+\cdots+\frac{1}{n}$$

可以在 MATLAB 中创建一个序列来表示该序列的前 5 个值，代码如下：

```
k = 1:5;
sequence = 1./k
```

其返回值为

```
sequence =
  1.0000     0.5000     0.3333     0.2500     0.2000
```

按照下面的代码将显示格式改为分数格式，则该级数可以看成分数序列

```
format rat
sequence =
      1      1/2      1/3      1/4      1/5
```

现在可以用 cumsum 函数求 $n$ 值从 1 至 5 时整个级数的值

```
format short
series = cumsum(sequence)
series =
   1.0000     1.5000     1.8333     2.0833     2.2833
```

同样，cumprod 函数能将数值中存储的数组序列进行累乘。

### 3.5.4　数值的排序

表 3.8 列出了多个将矩阵中的数据排列为升序或降序的指令。例如，若定义数组 x 为

```
x = [1 6 3 9 4]
```

则可以用 sort 函数对数值进行重新排列。

```
sort(x)
ans =
   1     3     4     6     9
```

**表 3.8　排序函数**

| | | |
|---|---|---|
| **sort(x)** | 将向量 x 的元素按升序排列，例如 x = [1 5 3]，则其结果为 x = [1 3 5]将矩阵 x 中每列的元素按升序排列，例如，$x=\begin{bmatrix}1&5&3\\2&4&6\end{bmatrix}$，则结果为 $x=\begin{bmatrix}1&5&3\\2&4&6\end{bmatrix}$ | `x = [1, 5, 3];`<br>`sort(x)`<br>`ans = 1 3 5`<br>`x = [1,5,3; 2,4,6];`<br>`sort(x)`<br>`ans = 1 4 3`<br>`2 5 6` |
| **sort(x,"descend")** | 将每列的元素按降序排列 | `x = [1,5,3; 2,4,6];`<br>`sort(x,"descend")`<br>`ans = 2 5 6`<br>`1 4 3` |
| **sortrows(x)** | 根据第 1 列的值的升序对矩阵的行进行调整，但是各行保持整体移动，例如,若 $x=\begin{bmatrix}1&5&3\\2&4&6\\3&8&4\end{bmatrix}$，则用命令 sortrows 将会把中间行放到第 1 行的位置，第 1 列是默认的排序依据 | `x = [3,1,3; 1,9,3;`<br>`4, 3, 6]`<br>`sortrows(x)`<br>`ans = 1 9 3`<br>`3 1 2`<br>`4 3 6` |
| **sortrows(x,n)** | 根据第 n 列的值对矩阵 x 的行进行排序，如果 n 为负值，则按降序排列，如果未指定 n，则默认按照第 1 列的值进行排序 | `sortrows(x,2)`<br>`ans = 3 1 2`<br>`4 3 6`<br>`1 9 3` |

sort 函数默认为升序排列，但如果在函数的第 2 个域添加字符串"descend"，则函数就会以降序方式排列数值。

```
sort(x,"descend")
ans =
    9    6    4    3    1
```

也可以用 sort 函数重新排列整个矩阵，该函数与其他 MATLAB 函数一样，也是按列排序的，每列分别排序，因此

$$x = [1\ 3;\ 10\ 2;\ 3\ 1;\ 82\ 4;\ 5\ 5]$$

得到矩阵为

```
x =
    1    3
    10   2
    3    1
    82   4
    5    5
```

当对数组执行下面的命令时，

```
sort(x)
```

每列都按照升序排列

```
ans =
     1   1
     3   2
     5   3
     10  4
     82  5
```

sortrows 函数能根据指定列中的数值对所有行的数值进行排序，命令

```
sortrows(x,1)
```

根据第 1 列进行排序，但同时第 2 列数值会随其对应的第 1 列的值一起排列，其结果如下：

```
ans =
     1    3
     3    1
     5    5
     10   2
     82   4
```

同理，也可以根据第 2 列的值进行排序。

```
sortrows(x,2)
ans =
     3    1
     10   2
     1    3
     2    4
     5    5
```

这些函数在数据分析中特别有用，以 2021 年奥运会女子 200 米自由泳决赛的成绩为例，如表 3.9 所示。表 3.9 中运动员是按照她们的泳道序号排列的，但比赛结束后则需要按照第 3

列时间升序排列，这些数据存储在 MATLAB 中名为 Swimming_Results_2021 的表格矩阵中。表格可以存储多种类型的信息，包括前两列中的文本、第三列中的持续时间和最后一列中的数字。sort 函数和 sortrows 函数都可以用来对表格数据进行排序，并且可以按数字或字母顺序进行排序。函数默认根据第一列按升序排序，所以本例在 Live Editor 中显示的结果为：

```
sortrows(Swimming_Results_2021)
ans = 8×4 table
```

| | 名字 | 国家（地区） | 时间 | 泳道 |
|---|---|---|---|---|
| 1 | "Ariarne Titmus" | "Australia" | 01:53.50 | 4 |
| 2 | "Barbora Seemanova" | "Czech Republic" | 01:55.45 | 2 |
| 3 | "Federica Pellegrini" | "Italy" | 01:55.91 | 1 |
| 4 | "Katie Ledecky" | "United States" | 01:55.21 | 3 |
| 5 | "Madison Wilson" | "Australia" | 01:56.39 | 8 |
| 6 | "Penny Oleksiak" | "Canada" | 01:54.72 | 7 |
| 7 | "Siobhan Haughey" | "Hong Kong" | 01:53.92 | 5 |
| 8 | "Yang Junxuan" | "China" | 01:55.01 | 6 |

为按成绩排序，将 sortrows 函数的第二个输入参数指定为列编号，如：

```
sortrows(Swimming_Results_2021,3)
ans = 8×4 table
```

| | 名字 | 国家（地区） | 时间 | 泳道 |
|---|---|---|---|---|
| 1 | "Ariarne Titmus" | "Australia" | 01:53.50 | 4 |
| 2 | "Siobhan Haughey" | "Hong Kong" | 01:53.92 | 5 |
| 3 | "Penny Oleksiak" | "Canada" | 01:54.72 | 7 |
| 4 | "Yang Junxuan" | "China" | 01:55.01 | 6 |
| 5 | "Katie Ledecky" | "United States" | 01:55.21 | 3 |
| 6 | "Barbora Seemanova" | "Czech Republic" | 01:55.45 | 2 |
| 7 | "Federica Pellegrini" | "Italy" | 01:55.91 | 1 |
| 8 | "Madison Wilson" | "Australia" | 01:56.39 | 8 |

冠军是位于 4 号泳道的澳大利亚选手 Ariarne Titmus。

**表 3.9 2021 年奥运会女子 200 米自由泳决赛成绩**

| 名字 | 国家（地区） | 时间 | 泳道 |
|---|---|---|---|
| Federica Pellegrini | Italy | 1:55.91 | 1 |
| Barbora Seemanova | Czech Republic | 1:55.45 | 2 |
| Katie Ledecky | United States | 1:55.21 | 3 |
| Ariarne Titmus | Australia | 1:53.50 | 4 |
| Siobhan Haughey | Hong Kong | 1:53.92 | 5 |
| Yang Junxuan | China | 1:55.01 | 6 |
| Penny Oleksiak | Canada | 1:54.72 | 7 |
| Madison Wilson | Australia | 1:56.39 | 8 |

sortrows 函数也可以对数据降序排列，此时需要将其第二个输入参数指定为“下降”，或在列编号前面加上负号。

### 3.5.5　确定矩阵大小

MATLAB 提供了几种确定矩阵大小的函数(见表 3.10)，最常用的函数是 size，length 和 numel。size 函数的返回值为矩阵的行数和列数，length 函数的返回值为矩阵维数中的较大值，numel 函数的返回值为矩阵的全部元素的总数量。例如，

```
x = [1 2 3; 4 5 6];
size(x);
```

返回值为

```
ans =
      2     3
```

这说明矩阵 **x** 有 2 行 3 列。但是若使用 length 函数

```
length(x)
```

则返回值为

```
ans =
      3
```

因为矩阵维数的最大值为 3。

最后，如果使用 numel 函数，

```
numel(x)
```

则返回值为

```
ans =
      6
```

当 length 函数与循环结构一起使用时，能很容易地确定循环执行的次数——由矩阵的维数决定。

**表 3.10　确定矩阵大小的函数**

| | | |
|---|---|---|
| size(x) | 确定矩阵 x 的行数和列数(如果 x 是一个多维数组，则 size 能确定其维数和大小) | x = [1,5,3; 2,4,6];<br>size(x)<br>ans = 2 3 |
| [a,b] = size(x) | 确定矩阵 x 的行数和列数，并将行数赋值给 a，列数赋值给 b | [a,b] = size(x)<br>a = 2<br>b = 3 |
| height(x) | 确定矩阵 x 的行数，与 size(x,1)或[a,b] = size(x)中 a 的值相同 | height(x)<br>ans = 2 |
| width(x) | 确定矩阵 x 的列数，与 size(x,2)或[a,b] = size(x)中 b 的值相同 | width(x)<br>ans = 3 |
| length(x) | 确定矩阵 x 维数的最大值 | x = [1,5,3; 2,4,6];<br>length(x)<br>ans = 3 |
| numel(x) | 确定矩阵 x 元素的总数量 | x = [1,5,3; 2,4,6];<br>numel(x)<br>ans = 6 |

**实训练习 3.7**

已知矩阵：

$$\boldsymbol{x}=\begin{bmatrix}4 & 90 & 85 & 75\\2 & 55 & 65 & 75\\3 & 78 & 82 & 79\\1 & 84 & 92 & 93\end{bmatrix}$$

1. 用 `size` 函数确定矩阵 $\boldsymbol{x}$ 的行数和列数；
2. 用 `sort` 函数将矩阵的每一列按升序排列；
3. 用 `sort` 函数将矩阵的每一列按降序排列；
4. 用 `sortrows` 函数使矩阵的第 1 列按升序排列，但是其他数值的相对关系不变，其结果应该如下：

$$\boldsymbol{x}=\begin{bmatrix}1 & 84 & 92 & 93\\2 & 55 & 65 & 75\\3 & 78 & 82 & 79\\4 & 90 & 85 & 75\end{bmatrix}$$

5. 用 `sortrows` 函数将练习 4 的矩阵按照第 3 列进行降序排列。

**例 3.3　天气数据**

美国国家气象局每天会收集大量的天气数据(见图 3.5)，任何人都可以通过该机构的在线服务网站获得这些数据。海量数据的分析非常复杂烦琐，所以最好开发一种有效的方法，先从少量数据集开始，然后再将其应用到感兴趣的海量数据集的分析中。

图 3.5　飓风的卫星照片

文件 Weather_Data.xlsx 包含了美国国家气象局收集的某地 1999 年全年的降水数据。(.xlsx 表示数据存储在 Excel 电子表格中)。每一行代表一个月，所以共有 12 行，每一列代表一个月中的一天(1～31)，所以共有 31 列。因为不是每个月的天数都相等，所以在最后几列中有数据缺失。降水量精确到百分之一英寸(1 英寸= 0.0254 米)。例如 2 月 1 日的降水量为 0.61 英寸，4 月 1 日的降水量为 2.60 英寸。部分数据见表 3.11 所示，为方便起见，表格中添加了标签，但是文件中的数据只包含数值。用文件中的数据求：

a. 每个月的总降水量；
b. 全年的降水量；
c. 记录年限内，哪个月、哪一天的降水量最大。

1. 描述问题

   用文件 Weather_Data.xlsx 中的数据求每个月的总降水量，年降水量，降水量最大的日期。

2．描述输入和输出

**输入** 本例题的输入包含在文件 Weather_Data.xlsx 中，文件包含了一个二维矩阵，每一行代表一个月，每一列代表一天。

**输出** 输出应该是每月的总降水量、年总降水量和降水量最大的日期。因为题目中没有其他单位，所以降水量的单位用英寸表示。

3．建立手工算例

手工算例只需要处理小部分数据，表 3.11 中的数据就足够了。1 月份的 1～4 日总降水量为

$$\text{total\_1} = (0 + 0 + 272 + 0)/100 = 2.72 \quad (\text{英寸})$$

2 月份的 1～4 日总降水量为

$$\text{total\_2} = (61 + 103 + 0 + 2)/100 = 1.66 \quad (\text{英寸})$$

将月份总降水量加在一起得到总降水量。如果年只含有 1 月和 2 月，则年总降水量为

$$\text{total} = \text{total\_1} + \text{total\_2} = 2.72 + 1.66 = 4.38 \quad (\text{英寸})$$

为了求得降水量最大的日期，要先找到表中的最大值，再确定该最大值所在的行和列。通过手工算例的求解就能制定出用 MATLAB 求解该问题所需的步骤。

**表 3.11　北卡罗来纳州阿什维尔的降水量数据**

| 日期 / 月份 | 1 日 | 2 日 | 3 日 | 4 日 | … | 28 日 | 29 日 | 30 日 | 31 日 |
|---|---|---|---|---|---|---|---|---|---|
| 1 月 | 0 | 0 | 272 | 0 | | 0 | 0 | 33 | 33 |
| 2 月 | 61 | 103 | 0 | 2 | | 62 | | | |
| 3 月 | 2 | 0 | 17 | 27 | | 0 | 5 | 8 | 0 |
| 4 月 | 260 | 1 | 0 | 0 | | 13 | 86 | 0 | |
| 5 月 | 47 | 0 | 0 | 0 | | 0 | 0 | 0 | 0 |
| 6 月 | 0 | 0 | 30 | 42 | | 14 | 14 | 8 | |
| 7 月 | 0 | 0 | 0 | 0 | | 5 | 0 | 0 | 0 |
| 8 月 | 0 | 45 | 0 | 0 | | 0 | 0 | 0 | 0 |
| 9 月 | 0 | 0 | 0 | 0 | | 138 | 58 | 10 | |
| 10 月 | 0 | 0 | 0 | 14 | | 0 | 0 | 0 | 1 |
| 11 月 | 1 | 163 | 5 | 0 | | 0 | 0 | 0 | |
| 12 月 | 0 | 0 | 0 | 0 | | 0 | 0 | 0 | 0 |

4．开发 MATLAB 程序

首先，将数据文件存储到 MATLAB 的一个矩阵中，因为文件是 Excel 电子表格，最简单的方法是交互式导入数据。双击当前文件夹窗口中的文件，就在 MATLAB 中打开该文件了，然后选择导入类型为数值矩阵(Numeric Matrix)，并选择用 NaN 代替空格，最后选择导入(Import)即可。

名称为 `weatherdata` 的变量出现在工作区窗口中(见图 3.6)。因为不是每个月都有 31 天，所以表格中会有几个空格。根据导入文件时的选择，MATLAB 将 NaN 插入空格位置。可以在工作区窗口中双击变量 `weatherdata` 来查看最终的矩阵(见图 3.7)。

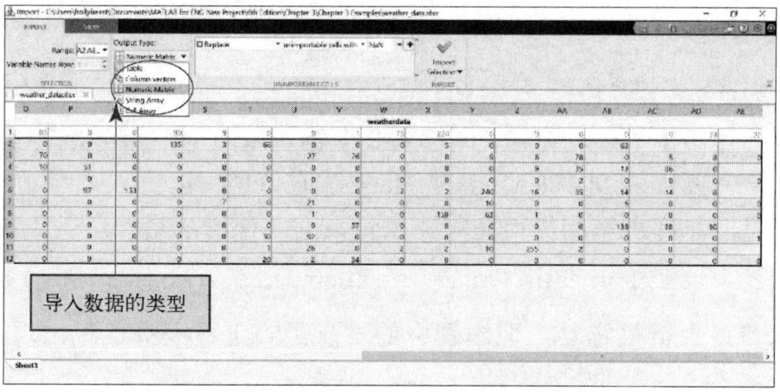


图 3.6 可以在 MATLAB 中交互式导入数据

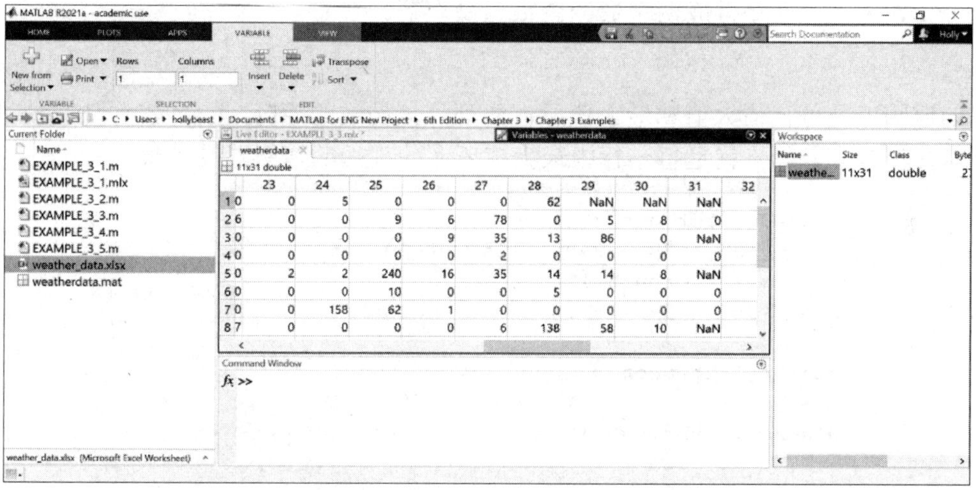

图 3.7 MATLAB 的数组编辑器。可以在该窗口中编辑数组或改变任何值

现在写出求解问题的程序：

```
%% Example 3.3 - Weather Data
% In this example we will find the total precipitation
% for each month, and for the entire year, using a data file
% We will also find the month and day on which the
% precipitation was the maximum
clc
% Find the sum of each row, which is the sum for each month
monthly_total=sum(weatherdata,2,'omitnan')/100;
monthly_total'
% Find the annual total
yearly_total = sum(monthly_total)
% Find the annual maximum, and the day on which it occurs
[max_precip,month]= max(max(weatherdata,[],2,'omitnan'))
% Find the annual maximum, and the month in which it occurs
[max_precip,day]= max(max(weatherdata,[],1,'omitnan'))
```

请注意，本代码不是以通常的 clear，clc 命令开始的，因为这将清除工作区，彻底删除变量 weatherdata。

为了求每月的总降水量，需要将每行的所有值加起来。本应该将矩阵转置并直接

使用 sum 函数

```
monthly_total = sum(weatherdata', 'omitnan')/100
```

但是实际上使用了另一种方法，即在第 2 个输入域内用数值 2 指定了行相加。使用其他方法时，需要告诉 MATLAB 忽略 NaN(非数值)实体。

将每月的总降水量相加得到年降水量，另一种语法是

```
Yearly_toal = sum(sum(weatherdata, 'omitnan'))/100
```

求日降水量最大值很容易，但本题中的难点是确定最大降水量出现在哪个月的哪一天。命令

```
[max_precip, month] = max(max(weatherdata, [ ], 2, 'omitnan'))
```

如果将该命令拆成两个命令就很容易理解。首先

```
[a, b] = max(weatherdata, [ ], 2, 'omitnan')
```

的返回值是每行最大值和最大值所在的列号值构成的矩阵，也就是每月的最大值赋值给变量 a，变量 b 就是每一行中最大值所在的列号的索引，其结果为

```
a =
    Columns 1 through 9
     272   135   78   260   115   240   157   158   138
    Columns 10 through 12
     156   255   97
b =
    Columns 1 through 9
       3    18   27     1     6    25    12    24    28
    Columns 10 through 12
       5    26   14
```

现在再执行一次 max 命令时，就确定了全部数据中的最大降水量，也就是 a 中的最大值。也可以根据 a 求出最大值的索引值：

```
[c,d] = max(a)
c =
      272
d =
      1
```

该结果说明最大值降水量出现在 a 的第 1 项，也就是第 1 个月。

同样，在第 3 个输入域内输入 1 来指定列操作

```
[max_precip, day] = max(weatherdata, [ ], 1, 'omitnan')
```

并执行两次最大值运算就可以找到每月最大降水量出现的日期了。

在图 3.8 所示的 MATLAB 屏幕中有几点需要注意。第一是当脚本执行时建立的所有变量在命令窗口中都是可见的，这样就可以在程序运行结束后在命令窗口中进行其他计算。例如忘记将 max_precip 的值由百分之一英寸转换成英寸了，那么再增加命令

```
max_precip = max_precip/100
```

就能改正错误。第二是 Weather_Data.xlsx 始终存在于当前文件夹中。第三是命令窗口反映的仅仅是命令窗口中发出的命令，并不显示脚本中执行的命令。

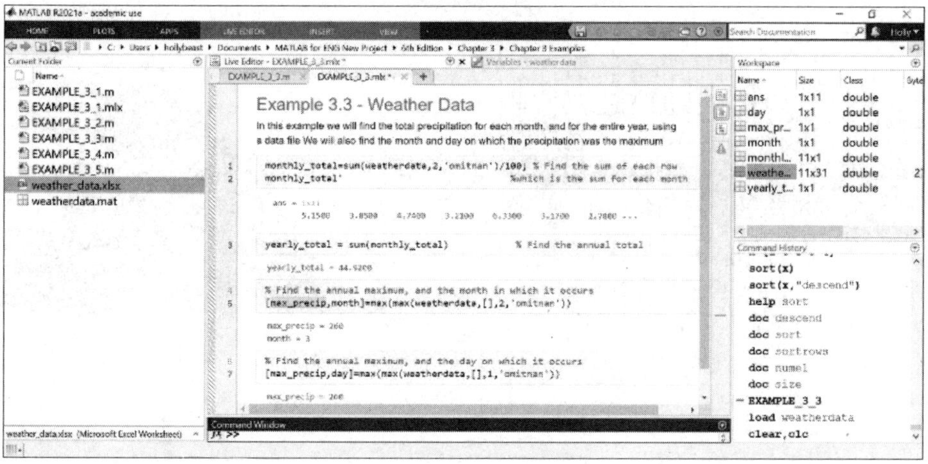

图 3.8　降水量计算的结果

5. 验证结果

打开 Weather_Data.xlsx 文件，确认最大降水量出现在 1 月 3 日。一旦确认程序正确，就可以分析其他数据了。美国国家气象局的所有气象站都保存着类似的记录。世界气象组织为世界各地选定的城市提供信息。

**提示：**可以使用 uiimport 函数提示用户在 MATLAB 中交互式导入数据。例如，在例 3.3 中，执行

```
uiimport(''weatherdata.xlsx '')
```

将会打开如图 3.6 所示的数据导入窗口。代码中还应该加入提示信息，这样用户可以知道代码执行过程中会出现什么情况并暂停。

```
disp(''Import the data as a column vector '')
disp(''then select any key to continue'')
pause
```

## 3.5.6　标准差和方差

**关键知识**

标准差和方差是衡量一组数据离散程度的度量。

标准差和方差是衡量一组数据离散程度的度量。每个学生都知道考试成绩平均分的重要性，但是也要知道高分和低分，这样才能知道自己做的怎么样。考试分数就像工程中的许多重要数据一样，经常呈钟形分布。在大量数据的正态(高斯)分布中，约 68%的数据落在均值的一个标准差($\pm\sigma$)范围内。95%的数据落在均值的 2 个标准差($\pm 2\sigma$)范围内，如果将范围扩展为 3 个标准差($\pm 3\sigma$)，则 99%的数据会落在这个范围内(见图 3.9)。通常，计算标准差和方差只有对大数据集有很大意义。

对于图 3.10 中画出的数据，两组数据集的平均值相等，都是 50，但是很显然，第 1 个数据集的变化量比第 2 个数据集的变化量大。

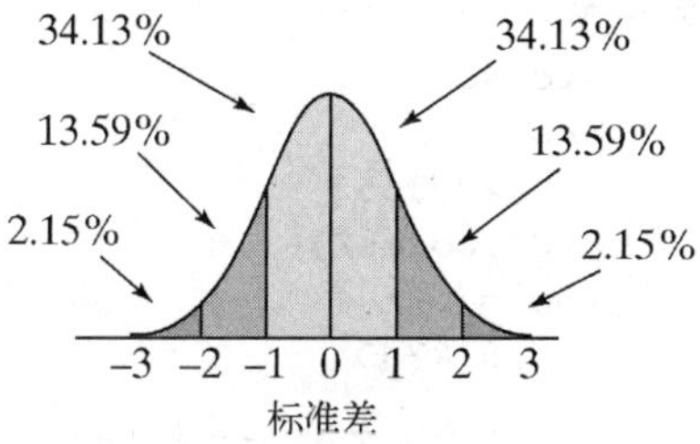


图 3.9　正态分布

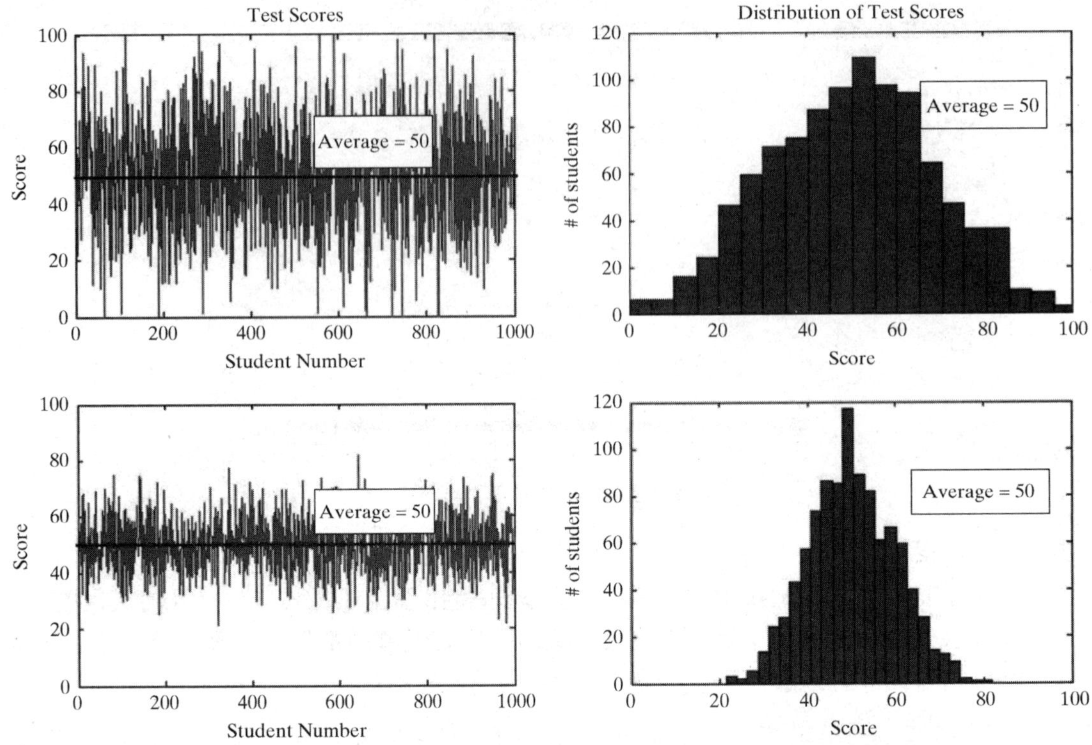


图 3.10　两次不同的考试分数

方差的数学定义为

$$方差=\sigma^2=\frac{\sum_{k=1}^{N}(x_k-\mu)^2}{N-1}$$

该等式中，符号$\mu$代表数据集中 $x_k$ 的均值，因此，$x_k-\mu$ 项就是实际值和均值之差，该项取平方后相加：

$$\sum_{k=1}^{N}(x_k-\mu)^2$$

最后用求和项除以数据集中数据的数量($N$)减 1。

比方差应用场合更多的标准差是方差的平方根。

用于求标准差的 MATLAB 函数是 std，如果对图 3.10 所示的大数据集应用该函数，则会得到以下输出：

```
std(scores1)
ans =
    20.3653
std(scores2)
ans =
    9.8753
```

也就是说，第一组数据中大约 68%的数据落在平均分 50 和±20.3653 范围内，第二组数据中大约 68%的数据落在平均分 50 和±9.8753 范围内。

方差也可以用 var 函数求出

```
var(scores1)
ans =
  414.7454
var(scores2)
ans =
  97.5209
```

计算标准差和方差的函数如表 3.12 所示。

**表 3.12　统计函数**

| | | |
|---|---|---|
| `std(x)` | 计算矩阵 x 中数据的标准差，例如 x = [1 5 3]，则标准差为 2，但是标准差一般不用于小样本数据的计算 | `x = [1,5,3];`<br>`std(x)`<br>`ans = 2` |
| | 返回值是矩阵 x 每列的标准差构成的行向量，例如若 $x=\begin{bmatrix}1 & 5 & 3\\2 & 4 & 6\end{bmatrix}$，则第一列的标准差为 0.7071，第二列的标准差为 0.7071，第三列的标准差为 2.1213。同样，标准差一般也不用于小样本数据的计算 | `x = [1,5,3;2,4,6];`<br>`std (x)`<br>`ans =`<br>`0.7071 0.7071`<br>`2.1213` |
| `var(x)` | 计算矩阵 x 中的数据的方差，例如若 x = [1 5 3]，则方差为 4，但是方差一般不用于小样本数据的计算。注意该例中标准差是方差的平方根 | `var(x)`<br>`ans = 4` |

**实训练习 3.8**

已知下列矩阵：

$$x=\begin{bmatrix}4 & 90 & 85 & 75\\2 & 55 & 65 & 75\\3 & 78 & 82 & 79\\1 & 84 & 92 & 93\end{bmatrix}$$

1. 求每一列的标准差。
2. 求每一列的方差。
3. 求已经计算出的每列方差的平方根。
4. 第 3 题求出的结果与第 1 题求出的标准差相比较，结果如何？

### 例 3.4　气象资料

气象学家长期研究气象数据，试图找到规律。美国的气象数据自 1850 年以来已经比较可靠；但是大部分气象报告站都是 20 世纪 30 年代和 40 年代才建立起来的(如图 3.11 所示)。气象学家对搜集到的数据进行统计计算。尽管文件 Weather_Data.xlsx 中的数据只是一个地方一年的数据，但还是可以用来练习统计计算。求每个月的日平均降水量和全年的日平均降水量，然后求每个月和全年的标准差。

图 3.11　美国国家气象局是美国政府的一个机构，是美国国家海洋和大气管理局的一部分

1. 描述问题

根据文件 Weather_Data.xlsx 中的数据，求每月的日平均降水量和全年的日平均降水量，再求每个月的标准差和全年的标准差。

2. 描述输入和输出

**输入** 用 Weather_Data.xlsx 文件作为输入

**输出** 求每月的平均日降水量，全年的平均日降水量，每月日降水量数据的标准差，全年日降水量数据的标准差。

3. 建立手工算例

只使用每个月前 4 天的数据：

一月的均值 $= (0+0+272+0)/4 = 68$ 1% in，或 0.68 in。

标准差根据下面的方差求解：

$$\sigma = \sqrt{\frac{\sum_{k=1}^{N}(x_k - \mu)^2}{N-1}}$$

只使用一月前 4 天的数据，先计算实际值与均值之差的平方之和：

$$(0-68)^2 + (0-68)^2 + (272-68)^2 + (0-68)^2 = 55\,488$$

再除以数据的数量减 1：

$$55\,488/(4-1) = 18\,496$$

最后求其平方根，结果为 136 1% in，或 1.36 in。

4. 开发 MATLAB 程序

先加载 Weather_ Data.xlsx 文件并保证空白格用 NaN(非数值)代替。虽然可以按照例 3.3 的方法加载，但是有一个更容易的方法：来自例 3.3 的数据可以存储到一个文件中，以便将来可以使用。如果想将全部工作区存储起来，只需要键入

```
save <filename>
```

其中 filename 是用户定义的文件名称，如果只是想存储一个变量，则键入

```
save <filename> <variable_name>
```

就会将一个变量或变量列表存储到文件中。此处所需要存储的仅仅是变量 weatherdata，所以下面的命令足够了：

```
save weatherdata weatherdata
```

该命令将矩阵 weatherdata 存储到文件 weatherdata.mat 中。检查当前文件夹确认 weatherdata.mat 已经存在了(见图 3.12)。

现在，求解该例题创建的程序可以自动加载数据。该程序作为脚本文件或实时脚本文件执行——程序代码相同。

```
%% Example 3.4 Climatological Data
% In this example we find the mean daily
% precipitation for each month
% And the mean daily precipitation for the year
% We also find the standard deviation of the data
clear, clc
% Changing the format to shortg, often makes the output
% easier to read
format shortg
% By saving the variable wd from the last example, it is
% available to use in this problem
load weatherdata
%%
Average_daily_precip_monthly = mean(weatherdata','omitnan')
Average_daily_precip_yearly = mean(weatherdata(:),'omitnan')
%% Now calculate the standard deviation
Monthly_Stdeviation = std(weatherdata','omitnan')
Yearly_Stdeviation = std(weatherdata(:),'omitnan')
```

注意，代码中使用了 `omitnan` 选项，告诉函数在计算中忽略掉用 NaN(非数值)表示的数组中的单元，也对矩阵 `weatherdata` 进行了转置，因为需要计算行的标准差，而不是列的标准差。

该例题中引入了新的语法，输入命令

```
weatherdata(:)
```

将二维矩阵 `weatherdata` 转换为一维矩阵，这样才能求全部数组的平均值和标准差。

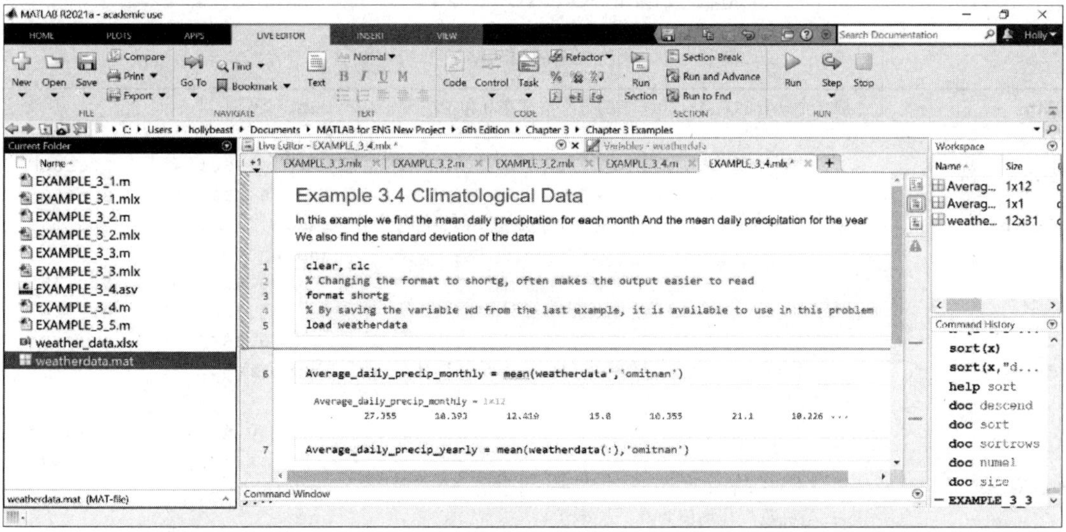

图 3.12　当前文件夹记录了已保存文件的名称，脚本文件和实时脚本文件的程序代码是相同的

5. 结果的验证

首先检查结果以确保其有意义。虽然用手工计算求出一个月的日降水量是最准确的验证方法，但是这种方法太复杂。在 MATLAB 中不使用预定义函数也可以计算平均值，在命令窗口中进行如下计算非常方便：

```
load weatherdata
sum(weatherdata(:,1))      %计算矩阵第一列中所有行之和
ans =
    848.00
ans/31
ans =
    27.35
```

将该计算结果和 1 月的值进行比较即可。

**提示：用冒号运算符能将二维矩阵转换为一维矩阵：**

```
A = X (:)
```

## 3.6 随机数

在工程计算当中，经常用随机数来模拟实测数据，实测数据很少会像数学模型所预测的那样准确，所以可以在预测的数据中加入小的随机数，使模型的行为更像一个真实的系统。随机数也用来模拟赌博游戏。MATLAB 中可以产生两种不同类型的随机数：均匀随机数和高斯随机数(常称为正态分布或正态随机数)。

### 3.6.1 均匀随机数

均匀随机数用 rand 函数产生，这些数据均匀分布在 0 和 1 之间(更多信息请查阅帮助函数)。表 3.13 列出了多个产生随机数的 MATLAB 命令。

表 3.13 产生随机数的 MATLAB 命令

| | | |
|---|---|---|
| rand(n) | 生成一个 $n \times n$ 的矩阵，矩阵中的每个值都在 0 和 1 之间 | rand(2)<br>ans =<br>0.9501 0.6068<br>0.2311 0.4860 |
| rand(m,n) | 生成一个 $m \times n$ 的矩阵，矩阵中的每个值都在 0 和 1 之间 | randn(3,2)<br>ans =<br>0.8913 0.0185<br>0.7621 0.8214<br>0.4565 0.4447 |
| randn(n) | 生成一个 $n \times n$ 的矩阵，矩阵中的每个值都是一个高斯(或正态)随机数，其均值为 0，方差为 1 | randn(2)<br>ans =<br>-0.4326 -0.1253<br>-1.6656 -0.2877 |
| randn(m,n) | 生成一个 $m \times n$ 的矩阵，矩阵中的每个值都是一个高斯(或正态)随机数，其均值为 0，方差为 1 | rand(3,2)<br>ans =<br>-1.1465 -0.0376<br>1.1909 0.3273<br>1.1892 0.1746 |
| randi(imax,sz) | 生成一个由矩阵 sz 指定维数的随机整数矩阵，其元素取值范围为[1,imax]，该函数有多种输入选项，更多细节请查阅帮助功能 | sz = [2,3]<br>randi(10,sz)<br>ans =<br>3 4 9<br>6 3 7 |

通过修改 rand 函数产生的随机数可以产生其他范围的一组随机数。例如创建一组由 100 个均匀分布于 0 至 5 之间的随机数，首先用以下命令产生一组默认范围的随机数

```
r = rand(100,1);
```

其结果会产生一个 100×1 的矩阵。然后将其乘以 5，将范围扩大到 0 至 5 之间：

```
r = r * 5;
```

要将范围改变为 5 至 10 之间，只要将每个值加 5 即可：

```
r = r + 5;
```

其值将是 5 至 10 之间的随机数。可以用下面的方程实现这个结果：

$$x = (\text{最大值}-\text{最小值}) * \ \text{随机数集}+\text{最小值}$$

### 3.6.2 高斯随机数

高斯随机数具有如图 3.9 所示的正态分布特征，这种类型的数据集不存在绝对的最大或最小边界，数据离均值越远，发现数据的可能性就越小。高斯随机数是通过数据集的均值和标准差来描述的。

MATLAB 用 randn 函数产生均值为 0，方差为 1 的一组高斯随机数，例如，

```
randn(3)
```

返回一个 3×3 的矩阵：

```
ans =
 -0.4326     0.2877     1.1892
 -1.6656    -1.1465    -0.0376
  0.1253     1.1909     0.3273
```

如果需要产生一组非 0 均值或非 1 标准差的数据，可以先产生一组默认的随机数，然后再进行修改。因为默认的标准差为 1，所以要产生一组新的随机数，必须用要求的标准差乘以默认的随机数。因为默认的均值为 0，所以需要将所需的均值加到默认的随机数上：

$$x = \text{标准差} \ * \ \text{默认随机数}+\text{均值}$$

例如产生一个含 500 个高斯随机数，标准差为 2.5，均值为 3 的序列，键入

```
x = randn(1,500)*2.5 + 3;
```

注意函数 rand 和 randn 都能接受一个或两个输入参数，如果只定义一个输入参数，则会产生一个方阵，如果定义两个输入参数，则这两个参数分别是输出矩阵的行和列。

**实训练习 3.9**

1．创建一个 3×3 均匀分布的随机数矩阵。
2．创建一个 3×3 正态分布的随机数矩阵。
3．创建一个 100×5 均匀分布的随机数矩阵，要求抑制输出。
4．对练习 3 中所创建的矩阵，求每列的最大值，标准差，方差和均值。
5．创建一个 100×5 正态分布的随机数矩阵，要求抑制输出。
6．对练习 5 中所创建的矩阵，求每列的最大值，标准差，方差和均值。
7．为什么练习 4 和练习 6 的结果不同，请解释。

**例 3.5 噪声**

随机数可以用来模拟收音机里听到的静电噪音，通过向存储音乐的文件中添加这种噪声，就可以研究静电对录音质量的影响。

MATLAB 能借助 sound 函数播放音乐文件，为了演示该功能，MATLAB 还内联了一小段亨德尔的弥赛亚(如图 3.13 的交响乐)。在该示例中，用 randn 函数创建噪声，然后将其添加到这个音乐片段中。

图 3.13 交响乐

音乐片段是以数组的方式存储在 MATLAB 中的，其值在–1 和 1 之间，将数组转变换为音乐时，sound 函数需要一个采样频率。Handel.mat 文件既包含代表音乐的数组，也包含了采样频率的值。听弥赛亚时，必须首先加载文件，使用的命令为

```
load handel
```

注意到当 handel 文件加载后，工作区窗口中就会出现两个新的变量——y 和 Fs，为了播放音乐，键入

```
sound(y, Fs)
```

改变 Fs 的值，在不同的采样频率下播放音乐，感受其不同的效果。例如将 Fs 乘以 1.5 并观察结果。(显然，声音必须电脑上播放，否则听不到播放。)

1. 描述问题

   向音乐中添加噪声成分。

2. 描述输入和输出

   **输入** 弥赛亚的 MATLAB 数据文件，存储为内置文件 handel.mat

   **输出** 代表音乐的数组中添加了静电噪声

   数据文件前 200 个元素的波形图

3. 建立手工算例

   因为音乐文件的数据在–1 和 1 之间变化，应该添加比幅度更小数量级的噪声值。首先尝试均值为 0，标准差为 0.1 的值。

4. 开发 MATLAB 程序

```
%% Example 3.5
% Noise
load handel          % Load the music data file
sound(y,Fs)          % Play the music data file
pause                % Pause to listen to the music
% Be sure to hit enter in the command window to continue
% after playing the music
% Add random noise
noise = randn(length(y),1)*0.1;
sound(y+noise,Fs)
```

这段程序既可以播放无噪声的弥赛亚录音，也可以播放含噪声的弥赛亚录音。可以调

整噪声行的乘积因子，观察噪声幅度改变后的效果，例如

```
noise=randn (length(y),1)*0.20
```

5. 验证结果

除了可以播放含噪声和无噪声的音乐，还可以画出结果的波形。因为文件数据量太大（73 113 个元素），下面的程序只画出前 200 个点：

```
% Plot the first 200 data points in each file
t=1:length(y);
noisy = y+noise;
plot(t(1,1:200),y(1:200,1),t(1,1:200),y(1:200,1) ...
    +noisy(1:200,1),':')
title("Handel's Messiah")
xlabel("Element Number in Music Array")
ylabel("Frequency")
```

程序表明，数据的索引为 $x$ 轴，存储在音乐数组中的值为 $y$ 轴。画图的详细内容将在后续章节中介绍。图 3.14 中的实线代表原始数据，虚线代表添加了噪声的数据。正如所预期的一样，含有噪声的数据范围更宽，也不总是随原始数据变化。

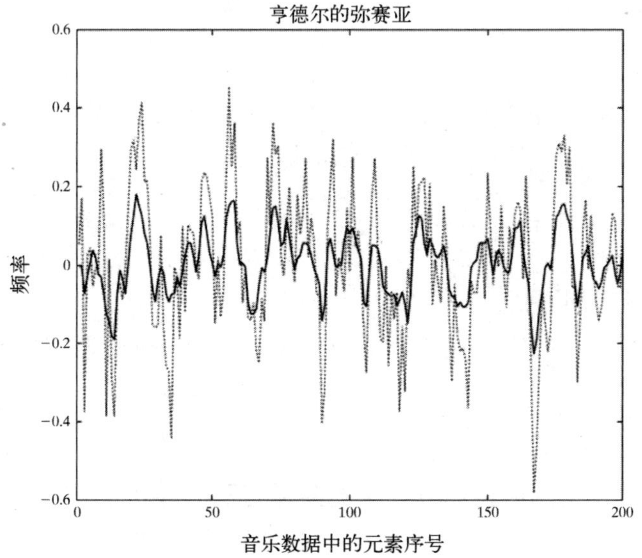


图 3.14　亨德尔的弥赛亚。实线代表原始数据，虚线代表添加了噪声的数据

## 3.7 复数

MATLAB 包含多个主要用于复数的函数。复数由两个部分构成：实部和虚部。例如，

$$5 + 3i$$

是个复数，实部是 5，虚部是 3。在 MATLAB 中，复数有两种输入方法：用加法表示，例如，

**A = 5 + 3i** 或 **A = 5 + 3*i** 或 **A = 5 + 3*j**

或者用 `complex` 函数表示，例如，

```
A = complex (5,3)
```

返回值为

```
A =
  5.0000 + 3.0000i
```

和 MATLAB 中的标准一样，complex 函数的输入既可以是两个标量，也可以是两个数组。因此，如果 x 和 y 的定义为

```
x = 1:3;
y = [-1,5,12];
```

> **关键知识**
> MATLAB 支持虚数中 i 和 j 的使用。

则可以用 complex 函数定义如下一个复数数组：

```
complex (x, y)
ans =
  1.0000 - 1.0000i 2.0000 + 5.0000i 3.0000 + 12.0000i
```

函数 real 和 imag 可用来提取复数的实部和虚部。例如 A = 5 + 3*i，则

```
real(A)
ans =
       5
imag(A)
ans =
       3
```

函数 isreal 可用来确定变量中存储的是否是复数，如果变量是实数，则返回值为 1，如果变量是复数，则返回值为 0。因为 A 是个复数，所以

```
isreal(A)
ans =
       0
```

所以，isreal 为假并返回 0 值。

一个复数与其共轭复数的实部相等，虚部相反，函数 conj 返回复数的共轭复数：

```
conj(A)
ans =
     5.0000 - 3.0000i
```

转置操作除了行列对调，返回值也会取数组的共轭复数，因此

```
A'
ans =
     5.0000 - 3.0000i
```

此处的 A 是标量，利用矩阵 A 以及加法和乘法创建一个复矩阵 B：

```
B = [A, A+1, A*3]
B =
  5.0000 + 3.0000i 6.0000 + 3.0000i 15.0000 + 9.0000i
```

> **关键知识**
> 复数的一种定义是将其视为 $x$-$y$ 平面上的一个点，可以用极坐标来描述。

B 的转置为

```
B'
ans =
    5.0000 - 3.0000i
    6.0000 - 3.0000i
   15.0000 - 9.0000i
```

复数通常视为表示 $x$-$y$ 平面上的一个位置，实部对应 $x$ 轴，虚部对应 $y$ 轴，如图 3.15(a)所示。也可以用极坐标方式描述这个点——也就是半径和角度[如图 3.15(b)所示]。

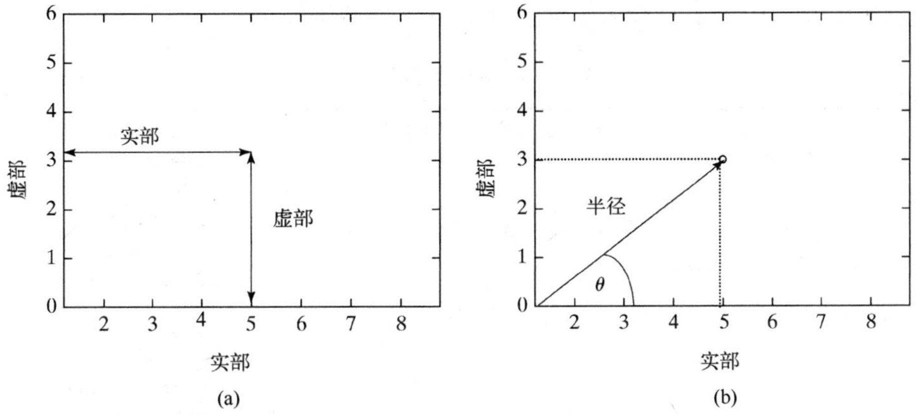


图 3.15　(a)笛卡尔坐标系表示的复数；(b)极坐标表示的复数

MATLAB 中有将复数从笛卡儿坐标形式转换为极坐标形式的函数。

当用绝对值函数对复数取绝对值时，函数会用勾股定理计算半径：

```
abs(A)
ans =
     5.8310
```

$$半径=\sqrt{(实部)^2+(虚部)^2}$$

因为该例题中，实部为 5，虚部为 3，所以

$$半径=\sqrt{5^2+3^2}=5.8310$$

在 MATLAB 中也会使用之前介绍的 `real` 函数和 `imag` 函数来计算半径：

```
sqrt(real(A).^2 + imag(A).^2)
ans =
    5.8310
```

角度用 `angle` 函数计算：

```
angle(A)
ans =
    0.5404
```

该计算结果的单位是弧度。`abs` 和 `angle` 这两个函数的输入既可以是标量，也可以是数组。记得矩阵 `B` 是一个 1×3 的复数矩阵：

```
B =
  5.0000 + 3.0000i 6.0000 + 3.0000i 15.0000 + 9.0000i
```

如果复数用极坐标表示，则 `abs` 函数返回其半径：

```
abs(B)
ans =
    5.8310 6.7082 17.4929
```

`angle` 函数能计算出与水平线的夹角：

```
angle(B)
ans =
    0.5404 0.4636 0.5404
```

MATLAB 中常用的用于复数的函数总结如表 3.14 所示。

表 3.14 用于复数的函数

| | | |
|---|---|---|
| abs(x) | 用勾股定理计算复数的绝对值。该值就等于用极坐标表示复数时的半径 | x = 3+4i;<br>abs(x)<br>ans = 5 |
| angle(x) | 若 $x = 3+4i$，其绝对值为 $\sqrt{3^2+4^2}=5$，当复数用极坐标表示时，计算与水平线之间的夹角 | x = 3+4i;<br>angle(x)<br>ans = 0.9273 |
| complex(x,y) | 产生一个复数，其实部为 $x$，虚部为 $y$ | x = 3;<br>y = 4;<br>complex(x,y)<br>ans = 3.0000+4.0000i |
| real(x) | 提取复数的实部 | x = 3+4i;<br>real(x)<br>ans = 3 |
| imag(x) | 提取复数的虚部 | x = 3+4i;<br>imag(x)<br>ans = 4 |
| isreal(x) | 确定数组中的值是否为实数，若为实数，函数返回 1，若为复数，函数返回 0 | x = 3 + 4i;<br>isreal(x)<br>ans =0 |
| conj(x) | 产生一个共轭复数 | x = 3+4i;<br>conj(x)<br>ans = 3.0000-4.0000i |

**实训练习 3.10**

1. 创建下列复数：
   a. $A = 1 + i$
   b. $B = 2 - 3i$
   c. $C = 8 + 2i$
2. 创建复数向量 D，其实部为 2，4 和 6，虚部为−3，8 和−16。
3. 求练习 1 和练习 2 建立的各向量的幅度(绝对值)。
4. 求练习 1 和练习 2 建立的各向量与水平线的夹角。
5. 求向量 D 的共轭复数。
6. 用转置运算求向量 D 的共轭复数。
7. 用 A 的共轭复数乘以 A，然后将计算结果取平方根。该值与 A 的幅度(绝对值)有何关系？

## 3.8 计算的局限性

> **关键知识**
> 计算机程序所能处理的数字大小是有限制的。

存储在计算机中的变量可以假设为一个很宽的变化范围。大多数计算机中，其范围从 $10^{-308}$ 到 $10^{308}$，足以完成大多数计算。MATLAB 中含有一些函数能确定程序能够处理的最大实数和最大整数(见表 3.15)。

表 3.15 计算的限制

| | | |
|---|---|---|
| `realmax` | 返回值是 MATLAB 中可能使用的最大浮点数 | `realmax`<br>`ans = 1.7977e+308` |
| `realmin` | 返回值是 MATLAB 中可能使用的最小浮点数 | `realmin`<br>`ans = 2.2251e-308` |
| `intmax` | 返回值是 MATLAB 中可能使用的最大整数 | `intmax`<br>`ans = 2147483647` |
| `intmin` | 返回值是 MATLAB 中可能使用的最小整数 | `intmin`<br>`ans = -2147483648` |

realmax 的返回值是 MATLAB 中可能使用的最大浮点数，大约对应于 $2^{1024}$，因为计算机实际上是以二进制(以 2 为基)算法进行计算。当表达式的计算结果超出了允许的最大或最小值时，当然可以用一个特定方式表示这种结果。假设执行下列命令：

```
x = 2.5e200;
y = 1.0e200;
z = x*y
```

则 MATLAB 的结果为

```
z =
   Inf
```

因为结果(2.5e400)已经超出了允许的范围。这种错误称为指数溢出，因为算数运算结果的指数太大了，无法用计算机的内存存储。

指数下溢是一种同样的错误，是由算数运算结果的指数太小了，无法用计算机的内存存储造成的。函数 realmin 的值是 MATLAB 中可能使用的最小浮点数，可以用下列命令获得指数下溢：

```
x = 2.5e-200;
y = 1.0e200
z = x/y
```

最后，这些命令返回值为

```
z = 0
```

指数下溢的结果为 0。

被 0 除是一种非法的运算，如果表达式结果造成被 0 除，则除法结果为无穷大：

```
z = y/0
z =
      Inf
```

**关键知识**

仔细的程序设计可以避免计算结果溢出或下溢。

在进行涉及非常大或非常小的值的计算中，为了避免上溢或下溢，可能会需要改变计算顺序。假设要进行下列计算：

$$(2.5\times10^{200})\times(2\times10^{200})\times(1\times10^{-100})$$

其结果为 $5\times10^{300}$，仍然在 MATLAB 的边界范围内。但是在 MATLAB 中输入这个算式会怎么样：

```
2.5e200*2e200*1e-100
ans =
         Inf
```

因为 MATLAB 会从左至右进行计算，第一个乘积结果已经超出了最大值范围($5\times10^{400}$)，所以得到无穷大的结果。但是如果改变计算顺序，即

```
2.5e200*1e-100*2e200
ans =
     5.0000e+300
```

则避免了溢出并得到正确结果。

## 3.9 特殊值和其他函数

绝大多数函数需要一个输入参数，但不是所有函数都需要。尽管表 3.16 列出的命令使用起来就像标量常量一样，但是它们是无须任何输入的函数。

表 3.16 特殊函数

| | | |
|---|---|---|
| pi | 数学常数π | pi<br>ans = 3.1416 |
| i | 虚数 | i<br>ans = 0+1.0000i |
| j | 虚数 | j<br>ans = 0+1.0000i |
| Inf | 无穷大，计算溢出或被零除时产生 | 5/0<br>Warning: Divide by zero.<br>ans = Inf |
| NaN | 非数值，当计算未定义时发生 | 0/0<br>Warning: Divide by zero.<br>ans = NaN<br>inf/inf<br>ans = NaN |
| clock | 当前时间，返回值是含有 6 个元素的数组[年 月 日 时 分秒]，例如 2021 年 11 月 26 日上午 9 点 46 分 4.6 秒，调用 clock 函数，则返回的输出如右侧所示 | clock<br>ans =<br>2021 11 26 9<br>46 4.655 |
| date | 当前日期。类似于 clock 函数，但返回值是以字符串格式显示的 | date<br>ans =<br>'26-Nov-2021' |
| eps | 1 和下一个比 1 大的双精度浮点数之间的距离 | eps<br>ans = 2.2204e-016 |

MATLAB 中允许将这些函数重新定义为变量的名字，但是这样会造成无法预测的结果。例如下列代码是允许的，但也是不明智的：

```
pi = 12.8;
```

从该语句开始，以后再调用 pi 的时候，使用的都是新的值。同样也可以将任何函数重新定义为变量名称，例如

```
sin = 10;
```

为了恢复 sin 的三角函数功能(或者恢复 pi 的默认值)，必须用下面的命令清除工作区

```
clear
```

或者用下列命令分别恢复

```
clear sin
clear pi
```

现在发出π的命令，检查结果

```
pi
```

返回值为

```
pi =
3.1416
```

**提示**：函数 i 是这些函数中最常被用户无意中重命名的。

NaN 函数代表“非数值”，当用户计算如 0/0 这种不定式的结果时，其返回值就是 NaN，在数组中也能用来作为占位符。

**实训练习 3.11**

1. 在工作表上用 clock 函数添加时间和日期。
2. 在工作表上用 date 函数添加日期。
3. 将下列计算转换成 MATLAB 代码并解释结果：
   a. 322!(数学符号“！”是阶乘的意思)
   b. $5*10^{500}$
   c. $1/5*10^{500}$
   d. 0/0

## 小结

本章探讨了一些预定义的 MATLAB 函数，包括以下内容：

- 常用数学函数，如
  - 指数函数
  - 对数函数
  - 根
- 离散数学中用到的函数，如
  - 求因子的函数
  - 求质数的函数
- 三角函数，包括
  - 标准三角函数
  - 反三角函数
  - 双曲三角函数
  - 输入为度数的三角函数
- 舍入函数
- 数据分析函数，如
  - 最大值和最小值
  - 平均值(均值和中值)
  - 求和以及乘积
  - 排序
  - 标准差和方差
- 随机数的产生
  - 均匀分布
  - 高斯(正态)分布
- 输入为复数的函数

讨论了 MATLAB 内在的计算极限并介绍了内建的特殊值，如π。

## MATLAB 小结

下表列出了本章介绍的特殊字符、命令和函数：

| 特殊字符和函数 | |
|---|---|
| **eps** | 可分辨的最小值 |
| **i** | 虚数 |
| **clock** | 返回时间 |
| **date** | 返回日期 |
| **Inf** | 无穷大 |
| **intmax** | 返回 MATLAB 中使用的最大整数 |
| **intmin** | 返回 MATLAB 中使用的最小整数 |
| **j** | 虚数 |
| **NaN** | 非数值 |
| **pi** | 数学常数π |
| **realmax** | 返回 MATLAB 中使用的最大浮点数 |
| **realmin** | 返回 MATLAB 中使用的最小浮点数 |

| 命令和函数 | |
|---|---|
| **abs** | 计算实数的绝对值或复数的幅值 |
| **angle** | 当复数用极坐标表示时，计算复数的角度 |
| **asin** | 计算反正弦 |
| **asind** | 计算反正弦并用度表示结果 |
| **ceil** | 向正无穷大方向舍入得到最接近的整数 |
| **complex** | 产生一个复数 |
| **conj** | 产生一个复数的共轭复数 |
| **cos** | 计算余弦值，输入角的单位为弧度 |
| **cosd** | 计算余弦值，输入角的单位为度 |
| **cumprod** | 计算数组中各值的累乘 |
| **cumsum** | 计算数组中各值的累加 |
| **deg2rad** | 将度数转换为弧度 |
| **erf** | 计算误差函数 |
| **exp** | 计算 $e^x$ 的值 |
| **factor** | 求质数因子 |
| **factorial** | 计算阶乘 |
| **fix** | 向 0 的方向舍入得到最接近的整数 |
| **floor** | 向负无穷方向舍入得到最接近的整数 |
| **gcd** | 求最大公因子 |
| **help** | 打开帮助函数 |
| **helpwin** | 打开独立窗口版的帮助函数 |
| **imag** | 提取复数的虚部 |
| **isprime** | 确定一个值是否是质数 |
| **isreal** | 确定一个值是否是实数或复数 |
| **lcm** | 求最小公倍数 |

续表

| 命令和函数 | |
|---|---|
| length | 求矩阵的最大维数 |
| log | 计算自然对数或以 e 为底的对数($\log_e$) |
| log10 | 计算常用对数或以 10 为底的对数($\log_{10}$) |
| log2 | 计算以 2 为底的对数($\log_2$) |
| max | 确定数组中的最大值以及存储最大值的位置 |
| mean | 计算数组中元素的平均值 |
| median | 确定数组中元素的中值 |
| min | 确定数组中的最小值以及存储最小值的位置 |
| mode | 查找数组中出现次数最多的数 |
| nchoosek | 当从 $n$ 个值的数组中选 $k$ 个值时，求可能的组合数 |
| nthroot | 求输入矩阵的 $n$ 阶根 |
| numel | 确定矩阵中元素的总数 |
| primes | 求小于输入值的质数 |
| prod | 将数组中的值作乘积 |
| rad2deg | 将弧度转换为度 |
| rand | 产生均匀分布的随机数 |
| randn | 产生正态(高斯)分布的随机数 |
| randi | 产生均匀分布的随机整数 |
| rats | 将输入表示为有理数(即分数) |
| real | 提取复数的实部 |
| rem | 计算除法问题中的余数 |
| round | 舍入为最接近的整数 |
| sign | 确定符号(正或负) |
| sin | 输入为弧度，计算其正弦值 |
| sind | 输入为度，计算其正弦值 |
| sinh | 计算双曲正弦值 |
| size | 确定矩阵中的行和列数 |
| sort | 将向量中的元素排序 |
| sortrows | 以第一列中的值为基础对向量排序 |
| sound | 播放音乐文件 |
| sqrt | 计算一个数的平方根 |
| std | 确定标准差 |
| sum | 将矩阵中的数值求和 |
| tan | 输入为弧度，计算其正切值 |
| var | 计算方差 |

# 关键术语

| | | | | | |
|---|---|---|---|---|---|
| 参数 | 均值 | 实数 | 平均数 | 中值 | 标准差 |
| 复数 | 嵌套 | 下溢出 | 离散数学 | 正态随机数 | 均匀随机数 |
| 函数 | 方差 | 函数的输入 溢出 | 高斯随机数 | 极坐标 | 有理数 |

# 习题

### 基本数学函数

**3.1** 使用 `nthroot` 函数和取−5 的 1/3 次幂的方法求−5 的立方根。解释为什么答案不同，将结果取 3 次方，说明结果相同，由此证明这两种结果−5 其实都是正确的。

**3.2** MATLAB 中包含计算自然对数(log)，以 10 为底的对数(log10)和以 2 为底的对数(log2)的函数，但是如果想求以其他数为底的对数，例如以 $b$ 为底的对数，则必须用下面的公式进行计算：

$$\log_b(x) = \frac{\log_e(x)}{\log_e(b)}$$

当 $b$ 值从 1 变化到 10，增量为 1 时，$\log_b 10$ 分别是多少？

**3.3** 种群的数量会呈指数增长，也就是

$$P = P_0 e^{rt}$$

其中，$P=$ 现有种群数量；$P_0=$ 原始种群数量；$r=$ 连续增长率，是一个分数；$t=$ 时间。

如果最初有 100 只兔子，每年以 90%($r = 0.9$)的速度繁殖，计算 10 年后会有多少只兔子。

**3.4** 化学反应速度与速度常数 $k$ 成正比，$k$ 按照阿伦尼乌斯方程随温度变化

$$k = k_0 e^{-Q/RT}$$

某一个反应，

$$Q = 8000 \text{ cal/mol}$$
$$R = 1.987 \text{ cal/(mol·K)}$$
$$k_0 = 1200 \text{min}^{-1}$$

当温度从 100 K 变化到 500 K 时，增量为 50，求 $k$ 的值，将结果列表。

**3.5** 讨论图 P3.5 所示的大房间所需的空调的功率。

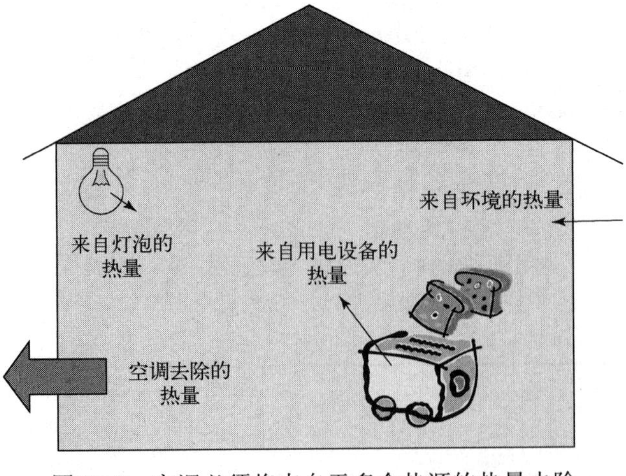


图 P3.5　空调必须将来自于多个热源的热量去除

房子内部的温度会因为余热如照明设备和电器设备、室外的热量漏进来、房间内的人产生的热量等而升高。为了防止温度升高，空调必须能去除所有的热能。假设有 20 个灯泡，每个辐射能量为 100 J/s，

4 个电器设备，每个辐射能量 500 J/s，从室外漏进室内的热量速率为 3000 J/s。

(a) 空调器每秒必须能从室内去除多少热量？

(b) 一台特殊的空调机组可以处理 2000 J/s，需要多少组才能保持室内常温？

**3.6** (a) 如果有 4 个人，把他们排成一行，有多少种排法？

(b) 如果有 10 个不同的瓦片，有多少种不同的排列方法？

**3.7** (a) 如果有 12 个人，每两个人组成一组，能组成多少个组？注意，与顺序无关。

(b) 一个班有 30 个人，足球队需要 11 名队员，一个班能组成多少个不同的足球队？(组合——与顺序无关)

(c) 因为足球队中的每个队员都有各自的角色，与顺序有关。当考虑顺序的时候，一个班能组成多少个不同的球队？

**3.8** 一副牌中有 52 张不同的牌，每只手握 5 张牌，有多少种不同的握法？注意每只手有 120(5!) 种握法。

**3.9** 10000 和 20000 之间有多少个素数？(提示：使用 `primes` 函数和 `length` 命令。)

## 三角函数

**3.10** 通常使用正弦表、余弦表和正切表比使用计算器更方便。建立一个含有上述三个三角函数的函数表，角度为 0～2π，间隔为 0.1 弧度。表格中一列为角度，正弦、余弦和正切各为一列。

**3.11** 如图 P3.11 所示的振荡弹簧的位移由下式确定：

$$x = A\cos(\omega t)$$

其中，$x$ 为 $t$ 时刻的位移，$A$ 为最大位移，$\omega$ 为角频率，与弹簧常数以及所悬挂的物体质量有关，$t$ 为时间。求当最大位移 $A$ 为 4 cm，角频率为 0.6 rad/s 时，在 0～10 s 范围内的位移 $x$。以时间和位移组成的表格形式给出结果。

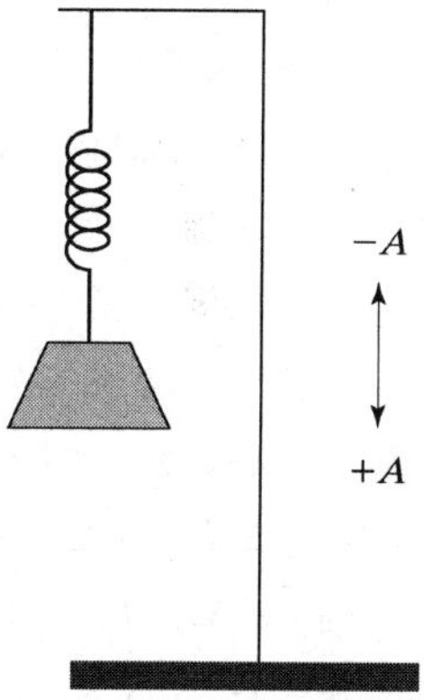


图 P3.11　振荡弹簧

**3.12** 上一题中弹簧的加速度为

$$a = -A\omega^2\cos(\omega t)$$

使用上一道题中的常数值，在 0～10 s 范围内求出加速度，建立一个表格，其中包含时间，上一道题中求出的位移，本题求出的加速度。

**3.13** 可以用三角学求建筑物的高度，如图 P3.13 所示。假如测得观察方向与水平线之间的夹角，则可以按照以下公式计算建筑物的高度：

$$\tan(\theta) = h / d$$
$$h = d\tan(\theta)$$

假设与建筑物之间的水平距离为 120 m，观察方向与水平线之间的夹角为 30°±3°，求建筑物可能的最大和最小高度。

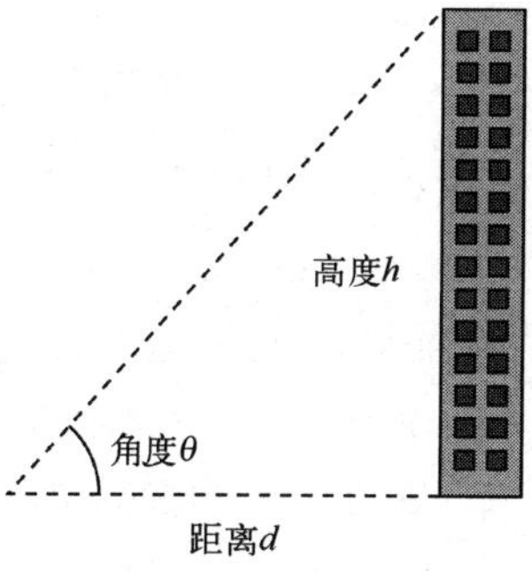


图 P3.13　可用三角学求出建筑物的高度

**3.14** 对于上一道题涉及的建筑物。

(a) 如果高度为 200 英尺(1 英尺 = 0.3048 米)，距离为 20 英尺，则头部需要倾斜多大角度才能看到建筑物顶端(为简化起见，假设头和地面在同一个水平线上)。

(b) 头部与建筑物顶端之间的距离是多少？

(c) 假设头和地面不在同一个水平线上，而是比地面高 6 英尺，重做 (a) 和 (b)。

**数据分析函数**

**3.15** 表 P3.15 给出反应器内的温度：

**表 P3.15 反应器内的温度**

| 热偶 1 | 热偶 2 | 热偶 3 | 热偶 1 | 热偶 2 | 热偶 3 |
|---|---|---|---|---|---|
| 84.3 | 90.0 | 86.7 | 85.3 | 89.5 | 85.4 |
| 86.4 | 89.5 | 87.6 | 85.3 | 88.9 | 86.3 |
| 85.2 | 88.6 | 88.3 | 85.2 | 89.1 | 85.3 |
| 87.1 | 88.9 | 85.3 | 82.3 | 89.5 | 89.0 |
| 83.5 | 88.9 | 80.3 | 84.7 | 89.4 | 87.3 |
| 84.8 | 90.4 | 82.4 | 83.6 | 89.8 | 87.2 |
| 85.0 | 89.3 | 83.4 | | | |

指导教师可能会提供一个文件 thermocouple.dat，或者需要自己输入这个数据表。用 MATLAB 求(a)每个热偶测得的最高温度。(b)每个热偶测得的最低温度。

**3.16** 沿着与 $x$ 轴之间的夹角为 $\theta$ 的方向(见图 P3.16)，初速度为 $v_0$，其运动距离为

$$\text{Range} = \frac{v_0^2}{g}\sin(2\theta)$$

忽略空气阻力，当 $0 \leqslant \theta \leqslant \pi/2$，$g = 9.81\ \text{m/s}^2$，且初速度为 $v_0 = 100\ \text{m/s}$。在 $0 \leqslant \theta \leqslant \pi/2$ 范围内，以增量 $\pi/100$ 计算运动距离，证明最大距离大约发生在 $\theta = \pi/4$ 时。无法找到最大距离对应的精确角度，因为计算是在 $\pi/100$ 弧度的均匀角度下进行的。

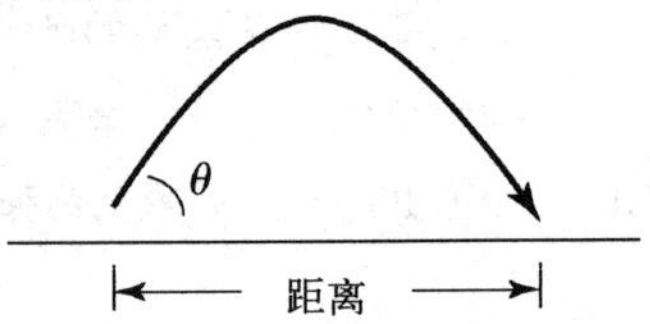


图 P3.16 运动距离与发射角度和发射初速度有关

**3.17** 数组 $G$ = [68, 83, 61, 70, 75, 82, 57, 5, 76, 85, 62, 71, 96, 78, 76, 68, 72, 75, 83, 93]表示动力学课程期末成绩的分布情况，计算其平均值、中值、众数和标准差，平均值，中值和众数哪个能更好地代表最典型的成绩？为什么？用 MATLAB 确定成绩数组的数量(不要人工统计)并将成绩按照升序排列。

**3.18** 以均值 80 和标准差 23.5 产生 10 000 个高斯随机数(应该抑制输出以免命令窗口被数据淹没)，用 `mean` 函数验证数组的均值为 80，用 `std` 函数验证其标准差为 23.5。

**3.19** 用 `date` 函数将当前日期添加到你的作业中。

**随机数**

**3.20** 很多游戏都会要求玩家投掷两次骰子，每个骰子都有六个面，分别表示 1～6。

(a)用 `randi` 函数模仿投掷一次骰子，将结果作为前进的步数；

(b)在上次结果的基础上，再投掷一次，再按照投掷结果前进；

(c)将上两次结果相加代表每轮总的前进步数；

(d)用程序计算棋盘游戏中前进的步数。

**3.21** 假如正在设计一个容器，用来在医院之间运送敏感的医疗材料，容器需要能将运送的物品保持在指定的温度范围内。已经建立了一个预测容器温度随外部温度变化的模型，现在需要进行模拟仿真。

(a)建立一个正态分布(高斯分布)的温度模型，平均值为 70 °F，标准差为 2 °F，保持时间 2 小时。现在需要的是在时间 0～120 min 内，间隔为 0.5 分钟的每个时间点(也就是 241 个值)上对应的温度；

(b) 在直角坐标平面上画出数据的曲线，不考虑标号。MATLAB 的画图函数是 `plot(x,y)`；

(c) 找出最高温度、最低温度及其对应的时间。

**复数**

**3.22** 图 P3.22 所示电路包含以下元件：

- 一个正弦电压源，其电压为 $V$；
- 一个电感元件，其电感为 $L$；
- 一个电容元件，其电容为 $C$；
- 一个电阻元件，其电阻为 $R$。

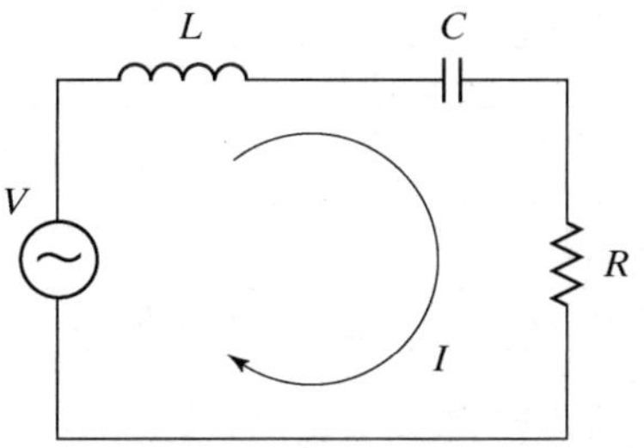

图 P3.22　演示正弦电压源的简单电路

根据欧姆定律(适用于交流电的一般形式)

$$V = IZ_T$$

可以求得电路中的电流 $I$，其中 $Z_T$ 是电路的总阻抗(阻抗是电阻的交流扩展形式)。假设每个元件的阻抗为

$$Z_L = 0+5\text{j}\,\Omega \quad Z_C = 0-15\text{j}\,\Omega \quad R = Z_R = 5+0\text{j}\,\Omega \quad Z_T = Z_C + Z_L + R$$

且施加的电压为

$$V = 10+0\text{jV}$$

(电气工程师通常用 j 代表虚数，而不是用 i)

求电路中的电流 $I$，应该用 `complex` 函数将阻抗的复数代入到计算式中，将结果表示为复数。

**3.23** 阻抗与电感 $L$、电容 $C$ 的关系由下列方程决定：

$$Z_C = \frac{1}{\omega C\text{j}} \quad Z_L = \omega L\text{j}$$

在与图 P3.22 相同的电路中，假设

$$C = 1\ \mu\text{F} \quad L = 200\ \text{mH} \quad R = 5\ \Omega \quad f = 15\ \text{kHz} \quad \omega = 2\pi f\ \text{rad} \quad V = 10\ \text{V}$$

(a) 求电容的阻抗($Z_C$)和电感的阻抗($Z_L$)；

(b) 求总阻抗 $Z_T = Z_C + Z_L + R$；

(c) 根据欧姆定律 $V = IZ_T$ 求电流 $I$；

(d) 电气工程师经常用极坐标方式表示复数，也就是用幅度和相角。(在复平面上画一个点，其中 $x$ 轴代表实部，$y$ 轴代表虚部。)用 `abs` 函数求上部电流的幅度，用 `angle` 函数求其对应的相角。

**3.24** 表 P3.24 的数据来源于 NOAA 美国国家环境信息中心网站，表示的是 2015 年在丹佛机场收集的信息。可以以 Excel 文件 Denver_Climate_Data_2015.xlsx 的形式提供。将数据文件导入 MATLAB 并将每列存储为一个向量。

| | | |
|---|---|---|
| **EMXP**：最大日降水量 | **MMNT**：月平均最低温度 | **EMXT**：日最高温度 |
| **MXSD**：最大积雪深度 | **MMXT**：月平均最高温度 | **TPCP**：总降水量 |
| **EMNT**：日最低温度 | **MNTM**：月平均温度 | **TSNW**：总降雪量 |

(a) 用 TPCP 列求 2015 年的总降水量；

(b) 用 MMXT 列求 2015 年月平均最高温度的平均值；

(c)用 MXSD 列求 2015 年最大降雪深度;

(d)用 TSNW 列求最大总降雪量。

**表 P3.24 2015 年科罗拉多州丹佛的每月气候数据**

| 日期 | EMXP | MXSD | TPCP | TSNW | EMXT | EMNT | MMXT | MMNT | MNTM |
|---|---|---|---|---|---|---|---|---|---|
| 20150101 | 0.12 | 0 | 0.37 | 7.2 | 75 | –9.8 | 46.8 | 21.2 | 34 |
| 20150201 | 0.37 | 1 | 1.25 | 22.4 | 73.9 | –5.8 | 46.6 | 21.2 | 34 |
| 20150301 | 0.34 | 0 | 0.79 | 2.9 | 81 | 2.1 | 58.8 | 31.3 | 45.1 |
| 20150401 | 1.22 | 0 | 2.65 | 5.3 | 79 | 27.1 | 62.1 | 35.4 | 48.7 |
| 20150501 | 1.08 | 0 | 3.76 | 4 | 84.9 | 27.1 | 63.3 | 42.8 | 53.1 |
| 20150601 | 0.99 | 0 | 2.54 | 0 | 93.9 | 51.1 | 82.9 | 56.1 | 69.4 |
| 20150701 | 0.33 | 0 | 1.07 | 0 | 97 | 52 | 87.6 | 57.9 | 72.7 |
| 20150801 | 0.68 | 0 | 1.18 | 0 | 98.1 | 43 | 89.8 | 58.3 | 74.1 |
| 20150901 | 0.07 | 0 | 0.11 | 0 | 91.9 | 44.1 | 85.3 | 53.6 | 69.4 |
| 20151001 | 0.79 | 0 | 1.76 | 0 | 87.1 | 28.2 | 70.2 | 42.8 | 56.5 |
| 20151101 | 0.5 | 0 | 2.13 | 11.2 | 75 | 3.2 | 51.3 | 25.7 | 38.5 |
| 20151201 | 0.32 | 1 | 0.71 | 11.3 | 69.1 | 0.1 | 41 | 18.1 | 29.5 |

**3.25** 查询 NOAA 美国国家环境信息中心网站,并下载所选位置的气候数据(一般选机场的名字比较好,例如 DEN 代表科罗拉多州的丹佛市),仅需要下载温度数据。用数据文件确定过去一年的最高和最低温度。

**3.26** AirNow 在线报告了全球许多地区的空气质量指数(AQI)。AirNow 是美国多个联邦、部落、州和地方机构之间的合作伙伴,负责收集空气质量数据,包括但不限于 AQI。除了美国一些地区的数据,美国国务院还提供了美国大使馆和领事馆的数据。加拿大和墨西哥的多个地区也参与了该数据共享。读者可以从 AirNow 下载数据文件(.csv 文件)。

- 使用搜索引擎查找 AirNow 网站并选择感兴趣的位置。
- 选择历史数据。
- 下载最近一年的 AQI 数据。文件应该看起来像这样:Mumbai_PM2.5_2020_YTD.csv。
- 使用 `uiimport` 函数将文件导入 MATLAB。确保选择“列向量”的输出类型,并确认选择了“分隔”选项,如图 P3.26 所示。
- 使用 `max` 函数计算一年中观测到的最大 AQI 值。

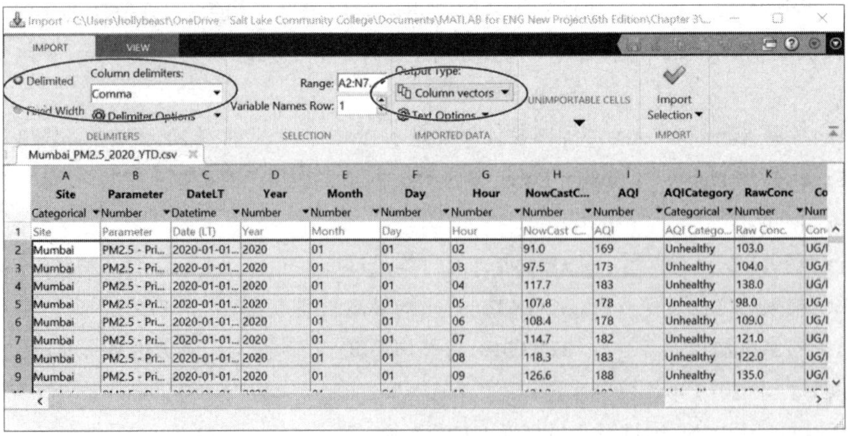


图 P3.26 2020 年印度孟买空气质量数据

# 第 4 章　MATLAB 矩阵运算

**本章目标**

学完本章后应能够：

- 进行数值矩阵运算；
- 从数值矩阵中提取数据；
- 利用 meshgrid 函数处理两个不同大小的矩阵变量；
- 创建和使用特殊数字矩阵；
- 对字符矩阵和字符串矩阵之间的区别解释说明；
- 利用处理数值矩阵的技术分析和处理文本数据。

> **关键知识**
>
> 在 MATLAB 中，数组和矩阵两个术语经常互换使用。然而，从技术上讲，当用于线性代数中的矩阵计算时，数组只是一个矩阵。

## 引言

MATLAB 的基本数据类型是矩阵，MATLAB 中的所有信息都存储在矩阵中。本章将探讨矩阵运算的方法，首先介绍数值矩阵的基本运算，然后介绍字符矩阵和字符串矩阵。

## 4.1　数值矩阵运算

利用 MATLAB 求解越来越复杂的问题时，有时需要将小矩阵合并成大矩阵、从大矩阵中提取信息、创建超大矩阵和使用具有特殊性质的矩阵。

### 4.1.1　定义数值矩阵

在 MATLAB 中，在方括号里输入一串数字就可以定义矩阵。数字之间可以用空格或逗号隔开(也可以同时使用)。例如，

```
A = [3.5];
B = [1.5, 3.1]; or B = [1.5 3.1];
C = [-1, 0, 0; 1, 1, 0; 0, 0, 2];
```

也可以逐行输入数据来定义一个矩阵，如输入 MATLAB 命令

```
C =    [-1,  0, 0;
         1,  1, 0;
         1, -1, 0;
         0,  0, 2]
```

用这种方法定义时，也可以不使用分号，如下面 4×3 矩阵的定义：

```
C =    [-1,  0, 0
         1,  1, 0

         1, -1, 0
         0,  0, 2]
```

也可以用这种方法定义下面的列矩阵：

```
A = [ 1
      2
      3 ]
```

如果矩阵的一行元素过多，则可以在下一行继续写，但本行后面要用逗号和省略号(...)表示未完。省略号也可以用在其他较长的 MATLAB 语句中。

若要定义一个有 10 个元素的矩阵 F，可以采用下面的任何一个语句：

```
F = [1, 52, 64, 197, 42, -42, 55, 82, 22, 109]; or
F = [1, 52, 64, 197, 42, -42, ...
        55, 82, 22, 109];
```

MATLAB 中可以利用已经定义的其他矩阵来定义矩阵。

例如，输入语句

```
B = [1.5, 3.1];
S = [3.0, B]
```

输出结果：

```
S =
     3.0   1.5   3.1
```

类似地，输入语句

```
T = [ 1, 2, 3; S]
```

输出结果：

```
T =
      1   2     3
      3   1.5   3.1
```

这种方法组合称为串联。

如果需要对矩阵的元素进行修改或者添加，可以用索引号指定矩阵的元素，这个过程称为数组索引。输入命令

```
S(2) = -1.0;
```

把矩阵 S 中的第二个元素由原来的 1.5 修改为–1。在命令窗口中键入矩阵名

```
S
```

输出结果：

```
S =
      3.0   -1.0   3.1
```

类似地，还可以通过定义新元素来扩展原有矩阵。输入语句

```
S(4) = 5.5;
```

将矩阵 **S** 由原来的 3 个元素扩展成 4 个元素。如果输入语句

```
S(8) = 9.5;
```

原矩阵扩展成含有 8 个元素的新矩阵，其中 S(5)、S(6)和 S(7)的值都置为 0，此时在命令窗口中输入

```
S
```

输出结果：

```
S =
        3.0    -1.0    3.1    5.5    0    0    0    9.5
```

> **关键知识**
> 索引号用于标识矩阵中元素的位置、从矩阵中提取元素或定义矩阵的新元素。

### 4.1.2 冒号运算符的使用

冒号运算符在定义新矩阵和修改原有矩阵时具有强大的功能。首先，利用冒号运算符定义一个等间隔矩阵，输入语句

```
H = 1:8
```

输出结果：

```
H =
        1    2    3    4    5    6    7    8
```

默认步长为 1，如果在 3 个数字之间使用冒号，则中间的数字为步长。例如，输入语句

```
time = 0.0 : 0.5 : 2.0
```

输出结果：

```
time =
        0    0.5000    1.0000    1.5000    2.0000
```

冒号运算符在数据分析中非常有用，常用来从矩阵中提取数据。当用冒号替代矩阵中指定元素的索引号时，冒号可代表矩阵的一整行或一整列。

假设定义了一个矩阵 M：

```
M = [1 2 3 4 5;
     2 3 4 5 6;
     3 4 5 6 7];
```

则可以从矩阵 M 中提取第 1 列元素，输入语句

```
x = M(:, 1)
```

> **关键知识**
> 利用冒号运算符可以方便地从矩阵中提取元素。

输出结果：

```
x =
        1
        2
        3
```

这种语法可以理解为“所有行的第 1 列”。同样，也可以提取任意一列数据，例如输入语句

```
y = M(:, 4)
```

输出结果：

```
y =
        4
        5
        6
```

上面语句可以理解为提取“所有行的第 4 列”。同样，也可以提取行数据，输入语句

```
z = M(1,:)
```

输出结果：

```
z =
        1    2    3    4    5
```

上面语句可以理解为提取“第 1 行的所有列”。

如果不提取整行或整列，冒号运算符也可以用来表示“从行到行”或“从列到列”。若提取矩阵 M 的最下面两行，则输入

```
w = M(2:3,:)
```

输出结果：

```
w =
        2    3    4    5    6
        3    4    5    6    7
```

为该矩阵“第 2 行到第 3 行的所有列”。类似地，要提取矩阵 M 右下角的四个数，则输入

```
w = M(2:3, 4:5)
```

输出结果：

```
w =
        5    6
        6    7
```

为该矩阵“第 2 行到第 3 行的第 4 列到第 5 列”数据。

在 MATLAB 中，矩阵可以为空，例如，下面两条语句都可以产生一个空矩阵：

```
a = [ ];
b = 4:-1:5;
```

最后，将矩阵名称与单个冒号一起使用，例如，

```
M(:)
```

将会把原矩阵转换成一个长的列向量。

```
M  =
    1
    2
    3
    2
    3
    4
    3
    4
    5
    4
    5
    6
    5
    6
    7
```

新矩阵把原矩阵的第 2 列加在第 1 列下面，然后把第 3 列加在第 2 列下面，以此类推，连接成“一维长列”。事实上，计算机并不是按照二维的形式存储二维矩阵的，而是把矩阵看成一个长的列表，与左侧矩阵 M 一样。从矩阵中提取单个元素值有两种方法：一种是使用单一索引号，第二种是使用行、列表示法。例如，用下面右侧命令可以提取矩阵第 2 行、第 3 列的元素值：

```
M
M =
          1        2        3        4        5
          2        3       (4)       5        6
          3        4        5        6        7
M(2, 3)
ans =
                   4
```

**关键知识**

可以使用单个数字或表示行和列的索引(下标)来标识元素。

也可以使用单一索引号提取该元素值，矩阵 M 第 2 行、第 3 列的元素对应的索引号为 8(从第 1 列开始，从上向下计数，接着从上向下数第 2 列，以此类推，直到第 3 列找到该元素)，输入语句

```
M(8)
ans = 4
```

**提示**：如果矩阵的行数或列数未知，可以利用单词 end 表示矩阵的最后一行或最后一列。例如，输入

```
M(1,end)
```

输出结果：

```
ans =
     5
```

输入

```
M(end, end)
```

输出结果：

```
ans =
     7
```

下面语句可得到相同的结果：

```
M(end)
ans =
     7
```

**实训练习 4.1**

在 MATLAB 中创建表示下列矩阵的变量并完成下面的练习。

$$a=[12\quad 17\quad 3\quad 6]\quad b=\begin{bmatrix}5&8&3\\1&2&3\\2&4&6\end{bmatrix}\quad c=\begin{bmatrix}22\\17\\4\end{bmatrix}$$

1. 将矩阵 a 的第 2 列元素赋值给变量 x1。在数学教材中矩阵 a 的第 2 列元素有时表示为 $a_{1,2}$，且可以表示为 x1=$a_{1,2}$。
2. 将矩阵 b 的第 3 列元素赋值给变量 x2。
3. 将矩阵 b 的第 3 行元素赋值给变量 x3。
4. 将矩阵 b 对角线上的元素(即元素 $b_{1,1}$，$b_{2,2}$ 和 $b_{3,3}$)赋值给变量 x4。
5. 将矩阵 a 的前 3 个元素作为变量 x5 的第 1 行元素，矩阵 b 作为变量 x5 的第 2 行到第 4 行元素。
6. 创建变量 x6，将矩阵 c 作为变量 x6 的第 1 列，矩阵 b 作为变量 x6 的第 2、3、4 列，矩阵 a 作为 x6 的最后一行。
7. 利用单索引号标示法将矩阵 b 中第 8 个元素的值赋值给变量 x7。
8. 将矩阵 b 转换成列向量，并命名为 x8。

**例 4.1 使用温度数据**

美国国家气象局搜集了大量气象数据，但这些数据并不总是按所期望的格式组织的(见图 4.1)。以 1999 年北卡罗来纳州阿什维尔市的气候数据为例，利用这些数据可以练习矩阵处理——对这些数据进行提取或重组构成新矩阵。

数据从表 C.1(见附录 C)中摘录，并保存在名为 Asheville_1999.xls 的 Excel 文件中。请利用 MATLAB 计算年平均最高气温、年平均最低气温、年最高气温和年最低气温，并对表中“Annual”行的数据进行验证。将计算中使用的四列温度数据保存在新矩阵 temp_data 中。

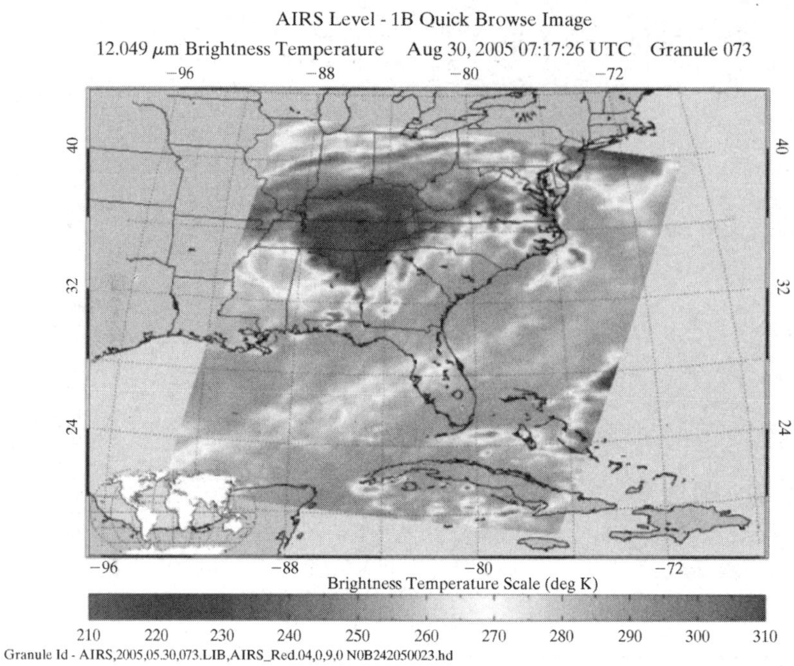


图 4.1 用气象卫星提供的温度数据绘制的伪彩色图(NASA)

1. 描述问题

   计算 1999 年北卡罗来纳州阿什维尔市的年平均最高气温、年平均最低气温、年最高气温和年最低气温。

2. 描述输入和输出

   **输入** 由数据文件 Asheville_1999.xls 导入的矩阵。

   **输出** 年平均最高气温、年平均最低气温、最高气温和最低气温。

   创建一个矩阵，其中包括平均最高气温、平均最低气温、月最高气温和月最低气温，但不包括年度数据。

3. 建立手工算例

   用计算器对数据表中第二列的 12 个月天气数据求平均值。

4. 开发 MATLAB 程序

   首先，从 Excel 文件中导入数据，将其保存到当前目录的 Asheville_1999.mat 文件中，这样该数据就可以通过 M 文件导入工作区。

```
%%  Example 4.1
% In this example we extract data from a large array, and
% use the data analysis functions to find the mean high and
% mean low temperatures for the year, and to find the high
% temperature and the low temperature for the year
%
clear, clc
%%  load the data array from a file
load asheville_1999
%%  extract the mean high temperatures from the large array
mean_max = asheville_1999(1:12,2);
```

```
% extract the mean low temperatures from the large array
mean_min = asheville_1999(1:12,3);
% Calculate the annual means
annual_mean_max = mean(mean_max)
annual_mean_min = mean(mean_min)
% extract the high and low temperatures from the large array
high_temp = asheville_1999(1:12,8);
low_temp = asheville_1999(1:12,10);
% Find the max and min temperature for the year
max_high = max(high_temp)
min_low = min(low_temp)
% Create a new array with just the temperature information
new_table =[mean_max, mean_min, high_temp, low_temp]
```

命令窗口或实时脚本编辑窗口中显示的结果为

```
annual_mean_max =
    68.0500
annual_mean_min =
    46.3250
max_high =
    96
min_low =
    9
new_table =
    51.4000     31.5000     78.0000     9.0000
    52.6000     32.1000     66.0000     16.0000
    52.7000     32.5000     76.0000     22.0000
    ...
    67.6000     45.5000     78.0000     28.0000
    62.2000     40.7000     76.0000     26.0000
    53.6000     30.5000     69.0000     15.0000
```

5. 验证结果

把计算结果与北卡罗来纳州阿什维尔市的气候调查表中的最后一行数据(见附录 C)进行比较。在开始使用任何计算机程序处理数据之前，必须保证结果是准确的，这一点非常重要。

## 4.2　利用 meshgrid 求解双变量问题

到目前为止，所有计算都只使用了一个变量。但是，大多数物理现象会受到多种不同因素的影响。本节主要考虑当变量表示为向量时怎样进行计算。

已知下面的 MATLAB 语句：

```
x = 3;
y = 5;
A = x * y
```

因为 x 和 y 都是标量，很容易得到计算结果：$x*y=15$，即

```
A =
        15
```

现在，如果 x 是矩阵而 y 仍然是标量，结果会怎么样呢？

```
x = 1:5;
```

返回值的 x 有 5 个值，因为 y 仍然是标量且只有一个值 5，输入

```
A = x * y
```

得到如下结果：

```
A =
        5    10    15    20    25
```

这是以前学过的知识，但是如果 y 是一个向量，那么结果如何？输入下面语句：

```
y = 1:3;
A = x * y
```

命令窗口会提示出错：

```
??? Error using *
Incorrect dimensions for matrix multiplication.
```

通过错误提示可知，星号是矩阵乘法的运算符，并不能完成所期望的运算，应该使用的是点乘(.*)运算符来进行元素之间的乘法运算。向量 x 和 y 的长度必须相同才能进行点乘运算。输入

```
y = linspace(1,3,5)
```

创建一个新向量 y，该向量包含 5 个元素，在 1 到 3 之间等间隔分布：

```
y =
       1.0000      1.5000      2.0000      2.5000      3.0000
A = x .* y
A =
       1     3     6     10     15
```

> **关键知识**
> 两个矩阵进行元素运算时，矩阵的维度必须一致。

虽然上述运算可以进行，但运算结果可能不是所希望的。该结果可以看成矩阵的对角线元素(见表 4.1)。

**表 4.1　对应元素相乘的计算结果**

| | | x: 1 | 2 | 3 | 4 | 5 |
|---|---|---|---|---|---|---|
| y | 1.0 | 1 | | | | |
| | 1.5 | | 3 | | | |
| | 2.0 | | | 6 | | |
| | 2.5 | | | | 10 | |
| | 3.0 | | | ? | | 15 |

如果想知道向量 x 第 3 个元素和向量 y 第 5 个元素的乘积，该怎么办呢？很显然，上述方法无法给出所有可能的乘积。此时需要一个由运算结果构成的二维矩阵，该矩阵对应于向量 x 和 y 中各元素的所有组合。对于结果矩阵 A，为了使它形成二维矩阵，输入向量 x 和向量 y 都必须是二维矩阵。MATLAB 提供的内置函数 meshgrid 可以实现该功能，此时 x 和 y 的维数可以不同。

首先，将 y 改为一个 3 元素向量：

```
y = 1:3;
```

然后利用 meshgrid 函数产生两个新的二维矩阵 new_x 和 new_y：

```
[new_x, new_y] = meshgrid(x,y)
```

meshgrid 函数需要两个输入向量，并生成两个新的二维矩阵，每个矩阵的行列数相同。矩阵的列数由第一个输入向量 x 的元素个数决定，行数由第二个输入向量 y 的元素个数决定。这种运算称为把向量映射成二维数组：

```
new_x =
        1    2    3    4    5
        1    2    3    4    5
        1    2    3    4    5
new_y =
        1    1    1    1    1
        2    2    2    2    2
        3    3    3    3    3
```

> **关键知识**
> 利用 meshgrid 函数把两个一维变量映射成两个大小相同的二维矩阵。

可以看到，new_x 的所有行相同，new_y 的所有列相同。现在可以将 new_x 和 new_y 的元素进行乘法运算，得到一个期望的二维矩阵：

```
A = new_x.*new_y
A =
      1    2    3     4     5
      2    4    6     8    10
      3    6    9    12    15
```

**实训练习 4.2**

使用 meshgrid 函数

1. 矩形(见图 4.2)面积等于长乘以宽(面积=长×宽)。计算长为 1 cm、3 cm、5 cm，宽为 2 cm、4 cm、6 cm 和 8 cm 的矩形面积(应该有 12 个结果)。
2. 圆柱体(见图 4.2)体积为$\pi r^2 h$。计算半径为 0～12 m，高度为 10～20 m 的圆柱体容器的体积。半径步长为 3 m，高度步长为 2 m。

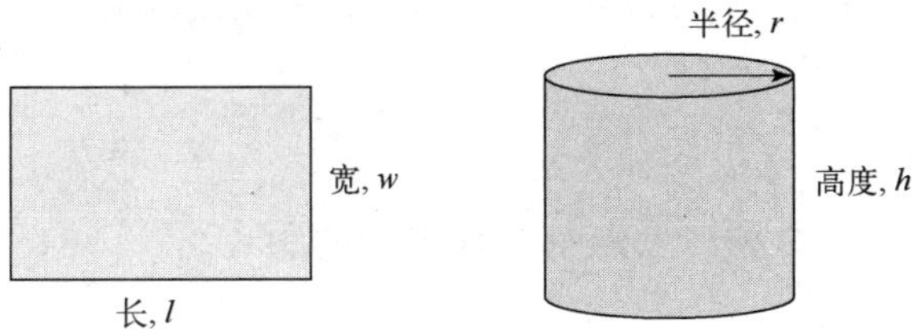


图 4.2 矩形和圆柱体的尺寸

**例 4.2 到地平线的距离**

1975 年，塔贝俊子(Junko Tabei，见图 4.3)成为首位登上珠穆朗玛峰的女性，也是首位登上“七峰”的女性。塔贝蒙特斯是冥王星上的一座山脉，以她的名字命名。冥王星上的山峰几乎与地球上的山峰一样高，最高的山峰高达 6200 米，以尼泊尔著名登山家丹增 • 诺盖(Tenzing Norgay)的名字命名。诺盖与艾德穆德 • 希拉里(Edmund Hillary)是最早登上珠穆朗玛峰的两个人。珠穆朗玛峰仅略高于冥王星上的 Tenzing Montes，海拔 8850 米。

站得高看得远，那么到底能看多远呢？这主要取决于站的高度和地球的半径大小，如

图 4.4 所示。由于冥王星和地球的半径相差很大，所以能看到的距离，也就是到地平线的距离相差也很远。

图 4.3　塔贝俊子(Junko Tabei)，第一位登上珠穆朗玛峰的女性

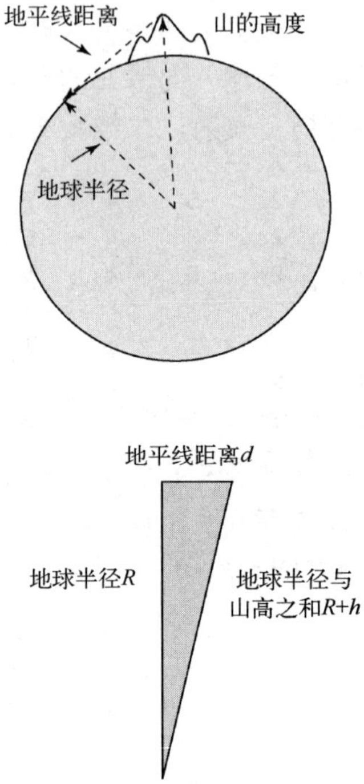


图 4.4　到地平线的距离

根据勾股定理可知：

$$R^2 + d^2 = (R + h)^2$$

求解 $d$ 可得 $d = \sqrt{h^2 + 2Rh}$ 。

已知地球半径为 6378 km，冥王星半径为 1185 km，根据上面的等式可以计算地球和冥王星的地平线距离。站在高度为 0～8000 m 的山上(珠穆朗玛峰海拔 8850 m)看到地平线的距离分别是多少？

1．描述问题

计算从地球和冥王星的高山上能看到地平线的距离。

2．描述输入和输出

| | | |
|---|---|---|
| **输入** | 冥王星半径 | 1185 km |
| | 地球半径 | 6378 km |
| | 山高 | 0～8000 m |
| **输出** | 到地平线的距离，单位为 km。 | |

3．建立手工算例

$$d = \sqrt{h^2 + 2Rh}$$

已知地球半径，山的高度为 8000 m，可得

$$d=\sqrt{(8\ \text{km})^2+2\times 6378\ \text{km}\times 8\ \text{km}}=319\ \text{km}$$

4．开发 MATLAB 程序

```
%% Example 4.2
% Find the distance to the horizon
% Define the height of the mountains
%  in meters
clear, clc
format bank
% Define the height vector
height = 0:1000:8000;
% Convert meters to km
height = height/1000;
% Define the radii of Pluto and Earth
radius = [1185  6378];
% Map the radii and heights onto a 2-D grid
[Radius,Height] = meshgrid(radius,height);
% Calculate the distance to the horizon
distance = sqrt(Height.^2 + 2*Height.*Radius)
```

执行前面程序，将返回冥王星和地球到地平线的距离(以 m 为单位)矩阵：

```
distance =
              0         0
          48.69    112.95
          68.88    159.74
          84.37    195.65
          97.45    225.92
         108.97    252.60
         119.40    276.72
         128.99    298.90
         137.93    319.55
```

5．验证结果

由手工算例可知，站在8000 m高的山峰上看到地平线的距离超过300 km，与MATLAB计算结果相符。

**例 4.3　自由落体**

计算自由落体下降距离(忽略空气阻力)的公式为

$$d=\frac{1}{2}gt^2$$

其中，$d$ 为距离，$g$ 为重力加速度，$t$ 为时间。

当卫星绕行星飞行时，处于自由落体状态。很多人认为航天飞行器进入轨道后不受重力作用，然而，正是由于重力的作用飞行器才能在轨道上正常飞行。飞行器(或卫星)在飞行时实际上是朝着地球下降的(见图 4.5)。如果飞行器在水平方向上的速度足够快，就能保持在轨道上运行，否则，飞行器就会降落到地面。

重力加速度 $g$ 是一个常数，其数值取决于行星的质量，不同的星球具有不同的重力加速度(见表 4.2)。

试计算太阳系各个行星以及月球上一个物体在 0 到 100 s 的时间内下落的距离。

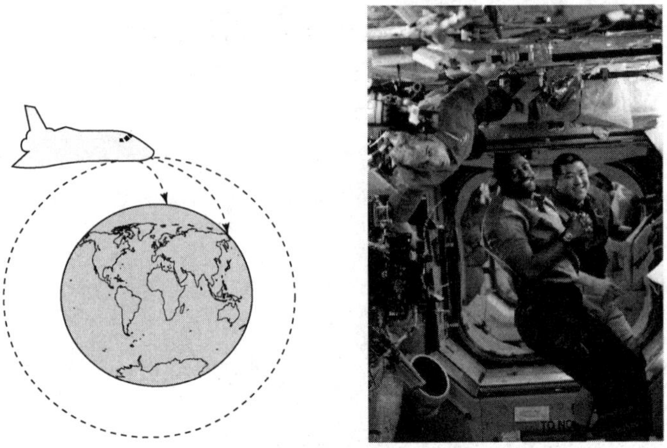

图 4.5　飞行示意图

1．描述问题

计算物体在各星球不同重力加速度的作用下，在 0～100 s 的时间内自由下落的距离。

2．描述输入和输出

**输入**　　各大行星及月球的重力加速度，时间为 0～100 s。

**输出**　　各大行星和月球上自由下落的距离。

**表 4.2　太阳系各个星球的重力加速度**

| | |
|---|---|
| 水星 | $g = 3.7\ m/s^2$ |
| 金星 | $g = 8.87\ m/s^2$ |
| 地球 | $g = 9.8\ m/s^2$ |
| 月球 | $g = 1.6\ m/s^2$ |
| 火星 | $g = 3.7\ m/s^2$ |
| 木星 | $g = 23.12\ m/s^2$ |
| 土星 | $g = 8.96\ m/s^2$ |
| 天王星 | $g = 8.69\ m/s^2$ |
| 海王星 | $g = 11.0\ m/s^2$ |
| 冥王星 | $g = 0.58\ m/s^2$ |

3．建立手工算例

计算水星上一个物体自由下落 100 s 的距离：

$$d = 1/2\ gt^2$$

$$d = 1/2 \times 3.7\ m/s^2 \times 100^2 s^2$$

$$d = 18500\ m$$

4．开发 MATLAB 程序

```
%% Example 4.3
% Freefall
clear, clc
format shortg
%% Try the problem first with two planets, and a course
% grid
% Define constants for acceleration due to gravity on Mercury
% and Venus
acceleration_due_to_gravity = [3.7, 8.87];
time=0:10:100;
% Define time vector
% Map G and T into 2D arrays
[g,t]=meshgrid(acceleration_due_to_gravity,time);
% Calculate the distances
distance = 1/2*g.*t.^2
```

运行上面程序，计算出在水星和金星上自由下落的距离：

```
distance =
           0           0
         185       443.5
         740        1774
        1665      3991.5
        2960        7096
        4625       11087
        6660       15966
        9065       21731
       11840       28384
       14985       35923
       18500       44350
```

5. 验证结果

利用 MATLAB 计算得到物体在水星上自由下落 100 s 的距离为 18 500 m，与手算结果相吻合。

上面的程序代码只计算了表 4.2 中前两个行星上物体自由下落的距离，先运行该程序是为了攻克编程中可能遇到的困难。若检验后程序没有错误，就可以用于计算物体在其他星球上自由下落的距离：

```
%% Redo the problem with all the data
clear, clc
format shortg
% Define constants
acceleration_due_to_gravity = [3.7,  8.87,  9.8,  1.6,...
3.7,  23.12,  8.96,  8.69,  11.0,  0.58];
time=0:10:100;
% Map G and T into 2D arrays
[g,t]=meshgrid(acceleration_due_to_gravity,time);
% Calculate the distances
distance = 1/2*g.*t.^2
```

对于图 4.6 显示的计算结果，有几点需要注意：首先，工作区窗口中的变量 `acceleration_due_to_gravity` 是一个 1×10 的矩阵（月球和每个星球各对应一个重力加速度值），变量 `time` 是一个 1×11 的矩阵（11 个时间值），`meshgrid` 函数把向量 `g` 和 `t` 都映射成 11×10 的矩阵。源代码中利用 `format shortg` 命令控制命令窗口中计算结果的显示格式，使得输出结果更易读，否则就应该有一个公因子。

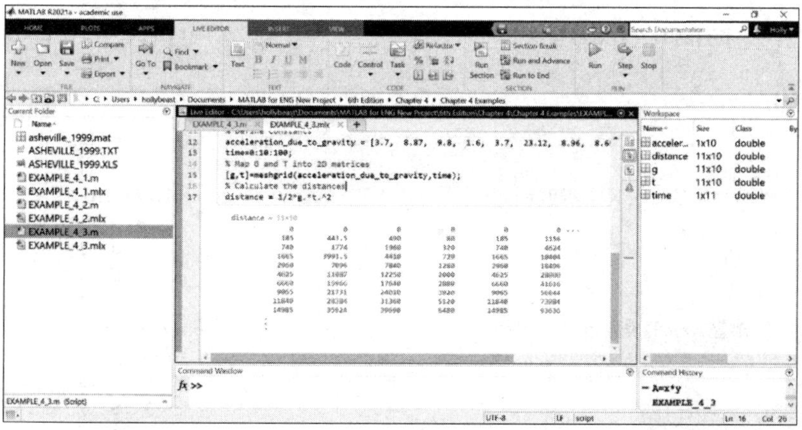

图 4.6　物体在每个星球上自由下落距离的计算结果

**提示：** 在(脚本或实时脚本)编辑窗口中编写 MATLAB 程序时，可以对程序中的代码段的工作原理进行注释，或之后再取消注释。对程序代码的注释可以采用逐行添加%的方法，但是更方便的方法是先高亮选中要注释的代码，然后在编辑工具栏中选中“comment”，或者在编辑窗口中单击鼠标右键，然后在关联菜单中选择“comment”即可完成注释。

## 4.3 特殊矩阵

MATLAB 提供了一组能创建特殊矩阵的函数，表 4.3 中列出了部分函数。

**表 4.3 矩阵生成函数和矩阵运算函数**

| | | |
|---|---|---|
| `zeros(m)` | 创建 $m \times m$ 的全零矩阵 | `zeros(3)`<br>`ans=`<br>`0 0 0`<br>`0 0 0`<br>`0 0 0` |
| `zeros(m,n)` | 创建 $m \times n$ 的全零矩阵 | `zeros(2,3)`<br>`ans=`<br>`0 0 0`<br>`0 0 0` |
| `ones(m,m)` | 创建 $m \times m$ 的全 1 矩阵 | `ones(3)`<br>`ans=`<br>`1 1 1`<br>`1 1 1`<br>`1 1 1` |
| `ones(m,n)` | 创建 $m \times n$ 的全 1 矩阵 | `ones(2,3)`<br>`ans=`<br>`1 1 1`<br>`1 1 1` |
| `diag(A)` | 提取二维矩阵 **A** 的对角元素 | `A=[1 2 3;3 4 5;1 2 3];`<br>`diag(A)`<br>`ans=`<br>`1`<br>`4`<br>`3` |
| | 以给定向量 **A** 的元素为对角元素创建一个方阵利用 help 函数可以查询 diag 函数的其他用法 | `A=[1 2 3];`<br>`diag(A)`<br>`ans=`<br>`1 0 0`<br>`0 2 0`<br>`0 0 3` |
| `fliplr` | 对矩阵进行左右对称翻转 | `A=[1 0 0;0 2 0;0 0 3];`<br>`fliplr(A)`<br>`ans=`<br>`0 0 1`<br>`0 2 0`<br>`3 0 0` |
| `flipud` | 对矩阵进行上下对称翻转 | `flipud(A)`<br>`ans=`<br>`0 0 3`<br>`0 2 0`<br>`1 0 0` |
| `magic(m,n)` | 创建 $m \times n$ 的魔方矩阵 | `magic(3)`<br>`ans=`<br>`8 1 6`<br>`3 5 7`<br>`4 9 2` |

### 4.3.1　全零矩阵

使用 zeros 函数可以在 MATLAB 中创建一个全零矩阵，如果 zeros 函数的输入参数是一个标量 $n$，则产生一个 $n \times n$ 方阵：

```
A = zeros(3)
A =
        0     0     0
        0     0     0
        0     0     0
```

如果 zeros 函数的输入参数是两个标量，则第一个参数代表矩阵的行数，第二个参数代表矩阵的列数：

```
B = zeros(3,2)
B =
        0     0
        0     0
        0     0
```

### 4.3.2　全 1 矩阵

> **关键知识**
>
> 全零矩阵和全 1 矩阵在计算中主要用于占位。

ones 函数与 zeros 函数类似，只是它产生一个全 1 矩阵：

```
A = ones(3)
A =
        1     1     1
        1     1     1
        1     1     1
```

类似地，如果 ones 函数有两个参数，可以用来定义全 1 矩阵的行数和列数：

```
B = ones(3,2)
B =
        1     1
        1     1
        1     1
```

zeros 函数与 ones 函数主要用于创建“占位”矩阵，元素值以后添加。例如，创建一个有 5 个元素的向量，其中每个元素的数值都等于π。可以首先创建一个全 1 矩阵，输入

```
a = ones(1,5)
```

输出结果为

```
a =
      1     1     1     1     1
```

然后乘以π，

```
b = a*pi
```

结果为

```
b =
      3.1416    3.1416    3.1416    3.1416    3.1416
```

全零矩阵加π也可以得到同样的结果。例如，输入下面语句：

```
a = zeros(1,5);
b = a+pi
```

输出结果为

```
b =
        3.1416    3.1416    3.1416    3.1416    3.1416
```

占位矩阵在带循环结构的 MATLAB 程序中特别有用，因为使用占位矩阵可以减少循环执行的时间。

### 4.3.3 对角矩阵

利用 diag 函数可以提取矩阵对角线上的元素。例如，定义一个方阵，输入

```
A = [1 2 3; 3 4 5; 1 2 3];

diag(A)
```

提取主对角线上的元素，得到下面的输出结果：

```
ans =
    1.00
    4.00
    3.00
```

定义第二个输入参数 k，可以提取出其他对角线上的元素。若 k 为正数，则提取矩阵右上侧对角线的元素；若 k 为负数，则提取矩阵左下侧对角线的元素(见图 4.7)。

若输入下面命令：

```
diag(A,1)
```

输出结果：

```
ans =
      2
      5
```

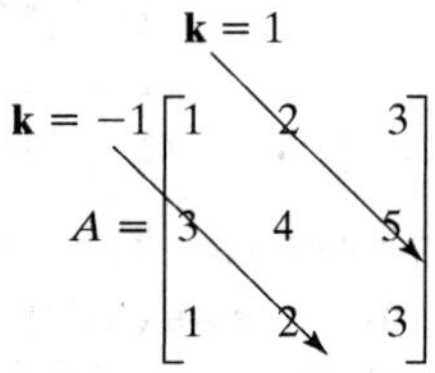


图 4.7 利用参数 **k** 描述矩阵中任一条对角线

如果函数 diag 的输入不是二维矩阵，而是下面的向量：

```
B = [1 2 3];
```

则 MATLAB 把该向量作为对角线元素创建一个新矩阵，并将新矩阵的其他元素置为零：

```
diag(B)
ans =
      1    0    0
      0    2    0
      0    0    3
```

通过定义第二个输入参数，可以把向量中的元素定义为矩阵的任何一个对角线：

```
diag(B,1)
ans =
      0    1    0    0
      0    0    2    0
      0    0    0    3
      0    0    0    0
```

### 4.3.4　魔方矩阵

MATLAB 提供了一个矩阵函数 magic，可以产生一种具有特殊性质的矩阵。到目前为止魔方矩阵除了有趣，似乎还没有实际用途。在魔方矩阵中，所有的行和列上的元素之和均相等，例如，

```
A = magic(4)
A =
      16    2    3   13
       5   11   10    8
       9    7    6   12
       4   14   15    1
sum(A)
ans =
      34   34   34   34
```

为计算矩阵各行元素的和，可以对矩阵进行转置：

```
sum(A')
ans =
  34   34   34   34
```

也可以定义第二个输入字段，使其沿着矩阵的行进行求和：

```
sum(A,2)
```

在魔方矩阵中不仅所有行、列的元素之和相等，与对角线上元素之和也相等。从左到右提取对角线上元素：

```
diag(A)
ans =
  16
  11
   6
   1
```

对角线上元素之和与所有行、列上元素之和相等：

```
sum(diag(A))
ans =
  34
```

最后要计算从左下角到右上角上的对角元素之和，需要先对矩阵翻转，然后再进行对角线上元素求和：

```
fliplr(A)
ans =
  13    3    2   16
   8   10   11    5
  12    6    7    9
   1   15   14    4
diag(ans)
ans =
  13
  10
```

```
     7
     4
sum(ans)
ans =
    34
```

阿尔布雷特·丢勒在 1514 年创作的木雕《忧郁》是最早有关魔方矩阵的记载，如图 4.8 所示。学者们认为魔方矩阵与当时流行的炼金术概念有关。创作时间 1514 位于方阵最下面一行中间的两个方格中(见图 4.9)。

几个世纪以来，魔方矩阵吸引了无数的学者和数学爱好者。本杰明·富兰克林就做过有关魔方矩阵的实验。MATLAB 中可以创建任何大于 2×2 的魔方矩阵，魔方矩阵的解不是唯一的，也可能有其他的解。

**实训练习 4.3**

1. 创建一个 3×3 的全零矩阵。
2. 创建一个 3×4 的全零矩阵。
3. 创建一个 3×3 的全 1 矩阵。
4. 创建一个 5×3 的全 1 矩阵。
5. 创建一个 4×6 的矩阵，矩阵中所有元素值都等于π。
6. 用函数 `diag` 创建一个对角线元素为 1、2、3 的矩阵。
7. 创建一个 10×10 的魔方矩阵。
   **a.** 提取矩阵对角线上的元素。
   **b.** 提取矩阵左下角到右上角对角线上的元素。
   **c.** 证明矩阵所有行、列及对角线元素之和相等。

图 4.8 阿尔布雷特·丢勒在 1514 年创作的木雕《忧郁》

图 4.9 阿尔布雷特·丢勒将木雕的创作时间(1514)刻在了魔方中

## 4.4 字符矩阵和字符串矩阵简介

尽管工程师或科学家使用 MATLAB 所做的大部分工作都围绕着数字，但文本信息在编程任务中仍然发挥着重要作用。例如，标记图形、创建文件名和向数据添加注释时都需要文本。文本存储在矩阵中，就像数字一样，操作数字矩阵的技巧也适用于字符矩阵。

> **关键知识**
>
> 文本可以在 MATLAB 中存储为字符矩阵或字符串矩阵。

MATLAB 中用字符数据类型和字符串数据类型来存储文本信息。当每个字符具有特定的含义时，最好使用字符数据类型。MathWorks 给出的一个例子是 DNA 编码。DNA 序列中的每个字母都有特定的含义，顺序很重要。用于表示 DNA 链(或链的一部分)字母的字符矩阵是有意义的。字符串数据类型用于存储文本块，是大多数应用程序的正确选择。例如，患者姓名或书名应该存储为字符串，因为整个文本块都有意义。MATLAB 最初创建时，只有字符数据类型，设计程序要使字符矩阵既具有字符数据类型的功能，又能满足字符串数据类型的要求。字符串矩阵是 MATLAB 新添加的(2016b 版中添加的)数据类型，在应用中已经广泛地取代了字符矩阵，成为完成任务的首选方式。然而，MATLAB 函数的设计使得当需要文本信息时，可以接受字符矩阵或字符串矩阵作为输入，“向后”兼容，这意味着旧代码仍然可以工作，但读者可以随时更新程序，在代码中实现字符串矩阵所提供的改进。

读者可能想知道，既然字符串矩阵在新的编码项目中更常用，并且比字符矩阵更具有优势，为什么还要提及字符矩阵。有一个丰富的遗留代码库，其中所有代码都使用字符矩阵处理文本数据，了解其工作原理很重要。此外，大多数庞大的文档库(包含大量有用的示例)都使用字符矩阵处理文本数据，因为这些文档库是 MATLAB 推出字符串矩阵之前创建的。

用于存储字符和字符串数据的矩阵在结构上与数值矩阵非常相似，用于描述数值矩阵的大多数语法也适用于字符矩阵和字符串矩阵。

### 4.4.1　字符矩阵

单引号用于定义字符矩阵并将其与变量名称区分开来。若输入

```
H = 'Holly';
```

则创建一个 1×5 的字符矩阵。每个字母都是矩阵中独立的一个元素。可以像索引数值矩阵元素一样索引字符矩阵的字母。例如输入：

```
      H(5)
ans =
      'y'
```

输入下面的文本：

```
J = 'MATLAB is fun';
```

则创建一个 1×13 的字符矩阵。注意，单词之间的空格算作字符。变量 H 和 J 显示在工作区窗口中(见图 4.10)。“name”列显示包含“c|h”的符号，表示 H 和 J 是字符矩阵。每个字符矩阵需要 2 字节的存储空间。

创建多行字符矩阵有些困难。与数值矩阵一样，只有每行的元素数量相同时，才能创建二维字符矩阵。因此，用下面的代码为名字列表创建矩阵行不通，因为每个名字的字符数量不同：

```
M=['Steven';'Jasmin';'David';'Terrell';'Maria']
Error using vertcat
Dimensions of arrays being concatenated are not consistent.
```

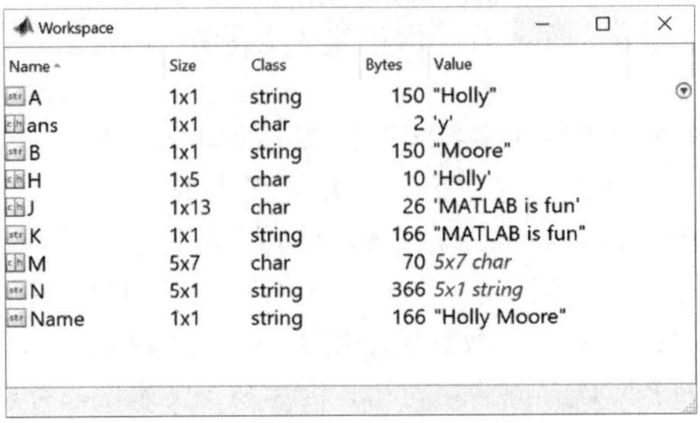

| Name | Size | Class | Bytes | Value |
|---|---|---|---|---|
| A | 1x1 | string | 150 | "Holly" |
| ans | 1x1 | char | 2 | 'y' |
| B | 1x1 | string | 150 | "Moore" |
| H | 1x5 | char | 10 | 'Holly' |
| J | 1x13 | char | 26 | 'MATLAB is fun' |
| K | 1x1 | string | 166 | "MATLAB is fun" |
| M | 5x7 | char | 70 | 5x7 char |
| N | 5x1 | string | 366 | 5x1 string |
| Name | 1x1 | string | 166 | "Holly Moore" |

图 4.10　MATLAB 中的字符矩阵和字符串矩阵

char 函数用空格“填充”字符矩阵，以使矩阵每行的元素数量相同。

```
M=char('Steven','Jasmin','David','Terrell','Maria')
M =

  5×7 char array
    'Steven '
    'Jasmin '
    'David  '
    'Terrell'
    'Maria  '
```

M 是一个 5×7 的字符矩阵，如图 4.10 所示。注意，函数 char 中每个字符向量之间都使用逗号。

字符矩阵元素索引的方式与数值矩阵相同。例如，要从 M 矩阵中提取第三行，输入：

```
    M(3,:)
ans =
    'David  '
```

要确定字符矩阵的维数，可以使用 size 函数，就像对数字矩阵所做的那样：

```
size(M)
ans =
  5     7
```

类似地，numel 函数和 length 函数对字符矩阵的操作也与对数值矩阵的操作相同。

**实训练习 4.4**

1. 创建一个与你名字对应的字符矩阵，并将其命名为 my_name。
2. 使用 char 函数创建一个字符矩阵，其中一列包含至少五个名字，并将其命名为 some_students。结果将是一个二维字符矩阵。
3. 使用 size 函数确定矩阵 some_students 的维数。
4. 使用 numel 函数确定矩阵 some_students 的元素数量。
5. 提取矩阵 some_students 中的第三个名字。

### 4.4.2　字符串矩阵

字符串矩阵可以将一组字符存储为矩阵的单个元素。可以将已有的字符矩阵转换为字符串矩阵，也可以从头开始创建。使用字符串函数重新格式化字符矩阵 M：

```
N=string(M)
N =
 5×1 string array
  "Steven "
  "Jasmin "
  "David  "
  "Terrell"
  "Maria  "
```

如图 4.10 所示，N 是一个 5×1 的矩阵，M 是一个 5×7 的矩阵。字符串矩阵在“Name”列中用 str 符号表示。

对字符矩阵重新格式化以创建字符串矩阵会保留因填充而创建的额外空间。字符串矩阵也可以直接使用双引号创建，如

```
N=["Steven";"Jasmin";"David";"Terrell";"Maria"]
N =
 5×1 string array
  "Steven"
  "Jasmin"
  "David"
  "Terrell"
  "Maria"
```

任何一种情况下生成的变量都是一个 5×1 矩阵。每个名字都是矩阵中的一个元素，若要从 N 中索引其中的一个，如：

```
N(2)
```

返回的结果为：

```
ans =
  "Jasmin"
```

组合及访问数值矩阵和字符矩阵的规则也适用于字符串矩阵。然而，字符串(但不是字符矩阵)可以用加号连接(组合)。这里有一个简单的例子：

```
A= "Holly";
B= "Moore";
Name = A + " " + B
```

返回的结果为：

```
Name =
    "Holly Moore"
```

变量 Name 是一个 1×1 的字符串矩阵。

利用加号运算符可以将其他数据类型转换为字符串数据类型，以便将它们连接起来，这对于创建包含数字的文本非常有用。例如，下面的文本可能是图形的标题，其中变量 Test 是测试编号的双精度值：

```
Test = 11;
GraphName = "Trial Run " + Test

GraphName =
    "Trial Run 11"
```

现在可以将变量 GraphName 作为 title 函数的输入，给图形添加标题。稍后一章将讨论创建图形。

与字符矩阵一样，可以使用与数值矩阵相同的函数确定字符串矩阵的维数。输入：

```
length(N)
ans =
  5
```

矩阵 N 中有五个元素，每个元素都是一个字符串。若想知道矩阵中每个字符串中有多少个字符，可使用函数 strlength:

```
strlength(N)
ans =

  6
  6
  5
  7
  5
```

字符串矩阵将在后续章节中广泛使用。通常，字符串矩阵比字符矩阵更容易使用。除非 MATLAB 文档特别要求将字符矩阵用作函数输入，否则字符串矩阵可能是更好的选择。MATLAB 函数已广泛更新，以接受字符和字符串输入，从而实现向后兼容和最大的编程灵活性。

**实训练习 4.5**

1. 创建一个与你名字对应的字符串矩阵，并将其命名为 my_name。
2. 对矩阵 my_name 分别应用 length 函数和 strlength 函数，比较得到的结果。
3. 创建一个包含至少五个名字的字符串矩阵，并将其命名为 some_students。结果将是一个名字列向量。
4. 使用 size 函数确定矩阵 some_students 的维数。
5. 创建一个名为 last_names 的字符串矩阵，其中包含一列姓氏，以匹配 some_students 中的名字。
6. 使用加号(+)运算符将 some_students 中的名字与 last_names 矩阵中的姓氏组合起来，生成矩阵 names。为了可读性，应该在名字与姓氏之间放置一个空格。
7. 使用方括号将 some_studengts 中的名字与 last_names 数组中的姓氏组合起来，生成矩阵 names2。
8. 使用 size 函数确定矩阵 names 和矩阵 names2 的大小。它们有何不同?
9. 从矩阵 names 中提取第三行。
10. 从矩阵 names2 中提取第四行第二列中的元素。
11. 比较对矩阵 names2 使用函数 length 和 strlength 的结果，并解释。

# 小结

本章主要介绍了矩阵，可以用简单矩阵构建复杂矩阵，也可以从已有矩阵提取矩阵的一部分，对于这些运算，使用冒号运算符特别方便。当用冒号运算符替代矩阵的行号或列号时，冒号可理解为“所有行”或“所有列”，当行号或列号的数字中使用冒号运算符时，冒号可理

解为“第几到第几”。例如，

```
A(:,2:3)
```

可理解为“矩阵 A 的第 2 列到第 3 列中的所有行”。当冒号单独作为唯一索引使用时，例如 A(:)可以把二维矩阵转换成列向量。事实上计算机内部是将所有数组信息均以列表的形式存储，或者用单一索引号或者行、列号指定矩阵中的元素位置。

meshgrid 函数非常有用，能把向量映射成二维矩阵，可以对长度不同的向量进行运算。

MATLAB 提供了一些创建特殊矩阵的函数：

- zeros，创建全零矩阵。
- ones，创建全 1 矩阵。
- diag，提取矩阵对角线元素，当输入为向量时，产生矩阵。
- magic，创建一个所有行、列和对角线元素之和相等的矩阵。

此外，MATLAB 还提供了对矩阵进行从左到右或从上到下翻转的函数。

除数值矩阵外，MATLAB 还包括两种数据类型来存储文本信息、字符矩阵和字符串矩阵。字符矩阵存储单个字符，当每个字符具有特定含义时最好使用字符矩阵。字符矩阵是用单引号创建的。字符串矩阵将文本块存储到矩阵的单个元素中，并使用双引号。对字符矩阵和字符串矩阵中元素的索引方法与数值矩阵相同。利用加号(+)运算符可以将其他数据类型转换为字符串数据类型，以便于与字符串连接。strlength 函数可用于计算字符串矩阵中各个字符串元素的长度。字符串矩阵比字符矩阵具有显著的优势，因此除非特别需要使用字符矩阵，否则大多数应用中都使用字符串矩阵。需要文本输入的 MATLAB 函数接受字符或字符串矩阵。

### MATLAB 小结

下表列出了本章介绍的特殊字符、命令和函数。

| **特殊符号** | |
|---|---|
| : | 冒号 |
| ... | 省略号，表示下一行继续 |
| [ ] | 空矩阵 |
| + | 字符串的拼接运算符 |
| ' ' | 字符信息 |
| " " | 字符串信息 |
| [ ] | 矩阵构造符 |

| **命令和函数** | |
|---|---|
| char | 用空格“填充”字符矩阵，创建一个新的字符矩阵 |
| diag | 提取矩阵对角线元素 |
| fliplr | 矩阵左右翻转 |
| flipud | 矩阵上下翻转 |
| length | 计算向量或矩阵的长度 |

续表

| 命令和函数 | |
|---|---|
| magic | 创建魔方矩阵 |
| meshgrid | 把向量映射成二维数组 |
| numel | 确定矩阵中的元素数量 |
| ones | 创建全 1 矩阵 |
| string | 创建字符串矩阵 |
| strlength | 确定字符串矩阵中每个元素的字符数 |
| size | 确定矩阵的维度 |
| zeros | 创建全零矩阵 |

## 关键术语

数组　索引号　矩阵　字符　索引　字符串
联接　遗留代码　下标　元素　魔方矩阵　省略号　映射

## 习题

### 矩阵运算

**4.1** 创建下面的矩阵并完成下列习题：

$$\boldsymbol{a}=\begin{bmatrix}15 & 3 & 22\\ 3 & 8 & 5\\ 14 & 3 & 82\end{bmatrix}\quad \boldsymbol{b}=\begin{bmatrix}1\\ 5\\ 6\end{bmatrix}\quad \boldsymbol{c}=\begin{bmatrix}12 & 18 & 5 & 2\end{bmatrix}$$

(a) 用矩阵 a 的第 3 列元素组成一个新矩阵 d。

(b) 把矩阵 b 和矩阵 d 合并成一个 3 行 2 列的二维矩阵 e。

(c) 把矩阵 b 和矩阵 d 合并成一个 6 行 1 列的一维矩阵 f。

(d) 将矩阵 a 与矩阵 c 的前 3 个元素组成一个 4 行 3 列的矩阵 g。

(e) 创建一个矩阵 h，其第一个元素值等于 $a_{1,3}$，第二个元素值等于 $c_{1,2}$，第三个元素值等于 $b_{2,1}$。

**4.2** 导入数据文件 thermo_scores.dat，或将表 P4.2 所示数据输入矩阵（只输入数字）并且命名为 thermo_scores。

表 P4.2　热力学考试成绩

| 学号 | 考试 1 | 考试 2 | 考试 3 | 学号 | 考试 1 | 考试 2 | 考试 3 |
|---|---|---|---|---|---|---|---|
| 1 | 68 | 45 | 92 | 11 | 62 | 34 | 87 |
| 2 | 83 | 54 | 93 | 12 | 71 | 45 | 85 |
| 3 | 61 | 67 | 91 | 13 | 96 | 56 | 45 |
| 4 | 70 | 66 | 92 | 14 | 78 | 65 | 87 |
| 5 | 75 | 68 | 96 | 15 | 76 | 43 | 97 |
| 6 | 82 | 67 | 90 | 16 | 68 | 76 | 95 |
| 7 | 57 | 65 | 89 | 17 | 72 | 65 | 89 |
| 8 | 5 | 69 | 89 | 18 | 75 | 67 | 88 |
| 9 | 76 | 62 | 97 | 19 | 83 | 68 | 91 |
| 10 | 85 | 52 | 94 | 20 | 93 | 90 | 92 |

(a) 提取 5 号学生的成绩及学号，放入行向量 `student_5` 中。

(b) 提取考试 1 的成绩并存入列向量 `test_1` 中。

(c) 计算每次考试成绩的标准差和方差。

(d) 假设每次考试满分为 100 分，求每个学生的总成绩与总得分率(注意学号不能求和)。

(e) 创建一个表格，其中包含总得分率和原始表格中的分数。

(f) 保持每行的数据不变，按照总得分率从高到低对矩阵降序排序。(利用 `help` 函数了解正确语法。)

**4.3**　已知热电偶数据如表 P4.3 所示：

**表 P4.3　热电偶数据**

| 时间(hr) | 热电偶 1(°F) | 热电偶 2(°F) | 热电偶 3(°F) | 时间(hr) | 热电偶 1(°F) | 热电偶 2(°F) | 热电偶 3(°F) |
|---|---|---|---|---|---|---|---|
| 0 | 84.3 | 90.0 | 86.7 | 14 | 85.3 | 89.5 | 85.4 |
| 2 | 86.4 | 89.5 | 87.6 | 16 | 85.3 | 88.9 | 86.3 |
| 4 | 85.2 | 88.6 | 88.3 | 18 | 85.2 | 89.1 | 85.3 |
| 6 | 87.1 | 88.9 | 85.3 | 20 | 82.3 | 89.5 | 89.0 |
| 8 | 83.5 | 88.9 | 80.3 | 22 | 84.7 | 89.4 | 87.3 |
| 10 | 84.8 | 90.4 | 82.4 | 24 | 83.6 | 89.8 | 87.2 |
| 12 | 85.0 | 89.3 | 83.4 | | | | |

(a) 创建一个列向量 `times`，取值范围在 0 到 24 之间，步长为 2 小时。

(b) 导入热电偶温度数据文件 thermocouple.dat，或输入表中数据创建一个矩阵 `thermocouple`。

(c) 结合(a)中创建的向量 `times` 与矩阵 `thermocouple` 的数据，创建一个与本题表格对应的矩阵。

(d) 函数 `max` 和 `min` 不仅能按列查找最大值或最小值，还可以输出该值所在的位置序号，试用函数 `max` 和 `min` 求各列出现最大值和最小值所对应的采样时间 `times`。

**4.4**　文件 sensor.dat 包含从传感器上采集到的数据，可以导入该数据文件或根据表 P4.4 直接输入数据。表中每行包含一组传感器读数，第一行是 0 s 时采集的数据，第二行是 0.5 s 时采集的数据，以此类推。

(a) 读取数据文件，提取传感器的个数和采样次数(提示：使用 `size` 函数，不要只是统计这两个数)。

(b) 找出各传感器采样数据的最大值和最小值，用 MATLAB 求出最大值和最小值对应的采样时刻。

(c) 计算各传感器采样数据的平均值和标准差。注意，第 1 列数据是采样时间而不是采样数据。

**表 P4.4　传感器数据**

| 时间(s) | 传感器 1 | 传感器 2 | 传感器 3 | 传感器 4 | 传感器 5 |
|---|---|---|---|---|---|
| 0.0000 | 70.6432 | 68.3470 | 72.3469 | 67.6751 | 73.1764 |
| 0.5000 | 73.2823 | 65.7819 | 65.4822 | 71.8548 | 66.9929 |
| 1.0000 | 64.1609 | 72.4888 | 70.1794 | 73.6414 | 72.7559 |
| 1.5000 | 67.6970 | 77.4425 | 66.8623 | 80.5608 | 64.5008 |
| 2.0000 | 68.6878 | 67.2676 | 72.6770 | 63.2135 | 70.4300 |
| 2.5000 | 63.9342 | 65.7662 | 2.7644 | 64.8869 | 59.9772 |
| 3.0000 | 63.4028 | 68.7683 | 68.9815 | 75.1892 | 67.5346 |
| 3.5000 | 74.6561 | 73.3151 | 59.7284 | 68.0510 | 72.3102 |
| 4.0000 | 70.0562 | 65.7290 | 70.6628 | 63.0937 | 68.3950 |
| 4.5000 | 66.7743 | 63.9934 | 77.9647 | 71.5777 | 76.1828 |

续表

| 时间(s) | 传感器 1 | 传感器 2 | 传感器 3 | 传感器 4 | 传感器 5 |
|---|---|---|---|---|---|
| 5.0000 | 74.0286 | 69.4007 | 75.0921 | 77.7662 | 66.8436 |
| 5.5000 | 71.1581 | 69.6735 | 62.0980 | 73.5395 | 58.3739 |
| 6.0000 | 65.0512 | 72.4265 | 69.6067 | 79.7869 | 63.8418 |
| 6.5000 | 76.6979 | 67.0225 | 66.5917 | 72.5227 | 75.2782 |
| 7.0000 | 71.4475 | 69.2517 | 64.8772 | 79.3226 | 69.4339 |
| 7.5000 | 77.3946 | 67.8262 | 63.8282 | 68.3009 | 71.8961 |
| 8.0000 | 75.6901 | 69.6033 | 71.4440 | 64.3011 | 74.7210 |
| 8.5000 | 66.5793 | 77.6758 | 67.8535 | 68.9444 | 59.3979 |
| 9.0000 | 63.5403 | 66.9676 | 70.2790 | 75.9512 | 66.7766 |
| 9.5000 | 69.6354 | 63.2632 | 68.1606 | 64.4190 | 66.4785 |

**4.4** 美国国家海洋和大气管理局(NOAA)使用累积气旋能量(ACE)指数测量飓风季节的强度。一个季节的 ACE 是每个风速超过 35 节(65 km/h)的热带风暴的 ACE 总和。每六个小时对风暴的最大持续风速(单位为节)进行测量或估算，在风暴期间求出最大持续风速的平方和，为方便该参数的使用，再将其除以 10 000 得：

$$\text{ACE} = \frac{\sum v_{\max}^2}{10^4}$$

因为动能与速度的平方值成正比，所以 ACE 与风暴的能量有关，但它没有考虑到风暴的规模，而规模对于总能量估计是必需的。1950 年以来在大西洋采集了可靠的热带风暴数据如表 P4.5 所示。该数据由美国国家海洋和大气管理局收集整理。

**表 P4.5 大西洋盆地飓风季节，1950—2021**

| 年 | ACE 指数 | 热带风暴 | 飓风(强度 1～5 级) | 大型飓风(强度 3～5 级) |
|---|---|---|---|---|
| 1950 | 211.2825 | 16 | 11 | 6 |
| 1951 | 126.325 | 12 | 8 | 3 |
| 1952 | 69.08 | 11 | 5 | 2 |
| 1953 | 98.5075 | 14 | 7 | 3 |
| 1954 | 110.88 | 16 | 7 | 3 |
| 1955 | 158.17 | 13 | 9 | 4 |
| 1956 | 56.6725 | 12 | 4 | 1 |
| 1957 | 78.6625 | 8 | 3 | 2 |
| 1958 | 109.6925 | 12 | 7 | 3 |
| 1959 | 77.1075 | 14 | 7 | 2 |
| 1960 | 72.9 | 8 | 4 | 2 |
| 1961 | 205.395 | 12 | 8 | 5 |
| 1962 | 35.5675 | 7 | 4 | 0 |
| 1963 | 117.9325 | 10 | 7 | 3 |
| 1964 | 169.7675 | 13 | 7 | 5 |
| 1965 | 84.33 | 10 | 4 | 1 |
| 1966 | 145.2175 | 11 | 7 | 3 |

续表

| 年 | ACE 指数 | 热带风暴 | 飓风（强度 1～5 级） | 大型飓风（强度 3～5 级） |
|---|---|---|---|---|
| 1967 | 121.705 | 8 | 6 | 1 |
| 1968 | 45.0725 | 8 | 5 | 0 |
| 1969 | 165.7375 | 18 | 12 | 5 |
| 1970 | 40.18 | 11 | 5 | 2 |
| 1971 | 96.5275 | 13 | 6 | 1 |
| 1972 | 35.605 | 7 | 3 | 0 |
| 1973 | 47.85 | 8 | 4 | 1 |
| 1974 | 68.125 | 11 | 4 | 2 |
| 1975 | 76.0625 | 9 | 6 | 3 |
| 1976 | 84.1725 | 10 | 6 | 2 |
| 1977 | 25.3175 | 6 | 5 | 1 |
| 1978 | 63.2175 | 12 | 5 | 2 |
| 1979 | 92.9175 | 9 | 6 | 2 |
| 1980 | 148.9375 | 11 | 9 | 2 |
| 1981 | 100.3275 | 12 | 7 | 3 |
| 1982 | 31.5025 | 6 | 2 | 1 |
| 1983 | 17.4025 | 4 | 3 | 1 |
| 1984 | 84.295 | 13 | 5 | 1 |
| 1985 | 87.9825 | 11 | 7 | 3 |
| 1986 | 35.7925 | 6 | 4 | 0 |
| 1987 | 34.36 | 7 | 3 | 1 |
| 1988 | 102.9925 | 12 | 5 | 3 |
| 1989 | 135.125 | 11 | 7 | 2 |
| 1990 | 96.8025 | 14 | 8 | 1 |
| 1991 | 35.5375 | 8 | 4 | 2 |
| 1992 | 76.2225 | 7 | 4 | 1 |
| 1993 | 38.665 | 8 | 4 | 1 |
| 1994 | 32.02 | 7 | 3 | 0 |
| 1995 | 227.1025 | 19 | 11 | 5 |
| 1996 | 166.1825 | 13 | 9 | 6 |
| 1997 | 40.9275 | 8 | 3 | 1 |
| 1998 | 181.7675 | 14 | 10 | 3 |
| 1999 | 176.5275 | 12 | 8 | 5 |
| 2000 | 119.1425 | 15 | 8 | 3 |
| 2001 | 110.32 | 15 | 9 | 4 |
| 2002 | 67.9925 | 12 | 4 | 2 |
| 2003 | 176.84 | 16 | 7 | 3 |
| 2004 | 226.88 | 15 | 9 | 6 |
| 2005 | 250.1275 | 28 | 15 | 7 |
| 2006 | 78.535 | 10 | 5 | 2 |
| 2007 | 73.885 | 15 | 6 | 2 |
| 2008 | 145.7175 | 16 | 8 | 5 |

续表

| 年 | ACE 指数 | 热带风暴 | 飓风(强度 1～5 级) | 大型飓风(强度 3～5 级) |
|---|---|---|---|---|
| 2009 | 52.58 | 9 | 3 | 2 |
| 2010 | 165.4825 | 19 | 12 | 5 |
| 2011 | 126.3025 | 19 | 7 | 4 |
| 2012 | 132.6325 | 19 | 10 | 2 |
| 2013 | 36.12 | 14 | 2 | 0 |
| 2014 | 66.725 | 8 | 6 | 2 |
| 2015 | 62.685 | 11 | 4 | 2 |
| 2016 | 141.2525 | 15 | 7 | 4 |
| 2017 | 224.8775 | 17 | 10 | 6 |
| 2018 | 132.5825 | 15 | 8 | 2 |
| 2019 | 132.2025 | 18 | 6 | 3 |
| 2020 | 180.3725 | 30 | 14 | 7 |
| 2021* | 142.365 | 21 | 7 | 4 |

(a) 利用 `readTable` 函数将表 P4.5 中的数据导入 MTALAB，并命名为 `ace_data`。

(b) 从表中提取每一列的数据，分别赋值给下列数组：

- `years`
- `ace`
- `tropical_storms`
- `hurricanes`
- `major_hurricanes`

(c) 利用 `max` 函数计算：

- 具有最高的 ACE 值的年份。
- 热带风暴最多的年份。
- 飓风最多的年份。
- 大型飓风最多的年份。

(d) 计算每列(年除外)数据的平均值和中值。

(e) 利用 `sortrows` 函数将数组 `ace_data` 按照 ACE 值从高到低的顺序重新排列。

该题中列出的数据会定期更新。

**4.6** NOAA 也收集了与习题 4.5 中类似的太平洋东部和中部的 ACE 数据，这些数据可以从包括维基百科在内的几个网络资源在线获得。要求使用太平洋数据重做习题 4.5。

**4.7** 用于计算 ACE 值的数据主要来自卫星成像，并通过地面实际测量和飓风侦察机上的仪器进行验证。根据改进的分析技术定期更新 ACE 值。研究人员能够根据历史信息估计 1851 年大西洋流域的 ACE 值。这些数据可从北大西洋飓风数据库(HURDAT)获得。可以在维基百科或 NOAA 上找到该数据，或者从授课教师那里获得包含该数据信息的电子表格 ACE_Data_expanded.xlsx。请使用扩展数据库(1851～2021 年)重做习题 4.5。

**双变量问题**

**4.8** 三角形的面积为底乘高除以 2，如图 P4.8 所示。计算底在 0～10 m 之间变化、高在 2～6 m 之间变化的三角形面积，注意变量要选择合适的步长，计算结果应该是一个二维矩阵。

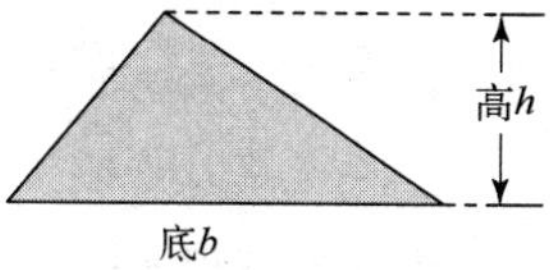

图 P4.8　三角形的面积

**4.9** 气压计主要用于测量大气压强，如图 P4.9 所示。气压计中的液体密度比较高，过去一般使用水银。但由于水银有毒，现在常用其他液体代替。测量的大气压强 $P$ 等于液面高度 $h$ 乘以液体密度 $\rho$，再乘以重力加速度 $g$，即

$$P = h\rho g$$

根据方程可以求出液面高度 $h$：

$$h = \frac{P}{\rho g}$$

现有两个气压计，一个气压计中的液体是水银，密度为 13.56 g/cm$^3$（13 560 kg/m$^3$）；另一个气压计中的液体是水，密度为 1.0 g/cm$^3$（1000 kg/m$^3$）。重力加速度为 9.81 m/s$^2$。计算大气压强在 0～100 kPa 范围内变化时，两个气压计的液面高度。计算前需要统一单位[大气压强的单位为帕斯卡(Pa)，等于 1 kg/(m · s$^2$)，一个 kPa 是 1000 帕斯卡]。计算结果应为一个二维矩阵。

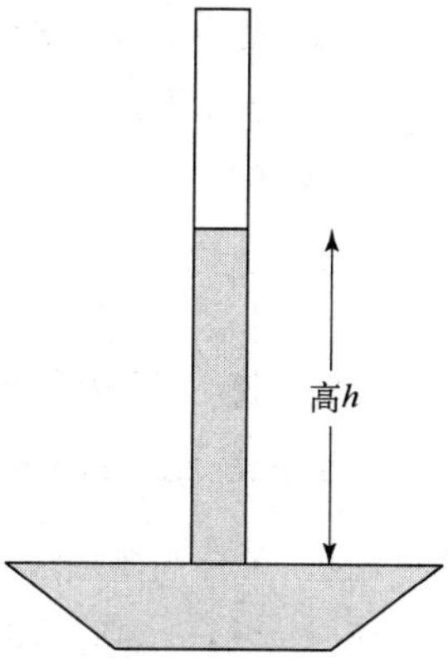

图 P4.9　大气压与液柱高度成正比

**4.10** 理想气体定律 $Pv = RT$ 描述了许多气体的特性。利用下面公式可以计算气体比容 $v$（单位为 m$^3$/kg）：

$$v = \frac{RT}{P}$$

当温度在 100～1000 K 之间变化、压强在 100～1000 kPa 之间变化时，计算空气的比容。空气的 $R$ 值为 0.2870 kJ/(kg · K)，在理想气体定律中，气体成分不同，$R$ 值也不同。有的公式中，$R$ 为常数，这和气体的摩尔质量有关。化学和热力学课程会详细介绍这个方程。输出结果应该是一个二维矩阵。

**特殊矩阵**

**4.11** 创建与习题 4.1 中矩阵 `a`、`b`、`c` 规模相同的全零矩阵（使用 `size` 函数完成本题）。

**4.12** 创建一个 6×6 的魔方矩阵，计算：

(a) 每一行之和。

(b) 每一列之和。

(c) 对角线之和。

**4.13** 从习题 4.12 中创建的魔方矩阵的左上角提取一个 3×3 的矩阵，判断这个矩阵是否仍为魔方矩阵。

**4.14** 创建一个 5×5 的魔方矩阵 `a`。

(a) 矩阵 `a` 乘以一个常数（例如 2）后是否还是一个魔方矩阵？

(b) 矩阵 `a` 中每个元素都进行平方运算，新产生的矩阵是否还是一个魔方矩阵？

(c) 矩阵 `a` 的每个元素都加上一个常数，新产生的矩阵是否还是一个魔方矩阵？

(d) 创建一个由下面几部分组成的 10×10 矩阵(见图 P4.14)：

- 矩阵 a
- 矩阵 a 乘以 2
- 矩阵 a 的平方
- 矩阵 a 加上 2

得到的矩阵是魔方矩阵吗？矩阵排列的顺序会不会影响最后结果？

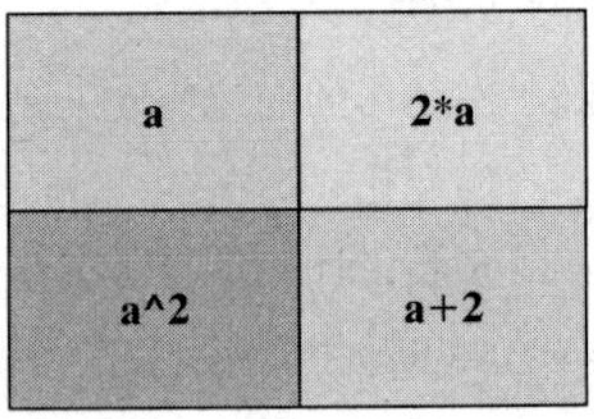


图 P4.14　用矩阵构造矩阵

**4.15** 丢勒的魔方矩阵(见图 4.9)与用函数 `magic(4)` 创建的 4×4 魔方矩阵不完全相同。

(a) `magic(4)` 创建的魔方矩阵的列元素重排，重建丢勒的魔方矩阵。

(b) 证明矩阵的所有行、列和对角线的元素之和相等。

**4.16** 字符串的一个常见用法是创建有意义的文件名或变量名。创建一个名为 `Dates` 的 3×1 字符串矩阵，其中包含下面日期：

June_10

July_12

Aug_15

现在，使用+运算符创建一个新的字符串矩阵，作为上述日期收集数据的文件名：

```
" Data_Collected_ "+Dates
```

**4.17** 创建一个字符串矩阵，将其作为图形的标题。该标题有两行文本，因此应为 2×1 矩阵。

**4.18** 使用 `strlength` 函数确定习题 4.17 中创建的标题中每行文本的字符数。

**4.19** MATLAB 给读者提供了一个文件名为 patients.mat 的示例数据，可用于编程实验。使用该文件或类似文件完成以下任务：

(a) 使用下面命令

```
Load patients LastName
```

将文件中存储的变量 `LastName` 加载到工作区。

(b) 变量 `LastName` 是一个存储 100 个字符串的矩阵。使用 `char` 函数将其转换为名为 `Name_char` 的填充字符矩阵。

(c) 使用 `string` 函数将名为 `Name_string` 的 `LastName` 变量转换为字符串矩阵。

(d) 使用 `size` 函数计算(b)和(c)中创建的每个矩阵的大小，并比较结果。

(e) 使用 `sort` 函数对每个矩阵进行排序。注意不要将结果显示在计算机屏幕上，而是在变量编辑器中检查它们(双击变量名称。)

(f) 使用 `sortrows` 函数对每个矩阵进行排序。结果与(e)有何不同？

# 第5章 绘　　图

**本章目标**

学完本章后应能够：

- 绘制二维图并进行标注；
- 调整图形外观；
- 创建分块图布局，用于显示当前图窗中的多个绘图；
- 绘制三维图；
- 使用 MATLAB 交互式绘图工具。

## 引言

大型数据表很难解释，工程师利用绘图技术使信息更容易理解。利用图形很容易识别趋势，找出高点和低点，并分离出由测量或计算错误造成的数据点。图形还可以用于快速检查，以确定计算机解决方案是否产生预期结果，并帮助解释计算机计算的结果。

## 5.1 二维绘图

数据显示最常用的图形是 *x-y* 图。用一组有序数据对来确定二维图上的点，并用直线将这些点连接起来，可以测量或计算 $x$ 和 $y$ 的值。一般情况下，自变量的名称为 $x$，绘制在 $x$ 轴上，因变量的名称为 $y$，绘制在 $y$ 轴上。

### 5.1.1 基本绘图

**简单的 *x-y* 图**

若已经定义了向量 $x$、$y$ 的值，则利用 MATLAB 会很容易绘制图形。假设通过测量获得了一组时间和距离的数据，则可以将时间数据存储到向量 x 中(用户可定义任何方便的变量名)、将距离数据存储到向量 y 中，如右表所示：

| 时间/s | 距离/ft |
|---|---|
| 0 | 0 |
| 2 | 0.33 |
| 4 | 4.13 |
| 6 | 6.29 |
| 8 | 6.85 |
| 10 | 11.19 |
| 12 | 13.19 |
| 14 | 13.96 |
| 16 | 16.33 |
| 18 | 18.17 |

```
x = [0:2:18];
y = [0 0.33 4.13 6.29 6.85 11.19 13.19 13.96 16.33 18.17];
```

要绘制这些点，使用 plot 命令，以 x 和 y 作为输入参数：

```
plot(x,y)
```

图形窗口会自动打开，MATLAB 将其命名为 Figure 1。返回的图形如图 5.1(a)所示。面积图与其非常相似，唯一的区别是曲线下面的面积被填充了。输入命令

```
area(x,y)
```

输出的图形如图 5.1(b)所示。

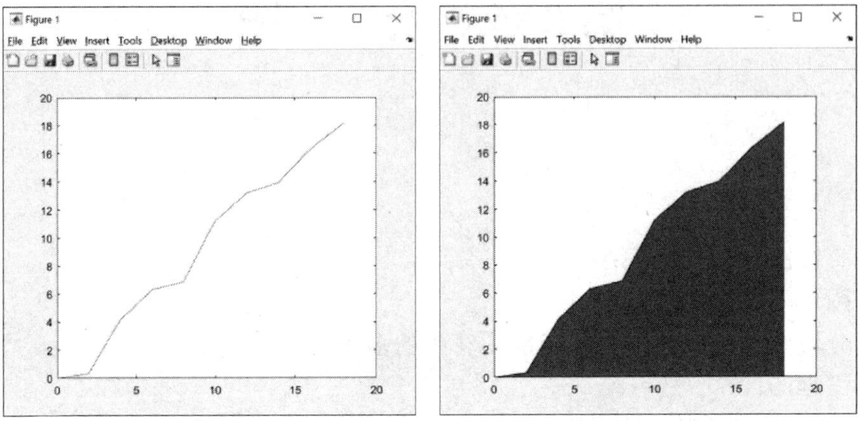


(a)　　(b)

图 5.1　MATLAB 中创建的时间与距离关系的简单图形：(a)数据点用 $x$-$y$ 图表示；(b)数据点用面积图表示

本章显示的绘图包括整个图形窗口，以使读者能够看到图形在 MATLAB 中生成时的外观。本章后面，将介绍适合在报告和其他文档中保存绘图的方式。

当曲线下的面积具有某种物理意义时，可以使用面积图。例如，在活塞缸装置中，移动活塞所做的功描述为

$$W = \int_1^2 P\mathrm{d}V$$

绘制 $V$ 与 $P$ 的关系曲线($x$ 轴为体积、$y$ 轴为压力)，则 1～2 之间曲线下的面积等于功 $W$。

**标题、标签和网格**

良好的工程实践要求绘制的图形包含轴标签和标题，可使用以下代码添加标题：

```
plot(x,y)
title("Laboratory Experiment 1")
xlabel("Time, sec")
ylabel("Distance, ft")
grid on
```

生成的图形如图 5.2 所示，该图添加了网格。为节省空间，也可以将上述语句合并成一行或两行：

```
plot(x,y),title("Laboratory Experiment 1")
xlabel("Time, sec"),ylabel("Distance, ft"),grid on
```

在 MATLAB 中输入上述命令过程中，请注意，当输入一个双引号(")后，文本的颜色将变为红色，提示将开始输入字符串。当输入后面的双引号后，文本颜色就会变成紫色，提示输入的字符串结束。注意这些视觉提示可以避免编程错误。

> **关键知识**
> 图形中的坐标轴要始终标注单位。

**提示：** 如果读者以前使用过 MATLAB，那么可能熟悉使用单引号而不是双引号作为

title 和 xlabel 等函数的输入。事实上，如果查看 MATLAB 文档，会发现这两种方法的例子。在 2016b 版本之前，使用单引号表示字符矩阵是唯一的选择。用双引号表示字符串能更准确地描述这些函数的文本输入。只有当每个字符都有特定含义时，才使用字符矩阵。MATLAB 文档中提供了一个例子：描述 DNA 链的一个字符矩阵。具有特定意义的一组字符作为一个集合存储为字符串。有关字符矩阵和字符串之间差异的详细信息，请参阅其他章节。接受文本输入的大多数 MATLAB 函数将文本作为字符串矩阵(带双引号)或字符矩阵(带单引号)输入。尽管目前这两种方法都可行，但在编写新代码中使用字符串(双引号)具有一定优势。

如果当前窗口是命令窗口，则图形窗口会显示在所有窗口之前，如图 5.2 所示。若想继续操作，可以单击命令窗口或将图形窗口最小化。用户可根据需要任意调整图形窗口的大小，或者单击图形窗口右上角的退出图标之下的停靠箭头，从而将其添加到 MATLAB 桌面中。

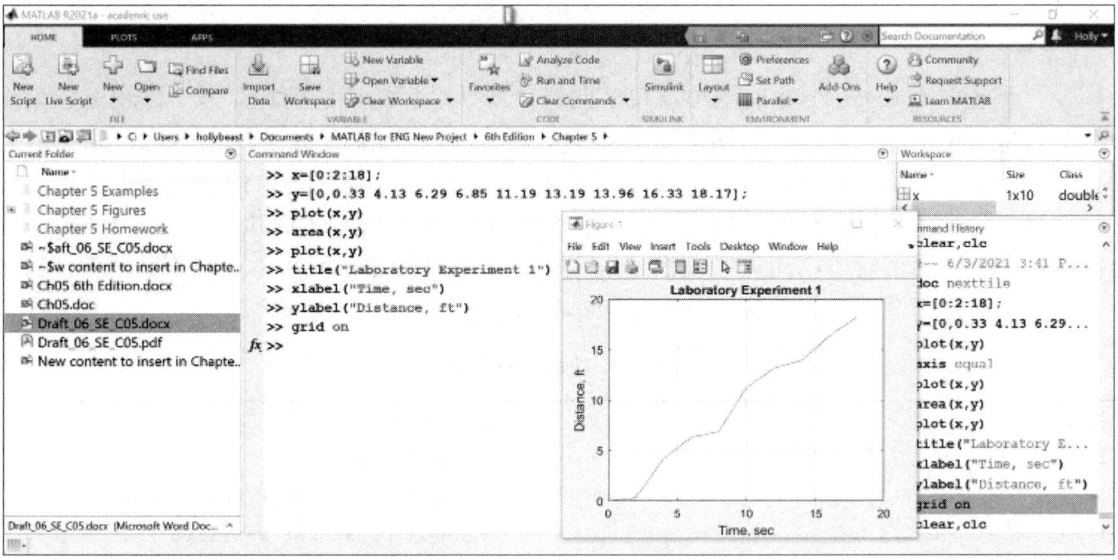


图 5.2　图形窗口在命令窗口前弹出，可任意调整大小和形状或将其停靠在 MATLAB 桌面中，给图形添加网格、标题和坐标轴标签能使图形更容易理解

**提示**：单击命令窗口后，图形窗口会隐藏到当前窗口之后。要查看图形的更改，则在屏幕底部的 Windows 任务栏中选择该图形窗口，图形窗口就会弹出到最前面。

**提示**：添加标题和坐标轴标签前要先创建图形，否则执行绘图命令时会删除前面已经设置的标签。

**提示**：如果使用单引号标识命令 xlabel、ylabel 和 title 中输入的字符串，MATLAB 将撇号理解为字符串的结束。若想在文本中使用撇号，需要输入单引号两次，如 xlabel('Holly''s Data')(不要使用双引号，这是不同的字符)。使用双引号标识输入字符串可以避免这个问题，并且是更好的解决方案，如 xlabel(“Holly's Data”)。

### 创建多个图形

利用脚本文件绘图的一个缺点是：绘图之后继续进行更多计算时，MATLAB 生成和显示图形窗口后，会快速返回继续执行程序中剩余的命令。如果要绘制第二幅图，则会覆盖掉之前的图形，这正是在命令窗口中工作时发生的情况。解决这个问题的方法有三个：

- 以分节模式交互式执行程序，一次执行一节，确保每节产生的图形不超过一个。这样做允许图形被覆盖之前查看绘制的图形。
- 运行全部程序，并用 pause 命令暂停程序以便查看所绘图形。pause 命令会暂停执行程序直至键入一个任意键。如果只想暂停确定的几秒钟，可以利用 pause(n) 命令，程序会暂停执行 n 秒钟然后继续执行。
- 利用函数 figure 创建多个图形窗口。

执行 figure 命令会打开一个新图形窗口，之后的绘图命令就会在该窗口中绘图。例如，命令

```
figure(2)
```

会打开一个名称为 Figure 2 的图形窗口，此窗口就是之后绘图的窗口。若 figure 没有输入参数，MATLAB 会自动产生图形窗口编号。若当前图形窗口是 Figure 2，那么执行 figure 命令后会打开名为 Figure 3 的图形窗口。表 5.1 总结了简单的绘图命令。

使用实时脚本(MLX 文件)可以避免上述问题。每次在实时脚本中执行 plot 函数时，都会创建一个新的图形窗口，而无需发出 figure 命令，如图 5.3 所示。要打开独立的图形窗口，用户只需选择图形窗口并按照交互提示进行操作。

**表 5.1 基本绘图命令**

| | | |
|---|---|---|
| plot | 创建一个 $x$-$y$ 图 | plot(x,y) |
| title | 添加标题 | title('My Graph') |
| xlabel | 添加 $x$ 轴标签 | xlabel('Independent Variable') |
| ylabel | 添加 $y$ 轴标签 | ylabel('Dependent Variable') |
| grid | 添加主网格线 | grid<br>grid on<br>grid off |
| grid minor | 添加次网格线 | grid minor |
| pause | 暂停程序，观察图形 | pause |
| figure | 指定当前绘图的图形窗口，没有输入参数时，将添加下一个图形窗口 | figure<br>figure(2) |
| hold | 保持当前图形，以便再添加图形 | hold on<br>hold off |

### 绘制多条曲线

绘制多条曲线的方法有很多种。默认情况下，执行第 2 个 plot 语句会覆盖掉前面的图形，但是利用 hold on 命令可以将两个图形叠绘在一起。执行下面语句，可以在同一图形中绘制如图 5.4 所示的两条函数曲线：

```
x = 0:pi/100:2*pi;
y1 = cos(x*4);
plot(x,y1)
y2 = sin(x);
hold on;
plot(x,y2)
```

plot 语句和 hold on 语句后面的分号是可选项。MATLAB 会一直将曲线叠加到图形中，直到执行 hold off 命令止：

```
hold off
```

另一种绘制多条曲线的方法是用一条 plot 命令同时画出两条线，此时 MTALAB 将 plot 函数的输入参数理解为交替的 x、y 向量，如

```
plot(X1, Y1, X2, Y2)
```

其中，变量 X1、Y1 构成一个有序需要画图的数据集，变量 X2、Y2 构成第二个有序的数据集。使用上例中的数据，输入

```
plot(x, y1, x, y2)
```

则生成与图 5.4 相同的图形。

> **关键知识**
>
> 工程中最常用的图是 *x-y* 散点图。

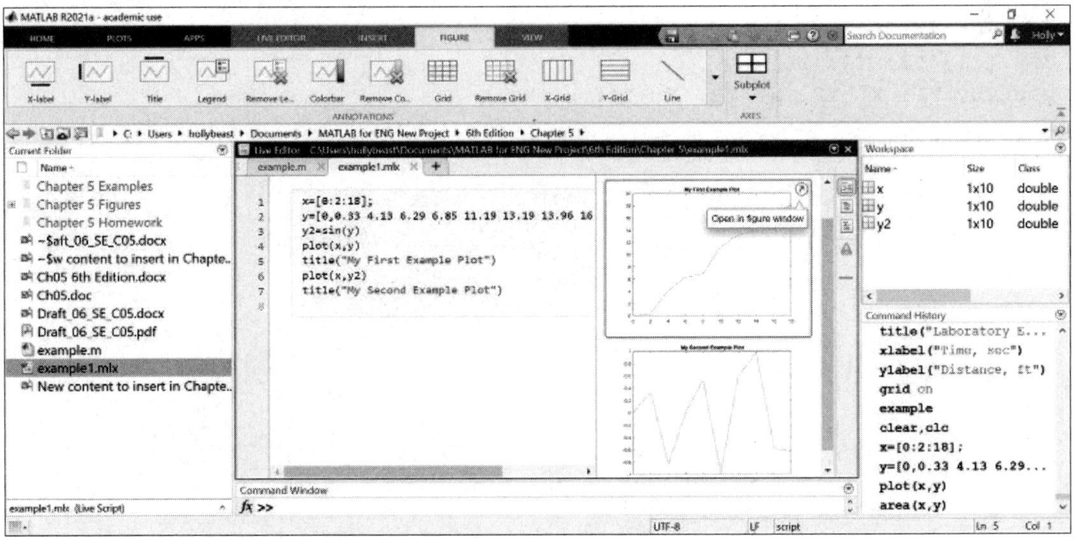


图 5.3 在实时脚本中绘制图形更容易。除非发出 hold on 命令，否则每次执行函数 plot 时都会打开一个新的图形窗口

如果 plot 函数的输入参数是一个单一的矩阵，则 MATLAB 会用矩阵的每一列数据绘制一条独立的曲线，用矩阵的行索引向量 1:*k* 标注图形的 *x* 轴，其中 *k* 是矩阵的行数。这样将绘出一个等间距的图形，也称线性绘图。如果 plot 有两个自变量，一个是向量，另一个是矩阵，则 MATLAB 会依次将矩阵中的每一行绘制一条线。例如，把 y1 和 y2 合并成一个矩阵，输入

```
Y = [y1; y2];
plot(x,Y)
```

生成的图形与图 5.4 相同。

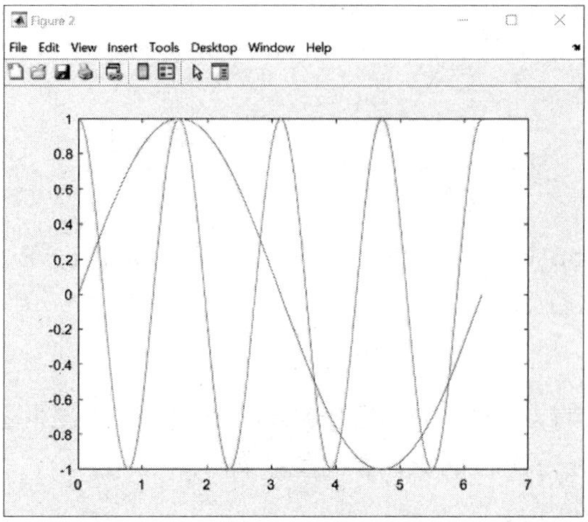


图 5.4　用 hold on 命令在同一图形中绘制两条曲线

下面是一个更为复杂的例子:

```
X = 0:pi/100:2*pi;
Y1 = cos(X)*2;
Y2 = cos(X)*3;
Y3 = cos(X)*4;
Y4 = cos(X)*5;
Z = [Y1; Y2; Y3; Y4];
plot(X, Y1, X, Y2, X, Y3, X, Y4)
```

其运行结果(见图 5.5)与下面语句执行的结果相同:

```
plot(X, Z)
```

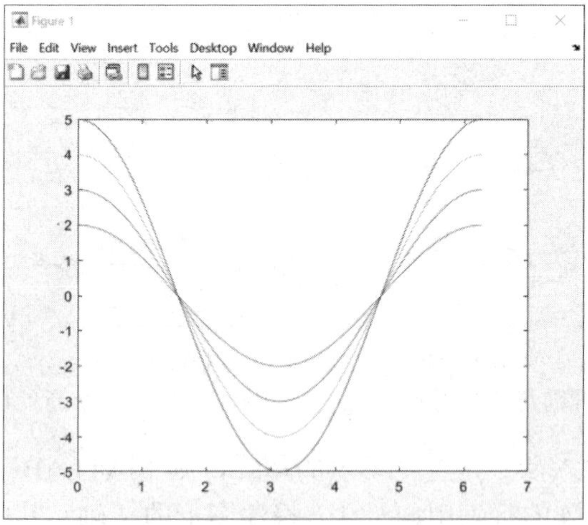


图 5.5　在同一图形中绘制多条曲线

peaks 函数是 MATLAB 提供的一个双变量函数，该函数产生的样本数据主要用于演示绘图功能。(这些数据是通过对高斯分布进行缩放和变换得到的)如果调用 peaks 函数时只有一个参数 n，则会创建一个 $n×n$ 的矩阵。可以将 peaks 函数创建的矩阵作为 plot 函数的输入参数，例如输入

```
plot(peaks(100))
```

会生成令人赞叹的图形，如图 5.6 所示。plot 函数的输入是 peaks 创建的一个 100×100 矩阵。注意，*x* 轴坐标 1 到 100 表示数据的索引号，这幅图上画出了 100 条曲线——每条曲线对应 1 列数据。

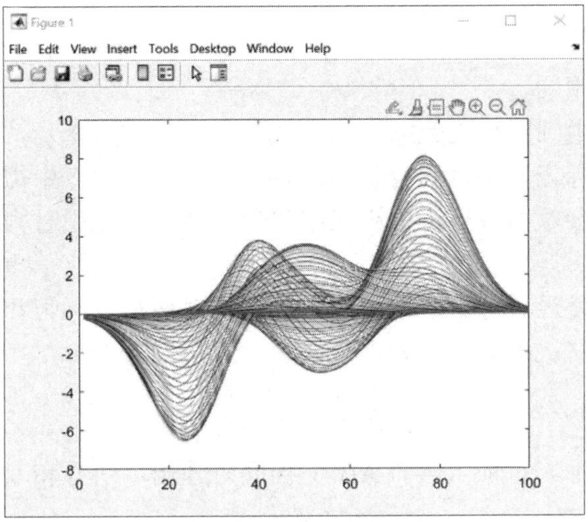


图 5.6　在 plot 命令中用单输入函数 peaks 绘制的曲线

## 5.1.2　线型、颜色和标记

用户可以通过自定义的线型、颜色和数据点的标记来更改图形的外观。输入命令

```
help plot
```

会返回所有的可选项列表。用户可以选择实线(默认)、虚线、点线和点画线作为线型，选择加号、星形、圆圈和 x 形状作为数据点标记，还有八种不同的颜色可供选择，全部列表如表 5.2 所示。

**表 5.2　线型、标记和颜色选项**

| 线型 | 标识符 | 标记 | 标识符 | 颜色 | 标识符 |
|---|---|---|---|---|---|
| 实线 | - | 点 | • | 蓝色 | b |
| 点线 | : | 圆圈 | ° | 绿色 | g |
| 点画线 | -. | 叉号 | × | 红色 | r |
| 虚线 | -- | 加号 | + | 青色 | c |
| | | 星形 | × | 洋红色 | m |
| | | 方形 | s | 黄色 | y |
| | | 菱形 | d | 黑色 | k |
| | | 下三角 | v | 白色 | w |
| | | 上三角 | ^ | | |
| | | 左三角 | < | | |
| | | 右三角 | > | | |
| | | 五角星 | p | | |
| | | 六角星 | h | | |

下面举例说明线条、颜色和标记的使用方法，输入下面语句：

```
x = [1:10];
y = [58.5 63.8 64.2 67.3 71.5 88.3 90.1 90.6 89.5 90.4];
plot(x,y,":ok")
```

可以在字符串中使用缩写的颜色名称或完整的颜色名称。例如，下面的 plot 语句

```
plot(x,y,":oblack")
```

是等效的，得到的结果相同。

执行代码生成一条用圆圈标记数据点的虚线，如图 5.7(a)所示，图中线条、点和圆圈都是黑色的。各种线型、标记、颜色均有各自的标识符，绘图命令中需要输入一个表示线型、标记和颜色的参数，该参数由各标识符组成字符串，并放在双引号内，标识符的前后顺序不影响输出结果。

绘制多条曲线时，紧跟着每组数据后都用字符串对线型、标记和颜色加以定义。如果未定义该字符串，则使用默认参数。例如，

```
plot(x,y,":ok",x,y*2,"--xr",x,y/2,"-b")
```

输出如图 5.7(b)所示图形。目前 MATLAB 文档同时使用单引号和双引号表示法，读者可以任选其中一种。

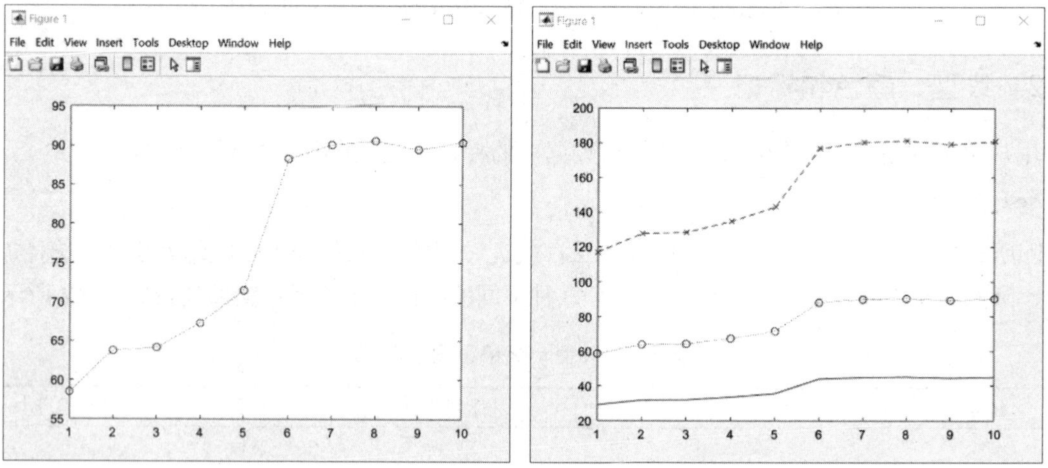


(a) (b)

图 5.7 (a)调整线型、标记和颜色；(b)用不同的线型和标记绘制多条曲线

命令 plot 提供了控制图形外观的附加选项，要控制这些属性，需要指定属性名称和属性值。例如，上面图形中使用的线条也许粗一些会看起来更好。首先，要定义绘图数据，然后添加两个附加输入字段。在第一个字段中，用字符串指定属性，在第二个字段中，指定属性值，例如，

```
plot(x,y,"LineWidth",2)
```

将绘制出一条线宽为 2(默认值为 0.5)的曲线，如图 5.8(a)所示。而输入下面语句：

```
plot(x,y,"LineWidth",2,"Marker","o","MarkerSize",10)
```

则绘制出一条线宽为 2、带有圆圈标记且标记比默认值大(定义大小为 10，但是默认值为 6)

的曲线，如图 5.8(b)所示。根据需要可以添加多个属性对，通过搜索帮助文档来查询可能的组合：

```
doc Chart Line Properties
```

从 2021a 版开始，读者还可以使用 Name=Value 语法定义这些属性。对于前面的示例，等效代码为

```
plot(x,y,LineWidth = 2,Marker = "o",MarkerSize = 10)
```

这种语法更直观，更容易使用，但旧的(现有的)程序可能还会继续使用逗号分隔属性对。

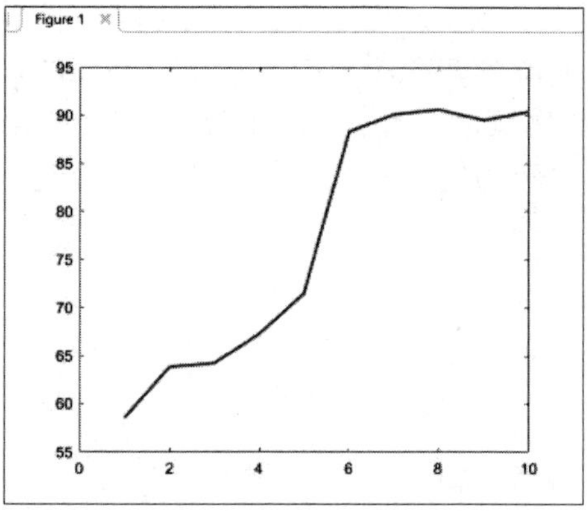


(a)

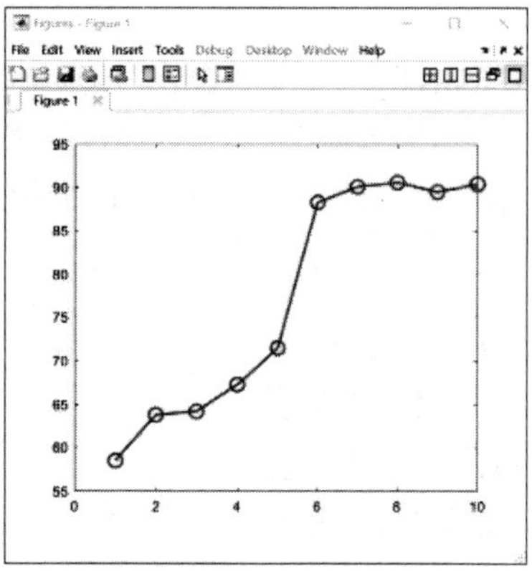


(b)

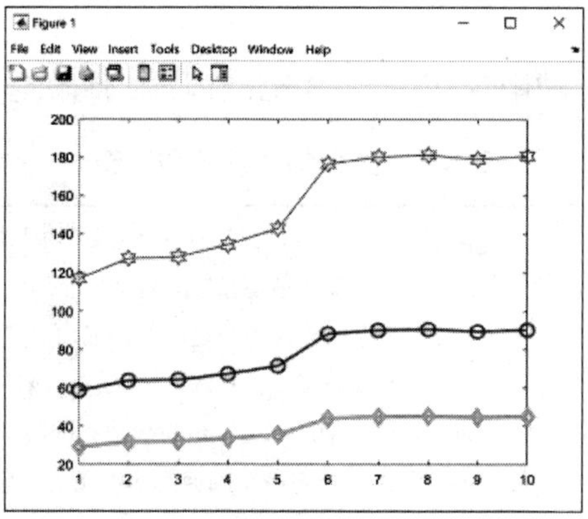


(c)

图 5.8　(a)通过线条属性标识符和属性值的调整可以对线的属性施加更多的控制；(b)可以在同一个 plot 语句中对一条线的多个属性进行调整；(c)当使用属性标识符和属性值定义时，每条曲线需要使用一个单独的 plot 语句

用这种方法对线条属性进行微调，要注意的是每条线必须使用一条独立的 plot 语句进行定义。如果要绘制一个包含多条曲线的图形，就需要使用 hold on 命令，然后为每条曲线输入一个新的 plot 语句，这样就可以在图 5.8(b)所示图形上添加更多的线条，例如输入

```
hold on
plot(x,y*2,LineWidth = 1,Marker = "h",MarkerSize = 12)
plot(x,y/2,LineWidth = 3,Marker = "d",MarkerSize = 8)
```

生成的图形如图 5.8(c)所示，其中每条线的颜色和线型由默认参数确定。绘图结束后不要忘记执行命令 hold off：

```
hold off
```

### 5.1.3 坐标轴的缩放和注释

MATLAB 能自动选择合适的 $x$ 轴和 $y$ 轴坐标的缩放比例，但有些时候需要能够控制坐标轴的缩放比例。表 5.3 中所示的 axis 函数可以完成此功能。不输入任何参数直接执行

```
axis
```

将保持图形的缩放比例。如果使用 hold on 命令并在图形中增加第二条曲线，则缩放比例不会发生变化。如果要恢复 MATLAB 对缩放比例的自动控制，仅需再次执行 axis 函数。

axis 函数也可以将 $x$ 轴和 $y$ 轴的缩放比例的定义作为输入。输入参数是一个单一的矩阵，含有四个值，分别为

- $x$ 轴上显示的最小值；
- $x$ 轴上显示的最大值；
- $y$ 轴上显示的最小值；
- $y$ 轴上显示的最大值。

例如，命令

```
axis([-2, 3, 0, 10])
```

把图形显示的范围固定为：$x$ 轴限定在–2～+3 范围内，$y$ 轴限定在 0～10 范围内。

**表 5.3　坐标轴的缩放和注释**

| | |
|---|---|
| axis | 执行 axis 时，如果没有输入参数，则冻结坐标轴的当前配置状态，再次执行 axis 就会恢复对坐标轴的自动控制 |
| axis(v) | axis 命令的输入参数是一个四元向量，分别定义了 $x$ 轴和 $y$ 轴的最小值和最大值，例如[xmin,xmax,ymin,ymax] |
| axis equal | 将 $x$ 轴和 $y$ 轴的标度强制设置成相同的 |
| legend("string1", "string 2", etc) | 添加图例，对图中不同曲线加以说明，显示图例和定义的字符串 |
| text(x_coordinate,y_coordinate, "string") | 添加文本，在图形的指定位置添加文本并包含所定义的字符串 |
| gtext("string") | 与 text 函数类似，将文本放置在图形窗口中用户单击交互确定的位置 |

有时需要将 $x$ 轴和 $y$ 轴的标度设置成相同的，可以使用下面的命令：

```
axis equal
```

MATLAB 提供了几种对图形进行注释的函数，如表 5.3 所示。legend 函数以字符串的形式为绘制的每条曲线指定一个图例，并默认显示在图形的右上角(请参考帮助功能，找出如何将图例框移动到不同位置)。text 函数可以在图形中添加一个文本框，对图形进行文本注释，这对于描述图形的特征非常有用。text 函数的前两个输入参数确定了文本框左下角在图形窗口中的位置，第三个参数是字符串，定义了注释的文本内容。下面举例说明 legend

函数和 text 函数的用法。为确保在一个新的图形窗口中绘图，首先使用清除图形命令 clf，利用 legend 函数和 text 函数对图 5.7(b)的图形进行修改，代码如下：

```
clf
plot(x,y,":ok",x,y*2,"--r",x,y/2,"-b")
legend("line 1","line 2","line 3")
text(1,100,"Label plots with the text command")
```

接下来，在图中添加 $x$ 轴和 $y$ 轴标签、添加图标题并调整坐标轴范围，其代码为

```
xlabel("My x-axis label")
ylabel("My y-axis label")
title("Example graph for Chapter 5")
axis([0,11,0,200])
```

生成的图形如图 5.9 所示。

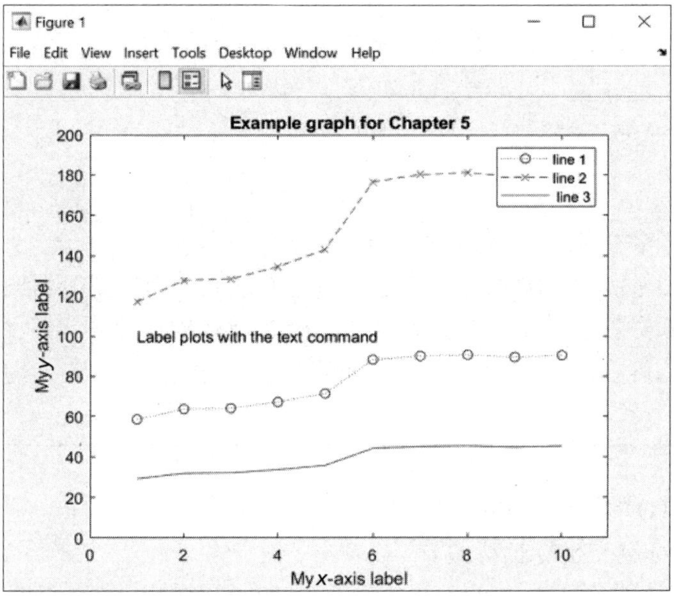


图 5.9 添加了坐标轴标签、添加图标题并调整坐标轴范围后生成的图形

**提示：** 可以在图形标题和坐标轴标注中使用希腊字母，其方法是在字母名称前添加反斜杠(\)。例如，

```
title("\alpha \beta \gamma")
```

可创建标签

$$\alpha\beta\gamma$$

若想创建上标，则使用插入符号，例如，

```
title("x^2")
```

输出

$$x^2$$

若想创建下标，则使用下画线，例如，

```
title("x_5")
```

输出

$$x_5$$

当上标或下标含有多个字符时，需要用大括号将多个字符括起来，例如，

```
title("k^{-1}")
```

输出

$k^{-1}$

最后，创建图形标题时，若文本内容超过一行，则需要使用元胞数组。后面章节中会进一步介绍有关元胞数组的内容。语法为

```
title(["First Line of Text";"Second Line of Text"])
```

如果编程需要,也可以将 title 的输入存储为变量。例如:

```
a="First Line of Text";
b="Second Line of Text";
t=[a;b];
title(t)
```

如果将此文本存储为字符数组(即用单引号存储)会更加麻烦。

使用 TeX 标记语言，MATLAB 能建立复杂的数学表达式，用作图形标题、坐标轴标签和其他文本字符串。如果要了解更多，可以利用系统的帮助功能查询具体用法：

```
doc text properties
```

**实训练习 5.1**

1. 画出 $y = \sin(x)$ 的曲线。其中 $x$ 的范围为 0～2π，步长为 0.1π。
2. 给上图添加标题和坐标轴标签。
3. $y_1$ 和 $y_2$ 的表达式分别为 $y_1 = \sin(x)$ 和 $y_2 = \cos(x)$，画出 $x$ 与 $y_1$ 和 $x$ 与 $y_2$ 的关系曲线。其中 $x$ 的范围为 0～2π，步长为 0.1π。给图形添加标题和坐标轴标签。
4. 重画练习 3 中的图形，要求 $\sin(x)$ 曲线用红色虚线，$\cos(x)$ 曲线用绿色点线。
5. 给练习 4 的图形添加图例。
6. 调整坐标轴使 $x$ 轴的范围为−1～2π+1，$y$ 轴的范围为−1.5～+1.5。
7. 已知 $y = \sin(2*x)$，绘制 $x$ 与 $y$ 的关系曲线，要求线宽为 3，采用三角形图形标记且大小为 10，线条的颜色为绿色。
8. 创建一个新的向量 `a=cos(x)`，其中 `x` 的范围为 0～2π，步长为 0.1π。不定义 `x` 的值，用 `plot(a)` 绘制向量 `a` 的曲线并观察结果图形。与利用 `plot(x,a)` 绘制的曲线进行对比。

### 例 5.1 克劳修斯-克拉珀龙方程的应用

利用克劳修斯-克拉珀龙方程可以求解不同温度时空气中饱和水蒸气的压强(Saturation Vapor Pressure)。相对湿度是天气预报的重要内容，已知空气中水的实际分压，饱和水蒸气

压强可以用来计算空气的相对湿度。

已知克劳修斯-克拉珀龙方程

$$\ln(P^0/6.11)=\left(\frac{\Delta H_v}{R_{\text{air}}}\right)*\left(\frac{1}{273}-\frac{1}{T}\right)$$

其中，$P^0$ 为温度 $T$ 时的饱和水蒸气压强，单位为 mbar；$\Delta H_v$ 为水的蒸发潜热，为 $2.453\times10^6$ J/kg；$R_{\text{air}}$ 为潮湿空气气体常数，为 461 J/kg；$T$ 为开氏温度。

1．描述问题

用克劳修斯-克拉珀龙方程求温度变化范围在–60°F 到 120°F 之间时，所对应的饱和蒸汽压强。

2．描述输入和输出

**输入**　$\Delta H_v = 2.453\times10^6$ J/kg

$R_{\text{air}} = 461$ J/kg

$T = -60$°F to 120°F

因为没有指定温度值的数量，所以选择每隔 10°F 计算一次。

**输出**　温度与饱和蒸汽压强矩阵。

温度与饱和蒸汽压强的关系曲线图。

3．建立手工算例

先将华氏温度转换成开氏温度：

$$T_k=\frac{(T_f+459.6)}{1.8}$$

解克劳修斯-克拉珀龙方程求饱和蒸汽压强($P^0$)：

$$\ln\left(\frac{P^0}{6.11}\right)=\left(\frac{\Delta H_v}{R_{\text{air}}}\right)\times\left(\frac{1}{273}-\frac{1}{T}\right)$$

$$P^0=6.11*\exp\left(\left(\frac{\Delta H_v}{R_{\text{air}}}\right)\times\frac{1}{273}-\frac{1}{T}\right)$$

由上式可以看出，饱和蒸汽压强 $P^0$ 的表达式为指数方程，由此可知曲线形状与图 5.10 一致。

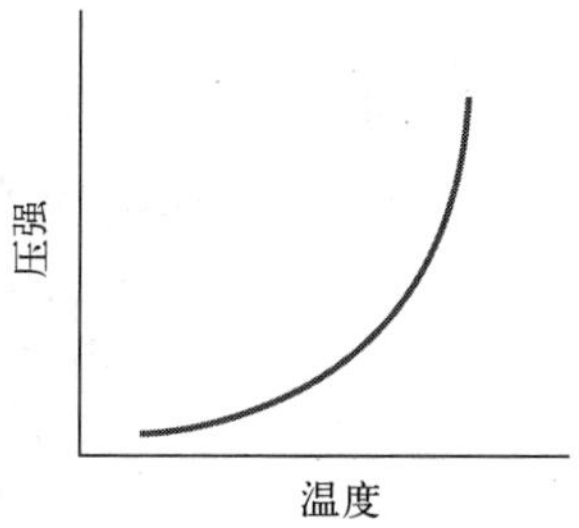


图 5.10　预测方程式特性的草图

4．开发 MATLAB 程序

```
%% Example 5.1
% Using the Clausius-Clapeyron Equation, find the
% saturation vapor pressure for water at different
% temperatures
%
 TF = [-60:10:120];       % Define temp matrix in F
 TK = (TF + 459.6)/1.8;  % Convert temp to K
 Delta_H=2.45e6;          % Define latent heat of vaporization
 R_air = 461;             % Define ideal gas constant for air
```

```
%
%% Calculate the Vapor Pressures
Vapor_Pressure = 6.11*exp((Delta_H/R_air)*(1/273 - 1./TK));
%% Display the results in an array
my_results = [TF',Vapor_Pressure']
%
%% Create an x-y plot
plot(TF,Vapor_Pressure)
title("Clausius Clapeyron Behavior")
xlabel("Temperature, ^oF")
ylabel("Saturation Vapor Pressure, mbar")
```

输出的矩阵为:

```
my_results =
      -60.0000       0.0698
      -50.0000       0.1252
      -40.0000       0.2184
      -30.0000       0.3714
      -20.0000       0.6163
      -10.0000       1.0000
             0       1.5888
       10.0000       2.4749
       20.0000       3.7847
       30.0000       5.6880
       40.0000       8.4102
       50.0000      12.2458
       60.0000      17.5747
       70.0000      24.8807
       80.0000      34.7729
       90.0000      48.0098
      100.0000      65.5257
      110.0000      88.4608
      120.0000     118.1931
```

图形窗口显示的输出曲线如图 5.11 所示。

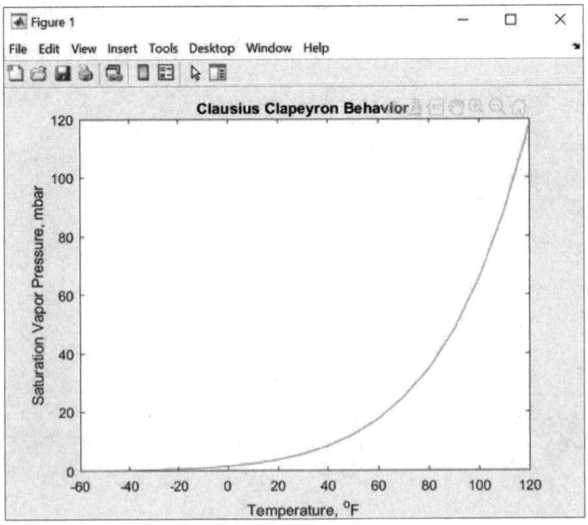


图 5.11　输出曲线

5. 验证结果

输出曲线符合预期趋势。如果绘制了输出图形，通常很容易确定计算结果是否有意义，如果是表格数据则非常难以解释。

**例 5.2　弹道学**

发射角是发射方向与 $x$ 轴之间的夹角，图 5.12 所示物体的发射角度为$\theta$，发射初速度为 $v_0$，则射程为

$$R(\theta)=\frac{v^2}{g}\sin(2\theta),\quad 0\leqslant\theta\leqslant\frac{\pi}{2}\quad（忽略空气阻力）$$

$g = 9.9\ \text{m/s}^2$，发射初速度为 100 m/s，通过计算和画图证明，当$\theta=\pi/4$ 时射程最大。$\theta$的变化范围为

$$0\leqslant\theta\leqslant\frac{\pi}{2}$$

步长为 0.05。

若发射速度为 50 m/s，重复上述计算，并将两次计算结果绘制在同一张图上。

1. 描述问题

当初速度不变时，射程是发射角的函数，计算射程。

2. 描述输入和输出

**输入**　$g = 9.9\ \text{m/s}^2$

$\theta = 0\sim\pi/2$，步长为 0.05

$v_0 = 50\ \text{m/s}$，$v_0 = 100\ \text{m/s}$

**输出**　射程 $R$。

绘制射程和发射角的关系曲线。

3. 建立手工算例

如果炮弹竖直向上发射，则射程为 0；如果炮弹向水平方向发射，射程也为 0（见图 5.12）。

这意味着随着发射角度的增大，射程逐渐增大，达到最大值后再逐渐减小。以发射角为 45°（π/4 rad）为例，

$$R(\theta)=\frac{v^2}{g}\sin(2\theta)$$

$$R\left(\frac{\pi}{4}\right)=\frac{100^2}{9.9}\sin\left(\frac{2\pi}{4}\right)=1010\ \text{m}\ (初始速度为100\text{m/s})$$

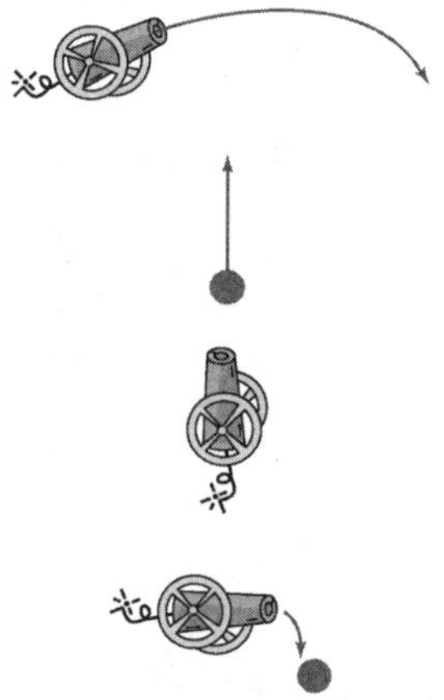

图 5.12　若炮弹竖直向上或沿水平方向发射，射程为 0

4. 开发 MATLAB 程序

```
%% Example 5.2
% The program calculates the range of a ballistic projectile
%% Define the constants
  g = 9.9;  % m/s^2
```

```
    v1 = 50;  % m/s^2
    v2 = 100; % m/s^2
  %% Define the angle vector
    angle = 0:0.05:pi/2;   %radians
  %%  Calculate the range
    R1 = v1^2/g*sin(2*angle);
    R2 = v2^2/g*sin(2*angle);  % meters
  %% Plot the results
    plot(angle,R1,angle,R2,"--")
    title("Cannon Range")
    xlabel("Cannon Angle")
    ylabel("Range, meters")
    legend("Initial Velocity=50 m/s","Initial Velocity=100 m/s")
```

注意在 `plot` 命令中，第二组数据是用虚线描绘的，并添加了图标题、坐标轴标签和图例。输出结果如图 5.13 所示。

5. 验证结果

比较 MATLAB 程序计算结果和手工算例结果可知：两条曲线的初始值和最终值都是 0，当发射速度为 100 m/s 时，射程的最大值约为 1000 m，这和手算结果 1010 m 一致。两次计算结果都在 0.8 rad 时射程值最大，π/4 的数值约等于 0.785 rad，证明了题目中的假设，即发射角为π/4(45°)时，射程最大。

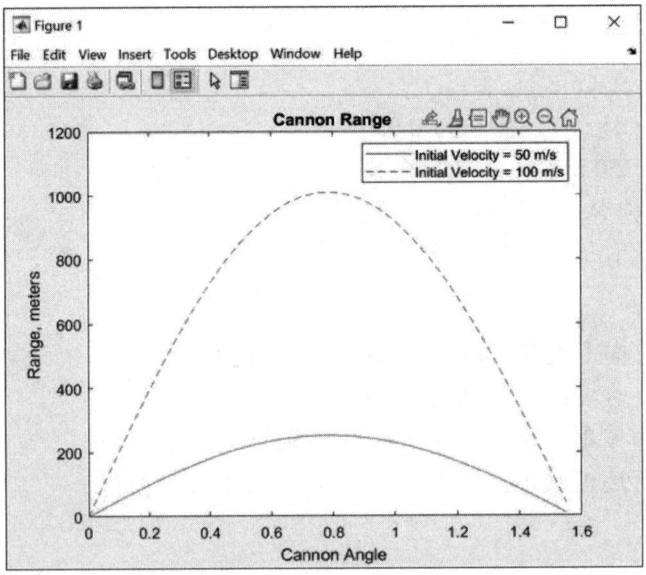


图 5.13 炮弹的预计射程

**提示：** 清除图形需要用 `clf` 命令，关闭活动图形窗口要用 `close` 命令，关闭所有打开的图形窗口要用 `close all` 命令。

## 5.2 子图——分块图布局

利用 `tiledlayout` 函数可以创建分块图布局，将图形窗口划分为 *m* 行 *n* 列的不可见图块网格，每个图块包含一个用于显示绘图的坐标区。(MATLAB 早期版本使用的是 subplot 函数。)

```
tiledlayout(m,n)
```

将图形窗口划分成 $m \times n$ 个图块网格。然后，使用 nexttile 函数指定要绘制图形的图块，如图 5.14 所示：

```
nexttile(p)
```

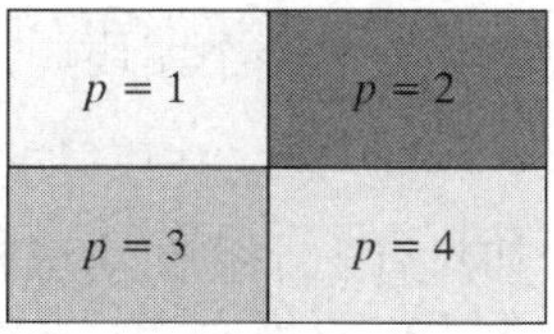


图 5.14　将图形窗口划分为 $m \times n$ 个图块网格

图块按从左到右、从上到下的顺序编号。如果 nexttile 函数没有输入参数，则按图块的数字顺序连续绘制图形。例如，下面程序把图形窗口分成上下两个图块：

```
x = 0:pi/20:2*pi;
tiledlayout(2,1)
nexttile
plot(x,sin(x))
title("Sin(x)")

xlabel("x-axis"), ylabel("y-axis"),grid minor
nexttile
plot(x,sin(2*x))
title("Sin(2x)")
xlabel("x-axis"), ylabel("y-axis"), grid minor
```

第一幅子图绘制在顶部图块中。因为程序按图块数字顺序绘图，所以不必指定图块编号。接着，再次使用 nexttile 命令在底部图块中绘制另一幅子图，如图 5.15 所示，图窗中每个子图均添加了标题、$x$ 轴和 $y$ 轴标签，读者也可以添加其他所需的注释，如图例或网格线。

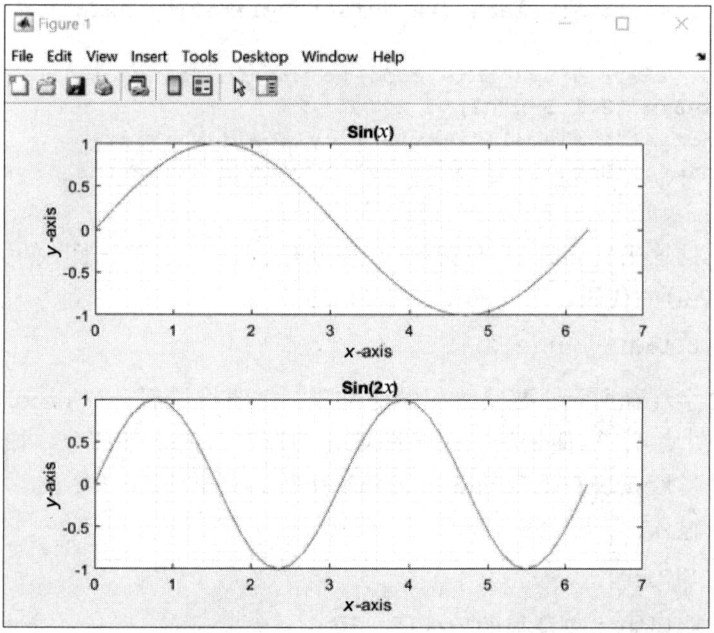


图 5.15　利用 tiledlayout 函数和 nexttile 函数可以在同一个图窗中绘制多个图形

tiledlayout 函数和 nexttile 函数在 2019b 版中引入，并取代了终将退出的 subplot 函数。它们有几个优点，使得在同一图形窗口中绘制多个子图更容易。例如，如果绘图前不知道需要多少个图块，则使用

```
tiledlayout("flow")
```

最初只有一个空图块填充整个布局，第一幅图形便绘制在该图块中，继续绘制其他子图时，布局会根据需要进行调整，“回流”足够数量的图块以满足需求，且保持所有图块的纵横比约为 4:3。

还可以为 TiledChartLayout 对象指定名称，轻松为整个图形窗口添加标题，如

```
t = tiledlayout()
```

对象名称可用于指定其他属性，如图块间距和填充选项，或在同一行或列中的图块之间创建共享轴标签。掌握分块图布局的基本知识后，可以查阅 MATLAB 帮助文件了解详细信息。

以下代码用来绘制图 5.16(a)，对如何使用“flow”选项创建分块图布局、为整个图组添加标题进行举例说明：

```
x = 0:pi/20:2*pi;
tile_name = tiledlayout("flow");
% tile_name = tiledlayout(2,2); % use this code to create
% figure 5.16b
nexttile
plot(x,sin(x))
title("Sin(x)"),xlabel("x-axis"), ylabel("y-axis")
nexttile
plot(x,sin(x).^2+cos(x))
title("Trig Function"),xlabel("x-axis"), ylabel("y-axis")
nexttile
% nexttile(3,[1,2]) % use this code to create figure 5.16b
plot(x,2+3*x-8*x.^2+1.5*x.^3)
title("Polynomial"),xlabel("x-axis"), ylabel("y-axis")
title(tile_name,["Some Sample Plots";"Created Using the Flow
Option"])
```

最后，nexttile 函数允许用户跨越多个图块绘图，因此每个子图的大小不必相同。重新考虑绘制图 5.16(a)的代码，若将布局指定为：

```
tile_name = tiledlayout(2,2);
```

如上述代码中的文字注释所示，要获得相同的结果，需要将最后一个 nexttile 函数修改为“横跨”图块 3 和图块 4，以便最后一个子图填充图形窗口的下半部分，如图 5.16(b)所示。所需的输入参数是扩展图块左下角的图块编号和用行、列数表示的大小。本例，要填充图形窗口的下半部分，输入：

```
nexttile(3,[1,2])
```

可见，其与上述代码段中“注释掉的”代码一致。

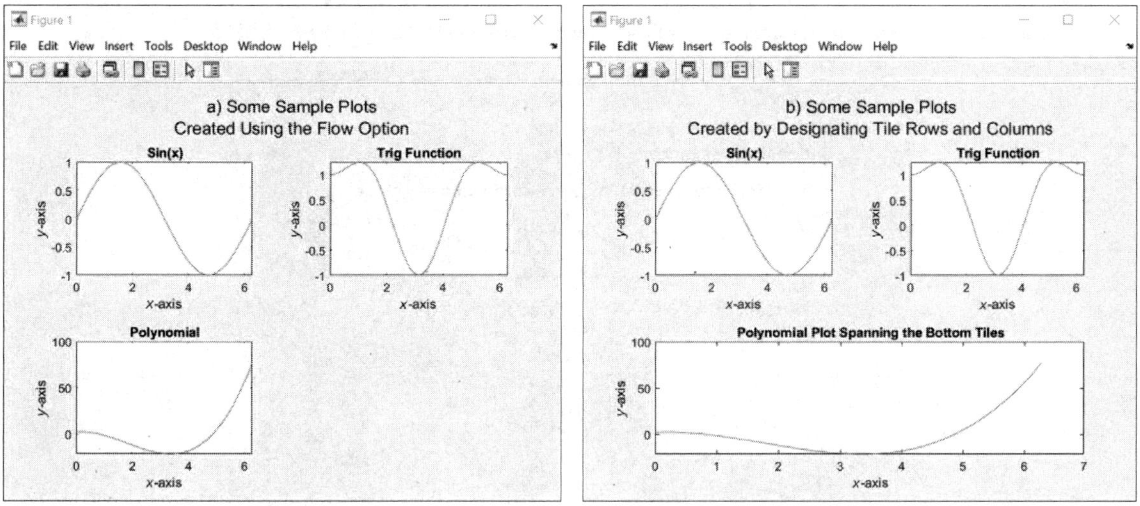


(a)　　　　(b)

图 5.16　(a)使用“flow”选项绘制的图形；(b)指定行、列数绘制的图形。也可以绘制跨越多个图块的子图

**实训练习 5.2**

1．把图形窗口划分成两行一列的图块网格。
2．在顶部图块坐标区，绘制 $y = \tan(x)$ 的曲线，其中 $-1.5 \leqslant x \leqslant 1.5$，步长 0.1。
3．给所绘子图添加标题和坐标轴标签。
4．在底部图块坐标区，绘制 $y = \sinh(x)$ 的曲线，其中 $-1.5 \leqslant x \leqslant 1.5$，步长 0.1。
5．给所绘子图添加标题和坐标轴标签。
6．把图形窗口由原来的垂直方向划分改变为水平方向划分，重复上述练习。
7．为整个图组添加标题。

## 5.3　其他类型的二维图

在工程绘图中，除了最简单的 $x$-$y$ 图，还有许多其他类型的二维图，用户可以根据具体情况选择比 $x$-$y$ 图更合适的类型。

### 5.3.1　极坐标图

在 MATLAB 中可以绘制极坐标图，输入

```
polarplot(theta, r)
```

生成角度 theta(单位为弧度)与半径 $r$ 的极坐标图。(MATLAB 早期版本使用函数 polar 而不是 polarplot。)

例如，输入代码

```
x = 0:pi/100:pi;
y = sin(x);
polarplot(x,y)
```

生成的图形如图 5.17 所示。用常规方法给图形添加标题：

```
title("The sine function in polar coordinates is a circle")
```

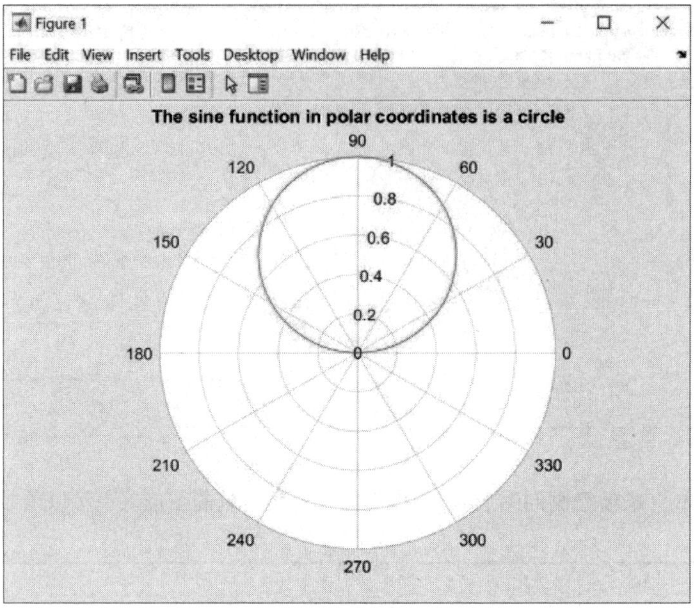


图 5.17 正弦函数的极坐标图

## 实训练习 5.3

使用 polarplot 函数，不要用早期版本的函数 polar。

1. 定义数组 theta，取值范围为 0～2π，步长 0.01π；定义数组 r=5*cos(4*theta)，绘制 theta 与 r 的极坐标图。
2. 用 hold on 命令保持原有图形。设 r = 4*cos(6*theta)，绘制 theta 与数组 r 的极坐标图，并添加标题。
3. 创建一个新的图形窗口。数组 theta 和前面练习题的相同，设 r=5-5*sin(theta)，绘制一个新的极坐标图。
4. 创建一个新的图形窗口。数组 theta 和前面练习的相同，设 r=sqrt(5^2*cos(2*theta))，绘制一个新的极坐标图。
5. 创建一个新的图形窗口。定义数组 theta=pi/2:4/5*pi:4.8*pi，创建一个包含 6 个元素的全 1 数组 r。绘制 theta 与 r 的极坐标图。

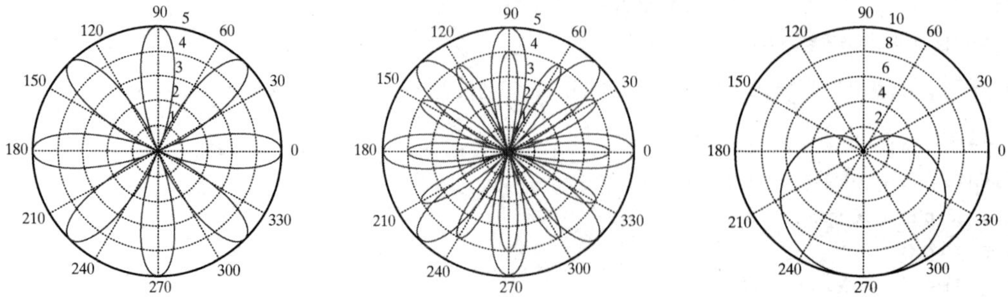

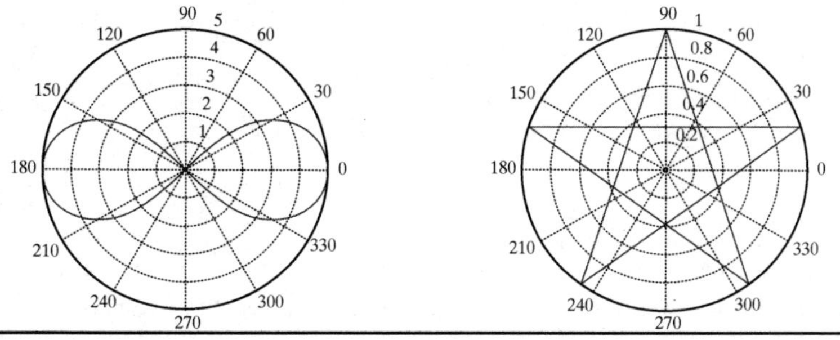


## 5.3.2　对数图

绝大多数图形的 $x$ 坐标和 $y$ 坐标都是等间隔分布的，这种图称为线性图或直角坐标图。但是有时，需要对一个轴或两个轴都进行对数缩放。当变量变化范围超过幅度值的很大数量级时，使用(以 10 为底的)对数缩放就很方便了。因为此时不压缩较小的值就能将覆盖范围很宽的值画出来。对数图也可以用来表示按指数规律变化的数据。附录 B 详细讨论了各种对数缩放的使用方法。

> **关键知识**
> 如果数据按指数规律变化，则对数图特别有用。

表 5.4 列出了 MATLAB 中创建向量 x 和 y 的线性坐标图和对数坐标图的命令。

**表 5.4　线性坐标图和对数坐标图**

| | |
|---|---|
| `plot(x,y)` | 创建向量 $x$ 和 $y$ 的线性坐标图 |
| `semilogx(x,y)` | 创建单对数坐标图，$x$ 轴为对数坐标，$y$ 轴为线性坐标 |
| `semilogy(x,y)` | 创建单对数坐标图，$x$ 轴为线性坐标，$y$ 轴为对数坐标 |
| `loglog(x,y)` | 创建双对数坐标图，$x$ 轴和 $y$ 轴均为对数坐标 |

记住，负数或零的对数是不存在的(尽管 MATLAB 可以将负数的对数表示为复数值)，如果绘图数据中包括负数或零，MATLAB 会发出警告信息，并且只对正常的数据点绘图而忽略掉有问题的数据点。

通常绘制对数坐标图时有两个输入参数：一个自变量和一个因变量。然而与线性坐标绘图函数 `plot(y)`一样，对数坐标绘图命令也可以仅有一个自变量，这种情况下将向量 `y` 的元素索引号作为 `x` 坐标值。

例如绘制曲线 $y = 5x^2$ 的线性图、$x$ 轴半对数图、$y$ 轴半对数图和双对数图，利用 `tiledlayout` 函数和 `nexttile` 函数将四幅图绘制在同一图形窗口中，如图 5.18 所示。其程序代码如下：

```
t=tiledlayout("flow");
x = 0:0.5:50;
y = 5*x.^2;
nexttile
plot(x,y)
title("Polynomial - linear/linear")
ylabel("y-axis"), grid
nexttile
semilogx(x,y)
title("Polynomial - log/linear")
ylabel("y-axis"), grid
```

```
nexttile
semilogy(x,y)
title("Polynomial - linear/log")
xlabel("x-axis"), ylabel("y-axis"), grid
nexttile
loglog(x,y)
title("Polynomial - log/log")
xlabel("x-axis"), ylabel("y-axis"), grid
m = "A Polynomial Plotted Using Multiple Graphing Strategies";
title(t,m)
```

**关键知识**

因 MATLAB 忽略空格，所以可以加入空格使代码更具可读性。

在绘制的图形中，只有底部两个子图有 $x$ 轴标签。

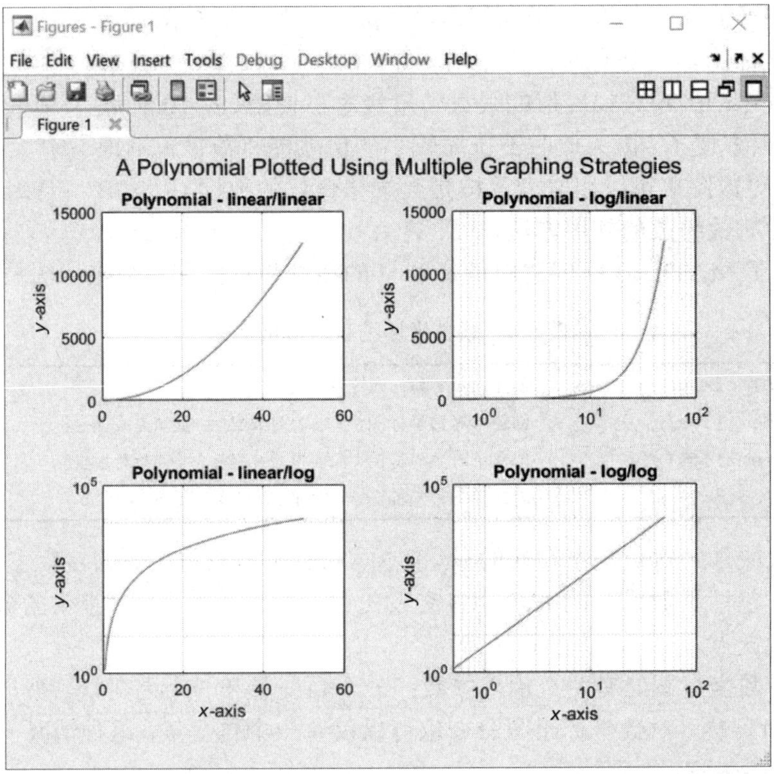


图 5.18 用 `tiledlayout` 函数和 `nexttile` 函数显示的线性图和对数图

### 例 5.3 扩散率

为了使金属硬度更高，进而更耐磨，常需要对其进行处理。但是使金属变硬的结果是增加了加工难度。解决这个问题的办法是，先将金属软化并加工成所需形状，然后再对其表面进行硬化处理。这样处理后的金属耐磨性强且柔韧性好。

一种常见的硬化工艺称为渗碳。该工艺就是将金属部件放入碳粉中，碳粉会扩散到金属部件中，从而提高硬度。在低温条件下，渗碳速度非常缓慢，随着温度的升高，碳的扩散速度就会加快。扩散率是衡量碳在金属中扩散速度的参数，可以用公式表示如下：

$$D = D_0 \exp\left(\frac{-Q}{RT}\right)$$

其中，$D$ 为扩散率，单位为 $cm^2/s$；$D_0$ 为扩散系数，单位为 $cm^2/s$；$Q$ 为活化能，单位为 J/mol，

8.314 J/mol K；$R$ 为理想气体常数，单位为 J/mol K；$T$ 为温度，单位为 K。

当铁受热时，其组织会发生变化，扩散特性也会改变。下表列出了不同铁组织的碳扩散系数 $D_0$ 和活化能 $Q$ 的数值：

| 金属类型 | $D_0$ (cm$^2$/s) | Q (J/mol K) |
|---|---|---|
| 阿尔法铁（BCC） | 0.0062 | 80 000 |
| 伽玛铁（FCC） | 0.23 | 148 000 |

请根据所提供的数据，绘制扩散率与温度的倒数（1/$T$）的关系曲线。分别用线性坐标、半对数坐标和双对数坐标显示绘图结果，并比较采取哪一种坐标更合适。假设温度从室温（25℃）变化到 1200℃。

1．描述问题

计算碳在铁中的扩散率。

2．描述输入和输出

**输入**　阿尔法铁中的碳，$D_0$ = 0.0062 cm$^2$/s，$Q$ = 80 000 J/mol K。

伽玛铁中的碳，$D_0$ = 0.23 cm$^2$/s，$Q$ = 148 000 J/mol K。

$R$ = 8.314 J/mol K。

$T$ 的变化范围为 25℃～1200℃。

**输出**　计算碳在铁中的扩散率并绘制曲线。

3．建立手工算例

根据下式计算扩散率：

$$D = D_0 \exp\left(\frac{-Q}{RT}\right)$$

在室温环境（25℃）中，阿尔法铁的碳扩散率等于

$$D = 0.0062 \exp\left(\frac{-80000}{8.314 \times (25+273)}\right)$$

$$D = 5.9 \times 10^{-17}$$

（注意将温度从摄氏温度转化为开氏温度。）

4．开发 MATLAB 程序

```
%% Example 5.3
% Calculate the diffusivity of Carbon in Iron
clear, clc
%% Define the constants and variables
D0alpha = 0.0062;
D0gamma = 0.23;
Qalpha = 80000;
Qgamma = 148000;
R = 8.314;
T = 25:5:1200;
%% Change T from C to K
T = T+273;
%% Calculate the Diffusivity
```

```
Dalpha = D0alpha*exp(-Qalpha./(R*T));
Dgamma = D0gamma*exp(-Qgamma./(R*T));
%% Plot the results
t=tiledlayout("flow")
nexttile
plot(1./T,Dalpha, 1./T,Dgamma)
title("Diffusivity of C in Fe")
ylabel("Diffusivity, cm^2/s")
legend("\alpha-Ferrite","\gamma-Austenite")
grid on

nexttile
semilogx(1./T,Dalpha, 1./T,Dgamma)
title("Diffusivity of C in Fe")
grid on

nexttile
semilogy(1./T,Dalpha, 1./T,Dgamma)
title("Diffusivity of C in Fe")
xlabel("Inverse Temperature, K^{-1}")
ylabel("Diffusivity, cm^2/s")
grid on
nexttile
loglog(1./T,Dalpha, 1./T,Dgamma)
title("Diffusivity of C in Fe")
xlabel("Inverse Temperature, K^{-1}")
grid on
a="A Variety of Graphing Strategies";
b="Highlighting the Effect of Temperature on Diffusivity"
c="For Carbon in Iron"
title(t,[a;b;c])
```

绘制图 5.19 时使用了分块图布局，可将四幅不同的图形绘制在同一图形窗口中，注意只有底部两幅子图添加了 $x$ 轴标签，为避免混淆，只有第一幅子图添加了图例。除了每个图形添加标题，还为整个图形添加了标题。在 x 轴和 y 轴的标上使用了上标。在半对数图中，输出为直线，通过该图可以方便地观察很宽范围内的温度和扩散率的关系。在教材和专业手册中，一般都使用半对数图显示扩散率值。

5. 验证结果

下面将 MATLAB 计算结果与手算结果进行比较：

阿尔法铁在 25℃时计算的碳扩散率是 $5.9\times10^{-17}$ cm$^2$/s。

为验证计算结果，将 25℃换算成开氏温度，再取倒数：

$$\frac{1}{(25+273)}=3.36\times10^{-3}$$

从半对数图(左下角)中可以看出，阿尔法铁的碳扩散率大约是 $10^{-17}$ cm$^2$/s。

## 实训练习 5.4

根据下面的表达式创建向量 $x$ 和 $y$。利用 `tiledlayout` 函数把图形窗口划分为四个图块，分别画出下列图形：

- 线性图
- $x$ 半对数图
- $y$ 半对数图
- 双对数图

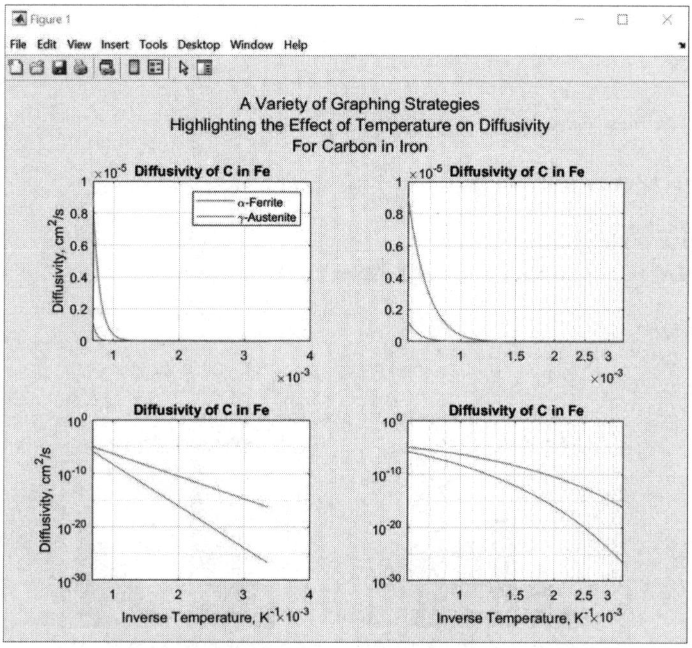


图 5.19　在不同坐标系中绘制扩散率曲线。当 $y$ 轴采用对数坐标，$x$ 轴为温度的倒数时曲线为直线

1．$y = 5x + 3$
2．$y = 3x^2$
3．$y = 12e^{(x+2)}$
4．$y = 1/x$

物理数据通常绘制在一条直线上。上述每一题中哪种类型的绘图结果是直线？

## 5.3.3　条形图和饼形图

条形图、直方图和饼形图是三种最常用的数据表现形式。表 5.5 列出了 MATLAB 创建条形图和饼形图的一些常用函数。

**表 5.5　条形图和饼形图**

| | |
|---|---|
| `bar(x)` | 若 x 为向量，则绘制垂直条形图；若 x 为二维矩阵，则按行分组显示 |
| `barh(x)` | 若 x 为向量，则绘制水平条形图；若 x 为二维矩阵，则按行分组显示 |
| `bar3(x)` | 绘制三维条形图 |
| `bar3h(x)` | 绘制三维水平条形图 |
| `pie(x)` | 绘制饼形图。矩阵 x 的每个元素用一片饼形图表示 |
| `pie3(x)` | 绘制三维饼形图。矩阵 x 的每个元素用一片饼形图表示 |
| `histogram(x)` | 绘制直方图 |

下面的代码绘制了四种不同形式的图形，如图 5.20 所示，该图利用 tiledlayout 函数将四幅图形显示在同一图窗中：

```
clear, clc, clf
x = [1,2,5,4,8];
y = [x;1:5];
t=tiledlayout("flow");
% t=tiledlayout(2,2); % This would give the same result
nexttile
bar(x),title("A Bar Graph of Vector x")
nexttile
bar(y),title("A Bar Graph of Array y")
nexttile
bar3(y),title("A Three-dimensional Bar Graph")
nexttile
pie(x),title("A Pie Chart of x")
title(t,"Sample Bar Graphs and Pie Charts")
```

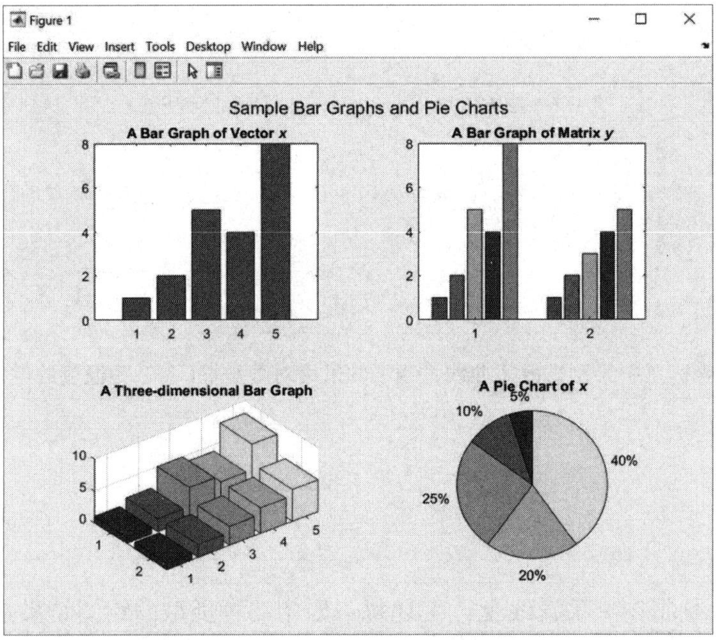


图 5.20 条形图和饼形图。利用函数 tiledlayout 和 nexttile 将图形窗口划分为四个图块

## 5.3.4 直方图

直方图可以显示一组数值的分布情况，主要用于统计分析。在 MATLAB 中，histogram 函数将数据的最大值和最小值之间的区间等间隔划分成多个段，然后统计每个段内的数据的数量并绘制直方图。例如，定义矩阵 x 为《工程导论》课程的期末考试成绩，成绩的分布情况用 histogram 函数来表示，其结果如图 5.21(a)所示。代码如下：

> **关键知识**
> 直方图多用于统计分析。

```
x = [100,95,74,87,22,78,34,82,93,88,86,69,55,72];
histogram(x)
```

被统计数据的分段数量由 histogram 函数自动确定，也可以自定义。例如，要生成一个段数为 5 的直方图，输入下面语句：

```
histogram(x, 5)
```

输出结果如图 5.21(b)所示。

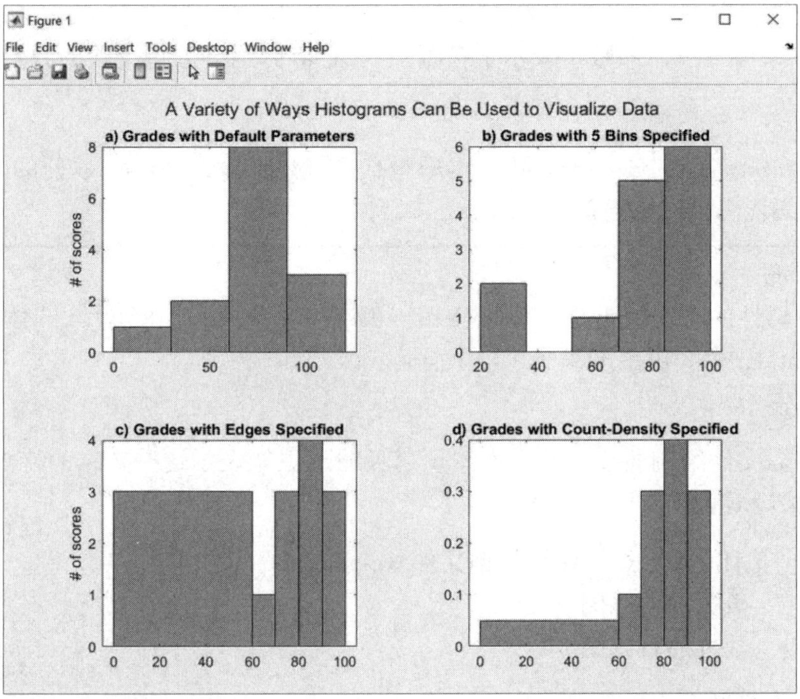


图 5.21　直方图表示数据的分布：(a)调用 histogram 函数时采用默认参数；(b)指定分段的数量；(c)指定分段边界；(d)指定分段边界并进行归一化，使每段的面积与其中的项目数量相对应

虽然在最小值和最大值之间等间隔分段是合理的，但有时根据其他条件分段会更有意义。例如，对于上述成绩数据，按照分数等级来分段会更好：

A　90–100
B　80–90
C　70–80
D　60–70
E　0–60

首先，将分段的边界定义为一个数组，然后将其作为 histogram 函数的第二个输入参数，其代码为

```
edges=[0,60,70,80,90,100];
histogram(x,edges)
```

输出结果如图 5.21(c)所示，注意到 0～60 分数段之间的数量虽然只有 3 个，然而看起来最左侧段的值比其他段的值都要大，这是因为分段长度不等，从而产生错觉。另一种数据的表示方法是使用归一化方案，就是使段的面积与该段内数据的数量成正比。代码如下：

```
histogram(x,edges,"normalization","countdensity")
```

输出结果如图 5.21(d)所示，注意该图中最左侧段的宽度为 60，高度为 0.05，其面积为 3(60*0.05)，对应的成绩等级为 E。

将 histogram 函数的运行结果定义为一个变量会产生图形的句柄。读者可以把句柄视为别名，后续章节会进一步讨论句柄的内容。如果想将绘图数据存储起来，例如每个分段中数值的数量，则可以用 histcounts 函数完成，代码如下：

```
a = histcounts(x)
```

于是就创建了一个数组 a，该数组表示了在画图 5.21(a)时用到的每个段的数量

```
a =
    1 2 8 3
```

histogram 函数和 histcounts 函数替代了 MATLAB 2014a 以前的 hist 函数和 histc 函数，旧代码也应该更新为新函数。

---

### 例 5.4 体重分布

美国 18 岁男性的平均体重是 152 磅(1 磅≈0.4536 千克)。一组 100 人的体重数据存储在数据文件 weight.dat 中。用图形来表示该数据。

1. 描述问题

   利用数据文件绘制曲线图和直方图，哪种图形更能表示这些数据的特点。

2. 描述输入和输出

   **输入** ASCII 格式的体重数据文件 weight.dat

   **输出** 数据的曲线图

   数据的直方图

3. 建立手工算例

   因为是实际体重的样本数据，因此应服从正态分布(高斯分布)，直方图应为钟形。

4. 开发 MATLAB 程序

   下列代码产生的图形如图 5.22 所示：

```
%% Example 5.4
% Using Weight Data
clear, clc, clf
load weight.dat
%% Create the line plot of weight data
tiledlayout(1,2)
nexttile
plot(weight)
title("Weight of Freshman Class Males")
xlabel("Student Number")
ylabel("Weight, lbs")
grid on
%% Create the histogram of the data
nexttile
histogram(weight)
xlabel("Weight, lbs")
ylabel("Number of students")
title("Weight of Freshman Class Males")
```

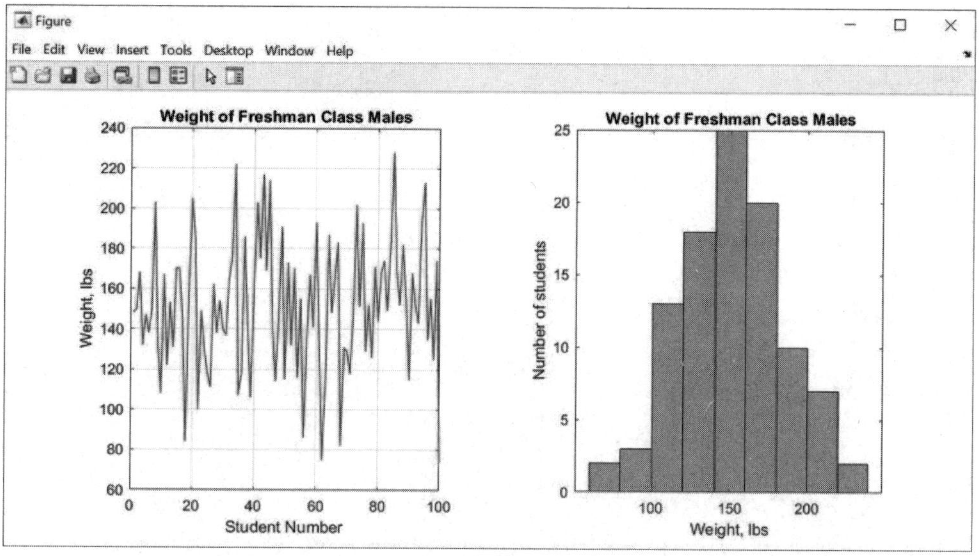


图 5.22　直方图和曲线图是两种不同的数值信息可视化方法

5. 验证结果

图形与预测一致，从图形可以看出，体重的平均值在 150 磅左右，样本数据呈正态分布。可以用 MATLAB 计算数据集的平均值、标准差以及最大值和最小值。代码如下：

```
average_weight = mean(weight)
standard_deviation = std(weight)
maximum_weight = max(weight)
minimum_weight = min(weight)
```

输出结果为

```
average_weight = 151.1500
standard_deviation = 32.9411
maximum_weight = 228
minimum_weight = 74
```

## 5.3.5　双 y 轴图

有时，把两个 $x$-$y$ 图叠绘在同一张图上是很有用的。然而，如果 $y$ 值的数量级差异很大，就很难看出数据的真实变化情况。例如，在同一张图中绘制函数 $\sin(x)$ 和 $e^x$ 两条曲线，代码如下：

```
x = 0:pi/20:2*pi;
y1 = sin(x);
y2 = exp(x);
t=tiledlayout("flow");
nexttile
plot(x,y1,x,y2)
xlabel("x-axis"), ylabel("y-axis")
```

输出结果如图 5.23(a)所示。

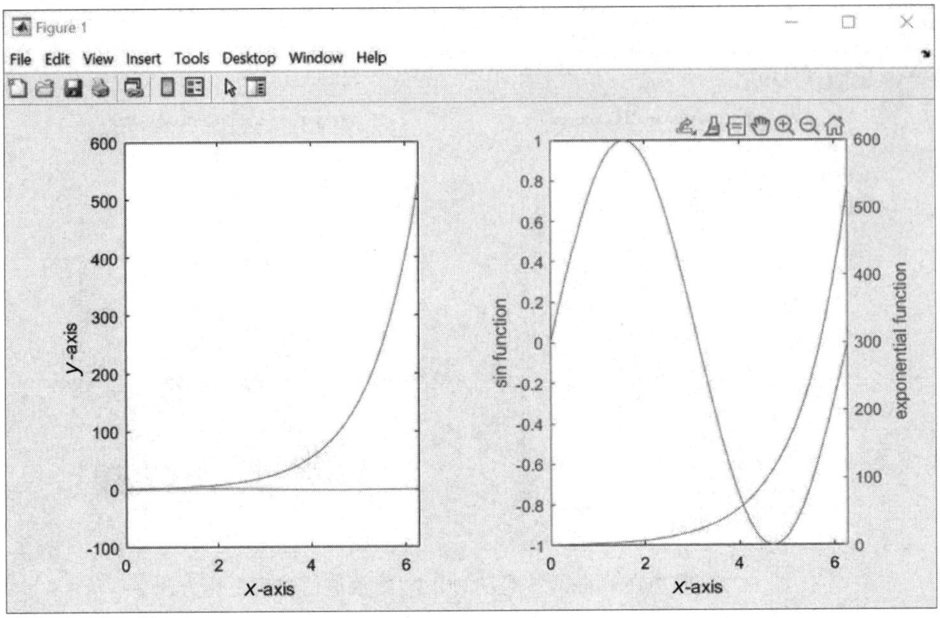


(a) (b)

图 5.23 MATLAB 图形左右两侧的 $y$ 轴刻度可以不同。(a) 两条曲线的坐标轴刻度相同；(b) 正弦曲线是按左边坐标轴的刻度绘制的，指数曲线是按右边坐标轴的刻度绘制的

由于坐标尺度的关系，曲线 sin(*x*) 看起来像是一条贴着 *x* 轴的直线。利用 `yyaxis` 函数可以创建具有两个 *y* 轴的图形，一个 *y* 轴在左侧，另一个 *y* 轴在右侧，需要具体指定哪条曲线对应哪个 *y* 轴。代码如下：

```
tiledlayout(1,2)
nexttile
plot(x,y1,x,y2)
xlabel("x-axis"), ylabel("y-axis")
nexttile
yyaxis left % default - this line of code is not necessary
plot(x,y1)
xlabel("x-axis"),ylabel("sin function")
yyaxis right
plot(x,y2)
ylabel("exponential function")
```

**例 5.5 元素的周期性**

元素周期表中，同一行或同一列的元素随着位置的变化，元素特性会呈现出明显的变化趋势。例如，在元素周期表中，同一列元素的熔点(Melting Point)从上到下是逐渐降低的，因为原子之间的距离增大，导致原子间的作用力减小。同样，同一列元素的原子半径(Atomic Radius)由上到下是增大的，因为对应的原子的电子数增多，相应的轨道也增大。将这些变化趋势与原子序数(Atomic Number)的关系画在同一张图上是有指导意义的。

1．描述问题

画出第一组元素的熔点、原子半径与原子序数的关系曲线，观察图形并做相应的注释。

2. 描述输入和输出

**输入**　　第一组元素的原子序数、熔点和原子半径，如表 5.6 所示。

**表 5.6　第一组元素及某些物理特性**

| 元素 | 原子序数 | 熔点(℃) | 原子半径(pm) |
|---|---|---|---|
| 锂 | 3 | 181 | 0.1520 |
| 钠 | 11 | 98 | 0.1860 |
| 钾 | 19 | 63 | 0.2270 |
| 铷 | 37 | 34 | 0.2480 |
| 铯 | 55 | 28.4 | 0.2650 |

**输出**　　在同一张图中画出熔点和原子半径的变化曲线。

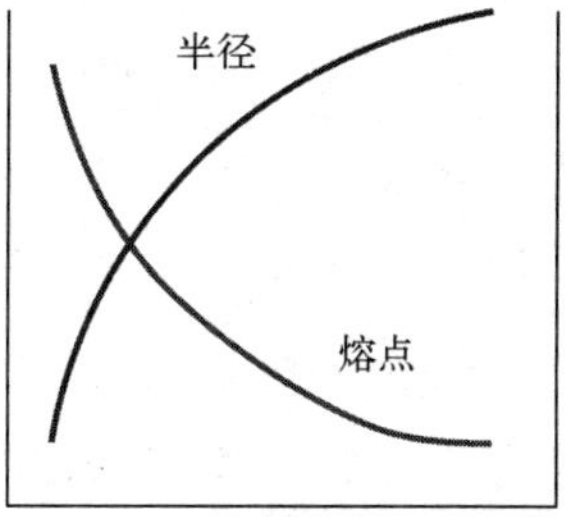

图 5.24　预测数据草图

3. 建立手工算例

希望输出波形看起来像图 5.24 所示的草图。

4. 开发 MATLAB 程序

下述程序代码产生如图 5.25 所示的图形：

```
%% Example 5.5
% Periodic Properties of the Elements
clear, clc, clf
%% Define the variables
at_num = [ 3, 11, 19, 37, 55]; % atomic number
mp = [181, 98, 63, 34, 28.4]; % melting point
at_r = [0.152, 0.186, 0.227, 0.2480, 0.2650]; % atomic radius
%% Create the plot with two lines on the same scale
tiledlayout(1,2)
nexttile
plot(at_num,mp,"-o",at_num,at_r,"-x")
title(["Periodic Properties";"of the Elements"])
xlabel("Atomic Number")
ylabel("Properties")

%% Create the second plot with two different y scales
nexttile
plot(at_num,mp,"-o")
title(["Periodic Properties";"of the Elements"])
xlabel("Atomic Number")
ylabel("Melting Point, °C")
yyaxis right
plot(at_num,at_r,"-x")
ylabel("Atomic Radius,picometers")
```

第二幅子图中有两种不同的 $y$ 轴刻度，为了定义右侧 $y$ 轴，使用了 yyaxis 函数，这样就在第二个子图中的右侧强制添加了另一种标度的 $y$ 轴坐标。之所以这样做，是因为原子半径和熔点具有不同的单位和数值，其曲线的变化幅度存在较大差异。注意到在第一幅子图中几乎看不出原子半径的变化曲线，是因为原子半径数值非常小，非常靠近 $x$ 轴。

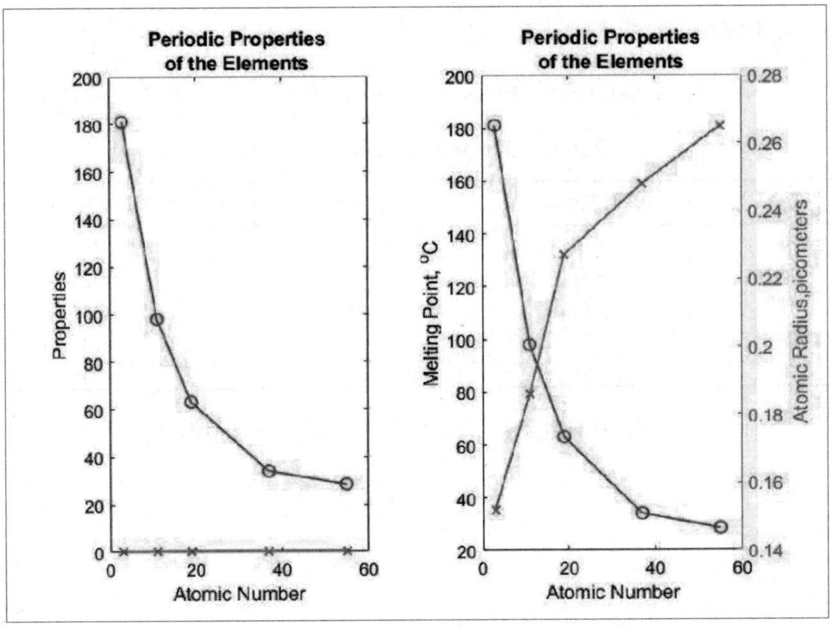


图 5.25　左侧子图中两组数据采用相同的 $y$ 轴坐标，右侧子图采用不同的 $y$ 轴坐标

5. 验证结果

比较 MATLAB 计算结果与手算结果发现，元素的熔点与半径的变化趋势与预测曲线吻合，显然，双 $y$ 轴图更有表现力，能体现属性的变化趋势。

### 5.3.6 函数图

利用 `fplot` 函数可以在不定义 $x$、$y$ 有序数据对的情况下绘制函数的波形，例如，输入下面语句：

```
fplot(@(x)sin(x),[-2*pi,2*pi])
```

则会绘制 $x$ 与 $\sin(x)$ 的关系曲线，其中 $x$ 的取值范围为 $-2\pi\sim2\pi$，如图 5.26 所示。MATLAB 会自动计算 $x$ 值的间隔以产生平滑的曲线，`fplot` 函数中的第一个参数以@符号开头，用于指定自变量，后面紧跟着绘图函数；第二个参数是向量，定义了绘图区间。如果绘图函数很复杂，这种输入方式也许不方便，则可以定义一个匿名函数，然后直接输入函数句柄。此时正确的语法应该是：

```
f = @(x) sin(x)
fplot(f, [-2*pi,2*pi])
```

**实训练习 5.5**

用 `fplot` 函数绘制下列函数的波形。选取合适的区间，记得给图形添加标题和坐标轴标签。

1. $f(t)=5t^2$
2. $f(t)=5\sin^2(t)+t\cos^2(t)$
3. $f(t)=te^t$
4. $f(t)=\ln(t)+\sin(t)$

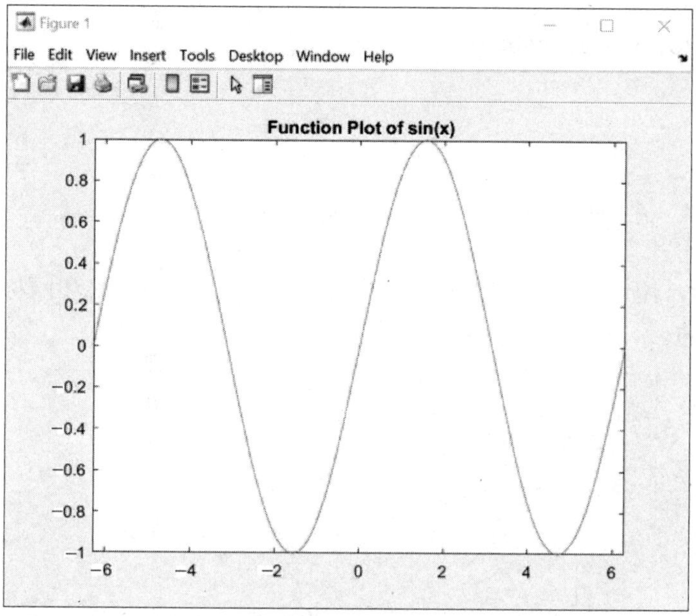


图 5.26 创建函数图时不需要定义有序数据对

**提示：在 MATLAB 中，数学表达式 $\sin^2(t)$ 的正确语法为 `sin(t).^2`。**

## 5.4 三维图

MATLAB 提供了大量绘制三维图的函数，其中一部分如表 5.7 所示。

**表 5.7 三维图绘图函数**

| | |
|---|---|
| **plot3(x,y,z)** | 绘制三维线图 |
| **comet3(x,y,z)** | 绘制具有动画效果的三维线图 |
| **mesh(z)** 或 **mesh(x,y,z)** | 绘制网格曲面图 |
| **surf(z)** 或 **surf(x,y,z)** | 绘制曲面图，与 mesh 函数类似 |
| **shading interp** | 渲染曲面图中的颜色 |
| **shading flat** | 用纯色给每个网格着色 |
| **colormap(map_name)** | 按用户设定的颜色绘制曲面图 |
| **contour(z)** 或 **contour(x,y,z)** | 绘制等高线图 |
| **contourf(z)** 或 **contourf(x,y,z)** | 绘制填充的等高线图 |
| **surfc(z)** 或 **surfc(x,y,z)** | 同时绘制曲面图和等高线图 |
| **pcolor(z)** 或 **pcolor(x,y,z)** | 绘制伪彩色图 |

### 5.4.1 三维线图

`plot3` 函数除输入变量是三维数据外，其他方面都与 `plot` 函数类似。`plot3` 函数必须提供 $x$、$y$、$z$ 三个输入向量，在三维空间中画出由三个数据构成的有序数组，用直线将其连接起来。例如，

```
clear, clc
x = linspace(0,10*pi,1000);
y = cos(x);
z = sin(x);
plot3(x,y,z)
grid
xlabel("angle"), ylabel("cos(x)"), zlabel("sin(x)")
title("A Spring")
```

> **关键知识**
> 三维图的坐标轴一般遵循右手法则。

结果如图 5.27 所示，用常规方法在图形中添加了标题、坐标轴标签和网格，$z$ 轴的标签是用 `zlabel` 命令添加的。

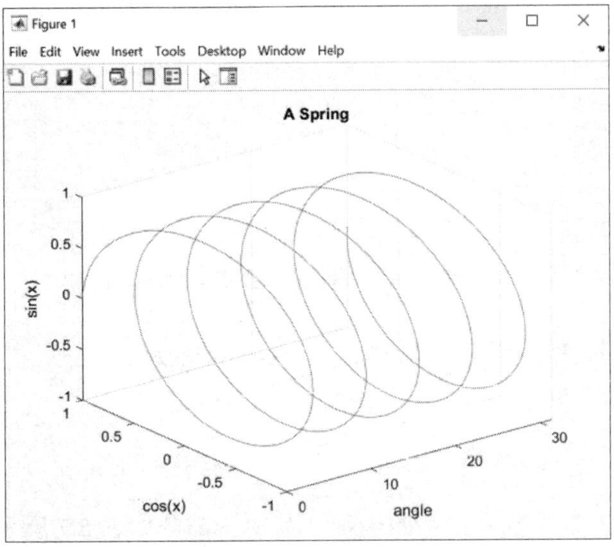


图 5.27　弹簧的三维线图，MATLAB 绘图一般采用右手系

`plot3` 函数采用工程师熟悉的右手系。

> **提示：**只是为了娱乐，利用 `comet3` 函数重画图 5.27 中的图形：
> ```
> comet3(x,y,z)
> ```
> `comet3` 函数以动画方式绘制三维线图，若动画运行的速度太快，则可以增加更多的数据点以便降低速度。使用 `comet` 函数可以绘制具有动画效果的二维线图。

## 5.4.2　曲面图

通过绘制曲面图可以将数据表示为三维曲面。下面将讨论两类曲面图：mesh 图和 surf 图。

### mesh 图

有多种绘制 mesh 图的方法。假设 `mesh` 函数的输入为一个二维 $m \times n$ 矩阵。绘图时，MATLAB 将矩阵中元素的数值作为对应 $z$ 轴的坐标，$x$ 轴和 $y$ 轴的坐标分别由矩阵索引确定。例如，定义一个简单二维矩阵：

```
z = [1, 2, 3, 4, 5, 6, 7, 8, 9, 10;
     2, 4, 6, 8, 10, 12, 14, 16, 18, 20;
     3, 4, 5, 6, 7, 8, 9, 10, 11, 12];
```

输入代码

```
mesh(z)
xlabel("x-axis")
ylabel("y-axis")
zlabel("z-axis")
```

生成的图形如图 5.28 所示。

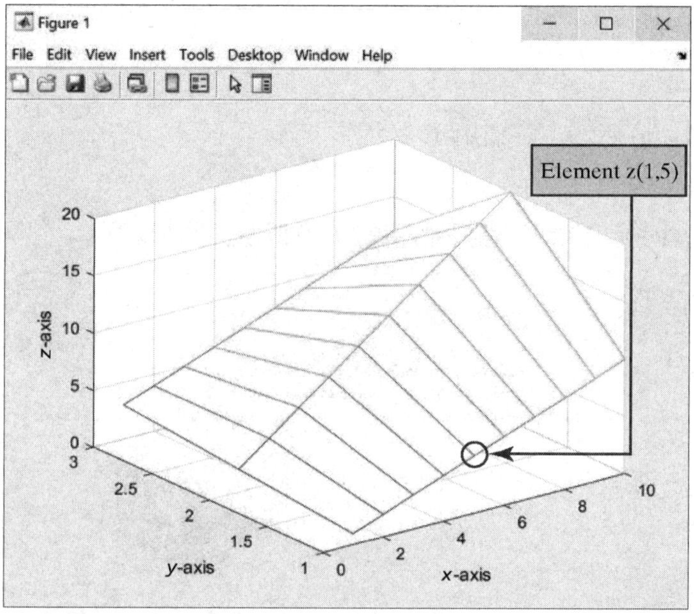


图 5.28 根据简单二维矩阵绘制的三维网格图

连接矩阵 z 中定义的点，则形成了一个直线网格，该图形是网格图。注意，$x$ 轴的刻度范围是 0～10，$y$ 轴的刻度范围是 1～3，元素的索引值就是对应轴的坐标。例如，图 5.28 中圈注的 $z_{1,5}$ 是矩阵中第 1 行、第 5 列的元素，其数值为 5。

mesh 函数也可以有三个输入参数：mesh(x,y,z)。其中 x、y 和 z 分别是对应 $x$ 轴、$y$ 轴和 $z$ 轴的坐标。

```
x = linspace(1,50,10)
y = linspace(500,1000,3)
z = [1, 2, 3, 4, 5, 6, 7, 8, 9, 10;
     2, 4, 6, 8, 10, 12, 14, 16, 18, 20;
     3, 4, 5, 6, 7, 8, 9, 10, 11, 12]
```

向量 x 的元素个数必须和矩阵 z 的列数相同，向量 y 的元素个数必须和矩阵 z 的行数相同。输入命令

```
mesh(x,y,z)
```

绘制的图形如图 5.29(a)所示。$x$ 轴的刻度范围是 0～50，仅画出了 1 到 50 的数据点，该图与图 5.28 不同，在图 5.28 中，对应 $x$ 轴和 $y$ 轴的坐标分别为矩阵 z 中元素的索引值。

### surf 图

surf 图与 mesh 图类似，不同之处在于，surf 命令绘制的是着色的三维曲面图而不是网

格图，其颜色随 z 值的变化而变化。

surf 函数的输入参数与 mesh 函数相同，既可以有一个输入变量，也可以有三个输入变量。例如，surf(z)将矩阵 z 的元素索引值分别作为对应 $x$ 轴和 $y$ 轴的坐标。图 5.29(b)是将图 5.29(a)的绘图函数 mesh 修改成 surf 后输出的图形。

shading 命令可以控制曲面图的着色方案。图 5.29(b)显示的为默认着色方案，也就是 shading faceted 模式。着色插值处理会产生有趣的效果，例如，在前面代码中增加下面命令：

```
shading interp
```

输出的图形如图 5.29(c)所示。若使用了命令

```
shading flat
```

则会去掉图 5.29(b)中的网格线，得到如图 5.29(d)所示的图形。

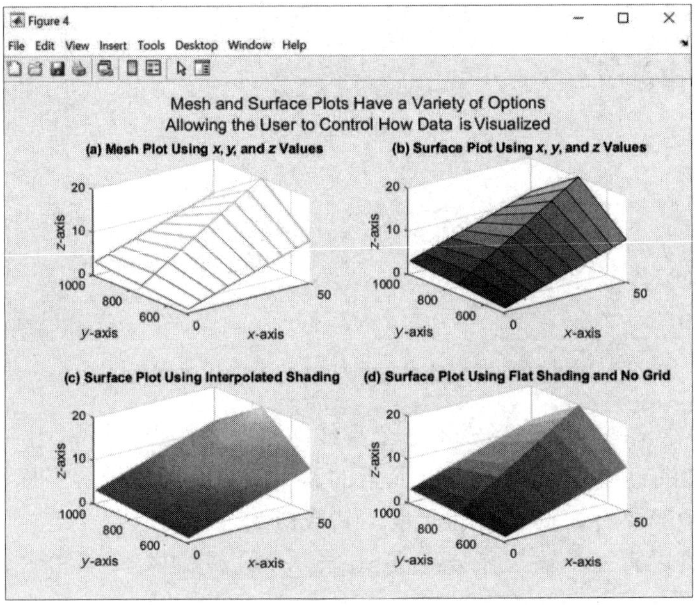


图 5.29　由三个输入参数创建的 mesh 图和 surf 图

colormap 函数可以控制曲面图的配色方案，例如，输入下面语句：

```
colormap(gray)
```

会强制生成曲面图的灰度图，该语句主要用于输出黑白图形。使用 colormap 函数还可以选择其他配色参数，包括：

```
autumn             bone         hot
spring             colorcube    hsv
summer             cool         pink
winter             copper       prism
jet                flag         white
parula (default)   gray         lines
```

使用 help 命令可以查看更多选项的详细内容：

```
help colormap
```

下面通过计算 z 的值，可以创建一个更复杂的曲面图。代码如下：

```
x = [-2:0.2:2];
y = [-2:0.2:2];
[X,Y] = meshgrid(x,y);
Z = X.*exp(-X. ^2 - Y. ^2);
```

上述代码中，meshgrid 函数根据一维向量 x 和 y 创建了二维矩阵 X 和 Y，然后计算 Z 的值。绘制曲面图的代码如下：

```
t = tiledlayout(2,2);
nexttile
mesh(X,Y,Z)
title("(a) Mesh Plot"), xlabel("x-axis"), ylabel("y-axis")
zlabel("z-axis")
nexttile
surf(X,Y,Z)
title("(b) Surface Plot"), xlabel("x-axis"), ylabel("y-axis")
zlabel("z-axis")
```

不论是向量 x、y，还是矩阵 X、Y 都可用于定义 $x$ 轴和 $y$ 轴。图 5.30(a)和图 5.30(b)分别是给定函数的 mesh 图和 surf 图。

**提示**：如果 meshgrid 函数只有一个输入向量，则程序会将其理解为

```
[X,Y] = meshgrid(x,x)
```

也可以采用下面的方法定义 meshgrid 函数的输入向量：

```
[X,Y] = meshgrid(-2:0.2:2)
```

上面两行代码的运行结果和前面例题中代码的运行结果相同。

### 等高线图

等高线图是三维曲面图的二维表示，很像许多徒步旅行者使用的等高线地图。使用 contour 命令绘制的等高线图如图 5.30(c)所示，使用 surfc 命令绘制的图形如图 5.30(d)所示，其代码如下：

```
nexttile
contour(X,Y,Z)
xlabel("x-axis"), ylabel("y-axis"), title("(c) Contour Plot")
nexttile
surfc(X,Y,Z)
xlabel("x-axis"), ylabel("y-axis"), zlabel("z-axis")
title("(d) Combination Surface and Contour Plot")
title(t,"Multiple Techniques to Visualize the Same Data")
```

### 伪彩色图

伪彩色图和等高线图类似，不同之处在于伪彩色图是用带网格的二维阴影图代替等高线图中的轮廓线。MATLAB 中含有一个示例函数 peaks，该函数能将山峰形状的曲面的参数提取出来，生成矩阵 x、y、z：

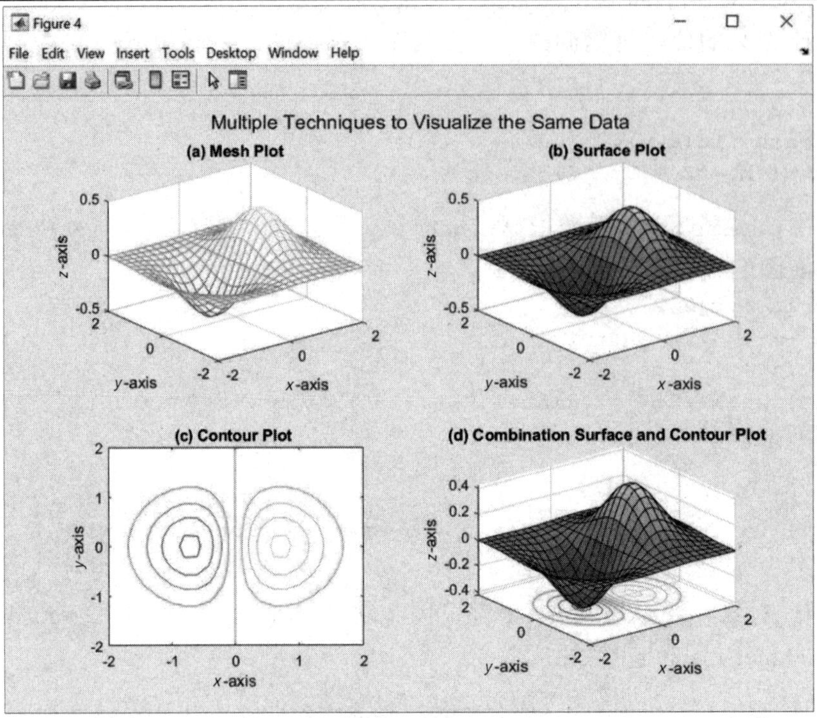


图 5.30　使用相同数据绘制的曲面图和等高线图

```
[x,y,z] = peaks;
```

下面的代码用该曲面展示了伪彩色图的绘制过程，输出结果如图 5.31(a)所示：

```
t=tiledlayout(2,2)
nexttile
pcolor(x,y,z), title("(a) Pseudo Color Plot")
```

采用插值着色模式后，如图 5.31(b)所示，网格就被删掉了：

```
nexttile
pcolor(x,y,z), title("(b) Interpolated Shading")
shading interp
```

可以在图形上叠加等高线：

```
nexttile
pcolor(x,y,z), title("(c) Overlaid Pseudo Color and Contour")
shading interp
hold on
contour(x,y,z,20,"k")
hold off
```

利用下面的填充等高线函数可以得到相同的结果：

```
contourf(x,y,z,20,"k")
```

其中，数字 20 代表绘制 20 条等高线，“k”代表线条颜色为黑色。如果不指定，则等高线图的颜色与伪彩色图的颜色相同，会淹没在图像中。为方便对比，下面绘制一幅简单的等高线图：

```
nexttile
h = contour(x,y,z); clabel(h)
title("(d) Labeled Contour Plot")
```

所有三维绘图函数的其他选项均可在帮助窗口找到。一个特别有用的选项是给等高线添加标签，该功能是使用图形对象的名称实现的。绘图时给图形定义一个名称，作为函数 clabel 的输入变量：

```
h = contour(x,y,z); clabel(h)
```

最后，在整组图形顶部添加一个标题：

```
title(t,"Pseudo Color and Contour Plots")
```

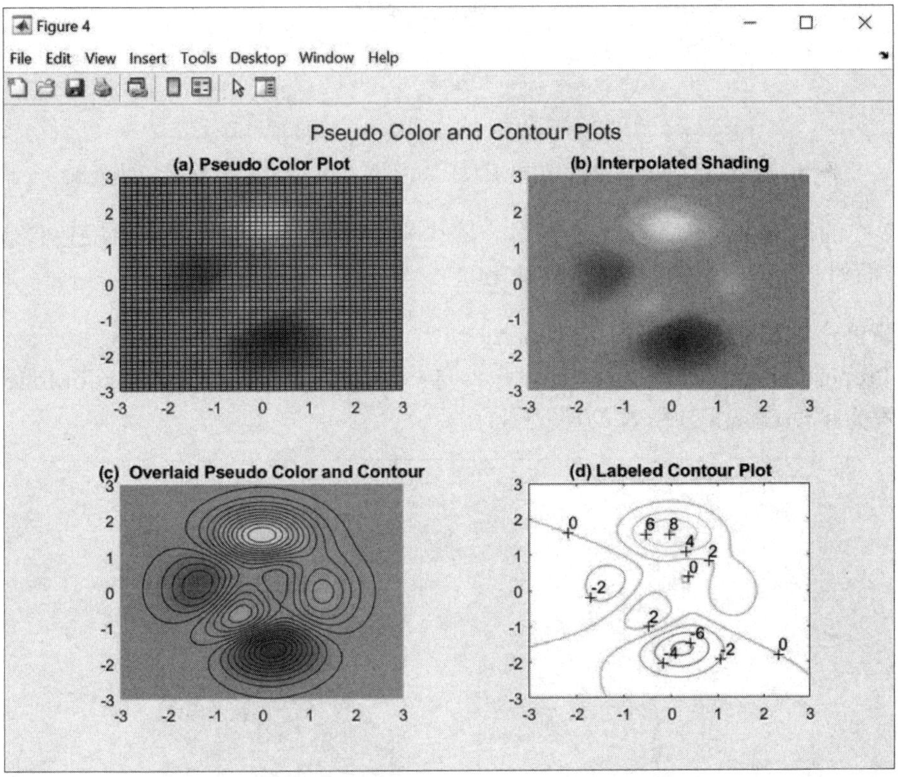


图 5.31　MATLAB 提供了各种等高线图

## 5.5　用菜单栏工具编辑图形

> **关键知识**
> 对图形进行交互式编辑时，若再次运行程序，则对图形的所有改动都会丢失。

除了用 MATLAB 命令控制图形的外观，还可以在创建图形后对其进行编辑。图 5.32 所示图形是用 sphere 命令绘制的，和 peaks 一样，sphere 也是 MATLAB 用于演示绘图的几个样本函数之一。

```
sphere
```

在图 5.32 中，显示的是已经选择了 Insert 菜单的状态。可以添加该菜单上显示的所有项目，如坐标轴标签、图标题、图例和文本框等。选择 Tools 菜单可以改变图形的显示方式，例如放大或缩小，改变长宽比等。位于菜单栏下面的图形工具栏中有各种图标，同样可以用来对图形进行各种编辑。

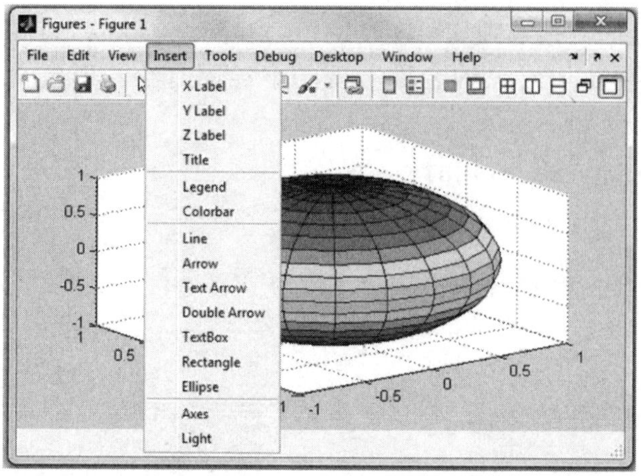


图 5.32　MATLAB 提供交互式工具，如插入工具，用来调整图形的外观

图 5.32 中的图形看起来不像一个球体，缺少坐标轴标签和图标题，且颜色代表的含义也不清晰。下面对该图进行编辑，先调节其形状：

- 在菜单栏中选择 Edit→Axes Properties。
- 在 Property Inspectore—Axes 窗口中，选择 Position→DataAspectRatioMode。
- 设置为手动(manual)模式(见图 5.33)。

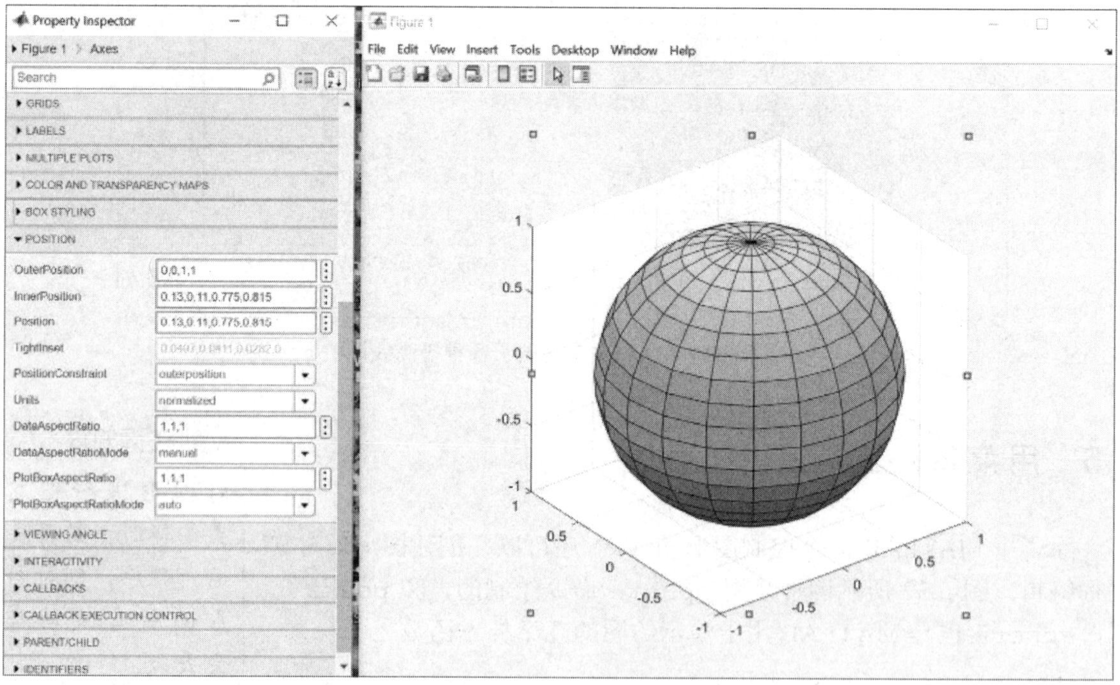


图 5.33　可以使用工具栏中的命令对图形进行编辑

类似地，使用属性编辑器可以添加坐标轴标签、图标题和颜色栏(见图 5.34)，也可以用 Insert 菜单中的选项来添加。这种方法具有很好的交互性，可以调整图形的外观，但这种交互式编辑图形的唯一缺点是，再次运行程序时，所有的修改都会丢失。

**提示**：可以使用 axis equal 命令将所有坐标轴强制设置为等间隔。这种方法的优点是，读者可以在 M 文件中使用 axis equal 编程并保存所做的修改。

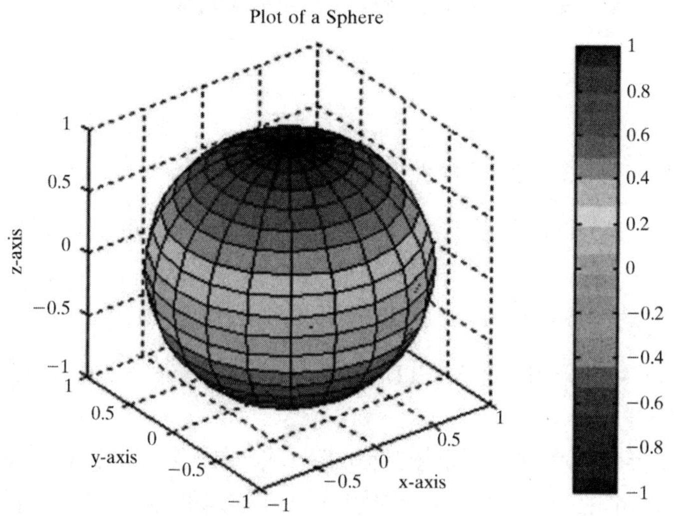


图 5.34　编辑后的球体图像

## 5.6　由工作区窗口创建图形

MATLAB 的最大特点之一就是可以利用工作区窗口中的变量进行交互式绘图。先选择要绘图的变量，然后单击 MATLAB 桌面的 PLOTS 标签(见图 5.35)。MATLAB 根据变量中的数据给出了一些常用的绘图选项，只需选择合适的绘图类型，就可以在当前图形窗口生成相应的图形。如果不喜欢系统推荐的绘图类型，则可以单击下拉菜单，在出现的新窗口中列出了所有绘图类型的选项供选择。这样能看到没想到的选项，特别有用。例如图 5.35 中高亮显示的矩阵 x、y 和 z 的三维散点图，这些矩阵是加载 MATLAB 内置的 seamount 数据集后产生的。

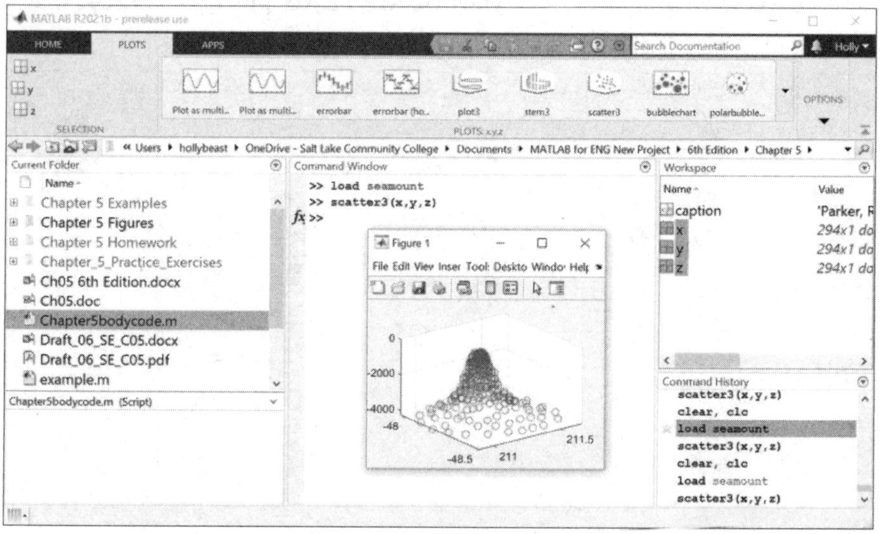


图 5.35　用交互式绘图功能利用工作区窗口中的变量绘制图形

如果绘图所需的变量不止一个，则先选中第一个变量，然后按住 Ctrl 键，再选中其余的变量即可。对所绘图形进行注释时，可以用 5.5 节介绍的交互式编辑方法进行注释。这种交互式的绘图环境资源丰富，经过探索和实践，定能收获满满。

## 5.7 保存图形

在 MATLAB 中创建的图形有多种保存方法：

- 如果绘图的程序代码已经保存在 MATLAB 文件中，重新运行程序文件就可以绘制图形。
- 在 File 菜单中选择 Save as...，就会出现下列几类选项：

 1. 保存为.fig 文件，.fig 是 MATLAB 特有的文件格式。在当前路径中双击文件名，就可以打开图形。
 2. 可以将图形保存为多种不同的标准图形格式，例如，JPEG(.jpg)格式或增强型图元文件(.emf)格式。这些格式的图片可被插入其他类型的文档，如 Word 文档中。
 3. 单击菜单栏中的 Edit，然后选择 copy figure，并把图形粘贴到其他文件中。
 4. 可以用 File 菜单创建一个脚本文件，该脚本文件能再次生成该图形。

**实训练习 5.6**

绘制曲线 $y = \cos(x)$，练习保存该图形文件和将该曲线插入 Word 文档中的操作过程。

## 5.8 其他绘图选项

还有许多其他类型的图形和图表可以在 MATLAB 中创建，并且可绘图(表)的类型一直在增加。图 5.36 显示了至本书写作时可用的各种绘图选项，但如果要查看最新的绘图类型列表，可使用 MATLAB 帮助功能并搜索“types of MATLAB plots”，该表会帮助读者链接到帮助说明和其他用户发布示例的库。

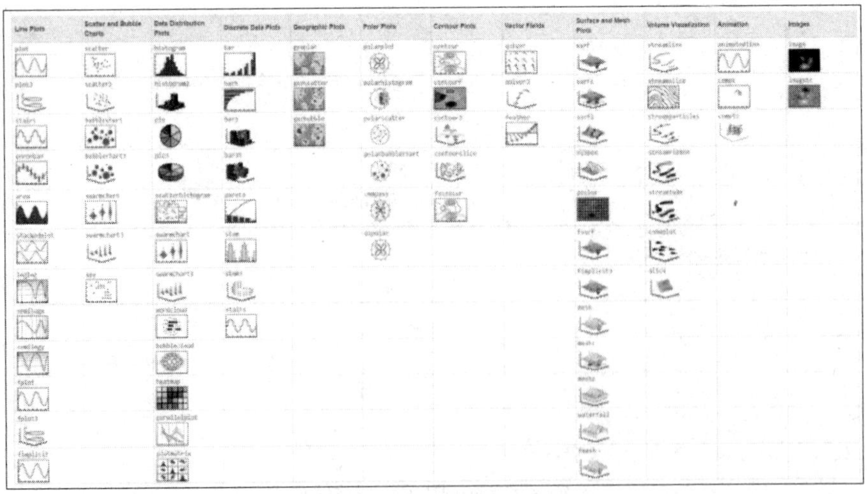

图 5.36 MATLAB 包含多种绘图选项，关于所有选项的使用说明都可以找到相应的帮助文件

# 小结

在工程应用中，最常用的二维图是 *x-y* 图。二维图可用于绘制数据波形或将数学函数可视化。无论一个图形表示什么，图形中都应该包含图标题、坐标轴标签和单位（如 ft/s 或 kJ/kg）。

MATLAB 中有很多选项可以用来对图形的外观进行编辑，可以指定图形中每条曲线的颜色、线型和标记；可以给图形添加网格线；可以调整坐标的范围；可以用文本框和图例对图形进行说明。利用 `tiledlayout` 函数可以把图形窗口划分成 $m \times n$ 个图块，并在每个图块中创建和修改图形。

除 *x-y* 图外，MATLAB 还提供了其他类型的图形，包括极坐标图、饼形图、条形图以及直方图、双 *y* 轴图。可以修改 *x-y* 图的坐标轴缩放比例，绘制 *x* 轴半对数图、*y* 轴半对数图或双对数图。工程师们常利用对数坐标轴将数据表示成一条直线。

利用 `fplot` 函数绘制函数波形时，无须定义向量 `x` 和 `y`。MATLAB 会自动选择合适的数据点数和间距以便产生光滑的曲线。符号工具箱中提供了其他的函数绘图功能。

MATLAB 中的三维绘图包括线图、多种曲面图和等高线图。二维绘图中的大多数绘图函数也适用于这些三维绘图。`meshgrid` 函数在绘制三维曲面图时特别有用。

利用交互式绘图工具可以对现有图形进行编辑，这些工具可在图形窗口菜单栏中找到。还可以利用工作区窗口的交互式绘图选项创建图形。这种交互式的绘图环境的资源非常丰富，经过探索和练习，读者将有极大收获。

在 MATLAB 中创建的图形可以有多种保存方式，以便将来进行编辑，或将其插入其他文档中。MATLAB 可以将图形存储为占用存储空间较小的特有文件格式，也可以存储为与其他应用程序兼容的标准文件格式。

MATLAB 提供了多种绘图选项，使用帮助功能可以找到说明和示例。

## MATLAB 小结

下表列出了本章介绍的全部特殊字符、命令和函数。

| 特殊字符 | | | | | |
|---|---|---|---|---|---|
| 线型 | 标识符 | 标记 | 标识符 | 颜色 | 标识符 |
| 实线 | `-` | 点 | `.` | 蓝色 | `b` |
| 点线 | `:` | 圆圈 | `o` | 绿色 | `g` |
| 点画线 | `-.` | 叉号 | `x` | 红色 | `r` |
| 虚线 | `--` | 加号 | `+` | 青色 | `c` |
| | | 星形 | `*` | 洋红色 | `m` |
| | | 方形 | `s` | 黄色 | `y` |
| | | 菱形 | `d` | 黑色 | `k` |
| | | 下三角 | `v` | 白色 | `w` |
| | | 上三角 | `^` | | |
| | | 左三角 | `<` | | |
| | | 右三角 | `>` | | |
| | | 五角星 | `p` | | |
| | | 六角星 | `h` | | |

| 命令和函数 | |
|---|---|
| autumn | 曲面图的可选配色选项 |
| axis | 冻结当前坐标轴的尺度以便后续绘图，或定义坐标轴的维数 |
| axis equal | 设置所有坐标轴具有相同的缩放比例 |
| bar | 绘制条形图 |
| bar3 | 绘制三维条形图 |
| barh | 绘制水平条形图 |
| bar3h | 绘制三维水平条形图 |
| bone | 曲面图的可选配色选项 |
| clabel | 为等高线图添加标记 |
| clf | 清除图形 |
| close | 关闭当前图形窗口 |
| close all | 关闭所有图形窗口 |
| colorcube | 曲面图的可选配色选项 |
| colormap | 曲面图的配色方案 |
| comet | 绘制具有动画效果的 *x-y* 图 |
| comet3 | 绘制具有动画效果的三维线图 |
| contour | 绘制等高线图 |
| contourf | 绘制填充的等高线图 |
| cool | 曲面图的可选配色选项 |
| copper | 曲面图的可选配色选项 |
| figure | 打开一个新的绘图窗口 |
| flag | 曲面图的可选配色选项 |
| fplot | 根据函数绘制 *x-y* 图 |
| gtext | 类似于 text 用鼠标在图形窗口中交互式确定添加文本的位置 |
| grid | 在图形中添加网格 |
| grid off | 关闭网格 |
| grid on | 在当前图形窗口中的当前图形和所有后续图形中添加网格 |
| histogram | 绘制直方图 |
| histcounts | 返回每个分段中数据点的数量 |
| hold off | 在添加新的信息前擦除图形窗口中的内容 |
| hold on | 保持当前图形不变，然后可以添加新的信息 |
| hot | 曲面图的可选配色选项 |
| hsv | 曲面图的可选配色选项 |
| jet | 曲面图的默认配色选项 |
| legend | 添加图例 |
| linspace | 生成线性等间隔的向量 |
| loglog | 绘制双对数图 |
| mesh | 绘制三维网格图 |
| meshgrid | 通过两个向量生成两个二维矩阵，矩阵大小由原向量决定 |
| nexttile | 使程序移动到下一个绘图处 |
| pause | 暂停程序，按任意键继续 |

续表

| 命令和函数 | |
|---|---|
| pcolor | 绘制与等高线图相似的伪彩色图 |
| peaks | 创建用于演示绘图函数的示例函数 |
| pie | 绘制饼形图 |
| pie3 | 绘制三维饼形图 |
| pink | 曲面图的可选配色选项 |
| plot | 绘制 $x$-$y$ 图 |
| plot3 | 绘制三维线图 |
| polarplot | 绘制极坐标图 |
| prism | 曲面图的可选配色选项 |
| semilogx | 创建 $x$ 轴半对数图 |
| semilogy | 创建 $y$ 轴半对数图 |
| shading flat | 去掉图中的网格线 |
| shading interp | 通过插值对图形进行着色处理 |
| sphere | 演示绘图函数的示例函数 |
| spring | 曲面图的可选配色选项 |
| summer | 曲面图的可选配色选项 |
| surf | 绘制三维曲面图 |
| surfc | 同时绘制曲面图和等高线图 |
| text | 给图形添加文本框 |
| tiledlayout | 创建分块图布局 |
| title | 给图形添加标题 |
| white | 曲面图的可选配色选项 |
| winter | 曲面图的可选配色选项 |
| xlabel | 为 $x$ 轴添加标签 |
| ylabel | 为 $y$ 轴添加标签 |
| yyaxis | 指定要使用哪个 $y$ 轴 |
| zlabel | 为 $z$ 轴添加标签 |

# 关键术语

| | | | | | |
|---|---|---|---|---|---|
| 分段 | 直方图 | 子图 | 颜色表 | 独立变量 | 曲面图 |
| 等高线图 | 线图 | 图块 | 因变量 | 有序对 | $x$-$y$ 图 |
| 句柄 | 散点图 | | | | |

# 习题

### 二维($x$-$y$)图

**5.1** 绘制下列函数曲线，$x$ 的范围为 0～10：

(a) $y = e^x$　　(b) $y = \sin(x)$

(c) $y = ax^2+bx+c$，其中 $a = 5$，$b = 2$，$c = 4$。　　(d) $y = \sqrt{x}$

图中应包含图标题、$x$ 轴和 $y$ 轴标签及网格。

**5.2** 根据以下数据绘制图形：

$$y = [12,14,12,22,8,9]$$

用向量 $y$ 的元素索引号作为 $x$ 轴坐标。

**5.3** 在同一张图上绘制以下函数，其中 $x$ 的范围为$-\pi \sim \pi$，选择合适的数据间距画出平滑的曲线。

$$y_1 = \sin(x) \quad y_2 = \sin(2x) \quad y_3 = \sin(3x)$$

(提示：$2x$ 在 MATLAB 中的正确语法是 `2*x`。)

**5.4** 对习题 5.3 绘制的图形进行修改：

- 曲线 1 用红色虚线。
- 曲线 2 用蓝色实线。
- 曲线 3 用绿色点线。
- 不要在任何图形上标记数据点，通常只给测量数据做标记，利用函数计算出的数据不做任何标记。

**5.5** 对习题 5.4 中绘制的图形进行修改，使 $x$ 轴坐标范围为$-6 \sim 6$。

- 给图形添加图例。
- 给图形添加文本注释，对图形做简要说明。

**抛射物的 *x-y* 图**

习题 5.6～5.10 需要使用到下列信息：

当发射角$\theta$一定时，抛射物的位移是时间的函数。若把抛射物的位移分解成水平位移和垂直位移，则计算公式为

$$\text{horizontal}(t) = tV_0\cos(\theta)$$

$$\text{vertical}(t) = tV_0\sin(\theta) - \frac{1}{2}gt^2$$

其中，horizontal 为抛射物在 $x$ 轴方向的位移；vertical 为抛射物在 $y$ 轴方向的位移；$V_0$ 为初始速度；$g$ 为重力加速度，$g = 9.8\ \text{m/s}^2$；$t$ 为时间，单位为 s。

**5.6** 若抛射物的初始速度为 100 m/s，发射角为$\pi/4$(即 45°)。求在 0 到 20 s 时间范围内抛射物的水平和垂直(即 $x$ 轴方向和 $y$ 轴方向)位移，时间间隔为 0.01 s。

(a)绘制水平位移和时间的关系曲线。

(b)在新的图形窗口中，绘制垂直位移与时间的关系曲线 $x$ 轴为时间。

不要忘记为图形添加标题和坐标轴标注。

**5.7** 用 $x$ 轴表示水平方向位移，$y$ 轴表示垂直方向位移，在新的图形窗口中绘制该曲线。

**5.8** 用 `comet` 函数画出水平方向和垂直方向的动画效果图形。如果画图的速度过快或过慢，则需要适当调整时间间隔，控制绘图速度，以便得到良好的绘图效果。

**5.9** 假设发射角分别为$\pi/2$、$\pi/4$ 和$\pi/6$，计算抛射物的垂直位移向量$(v_1, v_2, v_3)$和水平位移向量$(h_1, h_2, h_3)$。

- 针对三种情况，在新的窗口中以水平位移为 $x$ 轴，以垂直位移为 $y$ 轴，画出曲线(应画出三条曲线)。
- 三条曲线分别用实线、虚线和点线表示，并添加图例以示区别。

**5.10** 重画习题 5.9 的波形，这一次用矩阵 `theta` 表示发射角$\pi/2$、$\pi/4$ 和$\pi/6$。用 `meshgrid` 函数创建 `theta` 和时间向量 `t` 的网格，然后根据这两个新的网格变量重新计算水平位移($h$)和垂直位移($v$)，输出结果应该是一个 2001×3 的矩阵。用 `plot` 命令画出 `h` 和 `v` 的关系曲线，$x$ 轴表示 `h`，$y$ 轴表示 `v`。

**5.11** 图 P5.11(a)和图 P5.11(b)所示的设备是一个拉力试验机，用于研究材料变形时的特性。在典型试验中，试样以稳定的速率拉伸，在变形过程中测得作用力(负载)表 P5.11 显示的是一组拉力测试数据。这些数据可用来计算施加的应力和产生的应变，计算应力与应变的公式为

$$\sigma = \frac{F}{A} \quad 和 \quad \varepsilon = \frac{l - l_0}{l_0}$$

其中，$\sigma$ 是应力，单位为 $lbf/in^2$(psi)；$F$ 为施加的外力，单位为 lbf；$A$ 为样本的截面积，单位为 $in^2$；$\varepsilon$ 为产生的形变，单位为 in/in；$l$ 为样本的长度；$l_0$ 为样本的原始长度。

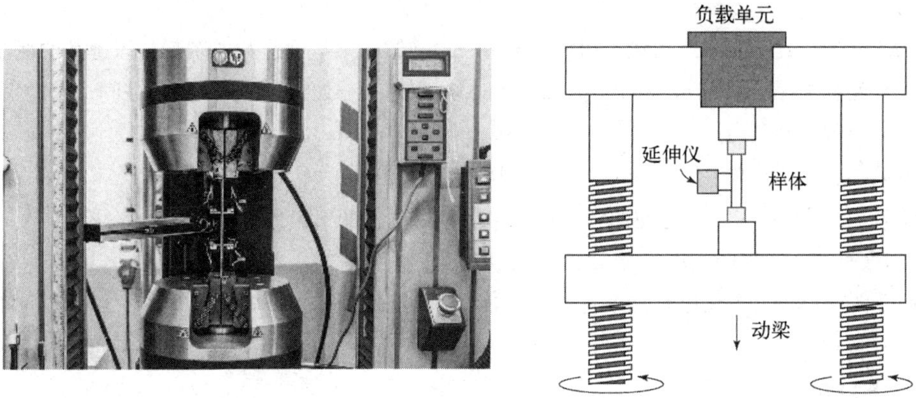


(a)　　(b)

图 P5.11　拉力测试机用于测量应力、应变以及材料的延展性

(a) 测试样本是直径为 0.505 in 的金属棒，因此需要先计算出金属棒的截面积然后再进行其他计算。请利用上述数据计算金属棒的应变以及对应的应力。

(b) 以应力为 $x$ 轴，应变为 $y$ 轴，绘制 $x$-$y$ 图。用黑色实线连接各数据点，并用圆圈标出各数据点。

(c) 添加图标题和坐标轴标签。

(d) 曲线从陡变的直线变成水平曲线所对应的点称为屈服应力或屈服点，在屈服点处材料的特性会发生显著变化。在达到屈服点之前，材料是弹性的，即当外力消失时，形变也消失，与橡皮筋类似。若继续增大外力作用，则材料会发生永久形变，也称塑性变形。在图中用文本框标出屈服点。

**表 P5.11　拉力测试数据**

| 负载(lbf) | 长度(in) |
|---|---|
| 0 | 2.0000 |
| 2000 | 2.0024 |
| 4000 | 2.0047 |
| 6000 | 2.0070 |
| 7500 | 2.0094 |
| 8000 | 2.0128 |
| 8500 | 2.0183 |
| 9000 | 2.0308 |
| 9500 | 2.0500 |
| 10000 | 2.075 |

**5.12** 在前面章节中，介绍了气旋累积能量指数(ACE)，见习题 4.5，利用该题中的数据求解下列问题，也许可以使用 Excel 表格 ace_data.xlsx。

(a) $x$ 轴为年，$y$ 轴为 ACE 值，在 $x$-$y$ 平面上，绘制年与 ACE 值的关系曲线图。

(b) 计算 ACE 的平均值并画出图形。(提示：仅需要两个点就可以，一个是第一年，另一个是最后一年。)

(c) 利用 `filter` 函数求 ACE 数据的加权平均值，以 10 年为时长，并假设已经提取了 ACE 的列向量数据并赋值给向量 `ace`，参考下面的语法：

```
running_avg_ace = filter(ones(1,10)/10,1,ace);
```

绘制年($x$ 轴)与 ACE 值($y$ 轴)，以及年($x$ 轴)与 ACE 加权平均值($y$ 轴)的关系曲线图(画两条曲线)。根据图形判断，飓风强度增加了吗？搜索 `help` 文件可以找出 `filter` 函数更多信息。

### 使用分块图布局

**5.13** 利用 `tiledlayout` 和 `nexttile` 函数将习题 5.1 中的四条曲线绘制在同一个图形窗口中。

**5.14** 利用 `tiledlayout` 和 `nexttile` 函数将习题 5.6、习题 5.7 和习题 5.9 绘制的曲线绘制在同一个图形窗口中。

### 极坐标图

**5.15** 在 0～2π 范围创建一个角度向量，用 `polarplot` 函数画出下列函数的图形，该函数的两个输入参数分别是角度和半径。利用 `tiledlayout` 和 `nexttile` 函数将四幅子图绘制在同一个图形窗口中。

(a) $r=\sin^2(\theta)+\cos^2(\theta)$　　(b) $r=\sin(\theta)$

(c) $r=\mathrm{e}^{\theta/5}$　　(d) $r=\sinh(\theta)$

**5.16** 实训练习 5.3 中绘制了多种有趣的极坐标图形，利用这些图形绘制下列图形：

(a) 画一朵有三个花瓣的花。

(b) 在(a)图中叠绘八个比原有三个花瓣小一半的花瓣。

(c) 画一个心形图。

(d) 画一个六角星。

(e) 画一个六边形。

### 对数图

**5.17** 当利息连续复利时，可以利用下式计算存款余额：

$$P=P_0\mathrm{e}^{rt}$$

式中，$P$ 为当前余额；$P_0$ 为期初余额；$r$ 为增长系数，用小数表示；$t$ 为投资时间，以年为单位。

已知在银行中存入$1000，年利率为 8%(即 0.08)，存 30 年，计算每年年底的账户余额，把结果绘制成表格。

以时间作为 $x$ 轴，当前余额 $P$ 作为 $y$ 轴，利用 `tiledlayout` 和 `nexttile` 函数在同一个图形窗口中绘制以下四个 $P$ 与 $t$ 的关系曲线：

(a) 在第一幅子图中，采用直角坐标系。

(b) 在第二幅子图中，$x$ 轴为对数坐标。

(c) 在第三幅子图中，$y$ 轴为对数坐标。

(d) 在第四幅子图中，采用双对数坐标。

**5.18** 在 1965 年，当时最先进的技术也只能达到每平方英寸芯片上集成 30 个晶体管。根据摩尔定律，晶体管的密度可以用 $d(t)=30(2^{t/2})$ 来预测，其中 $t$ 的单位是年。

(a) 令 $t=0$ 代表 1965 年，$t=46$ 代表 2011 年，预测从 1965 年到 2011 年这 46 年间每平方英寸芯片上晶体管的数目。每隔两年计算一次，把计算结果绘制成表格，一列表示年份，一列表示晶体管数目。

(b) 利用 `tiledlayout` 函数和 `nexttile` 函数在同一图形窗口中分别用线性 $x$-$y$ 图、$x$ 轴对数坐标图、$y$ 轴对数坐标图和双对数坐标图画出年份与晶体管数目的关系，并添加图标题和坐标轴标签。

**5.19** 集成电路中晶体管数目变化如表 P5.19 所示。绘制半对数坐标图(以实际的晶体管数目的对数为 $y$ 轴)，其中数据点用圆圈表示(不要连线)。以 1971 年的数值为起点，根据摩尔定律计算晶体管数目，在同一图形窗口中绘制第二条曲线，并添加图例。

**表 P5.19　集成电路中晶体管数按指数规律增长**

| 处理器 | 晶体管数 | 生产日期 | 生产商 |
|---|---|---|---|
| Intel 4004 | 2300 | 1971 | Intel |
| Intel 8008 | 2500 | 1972 | Intel |
| Intel 8080 | 4500 | 1974 | Intel |
| Intel 8088 | 29 000 | 1979 | Intel |
| Intel 80286 | 134 000 | 1982 | Intel |
| Intel 80386 | 275 000 | 1985 | Intel |
| Intel 80486 | 1 200 000 | 1989 | Intel |
| Pentium | 3 100 000 | 1993 | Intel |
| AMD K5 | 4 300 000 | 1996 | AMD |
| Pentium II | 7 500 000 | 1997 | Intel |
| AMD K6 | 8 800 000 | 1997 | AMD |
| Pentium III | 9 500 000 | 1999 | Intel |
| AMD K6-III | 21 300 000 | 1999 | AMD |
| AMD K7 | 22 000 000 | 1999 | AMD |
| Pentium 4 | 42 000 000 | 2000 | Intel |
| Barton | 54 300 000 | 2003 | AMD |
| AMD K8 | 105 900 000 | 2003 | AMD |
| Itanium 2 | 220 000 000 | 2003 | Intel |
| Itanium 2 with 9MB cache | 592 000 000 | 2004 | Intel |
| Cell | 241 000 000 | 2006 | Sony/IBM/Toshiba |
| Core 2 Duo | 291 000 000 | 2006 | Intel |
| Core 2 Quad | 582 000 000 | 2006 | Intel |
| G80 | 681 000 000 | 2006 | NVIDIA |
| POWER6 | 789 000 000 | 2007 | IBM |
| Dual-Core Itanium 2 | 1 700 000 000 | 2006 | Intel |
| Quad-Core Itanium Tukwila (processor) | 2 000 000 000 | 2008 | Intel |
| 8-Core Xeon Nehalem-EX | 2 300 000 000 | 2010 | Intel |
| 10-Core Xeon Westmere-EX | 2 600 000 000 | 2011 | Intel |
| 61-Core Xeon Phi | 5 000 000 000 | 2012 | Intel |
| 18-Core Xeon Haswell-E5 | 5 560 000 000 | 2014 | Intel |
| IBM z13 Storage Controller | 7 100 000 000 | 2015 | IBM |
| 22-core Xeon Broadwell-E5 | 7 200 000 000 | 2016 | Intel |
| SPARC M8 | 10 000 000 000 | 2017 | Oracle |
| z15 | 9 200 000 000 | 2019 | IBM |
| M1 | 16 000 000 000 | 2020 | Apple |

**5.20**　很多物理现象都可以用 Arrhenius 方程描述。例如化学反应中的反应速率常数可以用下式表示：

$$k = k_0 e^{(-Q/RT)}$$

其中，$k_0$ 为常数，单位取决于反应情况；$Q$ 为活化能，单位为 J/mol；$R$ 为理想气体常数，单位为 J/(mol · K)；$T$ 为温度，单位为 K。

已知某一化学反应中的常数值如下：$Q = 1000$ J/mol, $k_0 = 10\ \mathrm{s}^{-1}$, $R = 8.314$ J/(mol·K)，温度 $T$ 的范围为

300～1000 K。试计算 $k$ 值，并在同一图形窗口绘制以下两幅图形：

(a) 以 $T$ 为 $x$ 轴，$k$ 为 $y$ 轴绘制曲线。

(b) 以 $k$ 的常用对数为 $y$ 轴，$1/T$ 为 $x$ 轴绘制曲线。

### 条形图、饼图和直方图

**5.21** 已知工程课程的考试成绩向量为

$$G = [68, 83, 61, 70, 75, 82, 57, 5, 76, 85, 62, 71, 96, 78, 76, 68, 72, 75, 83, 93]$$

利用 `tiledlayout` 函数和 `nexttile` 函数在同一图形窗口中绘制如下四幅子图：

(a) 用 MATLAB 对数据进行排序，并画出分数的条形图。

(b) 用 `histogram` 函数画出分数的直方图。

(c) 假设采用如下成绩分级方案：

A > 90–100

B > 80–90

C > 70–80

D > 60–70

E > 0–60

用 `histogram` 函数和合适的分段向量，画出成绩分布直方图。

(d) 利用“`countdensity`”选项对数据进行归一化，重复(c)。

**5.22** 在习题 5.21 的工程课程考试成绩中，有 2 个 A，4 个 B，8 个 C，4 个 D，2 个 E。

(a) 基于习题 5.21 的成绩分级方案，用 `histcounts` 函数生成一个与上述成绩分布对应的等级向量。画出该等级向量的饼图，并添加图例，列出各等级的名称(A，B，C 等)。

(b) 利用图形窗口菜单中的 interactive 选项给饼图的每一片添加文本框，并在文本框中填入成绩等级。把编辑好的图形保存为一个.fig 文件。

(c) 利用上述数据绘制三维饼图并添加图例。

**5.23** 美国国家海洋和大气管理局(NOAA)通过国家环境中心向公众提供气候信息，在那里可以找到一些地点的信息(可通过网络搜索找到网站)。浏览可用的数据集并下载一份包括每月降水量以及温度数据的年度摘要，或者在 Pearson 网站下载奥兰多国际机场(MCO)的数据集。请从 Excel 电子表格加载这些数据，并生成极端最高温度数据的直方图。

**5.24** 一个库房某型号螺丝钉每个月底的库存清单如表 P5.24 所示：绘制数据的条形图，并添加图标题和图例。

**表 P5.24 螺丝钉库存清单**

| | 第一年 | 第二年 |
|---|---|---|
| January | 2345 | 2343 |
| February | 4363 | 5766 |
| March | 3212 | 4534 |
| April | 4565 | 4719 |
| May | 8776 | 3422 |
| June | 7679 | 2200 |
| July | 6532 | 3454 |
| August | 2376 | 7865 |
| September | 2238 | 6543 |
| October | 4509 | 4508 |
| November | 5643 | 2312 |
| December | 1137 | 4566 |

**5.25** 用 `randn` 函数创建 1000 个服从正态(高斯)分布的随机数，且均值为 70，标准差为 3.5。根据数据绘制直方图。

### 双 $y$ 轴图

**5.26** 在习题 5.6 至习题 5.10 中，抛射物的位移是时间的函数，其方程为

$$\text{horizontal}(t) = tV_0\cos(\theta)$$

$$\text{vertical}(t) = tV_0\sin(\theta) - \frac{1}{2}gt^2$$

假设发射角为 45°（即π/4 rad），初速度为 100 m/s，重力加速度 $g = 9.8\ \text{m/s}^2$。在同一幅图中画出水平位移和垂直位移随时间变化的曲线，时间范围为 0～20 s，每条曲线有各自的 $y$ 轴坐标。注意给两个 $y$ 轴添加标签。

**5.27** 如果抛射物在垂直方向上的位移是时间的函数，其方程为

$$\text{vertical}(t) = tV_0\sin(\theta) - \frac{1}{2}gt^2$$

对上式取微分，可以计算出垂直方向上的速度为

$$\text{velocity}(t) = V_0\sin(\theta) - gt$$

假设发射角$\theta$为π/4 rad，初始速度为 100 m/s，创建一个时间向量 $t$，范围为 0～20 s，计算垂直方向上的位置和速度，并在同一幅图中绘制这两条曲线，每条曲线有各自的 $y$ 轴坐标。注意给两个 $y$ 轴添加标签。

抛射物在垂直方向上的位移最大时，其速度应该等于零，所绘图形是否与该预测一致？

**5.28** 对很多金属而言，变形会改变其物理特性。对金属进行冷加工可以增加其屈服强度。表 P5.28 列出了对金属进行不同程度冷加工时金属的屈服强度和延展性。

在 $x$-$y$ 坐标系中绘制数据的双 $y$ 轴图，注意为两个 $y$ 轴添加标签。

**表 P5.28　冷加工对金属的作用**

| 冷加工百分比 | 屈服强度(Mpa) | 延展性(%) |
|---|---|---|
| 10 | 275 | 43 |
| 15 | 310 | 30 |
| 20 | 340 | 23 |
| 25 | 360 | 17 |
| 30 | 375 | 12 |
| 40 | 390 | 7 |
| 50 | 400 | 4 |
| 60 | 407 | 3 |
| 68 | 410 | 2 |

**三维线图**

**5.29** 创建向量 x，x 的范围为 0～20π，步长为π/100。向量 y 和向量 z 定义如下：

y = xsin(x)

z = xcos(x)

(a) 绘制 x 和 y 的 $x$-$y$ 图。

(b) 绘制 x 和 y 的极坐标图。

(c) 画出 x、y 和 z 的三维线图，并添加图标题和坐标轴标签。

**5.30** 为了产生类似龙卷风的曲线(见图 P5.30)，应如何调整习题 5.29 中 `plot3` 函数的输入参数？用 `comet3` 代替 `plot3` 绘制曲线。

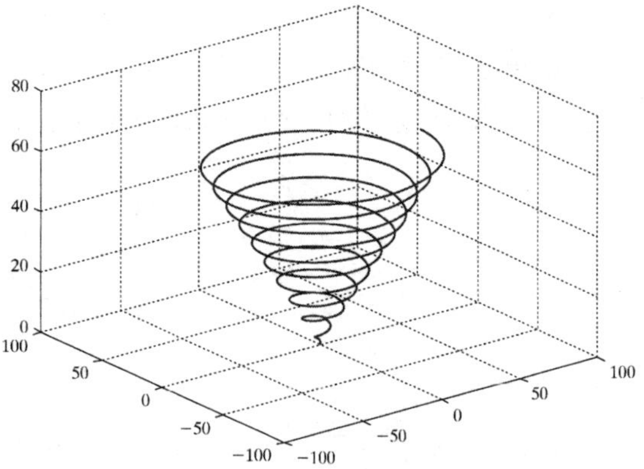


图 P5.30　龙卷风曲线图

**三维曲面图和等高线图**

**5.31** 创建向量 `x` 和 `y`，数据变化范围为–5 到+5，步长为 0.5。用 `meshgrid` 函数将向量 `x` 和 `y` 映射为两个新的二维矩阵 `X` 和 `Y`，用新的矩阵计算向量 $Z$，其值为

$$Z = \sin\left(\sqrt{X^2 + Y^2}\right)$$

(a) 用 `mesh` 函数绘制 $Z$ 的三维网格图。

(b) 用 `surf` 函数绘制 $Z$ 的三维曲面图。比较单个输入变量($Z$)和三个输入变量($X, Y, Z$)时输出结果的区别。

(c) 给输出的曲面图增加阴影效果，并用 `colormaps` 函数尝试不同的颜色。

(d) 绘制 $Z$ 的等高线图。利用 `clabel` 函数给等高线添加标签。

(e) 将 $Z$ 的曲面图和等高线图画在同一幅图中。

**挑战题**

**5.32** 在习题 5.31 中，总共绘制了五幅不同的图形。与前面的习题一样，利用 `tiledlayout` 函数将前四幅图形绘制在同一图形窗口中，添加矩形网格。利用 MATLAB 帮助系统，思考如何将第五幅图放置在前四幅图的顶部。

```
doc tiledlayout
```

国际太阳黑子数是由鲁道夫·沃尔夫于 1848 年首次提出的衡量太阳黑子活动的量度，由于沃尔夫在瑞士苏黎世工作，有时也将其称为沃尔夫数或苏黎世数。根据历史记录的年度观测数据，该数值已被倒推至 1700 年。1818 年开始有了太阳黑子数的每日观测数据记载。虽然还有其他测量太阳黑子活动的技术，但使用沃尔夫方法的时间最长。MATLAB 中包含一个国际太阳黑子数据集。为了载入数据集，可输入：

```
load sunspot
```

这样在工作区中创建太阳黑子变量，其中第 1 列是年份，第 2 列是国际太阳黑子数。绘制数据图形(包括 $x$ 轴和 $y$ 轴标签、分块图布局和网格)。该数据截止于 1987 年。

(a) 找到截至当天的太阳黑子数据，将其与上述数据集合并，重新绘图。

(b) 基于测量太阳黑子活动的某一项新技术，找到一个新数据集并绘制一幅图。

(c) 无论做什么，都要适当地添加注释以记录绘图。

(d) 国际太阳黑子数等周期性数据，都可以用傅里叶变换进行分析。利用 MATLAB 帮助功能搜索国际太阳黑子数示例，使用所建议的程序并使用 `fft` 函数(快速傅里叶变换)确定太阳黑子数的周期性。

# 第 6 章　自定义函数

**本章目标**

学完本章后应能够：

- 创建并使用单输入输出和多输入输出的自定义函数；
- 在工具箱中保存并调用自定义函数；
- 创建和使用匿名函数；
- 创建和使用函数句柄；
- 创建和使用子函数及嵌套子函数。

## 引言

MATLAB 是一种围绕函数构建的编程语言。函数是由用户提供输入参数并将结果返回给程序的一段计算机代码。函数可以使编程更有效率，避免为频繁执行的计算重复编写代码。例如，大部分计算机程序中都含有一个求某个数的正弦值的函数。在 MATLAB 中，`sin` 是这个函数的名称，该函数可以调用一系列命令来完成必要的计算。用户只需要输入一个角度，MATLAB 就可以返回计算结果，而无须编程者知道 MATLAB 如何计算 $\sin(x)$ 值。

## 6.1　创建函数文件

到目前为止已经讨论了很多 MATLAB 内置函数，但用户可能希望将编程中常用的函数定义为自己的函数。用户自定义函数保存为脚本文件或实时脚本文件(M 文件或 MLX 文件)，如果存放在当前文件夹中或位于 MATLAB 搜索路径上，则可供 MATLAB 随时调用。搜索路径由默认设置定义，但可以根据用户设置进行修改。如果自定义函数不被程序之外的文件调用，则存储在脚本文件或实时脚本文件的末尾，此时也称其为局部函数。局部函数仅对同一文件中的其他函数或代码可见。

> **关键知识**
> 局部函数仅对同一文件中的其他函数或代码可见。

### 6.1.1　语法

MATLAB 中的内置函数和自定义函数具有相同的结构，每个函数都包含名称、用户提供的输入参数和输出结果，例如，函数

```
cos(x)
```

- 名称为 `cos`；
- 输入参数放入括号内(在本例中为 `x`)；
- 计算得出结果。

用户只是接受计算结果，不会看到计算过程。自定义函数的工作原理也是一样的。假如已经创建了名称为 my_function 的函数，在程序中或命令窗口中调用该函数：

```
my_function(x)
```

只要定义了 x，且函数定义中的逻辑是正确的，就将返回函数的计算结果。

每个函数必须以包含下列内容的函数定义行开头：

> **关键知识**
> 函数使编程更高效。

- 引导词 function
- 定义函数输出的变量
- 函数名称
- 表示输入参数的变量

例如，下面的语句

```
function output = my_function(x)
```

是自定义函数 my_function 的第一行，该函数要求有一个输入参数，程序中定义为 x，计算得到一个输出参数，程序中定义为 output。函数名称、输入变量和输出变量都是任意的，由用户任选。下面是函数 calculation 的第一行：

```
function result = calculation(a)
```

> **关键知识**
> 函数是接受输入、执行计算并提供输出的一段计算机代码。

其中，函数名称为 calculation，函数的输入参数为 a，输出参数为 result。尽管可以使用任何有效的 MATLAB 名称，但对所有变量和函数使用有意义的名称是一种良好的编程习惯。

下面是一个用于计算某个多项式值的简单 MATLAB 函数：

```
function output = poly(x)
% This function calculates the value of a 3rd-order polynomial
output = 3*x.^3 + 5*x.^2 - 2*x +1;
end
```

函数名称是 poly，输入参数是 x，输出参数是 output。函数的最后一行应以 end 语句结束，对于存储为脚本或实时脚本的独立函数来说，这一点并不严格要求，但如果函数存储在另一个程序的末尾，则必须这样做。

> **关键知识**
> 每次用 end 语句结束函数是一种良好的编程习惯。

**函数存储为独立文件**

存储函数有多种方法。本节首先介绍独立函数文件，即在当前目录下将每个函数单独存储为脚本或实时脚本，然后再介绍其他存储方式。该方法允许函数分组存储，便于不同的程序根据需要调用。

为便于查找，文件名必须和函数名相同，自定义函数的命名规则和前面介绍过的 MATLAB 变量命名规则一样，即

> **关键知识**
> 根据 MATLAB 变量的命名规则为自定义函数命名。

- 必须以字母开头；
- 可以包括字母、数字和下画线；
- 不能使用 MATLAB 保留的名称；

● 长度没有限制，但最好不要太长。

一旦已经保存了函数，就可以在命令窗口、脚本、实时脚本文件或其他函数中调用该函数。自定义函数文件不能直接运行，这容易理解，因为如果不调用该函数，就没有定义输入参数，也就不能运行程序。以前面定义的函数 poly 为例，在命令窗口中输入

```
Poly(4)
```

输出

```
ans =
      265
```

若令 a 等于 4，且将 a 作为输入参数，则输出结果与前面的相同，

```
a = 4;
poly(a)
ans =
      265
```

若函数的输入定义为向量，那么函数的输出也是向量。例如，

```
y = 1:5;
poly(y)
```

输出

```
ans =
      7    41    121    265    491
```

但是如果在函数菜单栏中选择“save-and-run”来执行该函数，则会提示以下错误信息：

```
Not enough input arguments.
Error in poly (line 3)
output = 3*x.^3 + 5*x.^2 - 2*x +1;
```

调用该函数，输入参数的值必须传递给函数。

**函数存储为大程序的一部分**

如果函数只被一个程序使用，那么将其存储在该程序中比创建独立的函数文件更有意义。将代码的所有“片段”保存在一处，有助于模块化编程。函数必须存储在文件的末尾，并且每个函数都必须以 end 语句结束。实训练习 6.1 中前三个练习题不太可能需要重复使用创建的函数，因此是实践该策略的好选择。然而，接下来的五个练习题中为“单位换算”创建的函数可能会再次使用，所以将其存储在独立的文件中，以便用于其他编程项目。

**提示：** 在创建函数时，在命令窗口中输出中间结果可能是有用的。但是，一旦调试工作结束，一定要保证抑制所有输出，否则会在命令窗口看到无关信息。

**实训练习 6.1**

创建 MATLAB 函数（函数的命名应有实际意义）对下列数学函数进行计算并验证。验证时可以在命令窗口、脚本或实时脚本文件中调用各函数。可以给每个函数创建独立的文件，或者将其存储在 MATLAB 程序文件（脚本或实时脚本）的末尾。

**关键知识**

函数执行时不要显示中间结果。

1. $y(x) = x^2$
2. $y(x) = e^{1/x}$
3. $y(x) = \sin(x^2)$

创建 MATLAB 函数，完成下列单位换算(读者自行查询换算公式)。在命令窗口或 M 文件中调用函数来验证。

1. 英寸转换为英尺
2. 卡转换为焦耳
3. 瓦特转换为英热单位/小时(Btu/h)
4. 米转换为英里
5. 英里每小时(mph)转换为英尺/秒

### 例 6.1 度和弧度间的相互换算

工程师们通常用度(°)衡量角的大小，但大多数计算机程序和计算器中，三角函数的输入参数是用弧度(rad)表示的。创建函数 DR，把角的度数换算成弧度数；创建另一个函数 RD，把弧度数换算成度数。函数的输入既可以是标量也可以是矩阵。为方便后期使用这些函数，可以将它们存储为独立的脚本文件或实时脚本文件。

1. 描述问题

   创建并验证函数 DR 和 RD，实现度和弧度的相互换算。

2. 描述输入和输出

   **输入** 度向量
   弧度向量

   **输出** 度到弧度的换算关系
   弧度到度的换算关系

3. 建立手工算例

   度 = 弧度×180/π
   弧度 = 度×π/180

| 度到弧度换算 | |
|---|---|
| **度** | **弧度** |
| 0 | 0 |
| 30 | 30 (π/180) = π/6 = 0.524 |
| 60 | 60 (π/180) = π/3 = 1.047 |
| 90 | 90 (π/180) = π/2 = 1.571 |

4. 开发 MATLAB 程序

   编制的程序可以存储为脚本文件或实时脚本文件。不管选择哪一种，MATLAB 代码都完全相同。本例选择了脚本文件：

```
%% Example 6.1
clear, clc
% Define a vector of degree values
degrees = 0:15:180;
%% Call the DR function, and use it to find radians
radians = DR(degrees);
% Create an array to use in the output
```

```
degrees_radians = [degrees;radians]'
% Define a vector of radian values
radians = 0:pi/12:pi;
%% Call the RD function, and use it to find degrees
degrees = RD(radians);
radians_degrees = [radians;degrees]'
```

程序中调用的函数分别为

```
function output = DR(x)
% This function changes degrees to radians
output=x*pi/180;
end
```

和

```
function output=RD(x)
% This function changes radians to degrees
output = x*180/pi;
end
```

为使脚本文件能查找到所定义的函数，必须在当前文件夹中用文件名 DR.m 和 RD.m，或用 DR.mlx 和 RD.mlx 保存这两个自定义函数，具体格式取决于函数保存为脚本还是实时脚本。每一种格式文件(脚本或实时脚本)都可以被 MATLAB 程序调用。程序生成以下结果：

```
degrees_radians =
     0     0.000
    15     0.262
    30     0.524
    45     0.785
    60     1.047
    75     1.309
    90     1.571
   105    1.833
   120    2.094
   135    2.356
   150    2.618
   165    2.880
   180    3.142

radians_degrees =
       0.000        0.000
       0.262       15.000
       0.524       30.000
       0.785       45.000
       1.047       60.000
       1.309       75.000
       1.571       90.000
       1.833      105.000
       2.094      120.000
       2.356      135.000
       2.618      150.000
       2.880      165.000
       3.142      180.000
```

5. 验证结果

将 MATLAB 计算结果与手工计算结果进行比较，MATLAB 的计算结果是矩阵形式，很容易看出两种方法的结果是一致的。

**例 6.2　ASTM 晶粒度**

一些人可能不习惯把金属看成晶体，但金属确实是晶体。如果在显微镜下观察抛光的金属切片，就可以看到清晰的结构，如图 6.1 所示。每个晶体(金相学中称之为晶粒)的大小和形状都不同。晶粒的大小影响着金属强度，晶粒越小，金属强度越大。

图 6.1　铁的显微结构

因为难以确定晶粒的平均尺寸，所以 ASTM(前身为美国测试与材料协会，现在仅以其首字母命名)制定了计算标准，即在 100 倍显微镜下检查金属样品，对 1 $in^2$ 面积内的晶粒进行计数，参数关系可表示为

$$N = 2^{n-1}$$

其中，$n$ 为 ASTM 晶粒度，$N$ 为金属样品放大 100 倍后 1 $in^2$ 面积内的晶粒数。根据上述公式可求出 $n$：

$$n = \frac{(\log(N) + \log(2))}{\log(2)}$$

该方程看似简单，但计算起来比较麻烦。下面创建 MATLAB 函数 `grain_size` 进行计算，因为该函数将被多个程序调用，所以将其存储在一个独立文件中。

1. 描述问题

   创建并验证计算金属切片的 ASTM 晶粒度的函数 `grain_size`。

2. 描述输入和输出

   为了测试函数，需要任意选择一个晶粒数。例如，

   **输入**　　每平方英寸有 16 个晶粒

   **输出**　　ASTM 晶粒度

3. 建立手工算例

$$n = \frac{(\log(N) + \log(2))}{\log(2)}$$

$$n = \frac{(\log(16) + \log(2))}{\log(2)} = 5$$

4. 开发 MATLAB 程序

   在一个独立的文件中创建函数：

```
function output = grain_size(N)
% Calculates the ASTM grain size n
output = (log10(N) + log10(2))./log10(2);
end
```

并在当前目录下将其保存为 grain_size.m 文件。在命令窗口中调用该函数：

```
grain_size(16)
ans =
      5
```

5．验证结果

MATLAB 计算结果和手工计算结果相同。研究 ASTM 晶粒度如何随着每平方英寸面积内晶粒数的变化而变化可能比较有趣。下面以晶粒数构成的数组为输入，调用该函数并将结果绘制在图 6.2 中。

```
%% Example 6.2
% ASTM Grain Size
N = 1:100;
n = grain_size(N);
plot(N,n)
title("ASTM Grain Size")
xlabel("Number of grains per square inch at 100x")
ylabel("ASTM Grain Size")
grid
```

和预期的一样，晶粒度随着每平方英寸面积内晶粒数的增加而增大。

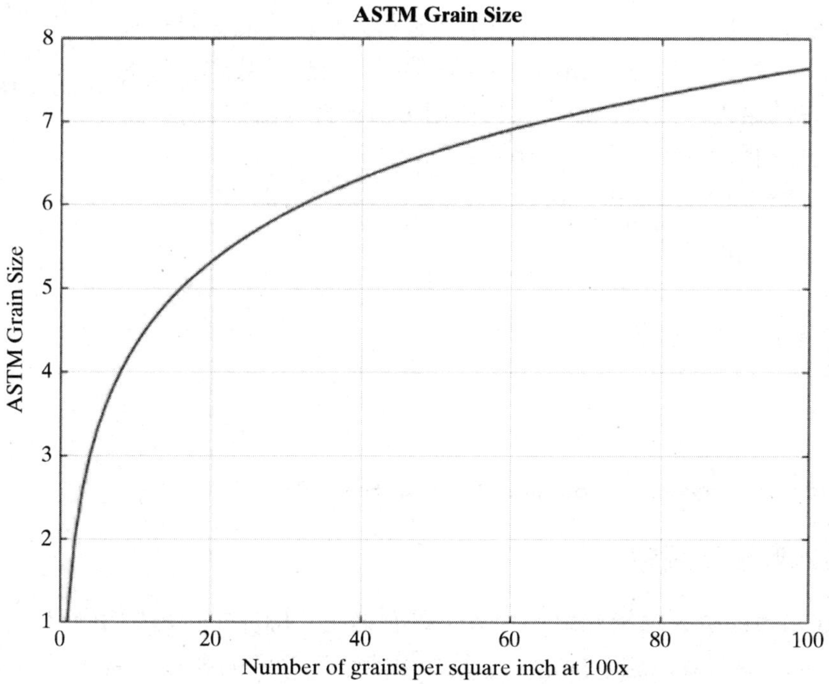


图 6.2　画函数的特性曲线是检查程序是否正确的好办法

如果将函数存储在程序文件的末尾作为局部函数，如图 6.3 所示，那么除了程序内部的函数调用，它将不可用。如果函数仅作用于程序内部，这通常不是问题。切记，函数必须存储在程序末尾，并且必须以 end 语句结束。

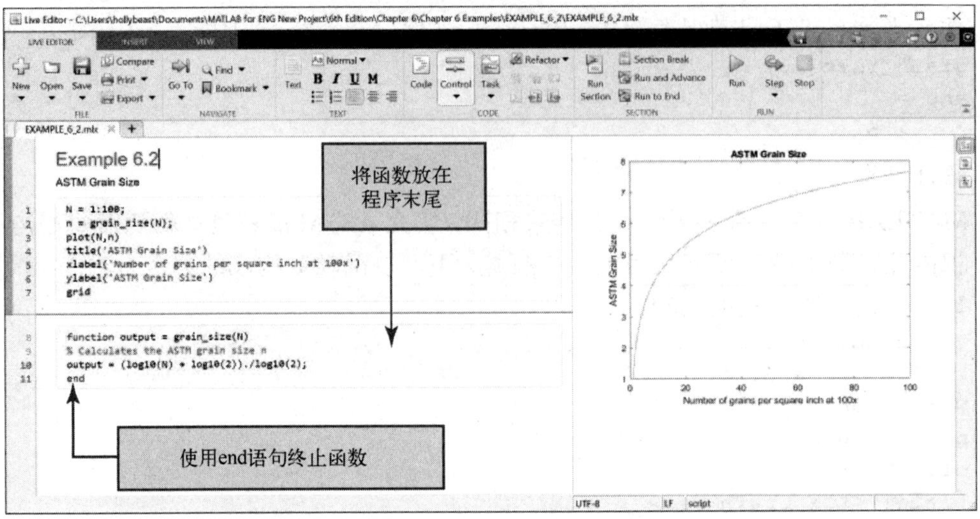


图 6.3 当函数存储在程序文件中时，函数只能在该程序内部使用

## 6.1.2 注释

> **关键知识**
> 使用帮助功能查询时会显示函数的注释。

和任何计算机程序一样，为提高程序的可读性，编程时应该对计算机代码进行充分的注释。但是在 MATLAB 函数中，紧随函数定义行的注释扮演着特殊的角色，因为在命令窗口中用 help 查询函数功能时，返回的就是这些注释，例如，下面的函数：

```
function results = f(x)
% This function converts seconds to minutes
results = x./60;
end
```

在命令窗口中调用 help 函数：

```
help f
```

返回

```
This function converts seconds to minutes
```

## 6.1.3 多输入多输出函数

MATLAB 函数的输入参数和输出参数可以有多个，因此可以编写更复杂的自定义函数。例如前面介绍的求余函数，这个预定义函数是求除法运算中的余数，需要用户输入除数和被除数两个变量。若求 5/3，正确的语法是

```
rem(5,3)
```

输出

```
ans =
      2
```

类似地，可以编写一个自定义函数计算两个向量相乘：

```
function output = g(x,y)
% This function multiplies x and y together
% x and y must be the same size arrays
a = x.*y;
output = a;
end
```

在命令窗口中分别定义了 x 和 y，并调用函数 g，返回输出向量：

```
x = 1:5;
y = 5:9;
g(x,y)
ans =
     5    12    21    32    45
```

可以用注释行对输入参数的要求和函数的功能进行说明。在上面的例子中，先计算出一个中间变量 a，但函数唯一的输出是变量 output，output 可能是一个包含多个数字的矩阵，但仍然只是一个变量。

可以创建有多个输出变量的函数。许多 MATLAB 预定义函数会返回多个输出结果，例如，max 函数不但会输出矩阵的最大值，还会输出最大值所在位置的索引号。为了在自定义函数中实现类似的结果，可将函数的输出设为多个结果构成的矩阵，而不是单一变量，如

```
function [dist, vel, accel] = motion(t)
% This function calculates the distance, velocity, and
% acceleration of a particular car for a given value of t
% assuming all 3 parameters are initially 0.
accel = 0.5.*t;
vel = t.^2/4;
dist = t.^3/12;
end
```

一旦在当前文件夹中将该函数文件保存为 motion.m，就可以调用该函数计算出某个时刻的 distance、velocity 和 acceleration 的值：

```
[distance, velocity, acceleration] = motion(10)
distance =
       83.33
velocity =
       25
acceleration =
       5
```

若调用 motion 函数时没有指定全部三个输出变量，则只输出第一个变量的值：

```
motion(10)
ans =
        83.3333
```

MATLAB 中所有的变量都是矩阵，为实现元素之间的乘法运算，在本题中必须使用.*运算符。例如，motion 函数的输入为一个从 0 到 30，步长为 10 的时间向量，则

```
time = 0:10:30;
[distance, velocity, acceleration] = motion(time)
```

返回的三个向量为

```
distance =
```

```
        0   83.333   666.67   2250
velocity =
        0   25   100   225
acceleration =
        0   5   10   15
```

为了使结果更清晰，把所有向量合并成一个矩阵：

```
results = [time',distance',velocity',acceleration']
```

返回结果为

```
results =
         0       0          0      0
         10      83.333     25     5
         20      666.67     100    10
         30      2250       225    15
```

由于 time，distance，velocity 和 acceleration 都是行向量，所以在合并时先将其转置成列向量。

### 实训练习 6.2

假设矩阵维数一致，根据下列简单的数学函数创建多输入向量、单输出向量的 MATLAB 函数进行计算，并对结果进行检验。注意：创建的函数不会在任何其他程序中使用，所以存储在程序文件(脚本或实时脚本)的末尾，作为局部函数。

1. $z(x,y)=x+y$
2. $z(a,b,c)=ab^c$
3. $z(w,x,y)=we^{(x/y)}$
4. $z(p,t)=p/\sin(t)$

假设矩阵维数一致，根据下列简单的数学函数创建单输入向量、多输出向量的 MATLAB 函数进行计算，并对结果进行检验。

5. $f(x)=\cos(x)$
   $f(x)=\sin(x)$
6. $f(x)=5x^2+2$
   $f(x)=\sqrt{5x^2+2}$
7. $f(x)=\exp(x)$
   $f(x)=\ln(x)$

假设矩阵维数一致，根据下列简单的数学函数创建多输入向量、多输出向量的 MATLAB 函数进行计算，并对结果进行检验。

8. $f(x,y)=x+y$
   $f(x,y)=x-y$
9. $f(x,y)=ye^x$
   $f(x,y)=xe^y$

**例 6.3　粒度对金属强度的影响：有三个输入的函数**

金属的晶粒越小，金属强度就越大。根据霍尔-佩奇关系可知，金属的屈服强度$\sigma$(金属开始产生永久性变形时所受的应力)和晶粒的平均直径 $d$ 有关：

$$\sigma = \sigma_0 + Kd^{-1/2}$$

其中，$\sigma_0$ 和 $K$ 为常数，不同金属的$\sigma_0$ 和 $K$ 也不相同。

创建一个名为 HallPetch 的函数，它有三个输入参数：$\sigma_0$、$K$ 和 $d$，有一个输出参数：金属的屈服强度。编写 MATLAB 程序，给定$\sigma_0$ 和 $K$ 的值，调用该函数计算金属的屈服强度，绘制金属屈服强度和晶粒平均直径的关系曲线，$d$ 的范围为 0.1~10 mm。

1. 问题描述

   创建函数 HallPetch，该函数根据霍尔-佩奇关系计算某种金属切片的屈服强度，并画出屈服强度和晶粒平均直径的关系曲线。

2. 输入/输出描述

   **输入**　$K = 9600\ \text{psi}\sqrt{\text{min}}$

   $\sigma_0 = 12\,000\ \text{psi}$

   $d = 0.1 \sim 10\ \text{mm}$

   **输出**　屈服强度和晶粒平均直径的关系曲线。

3. 建立手工算例

   霍尔-佩奇关系为

$$\sigma = \sigma_0 + Kd^{-1/2}$$

   令$\sigma_0$ 和 $K$ 分别等于 12 000 psi 和 9600 psi$\sqrt{\text{min}}$，代入得

$$\sigma = 12000 + 9600d^{-1/2}$$

   当 $d$=1 mm 时，有

$$\sigma = 12000 + 9600 = 21600\ \text{psi}$$

4. 开发 MATLAB 程序

   本例将函数保存为实时脚本，MATLAB 代码完全相同。

```
function output = HallPetch(sigma0,k,d)
% Hall-Petch equation to determine the yield
% strength of metals
output = sigma0 + K*d.^(-0.5);
end
```

将该函数在当前文件夹中保存为 HallPetch.mlx，之所以将其创建为独立的函数文件，是因为该函数将来会被多个程序使用。

创建函数后，使用 MATLAB 程序调用该函数并创建绘图。

```
%% Example 6.3
clear, clc
s0 = 12000; K = 9600;
% Define the values of grain diameter
diameter = 0.1:0.1:10;
```

```
yield = HallPetch(s0,K,diameter);
% Plot the results
figure(1)
plot(diameter,yield)
title("Yield Strengths Found with the Hall-Petch Equation")
xlabel("diameter, mm"),ylabel("yield strength, psi")
```

程序产生的波形如图 6.4 所示。

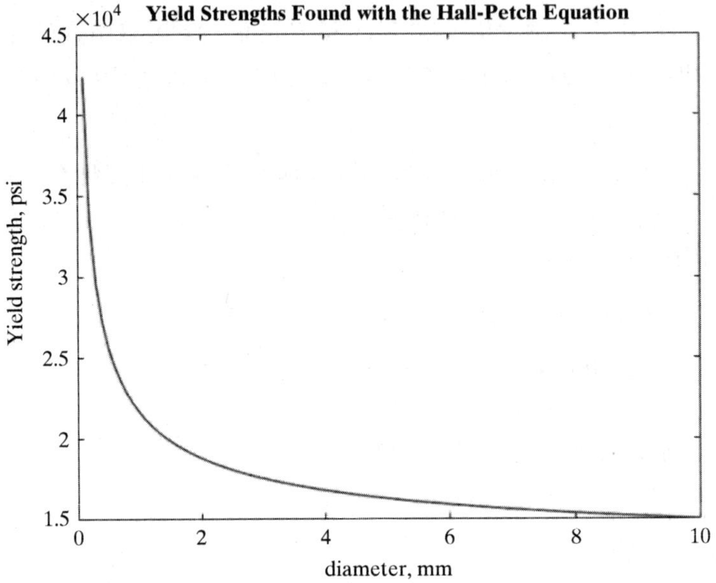


图 6.4　由霍尔-佩奇关系方程预测的屈服强度曲线。晶粒平均直径越小，屈服强度越大

5．验证结果

将输出的图形与手算结果进行比较，结果相同。

**例 6.4　动能：有两个输入的函数**

移动物体(见图 6.5)的动能为

$$KE = \frac{1}{2}mv^2$$

创建一个名称为 KE 的函数，计算质量为 $m$、速度为 $v$ 的汽车所具有的动能并验证。

图 6.5　赛车具有非常大的动能

1．描述问题

创建函数 KE 来计算汽车的动能。

2．描述输入和输出

**输入**　汽车的质量，单位为 kg；
　　　　汽车的速度，单位为 m/s。

**输出**　汽车所具有的动能，单位为 J。

3．建立手工算例

若汽车质量是 1000 kg，速度为 25 m/s，则

$$KE = \frac{1}{2} \times 1000\ kg \times (25\ m/s)^2 = 312500\ J = 312.5\ kJ$$

4. 开发 MATLAB 程序

下面的函数不会在多个程序中使用，所以无须创建独立的程序文件，只需放置在测试程序的末尾：

```
function output = ke(mass,velocity)
output = 1/2*mass*velocity.^2;
end
```

5. 验证结果

由于创建的是一个简单函数，不太可能被多个程序使用，所以将函数放置在脚本文件或实时脚本文件的末尾是有意义的。

```
%% Example 6.4
```

定义测试程序的输入参数：

```
v = 25; % m/s
m = 1000; % kg
kinetic_energy = ke(m,v)
```

其中调用的函数如下：

```
function output = ke(mass,velocity)
output = 1/2*mass*velocity.^2;
end
```

运行程序得到的计算结果与手工计算结果相同，证明创建的函数正确。

### 6.1.4　无输入或无输出的函数

尽管大多数函数至少需要一个输入并返回至少一个输出值，但在某些情况下无须输入或输出。例如，在极坐标系中绘制星形的 star 函数：

```
function [] = star( )
theta = pi/2:0.8*pi:4.8*pi;
r = ones(1,6);
polarplot(theta,r)
end
```

函数第一行中的方括号表明函数的输出是一个空矩阵(即不返回任何值)。圆括号表明无须任何输入参数。若在命令窗口中输入

```
star
```

则不返回任何值，只是在图形窗口中的极坐标系中绘制了五角星图案[见图 6.6(a)]。将命令

```
axis off
```

添加到函数定义中，将会去掉极轴，如图 6.6(b)所示。

有许多 MATLAB 内置函数无须任何输入。例如，输入

```
A = clock
```

则会返回当前时间：

**关键知识**

并不是所有函数都需要输入参数。

```
A =
  Columns 1 through 4
    2021     6     9    16
  Columns 5 through 6
    18       4.122
```

如果输出与上面显示的结果看起来不一样，可尝试将格式更改为 shortg。

```
format shortg
```

同样，输入

```
A = pi
```

则会返回数学常数π 的值：

```
A =
    3.1416
```

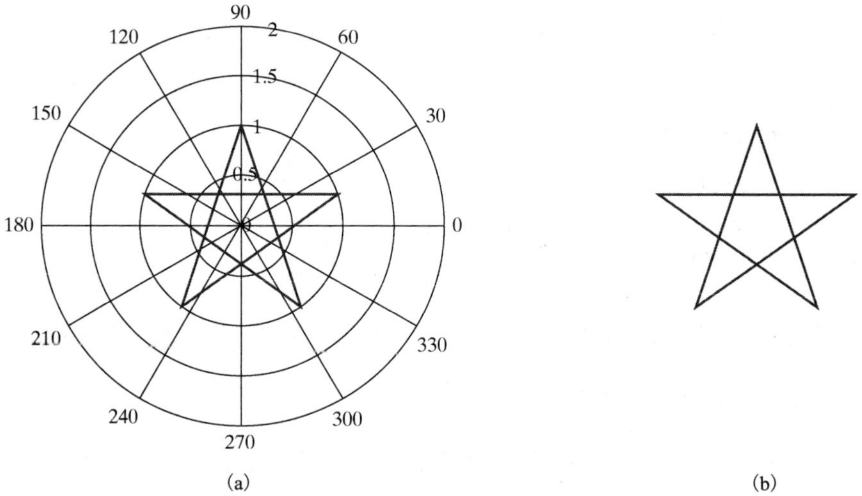


图 6.6　star 函数无须输入参数，也不产生输出值，只是在极坐标系中绘制一个五角星。(a)显示极轴的星形；(b)已通过 axis off 命令去掉极轴的五角星

**提示：**也许有人会怀疑 star 函数是否真的不返回任何值，只是绘制一个五角星图案。如果函数的输出定义为一个值，则调用该函数时返回的就是这个值。如果要求 MATLAB 进行下面的计算：

```
A = star
```

则会产生错误提示，因为 star 函数不返回任何值。因此，也就没有任何值可以赋给变量 A。

### 6.1.5　确定输入和输出参数的数量

有时需要了解与函数有关的输入参数或输出参数的数量，为此 MATLAB 提供了两个内置函数。

利用 nargin 函数可以得到内置函数或自定义函数中输入参数的数量，其输入可以是以字符串表示的函数名，例如，

```
nargin("sin")
```

```
ans =
    1
```

也可以是函数句柄。有关函数句柄的内容将在本章后面介绍。求余函数 rem 需要两个输入参数，因此，

```
nargin("rem")
ans =
    2
```

> **关键知识**
> 在编写带有可变数量的输入和输出的函数时，nargin 函数和 nargout 函数非常有用。

当在自定义函数中使用 nargin 函数时，它求出的是实际输入的参数数量，这允许函数具有可变的输入参数数量。例如绘图函数 surf，当 surf 函数只有一个单一的输入矩阵时，则把输入矩阵的行列索引号作为 $x$ 轴和 $y$ 轴的坐标值，并绘制图形；当 surf 函数有三个输入参数 $x$、$y$、$z$ 时，则以 $x$ 和 $y$ 值作为坐标绘制图形。用户可以根据由 nargin 函数得到的输入参数数量来决定如何绘制图形。

很多函数与 surf 函数一样，输入参数的数量是可变的。如果在命令窗口中使用 nargin 函数来确定声明的输入参数数量，则不会得到正确答案。nargin 函数会返回一个负数，这说明该函数输入参数的数量可能是可变的，例如，

```
nargin("surf")
ans =
    -1
```

利用 nargout 函数可以得到函数输出参数的数量，其用法与 nargin 函数类似:

```
nargout("sin")
ans =
    1
```

注意，nargout 函数的输出结果是输出矩阵的个数，而不是矩阵中元素的个数。例如 size 函数可以返回矩阵的行数和列数，所以希望将 size 函数作为 nargout 函数的输入，得到正确的返回值是 1，即

```
nargout("size")
ans =
    1
```

返回结果仅仅是一个矩阵，且仅有两个元素，例如，

```
x = 1:10;
size(x)
ans =
  1 10
```

max 是一个多输出函数，例如，

```
nargout("max")
ans =
    2
```

在自定义函数中使用 nargout 函数时，会返回用户所求的输出变量的数量。下面的例子对 6.1.4 节中画五角星的函数进行了修改:

```
function A = star1( )
theta = pi/2:0.8*pi:4.8*pi;
r = ones(1,6);
polarplot(theta,r)
axis off
```

```
if nargout==1
   A = "Twinkle twinkle little star";
end
end
```

如果在命令窗口中使用 nargout，MATLAB 就会告诉用户指定了一个输出。

```
nargout("star1")
ans =
     1
```

若简单地调用函数

```
star1
```

那么虽然在图形窗口中画出了五角星图案，但是在命令窗口中没有任何返回值。如果把函数赋值给一个变量 x，

```
x = star1
x =
  "Twinkle twinkle little star"
```

则根据函数中嵌入的 if 语句，返回了 x 的值，该函数利用 nargout 确定输出值的数量。

if 语句将在第 8 章中详细介绍。

### 6.1.6 局部变量

函数中使用的变量称为局部变量，函数与工作区的唯一联系是输入参数及其返回的输出，函数中定义的任何变量都只在函数执行期间存在。例如前面提到的函数 g：

```
function output = g(x,y)
% This function multiplies x and y together
% x and y must be the same size arrays
a = x.*y;
output = a;
end
```

变量 a，x，y 和 output 都是局部变量，可用于函数内部进行其他计算，没有保存在工作区。为证实这一点，先清空工作区和命令窗口，然后调用函数 g：

```
clear, clc
g(10,20)
```

> **关键知识**
> 局部变量只在程序或函数中有意义。

函数返回

```
g(10,20)
ans =
     200
```

在工作区只有一个变量 ans，其特征如下表所示：

| Name | Value | Size | Bytes | Class |
|---|---|---|---|---|
| ans | 200 | 1×1 | 8 | double array |

正如在命令窗口或脚本中执行的计算无法访问函数内定义的变量，函数也无法访问工作区中定义的变量。这意味着函数必须是完全独立的。函数从程序中获取信息的唯一途径是通过输入参数传递，而函数传递信息的唯一方式是通过函数的输出参数。

创建一个函数来计算物体因万有引力而下落的距离：

```
function result = distance(t)
% This function calculates the distance a falling object
% travels due to gravity
g = 9.8 % meters per second squared
result = 1/2*g*t.^2;
end
```

函数中必须包含 g 的值，主程序中是否使用参数 g 都无所谓，g 在主程序中不论怎样定义，对于 distance 函数来说都是不可见的，除非在函数内部定义了 g。

当然，也可以将 g 的值作为函数的输入参数，从主程序传递到函数中：

```
function result = distance(g,t)
% This function calculates the distance a falling object
% travels due to gravity
result = 1/2*g*t.^2;
end
```

**提示：**同一个矩阵的名字既可以在函数中使用，也可以在引用该名字的程序中使用，但矩阵不一定是同一个，因为不论对于函数还是调用函数的程序来说，矩阵都是局部变量，完全是独立的。为避免混淆，初学者最好在函数或主程序中使用不同的变量名。

### 6.1.7　全局变量

与局部变量不同，整个程序中任何地方都可以访问全局变量。一般来说，定义全局变量并不是一个好主意。为防止用户无意中使用全局变量，MATLAB 要求在命令窗口(或程序文件)和函数中使用全局变量时，全局变量要容易识别。

**关键知识**

一般来说，定义全局变量不是一个好主意。

再看 distance 函数：

```
function result = distance(t)
% This function calculates the distance a falling object
% travels due to gravity
global G
result = 1/2*G*t.^2;
end
```

global 命令会让函数在工作区中查找变量 G 的值，G 必须在命令窗口(或脚本文件)中已经定义为全局变量：

```
global G
G = 9.8;
```

这样，在改变 G 值时，就无须重新定义 distance 函数，也无须将 G 作为 distance 函数的输入参数而提供 G 值了。

**提示：**习惯上全局变量都用大写字母表示，虽然对 MATLAB 来说是无所谓的，但是如果命名习惯一致，则全局变量就更容易识别。

**提示：**使用全局变量看似是个好主意，因为它们可以简化程序。不过，考虑一下这个在日常生活中使用全局变量的例子：如果你把信用卡的信息在任何零售商都可以查询的网站上公布，那么在线购买图书就变得非常方便，这样书商不用让你输入数字了。但这样做会产生意想不到的后果(比如说信用卡可能会被盗用)。创建全局变量后，程序中所有函数都可以使用或改变它的值，有时会导致一些意想不到的后果。

### 6.1.8　查看函数文件代码

MATLAB 提供了两种类型的函数：一种是内置函数，其程序代码是看不见的；另一种函数由文件构成，且存储在 MATLAB 程序提供的工具箱中，用 type 命令可以查看这种函数文件(或用户编写的函数文件)。例如，sphere 函数可以产生一个三维球体，因此输入

```
type sphere
```

或

```
type("sphere")
```

则会返回 sphere.m 文件的内容：

```
function [xx,yy,zz] = sphere(varargin)
%SPHERE Generate sphere.
%    [X,Y,Z] = SPHERE(N) generates three (N+1)-by-(N+1)
%    matrices so that SURF(X,Y,Z) produces a unit sphere.
%    [X,Y,Z] = SPHERE uses N = 20.
%    SPHERE(N) and just SPHERE graph the sphere as a SURFACE
%    and do not return anything.
%    SPHERE(AX, . . .) plots into AX instead of GCA.
%    See also ELLIPSOID, CYLINDER.
%    Clay M. Thompson 4-24-91, CBM 8-21-92.
%    Copyright 1984-2002 The MathWorks, Inc.
%    $Revision: 5.8.4.1 $ $Date: 2002/09/26 01:55:25 $
%    Parse possible Axes input
error(nargchk(0,2,nargin));
[cax,args,nargs] = axescheck(varargin{:});
n = 20;
if nargs > 0, n = args{1}; end
% -pi <= theta <= pi is a row vector.
% -pi/2 <= phi <= pi/2 is a column vector.
theta = (-n:2:n)/n*pi;
phi = (-n:2:n)'/n*pi/2;
cosphi = cos(phi); cosphi(1) = 0; cosphi(n+1) = 0;
sintheta = sin(theta); sintheta(1) = 0; sintheta(n+1) = 0;
x = cosphi*cos(theta);
y = cosphi*sintheta;
z = sin(phi)*ones(1,n+1);
if nargout == 0
   cax = newplot(cax);
   surf(x,y,z,'parent',cax)
else
   xx = x; yy = y; zz = z;
end
```

**提示：** sphere 函数中用到了 varargin，表明函数可以接受不同数量的输入参数。函数中也用到了 nargin 和 nargout 函数。研究此函数可以给自定义函数的编写提供思路。注意 sphere 函数使用了 if/else 结构，本书的后续章节中将会介绍。

## 6.2 子函数

可以通过将多个函数组合在一个文件中创建子函数。有两种方法：一种是在 MATLAB 程序中添加子函数，前面已经这样做了。另一种方法是在主函数中使用多个子函数。子函数可用于程序模块化，并使主程序更易于阅读。子函数的缺点是只能被主程序调用，不能被其他程序使用，这也是又称其为局部函数的原因。

**提示：** 在掌握简单函数之前，不应该尝试使用子函数编写代码。

### 6.2.1 在其他函数中使用子函数

每个 MATLAB 函数都有一个主函数，并且函数文件名必须和主函数名称相同，因此存储为 my_function.m 的主函数名称必须是 my_function，子函数必须放在主函数之后，并且子函数可以使用任何合法的 MATLAB 变量名命名。图 6.7 显示的是求两个向量的加法和减法运算的一个非常简单的函数，主函数命名为 subfunction_demo，文件中包含的两个子函数分别为 add 和 subtract。

**关键知识**

局部函数和子函数是同一事物的两个不同名称。

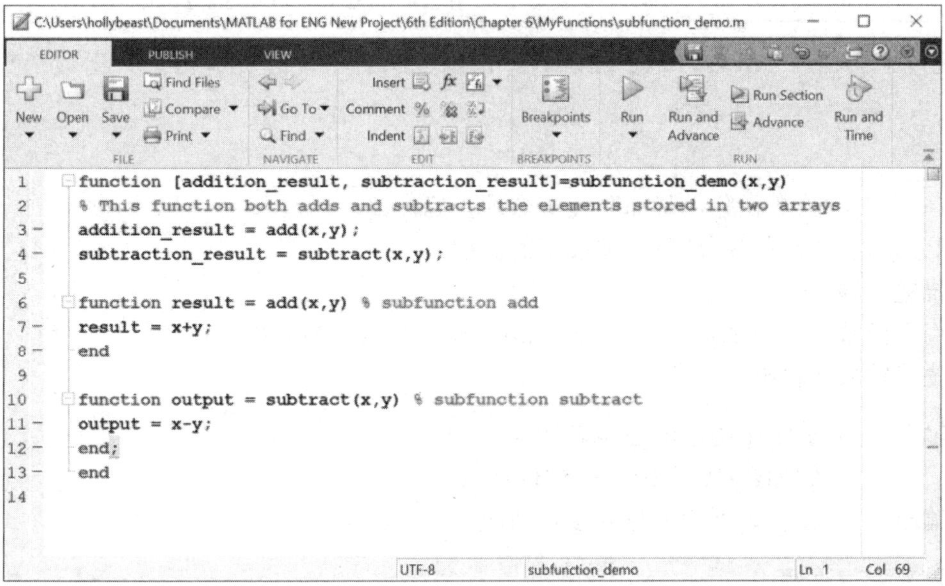


图 6.7　MATLAB 允许用户在函数文件中创建子函数。该文件包括一个主函数 subfunction_demo 及两个子函数 add 和 subtract

注意，在编辑窗口中，每个函数的内容都用灰色框分开。为便于阅读，每个代码段都可以通过单击“+”或“–”符号展开或收起。MATLAB 使用“**folding**(折叠)”来表示此功能。

可以从命令窗口或当前目录中的任何程序调用此函数。例如，首先在命令窗口中定义向量 x 和 y：

```
x=[10, 15, 17];
y=[ 1,  2,  3];
```

然后，调用下面的函数：

```
[add_result,subtract_result]=subfunction_demo(x,y)
```

则会返回两个向量：

```
add_result =
    11    17    20
subtract_result =
     9    13    14
```

例 6.5 展示了一个更复杂的子函数应用例子。

**例 6.5 积分：使用子函数**

在数值方法的课程中，介绍了多种积分计算方法，函数的积分计算可以看成求该函数曲线下的面积，最简单的是梯形法则，然后是辛普森 1/3 法则和辛普森 3/8 法则，一般要根据条件使用其中一种方法，如下表所示。

| | |
|---|---|
| 如果定义的节点数为 2，子区间数为 1，则使用： | 梯形法则 |
| 如果定义的节点数为奇数，子区间数为偶数，则使用： | 辛普森 1/3 法则 |
| 如果定义的节点数为 4，子区间数为 3，则使用： | 辛普森 3/8 法则 |
| 其他情况使用： | 辛普森 1/3 法则和辛普森 3/8 法则的结合 |

创建一个名称为 integrate 的函数，该函数结合了上述计算方法，用该函数计算多项式

$$f(x) = 10\sin(5x) + 5x^2$$

在区间 $0 \leqslant x \leqslant 2$ 的函数积分，从而验证函数的正确性。

求积分相当于求图 6.8(a)所示曲线下的面积。

1. 描述问题

   用子函数创建一个函数 integrate，计算曲线下的面积。

2. 描述输入和输出

   **输入** 每个子函数的逻辑表达式

   例如，$f(x) = 10*\sin(5*x)+5*x^2$

   **输出** 在各种不同的输入参数情况下积分的值

3. 建立手工算例

   选取一个简单函数，例如用直线方程

$$f(x) = 5*x + 3$$

   定义的函数 $f(x)$，计算该函数在 $0 \leqslant x \leqslant 5$ 内的积分值。很容易计算该函数曲线下的面积。对于一条直线来说，其面积等于 $f(x)$ 的平均值乘 $x$ 的范围差值，如图 6.8(b)所示。

$$\text{面积} = \frac{(f(0) + f(5))}{2} * (5-0)$$

$$面积 = \frac{(3+28)}{2} * 5 = 77.5$$

本例中所有计算方法得到的结果相同。

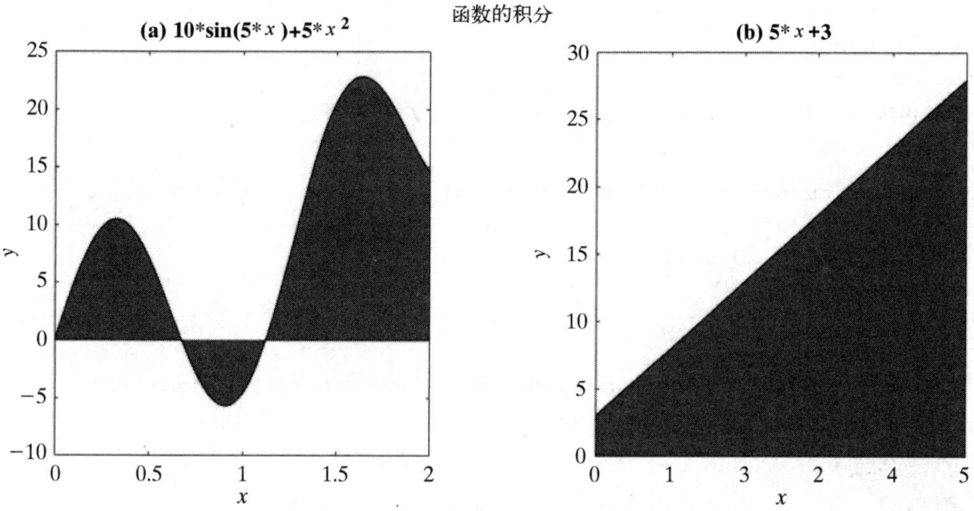


图 6.8 (a) 曲线下的面积等于函数的积分；(b) 直线下的面积等于 $y$ 的平均值乘 $x$ 的范围差值

4. 开发 MATLAB 程序

程序中采用了 if/else 结构，这部分内容会在后面章节中介绍。主函数和局部函数的结构是本例中最重要的部分。

```
function I = integrate(f,xL,xU,n) %Primary function
% f is a function handle
% xL is the lower limit of integration

% xU is the upper limit of integration
% n is the number of segments to be used in the integration
% n+1 is the number of data points
remainder = rem(n,2);
if  n==1
    I = trapf(f,xL,xU,n);
elseif remainder ==0
    I = simp13m(f,xL,xU,n);
elseif n == 3
    I = simp38(f,xL,xU);
else h=(xU-xL)/n;
    xM=xU-h*3;
    s13 = simp13m(f,xL,xM,n-3);
    s38 = simp38(f,xM,xU);
    I = s13 + s38;
end
end

function output = trapf(f,xL,xU,n) % The first subfunction
x=linspace(xL,xU,n+1);
y=f(x);
h = (xU-xL)/n;
```

```
total=2*sum(y)-y(1)-y(end);
output = h*total/2;
end

function output = simp38(f,xL,xU) % The second subfunction
h = (xU-xL)/3;
x = linspace(xL,xU,4);
y = f(x);
output = 3*h*(y(1) + 3*(y(2)+y(3)) + y(4))/8;
end

function output = simp13m(f,xL,xU,n) % The third subfunction
h = (xU-xL)/n;
x=linspace(xL,xU,n+1);
y = f(x);
even = 2:2:n+1;
odd = 3:2:n;
output = h*(y(1) + 4*(sum(y(even)))+2*sum(y(odd))+y(end))/3;
end
```

5. 验证结果

用最简单的直线方程来验证该函数，$n$ 的取值范围为 1～5，

```
f = @(x) 5*x + 3;
integrate(f,0,5,1)
integrate(f,0,5,2)
integrate(f,0,5,3)
integrate(f,0,5,4)
integrate(f,0,5,5)
```

正如所料，每种情况的计算结果相同，都是 77.5，与手工计算结果一致，表明函数正确，可以用于更复杂函数的积分计算：

```
f = @(x) 10*sin(5*x)+ 5*x.^2
integrate(f,0,2,1)
ans =
      14.56
integrate(f,0,2,2)
ans =
      -1.2657
integrate(f,0,2,3)
ans =
      13.35
integrate(f,0,2,4)
ans =
      19.473
integrate(f,0,2,5)
ans =
      18.417
integrate(f,0,2,21)
ans =
      17.013
```

### 6.2.2 MATLAB 程序中的子函数

什么时候可以在脚本文件中有效地使用子函数？假设指导教师布置了下面三道作业题，要求创建函数并验证。

- **问题 1** 创建函数 square 计算 $x$ 的平方，$x$ 在−3 到+3 之间，对函数进行检验。
- **问题 2** 创建函数 cold_work 计算把金属棒拉成金属丝的过程中的冷加工百分比，其计算公式如下：

  $$\text{冷加工百分比}\% = \frac{r_\mathrm{i}^2 - r_\mathrm{f}^2}{r_\mathrm{i}^2} \times 100$$

  其中，$r_\mathrm{i}$ 是金属棒半径，$r_\mathrm{f}$ 是加工后的金属丝半径。令 $r_\mathrm{i} = 0.5$ cm，$r_\mathrm{f} = 0.25$ cm，对函数进行检验。
- **问题 3** 创建函数 potential_energy 计算物体势能的变化量，其计算公式如下:

  $$\Delta\mathrm{PE} = m \times g \times \Delta z$$

  函数中有三个输入参数：$m$、$g$ 和$\Delta z$。根据以下给定的参数对函数进行验证：

  $$m = [1\ 2\ 3]\ \mathrm{kg}（\text{数组代表三种不同的质量}）$$

  $$g = 9.8\ \mathrm{m/s^2}$$

  $$\Delta z = 5\ \mathrm{m}$$

为了求解上述三个问题，需要创建四个文件，即每个问题创建一个文件，还要创建一个用于调用和验证这些函数的文件，也可以利用子函数将文件的数目缩减为一个，如图 6.9 所示。

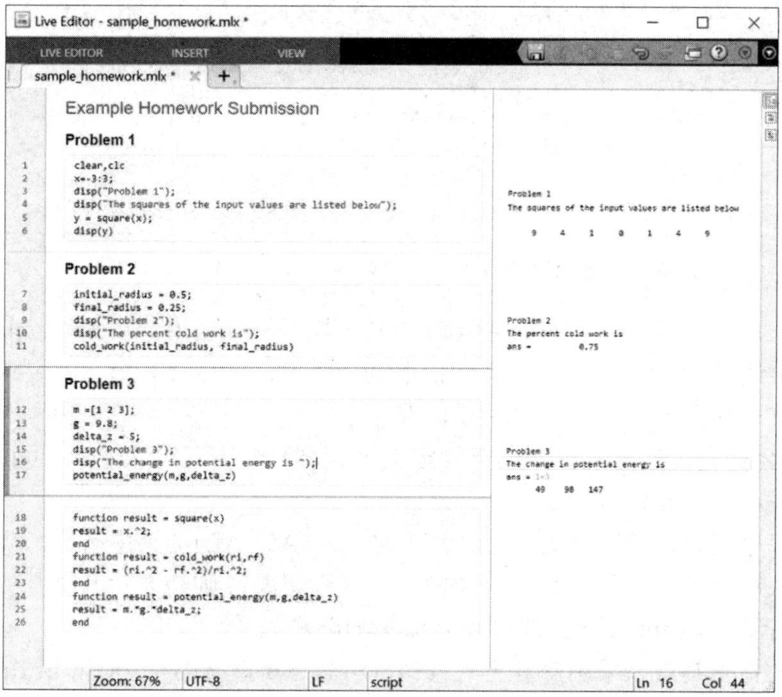


图 6.9 该实时脚本是包含一系列子函数的程序示例

## 6.3 创建自己的函数工具箱

在 MATLAB 中调用某函数时，程序首先查看当前程序文件的末尾，然后查看当前文件夹中是否有定义了该函数的文件。如果找不到，就会沿着预定义的搜索路径开始查找具有该函数名称的文件。若想查看程序在查找文件时采用的路径，则只需从主菜单中选择：

**Set Path**

或在命令窗口中输入(见图 6.10)：

**pathtool**

在编程过程中，当创建的函数数量越来越多时，可能希望将文件搜索路径修改为存储了私人工具的文件夹。例如，假设在例 6.1 中创建的函数 `degrees-to-radians` 和 `radians-to-degrees` 已经保存在 My_Functions 目录中。

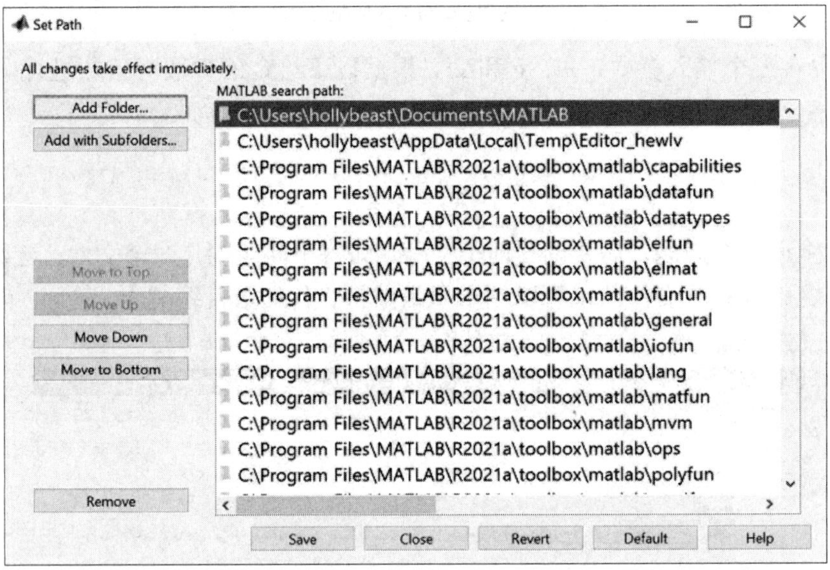


图 6.10 采用路径设置工具可以改变 MATLAB 搜索路径

可以将这个目录(文件夹)添加到搜索路径中，其添加方法为：从 Set Path 对话窗口中的选项按钮列表中选择“Add Folder...”，如图 6.10 所示，然后会有提示，要求提供文件夹位置或者经过浏览查找到该文件夹，如图 6.11 所示。

MATLAB 会首先在当前文件夹中查找定义函数，如果找不到，则会，再按照修改后的搜索路径开始查找，如图 6.12 所示。

除非永久保存更改，否则修改的路径只在当前 MATLAB 会话中有效。显然，不要对公共计算机做永久性更改。但是若有人已经做了永久性更改，则需要对其进行恢复，此时只要单击图 6.12 所示的 Default 按钮，即可恢复原来的路径设置。

利用路径设置工具可以采用交互方式修改 MATLAB 搜索路径，使用 `addpath` 函数可以向任何 MATLAB 程序添加搜索路径。如果喜欢用这种方法修改搜索路径，并想了解有关 `addpath` 函数的更多信息，则查询方法如下：

```
help addpath
```

或

```
doc addpath
```

用户还可以使用由 MathWorks 公司或用户社区提供的工具箱。要获得更多信息，可查阅公司网站。

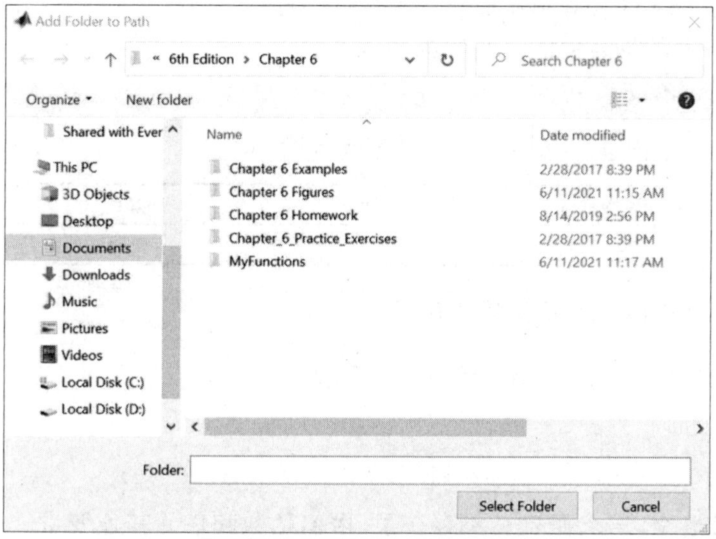


图 6.11　浏览文件夹的窗口

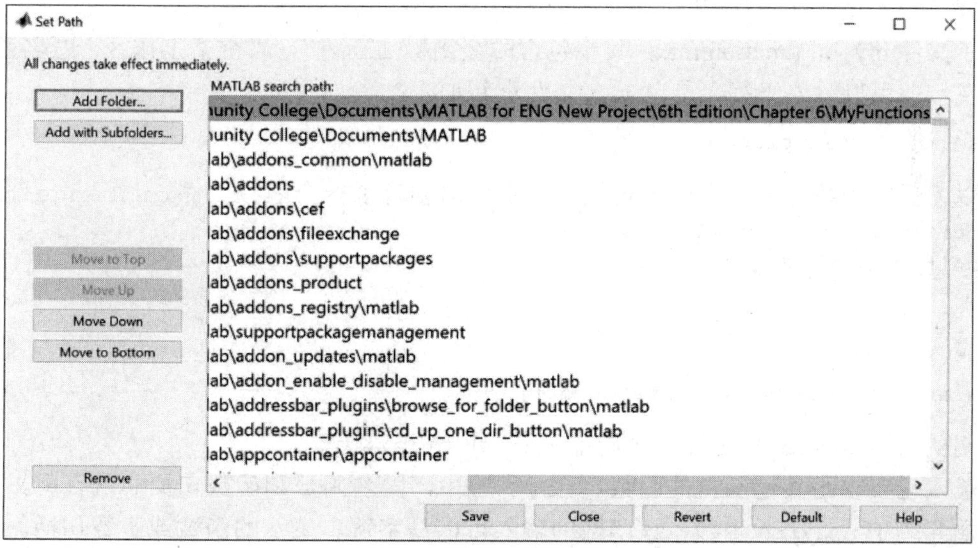


图 6.12　修改后的 MATLAB 搜索路径

## 6.4　匿名函数和函数句柄

一般情况下，如果遇到需要多次创建同一个函数的情况，则希望把该函数存储起来以便将来在其他编程项目中使用。然而，MATLAB 中有一种更简单的函数，称为匿名函数，这种匿名函数可以在命令窗口或脚本文件中定义和使用。匿名函数与变量名称非常相似，只要不清空工作区，匿名函数都是有效的。下面的程序代码给出了一个创建匿名函数的例子：

**关键知识**

匿名函数可以和其他命令一起出现在 MATLAB 程序中，也可以在命令窗口中定义。

```
ln = @(x) log(x)
```

- @符号提示 MATLAB，ln 是一个函数；
- 紧接着@符号的括号内的是函数的输入参数；
- 最后定义了函数。

此时在变量窗口中出现了函数名称，类型为函数句柄：

| Name | Value | Size | Bytes | Class |
|---|---|---|---|---|
| ln | @(x)log(x) | 1×1 | 16 | function_handle |

**提示：函数句柄可以视为函数的别称。**

匿名函数可以像任何其他函数一样使用，例如，

```
ln(10)
ans =
        2.3026
```

一旦工作区被清空，匿名函数就不存在了。匿名函数和任何其他变量一样可以保存为.mat 文件，也可以用 load 命令恢复。例如，为保存匿名函数 ln，输入

```
save my_ln_function ln
```

则建立了文件 my_ln_function.mat，其中包含匿名函数 ln。一旦清空了工作区，匿名函数 ln 不复存在，但可以输入下列命令从.mat 文件重新加载：

```
load my_ln_function
```

可以为任何函数分配一个函数句柄。本章前面创建了一个函数文件 distance.m，

```
function result = distance(t)
result = 1/2*9.8*t.^2;
end
```

命令

```
distance_handle = @(t) distance(t)
```

将函数句柄 distance_handle 分配给了 distance 函数。

在输入也要求是其他函数的函数(复合函数)中，匿名函数和函数句柄非常有用。例如，本章前面介绍了 nargin 函数，该函数的输入可以是字符串表示的函数或函数句柄。如果将 ln 定义为一个匿名函数：

```
ln = @(x) log(x)
```

则可以将函数句柄 ln 作为 nargin 函数的输入参数：

```
nargin(ln)
ans =
     1
```

## 6.5　复合函数

MATLAB 的复合函数拥有一个奇怪但具有描述性的名字。复合函数的输入参数也是函数。绘图函数 fplot 就是 MATLAB 内置复合函数的一个例子，具有两个输入参数：一个输入参数是函数或函数句柄，另一个输入参数是要绘图的区间。下面演示如何使用带有函数句柄 ln 的复合函数 fplot，函数句柄的定义为

```
ln = @(x) log(x)
```

**关键知识**

复合函数要求以函数或函数句柄作为输入参数。

现在可以将函数句柄 ln 作为 fplot 函数的输入：

```
fplot(ln,[0.1, 10])
```

绘制的图形如图 6.13 所示。

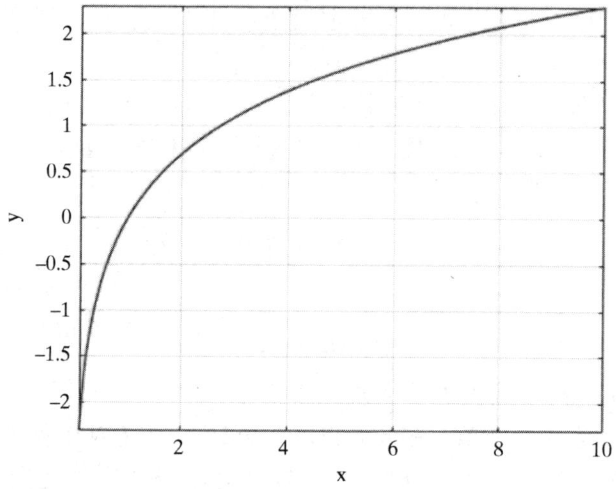


图 6.13　fplot 函数图像

大量的 MATLAB 函数都可以将函数句柄作为输入参数，例如 fzero 函数可用于求方程 $f(x)=0$ 的解，该函数的输入参数为函数句柄和 $x$ 的粗略估计值。由图 6.13 可知，$x$ 的自然对数在 $x$ 处于 0.5～1.5 之间有一个零值，所以零点的粗略估计可以是 $x=0.8$，于是

```
fzero(ln,0.8)
ans =
    1
```

为检验结果的正确性，将结果代回 ln 函数：

```
ln(ans)
ans =
    0
```

## 小结

MATLAB 包含多种内置函数，但是根据需要创建自己的 MATLAB 函数是很有用的。常用的 MATLAB 自定义函数是独立的函数文件，必须以包含下列内容的函数定义行开头：

- 引导词 function
- 定义函数输出的变量
- 函数名称
- 表示输入参数的变量

例如，

```
function output = my_function(x)
```

函数名称必须和存储该函数的文件名相同，函数名称遵循标准的 MATLAB 命名规则。

与 MATLAB 的内置函数一样，自定义函数也可以有多个输入并可以返回多个输出。

函数定义行之后紧接着的是注释行，可在命令窗口中用 help 命令查看。

函数内部定义的变量为该函数的局部变量，局部变量不存储在工作区中，在命令窗口中不能对局部变量进行访问。全局变量可以用 global 命令定义，可在命令窗口(或脚本文件)和 MATLAB 函数中使用。建议用大写字母定义全局变量。但是，通常情况下使用全局变量是不明智的。

自定义函数分组打包后被称为“工具箱”。可以将其存储在一个常用目录中，修改 MATLAB 搜索路径后就可以访问它。搜索路径的修改可以用交互式路径设置工具完成，也可以从菜单栏实现，例如，在菜单中选择

File→Set Path

或在命令行中执行命令

```
pathtool
```

MathWorks 公司和用户社区提供了大量的工具箱。

另一种类型的函数是匿名函数，在 MATLAB 会话中定义或在脚本中定义。匿名函数仅存在于会话期间，对非常简单的数学表达式非常有用，或者用作更复杂的复合函数的输入参数。

当多个函数作为子函数列出时，既可以在单个脚本中使用，也可以在单个函数中使用。与独立的函数文件不同，子函数也称为局部函数，只能被主程序文件调用，而独立的函数文件可以被任何能够访问其存储目录的代码文件调用。

### MATLAB 小结

下表列出了本章介绍的 MATLAB 特殊字符、命令和函数。

| 特殊字符 | |
|---|---|
| @ | 与匿名函数一起使用，表示函数句柄 |
| % | 注释 |

| 命令和函数 | |
|---|---|
| addpath | 在 MATLAB 的搜索路径中添加目录 |
| fminbnd | 复合函数，以函数句柄或函数作为输入参数，求函数在指定区间内的极小值 |
| fplot | 复合函数，以函数句柄或函数作为输入参数，在指定区间内绘制函数图形 |
| fzero | 复合函数，以函数句柄或函数作为输入参数，求函数靠近指定值附近的过零点 |

续表

| 命令和函数 | |
|---|---|
| `function` | 将 M 文件确定为函数 |
| `global` | 定义全局变量 |
| `local function` | 仅对同一文件中的其他函数或代码可见的函数 |
| `meshgrid` | 把两个输入向量映射成两个二维矩阵 |
| `nargin` | 确定函数输入参数的个数 |
| `nargout` | 确定函数输出参数的个数 |
| `pathtool` | 打开交互式路径设置工具 |
| `subfunction` | 局部函数的另一个名称 |
| `varargin` | 表示函数输入参数的个数不确定 |

# 关键术语

| | | | | | |
|---|---|---|---|---|---|
| 匿名 | 折叠 | 局部变量 | 变量 | 函数 | 嵌套 |
| 注释 | 复合函数 | 路径 | 目录 | 函数句柄 | 工具箱 |
| 文件名 | 函数名称 | 文件夹 | 全局变量 | | |

# 习题

### 函数文件

在创建函数时，应确保对函数进行适当的注释。记住，尽管有些习题无须创建函数就可以求解，但本章的目标是学习编写和使用函数。可以采用以下两种方法之一提交作业。

第一种方法，给每个函数创建独立的函数文件，然后，从主程序文件调用该函数文件，以完成每个习题任务。使用这种方法，需要提交多个文件。

第二种方法，将完成每个习题任务的函数存储在同一程序文件中，函数存储在文件的末尾，并且以 end 语句结束。使用这种方法，只需要提交一个文件。

无论使用哪种方法，都可以在脚本文件和实时脚本文件之间进行选择。

**6.1** 如例 6.2 所述，金属实际上是晶状材料，金属晶体称为晶粒。晶粒的平均尺寸越小，金属强度越高；反之，晶粒的平均尺寸越大，金属强度越低。由于各种金属样本的晶粒大小不同，很难计算出晶粒的平均尺寸。美国材料与试验学会（ASTM）为标准化粒度测试给出了下面的关系式：

$$N = 2^{n-1}$$

ASTM 晶粒度（$n$）是通过在 100 倍显微镜下观察金属样品确定的，即估算出 1 $\text{in}^2$（实际尺寸为 0.01 in×0.01 in）面积中的晶粒数（$N$），并根据上面的关系式，就可以计算出 ASTM 晶粒度。

(a) 创建 MATLAB 函数 `num_grains`，计算放大 100 倍后每平方英寸（$\text{in}^2$）面积中的晶粒数，假设已知金属的晶粒度。

(b) 调用该函数，当 ASTM 晶粒度 $n$ 在 10 到 100 范围内时，求晶粒数。

(c) 把计算结果绘制成曲线。

**6.2** 物理学中的著名方程

$$E = mc^2$$

把物体的能量 $E$ 和质量 $m$ 联系起来，物体具有的能量 $E$ 等于物体质量 $m$ 乘以真空中的光速 $c$ 的平方。真空中光的传播速度是 $2.9979\times10^8$ m/s。

(a) 创建函数 `energy`，根据给定的物体质量(单位为 kg)计算对应的能量。能量的单位用焦耳(J)表示，$1(\text{kg}\cdot\text{m}^2)/\text{s}^2 = 1$ J。

(b) 利用该函数计算质量为 1 kg 到 $10^6$ kg 范围内的物体所具有的能量。用 `logspace` 函数创建物体质量的向量。

(c) 将计算结果绘图。对比几种不同的对数坐标图(如 `semilogy`、`semilogx` 和 `loglog`)，指出哪种图形效果最好。

**6.3** 假设银行利率为常数，当前的投资在将来能有多少价值，可以根据公式

$$\text{FV} = \text{PV}\times(1+I)^n$$

计算出未来价值。其中，FV 是未来价值；PV 是现值或投资；$I$ 是每个复利周期的利率，用分数表示，如 5%表示为 0.05；$n$ 是复利计息周期数。

(a) 创建 MATLAB 函数 `future_value`，函数的三个输入参数分别是：现值或投资、用分数表示的复利周期的利率和复利计息周期数。

(b) 利用该函数计算$1000 的投资在银行中存 10 年后的价值是多少？假设月利率为 0.5%，计息周期为月。

**6.4** 大一的化学课中介绍了摩尔数与质量的关系：

$$n = \frac{m}{\text{MW}}$$

其中，$n$ 为物质的摩尔数；$m$ 为物质的质量；MW 为物质的分子量(摩尔质量)。

(a) 创建函数 `nmoles`，该函数有两个输入向量，分别为质量和分子量；有一个输出向量，即物质的摩尔数。输入参数为向量，在计算中需要用到 `meshgrid` 函数。

(b) 已知化合物的分子量(摩尔质量)如表 P6.4 所示，计算下列化合物的摩尔数来验证所创建的函数，设物质质量的范围为 1 g 到 10 g。

输出结果应该是一个 10×3 的矩阵。

**表 P6.4 典型化合物的摩尔质量**

| 化合物 | 分子量(摩尔质量) |
|---|---|
| 苯 | 78.115 g/mol |
| 乙醇 | 46.07 g/mol |
| R134a 制冷剂(四氟乙烷) | 102.3 g/mol |

**6.5** 对前述摩尔数与质量之间的关系式进行整理，如果已知化合物的摩尔数，则可以计算出化合物的质量：

$$m = n\times\text{MW}$$

(a) 创建一个名称为 `mass` 的函数，该函数有两个输入向量，分别是摩尔数和分子量；一个输出向量，即对应的质量。因为输入参数为向量，所以在计算中需要用到 `meshgrid` 函数。

(b) 根据上题中化合物表 P6.4 验证所建立的函数，设摩尔数 $n$ 为 1 到 10。

**6.6** 人到地平线的距离随着人的爬升高度的增加而增加，其关系式为

$$d = \sqrt{2rh + h^2}$$

其中，$d$ 为人到地平线的距离；$r$ 为地球半径；$h$ 为山的高度，该式可用来计算人到地平线的距离。

人到地平线的距离不但和山的高度有关，还和地球(或其他星球)的半径有关。

(a) 创建一个名称为 `distance` 的函数来计算到地平线的距离。函数的两个输入向量分别是地球半径和山的高度。函数的输出为到地平线的距离。因为输入参数为向量，所以在计算中需要用到 `meshgrid` 函数。

(b) 编写一个程序，用所创建的函数分别计算在地球上和火星上，山的高度为 0 到 10 000 英尺时能看到地平线的距离的英里数。注意统一单位。

- 地球直径为 7926 英里
- 火星直径为 4217 英里

所输出列表中每列应表示不同的星球，每行表示不同的高度。

**6.7** 火箭垂直向上发射。在 $t = 0$ 时火箭发动机关闭，此时火箭的高度为海拔 500 m，速度为 125 m/s，考虑重力加速度，则火箭的高度是时间 $t$ 的函数，即

$$h(t) = -\frac{9.8}{2}t^2 + 125t + 500，\quad t > 0$$

(a) 创建函数 `height`，输入参数为时间 $t$，火箭的飞行高度为输出。利用函数对下面的(b)和(c)进行求解。

(b) 时间增量为 0.5 s，变化范围 0 到 30 s，绘制函数 `height` 与时间 $t$ 的关系曲线。

(c) 计算火箭开始向地面降落的时间(可以使用 `max` 函数)。

**6.8** 根据

$$x = \frac{1}{2}gt^2$$

可以计算自由落体的下降距离，其中重力加速度 $g = 9.8\ \text{m/s}^2$；$t$ 是时间，单位为 s；$x$ 是下降距离，单位为 m。

对上式求时间的导数，可以计算出物体下降的速度：

$$\frac{\mathrm{d}x}{\mathrm{d}t} = v = gt$$

再次求时间的导数，可以计算出物体的加速度：

$$\frac{\mathrm{d}v}{\mathrm{d}t} = a = g$$

(a) 创建函数 `free_fall`，一个输入为时间向量 `t`，三个输出分别是下降距离 `x`、速度 `v` 和加速度 `g`。

(b) 时间向量 `t` 在 0 到 20 s 范围内时，对函数进行验证。

**6.9** 创建函数 `polygon`，该函数能够画出任意边数的多边形，其唯一的输入为多边形的边数，命令窗口中无输出，但是能够在极坐标系中画出所要求的多边形。

### 创建自己的工具箱

**6.10** 本题要求创建温度换算表。下列各式给出了华氏温度($T_F$)、摄氏温度($T_C$)、开氏温度($T_K$)和兰金温度($T_R$)的换算关系：

$$T_F = T_R - 459.67°\text{R}$$

$$T_F = \frac{9}{5}T_C + 32°\text{F}$$

$$T_R = \frac{9}{5}T_K$$

对这些表达式进行整理可以求解下面的问题。

(a) 创建函数 `F_to_K`，把华氏温度换算成开氏温度。调用函数生成华氏温度在 0°F 到 200°F 范围内的温度换算表。

(b) 创建函数 `C_to_R`，把摄氏温度换算成兰金温度。调用函数生成摄氏温度在 0℃到 100℃范围内的温度换算表，表的行数为 25(用 `linspace` 创建输入向量)。

(c) 创建函数 `C_to_F`，把摄氏温度换算成华氏温度。选择合适的步长，调用函数生成摄氏温度在 0℃到 100℃范围内的温度换算表。

(d) 把所有函数放在 `my_temp_conversions` 文件夹中，修改搜索路径，使 MATLAB 能查找到该文件夹(不要在公用计算机上保存任何更改)。

**匿名函数和函数句柄**

**6.11** 早在 400 年前人们就开始使用气压计测量大气压强。气压计最早是由伽利略的学生托里拆利(1608—1647)发明的。气压计液面的高度和大气压强成正比，即

$$P = \rho gh$$

其中，$P$ 是压强，$\rho$ 是气压计液体密度，$h$ 是液面高度。以水银气压计为例，液体密度为 13 560 $\text{kg/m}^3$，地球表面重力加速度 $g = 9.8\ \text{m/s}^2$。等式中只有一个变量即液面高度 $h$，单位为 m。

(a) 若已知液面高度 $h$，创建匿名函数 P 计算大气压强。推导出的压强单位应该是

$$\frac{\text{kg}}{\text{m}^3} = \frac{\text{m}}{\text{s}^2}\text{m} = \frac{\text{kg}}{\text{ms}^2} = \text{Pa}$$

(b) 再创建一个匿名函数 `Pa_to_atm`，把 Pa(帕斯卡)换算成标准大气压(atm)，注意：

$$1\ \text{atm} = 101325\ \text{Pa}$$

(c) 调用该匿名函数，计算水银液面高度范围为 0.5 m 到 1.0 m 时的大气压强。

(d) 把创建的匿名函数保存为.mat 文件。

**6.12** 根据公式

$$E = mC_p\Delta T$$

可以计算出当大气压强不变时，把水加热所需要的能量。其中，$m$ 是水的质量，单位为 g；$C_p$ 是水的比热容，单位为 cal/(g · K)；$\Delta T$ 是温度的变化量，单位为 K。

(a) 创建匿名函数 `heat`，以温度变化量为输入参数，求加热 1 g 水所需的能量。

(b) 计算结果的热量单位为卡：

$$\text{g}\frac{\text{cal}}{\text{g K}}\text{K} = \text{cal}$$

在工程应用中常用焦耳(J)作为能量的单位。再创建一个匿名函数 `cal_to_J`，把(a)中的计算结果换算成以焦耳计的(1 cal = 4.2 J)。

(c) 把创建的匿名函数保存为.mat 文件。

**6.13** (a) 创建匿名函数 `my_function`，该函数等于

$$-x^2 - 5x - 3 + e^x$$

(b)用 fplot 函数画出 $x$ 在−5 到+5 范围内时的函数曲线。函数句柄可以作为 fplot 函数的输入参数。

(c)在此 $x$ 范围内，用 fminbnd 函数求函数的最小值。fminbnd 函数是一个典型的复合函数，其输入参数既可以是函数，也可以是函数句柄。调用语法如下：

```
fminbnd(function_handle, xmin, xmax)
```

fminbnd 函数要求有三个输入参数，即函数句柄、$x$ 的最小值和 $x$ 的最大值。该函数在 $x$ 的最小值到最大值范围内求函数的极小值。

**6.14** 在习题 6.7 中创建了函数 height，用来计算火箭的飞行高度。飞行高度 $h(t)$ 和时间 $t$ 的关系式如下：

$$h(t) = -\frac{9.8}{2}t^2 + 125t + 500\text{，}\quad t > 0$$

(a)创建函数 height 的函数句柄 height_handle。

(b)以 height_handle 作为 fplot 函数的输入参数，画出 0～60 s 内的函数曲线。

(c)用 fzero 函数求火箭返回地面(即函数值等于 0)所用的时间。fzero 是一个复合函数，可以用函数或函数句柄作为输入参数，调用语法如下：

```
fzero(function_handle, x_guess)
```

fzero 函数的两个输入参数分别是函数句柄和函数值接近 0 时时间值的猜测值。检查(b)中的曲线选择合理的 x_guess 值。

**子函数**

**6.15** 在习题 6.10 中，要求根据下面的公式创建三个温度换算函数：

$$T_F = T_R - 459.67°R$$

$$T_F = \frac{9}{5}T_C + 32°F$$

$$T_R = \frac{9}{5}T_K$$

用嵌套子函数方法重做习题 6.10。主函数 temperature_conversions 中应该包含三个子函数：

```
F_to_K
C_to_R
C_to_F
```

在主函数中用子函数完成下面的问题：

(a)创建 0°F 到 200°F 的温度换算表，表中应该包含华氏温度和开氏温度两列。

(b)创建 0℃到 100℃的温度换算表，表中包含 25 行(用 linspace 函数创建输入向量)。表中应该有摄氏温度和兰金温度两列。

(c)选择合适的步长，创建 0℃到 100℃的温度换算表。表中应该有摄氏温度和华氏温度两列。

# 第 7 章 输入/输出控制

**本章目标**

学完本章后应能够：

- 提示用户为程序提供输入；
- 用 disp 函数创建输出；
- 用 fprintf 函数创建格式化输出；
- 用 table 函数创建表以存储和显示数据；
- 用 sprintf 函数创建格式化输出，以便在其他函数中使用；
- 利用图形化技术为程序提供输入；
- 使用分节模式修改和运行 MATLAB 程序。

## 引言

到目前为止，已经探讨了 MATLAB 的两种使用模式：一种是把命令窗口当作“便笺本”，另一种是在编辑窗口中编写简单程序，程序员一直是用户。现在考虑更复杂的 MATLAB 程序，这种程序用脚本文件或实时脚本文件编写，程序员和用户可能是不同的人。这就有必要使用输入命令和输出命令与用户通信，而不必在求解类似问题时重复编写代码。MATLAB 提供了许多内置函数，允许用户在程序执行时与程序通信，例如：input 函数可以暂停程序并提示用户输入参数；disp、table 和 fprintf 函数可以为命令窗口提供输出。

## 7.1 自定义输入

虽然已经编写了 MATLAB 程序，并假设程序员和用户是同一个人，当程序的输入值发生变化时，若要运行程序，就必须修改部分程序代码。为避免修改程序代码，可以创建更通用的程序，也就是使用 input 函数，在程序运行过程中提示用户从键盘输入参数值。input 函数会在命令窗口中显示一个文本字符串，等待用户提供符合要求的输入。例如，

```
z=input("Enter a value")
```

命令窗口中会显示

```
Enter a value
```

若用户输入一个值

```
5
```

则程序会把数值 5 赋给变量 z。如果 input 函数行没有用分号结束，屏幕上就会显示出刚刚

输入的数值：

```
z =
     5
```

用同样的方法还可以输入一维或二维矩阵，但用户必须正确输入括号和分界符(逗号或分号)。例如，

```
z = input("Enter values for an array in brackets")
```

提示用户输入矩阵

```
[1, 2, 3; 4, 5, 6]
```

输出

```
z =
       1 2 3
       4 5 6
```

输入的 z 值可以在脚本文件进行后续的计算时使用。

**关键知识**

input 函数可用于与程序用户进行通信。

利用 input 函数可以输入数据，也可以输入其他信息，假设用下面的命令提示用户：

```
x = input("Enter your name in double quotes")
```

提示出现后输入

```
"Holly"
```

由于 input 命令语句末尾没有使用分号，所以，MATLAB 会在命令窗口输出

```
x =
  "Holly"
```

在工作区窗口中可以看到，x 是一个 1×1 的字符串：

| Name | Value | Size | Bytes | Class |
|---|---|---|---|---|
| x | "Holly" | 1×1 | 150 | string |

如果输入字符串，则必须加上双引号。也可以使用字符数组表示文本，即在单引号内输入字符来创建文本，这是 MATLAB 早期使用的方法，大多数时候仍在使用。如果用下面的命令提示用户：

```
x = input('Enter your name in single quotes')
```

提示出现后输入

```
'Holly'
```

MATLAB 则输出

```
x =
  'Holly'
```

此时的工作区窗口显示 x 是一个 1×5 的字符数组：

| Name | Value | Size | Bytes | Class |
|---|---|---|---|---|
| x | "Holly" | 1×5 | 6 | char |

从实用的角度来看，输入语句中使用字符串还是字符数组只是形式不同，这两种方式都

有优点，后面章节讨论数据类型时，将说明这一点。如果用户决定使用字符数组，也可以利用输入命令的另一种形式，即在输入参数的第二个字段中指定字符输入，输入字符串时不使用单引号：

```
x = input('Enter your name', 's')
```

此时只需要输入字符

```
Fernando
```

则程序的输出为

```
x =
  'Fernando'
```

**实训练习 7.1**

1. 创建 M 文件计算三角形的面积 $A$，

$$A=\frac{1}{2}底\times高$$

提示用户输入三角形的底和高。

2. 创建 M 文件计算正圆柱体的体积 $V$，

$$V=\pi r^2 h$$

提示用户输入半径 $r$ 和高 $h$。

3. 创建一个 0～$n$ 的向量，由用户输入 $n$ 的值。
4. 创建一个以 $a$ 开始，以 $b$ 结束的向量，步长为 $c$。由用户输入所有的参数。

### 例 7.1 自由落体

1971 年，在阿波罗号执行最后一次登月任务期间，宇航员戴夫·斯科特进行了伽利略于 1634 年首次提出的实验。他扔下了一把锤子和一根羽毛，并观察到它们同时撞击地面(见图 7.1)。在互联网上搜索锤子和羽毛在月球上的下落，可以看到实验的视频。

图 7.1 “锤子和羽毛”实验

任务控制员乔·艾伦在阿波罗 15 号科学报告中写道：在第三次舱外活动的最后几分钟，进行了一次简短的演示实验。从大致相同的高度(约 1.6 m)同时释放一个重物(1.32 kg 的铝制地质锤)和一个轻物体(0.03 kg 的猎鹰羽毛)，并允许其坠落到地面。在同时释放的精度范围内，观测到这些物体经历了相同的加速度，并同时撞击月球表面，这是公认理论所预测的结果，但考虑到目睹实验的观众人数以及返程是以被测试理论的有效性为基础的事实，这一结果还是令人放心的。

无论在月球、地球还是星际空间，物体自由下落的距离可以利用下面的公式计算：

$$d=\frac{1}{2}gt^2$$

其中，$d$ 为自由下落的距离；$g$ 为重力加速度；$t$ 为下落的时间。

请注意，该式不包含“质量”。本例由用户输入重力加速度 $g$ 的值和时间向量。

1．描述问题

计算物体自由下落的距离并将结果绘图。

2．描述输入和输出

**输入**　　由用户输入重力加速度 $g$ 的值。

　　　　　由用户输入下落的时间。

**输出**　　下落距离与时间的关系曲线图。

3．建立手工算例

已知

$$d = \frac{1}{2}gt^2$$

则在月球上下落 100 s 时的距离为

$$d = \frac{1}{2} \times 1.6\ \text{m/s}^2 \times 100^2\ \text{s}^2$$

$$d = 8000\ \text{m}$$

4．开发 MATLAB 程序

```
%% Example 7.1
% Freefall
clear, clc
%% Request input from the user
g = input("What is the value of acceleration due to gravity?")
start = input("What starting time would you like?")
finish = input("What ending time would you like?")
incr = input("What time increments would you like calculated?")
time=start:incr:finish;
%% Calculate the distance
distance=1/2*g*time.^2;
% plot the results
loglog(time,distance)
title("Distance Traveled in Freefall")
xlabel("time,s"),ylabel("distance, m")
%% Find the maximum distance traveled
final_distance = max(distance)
```

在命令窗口中的交互情况如下：

```
What is the value of acceleration due to gravity? 1.6
g =
  1.6000
What starting time would you like? 0
start =
  0
```

```
What ending time would you like? 100
finish =
  100
What time increments would you like calculated? 10
incr =
  10
final_distance =
  8000
```

输出结果如图 7.2 所示。

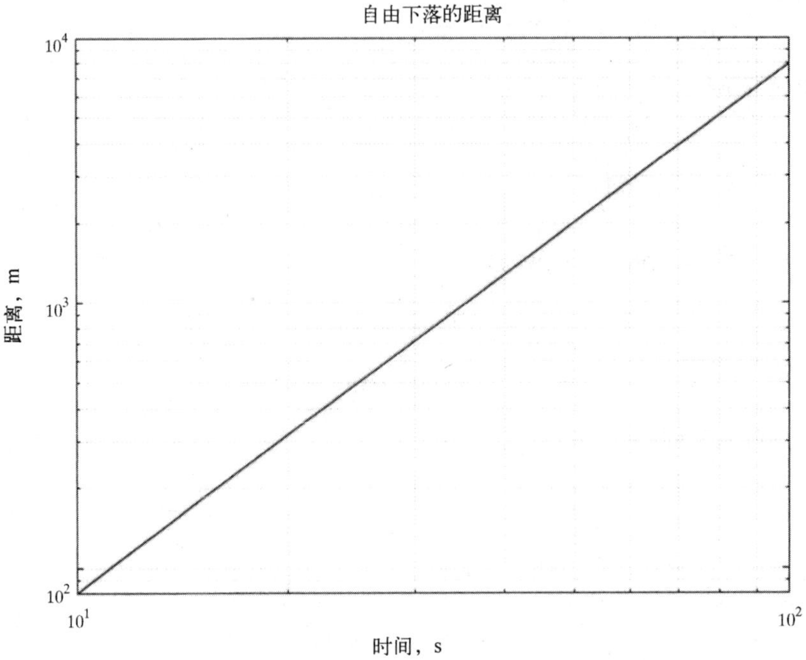


图 7.2 重力加速度等于 1.6 m/s$^2$ 时物体自由下落的距离，注意输出图形是双对数图

5. 验证结果

将 MATLAB 计算结果与手算结果进行比较，因为用户可以控制输入，运行程序时输入手算使用的数据，MATLAB 计算得出物体下落 100 s 后的距离为 8000 m，此值与手算结果相同。

## 7.2 输出选项

在 MATLAB 中，显示矩阵内容的方法有很多。最简单的方法是输入矩阵的名称，且后面不加分号，则在命令窗口中会再次显示矩阵名称，并从下一行开始显示矩阵的值。例如，先定义一个矩阵 x：

```
x = 1:5;
```

由于赋值语句的末尾有分号，所以在命令窗口中不显示矩阵 x 的值。但是如果将来想在程序中显示 x 的值，则直接输入变量名称即可：

```
x
```

返回值为

```
x =
     1    2    3    4    5
```

MATLAB 还提供了另外三种显示输出结果的方法：即 disp 函数和 fprintf 函数。

> **关键知识**
> disp 函数既可以显示字符数组，也可以显示数值数组。

## 7.2.1　显示函数

显示函数(disp)可以显示矩阵的内容，但是不会在屏幕上输出矩阵名称。该函数接受单个矩阵作为输入，因此

```
disp(x)
```

会返回

```
1   2   3   4   5
```

该命令还可以用来显示字符串(文本要放在双引号内)。例如，

```
disp("The values in the x array are:")
```

返回值为

```
The values in the x array are:
```

当输入一个字符串作为 disp 函数的输入时，实际上输入的是一个字符数组。在命令行中输入以下内容：

```
"The values in the x array are:"
```

MATLAB 的输出为

```
ans =
 "The values in the x array are:"
```

在工作区可以看到变量 ans 是一个 1×1 的字符串。

| Name | Size | Bytes | Class |
|---|---|---|---|
| ans | 1×1 | 198 | string |

当执行下面两个显示函数时：

```
disp("The values in the x array are:")
disp(x)
```

> **关键知识**
> 字符可以是字母、数字或符号。

则会返回

```
The values in the x array are:
1 2 3 4 5
```

两个 disp 函数的返回值在屏幕上各占一行。通过创建两个输出的组合矩阵，可以在同一行显示所有信息。但是，第一个输出是字符串，第二个输出是数值信息，通常不能将不同类型的数据组合成一个数组。幸运地是，两类信息组合在一起时 MATLAB 会自动地将数值信息转换为字符串信息。例如，对于单个数值，输入

```
y=5
disp("The value in the y array is : " + y)
```

返回值为

```
The value in the y array is : 5
```

但是，如果要对一个矩阵变量(如先前定义的 x 值)执行此操作，则显示函数会对 x 的每个值重复一次，输入

```
x=1:5;
disp("The values in the x array are: " + x')
```

则返回下面结果：

```
"The values in the x array are: 1"
"The values in the x array are: 2"
"The values in the x array are: 3"
"The values in the x array are: 4"
"The values in the x array are: 5"
```

如果要将所有 x 值打印在同一行，则必须使用 num2str 函数将矩阵 x 转换为文本。输入

```
disp("The values in the x array are: " + num2str(x))
```

返回

```
The values in the x array are: 1  2  3  4  5
```

如果选择使用字符数组(单引号)作为显示函数的输入，串联(将多个输入组合成一个矩阵)的规则略有不同。需要用“方括号”对与 num2str 函数串联输出的字符数组进行标识，例如，输入

```
disp(['The values in the x array are: ' num2str(x)])
```

则返回与前一代码相同的结果。

**提示：**如果字符数组中包含撇号，则需要输入撇号两次，否则 MATLAB 会把撇号看成字符数组的结束标志。例如，

```
disp('The moon"s gravity is 1/6th that of the earth')
```

同样，如果要在字符串中包含引号，则需要输入引号两次。例如，

```
disp("Mark Twain once said ""Age is an issue of mind over
matter.""")
disp("""If you don't mind, it doesn't matter.""")
```

返回

```
Mark Twain once said "Age is an issue of mind over matter."
"If you don't mind, it doesn't matter."
```

可以使用 input 函数和 disp 函数的组合来模拟对话。尝试创建并运行以下脚本：

```
clear, clc
disp("Hi There");
disp("I'm your MATLAB program");
name = input("Who are you? ",'s');
disp("Hi"+ name);
age = input("How old are you?");
```

```
disp(age + "that's not very old")
disp("The first computer was invented in 1936")
today=clock;
computer_age =today(1)-1936;
disp("I'm " + computer_age +" years old")
answer = input("Don't you just love computers? ",'s');
disp(answer + "?");
disp("Computers are very useful");
disp("You'll use them a lot in college!!");
disp("Good luck with your studies")
pause(2);
disp("Goodbye")
```

程序交互过程中用到了 pause 函数，如果 pause 函数没有输入，那么程序会暂停，直到按回车键才会继续执行程序。如果 pause 函数有一个值作为输入参数，则程序会根据输入参数暂停指定的秒数，然后继续执行。

### 7.2.2　格式化输出——fprintf 函数

fprintf 函数(格式化输出函数)的输出格式比 disp 函数更具灵活性，除了能显示文本和矩阵数据，还可以控制数据的显示格式，并可以控制何时跳到新的一行。C 语言程序员比较熟悉这个函数的语法。除细微差别外，MATLAB 的 fprintf 函数与 C 语言的 fprintf 函数使用相同的格式规范，这并不奇怪，因为 MATLAB 就是用 C 语言编写的(最初 MATLAB 是用 Fortran 语言编写，但后来采用 C 语言进行了改写)。

fprintf 命令的一般形式中包括两个输入参数，一个是字符串，另一个是矩阵列表：

```
fprintf(format-string, var,. . .)
```

参见下面的程序代码：

```
cows = 5;
fprintf("There are %f cows in the pasture", cows)
```

fprintf 函数中的第一个参数是字符串，其中包含一个占位符(%)，此处将插入变量的值(在本例中是 cows)。占位符还包含格式化信息，该例中的%f 告诉 MATLAB 以默认的定点格式显示变量 cows 的值。默认格式显示小数点后六位，输出为

```
There are 5.000000 cows in the pasture
```

除了默认的定点格式，还可以采用指数格式(%e)或选择较短的定点格式或指数格式(%g)，也可以显示字符信息(%c)或字符串(%s)。如果要显示的数字是整数，则十进制格式(%d)特别有用：

```
fprintf("There are %d cows in the pasture", cows)
There are 5 cows in the pasture
```

表 7.1 列出了 fprintf 函数和相关的 sprintf 函数支持的各种格式。

**表 7.1　类型控制字段的格式**

| 类型域 | 结果 |
|---|---|
| %f | 定点格式 |
| %e | 指数格式 |

续表

| | |
|---|---|
| %d | 十进制格式——若显示的数值是整数，则不包括尾部的零；若显示的数值是小数，则以指数形式显示 |
| %g | 以%f 或%e 中的最短形式显示 |
| %c | 字符格式(每次显示一个字符) |
| %s | 字符串格式(显示完整的字符串) |

其他类型控制字段的含义请参见帮助文件。

MATLAB 执行完 fprintf 函数后不会自动另起一行。如果已经尝试过前面的 fprintf 命令，则会发现命令提示符与输出位于同一行：

```
There are 5.000000 cows in the pasture>>
```

> **关键知识**
> fprintf 函数可以控制数据的显示格式。

如果执行另一个命令，则结果将显示在同一行上，而不是向下移动。因此，如果在脚本中发出新命令：

```
cows = 6;
fprintf("There are %f cows in the pasture", cows)
```

则 MATLAB 会在命令窗口的同一行继续显示：

```
There are 5.000000 cows in the pasture There are 6.000000 cows
in the pasture
```

如果想另起一行显示，则需要在字符串后使用换行符(\n)进行换行。例如下面的代码：

```
cows = 5;
fprintf("There are %f cows in the pasture \n", cows)
cows = 6;
fprintf("There are %f cows in the pasture \n", cows)
```

返回以下结果：

```
There are 5.000000 cows in the pasture
There are 6.000000 cows in the pasture
```

> **关键知识**
> fprintf 函数允许用一个命令同时显示字符和数字信息。

**提示**：反斜杠(\)和正斜杠(/)是不同的字符，两者非常容易混淆，如果输入错误，就不能正确换行，而是输出

```
There are 5.000000 cows in the pasture /n
```

表 7.2 列出了其他特殊格式命令。制表符(\t)对于创建所有内容都排列整齐的表特别有用。

表 7.2　特殊格式命令

| 格式命令 | 功能 |
|---|---|
| \n | 换行 |
| \r | 回车(和换行类似) |
| \t | 制表符 |
| \b | 退格 |

使用格式命令中的可选项 width field 和 precision field 可以进一步控制变量的显示方式。width field 控制字符显示的最小宽度，该宽度必须是正的十进制整数。precision field 前面有一个点(.)为标志，指定了指数格式或定点格式数据小数点后的数字位数。例如，%8.2f 说明字符显示的最小宽度是 8 位，小数点后有两位数字。因此，代码

```
voltage = 3.5;
fprintf("The voltage is %8.2f millivolts \n",voltage);
```

的输出结果是

```
The voltage is     3.50 millivolts
```

注意，输出结果中 3.50 前面会有多位空格，这是因为要为小数点左边的数字部分保留 6 位

（总计 8 位，两位在小数点后面）。

**提示**：一个常见的误解是错误理解字段标识符中小数点前后数字代表的含义，例如，错误地认为%8.2f 显示数据小数点前 8 个数位，小数点后 2 个数位，然而实际上，字段标识符中第一个数字是为该数据分配的总显示宽度。字段标识符%2.3f 没有意义，因为它为数据分配了 2 个数位，其中 3 个在小数点之后。

在使用函数 fprintf 时，变量通常是矩阵，例如，

```
x = 1:5;
```

MATLAB 会对矩阵中的所有值反复执行 fprintf 命令中的字符串：

```
fprintf("%8.2f \n",x);
```

输出结果

```
1.00
2.00
3.00
4.00
5.00
```

如果变量是一个二维矩阵，那么 MATLAB 会按列反复执行 fprintf 命令。先输出第一列，然后是第二列，以此类推。下面是一个更复杂的示例：

```
feet = 1:3;
inches = feet.*12;
```

把上面两个矩阵合并成一个矩阵：

```
conversions = [feet;inches]
```

则输出的结果为

```
conversions =
      1  2  3
     12 24 36
```

矩阵 conversions 由两行元素组成，第一行元素对应向量 feet，第二行元素对应向量 inches。现在可以使用 fprintf 函数创建更易于理解的输出。例如，

```
fprintf("%4.0f %7.2f \n",conversions)
```

返回下面的结果：

```
1   12.00
2   24.00
3   36.00
```

为什么两次输出结果看起来不一样？上述 fprintf 语句每次使用两个值，每次按列浏览矩阵 conversions 中的数值并找到所需的值，因此，fprintf 输出的前两个数值是矩阵 conversions 中的第一列数据。

fprintf 函数位于字符串后面的输入参数可以是可变数量的矩阵。MATLAB 按顺序依次输出每个矩阵中的所有数值。例如，假设要使用未结合在一起的矩阵 feet 和 inches，可以输入：

```
fprintf("%4.0f %7.2f \n", feet, inches)
```

则返回：

```
1     2.00
3    12.00
24   36.00
```

fprintf 函数首先处理矩阵 feet 中的数值，然后再处理矩阵 inches 中的数值，但输出结果和预想的有所不同，因此，使用函数 fprintf 前，通常先将两个矩阵合并。

fprintf 命令与 MATLAB 简单的格式命令相比，对输出格式的控制更灵活。因此使用时一定要谨慎并预先考虑清楚。

除了在命令窗口中输出格式化数据，fprintf 函数还可以把格式化的数据输出到文件。为此，首先需要创建输出文件，然后用 fopen 函数打开该文件，同时给打开的文件分配一个文件标识符(即文件的别名)：

```
file_id = fopen("my_output_file.txt", "wt");
```

其中，fopen 函数的第一个输入参数是文件名，第二个输入参数表示要对文件进行写操作(因此用字符串"wt")。当文件已经定义标识符并打开，准备好写文件时，就可以使用 fprintf 函数了，此时把这个标识符作为 fprintf 函数的第一个输入参数：

```
fprintf(file_id, 'Some example output is %4.2f \n', pi*1000)
```

这种函数形式将下列格式化字符串写入文件 my_output_file.txt 中：

```
Some example output is 3141.59
```

> **关键知识**
>
> fprintf 函数允许用户将格式化输出发送到文件。

同时，该函数将传输给文件的字节数发送到命令窗口：

```
ans =
  32
```

双击当前文件夹窗口中的文件名可以查看文件 my_output_file. txt 的内容。在编辑窗口中打开该文件，如图 7.3 所示。

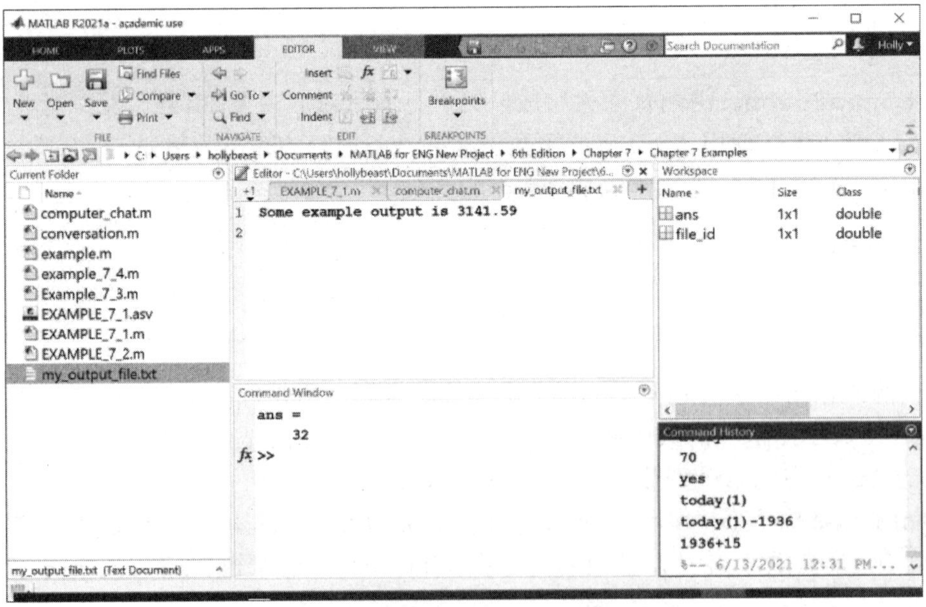


图 7.3　在编辑窗口中查看文本文件的内容

**提示**：初学编程者在使用 fprintf 函数时常犯的错误是忘记在占位符后输入类型标识，例如 f，这样一来，函数将不会正常工作，也不会给出错误提示。

**提示**：如果 fprintf 函数的语句中包含百分号%，则需要输入%两次，否则 MATLAB 会将占位符理解为数据。例如，输入

```
fprintf('The interest rate is %5.2f %% \n', 5)
```

得到的结果为

```
The interest rate is 5.00 %
```

### 例 7.2　自由落体：格式化输出

重做例 7.1，要求将计算结果用矩阵的形式输出(而不是图形)，利用 disp 函数和 fprintf 函数控制输出的外观。

1. 描述问题

   计算自由落体的下落距离。

2. 描述输入和输出

   **输入**　重力加速度 $g$，由用户输入。
   　　　时间 $t$，由用户输入。

   **输出**　在各个行星和月球上的下落距离。

3. 建立手工算例

   已知

$$d = \frac{1}{2}gt^2$$

   所以在月球上下落 100 s 的距离为

$$d = \frac{1}{2} \times 1.6\ \text{m/s}^2 \times 100^2\ \text{s}^2$$

$$d = 8000\ \text{m}$$

4. 开发 MATLAB 程序

   本例程序是在实时脚本文件中创建的。在脚本文件和实时脚本文件中，程序代码完全相同。

```
%% Example 7.2
% Freefall
clear, clc
% Request input from the user
g = input("What is the value of acceleration due to gravity? ")
start=input("What starting time would you like? ")
finish = input("What ending time would you like? ")
incr = input("What time increments would you like calculated? ")
time=start:incr:finish;
% Calculate the distance
distance=1/2*g*time.^2;
% Create a matrix of the output data
results=[time;distance];
% Create the output
```

```
fprintf("For an acceleration due to gravity of   %5.1f "+...
    seconds \n the … following data were calculated \n", g)
disp("Distance Traveled in Freefall")
disp("time,sec     distance, m")
fprintf("%8.0f  %10.2f\n",results)
```

该程序在命令窗口中生成以下交互信息：

```
What is the value of acceleration due to gravity? 1.6
g =
   1.6000
What starting time would you like? 0
start =
   0
What ending time would you like? 100
finish =
   100
What time increments would you like calculated? 10
incr =
   10
```

在实时脚本中重复输入交互信息，结果发送到实时脚本而不是命令窗口，并根据用户的选择显示在右侧框内，如图 7.4 所示。这使得记录工作特别容易，因为文件可以直接从 save 菜单保存为 PDF。

5. 验证结果

将 MATLAB 计算结果和手算结果进行比较，因为 MATLAB 的计算结果以表的形式输出，所以容易看出时间为 100 s 时的下落距离是 8000 m。还可以尝试输入其他数据，并将结果与例 7.1 中生成的图形进行比较。

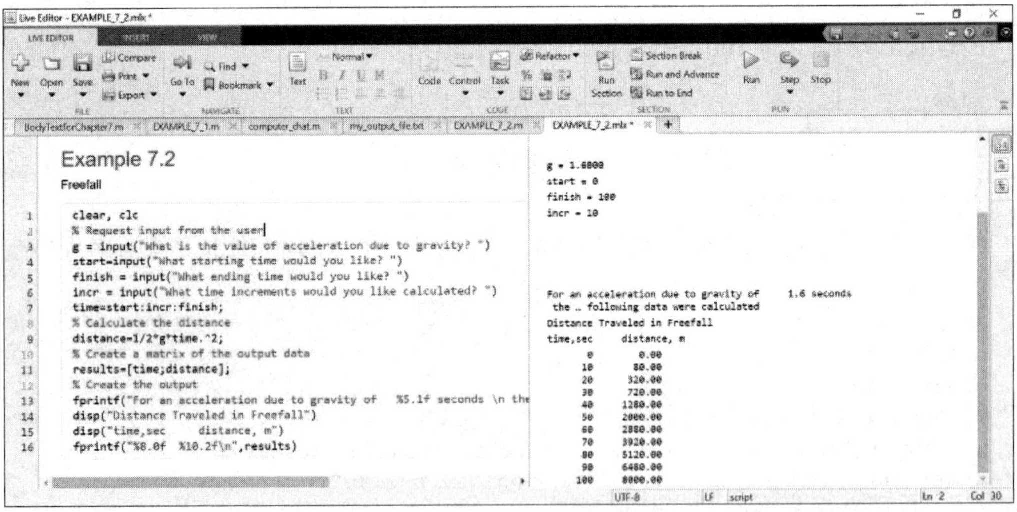


图 7.4 实时脚本不仅可以存储求解问题所需的计算机代码，还可以存储计算结果。

## 实训练习 7.2

可以在脚本文件或实时脚本文件中编程完成下面练习：

1. 用 disp 函数为英寸到英尺的换算表创建一个标题；

2. 用 disp 函数为换算表的每列创建列标签；
3. 创建向量 inches，范围从 0 到 120，步长为 10；
4. 计算对应的英尺，存入向量 feet 中；
5. 将向量 inches 与向量 feet 合并成矩阵 results；
6. 使用 fprintf 命令把结果输出到命令窗口。

### 7.2.3　格式化输出——sprintf 函数

sprintf 函数与 fprintf 函数相似，但 sprintf 函数不只是将格式化字符串的结果发送到命令窗口，而且还会为它分配一个名称：

```
a = sprintf("Some example output is %4.2f \n", pi*1000)
a =
    Some example output is 3141.59
```

这种功能什么时候有用呢？在例 7.3 中，sprintf 函数用于定义文本框的内容，该文本框的内容用来对输出图形进行注释。

> **关键知识**
> sprintf 函数与 fprintf 函数相似，用来对图形进行注释。

**例 7.3　抛物运动：对图形进行注释**

回想一下以前的例子，描述大炮射程的方程是

$$R(\theta)=\frac{v^2}{g}\sin(2\theta)$$

其中，$R(\theta)$ 为射程，单位为 m；$v$ 为炮弹的初速度，单位为 m/s；$\theta$ 为发射角；$g$ 为重力加速度，其值为 9.9 m/s$^2$。请以发射角为 $x$ 坐标，射程为 $y$ 坐标，绘制射程与发射角的关系曲线图，并用文本框在图中标出最大射程。

1. 描述问题

   求射程和发射角的关系并画出曲线，在图中标出最大射程。

2. 描述输入和输出

   **输入**　重力加速度，$g=9.9\ \text{m/s}^2$
   　　　　发射角
   　　　　炮弹的初速度，100 m/s
   **输出**　标注最大射程的图形

3. 建立手工算例

   由物理学和前面的例子可知，当发射角为 45°时，射程最大。将该值代入方程得：

$$R(45°)=\frac{100^2\ \text{m}^2/\text{s}^2}{9.9\ \text{m/s}^2}\sin(2\times45°)$$

   由于发射角的单位是度，所以必须将计算器的正弦函数输入设置为度，或者把度换算成弧度(π/4)再进行计算，结果为

$$R(45°)=1010\ \text{m}$$

4. 开发 MATLAB 程序

```
%% Example 7.3
% Find the maximum projectile range
% for a given set of conditions
% Create an annotated graph of the results
clear, clc
% Define the input parameters
g = 9.9;    % Acceleration due to gravity
velocity = 110; % Initial velocity, m/s^2
theta = [0:5:90]  % Launch angle in degrees
%  Calculate the range
range = velocity^2/g*sind(2*theta);
%  Calculate the maximum range
maximum = max(range);
% Create the input for the textbox
t = "The maximum range was ";
text_input=sprintf("%s %4.0f meters \n", t, maximum);
% Plot the results
plot(theta,range), grid on
title("Range of a Projectile")
xlabel("Angle, degrees"), ylabel("Range, meters")
text(20,maximum,text_input)
```

程序中有几点需要注意：首先，利用 sind 函数计算正弦值，该函数的输入单位为度；其次，函数 sprintf 的输入参数的一部分被定义为字符串，并使用%s 以使代码更紧凑。最后，文本框在图形上的位置横坐标总是从 20 度开始(在 $x$ 轴上测量)，但纵坐标的位置取决于最大射程。程序运行结果如图 7.5(a)所示。

5. 验证结果

将 MATLAB 的计算结果与手算结果进行比较，文本框中诠释的最大射程是 1010 m，此值与手算结果相同。若把程序中的初速度改为 110 m/s，输出结果如图 7.5(b)所示。

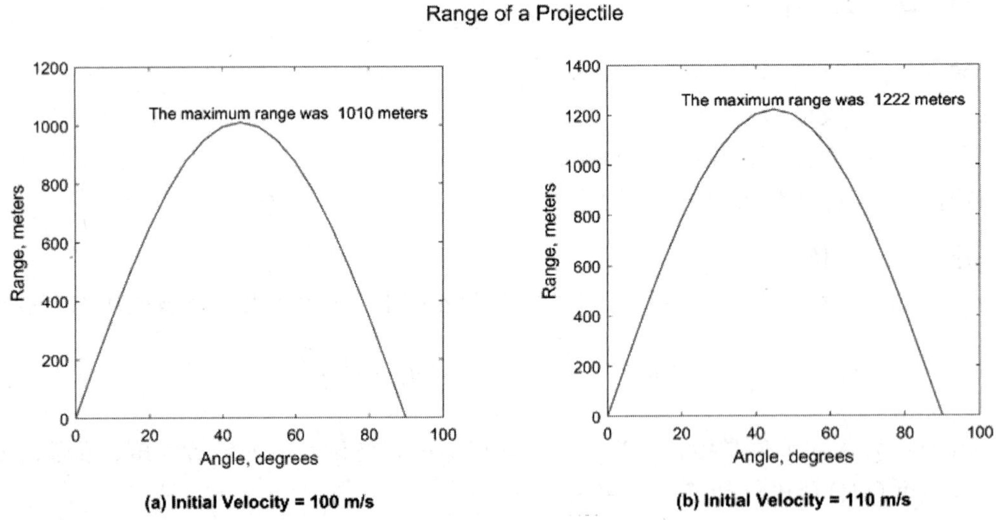


图 7.5 文本框的内容根据程序的输入而变化，并由 sprintf 函数控制

### 7.2.4　table 函数

使用 disp 函数和 fprintf 函数可以在命令窗口中创建格式化输出，但对于“列”是不同数据类型的情况，例如字符或字符串和数字，创建输出则很困难。table 函数使用称为表的新数据类型可以完成这一任务，本节将重点介绍如何使用 table 函数创建表并显示输出。

下面计算一个物体在地球和月球上自由下落 100 s 的距离。地球和月球的重力加速度可以用下面的列向量 g 表示：

g = [9.8; 1.6]

下落的距离等于重力加速度的一半乘以时间的平方：

d = 0.5*g*100^2

计算得到的向量 d 也是一个列向量。

本例希望创建一个表，其中第一列是行星的名称，第二列是 g 的值，第三列是物体下落的距离，为此需要使用字符串定义一个行星名称的列向量：

```
p=["Earth";"Moon"];
```

一旦定义了 g、d 和 p，就可以利用 table 函数将它们组合在一起，创建一个表(所有输入向量必须为列向量)，即

```
table(p,g,d)
```

返回结果为

```
ans =

 2 × 3 table
        p          g        d
     _______      ___     _____

     "Earth"      9.8     49000
      "Moon"      1.6      8000
```

注意，列的名称默认为变量名。可以添加两个附加字段来指定更有意义的列名称，即

```
table(p,g,d,'VariableNames',["Planet","g","Distance"])
ans =

 2 × 3 table
      Planet       g      Distance
     _______      ___     ________

     "Earth"      9.8      49000
      "Moon"      1.6       8000
```

请注意，Variable Names 是用单引号指定的。这是少数几个仍然需要使用单引号的例子之一。如果用户忘记了，MATLAB 将发出一条错误消息并提供适当的提醒。

如果没有 ans= 这一行，输出的表会更整洁。为此，将代码嵌套在 disp 函数中

```
disp(table(p,g,d,'VariableNames',["Planet","g","Distance"])
```

输出结果为

```
  Planet      g      Distance
 ________    ___    _________
 "Earth"     9.8      49000
 "Moon"      1.6       8000
```

为保存表中数据，为其设置一个变量名，输入：

```
my_earth_moon_data = table(p,g,d,'VariableNames',["Planet",...
"g","Distance"]);
```

通过在工作区窗口中双击表变量，可以看到表中存储的数据内容。变量编辑器将在编辑窗口中打开，如图 7.6 所示。还可以在变量编辑器中以交互方式更改存储在表中(或任何其他变量)的变量值，甚至可以给数据集添加新的信息行。

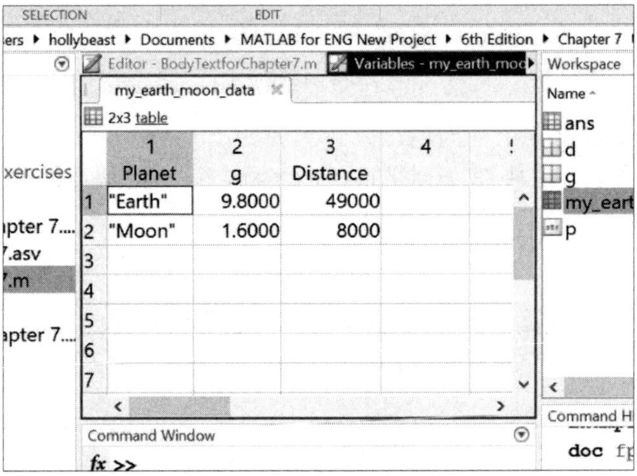


图 7.6　打开变量编辑器窗口

## 7.3　图形输入

MATLAB 提供了一种从图形输入有序数据对 $x$、$y$ 坐标值的方法。使用 ginput 命令可以在图形窗口中任选一点，并将该点的位置转换成对应的 $x$ 和 $y$ 坐标值。语句

```
[x,y] = ginput(n)
```

中，MATLAB 要求用户在图形窗口中任选 $n$ 个点。若不输入 $n$ 的值，例如，

```
[x,y] = ginput
```

则 MATLAB 会不断地将选取的点转换为直角坐标值，直到键入回车键。

这种方法非常适合于在图形中选取数据点。考虑图 7.7 中的图形，令 $x$ 在 5 到 30 之间取值，计算 $y$ 值后创建图形：

```
x = 5:30;
y = x.^2 - 40.*x + 400;
plot(x, y)
axis([5,30, -50,250])
```

在图形中设置坐标轴的范围，使图形更易于跟踪。

一旦 ginput 函数已经执行，如

```
[a,b] = ginput
```

则 MATLAB 会在图中添加一个浮动的十字准线，用鼠标移动十字光标到图形中合适的点，单击鼠标右键，然后在菜单中选择 Return（回车），就将该点的 *x* 和 *y* 坐标值发送到程序中了：

```
a =
  24.4412
b =
  19.7368
```

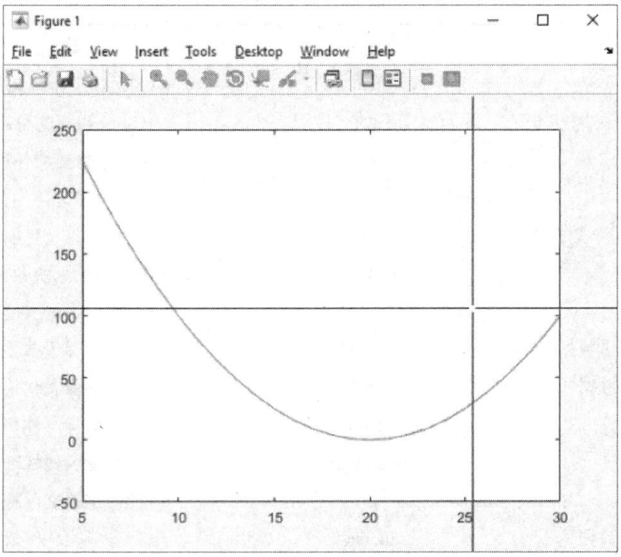


图 7.7　ginput 函数允许用户从图形中选取数据点

## 7.4　从文件中读写数据

数据可以用多种不同的格式存储，具体取决于创建数据的设备和程序以及应用程序。例如，声音存储在.wav 文件中，图像存储在.jpg 文件中，许多应用程序将数据存储在 Excel 电子表格（.xls 或 xlsx 文件）中。这些文件中最通用的是 ASCII 文件，通常存储为.dat 或.txt 文件，有时需要把数据导入 MATLAB 中，用 MATLAB 程序进行分析和处理，有时则需要把数据存储为其中的一种格式，使其容易从 MATLAB 中导出到其他应用程序中。

### 7.4.1　导入数据

#### 导入向导

如果从当前文件夹中选择一个数据文件并双击该文件名，就会弹出 Import Wizard（导入向导）。Import Wizard 会确定文件中的数据属于哪种类型，并建议在 MATLAB 中表示数据的方法。表 7.3 列出了 MATLAB 能识别的数据类型。MATLAB 并不支持所有的数据格式，通过搜索帮助可以查找到 MATLAB 支持的文件格式的完整列表。

Import Wizard 可用于导入简单的 ASCII 文件，许多其他格式文件也可以使用 Import Wizard 导入，Import Wizard 可以用 uiimport 函数编写下面的命令行启动：

```
uiimport("filename.extension")
```

例如，使用各种软件工具录制声音文件或在互联网上查找现有文件很容易。要导入声音文件，如 dave.wav，输入

```
uiimport("dave.wav")
```

就会打开 Import Wizard 的对话框，如图 7.8 所示。

**表 7.3 MATLAB 支持的数据文件类型**

| 文件类型 | 扩展名 | 备注 |
|---|---|---|
| 文本 | .mat | MATLAB 工作区文件格式 |
| | .dat | ASCII 数据文件格式 |
| | .txt | ASCII 数据文件格式 |
| | .csv | 以逗号分隔的值 |
| 其他常用的科学数据格式 | .cdf | 一般数据文件格式 |
| | .fits | 灵活的图像传输系统数据文件格式 |
| | .hdf | 层次化数据文件格式 |
| 电子表格数据 | .xls 或.xlsx | Excel 电子表格文件格式 |
| 图像数据 | .tiff | 标记图像文件格式 |
| | .bmp | 位图图像文件格式 |
| | .jpeg 或.jpg | 图片压缩编码标准格式 |
| | .gif | 图形交换文件格式 |
| 音频数据 | .au, .snd | 音频文件格式 |
| | .wav | 微软公司开发的声音文件格式 |
| | .mp4 | MPEG-4 |
| 视频 | .avi | 音频/视频隔行扫描的文件格式 |
| | .mpg | 运动图像专家组 |

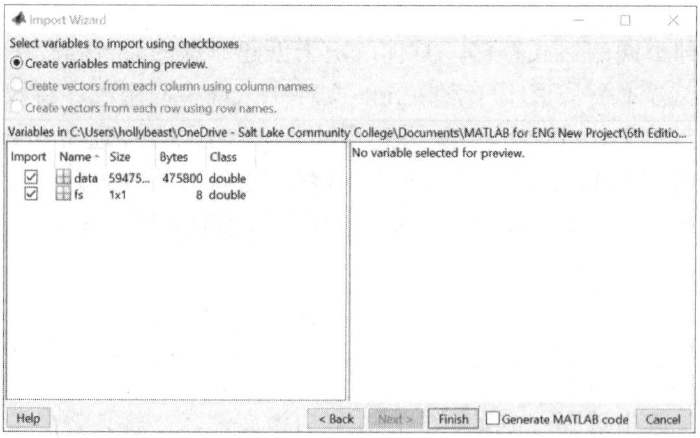


图 7.8 执行命令 `uiimport` 弹出的 Import Wizard 窗口

启动 Import Wizard 的两种方法(双击当前文件夹窗口中的文件名，或在命令窗口中使用 `uiimport` 函数)都需要与用户进行交互(通过向导)。如果要从 MATLAB 程序加载数据文件，则需要不同的方法。

**导入命令**

如果不愿意使用交互式的 Import Wizard，可以使用专门为读取每种支持的文件格式而设计的函数。例如，读取.wav 文件，则使用 audioread 函数：

```
[data,fs] = audioread("dave.wav")
```

显然，使用这种方法必须要知道数据类型，才能对创建的变量进行恰当的命名。要想使用已经导入的文件，则必须使用与数据相配的函数。对于.wav 文件，sound 函数是合适的，因此播放 dave.wav 文件的代码为

```
sound(data,fs)
```

一个非常有用的导入函数是 readtable，它可以导入表格形式存储的数据并将其存储在表数组中。数据类型由文件扩展名决定。表 7.4 列出了支持的数据类型。

**表 7.4　导入函数 readtable**

| 扩展名 | 数据类型 |
| --- | --- |
| .txt，.dat，.csv | 分隔文本文件 |
| .xls,.xlsb,.xlsm,.xlsx,.xltm,.xltx,.ods | 电子表格文件 |
| .xml | 可扩展标记语言文件 |

该函数自动为表中每列数据确定合适的数据类型，并根据第一行中的数据为每一列分配变量名。表数组将在后面的章节中进行更详细的讨论。要访问 readtable 函数导入的表中数据，双击工作区窗口中的变量，并注意每一列分配的变量名。MATLAB 包含一个可用于实验的内置数据文件。要导入该文件，输入：

```
T = readtable("patients.dat");
```

输出结果是一个表数组，在工作区中显示为变量 T。双击该变量将打开变量编辑器，如图 7.9 所示。可以使用圆点语法提取表中某一列数据并重新命名，如：

```
Age = T.Age
```

如果不知道使用哪个函数来自动导入程序中的数据文件，Import Wizard 提供了生成 MATLAB 代码以自动完成导入任务的选项(位于底部任务栏)。如果在前面例子中选择了该选项，则会生成以下函数：

```
function importfile(fileToRead1)
% IMPORTFILE(FILETOREAD1)
% Imports data from the specified file
% FILETOREAD1: file to read

% Auto-generated by MATLAB on 13-Jun-2021 15:06:01

% Import the file
newData1 = importdata(fileToRead1);
% Create new variables in the base workspace from those fields.
vars = fieldnames(newData1);
for i = 1:length(vars)
    assignin('base', vars{i}, newData1.(vars{i}));
end
```

要使用该函数，请将其保存到当前目录下。要以编程方式加载 dave.wav 文件中的数据，输入下面代码：

```
importfile("dave.wav")
```

数据存储格式是不断变化的，这会影响 MATLAB 解释它们的能力。例如，一些(但不是全部).wav 文件使用了 MATLAB 不支持的数据压缩算法。

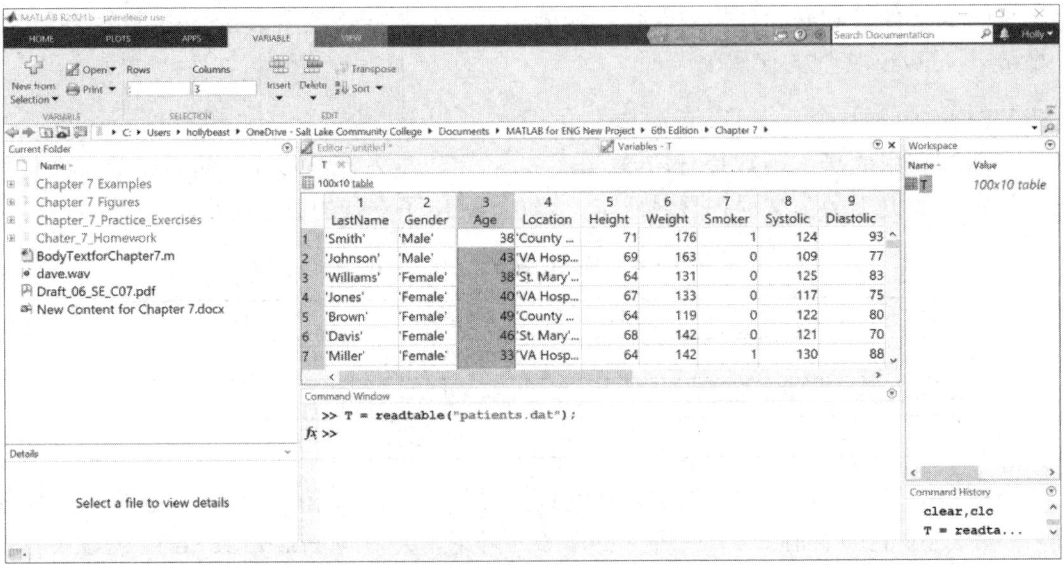

图 7.9 变量编辑器显示表中数据

### 7.4.2 导出数据

要找到合适的能把数据写入文件的函数，最简单的方法是用 help 教程找到读取数据文件的函数，然后通过链接找到 write 函数。例如读取 Excel 电子表格文件(.xls 或.xlsx 格式)，需要使用 readtable 函数，其语法结构为

```
readtable("filename.xlsx")
```

在教程的最后，提供了把数据写入 Excel 文件的函数，即

```
writetable(T,"filename")
```

其中，T 是需要保存到 Excel 电子表格文件中的矩阵。

## 7.5 调试代码

软件 bug 是编写代码中存在的问题，它可能是一个失误(编码错误)，会导致代码根本无法工作，也可能是一个逻辑错误，导致产生一个错误结果。“bug”一词起源于电子产品，现实世界中的昆虫有时会造成设备故障。也许最著名的例子是 1947 年著名的早期计算机科学家格蕾丝 • 霍珀(Grace Hopper)领导的一个研究小组[见图 7.10(b)]在最早的计算机之一，即 Harvard Mark II Aiken Relay Calculator 内部发现的飞蛾[见图 7.10(a)]。

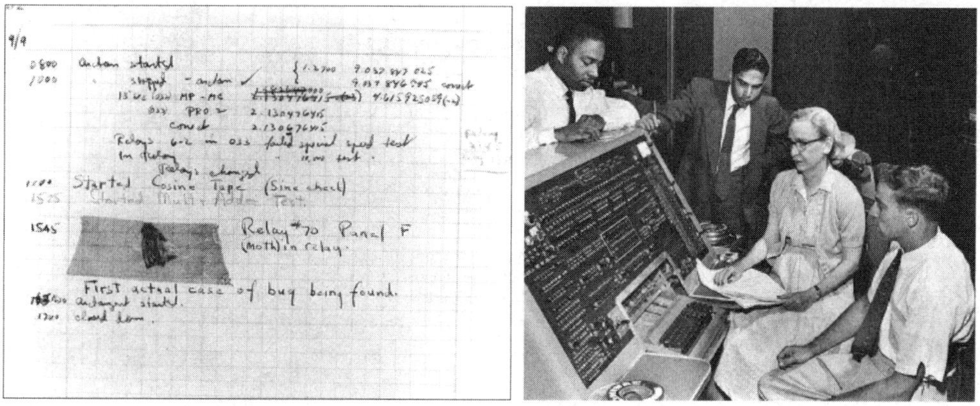


(a)　　　　(b)

图 7.10　在 Harvard Mark II Aiken Relay Calculator 继电器中发现被困的飞蛾

MATLAB 包含很多帮助用户调试代码的工具，包括代码分析器(错误栏)和更全面的工具，这些工具允许用户单步执行代码。

## 7.5.1　代码分析器

每当创建脚本或实时脚本时，在图形窗口的右侧，都会出现一个垂直栏，标记存在实际错误或 MATLAB 发出警告的位置，同时代码中相关部分的代码会高亮显示。例如，在图 7.11 中，显示了脚本文件中编写的程序，其中有几处用浅橙色高亮(指实际窗口中的颜色，下文同)显示，表示警告。若将光标放在高亮显示处(在代码中或沿着垂直栏)，则会出现一条消息，提示解决问题的办法。并非每个警告都对应一个实实在在的问题。例如，图 7.11 中为程序发出的警告是由行末没有分号的代码行引起的，在这种特殊情况下，用户希望命令窗口显示代码的输出结果，而在其他情况下，用户可能希望抑制输出。通过选择主页标签上的

```
Preferences → Code Analyser
```

可以编辑显示的错误消息。

如果代码分析器错误栏上显示的错误标记为红色，它们将导致文件停止执行。在图 7.12 中，对代码进行了调整，以引入此类错误。本例，代码显示在实时脚本文件中，在存储 MATLAB 代码的每个选项中，代码分析器栏几乎完全相同。代码第 9 行的右侧括号缺失，如错误消息所示。可以通过单击错误栏顶部的指示来浏览警告和实际错误消息，该指示在脚本文件中为方形，在实时脚本文件中为红色感叹号。

## 7.5.2　调试工具栏

如果要在一段代码中寻找逻辑错误，通常有效的方法是分节运行，执行完一节后停止，再评估产生的结果，然后再继续运行下一节。采用分节模式是调试的一种方法，而调试工具栏提供了一种更综合的方法，可以设置断点(评估结果时代码停止执行的位置)，也可以采用单步法，即每次执行一行代码，依次执行完全部代码。在排除所有语法错误之后，才能启用断点。

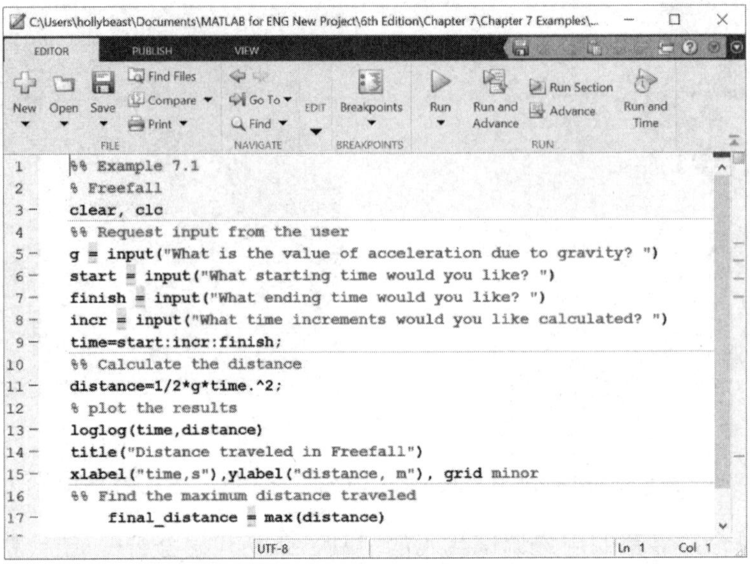

图 7.11　屏幕右侧的代码分析器可识别具有潜在错误的代码行

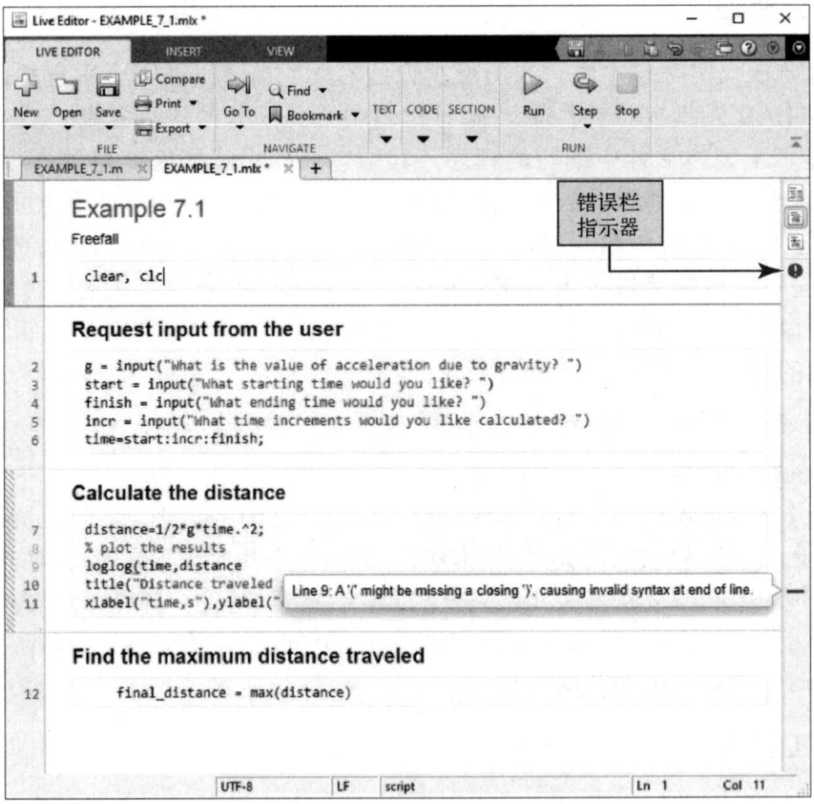


图 7.12　脚本文件的第 9 行出现错误

设置断点的方法是，鼠标左键单击编辑窗口左侧靠近行号处，或选择工具栏上的 Set/Clear Breakpoint 图标，就会出现一个红色指示器，如图 7.13 所示。如果指示器是灰色的，则表明程序中仍存在语法错误，或刚刚修改过的代码还没有保存。

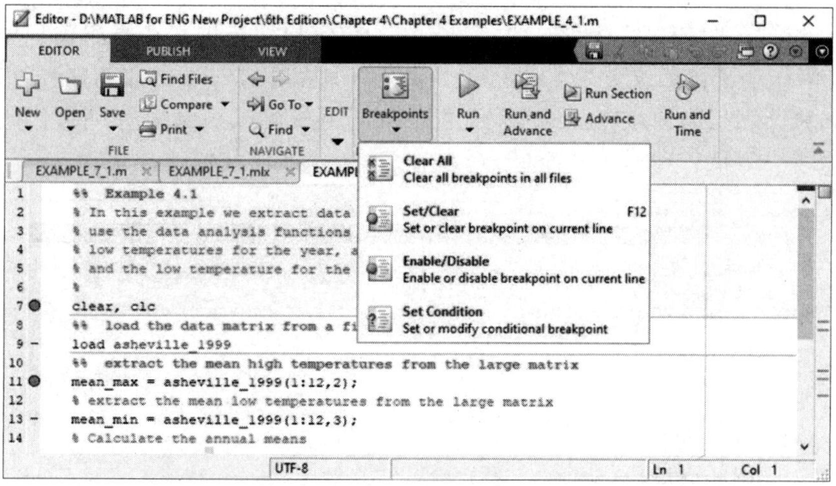

图 7.13　MATLAB 的代码分析工具使调试更加容易

当运行程序时，调试工具栏被激活，执行将在断点处暂停，其位置在脚本文件中用绿色箭头标记，或在实时脚本文件中使用绿色高亮显示，如图 7.14 所示。若要继续运行程序，选择断点工具栏中“Continue”图标即可。

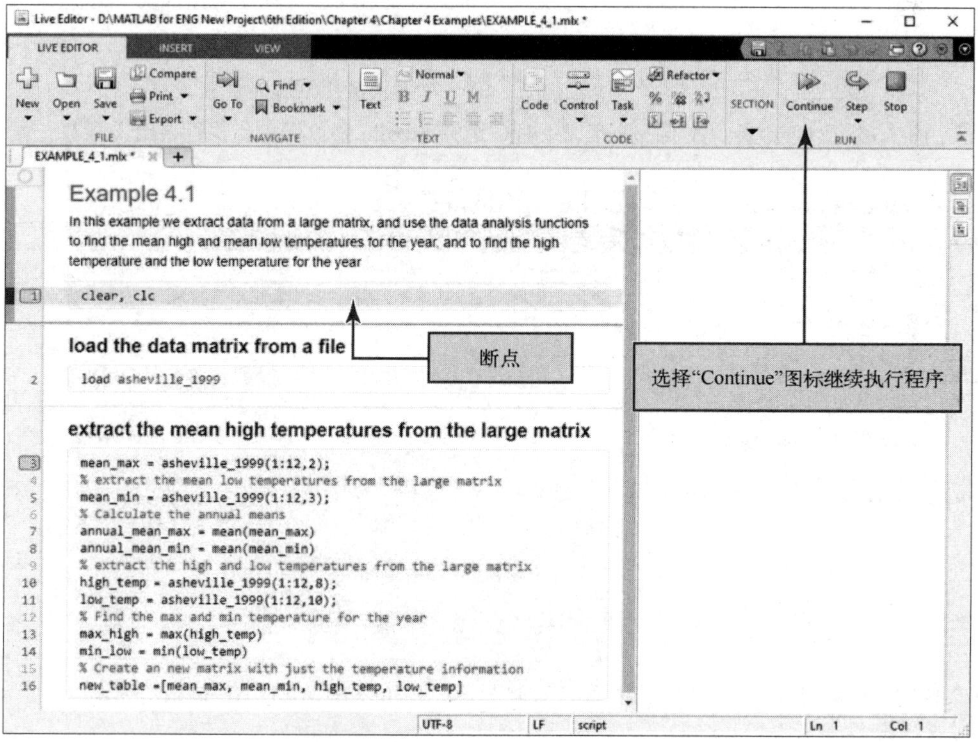


图 7.14　断点允许用户分段执行代码

也可以选择“Step”图标，单步执行代码。如果代码包含对自定义函数的调用，可以选择“Step In”图标，进入自定义函数并单步执行代码，若要离开自定义函数，选择“Step Out”图标即可。例如，图 7.15 显示了一个程序，该程序调用自定义函数 DR 和 RD(这两个函数已存储为独立的文件，因为它们对多个程序具有实用性)将角度更改为弧度、将弧度更改为角度。

在本例中，通过选择“VIEW”标签，并选择“Left/Right”选项，在编辑窗口中显示了实时脚本主程序和第一个子函数文件 DR。注意，“离开”主程序进入子函数的那一行被突出显示。完成子函数中的计算后，MATALAB 返回主程序，用户可以继续执行剩余代码，或者选择“Continue”选项，将执行移至下一个断点。

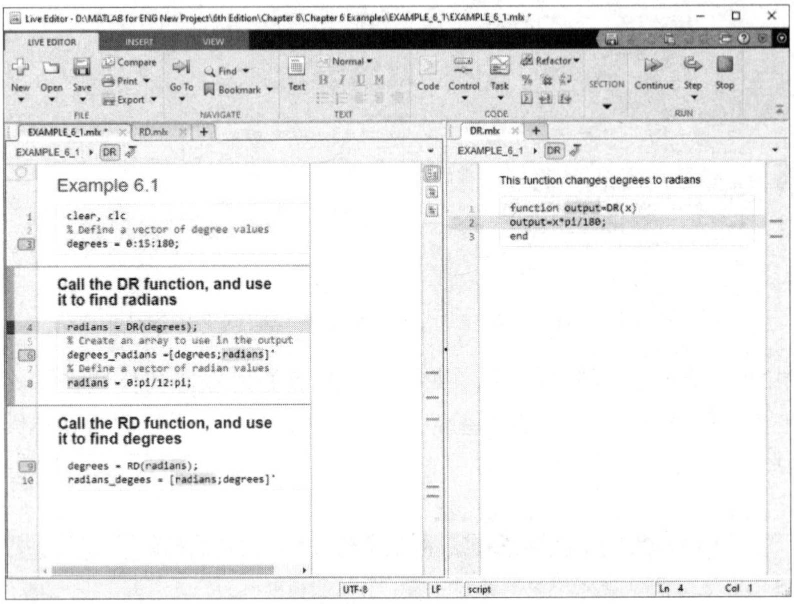


图 7.15　当自定义函数被主程序调用时，选择 Step In 则可以单步执行自定义函数

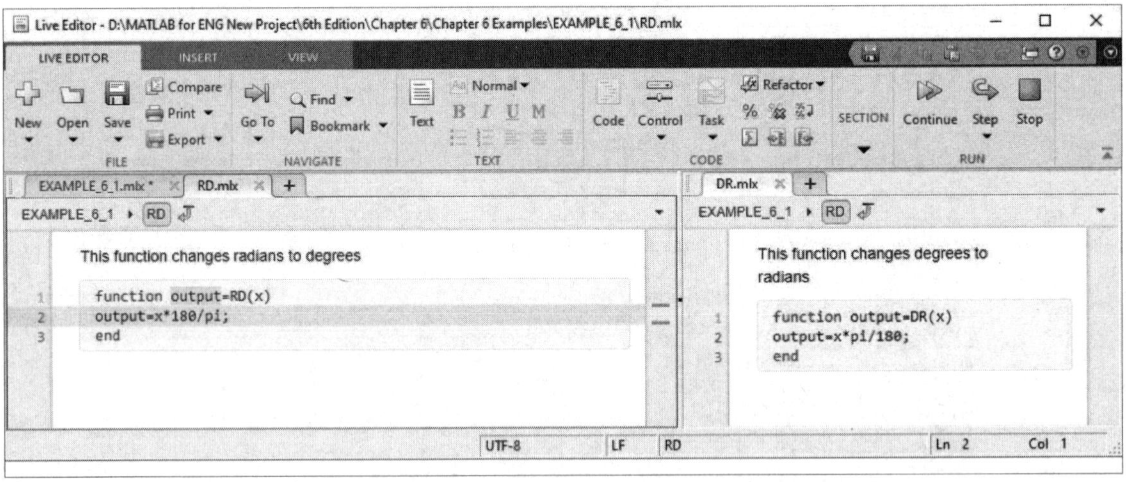


图 7.16　自定义函数可在编辑窗口中与主程序并排显示，也可以在 MATLAB 调试功能调用时自动显示

## 小结

MATLAB 中包含可实现用户与程序交互的函数，也允许用户控制向命令窗口的输出。input 函数会暂停程序的运行，并向命令窗口发出由程序员设计的提示，当用户输入

一个或多个数据后并按回车键，程序会继续执行。

显示函数 disp 允许程序员在命令窗口中显示字符串或矩阵的内容。尽管 disp 函数足以完成许多显示任务，但 fprintf 函数为结果显示方式提供了更多控制。程序员可以在同一行显示文本信息和计算结果，并指定使用的数据格式。sprintf 函数和 fprintf 函数的功能完全相同，然而，sprintf 函数的输出结果被分配了一个变量名，可以与其他需要字符串作为输入的函数一起使用。例如，用于注释图形的函数(如 title、text 和 xlabel 函数)都接受字符串作为输入，因此也接受 sprintf 函数的输出结果作为输入。除了其他变量类型，table 函数可以创建同时包含文本(字符串和字符数组)和数值的表。

对于需要图形输入的应用程序，ginput 命令允许用户通过从图形窗口中选择点来向程序提供输入。

MATLAB 能够以多种流行的文件格式导入和导出数据，在文件格式页面的帮助教程中可以看到完整的格式列表。

位于编辑窗口右侧的代码分析器错误栏能识别存在潜在错误的代码行，警告用橙色显示，能导致代码终止执行的错误以红色显示。调试工具栏中提供了更多的调试工具。

### MATLAB 小结

下表对本章介绍的 MATLAB 特殊字符、命令和函数进行列表总结。

| 特殊字符 | 说明 | 特殊字符 | 说明 |
|---|---|---|---|
| '' | 字符串的开始和结束标志 | %s | 字符串符号 |
| % | fprintf 命令中的占位符 | %% | 分节符 |
| %f | 定点或十进制数符号 | \n | 换行符 |
| %d | 有符号整数符号 | \r | 回车(和换行类似) |
| %e | 指数符号 | \t | 制表符 |
| %g | 定点数或指数符号 | \b | 退格 |

| 命令和函数 | 说明 |
|---|---|
| disp | 在命令窗口显示字符串或矩阵 |
| fprintf | 创建可发送到命令窗口或文件中的格式化输出 |
| ginput | 从图形中获取数据点坐标 |
| input | 提示用户输入 |
| num2str | 把数字转换成字符串 |
| pause | 暂停程序 |
| readtable | 从文件中读取数据来创建表 |
| sound | 通过扬声器播放 MATLAB 数据 |
| sprintf | 与 fprintf 类似，创建格式化输出并将其分配给一个变量，存储为字符数组 |
| table | 创建包含多种数据类型的表 |
| uiimport | 打开输入向导 |
| writetable | 将 MATLAB 中的数据以流行的数据格式导入文件 |

## 关键术语

| | | | | | |
|---|---|---|---|---|---|
| 字符数组 | 精度域 | 字符串 | 连接 | 节 | 宽度域 |
| 格式化输出 | 进入 | 离开 | | | |

# 习题

### input 函数

**7.1** 创建 M 文件，提示用户输入 $x$ 的数值，计算 sin($x$)。

**7.2** 创建 M 文件，提示用户输入下面的矩阵：

```
[1, 5, 3, 8, 9, 22]
```

用 `max` 函数求矩阵中的最大值。

**7.3** 圆锥体的体积为

$$V = 1/3\times 底面积\times 高$$

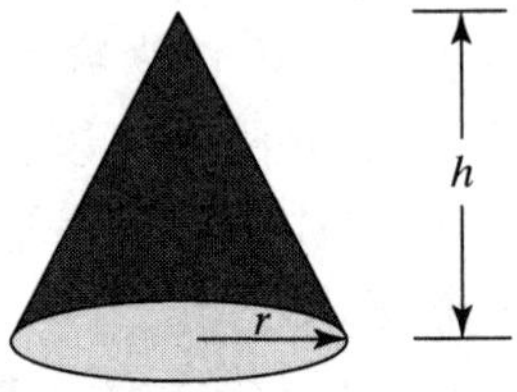


图 P7.3 圆锥体体积

提示用户输入圆锥体的底面积和高(见图 P7.3)，计算圆锥体的体积。

### disp 函数

**7.4** “Hello，World”是许多学生首先编写的计算机程序之一。该程序唯一能做的就是把这条信息输出到电脑屏幕上。使用 `disp` 函数编写“Hello，World”程序。

**7.5** 创建 M 文件，用两个独立的 `input` 语句分别提示输入用户的姓和名，并用 `disp` 函数把姓和名在同一行显示出来(要求把姓名和空格组合到同一数组中)。

**7.6** 编写程序，提示用户输入年龄，利用 `disp` 函数把输入的年龄回显到命令窗口。例如用户输入年龄为 5，则应输出

```
Your age is 5
```

该输出需要在 `disp` 函数中组合字符(字符串)和数值数据——可以用加号运算符(+)连接字符串和数值完成。

**7.7** 编写程序，提示用户输入数字数组。用 `length` 函数确定输入数据的个数，并用 `disp` 把结果输出到命令窗口。

### fprintf 函数

**7.8** 重做习题 7.7，用 `fprintf` 函数输出结果。

**7.9** 利用 `fprintf` 函数创建一个 1 到 13 乘以 6 的乘法表。输出结果应该是这样的形式：

1 乘 6 等于 6

2 乘 6 等于 12

3 乘 6 等于 18

⋮

**7.10** 在计算器普及之前(大约 1974 年)，学生们使用数学表确定正弦、余弦和对数等数学函数的值。创建一个正弦值数学表，步骤如下：

- 创建角度向量，范围在 0 到 2π 之间，步长为 π/10；
- 计算每个角度的正弦值，用角度和计算出来的正弦值创建表；

- 分别用两个 disp 语句给表加上标题和各列的表头；
- 用 fprintf 函数显示数据，要求小数点后保留两位数字。

**7.11** 原子的单位通常是埃。1 埃等于 $10^{-10}$ 米，用符号 Å 表示。创建一个英寸到埃的换算表，把 1 英寸到 10 英寸换算成埃：

- 用 disp 函数给表添加标题和各列表头；
- 用 fprintf 函数显示数字信息；
- 由于用埃表示数据很长，因此需用科学记数法表示输出结果，小数点后显示两位数字。这相当于用三位有效数字表示，其中小数点之前一位，小数点之后两位。

**7.12** 用搜索引擎和浏览器确认最新的英镑、日元和欧元兑美元的汇率，按下面要求创建表(用 disp 函数在表中添加标题和列标签，用 fprintf 函数输出格式化数据)：

(a) 创建从日元到美元的换算表，表中共有 25 行，从 5 日元开始，步长为 5 日元；

(b) 创建从欧元到美元的换算表，表中共有 30 行，从 1 欧元开始，步长为 2 欧元；

(c) 生成一个包含四列数据的表，第一列是美元，第二列是等值的欧元，第三列是等值的英镑，第四列是等值的日元。其中第一列美元的币值范围为 1～10，步长为 1。

### table 函数

**7.13** 对于表 P7.13 中的患者数据：

**表 P7.13　患者数据**

| 患者姓氏 | 患者名字 | 年龄 | 身高 (inch) | 体重 (lb) |
|---|---|---|---|---|
| Smith | Jessica | 6 | 47 | 82 |
| Toledo | Maria | 22 | 66 | 140 |
| Webb | Milton | 92 | 62 | 110 |
| Nguyen | Phan | 45 | 72 | 190 |

(a) 使用字符串，创建姓氏的列向量 last；

(b) 使用字符串，创建名字的列向量 first；

(c) 创建年龄、身高和体重的列向量；

(d) 使用 table 函数显示信息。

### 联合使用 input、disp、fprintf 和 table 函数

**7.14** 创建温度换算表。下列等式分别描述了华氏温度($T_F$)、摄氏温度($T_C$)、开氏温度($T_K$)和兰金温度($T_R$)之间的换算关系：

$$T_F = T_R - 459.67°R$$

$$T_F = \frac{9}{5}T_C + 32°F$$

$$T_R = \frac{9}{5}T_K$$

需要整理这些表达式来求解下面问题：

(a) 创建数据表，把 0° F 到 200° F 的华氏温度换算成开氏温度。由用户输入华氏温度的步长，使用 disp 函数和 fprintf 函数创建带有标题、列标签和适当间距的表。

(b) 创建一个有 25 行的数据表，把摄氏温度换算成兰金温度。由用户输入起始温度和步长，使用 `disp` 函数和 `fprintf` 函数创建带有标题、列标签和适当间距的表。

(c) 创建数据表，把摄氏温度换算成华氏温度。由用户输入起始温度、步长和数据的行数。使用 `disp` 函数和 `fprintf` 函数创建带有标题、列标签和适当间距的表。

**7.15** 在工程中经常使用英制单位和国际制单位。有些领域主要使用其中之一，但在大部分领域中两种单位制都使用。例如，燃烧化石燃料输入蒸汽发电厂的能量比率通常用英热单位每小时(Btu/h)衡量，但同一个发电厂产生的电能通常用焦耳/秒(J/s，即瓦特)来衡量。而汽车发动机一般用马力或英尺磅每秒[(ft · lbf)/s]表示。下面的等式描述了这几个功率单位的换算关系：

$$1\ \text{kW} = 3412.14\ \text{Btu/h} = 737.56\ (\text{ft}\cdot\text{lbf})/\text{s}$$

$$1\ \text{hp} = 550\ (\text{ft}\cdot\text{lbf})/\text{s} = 2544.5\ \text{Btu/h}$$

(a) 创建千瓦(kW)到马力(hp)的换算表。数据范围在 0～15 kW 之间，用 `input` 函数提示用户输入数据的步长，用 `disp` 函数和 `fprintf` 函数创建带有标题、列标签和适当间距的表；

(b) 利用 `table` 函数重做(a)；

(c) 创建(ft · lbf)/s 到 Btu/h 的换算表。从 0 (ft · lbf)/s 开始，由用户输入步长和最后一个数据值，用 `disp` 函数和 `fprintf` 函数创建带有标题、列标签和适当间距的表；

(d) 利用 `table` 函数重做(c)；

(e) 创建 kW 到 Btu/h、hp 和(ft · lbf)/s 的换算表，提示用户定义 kW 的初始值、kW 的最终值和步长。用 `disp` 函数和 `fprintf` 函数创建带有标题、列标签和适当间距的表；

(f) 利用 `table` 函数重做(e)。

**Ginput 函数**

**7.16** 当时间 $t = 0$ 时，火箭发动机关闭，此时火箭已到达 500 m 的高度，并以 125 m/s 的速度上升。此时，重力起主导作用。火箭的高度是时间的函数：

$$h(t) = -\frac{9.8}{2}t^2 + 125t + 500,\quad t > 0$$

画出火箭 0～30 s 高度曲线，然后

- 使用 `ginput` 函数估计火箭能到达的最大高度和火箭撞击地面的时间；
- 使用 `disp` 命令把结果输出到命令窗口。

**7.17** `ginput` 函数一般用于在图形中提取数据点。通过执行以下操作演示此功能：

- 通过定义 0～2π 的角度数组(间距为 π/100)，创建一个圆的图形；
- 用 `ginput` 函数在圆周上选取两个点；
- 用 `hold on` 保持图形，在所选两点之间绘制一条直线；
- 利用这两点的数据计算它们之间的直线长度(提示：利用勾股定理)。

**7.18** 近年来汽油价格剧烈波动，各汽车公司纷纷开发高效节能汽车，尤其是混合动力汽车。对比购买丰田佳美的混合动力汽车和普通汽车哪个更省钱，混合动力汽车价格比较昂贵，但油耗更低。表 P7.18 列出了汽车的价格和燃油效率。

表 P7.18　普通汽车和混合动力汽车的比较

| 年份 | 型号 | 报价 | 燃油效率，城镇/公路(mpg) |
|---|---|---|---|
| 2021 | Prius Prime | $28220 | 54/133 |
| 2021 | Toyota Camry | $25045 | 28/39 |
| 2021 | Toyota Camry Hybrid | $27270 | 51/53(混合动力车在城镇可能比在公路上燃油效率高) |
| 2021 | Toyota Highlander | $35085 | 22/29 |
| 2021 | Toyota Highlander Hybrid | $38735 | 36/35 |
| 2020 | Ford Fusion Titanium | $34450 | 21/31 |
| 2020 | Ford Fusion Titanium Hybird | $34595 | 43/41 |
| 2020 | Ford Fusion Titanium Plug-In Hybird | $35000 | 109/97 |
| 2021 | Ford F-150 | $29290 | 19/22 |
| 2022 | Ford F-150 Lightning | $39974 | 85 |

比较两辆车的方法之一是计算“总成本”：

总成本 = 购买成本 + 维护成本 + 汽油成本

本题假设维护成本是相同的，为方便比较，将它们都设置为零。

(a) 过几年后汽油的价格是多少？提示用户输入汽油成本的估计值(美元/加仑)；

(b) 以(a)中的汽油价格估算为基础，“总成本”是汽车行驶里程的函数，根据该函数绘制两条曲线的 $x$-$y$ 图，这两条曲线的交点就是盈亏平衡点；

(c) 用 `ginput` 函数从图中提取盈亏平衡点的数据；

(d) 用 `sprintf` 函数创建一个标识盈亏平衡点的字符串，并在图上创建一个注释文本框，用 `gtext` 函数把文本框放在合适的位置上。

**7.19** 将作业保存为一个实时脚本文件。运行该文件，结果显示在页面的右侧。如果把文件划分为多个代码节，每个代码节对应一个习题，则会获得一个更整洁实用的程序。

# 第 8 章　逻辑函数和选择结构

**本章目标**

学完本章后应能够：

- 在比较语句中应用关系运算符和逻辑运算符；
- 使用 find 函数；
- 使用逻辑索引；
- 明确 if/else 系列命令的用法；
- 明确 switch/case 结构的用法；
- 明确 MATLAB 中逻辑函数、索引方法和选择结构的优缺点。

## 概述

计算机程序(不仅是 MATLAB 程序)设计的思路之一是合理组织程序语句的结构。通常，计算机的控制结构可以分为以下几类：顺序结构、选择结构和循环结构(见图 8.1)。到目前为止，已经编写了包含顺序结构的代码，还没有编写过其他结构的代码。

- 顺序结构是按顺序依次执行的命令列表。
- 选择结构是指如果条件为真，则执行一个(或一组)命令，如果条件为假，则执行另一个(或一组)命令。根据逻辑条件，选择语句提供了在这些路径之间的选择方法，其中的评测条件常常同时包含关系运算符、逻辑运算符和函数。
- 循环结构是让一组语句执行多次，执行循环的次数取决于计数器或逻辑条件的评测结果。

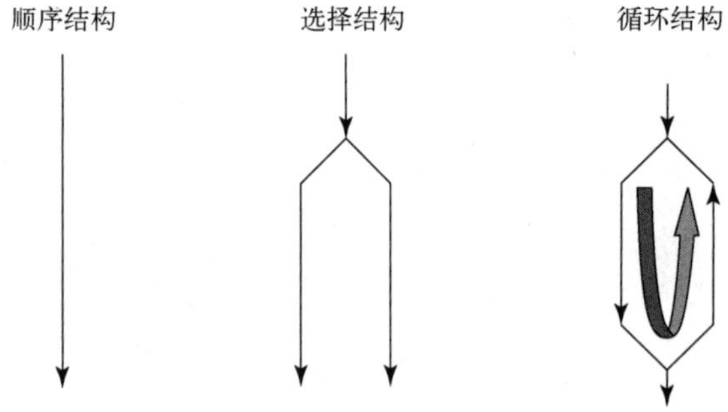


> **关键知识**
> 控制结构决定计算机程序的各个部分的执行顺序。

图 8.1　MATLAB 中的程序控制结构

## 8.1　关系运算符与逻辑运算符

MATLAB 程序中使用的选择结构和循环结构依赖关系运算符和逻辑运算符，MATLAB 中有 6 种关系运算符，用于比较大小相同的两个矩阵，如表 8.1 所示。

比较后的结果非真即假，大多数编程语言(包括 MATLAB)用数字 0 表示 false，用数字 1 表示 ture(实际上，MATLAB 中任何非“0”的数值都表示逻辑真)，如果定义了两个标量：

```
x = 5;
y = 1;
```

使用关系运算符，例如“<”，比较的结果

```
x<y
```

要么是真，要么是假，在这个例子中，因为 x 不小于 y，因此 MATLAB 的计算结果为

```
ans =
     0
```

表 8.1 关系运算符

| 关系运算符 | 含义 |
|---|---|
| < | 小于 |
| <= | 小于等于 |
| > | 大于 |
| >= | 大于等于 |
| == | 等于 |
| ~= | 不等于 |

这表明比较结果为假。MATLAB 在选择结构和循环结构中利用这个结果来做决策。

当然，MATLAB 中的变量通常表示整个矩阵(数组)，如果重新定义 x 和 y，可以看到 MATLAB 是如何处理矩阵之间比较的。例如，

```
x = 1:5;
y = x -4;
x<y
```

**关键知识**
关系运算符用于数值比较。

返回值

```
ans =
     0   0   0   0   0
```

MATLAB 对相应的元素进行了比较，并创建了一个由 0 和 1 组成的答案矩阵。在前面的例子中，x 中的元素大于 y 中对应的元素，因此每次比较都是假，结果就是一串 0。但是如果已知：

```
x = [ 1, 2, 3, 4, 5];
y = [-2, 0, 2, 4, 6];
x<y
```

那么返回值为

```
ans =
     0   0   0   0   1
```

答案表明，前四个元素比较结果是假，但最后一个元素比较结果是真。如果整个矩阵比较结果为真，则矩阵中的每个元素比较结果必须都为真，也就是所有的结果都必须为 1。

**提示：**通常容易弄混淆的是相等运算符(==)和赋值运算符(=)，相等运算符(==)用于比较两个值是否相等，如果相等则结果为真，如果不相等则结果就为假。而赋值运算符(=)用于将表达式右边的值赋值给内存某地址。例如，语句

```
x = 5
```

将数值 5 存储到一个名为 x 的内存地址。但是如果把赋值运算符写成了比较运算符

```
X == 3
```

返回值就为 0，因为比较结果为假。

```
ans =
     0
```

MATLAB 也允许使用与、或、非逻辑运算符进行组合比较运算(如表 8.2 所示)。

表 8.2 逻辑运算符

| 逻辑运算符 | 含义 |
| --- | --- |
| & | 与 |
| ~ | 非 |
| \| | 或 |
| xor | 异或 |
| && | 快捷与(用于标量) |
| \|\| | 快捷或(用于标量) |

代码:

```
x = [ 1, 2, 3, 4, 5];
y = [-2, 0, 2, 4, 6];
z = [ 8, 8, 8, 8, 8];
z>x & z>y
```

返回值为

```
ans =
     1  1  1  1  1
```

结果表示 z 中的每一个元素均大于 y 和 x 中的对应元素。表达式

```
x>y | x>z
```

这里表达式读作“x 大于 y 或 x 大于 z”，返回值为

```
ans =
  1  1  1  0  0
```

> **关键知识**
> 逻辑运算符用于组成比较语句。

这说明了前三个元素条件为真，后两个元素条件为假。

MATLAB 支持&&(快捷与)和 ||(快捷或)运算符，但是这些运算符只能用于标量运算。为了节约计算时间，这些运算符对语句只进行必要的计算来确定表达式是真还是假。例如下面的表达式：

```
5<3 && 10>2
```

左边的比较运算结果为假，因此右边的比较运算就无关紧要了。同样，在下面的表达式中：

```
12>3 || 2>5
```

左边的比较运算结果为真，右边的比较运算也被忽略掉了。

这些关系运算符和逻辑运算符在选择结构和循环结构中用来决定执行哪些命令。

## 8.2 流程图和伪代码

编程工具组中添加了选择结构和循环结构后，在开始编码之前规划程序就变得更加重要了，常见程序规划的方法是使用流程图和伪代码。流程图是一种进行编码规划的图形化方法，伪代码是编码规划的文字描述方法，在编程项目中可能希望使用其中之一或两者都使用。

对于简单的程序，伪代码可能是最好的(或者至少是最简单的)编码规划方法：

> **关键知识**
> 流程图和伪代码用于规划编程任务。

- 列出一组求解问题所采取的步骤大纲性质的说明语句;
- 将这些步骤转换为 MATLAB 程序中的注释;
- 在注释行之间将合适的 MATLAB 程序代码插入文件中。

下面是个非常简单的例子:假设要求创建一个程序,能将 mph(英里每小时)转换成 ft/s(英尺每秒)，输出是一个包含标题和列标题的表，可以按以下大概步骤来做：

- 定义 mph 值的向量;

- 将 mph 转换为 ft/s；
- 将 mph 和 ft/s 向量合并成一个矩阵；
- 创建一个表的标题；
- 创建列标题；
- 显示这个表。

**关键知识**
将伪代码转换为注释，然后根据注释创建代码。

确定了这些步骤之后，将其作为注释放入 MATLAB 的程序中：

```
% Define a vector of mph values
% Convert mph to ft/s
% Combine the mph and ft/s vectors into an array
% Create a table title
% Create column headings
% Display the table
```

接下来就可以向脚本中插入合适的 MATLAB 代码了。

```
%% Define a vector of mph values
  mph = 0:10:100;
% Convert mph to ft/s
  fps = mph*5280/3600;
% Combine the mph and ft/s vectors into an array
  chart = [mph;fps]
% Create a chart title
  disp("Velocity Conversion Table")
% Create column headings
  disp(" mph f/s")
% Display the chart
  fprintf("%8.0f %8.2f \n",chart)
```

**关键知识**
流程图是计算机程序的图形表示，特别适用于复杂编程任务。

如果能在前期编码规划中投入一些时间，那么开始编程后可能就无须对伪代码做过多的修改。

**提示：** 初学者通常认为使用上节阐述的方法(创建每行代码的注释)进行编程是“不必要”的，常会跳过这一步。但是，当开始直接上手写程序时就会发现，边写程序边关注每一步所发生的事情，比预想的要困难。因此，哪怕针对的是简单代码，先系统的规划一下，也会较好地节约时间。随着专业知识的丰富，可在代码中使用短注释，但对于一个规范的代码文档来说注释是必需的。

独立流程图或者与伪代码结合的流程图，特别适合于复杂的编程任务。可以用图形化的方式创建一个程序“大图”，然后将大图条目转换为程序注释的伪代码。在开始绘制流程图之前，需要了解一些标准的流程图符号(见表 8.3)。

图 8.2 是将 mph 转换为 ft/s 的流程图，对于这种简单问题，可能根本不用创建流程图，然而，随着问题越来越复杂，流程图就变成了一种宝贵的工具，有助于更好的整理思路。

创建了流程图后，就可以将想法转换成 MATLAB 程序中的注释行，然后在注释行之间添加相应的代码。

流程图和伪代码都是用来帮助更好的创建计算机程序的工具，也是向非编程人员有效地说明程序结构的工具。这是因为流程图和伪代码关注的是思维的逻辑过程，而不是编程细节。

**表 8.3　一些标准的流程图符号**

| | |
|---|---|
|  | 椭圆表示代码的开始和结尾 |
|  | 平行四边形表示输入或输出过程 |
|  | 菱形表示决断(分支)点 |
|  | 矩形框内放置计算过程 |

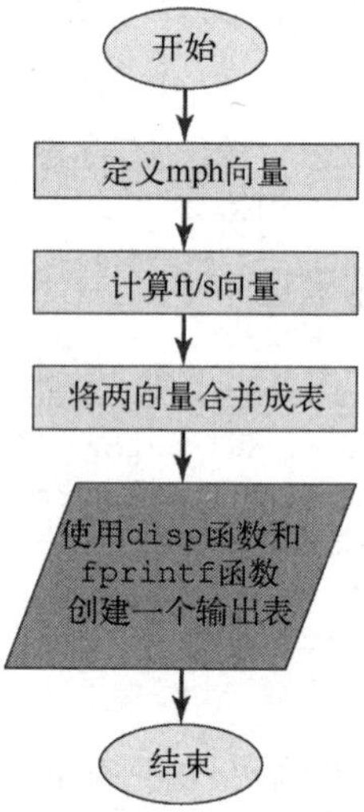


图 8.2　流程图使程序结构可视化变得简单

## 8.3　逻辑函数

MATLAB 既提供了传统的选择结构，如 `if` 函数族，也提供了一系列起到同等作用的逻辑函数。主要的逻辑函数有 `find` 函数，它常用来代替传统的选择结构和循环结构。`find` 函数与逻辑运算符结合使用时，是一个强大的工具，方便用户有效地分析和处理数据。

**提示：** 有经验的 MATLAB 程序员经常忽视逻辑函数而偏爱使用 `if` 条件语句和循环结构，因为他们已经熟练掌握这些结构的运用了。但逻辑函数(如 `find`)可以使代码更容易理解，且执行效率更快。而且，有针对性的使用 `find` 函数，可以避免嵌套循环和内部循环。众所周知，嵌套循环理解困难，常常是逻辑错误的来源。

### 8.3.1　find 命令

`find` 命令用于搜索矩阵，并确定该矩阵中哪些元素满足给定的条件。示例：美国海军学院要求申请者的身高至少为 5 英尺 6 英寸(66 英寸)，申请者身高列表如下：

```
height = [63,67,65,72,69,78,75];
```

用 `find` 命令可以找到符合条件的元素的索引号：

```
accept = find(height>=66)
```

该命令的返回结果为

```
accept =
    2   4   5   6   7
```

**关键知识**

逻辑函数通常是比传统选择结构更有效的编程工具。

`find` 函数返回的是矩阵中满足条件的索引号，如果想知道实际高度是多少，可以利用索引号调出每个元素：

```
height(accept)
ans =
     67   72   69   78   75
```

另一种方法是嵌套命令：

```
height(find(height>=66))
```

还可以通过 find 命令确定哪些申请者不符合标准，使用

```
decline = find(height<66)
```

返回结果是

```
decline =
     1    3
```

要创建易读的输出结果，需要使用 disp 函数和 fprintf 函数：

```
disp("The following candidates meet the height requirement");
fprintf("Candidate #%2.0f is%3.0f inches tall\n",[accept;
height(accept)])
```

命令窗口中返回的结果如下：

```
The following candidates meet the height requirement

Candidate #  2 is  67 inches tall
Candidate #  4 is  72 inches tall
Candidate #  5 is  69 inches tall
Candidate #  6 is  78 inches tall
Candidate #  7 is  75 inches tall
```

显然，还可以创建一个表，列出不符合要求的人员：

```
disp("These candidates do not meet the height requirement")
fprintf("Candidate #%2.0f is%3.0f inches tall\n",[decline;
height(decline)])
```

与前面的代码类似，命令窗口返回的结果如下：

```
These candidates do not meet the height requirement

Candidate #  1 is  63 inches tall
Candidate #  3 is  65 inches tall
```

| 身高(英尺) | 年龄(年) |
|---|---|
| 63 | 18 |
| 67 | 19 |
| 65 | 18 |
| 72 | 20 |
| 69 | 36 |
| 78 | 34 |
| 75 | 12 |

可以使用逻辑运算符创建较复杂的搜索条件。例如，假设申请者必须年满 18 岁，且小于 35 岁，那么可能的数据如左表所示。

有很多方法可以解决这个问题。一种方法是创建一个包含所有申请者数据的独立矩阵。

```
applicants = [63, 18; 67, 19; 65, 18; 72, 20; 69, 36;
        78, 34; 75, 12]
```

接下来，就可以利用 find 语句来分析数据了。首先用 find 语句检查上述矩阵的第 1 列，进而确定哪些申请人的身高大于等于 66 英寸；接着将结果与矩阵第 2 列中大于等于 18 岁且小于等于 35 岁的申请人进行与运算。

```
pass = find(applicants(:,1)>=66 & applicants(:,2)>=18
        & applicants(:,2) <= 35)
```

返回值为

```
pass =
   2
   4
   6
```

以上结果为符合所有标准的申请人名单。也可以使用 fprintf 函数来创建详细的输出结果。首先，创建要显示的数据表：

```
results = [pass,applicants(pass,1),applicants(pass,2)]';
```

然后使用 fprintf 函数将结果发送到命令窗口：

```
fprintf("Applicant #%d is %2.0f inches tall and %2.0f years
old\n",results)
```

结果列表如下：

```
Applicant #2 is 67 inches tall and 19 years old
Applicant #4 is 72 inches tall and 20 years old
Applicant #6 is 78 inches tall and 34 years old
```

到目前为止，只用 find 函数返回单索引号，如果由 find 函数定义两组索引号输出，例如，语句

```
[row, col] = find(criteria)
```

则将返回符合条件的行和列的编号(也称为行和列索引号)。

假设有一组在诊所测量的患者体温数据，列号表示测温诊所的 ID 号，如下：

```
temp = [95.3, 100.2, 98.6; 97.4,99.2, 98.9; 100.1,99.3, 97]
```

返回结果为

```
temp =
   95.3000   100.2000   98.6000
   97.4000    99.2000   98.9000
  100.1000    99.3000   97.0000
```

而

```
index = find(temp>98.6)'
```

则返回了单索引表示的满足条件的元素编号：

```
index =
      3    4    5    6    8
```

这里注意，为了节省空间，将矩阵转置后输出，因此打印出来是一行而不是一列。

当 find 命令作用于二维矩阵时，使用的是一种元素编号方案，即每次一列，从上到下编号。例如对于一个 3×3 矩阵，其元素索引编号顺序如图 8.3 所示，值大于 98.6 的元素以粗体显示。

> **关键知识**
> MATLAB 中列优先。

为了确定行和列编号，需要使用如下语句：

```
[row, col] = find(temp>98.6)
```

于是给出如下的行和列编号：

```
row =
     3
     1
     2
     3
     2
col =
     1
     2
     2
     2
     3
```

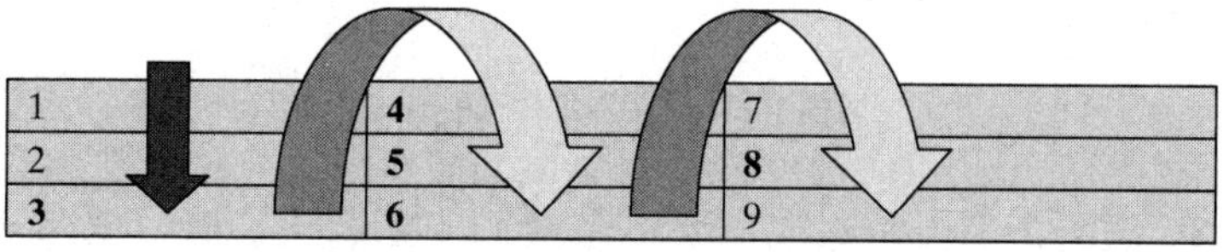


图 8.3　矩阵中元素的编号顺序

上面的两组数字一起标定了图 8.4 所示的元素。使用 fprintf 函数可以创建更易读的输出结果，例如，

```
fprintf("Patient%3.0f at station%3.0f had a temp of%6.1f\n",
[row,col,temp(index')]')
```

返回结果

```
Patient 3 at station 1 had a temp of 100.1
Patient 1 at station 2 had a temp of 100.2
Patient 2 at station 2 had a temp of 99.2
Patient 3 at station 2 had a temp of 99.3
Patient 2 at station 3 had a temp of 98.9
```

| | | |
|---|---|---|
| 1, 1 | **1, 2** | 1, 3 |
| 2, 1 | **2, 2** | **2, 3** |
| **3, 1** | **3, 2** | 3, 3 |

图 8.4　3×3 矩阵中元素的编号，符合条件的元素以粗体显示

## 8.3.2　find 命令的流程图和伪代码

find 命令只返回一个结果：满足条件的元素的编号向量。例如可以将一组命令序列用流程图来表示，如图 8.5 所示。如果多次使用 find 命令将矩阵分为多个类别，则可以在流程图中选用菱形符号，表示用 find 命令代替选择结构。

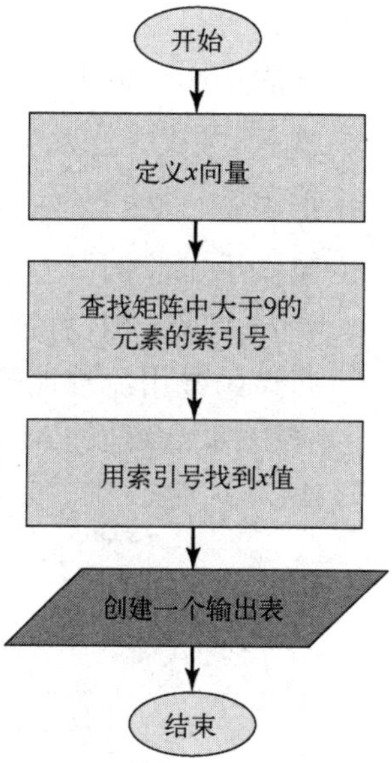


图 8.5　演示 find 命令的流程图

```
% Define a vector of x-values
 x = [1,2,3;10,5,1;12,3,2;8,3,1]
% Find the index numbers where x>9
 index = find(x>9)
% Use the index numbers to find the x-values
% greater than 9 by plugging them into x
 values = x(index)
% Create an output table
 disp('Elements greater than 9')
 disp(table(index,values,'VariableNames',["Index Number",
"X Value"]))
```

出于习惯，本示例选择用 table 函数而不是 fprintf 函数显示输出，但其实两种方法都可行。

### 例 8.1 用 sinc 函数处理信号

很多工程中都使用 sinc 函数，尤其是在信号处理领域中(见图 8.6)。sinc 函数同时有两个广为接受的定义：

$$f_1(x)=\frac{\sin(\pi x)}{\pi x},\quad f_2(x)=\frac{\sin(x)}{x}$$

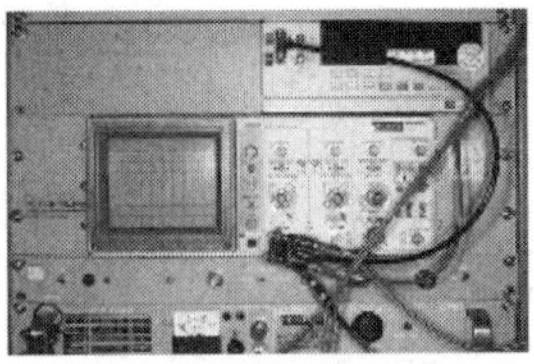

图 8.6 示波器广泛应用于信号处理领域

这两个函数都存在一个不定式，即当 $x = 0$ 时，值为 0/0。微积分中的洛必达法则可以证明，当 $x = 0$ 时两个函数的值都等于 1；当 $x \neq 0$ 时，这两个函数的形式相似。当 $x$ 是整数时，第一个函数 $f_1(x)$ 穿过 $x$ 轴；当 $x$ 是 π 的整数倍数时，第二个函数 $f_2(x)$ 穿过 $x$ 轴。

假设用第二个函数定义形式创建一个名为 sinc_x 的函数，请计算 x 在−5π 到+5π 区间内 sinc_x 函数的值，并绘制曲线图来测试 sinc_x 函数。

1. 描述问题

   使用第二种定义创建并测试 sinc_x 函数：

$$f_2(x)=\frac{\sin(x)}{x}$$

2. 描述输入和输出

   **输入** 令 x 从−5π 变化到+5π

   **输出** 绘制 sinc_x 关于 x 的曲线

3. 建立手工算例
4. 开发 MATLAB 程序

   将该函数用流程图描述，如图 8.7 所示。然后将流程图转换为伪代码注释，最后在注释中插入合适的 MATLAB 代码。创建函数后，应该在命令窗口中测试：

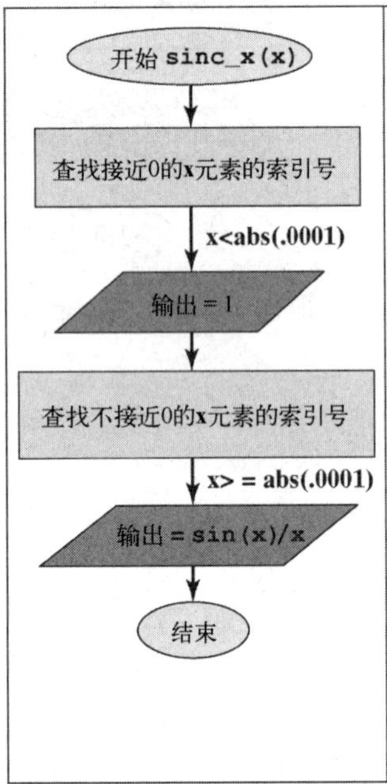


```
function output = sinc_x(x)
% This function finds the value of sinc,
% using the second definition,
% sin(x)/x
% Determine the index #s of the
% elements in the x array that are close to 0
     set1 = find(abs(x)<0.0001);
% Set those elements in the output
% array equal to 1
     output(set1) = 1;
% Determine the index #s of the
% elements in the x array that are not
% close to 0
     set2 = find(abs(x)>=0.0001);
% Calculate sin(x)/x for the elements
% that are not close to 0,
% and assign the results to the corresponding
% output array elements
     output(set2) = sin(x(set2))./x(set2);
end
```

图 8.7 sinc 函数的流程图

```
sinc_x(0)
ans =
        1
sinc_x(pi/2)
ans =
        0.6366
sinc_x(pi)
ans =
        3.8982e-017
sinc_x(-pi/2)
ans =
        0.6366
```

注意 sinc_x(pi)等于一个很小的数，但不是零，这是因为 MATLAB 将 π 视为浮点数，并使用其近似值进行计算(见表 8.4)。

表 8.4　计算 sinc 函数

| x | sin(x) | sinc_x(x) = sin(x)/x |
|---|---|---|
| 0 | 0 | 0/0 = 1 |
| π/2 | 1 | 1/(π/2) = 0.637 |
| π | 0 | 0 |
| −π/2 | −1 | −1/(π/2) = −0.637 |

5. 验证结果

与手工计算结果进行比较会发现结果一致，接下来就可以在习题中使用该函数了。程序如下：

```
%% Example 8.1
      clear, clc
% Define an array of angles
     x = -5*pi:pi/100:5*pi;
% Calculate sinc_x
     y = sinc_x(x);
% Create the plot
     plot(x,y)
     title("Sinc Function")
     xlabel("angle, radians")
     ylabel("sinc")
```

产生的结果如图 8.8 所示。

图像说明了创建的 sinc_x 函数是正确的。一次用一个值测试 sinc_x，可以验证函数对标量输入是正确的；但绘图程序向函数发送了一个向量输入，图 8.8 确认了 sinc_x 在矢量输入时也能正常工作。

如果不明白此函数的工作原理，可以删除每行尾部抑制结果输出的分号，然后运行程序，仔细分析每行命令的输出结果将有助于更好地理解程序逻辑。

除了 find 命令，MATLAB 还提供了另外两个逻辑函数：all 和 any。all 函数检查数组中的每个成员的逻辑条件是否为真，any 函数检查数组中任意成员的逻辑条件是否为真。相关详细信息，请参阅 MATLAB 的内置函数 help。

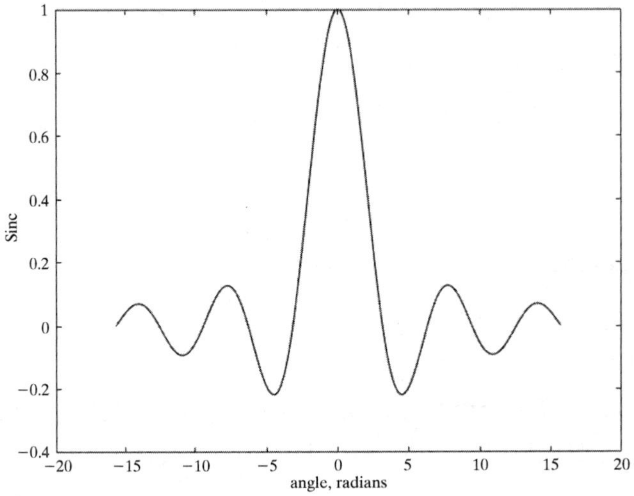


图 8.8　sinc 函数

**实训练习 8.1**

已知矩阵：

$$x=\begin{bmatrix}1&10&42&6\\5&8&78&23\\56&45&9&13\\23&22&8&9\end{bmatrix}\quad y=\begin{bmatrix}1&2&3\\4&10&12\\7&21&27\end{bmatrix}\quad z=[10\quad 22\quad 5\quad 13]$$

1. 使用单索引表示法，查找上述每个矩阵中大于 10 的元素的索引号。
2. 查找每个矩阵中大于 10 的元素的行号和列号(也称为下标)。
3. 找出每个矩阵中大于 10 的值。
4. 使用单索引表示法，查找每个矩阵中大于 10 且小于 40 的元素的索引号。
5. 查找每个矩阵中大于 10 且小于 40 的元素的行号和列号。
6. 找出每个矩阵中大于 10 小于 40 的值。
7. 使用单索引表示法，查找每个矩阵中数值在 0～10 或 70～80 之间的元素索引号。
8. 用 length 命令和 find 命令找到的结果来确定每个矩阵中有多少 0～10 或 70～80 之间的值。

## 8.4　逻辑索引

find 函数用于返回满足指定评测条件的元素索引，而逻辑索引功能类似。逻辑索引是根据指定的评测准则选出阵列的元素。假设有一个包含患者姓名的字符串矩阵和一个对应体温值的向量：

```
Patient_Names = ["Jason","Jose","Wesley","Rose"]
Temp = [98.2, 100.3, 97, 101]
```

这里想确定哪些患者发烧，可以利用 find 函数来完成此任务，也可以利用逻辑索引来完成。

第一步是创建一个逻辑矩阵，表明需要满足的条件。例如：

```
fever = Temp>98.6
```

返回结果

```
fever =
  1×4 logical array
   0   1   0   1
```

其中：0 表示条件为假，1 表示条件为真。如果将此阵列用于 Patient_Names 向量的输入，结果将变为：

```
ans =
  1×2 string array
    "Jose"     "Rose"
```

整个过程实际上可用以下语法一步完成：

```
Patient_Names(Temp>98.6)
```

其返回结果与上述两步过程的结果完全相同。若要确定哪些患者不符合标准，可以配合使用非运算符“~”。

```
Patient_Names(~(Temp>98.6))


ans =
  1×2 string array
    "Jason"     "Wesley"
```

逻辑索引的另一个用途是修改现有矩阵中的值，或根据现有矩阵中的值(如温度数据)创建新矩阵。若想为这些患者创建一个带有评测结果的向量，可使用 results 函数。

```
result(fever)="Sick"
```

和

```
result(Temp>98.6)="Sick"
```

得到相同的结果，并返回一个含“missing”的向量：

```
result =
  1×4 string array
        <missing>     "Sick"     <missing>     "Sick"
```

这里将不满足标准的索引值改填为 missing。

```
result(~fever)="Well"
```

或

```
result(~(Temp>98.6))="Well"
```

完整的结果向量(字符串数组)

```
result =
  1×4 string array
    "Well"     "Sick"     "Well"     "Sick"
```

存储这些信息的便捷方法就是将其置于包含列标题的矩阵表中。

```
T = ["Patients","Temperature","Diagnosis"];
   disp(table(Patients',Temp',result','VariableNames',T));
```

得到一个易读的结果表：

```
Patients    Temperature    Diagnosis
________    ___________    _________
"Jason"         98.2         "Well"
"Jose"         100.3         "Sick"
"Wesley"         97          "Well"
"Rose"          101          "Sick"
```

**例 8.2　用逻辑索引创建 sinc 函数**

回顾例 8.1 可知，sinc 函数广泛用于电气工程应用中，有两种定义：

$$f_1(x)=\frac{\sin(\pi x)}{\pi x},\quad f_2(x)=\frac{\sin(x)}{x}$$

当 $x=0$ 时，这两个函数都具有 0/0 的不确定形式。根据洛必达法则可证明，当 $x=0$ 时这两个函数都等于 1。

例 8.1 使用 find 函数创建一个自定义函数 sinc_x，用于计算矩阵 x 对应 $f_2(x)$ 的函数值。在本例中，请使用逻辑索引重新创建函数。如前所述，请计算−5π 到+5π 区间的矩阵 x 对应的 sinc_x 函数值，并绘制曲线展现结果。

1. 描述问题

基于第二个函数定义和逻辑索引，创建并测试 sinc_x 函数：

$$f_2(x)=\frac{\sin(x)}{x}$$

2. 描述输入和输出

**输入**　　令 $x$ 从−5π 到+5π 变化

**输出**　　绘制 sinc_x 关于 x 的曲线

3. 建立手工算例

此处仅计算几个特殊点，结果见表 8.4。

4. 开发 MATLAB 程序

用流程图描述该函数，如图 8.9 所示。然后将流程图转换为伪代码注释，最后在注释中插入合适的 MATLAB 代码。

```
function output = sinc_x(x)
% This function finds the value of sinc,
% using the second definition
% sin(x)/x
% Create logical vector to find values of x
% near 0
set1=abs(x)<0.0001;
% Use logical indexing to define the output
output(set1) = 1;
% Create logical vector to find values of x
% not near 0
set2=~(abs(x)<0.0001);
% Use logical indexing to define the output
output(set2) = sin(x(set2))./x(set2);
end
```

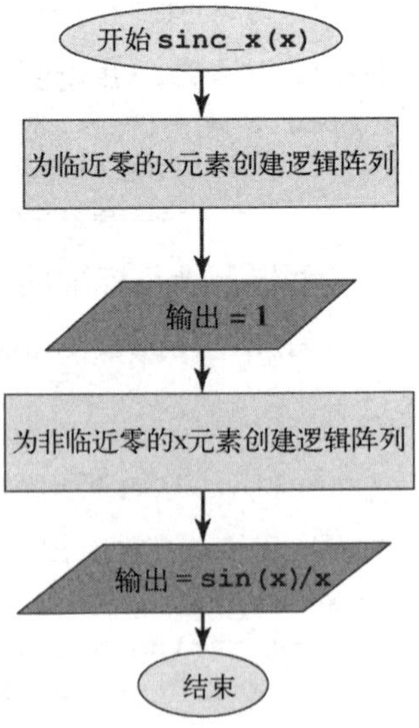


图 8.9　为非临近零的 x 元素创建逻辑矩阵

5．验证结果

创建函数后，对其进行测试。在本例中，将程序放到脚本文件中执行，利用绘图展现结果，如图 8.10 所示。

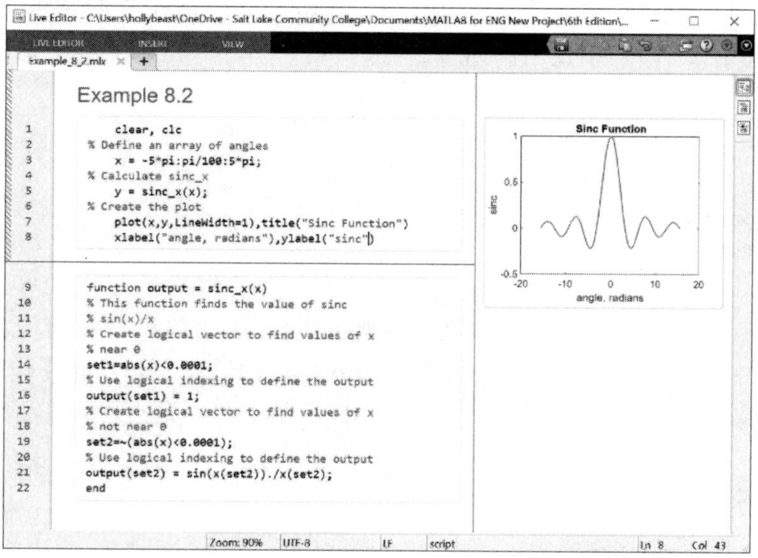


图 8.10　逻辑索引提供了一种根据预定条件来定义输出结果的有效方法

## 实训练习 8.2

基于以下矩阵：

$$x=\begin{bmatrix}1 & 10 & 42 & 6\\ 5 & 8 & 78 & 23\\ 56 & 45 & 9 & 13\\ 23 & 22 & 8 & 9\end{bmatrix},\quad y=\begin{bmatrix}1 & 2 & 3\\ 4 & 10 & 12\\ 7 & 21 & 27\end{bmatrix},\quad z=[10\quad 22\quad 5\quad 13]$$

1．创建一个名为 k 的逻辑索引矩阵，该矩阵为 x 矩阵元素是否大于 10 的逻辑判别值。即，该矩阵在 x 元素大于 10 处的值为 1(true)，在 x 元素小于等于 10 处的值为 0(false)。查看工作区窗口，确定 k 是否为逻辑类型、数组大小是否为 4×4，表示矩阵的复选框是否被选中。对 y 和 z 矩阵重复上述操作，其逻辑索引矩阵分别命名为 j 和 m。
2．利用第 1 题中对应创建的逻辑索引矩阵，从 x、y、z 矩阵中提取大于 10 的元素值，并将它们分别存到新矩阵 ax、ay 和 az 中。
3．前两道题利用两步过程获得感兴趣的值，本题则请使用一步过程实现如上两个问题。
4．创建名为 k、j 和 m 的逻辑索引矩阵，表示对应矩阵中元素值大于 10 但小于 40 的逻辑判别值。
5．利用第 4 题中创建的逻辑索引矩阵，从对应矩阵中提取满足第 4 题条件的元素值，并将它们分别存储在新矩阵 bx、by 和 bz 中。
6．使用一步过程完成第 4 题和第 5 题。
7．假设我们知道这些矩阵中存储的数据最大值应是 50。针对矩阵 x，使用逻辑索引将超过 50 的数值替换为 50。

## 8.5 选择结构

大多数情况下，find 命令应该能够代替 if 语句，但是在某些情况下，仍需要使用 if 语句。本节介绍 if 语句中使用的语法。

### 8.5.1 简单 if 语句

简单 if 语句具有如下的形式：

```
if      comparison
        statements
end
```

如果 comparison(逻辑表达式)的结果为真，则会执行 if 语句和 end 语句之间的 statements 语句部分。如果结果为假，程序将立即跳转到 end 以后的语句。为了提高代码可读性，最好在 if 结构中采用语句缩进的书写形式。MATLAB 忽略空白，无论代码是否缩进，程序都将正常运行。

下面是一个简单 if 语句的例子：

```
if G<50
  disp("G is a small value equal to:")
  disp(G);
end
```

> 关键知识
> if语句中最好使用标量。

如果 G 是标量，则此语句(从 if 到 end)容易解释；如果 G 小于 50，则执行 if 和 end 之间的语句。例如，如果 G 的值为 25，那么屏幕上显示如下结果：

```
G is a small value equal to:
   25
```

但是，如果 G 不是标量，那么 if 语句只有在每个元素的比较结果均为真时才确定为真。比如，定义 G 是一个 0 到 80 之间的向量：

```
G = 0:10:80;
```

显然比较结果为假，if 结构内的代码没有执行，一般来说，if 语句最适合处理标量。

> 关键知识
> if/else 结构中 else 行不应再进行比较。

### 8.5.2 if/else 结构

当条件为真时，简单 if 结构可以执行一系列语句，当条件为假时，会跳过这些步骤。有了 else 子句后，当比较结果为真时执行一组语句，当比较结果为假时执行另一组语句。假设求解一个变量 x 的对数，从基础代数课中知道，对数函数的输入必须大于 0。下面是一组 if/else 语句，如果输入为正值，则计算其对数，如果输入为 0 或负值，则发送错误消息：

```
if x >0
   y = log(x)
else
   disp("The input to the log function must be positive")
end
```

注意，else 所在的行上没有逻辑比较，其后的代码只有当 if 语句中的 x 为负值时会被执行，因此无须额外的比较(例如，x<=0)。

当 x 为标量时，此代码段容易解释，但是当 x 是一个矩阵时，只有当矩阵中的每个元素的比较结果都为真时，比较结果才是真。所以如果：

```
x = 0:0.5:2;
```

则矩阵中的元素不是都大于 0，因此，MATLAB 将跳转到 else 语句部分执行，并显示错误消息。尽管 if/else 语句对向量有一定的作用，但还是建议与标量一起使用。

**提示：** MATLAB 包含一个 beep 的函数，该函数可使计算机向用户发出“哔”的提示音，进而可以使用此函数提醒用户出现错误。例如，在 if/else 语句中，可以向错误提示部分的代码中添加一个 beep 函数：

```
x = input("Enter a value of x greater than 0:");
if x >0
   y = log(x)
else
   beep
   disp("The input to the log function must be positive")
end
```

下段代码使用了 error 函数，唯一的区别是 error 函数会导致程序中止，而上面的代码段只会使错误消息展示在命令窗口中。

```
x = input("Enter a value of x greater than 0:");
if x >0
   y = log(x)
else
  error("The input to the log function must be positive")
end
```

可以在 MATLAB 中尝试运行以上两段代码，观察其不同。

### 8.5.3　elseif 结构

当嵌套多级的 if/else 语句时，也许很难确定哪些逻辑表达式必须为真(或假)才能执行对应的语句组。elseif 语句可以检查多个条件，同时使代码易于阅读。下面一段代码的功能是根据申请人的年龄来判断是否为其颁发驾驶执照：

```
if age<16
   disp("Sorry - You'll have to wait")
elseif age<18
   disp("You may have a youth license")
elseif age<70
   disp("You may have a standard license")
else
   disp("Drivers over 70 require a special license")
end
```

在本例中，MATLAB 首先检查年龄是否小于 16 岁，如果条件为真，则程序将执行下一行或一组语句，显示消息“Sorry - You'll have to wait”，然后退出 if 结构；如果条件为假，MATLAB 将继续移动到下一个 elseif 条件语句，检查年龄是否小于 18 岁，程序继续向下执行

if 结构，直到找到一个条件为真的结果，或者一直遇到 else 语句。请注意，else 行不包含比较条件，代码能执行到 else 行的唯一途径是前面紧挨着的 elseif 语句条件为假。

此组命令的流程如图 8.11 所示，图中使用菱形来表示选择结构。

如果 age 数据是一个标量，这个结构很容易解释，如果是一个矩阵，则矩阵中的每个元素的比较结果均必须为真。假设有以下年龄矩阵：

```
age = [15,17,25,55,75]
```

第一个比较语句 if age<16 的结果为假，因为数组中不是每个元素都小于 16，第二个比较语句 elseif age<18 的结果也为假，第三个比较语句 elseif age<70 的结果也为假，因为并非所有年龄都小于 70 岁。最后程序执行结果为“Drivers over 70 require a special license”。可以想象，这一结果不会让小组中的其他司机满意。

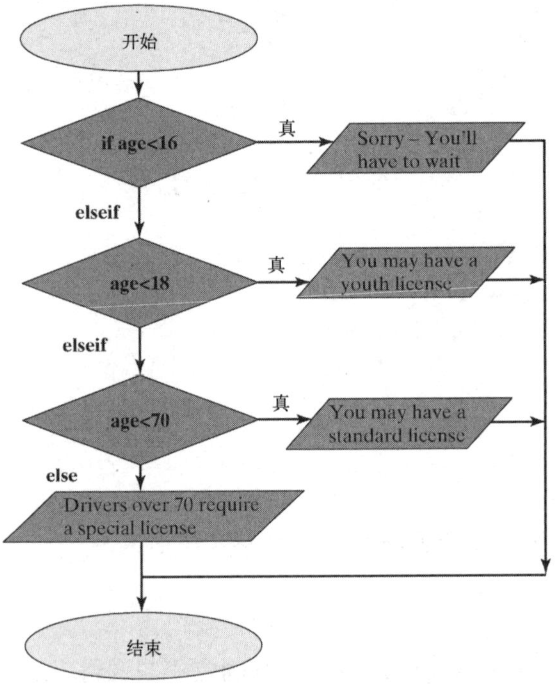


图 8.11　使用多个 if 语句的流程图

**提示：** 新程序员在使用 if 语句时犯的一个常见错误是过度指定逻辑条件。在前面的例子中，elseif 子句只要有 age<18 这样的语句就足够了，因为年龄小于 16 岁的数据不可能执行到这个语句，因此不需要指定 age < 18 & age > = 16 这样的语句条件。如果过度指定逻辑条件，则可能会导致进入一条没有正确答案的路径。例如：

```
if age<16
   disp("Sorry - You'll have to wait")
elseif age<18 & age>16
   disp("You may have a youth license")
elseif age<70 & age>18
   disp("You may have a standard license")
elseif age>70
   disp("Drivers over 70 require a special license")
end
```

对 age =16, 18 或 70 的年龄数据程序没法正确做出选择。

一般来说，elseif 结构对于标量执行得很好，而 find 命令对于矩阵判断可能是一个更好的选择。下面是对一个年龄数组使用了 find 命令生成分类结果的程序：

```
age = [15,17,25,55,75];
set1 = find(age<16);
set2 = find(age>=16 & age<18);
set3 = find(age>=18 & age<70);
set4 = find(age>=70);
fprintf("Sorry - You'll have to wait - " + ...
"you're only %3.0f \n",age(set1))
fprintf("You may have a youth license " + ...
"because you're %3.0f\n",age(set2))
fprintf("You may have a standard license " + ...
"because you're %3.0f \n",age(set3))
fprintf("Drivers 70+ need a special license. " + ...
"You're %3.0f \n",age(set4))
```

程序段的返回结果为

```
Sorry - You'll have to wait - you're only 15
You need a youth license because you're 17
You may have a license because you're 25
You may have a license because you're 55
Drivers 70+ need a special license. You're 75
```

由于此命令序列中的每个 find 命令都会执行，因此必须指定完整的范围(例如，age>=16 & age<18)。

### 例 8.3　评定成绩

当输入是标量的时候，使用 if 系列语句最为有效。请创建一个函数，该函数根据用户输入的分数确定考试成绩的等级，并假设函数的输入参数是标量。分数等级应基于以下标准：

| 等级 | 分数 |
|---|---|
| A | 90～100 |
| B | 80～90 |
| C | 70～80 |
| D | 60～70 |
| E | <60 |

1．描述问题

根据考试的分数确定等级。

2．描述输入和输出

**输入**　　单个成绩(不是数组)

**输出**　　字母等级

3．建立手工算例

85 应该对应等级 B，但是 90 应该是等级 A 还是等级 B？需要建立更明确的标准。

| 等级 | 分数 |
|---|---|
| A | ≥90 到 100 |
| B | ≥80 且 <90 |
| C | ≥70 且 <80 |
| D | ≥60 且 <70 |
| E | <60 |

4．开发 MATLAB 程序

使用图 8.12 所示的流程图概括描述程序的功能。

5．验证结果

命令窗口中测试函数的结果如下：

```
grade(25)
ans =
E
```

```
grade(80)
ans =
B
grade(-52)
ans =
E
grade(108)
ans =
A
```

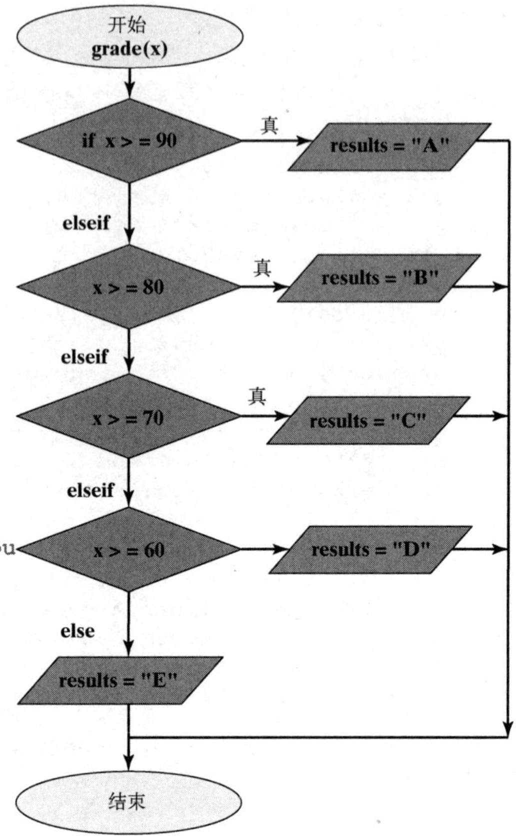

图 8.12 分级方案流程图

注意，虽然该函数看起来运行正常，但它针对大于 100 或小于 0 的值也评定了等级，为了避免这种情况发生，需要添加逻辑结构来排除这些不合理的输入值，具体程序如下：

```
function results = grade(x)
% This function requires a scalar inpu
  if(x>=0 & x<=100)
    if(x>=90)
       results = "A";

    elseif(x>=80)
       results = "B";
    elseif(x>=70)
       results = "C";
    elseif(x>=60)
       results = "D";
    else
       results = "E";
    end
  else
    results = 'Illegal Input';
end
```

另一种方法是使用 error 函数：

```
function results = grade(x)
% This function requires a scalar input
  if(x<0 | x>100)
  error("Illegal Input")
  end
    if(x>=90)
      results = "A";
    elseif(x>=80)
      results = "B";
    elseif(x>=70)
      results = "C";
    elseif(x>=60)
      results = "D";
    else
      results = "E";
end
```

可再次在命令窗口中测试该函数：

```
grade(-10)
ans =
Illegal Input
grade(108)
ans =
Illegal Input
```

该函数对标量很有效，但如果输入的是向量，则可能会得到意想不到的结果，比如：

```
score = [95,42,83,77];
grade(score)
ans =
E
```

**实训练习 8.3**

if 函数族非常有用。请为下面每道题编写一个函数并测试，假设函数的输入是标量。

1. 假设当地的法定饮酒年龄是 21 岁，编写并测试一个函数，判断一个人是否到了可以喝酒的年龄，如果用户输入年龄为负值，则使用 error 函数退出并返回错误提示信息。
2. 游乐园的许多骑行游乐设施都对骑手有身高的要求，假设某一骑行项目的最小身高限制为 48 in。请编写一个函数，以确定骑手是否足够高，如果用户输入身高为负值，请使用 error 函数退出并返回错误提示信息。
3. 制造零件时，通常用公差规定尺寸。假设某零件长为 5.4±0.1 cm。请编写一个函数来确定某个零件是否在此范围内。如果用户输入长度为负值，则使用 error 函数退出并返回错误提示。
4. 美国目前同时使用公制和英制单位。假设练习 3 中零件的测量单位是英寸而不是厘米，请编写并测试一个函数来确定零件是否在规定范围内，函数的输入单位为英寸。如果用户输入负长度，请使用 error 函数退出并返回错误提示信息。
5. 许多固体燃料火箭发动机由三级组成，第一级熄火后就与导弹分离，同时第二级点火。然后，第二级燃烧完并分离，同时第三级点燃，当第三级燃烧完，也会与导弹分离。假设以下数据大致表示每一级火箭(即每一阶段)的燃烧时间：

   1 级　0～100 s
   2 级　100～170 s
   3 级　170～260 s

   请编写并测试一个函数，判断导弹是处于第一飞行阶段、第二飞行阶段、第三飞行阶段还是自由飞行(无动力)阶段。如果用户输入时间为负值的话，使用 error 函数退出并返回错误提示信息。

### 8.5.4 switch/case 语句

根据某个变量的取值不同，当存在一系列可选择的程序执行路径时，通常使用 switch/case 结构，switch/case 语句与 if/elseif/else 语句类似，事实上，任何可以用

switch/case 结构实现的事情，都可以用 if/elseif/else 结构实现，但 switch/case 结构会使代码的可读性更好，可以根据条件在多个执行路径之间进行选择，条件可以是标量(数值)或字符串，实际上，使用较多的条件是字符串而不是数值。switch/case 结构的格式为

```
switch  variable
case  option1
  code to be executed if variable is equal to option 1
case option2
  code to be executed if variable is equal to option 2
case option_n
  code to be executed if variable is equal to option n
otherwise
  code to be executed if variable is not equal to any of
     the options
end
```

**关键知识**

switch/case 结构与 if/elseif/else 结构功能相似。

下面是一个实例，假设想创建一个函数，告诉用户分别到三个不同城市的机票价格：

```
city = input("Enter the name of a city in single quotes:")
switch city
  case "Boston"

    disp("$345")
  case "Denver"
    disp("$150")
  case "Honolulu"
    disp("Stay home and study")
  otherwise
    disp("Not on file")
end
```

运行此脚本程序时，如果在提示下输入“Boston”，则 MATLAB 会做出响应如下：

```
city =
   "Boston"
$345
```

在第二个字段中添加“s”，可以让 input 命令接受字符串输入，这样，用户就不必再为字符串输入添加单引号了。添加了“s”后，前面的代码变成：

```
city = input("Enter the name of a city:","s")
switch city
 case 'Boston'
   disp('$345')

 case 'Denver'
   disp('$150')
 case 'Honolulu'
   disp('Stay home and study')
 otherwise
  disp('Not on file')
end
```

switch/case 结构中的 otherwise 部分可以省去，但如果有用户输入值不等于 case

选项的情况，则应该包含这部分。

**提示**：对一个 C 语言程序员而言，可能已在 C 程序中使用过 switch/case 语句了。MATLAB 语言中 switch/case 语句的一个重要不同是：一旦发现了某个 case 为“真”，则程序就不会再检查其他 case 项。

**例 8.4　购买汽油**

世界上有三个国家没有正式使用公制单位：美国、利比里亚和缅甸。即使在美国，一些行业几乎完全使用公制单位，而另一些行业仍然使用英制单位。例如，所有 shade-tree 机械师都会知道，尽管旧车混用了一些部件，有些部件的单位是公制的，有些是英制的，但是除了老旧的汽车外，(1989 年以后制造的)几乎所有汽车都是公制的。葡萄酒的包装以升为单位，而牛奶包装以加仑为单位。美国人用英里来衡量距离，但用瓦特来衡量功率。所以在这些国家，公制单位和英制单位之间的混淆使用是很常见的。从美国去加拿大的游客经常感到困惑，因为在美国汽油是按加仑出售的，而在加拿大汽油是按升出售的。

图 8.13　按升或加仑出售汽油

假设想出售汽油(如图 8.13 所示)，请编写一个程序，实现：

- 询问用户需要的是以升还是以加仑为单位；
- 提示用户输入要购买汽油的数量；
- 使用 switch/case 结构计算用户需要支付的总金额，假设汽油每加仑的价格为 2.89 美元。

1. 描述问题

   计算购买汽油的费用

2. 描述输入和输出

   **输入**　确定输入的单位是加仑还是升。
   　　　　购买汽油的数量。

   **输出**　以美元计算总费用，假设每加仑汽油 2.89 美元。

3. 建立手工算例

   如果容量(volume)以加仑(gallon)为单位，则费用为

$$\text{volume}\times\$2.89$$

因此，10 加仑汽油的价格为

$$\text{cost} = 10\ \text{gallons}\times\$2.89/\text{gallon} = \$28.90$$

如果容量(volume)以升(liter)为单位，需要将升转换为加仑，然后计算费用：

$$\text{volume} = \text{liters}\times 0.264\ \text{gallon/liter}$$
$$\text{cost} = \text{volume}\times\$2.89$$

因此，10 升汽油的价格为

$$\text{volume} = 10\ \text{liters}\times 0.264\ \text{gallon/liter} = 2.64\ \text{gallons}$$
$$\text{cost} = 2.64\ \text{gallons}\times 2.89 = \$7.63$$

4. 开发 MATLAB 程序

首先编制程序流程图(见图 8.14)，然后将流程图转换为伪代码注释，最后添加如下 MATLAB 代码：

```
%% Example 8.4
clear, clc
% Define the cost per gallon
 rate = 2.89;
% Ask the user to input gallons or liters
 unit = input("Enter gallons or liters\n ","s");
% Use a switch/case to determine the conversion factor
 switch unit
  case "gallons"
     factor = 1;
  case "liters"
    factor = 0.264;
  otherwise
    error("Not available")
end

% Ask the user how much gas they would like to buy
query_str ="Enter the volume you would like to buy in ";
volume = input([query_str + unit + ": \n"] );
% Calculate the cost of the gas
cost = volume * factor*rate;
% Report the results
result_str = "That will be $ %5.2f for %5.1f %s \n";
fprintf(result_str,cost,volume,unit)
```

关于以上程序有几点需要注意。首先，虽然 unit 变量在实际输入时数据类型为字符串，但它是一个字符数组。对于 2021 版 MATLAB 软件来说，input 函数仍混合使用字符串和字符数组的命名法。这样做的好处是，可以保持软件的向下兼容性，防止以往版本的代码不能运行。如果运行程序后查看工作区窗口，会看到 unit 变量是一个 1×6 的字符数组(如果输入了升数)或是一个 1×7 的字符数组(如果输入了加仑数)。

在命令行中

```
unit = input('Enter gallons or liters ','s');
```

第二个字段's'告诉 MATLAB 期望输入字符串，这样用户在输入加仑数或者升数时，就不必将输入的字符放到单引号内了。使用单引号(表示字符数组)或双引号(表示字符串)可以得到相同的结果。unit 变量存储类型始终为字符数组。

在命令行中

```
volume = input([query_str + unit + ": \n"]);
```

这里使用连接运算符“+”将以下三部分合成了一个字符串数组。

- 字符串数组 query_str
- 字符数组 unit
- 字符串数组': \n'

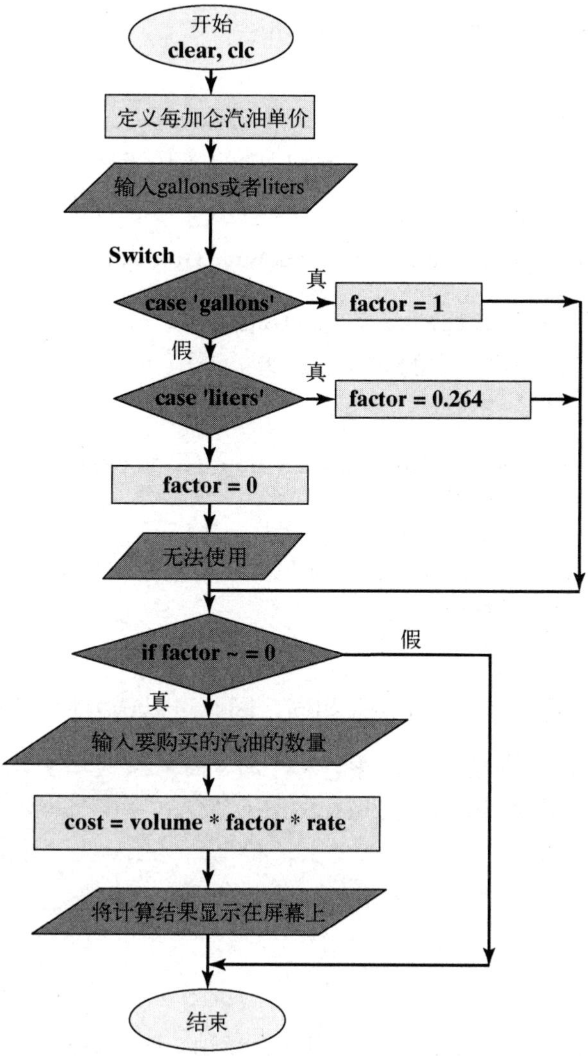


图 8.14　应用 switch/case 结构确定汽油费用的流程图

将这三部分组合后，可以显示

```
Enter the volume you would like to buy in liters:
```

或者

```
Enter the volume you would like to buy in gallons:
```

提示用户输入。在 fprintf 语句中包含一个字段，通过使用占位符%s 为输入字符串变量 unit 预留了一个输出位置。

```
result_str = "That will be $ %5.2f for %5.1f %s \n";
fprintf(result_str,cost,volume,unit)
```

在本例中，MATLAB 的字符串数组既可表示字符数组又可表示实际字符串。这样，程序就能告诉用户当前汽油的计量单位是加仑还是升。

最后，使用了 if 语句和 error 函数，这样，如果用户输入了加仑或升以外的值，就不会执行任何计算，程序也会终止。

5. 验证结果

分别运行程序三次验证结果。一次输入 gallons，一次输入 liters，一次输入不支持的单位。输入 gallons 时命令窗口中的交互信息为

```
Enter gallons or liters
gallons
Enter the volume you would like to buy in gallons:
10
That will be $ 28.90 for 10.0 gallons
```

输入 liters 时命令窗口中的交互信息为

```
Enter gallons or liters
liters
Enter the volume you would like to buy in liters:
10
That will be $ 7.63 for 10.0 liters
```

最后，如果输入 gallons 或 liters 以外的任何字符串，程序就发送错误响应消息：

```
Enter gallons or liters
quarts
Not available
```

由于程序计算结果与手工计算结果相同，因此可以认为程序按计划工作了。

**提示**：MATLAB 的文本类型定义容易令人迷惑，因为原代码中只包含一种数据类型，即字符数组，它通常被称为字符串的容器。从 2016 版 MATLAB 开始，引入了实际的字符串数据类型，这意味着“字符串”一词的含义发生了变化。这无疑是 MATLAB 编程语言中的一个范畴，将在未来的修订中不断演变。

### 8.5.5 menu 函数

**关键知识**

菜单框这样的图形用户界面(GUI)可以减少用户出现拼写之类错误的机会。

menu 函数可与 switch/case 结构语句联合使用，该函数能在屏幕上产生一个带有一系列用户定义按钮的菜单框。它可以用于字符数组或字符串数组的输入。

```
input = menu('Message to the user','text for button
   1',' text for button 2', etc.)
```

可以在前面的机票例题中使用菜单框，用以保证用户只选择允许城市，这样就不需要 otherwise 语句，因为不可能选择“不在框中”的城市：

```
prompt = "Select a city from the menu:";
list =["Boston","Denver","Honolulu"];
city = menu(prompt,list)
switch city

    case 1
       disp("$345")
    case 2
       disp("$150")
    case 3
       disp("Stay home and study")
end
```

注意，case 编号已经替代了每个 case 行中的字符串，执行脚本文件后，如图 8.15 所示的菜单框出现，并等待用户选择其中一个按钮，如果选择 Honolulu，则 MATLAB 做出如下响应：

```
city =
     3
Stay home and study.
```

这里可以抑制 menu 命令的输出，为了清楚起见，这里包含了输出。

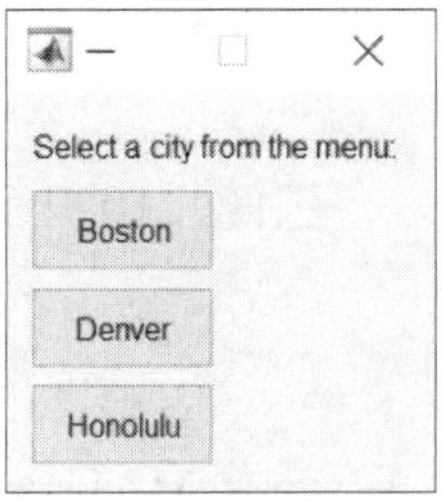

图 8.15　弹出菜单窗口

**提示：** MathWorks 公司推荐使用 listdlg 函数代替 menu 函数，两个函数的作用相同。listdlg 函数提供了更多选项，但输入要复杂很多。可通过 MATLAB 帮助文档来学习 listdlg 函数的使用方法。

```
doc listdlg
```

这两个功能函数都是在 MATLAB 2006a 版之前引入的。最新创建图形用户界面的方法是使用 “app creator” 工具，用它创建菜单框是非常简单的。

### 例 8.5　购买汽油：menu 函数法

在例 8.4 中，使用了 switch/case 结构来确定客户想以加仑还是升为计量单位购买汽油，程序存在的一个问题是：如果用户不会拼写，程序就不会正常执行。例如，当提示用户输入加仑或升时，用户输入

```
litters
```

程序将响应给出

```
Not available
```

使用菜单框就能解决这个问题，用户只需按一个按钮就可以做出选择。这里仍将使用 switch/case 结构语句进行程序设计，但将会与 menu 函数结合起来。

1. 描述问题

   计算购买汽油的费用。

2. 描述输入和输出

   **输入**　　用 menu 函数指定加仑或升。

   　　　　　购买加仑或升的数量。

   **输出**　　花费的美元数，假设每加仑 2.89 美元。

3. 建立手工算例

   如果容量(volume)的单位为加仑(gallon)，则费用为

   $$\text{volume}\times\$2.89$$

   因此，10 加仑费用为

   $$\text{cost} = 10\ \text{gallons}\times\$2.89/\text{gallon} = \$28.90$$

   如果容量的单位为升(liter)，需要将升转换为加仑，然后计算费用：

$$\text{volume} = \text{liters} \times 0.264\ \text{gallon/liter}$$

$$\text{cost} = \text{volume} \times \$2.89$$

因此，10 升的费用为

$$\text{volume} = 10\ \text{liters} \times 0.264\ \text{gallon/liter} = 2.64\ \text{gallons}$$

$$\text{cost} = 2.64\ \text{gallons} \times 2.89 = \$7.63$$

4. 开发 MATLAB 程序

首先创建一个流程图(如图 8.16 所示)，然后将流程图转换为伪代码注释，最后添加 MATLAB 代码：

```
%% Example 8.5
clear, clc
% Define the cost per gallon
rate = 2.89;
% Ask the user to input gallons or liters, using a menu
disp("Use the menu box to make your selection")
prompt ="Measure the gasoline in liters or gallons?";
list =["gallons","liters"];
choice = menu(prompt,list);
%% Use a switch/case to determine the conversion factor
switch choice
    case 1
        factor = 1;
        unit = 'gallons'
    case 2
        factor = 0.264;
        unit = 'liters'
end
query_str = "Enter the volume you would like to buy in";
volume = input([query_str + unit + ":\n"] );
% Calculate the cost of the gas
cost = volume * factor*rate;
% Report the results
result_str = "That will be $ %5.2f for %5.1f %s \n";
fprintf(result_str,cost,volume,unit)
```

此程序比例 8.4 中的程序简单，因为不可能出现错误的输入，但要注意以下几点。

当使用 menu 函数定义选项时，其结果是一个数值，而不是字符数组。观察工作区窗口就会发现 choice 是 1×1 的双精度数。

因为没有使用 input 命令来定义 unit 变量，unit 是一个字符串(字符数组)，所以需要将 unit 的值定义为 case 分支计算的一部分。

```
case 1
  factor = 1;
  unit = 'gallons'
case 2

  factor = 0.264;
  unit = 'liters'
```

这样就可以利用 disp 或 fprintf 函数向命令行窗口输出 unit 变量的值了。

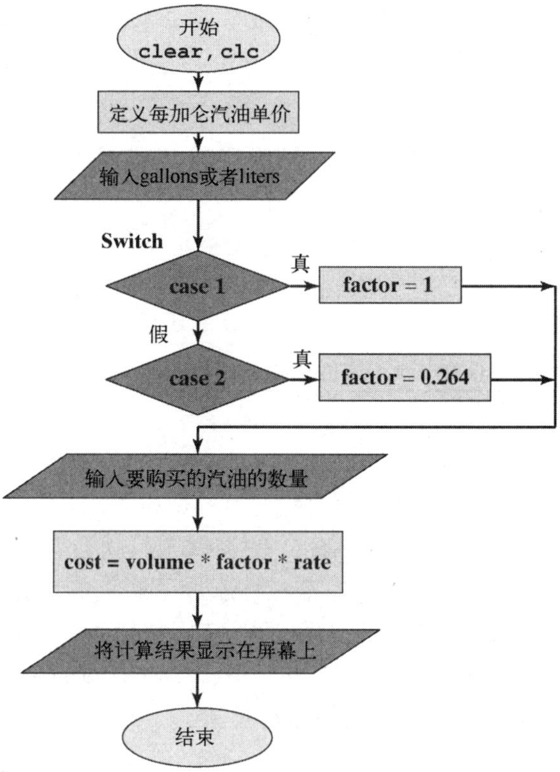


图 8.16　使用菜单框确定汽油费用的流程图

5. 验证结果

与例 8.4 一样，可通过运行程序来测试代码的正确性，但这次只需要进行两次测试——一次是对加仑，一次是对升。

单位为 gallons 时命令行窗口中的交互信息如下：

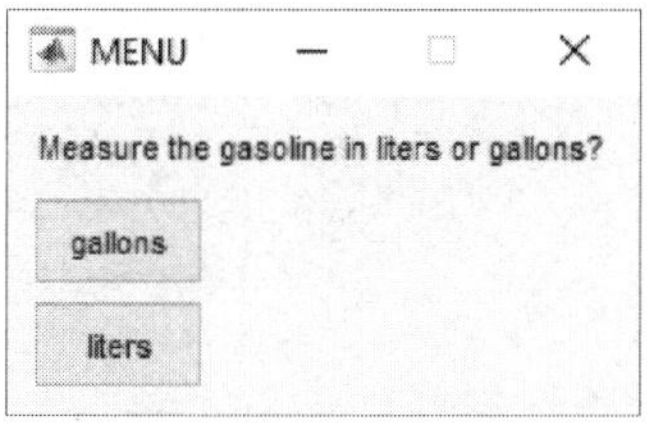


```
Use the menu box to make your selection
Enter the volume you would like to buy in gallons:
10
That will be $ 28.90 for 10.0 gallons
```

单位为 liters 时命令窗口中的交互信息如下：

```
Use the menu box to make your selection
Enter the volume you would like to buy in liters:
10
That will be $ 7.63 for 10.0 liters
```

结果与手工方法计算的结果相同，且增加了一个优点，即用户不会拼错任何输入了。

## 实训练习 8.4

使用 switch/case 结构求解如下问题。

1. 创建一个程序，提示用户输入所在的年级——大一年级、大二年级、大三年级或大四年级，输入类型应该是字符串，使用 switch/case 结构语句来确定某年级期末考试的日期——周一大一学生考试，周二大二学生考试，周三大三学生考试，周四大四学生考试。

2．重做练习 1，但改用菜单的方式。

3．创建一个程序，提示用户输入想要购买糖果的数量，输入的是一个数值，用 `switch/case` 语句为用户算账，已知：

1 bar = $0.75

2 bars = $1.25

3 bars = $1.65

超过 3 bars = $1.65 + $0.30*(购买的数量–3)。

## 8.6 调试

随着编写的代码越来越复杂，MATLAB 中的调试工具就会变得更有价值。图 8.17 展示了使用 `if/else` 结构语句的简单程序。在第三行添加了断点，当选择“Save and Run”工具栏图标执行代码时，程序将首先在第二行暂停，等待用户输入数值，当用户输入数值后，程序执行到第三行并停止，这是因为遇到了断点，选择工具栏中的单步(Step)图标，程序将单步执行代码，程序员就可以观察每行代码的运行结果。

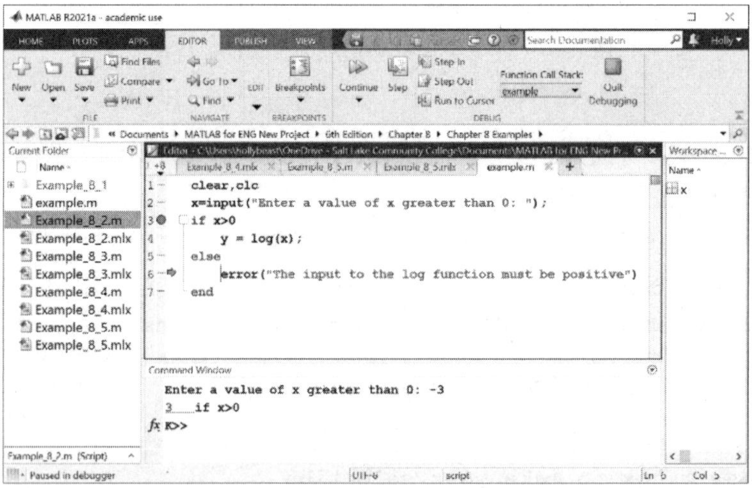


图 8.17 使用调试工具是评估 MATLAB 如何遍历执行代码的有效方法

对于 `if/else` 结构语句，MATLAB 中的折叠(folding)功能已经激活了，激活的操作方法是选择主页(Home)标签，然后依次选择 Preferences、Editor/Debugger、Code Folding，并激活 `if/else` 结构的代码折叠功能，该功能创建了一个视觉提示，方便对结构中代码行进行跟踪。

## 小结

程序代码段可以分为顺序结构、选择结构和循环结构。顺序结构是按顺序执行指令列表。选择结构允许程序员定义条件(条件语句)，程序会根据条件选择执行路径。循环结构定义了循环，循环中重复执行一系列指令，直到满足某些条件(也是由条件语句定义)，并退出循环体。

MATLAB 使用标准的数学关系运算符，例如大于(>)和小于(<)，等等，不等于(～=)运算符形式在数学书中不常见。MATLAB 还包括逻辑运算符，如与(&)和或(|)，这些运算符用于条件语句中，用以决定要执行哪部分代码。

`find` 函数是 MATLAB 独有的，允许用户使用关系和逻辑运算符来指定条件，该函数也用于确定满足条件的矩阵元素。除了 `find` 函数外，MATLAB 还包括其他逻辑函数，如 `all` 和 `any`，用于确定矩阵成员是否满足某条件。

逻辑索引是使用规则从矩阵中提取数据或修改现有矩阵数据的另一种方法。在完成同一任务时，通常利用逻辑索引比利用逻辑函数更有效。

虽然 `if`、`else` 和 `elseif` 命令可用于标量和矩阵，但主要用于标量。这些命令允许程序员根据条件语句来选择计算路径。

`switch/case` 结构是 `if/else` 结构的替代方案。当有多个逻辑选项或涉及 text 编程任务时，`switch/case` 结构非常好用。当 `switch/case` 结构与图形用户界面(如 `menu` 函数或 `listdlg` 函数)配合应用时，可编写减少用户交互时出错的程序。

## MATLAB 小结

下表列出了本章中定义的所有 MATLAB 特殊符号、命令和函数：

| 特殊字符 | | 特殊字符 | |
|---|---|---|---|
| < | 小于 | & | 与 |
| <= | 小于等于 | \| | 或 |
| > | 大于 | ～ | 非 |
| >= | 大于等于 | && | 快捷与(用于标量) |
| == | 等于 | \|\| | 快捷或(用于标量) |
| ～= | 不等于 | | |

| 命令和函数 | |
|---|---|
| **all** | 检查数组中的所有元素是否满足条件 |
| **any** | 检查数组中的任一元素是否满足条件 |
| **case** | 选择结构 |
| **else** | 如果 if 语句的结果为假，执行此路径 |
| **elseif** | 如果 if 语句的结果为假，执行此路径并判断新的逻辑条件 |
| **end** | 表示一个控制结构的结束 |
| **error** | 向命令窗口发送错误提示消息并中止程序 |
| **find** | 确定矩阵中哪些元素满足输入的条件 |
| **if** | 检查条件，结果为真或假 |
| **listdlg** | 创建用作交互输入的菜单框 |
| **menu** | 创建用作交互输入的菜单框 |
| **otherwise** | case 选择结构的一部分 |
| **switch** | case 选择结构的一部分 |

# 关键术语

| | | | | | |
|---|---|---|---|---|---|
| 代码折叠 | 逻辑条件 | 关系运算符 | 控制结构 | 逻辑索引 | 重复 |
| 流程图 | 逻辑运算符 | 选择 | 索引 | 循环 | 序列 |
| 逻辑阵列 | 伪代码 | 下标 | | | |

# 习题

**逻辑运算：find**

**8.1** 表 P8.1 为某家院子里热水浴缸中温度传感器监测到的数据。温度数据文件为 hot_tub.dat，该数据文件可在本书网站上找到。将该文件数据载入 MATLAB 中，并创建一个 `time` 向量。

**表 P8.1 浴缸中温度数据**

| 一天的时间 | 温度(°F) | 一天的时间 | 温度(°F) | 一天的时间 | 温度(°F) | 一天的时间 | 温度(°F) |
|---|---|---|---|---|---|---|---|
| 00:00 | 100 | 07:00 | 105 | 13:00 | 103 | 19:00 | 104 |
| 01:00 | 101 | 08:00 | 106 | 14:00 | 101 | 20:00 | 106 |
| 02:00 | 102 | 09:00 | 106 | 15:00 | 100 | 21:00 | 107 |
| 03:00 | 103 | 10:00 | 106 | 16:00 | 99 | 22:00 | 105 |
| 04:00 | 103 | 11:00 | 105 | 17:00 | 100 | 23:00 | 104 |
| 05:00 | 104 | 12:00 | 104 | 18:00 | 102 | 24:00 | 104 |
| 06:00 | 104 | | | | | | |

(a) 设最大允许温度为 105°F。使用 `find` 命令查找超过最大允许温度的索引号。

(b) 将 `length` 函数与(a)的结果一起使用，以求解超过最大允许温度的次数。

(c) 使用(a)中得到的索引号，求超过最大允许温度的时间。

(d) 设最低允许温度为 102°F。使用 `find` 函数和 `length` 函数求温度低于最低允许温度的次数。

(e) 求温度低于最低允许温度的时间。

(f) 求温度在允许范围内的时间(即在 102°F 和 105°F 之间的温度，包括 102°F 和 105°F)。

(g) 用 `max` 函数确定达到的最高温度及其出现的时间。

**8.2** 火箭的高度(高度，单位为 m)可以用下列方程式表示：

$$高度 = 2.13\,t^2 - 0.0013t^4 + 0.000034t^{4.751}$$

以 2 s 为时间间隔，在 0 到 100 s 范围内创建时间的向量($t$)。

(a) 使用 `find` 函数确定火箭在 2 s 内的哪一时间点触地。(提示：在火箭落地之前，所有高度值都为正值。)

(b) 使用 `max` 函数求火箭的最大高度以及其对应的时间。

(c) 以时间 $t$ 为横轴，火箭的高度为纵轴，绘制火箭直到触地的运动轨迹曲线，图中要添加标题和坐标轴标签。

**8.3** 再次利用表 P8.1 中数据(某家院子热水浴缸的温度)。温度数据文件为 hot_tub.dat，它可以直接加载到 MATLAB 中。时间向量需由以下语句创建：

```
time = 0:24;
```

(a) 假设浴缸内水温不得超过 105°F。创建一个逻辑索引矩阵，该矩阵表示 hot_tub 矩阵中温度超过 105°F 的元素。

(b) 利用 (a) 中生成的逻辑索引矩阵提取超过 105°F 的温度值。

(c) 用一步过程法实现 (b) 中问题：提取超过 105°F 的温度值。

(d) 用 length 函数和 (c) 中的结果，判断超过最大允许温度 (105°F) 的次数。

(e) 利用 (a) 中生成的逻辑索引矩阵确定超过温度 (105°F) 的时间点。

(f) 利用 (a) 中生成的逻辑索引矩阵，分两步过程来确定超过温度 (105°F) 的时间点。即在第一步过程中重复步骤 (e)。

(g) 假设浴缸内水温不得低于 102°F。请确定温度在限值范围内的时间点 (即温度在 102°F～105°F 之间，含 102°F 和 105°F)。

(h) 用 table 函数创建一个表，记录温度超出允许限值的时间点和相应的温度。

**8.4** 通过习题 8.2 已经知道，火箭飞行的高度 (单位为 m) 可用以下公式表示：

$$\text{高度} = 2.13t^2 - 0.0013t^4 + 0.000034t^{4.751}$$

首先，以 2 秒的间隔创建一个从 0 到 100 的时间向量 t，并创建高度向量 height，接下来完成下列问题。

(a) 根据 height 向量中的值是正值还是负值，创建逻辑索引矩阵。

(b) 用 (a) 中生成的逻辑索引矩阵，将 height 向量中的正高度值提取到新向量 h 中。

(c) 用 (a) 中生成的逻辑索引矩阵，将与正高度值相对应的时间点提取到新向量 t2 中。

(d) 使用一步过程完成 (b) 和 (c)。

(e) 确定火箭在哪个时间点 (允许 2 秒误差) 会击中地面。(提示：火箭撞击地面之前高度值始终为正值。)

(f) 绘制火箭直到触地时的运动轨迹曲线图，x 轴为时间向量，y 轴为火箭 height 向量，并给图添加标题和轴标签。

(g) 设计一个策略，以便更准确的估计火箭击中地面的时间点。

**8.5** 固体燃料火箭发动机用作航天飞机、卫星运载火箭和武器系统的助推器中 (见图 P8.5)。其中的推进剂是燃料和氧化剂的固体混合物，类似橡皮擦一样的稠度。对于航天飞机来说，推进剂的燃料成分是铝，氧化剂是高氯酸铵，用环氧树脂“胶水”将其黏合在一起。将推进剂混合物注入发动机箱，并保证树脂在受控条件下固化。由于发动机体积巨大，所以是分段铸造的，每段都需要数次填充推进剂 (每段发动机包含超过 110 万磅的推进剂)。这种铸造-固化工艺对温度、湿度和压力非常敏感。如果条件不合适，燃料可能会着火，或者推进剂的性能会降低。固体燃料火箭发动机既昂贵又危险，很显然每次都必须正确操作，否则后果将是灾难性的。失误可能会造成生命、科学数据和设备的损失，公开的失误可以摧毁一个公司，实际流程要受到严格监控。本书只是一个例子，所以这里只考虑以下基本标准要求：

图 P8.5　泰坦导弹的固体燃料火箭助推器

温度应保持在 115°F 到 125°F 之间。

湿度应保持在 40%到 60%之间。

压力应该保持在 100 Torr 到 200 Torr 之间。

假设表 P8.5 是在铸造-固化过程中收集的数据。

**表 P8.5 铸造-固化数据**

| 批次号 | 温度(°F) | 湿度(%) | 压力(Torr) |
|---|---|---|---|
| 1530 | 116 | 45 | 110 |
| 1240 | 114 | 42 | 115 |
| 2380 | 118 | 41 | 120 |
| 1470 | 124 | 38 | 95 |
| 3590 | 126 | 61 | 118 |

(a) 使用逻辑索引确定符合或不符合温度要求的批次；

(b) 使用逻辑索引确定符合或不符合湿度要求的批次；

(c) 使用逻辑索引确定符合或不符合压力要求的批次；

(d) 使用逻辑索引判定哪些批次不合格以及哪些批次合格；

(e) 使用前面问题的结论和 `length` 命令，根据每个标准要求计算合格或不合格引擎的百分比，并确定总合格率。

**8.6** 两个体操运动员比赛的得分见表 P8.6。

**表 P8.6 体操成绩**

| 比赛项目 | 运动员 1 | 运动员 2 |
|---|---|---|
| 鞍马 | 9.821 | 9.700 |
| 跳马 | 9.923 | 9.925 |
| 自由操 | 9.624 | 9.83 |
| 吊环 | 9.432 | 9.987 |
| 高低杠 | 9.534 | 9.354 |
| 双杠 | 9.203 | 9.879 |

(a) 编写一个程序，使用逻辑索引来计算每个体操运动员获胜的项目数；

(b) 使用 `mean` 函数来计算每个体操运动员的平均得分。

**8.7** 使用逻辑索引创建一个名为 $f$ 的函数，该函数满足条件如下：

$$当\ x>2\ 时，f(x)=x^2$$

$$当\ x\leqslant 2\ 时，f(x)=2x$$

绘制 $x$ 值从−3 到 5 的 $f$ 函数曲线，选择合适的 $x$ 间距使得曲线看起来比较平滑。这里应该注意，在 $x=2$ 处曲线上有一个转折点，思考若使用 if/else 语句应怎样解决此问题？

**8.8** 创建一个名为 $g$ 的函数，该函数满足条件如下：

$$当\ x<-\pi\ 时，g(x)=-1$$

$$当\ x\geqslant-\pi\ 且\ x\leqslant\pi\ 时，g(x)=\cos(x)$$

$$当\ x>\pi\ 时，g(x)=-1$$

绘制 $x$ 值从 $-2\pi$ 到 $+2\pi$ 之间函数 $g$ 的曲线，选择合适的 $x$ 间距使得曲线看起来比较平滑。(要求用逻辑索引来解决此问题。)

**8.9** temp.dat 文件存储了从热电偶采集的温度数据，文件中的数据如表 P8.9 所示。第一列为测量时间点(每小时测量一次/天），其余列为不同观测点在对应时间时的温度测量值。

(a) 编写一个程序，输出温度值大于 85.0 的索引号(行和列)。(可以任意选择是用逻辑索引还是用 find 函数来解答此问题。)

(b) 在文件中找到最高温度，以及其对应的时间点和热电偶编号。

**表 P8.9　温度数据**

| 小时 | 电偶 1 温度 | 电偶 2 温度 | 电偶 3 温度 | 小时 | 电偶 1 温度 | 电偶 2 温度 | 电偶 3 温度 |
|---|---|---|---|---|---|---|---|
| 1 | 68.70 | 58.11 | 87.81 | 13 | 68.24 | 61.06 | 70.53 |
| 2 | 65.00 | 58.52 | 85.69 | 14 | 76.55 | 61.19 | 76.26 |
| 3 | 70.38 | 52.62 | 71.78 | 15 | 69.59 | 54.96 | 68.14 |
| 4 | 70.86 | 58.83 | 77.34 | 16 | 70.34 | 56.29 | 69.44 |
| 5 | 66.56 | 60.59 | 68.12 | 17 | 73.20 | 65.41 | 94.72 |
| 6 | 73.57 | 61.57 | 57.98 | 18 | 70.18 | 59.34 | 80.56 |
| 7 | 73.57 | 67.22 | 89.86 | 19 | 69.71 | 61.95 | 67.83 |
| 8 | 69.89 | 58.25 | 74.81 | 20 | 67.50 | 60.44 | 79.59 |
| 9 | 70.98 | 63.12 | 83.27 | 21 | 70.88 | 56.82 | 68.72 |
| 10 | 70.52 | 64.00 | 82.34 | 22 | 65.99 | 57.20 | 66.51 |
| 11 | 69.44 | 64.70 | 80.21 | 23 | 72.14 | 62.22 | 77.39 |
| 12 | 72.18 | 55.04 | 69.96 | 24 | 74.87 | 55.25 | 89.53 |

**8.10**　南极大陆周围海冰的数量每年之中或不同的年度之间都有很大的变化(见图 P8.10)。

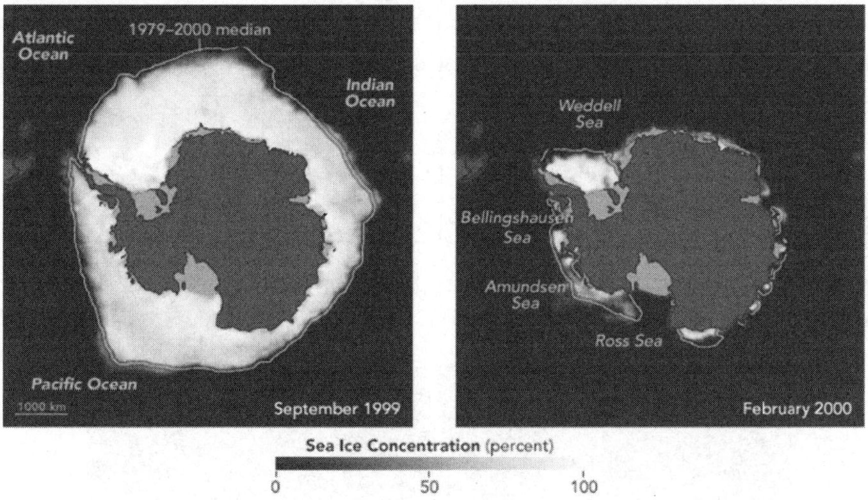


图 P8.10　南极海冰的范围一年四季都在急剧变化(美国国家冰雪数据中心)

表 P8.10 数据来自美国国家冰雪数据中心(NSIDC)网站。通常一年中海冰面积最大值出现在 9 月，而海冰面积的最小值出现在 2 月。

(a) 绘制各年 9 月和 2 月海冰面积值关于年份的曲线，并各添加一条代表 1979—2010 年间 2 月平均海冰面积和 9 月平均海冰面积的线。其中，2 月平均值为 3.04 万平方公里，9 月平均值为 18.79 万平方公里；

(b) 使用逻辑索引查找出哪些年份的海冰面积超过了 1979—2010 年间 9 月的平均值；

(c) 使用逻辑索引查找出哪些年份的海冰面积低于 1979—2010 年间 2 月的平均值。

选择 1979 年至 2010 年的平均值作为比较指标，它应该每年都更换吗？

**表 P8.10　南极海冰范围(数据来自国家冰雪数据中心)**

| 年份 | 9 月平均面积(百万平方公里) | 2 月平均面积(百万平方公里) | 年份 | 9 月平均面积(百万平方公里) | 2 月平均面积(百万平方公里) |
|---|---|---|---|---|---|
| 1979 | 18.20 | 3.14 | 2001 | 18.17 | 3.65 |
| 1980 | 18.82 | 2.82 | 2002 | 17.89 | 2.96 |
| 1981 | 18.60 | 2.87 | 2003 | 18.30 | 3.79 |
| 1982 | 18.35 | 3.13 | 2004 | 18.92 | 3.58 |
| 1983 | 18.59 | 3.07 | 2005 | 18.80 | 2.97 |
| 1984 | 18.17 | 2.68 | 2006 | 19.09 | 2.65 |
| 1985 | 18.70 | 2.84 | 2007 | 18.86 | 2.90 |
| 1986 | 17.68 | 3.19 | 2008 | 18.15 | 3.89 |
| 1987 | 18.25 | 3.25 | 2009 | 18.96 | 2.99 |
| 1988 | 18.31 | 2.89 | 2010 | 18.80 | 3.11 |
| 1989 | 18.12 | 2.98 | 2011 | 18.74 | 2.52 |
| 1990 | 18.19 | 3.04 | 2012 | 19.21 | 3.55 |
| 1991 | 18.31 | 3.16 | 2013 | 19.39 | 3.84 |
| 1992 | 18.15 | 2.84 | 2014 | 19.76 | 3.84 |
| 1993 | 18.54 | 2.48 | 2015 | 18.44 | 3.80 |
| 1994 | 18.61 | 3.20 | 2016 | 18.15 | 2.79 |
| 1995 | 18.37 | 3.56 | 2017 | 17.91 | 2.29 |
| 1996 | 18.63 | 2.98 | 2018 | 17.96 | 2.33 |
| 1997 | 18.60 | 2.49 | 2019 | 18.33 | 2.65 |
| 1998 | 18.90 | 2.99 | 2020 | 18.84 | 2.92 |
| 1999 | 18.70 | 2.97 | 2021 | | 2.83 |
| 2000 | 18.89 | 2.91 | | | |

**8.11** 北冰洋的海冰每年都有增有减，在最近的夏季，由于海冰的减少，通过“西北航道”进行航运成为可能(见图 P8.11)。

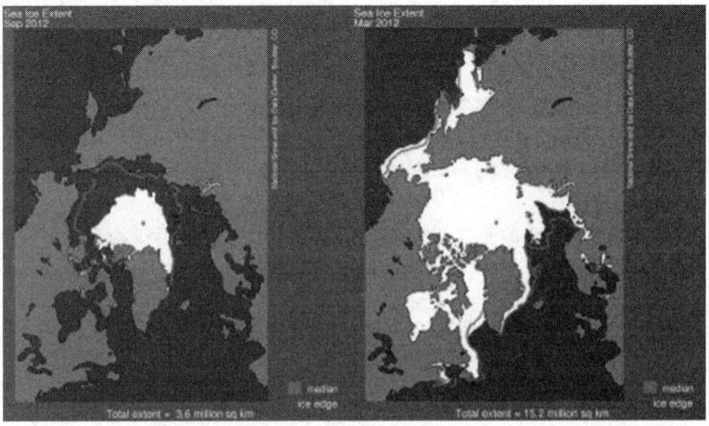


图 P8.11　北极海冰范围一年里变化很大，夏季海冰的减少打开了从大西洋到太平洋的“西北航道”

表 P8.11 数据来自美国国家冰雪数据中心(NSIDC)网站，包含了 9 月海冰面积(这个月份经常出现最小值)和 3 月海冰面积(这个月份经常出现最大值)。

表 P8.11　北极海冰范围(数据来自国家冰雪数据中心)

| 年份 | 9 月平均面积(百万平方公里) | 3 月平均面积(百万平方公里) | 年份 | 9 月平均面积(百万平方公里) | 3 月平均面积(百万平方公里) |
|---|---|---|---|---|---|
| 1979 | 7.05 | 16.34 | 2001 | 6.73 | 15.52 |
| 1980 | 7.67 | 16.04 | 2002 | 5.83 | 15.35 |
| 1981 | 7.14 | 15.63 | 2003 | 6.12 | 15.48 |
| 1982 | 7.3 | 16.04 | 2004 | 5.98 | 14.99 |
| 1983 | 7.39 | 16.09 | 2005 | 5.5 | 14.69 |
| 1984 | 6.81 | 15.58 | 2006 | 5.86 | 14.42 |
| 1985 | 6.7 | 15.89 | 2007 | 4.27 | 14.54 |
| 1986 | 7.41 | 15.91 | 2008 | 4.69 | 15.18 |
| 1987 | 7.28 | 15.82 | 2009 | 5.26 | 14.98 |
| 1988 | 7.37 | 15.96 | 2010 | 4.87 | 15.14 |
| 1989 | 7.01 | 15.42 | 2011 | 4.56 | 14.55 |
| 1990 | 6.14 | 15.87 | 2012 | 3.57 | 15.2 |
| 1991 | 6.47 | 15.42 | 2013 | 5.21 | 15.03 |
| 1992 | 7.47 | 15.48 | 2014 | 5.22 | 14.76 |
| 1993 | 6.4 | 15.81 | 2015 | 4.62 | 14.37 |
| 1994 | 7.14 | 15.55 | 2016 | 4.53 | 14.4 |
| 1995 | 6.08 | 15.26 | 2017 | 4.82 | 14.29 |
| 1996 | 7.58 | 15.12 | 2018 | 4.79 | 14.3 |
| 1997 | 6.69 | 15.47 | 2019 | 4.36 | 14.57 |
| 1998 | 6.54 | 15.6 | 2020 | 4 | 14.73 |
| 1999 | 6.12 | 15.4 | 2021 | | 14.64 |
| 2000 | 6.25 | 15.22 | | | |

(a) 根据表中数据，绘制每年的 9 月和 3 月的海冰面积曲线，并分别添加一条代表 1979—2010 年间 3 月和 9 月的平均海冰面积的直线，3 月海冰面积为 15.52 万平方公里，9 月海冰面积为 6.51 万平方公里；

(b) 使用逻辑索引确定哪些年份的海冰数据超过 1979—2010 年间 9 月的平均值；

(c) 使用逻辑索引确定哪些年份的海冰数据低于 1979—2010 年间 3 月的平均值。

**8.12** 科罗拉多河流域涵盖了美国西部七个州的部分地区。在科罗拉多河及其支流上建造了一系列水坝用来蓄水，并进行低成本的水力发电(见图 P8.12)。这些水坝具有较好调节水流的能力，可以促进该区域中干旱沙漠州的农业发展和人口增长。即使在长期干旱的时期，流域各州也有稳定的、可靠的水电供应。鲍威尔湖位于犹他州和亚利桑那州交界处，它就是这其中一个水库。文件 Lake_powell.dat 中包含了 2013 年到 2020 年这 8 年间，该水库水位情况的数据，具体数据如表 P8.12 所示。其他历史数据可从美国垦务局网站上获得。根据文件中的数据求解以下问题：

图 P8.12　格伦峡谷大坝的鲍威尔湖

(a)计算每年的平均水位以及 8 年间的总平均水位；

(b)确定每年有多少个月超过 8 年间的总平均水位；

(c)创建一个报告，列出超出总平均值的月份(序号)和年份，例如，6 月的序号为 6；

(d)确定 8 年间每月的平均水位。

注意：以上问题应该用逻辑索引(`logical indexing`)或 `find` 函数、`mean` 函数和 `length` 函数来求解。做过前面习题的编程者可能想使用循环结构，这里是不需要的。

**表 P8.12　鲍威尔湖水位数据，海平面上的英尺数**

| | 2013 | 2014 | 2015 | 2016 | 2017 | 2018 | 2019 | 2020 |
|---|---|---|---|---|---|---|---|---|
| 1 月 | 3604.42 | 3578.69 | 3593.57 | 3596.58 | 3595.86 | 3619.14 | 3576.34 | 3605.48 |
| 2 月 | 3601.47 | 3575.55 | 3592.23 | 3594.41 | 3594.33 | 3616.02 | 3571.89 | 3602.72 |
| 3 月 | 3598.96 | 3574.76 | 3591.02 | 3592.18 | 3595.91 | 3612.23 | 3569.28 | 3600.71 |
| 4 月 | 3596.53 | 3577.56 | 3590.18 | 3592.12 | 3604.14 | 3609.39 | 3571.12 | 3599.32 |
| 5 月 | 3599.44 | 3589.38 | 3597.27 | 3603.87 | 3619.09 | 3611.54 | 3584.65 | 3605.05 |
| 6 月 | 3600.07 | 3609.19 | 3613.54 | 3620.01 | 3634.89 | 3609.98 | 3611.82 | 3610.62 |
| 7 月 | 3594.17 | 3608.05 | 3612.62 | 3618.22 | 3634.69 | 3603.8 | 3621.6 | 3606.25 |
| 8 月 | 3589.64 | 3605.82 | 3609.07 | 3613.55 | 3630.88 | 3597.12 | 3618.55 | 3599.72 |
| 9 月 | 3591.25 | 3605.53 | 3606.01 | 3610.93 | 3628.31 | 3592.28 | 3615.36 | 3595.98 |
| 10 月 | 3590.88 | 3605.57 | 3606.44 | 3609.48 | 3627.09 | 3590.46 | 3612.99 | 3591.72 |
| 11 月 | 3587.9 | 3601.87 | 3605.47 | 3605.81 | 3625.29 | 3586.5 | 3611.23 | 3587.72 |
| 12 月 | 3584.43 | 3597.75 | 3600.8 | 3600.49 | 3622.85 | 3581.85 | 3608.74 | 3582.21 |

### if 结构

**8.13** 创建一个程序，提示用户输入标量体温值，如果温度高于 98.6°F，则向命令窗口发送一条消息，告知用户发烧了。

**8.14** 创建一个程序，首先提示用户输入变量 `x` 的值，然后提示用户输入变量 `y` 的值。如果 `x` 的值大于 `y` 的值，则向命令窗口发送一条消息，告诉用户 `x > y`。如果 `x` 小于或等于 `y`，则向命令窗口发送一条消息，告诉用户 `y >= x`。

**8.15** 反正弦(`asin`)函数和反余弦(`acos`)函数仅对−1 和+1 之间的值有效，因为正弦和余弦函数值的范围就是−1 和+1 之间的(见图 P8.15)。对于超出此范围的输入值，MATLAB 的 `asin` 函数或 `acos` 函数的输出结果为复数。例如：

```
acos(-2)
ans =
   3.1416 - 1.3170i
```

这是一个有问题的数学求解结果。请创建一个名为 `my_asin` 的函数，该函数的输入为单个 `x` 值，检查输入是否在−1 和+1 之间($-1 <= x <= 1$)，如果 `x` 超出该范围，则向屏幕输出错误消息。如果在范围内，则输出 `asin` 的值。

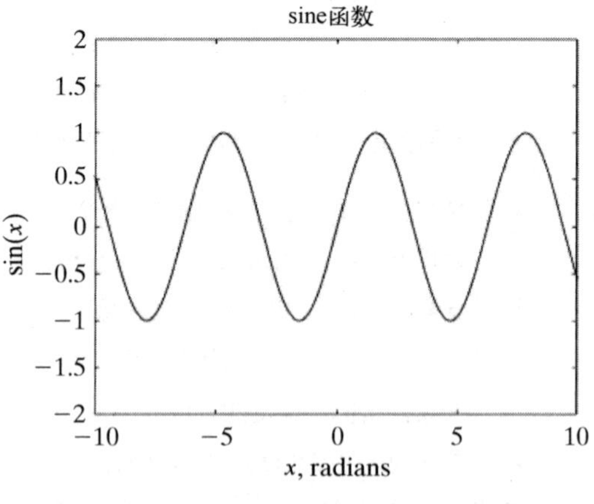


图 P8.15　正弦函数的值在−1 和+1 之间变化，因此对于大于 1 或小于−1 的值，反正弦(`asin`)无定义

**8.16** 创建一个程序，提示用户输入室外空气的温度值。如果温度大于等于 80°F，则返回一条消息，告知用户穿短裤；如果温度介于 60°F 和 80°F 之间，则返回一条消息，告知用户这是美好的一天。如果温度等于或低于 60°F，则返回一条消息，告知用户穿夹克或外套。

**8.17** 假设以下矩阵表示去年每月从某公司订购锯子的数量，所有数值都应该是大于等于零的。

```
saws = [1,4,5,3,7,5,3,10,12,8,7,4]
```

(a) 使用 `if` 语句检查矩阵中的值是否有效(要求在一条 `if` 语句中一次性检查整个矩阵)。根据检查结果，将消息“All valid(都有效)”或“Invalid number found(发现无效数值)”输出显示；

(b) 将 `saws` 矩阵更改为至少包含一个负值的矩阵，然后测试程序以确保在以上两种情况下都有效。

**8.18** 多数大公司鼓励员工通过匹配 401(k)养老金计划的贡献来储蓄。政府会限制公民在这个计划中可储蓄的金额，因为在退休取钱之前，这些存入的钱是免税的。能存入的金额和收入挂钩，同时雇主缴纳的金额也和收入挂钩。政府允许公民储蓄更多的钱，但没有税收优惠。这些计划每年都有变化，所以这个例子只是一个假设。

假设表 P8.18 是 Quality Widget 公司为员工制定的 401(k)储蓄计划。创建一个函数，根据工资和缴存比，计算每年的缴存总额。注意：缴存总额包括员工缴存部分和公司缴存部分。

表 P8.18　Quality Widget 公司储蓄计划

| 收入 | 可免税储蓄最多金额 | 公司匹配的最多金额 |
|---|---|---|
| 达到 3 万美元 | 10% | 10% |
| 3～6 万美元 | 10% | 前 3 万美元的 10%，3 万美元以上的 5% |
| 6～10 万美元 | 前 6 万美元的 10%，6 万美元以上的 8% | 前 3 万美元的 10%，3 万美元至 6 万美元之间的 5%，超过 6 万美元的部分不予免税 |
| 10 万美元以上 | 前 6 万美元的 10%，6 万美元至 10 万美元之间的 8%；超过 10 万美元部分不予免税 | 高薪酬的员工不适用此计划，而是参与股票期权 |

## switch/case 结构

**8.19** 为了得到由直线组成的封闭的几何图形(见图 P8.19)，图形中内角和的度数为

$$(n-2)(180^\circ)$$

其中 $n$ 是边数。

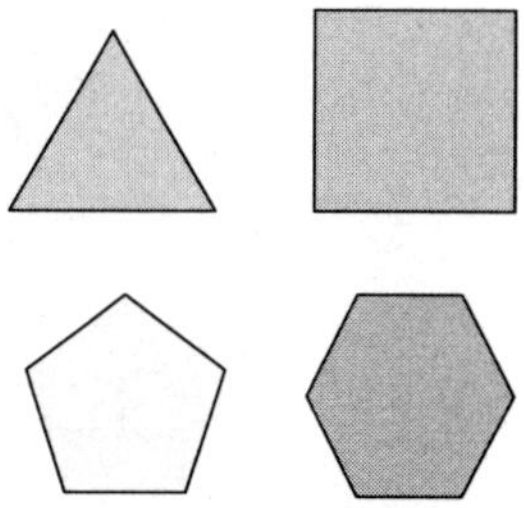

图 P8.19　规则多边形

(a) 创建一个向量 $n$，取值范围为 3 到 6，根据如上的公式计算各图形内角和，以此证明上述说法的正确性。然后将计算结果与所知道的几何学常识相比较。

(b) 编写一个程序，提示用户输入以下内容之一：

三角形

正方形

五边形

六边形

使用 `switch/case` 结构用输入来定义 n 的值，然后用 n 来计算图中各图形的内角和。

(c) 重新编写(b)部分程序，在新程序中使用 `menu` 函数。

**8.20** 在当地的一所大学里，每一个工程专业都有不同的毕业学分要求，最近的要求如下：

| 专业 | 需修够的学分 | 专业 | 需修够的学分 |
|---|---|---|---|
| 土木工程 | 130 | 电气工程 | 126.5 |
| 化学工程 | 130 | 机械工程 | 129 |
| 计算机工程 | 122 | | |

编写一个菜单程序，提示用户从菜单中选择一个专业，使用 `switch/case` 结构语句将用户所选的专业所对应的毕业学分发送到命令窗口。

**8.21** 在 MATLAB 中绘制星形的最简单方法是使用极坐标，只需要确定圆周上的点，并在这些点之间画线即可。例如，要画一个五角星，从圆的顶部开始($\theta = \pi/2$，$r = 1$)，逆时针方向确定 5 个点并连线即可(见图 P8.21)。

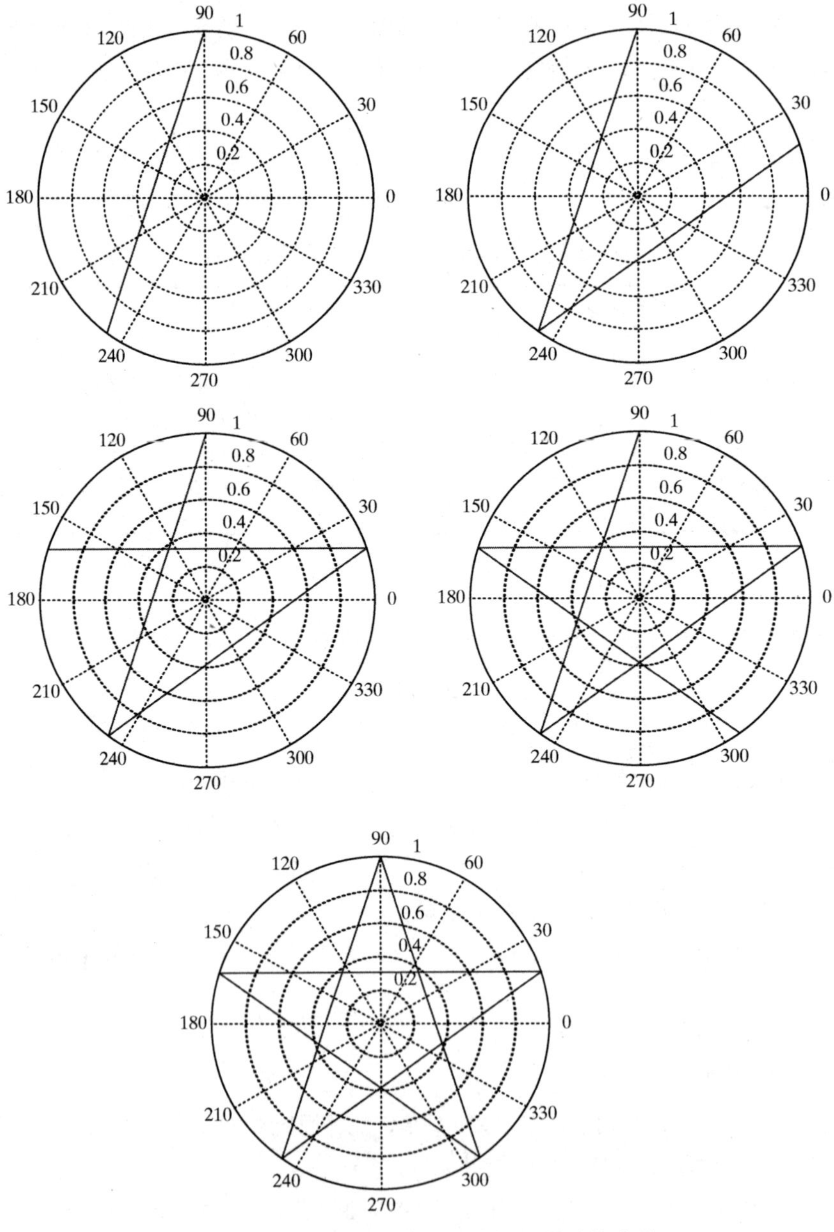


图 P8.21 在极坐标系中画五角星所需的步骤

请用 menu 函数提示用户指定五角星或六角星，然后在 MATLAB 图形窗口中创建相应的星形图。请注意：六角星是由三个三角形组成的，采用的绘图方法不同于创建五角星的绘图方法。

**挑战性问题**

**8.22** 大多数机场都有独立的长期和短期停车场，停车的费用取决于所选择的停车场和停留的时间。如下机场的费率标准：

- 长期(经济型)停车
  - 第一个小时为 2 美元，每增加一小时或不足一小时为 1 美元
  - 每日最高 10 美元
  - 每周最高 60 美元
- 短期停车
  - 前 30 分钟为 2 美元，每增加 20 分钟或不足 20 分钟为 1 美元
  - 每日最高 32 美元

编写一个程序，询问用户以下信息，并自动完成费用计算：

- 使用哪个停车场？
- 停车时间是：几周、几天、几小时或几分钟？然后程序为用户计算停车费用。

**8.23** 米德湖和鲍威尔湖一样，是科罗拉多河排水系统的一部分。米德湖位于内华达州和亚利桑那州的交界处。它是美国最大的水库，是亚利桑那州、内华达州、加利福尼亚州乃至墨西哥部分地区居民的重要水源。由于长期干旱以及用水需求的增长，自 1983 年以来，米德湖的水位一直在下降，2021 年达到自 20 世纪 30 年代蓄水以来的最低水位(如图 P8.23 所示)。美国垦务局网站上一直更新水位数据，可供查阅，如果找不到科罗拉多河下游的信息，可到该网站查询。

图 P8.23　米德湖水位示意

(a) 使用逻辑索引，用 NaN 替换数据集中丢失的数据。

(b) 绘制 1935 年至今的数据图，并添加适当的注释。

(c) 确定每年的平均水位海拔高度。

(d) 水库最大蓄水水位高度为海拔 1221.4 英尺。使用逻辑索引来确定水库自蓄水以来有多少个月未达到满容量。

# 第9章 循环结构

**本章目标**

学完本章后应能够：

- 编写和使用 `for` 循环程序；
- 编写和使用 `while` 循环程序；
- 创建中断结构；
- 测量执行部分程序段所需的时间；
- 利用有效的编程技巧提高程序执行效率；
- 阐明矢量化代码的优点。

## 概述

计算机程序(不仅仅是 MATLAB 程序)设计的思路之一是合理组织程序语句的结构。通常，计算机程序代码段可以分类为顺序结构、选择结构和循环结构。前一章讲述了选择结构，本章将重点讨论循环结构。一般来说，如果一段代码重复执行三次以上，那么最好采用循环结构。

循环结构通常包含五个基本部分：

- 用于确定是否结束循环的参数；
- 该参数的初始化；
- 循环改变参数的方法(若参数不变更，循环将一直执行)；
- 参数与循环终止条件的比较；
- 在循环内执行的计算(循环体)。

> **关键知识**
> 如果发现一段代码需要重复三次以上，那么它可能处于循环之中。

MATLAB 支持两种不同类型的循环结构：`for` 循环和 `while` 循环，另外还有两个命令 `break` 和 `continue`，可用于构成第三类循环，称为中断循环。若知道需要执行的循环次数，则选择 `for` 循环是最简单的；若是一直重复指令直到满足某个条件，则选择 `while` 循环是最简单的。当循环体中的命令需要至少执行一次，而退出循环的决定是基于某些条件时，中断循环就非常有用。如果已有前面的编程经验，可能会倾向于大量使用循环结构。但在很多情况下，需要通过使用 `find` 命令、逻辑索引或对代码进行矢量化，进而编写避免使用循环结构的 MATLAB 程序。(所谓的矢量化，就是一次操作整个矢量，而不是一次操作一个元素。)如果可以用矢量化方法，就尽量避免使用循环，因为矢量化的程序运行速度更快，且通常代码量更少。

> **关键知识**
> 循环是重复执行某段命令序列，直到某条件满足。

## 9.1　for 循环

for 循环的结构很简单易懂，第一行语句标识了循环并定义了一个索引，该索引是一个数值，该值在每次执行循环体后会改变，并用来确定何时结束循环。在标识行语句之后，是待执行的一组命令序列，也就是循环体。最后，end 命令用来标识循环体结束。因此，for 循环的语法结构总结如下：

```
for index = array
      commands to be executed
end
```

> **关键知识**
> 若已经知道重复执行命令序列的次数，则使用 for 循环。

针对第一行定义的索引矩阵中的每个元素，循环都会执行一次，下面是一个简单的例子：

```
for k = [1,3,7]
  k
end
```

在第一轮循环中，k 被赋值为 1，即矩阵中的第一个值；在第二轮循环中，k 的值被修改为 3，即矩阵中的第二个值。每执行一次循环体，k 都会被修改并赋值为索引矩阵中的下一个值，上面的代码的返回值如下：

```
k =
  1
k =
  3
k =
  7
```

由于 k 矩阵中有 3 个值，因此循环执行了 3 次，每次取一个 k 值。

本例中的索引是 k，程序员通常将 k 当成索引变量使用，这只是编程习惯问题。索引矩阵也可以用冒号运算符定义，或者其他方式定义。下面的代码是求解 5 的 1～3 次幂：

```
for
k = 1:3
  a = 5^k
end
```

在第一行上，索引 k 被定义为矩阵[1, 2, 3]，第一轮循环时，k 被赋值为 1，计算了 $5^1$；然后进入第二轮循环，k 被赋值为 2，计算了 $5^2$；最后一轮循环时，k 等于 3，计算了 $5^3$。因为循环体重复执行了三次，所以 a 的值在命令窗口中显示了三次的值：

```
a =
  5
a =
  25
a =
  125
```

虽然在 for 循环的第一行将 k 定义为一个矩阵，因为当 k 用在循环中使用时，k 就是一个索引号，因此每次只能等于一个值。在执行完循环之后，若查看 k 的值，则会发现它也只有一个值，就是最后循环时赋给它的索引值。对于前面的例子

```
k
```

则返回

```
k =
  3
```

请注意，k 在工作区窗口中显示为 1×1 矩阵。

通常定义一个新矩阵时使用 for 循环，例如：

```
for k = 1:5
  a(k) = k^2
end
```

这个循环定义了一个新矩阵 a，每次循环为矩阵添加一个元素，由于程序五次重复执行循环，因此每轮循环都向 a 矩阵添加一个新元素，在命令窗口输出以下内容：

```
a =
    1
a  =
    1     4
a  =
    1     4     9
a  =
    1     4     9    16
a  =
    1     4     9    16    25
```

**提示：** 大多数计算机程序不具备 MATLAB 这样轻松处理矩阵的能力，因此，它们会依赖刚介绍的循环来定义数组。在 MATLAB 中用程序代码创建向量 a 是非常容易的：

```
k = 1:5
a = k.^2
```

返回值为

```
k =
  1     2     3     4     5
a =
  1     4     9    16    25
```

这就是代码矢量化的例子，其效率更高。

**关键知识**

如果代码能矢量化，就避免用循环。矢量化程序运行速度更快，通常程序代码量更少。

for 循环的另一个常见用法是将其与 if 语句结合起来，并确定某件事为真的次数。例如在下面的示例中，第一行的考试成绩列表中有多少在 90 分以上呢？

```
scores [76,45,98,97];
count = 0;
for k=1:length(scores)
  if scores(k)>90
     count = count + 1;
  end
end
disp (count)
```

变量 count 初始化为 0，每轮循环时，若分数大于 90，则 count 加 1。请注意，这里的 length 函数用于确定 for 循环应该重复的次数，在本例中

```
length (scores)
```

结果为 4，也就是 scores 数组中元素的数量。

大多数情况下，采用单行索引矩阵的形式创建 for 循环，但是如果在索引定义中定义一个二维矩阵，则每轮循环时，MATLAB 都使用整列作为索引，假设将索引矩阵定义为

$$\boldsymbol{k}=\begin{bmatrix}1 & 2 & 3\\ 1 & 4 & 9\\ 1 & 8 & 27\end{bmatrix}$$

那么程序

```
for k = [1, 2, 3; 1, 4, 9; 1, 8, 27]
  a  =  k'
end
```

会返回如下值：

```
a =
   1    1    1
a =
   2    4    8
a =
   3    9    27
```

注意，这里将 k 转置后赋给了 a，所以结果是行而不是列，这样做是为了使输出易读。下面总结一下 for 循环语句的使用规则：

- 循环以 for 语句开始，以 end 语句结束；
- 循环的第一行用索引矩阵定义了循环次数；
- for 循环的索引必须是变量(索引值在每轮循环中都会更改)。虽然 k 常常作为索引变量符号使用，但任何其他变量名都可以使用，使用 k 只是习惯问题；
- 任何定义矩阵的方法都可以用来定义索引矩阵，最常见的方法是使用冒号运算符，例如，

```
for index = start:inc:final
```

- 如果定义索引矩阵的表达式是行向量，则每轮循环向索引赋值一个元素；
- 如果定义索引矩阵的表达式是二维矩阵(这种方式不常见)，则每轮循环时，索引都被赋值为矩阵的下一列，这也意味着索引将是列向量；
- for 循环代码段执行完成后，索引变量的值为最后一次循环时的值；
- 通过对代码进行矢量化可以避免使用 for 循环。

for 循环的基本流程图包括一个菱形，这表明 for 循环首先要检查索引矩阵中是否有新值(见图 9.1)，如果没有新值，则循环终止，程序将继续执行循环结构后面的语句。

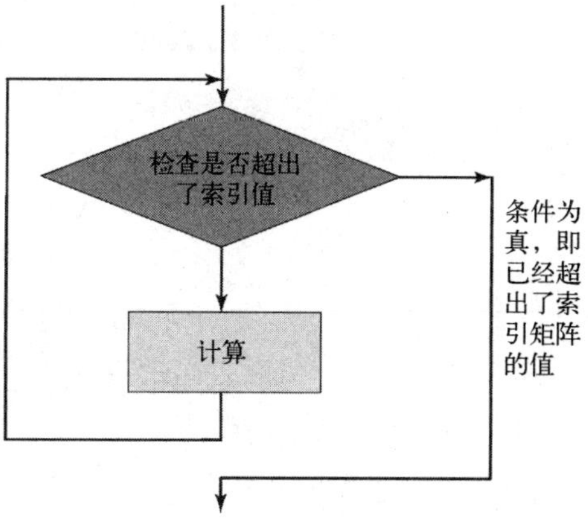


图 9.1　for 循环的基本流程图

**例 9.1 创建度转弧度的转换表**

虽然使用 MATLAB 的矢量功能创建弧度表要更容易，但可以用此例来展示 `for` 循环的使用方法。

1. 描述问题

   创建一个列表，将度转换为弧度，转换区间为 0°～360°，增量为 10°。

2. 描述输入和输出

   **输入**　　以度为单位的角度值数组

   **输出**　　以度和弧度表示的角度值转换表

3. 建立手工算例

   如果度数为 10°，则弧度为

$$10*\pi/180 = 0.1745\,(\text{rad})$$

4. 开发 MATLAB 程序

   首先绘制一个流程图(见图 9.2)来帮助规划代码。然后将流程图转换为 MATLAB 程序。

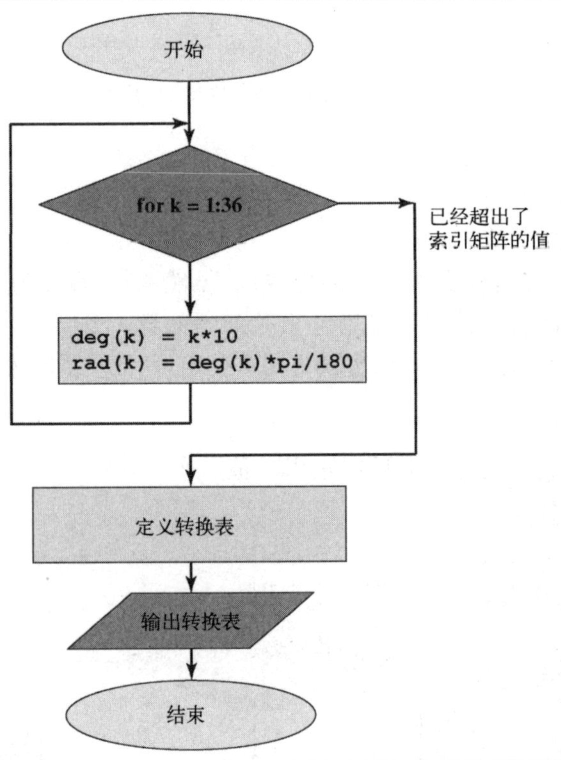


```
%% Example 9.1
% Create a table of degrees to
% radians

clear, clc
% Use a for loop for the
% calculations

for k=1:36
 deg(k) = k*10;
 rad(k) = deg(k)*pi/180;
end

% Create a table

disp("Degrees to Radians" + ...
"Conversion");

h = ["Degrees","Radians"];
% headings
a=table(deg',rad', ...
'VariableNames',h);
disp(a);
```

图 9.2　度转弧度的流程图

其得出以下结果：

```
Degree to Radians Conversion

Degrees     Radians
_______     _______

   10       0.17453
   20       0.34907
   30       0.5236        etc.
```

5．验证结果

由 MATLAB 计算的 10°对应的弧度值与手工计算的值相同。

显然，使用 MATLAB 的矢量功能进行计算要容易得多，得到的答案完全一样，但计算时间却大大减少。这种方法称为代码矢量化，是 MATLAB 的强项之一，矢量化代码如下：

```
degrees = 0:10:360;
radians = degrees*pi/180;
```

**例 9.2 用 for 循环计算阶乘**

阶乘是指从 1 到 *N* 所有整数的乘积。例如，5 的阶乘是

$$1 \times 2 \times 3 \times 4 \times 5$$

在数学中，阶乘通常用感叹号表示：

5! 代表 5 的阶乘

MATLAB 包含一个用于计算阶乘的内置函数，称为 `factorial`。假设想另外自行编写一个名为 `fact` 的阶乘函数。

1．描述问题

创建一个名为 `fact` 的函数来计算任意数的阶乘，假定输入为标量。

2．描述输入和输出

**输入** 一个标量值 N

**输出** N!的值

3．建立手工算例

$$5! = 1 \times 2 \times 3 \times 4 \times 5 = 120$$

4．开发 MATLAB 程序

首先绘制一个流程图(见图 9.3)来帮助规划代码，然后将流程图转换为 MATLAB 程序。

5．验证结果

在命令窗口中测试以下函数：

```
fact(5)
ans =
  120
```

只有输入为标量时此函数才能正常运行，如果输入数组，则 `for` 循环不会执行，且函数返回值为 1：

```
x=1:10;
fact(x)
ans =
  1
```

可以添加 `if` 语句来保证输入的是正整数而不是数组，此过程的流程图和程序代码如图 9.4 所示。

在命令窗口中测试新函数：

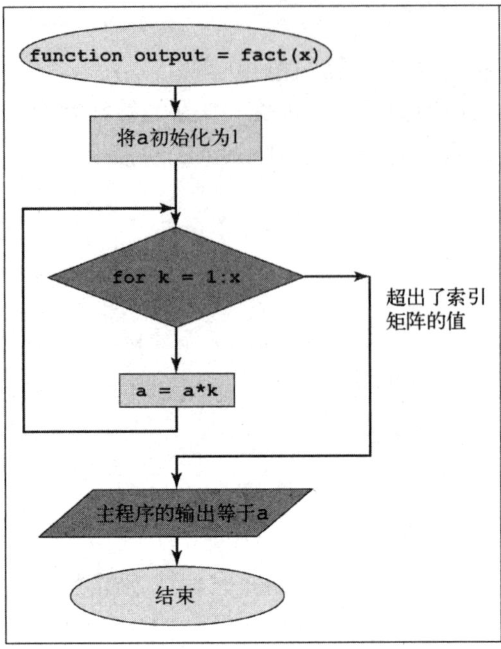


```
function output = fact(x)
% This function accepts a
% scalar
% input and calculates its
% factorial
a = 1;  % initialize a
% Use a loop to calculate the
% factorial
for k=1:x
   a=a*k;
end
output = a;
end
```

图 9.3　用 for 循环计算阶乘的流程图

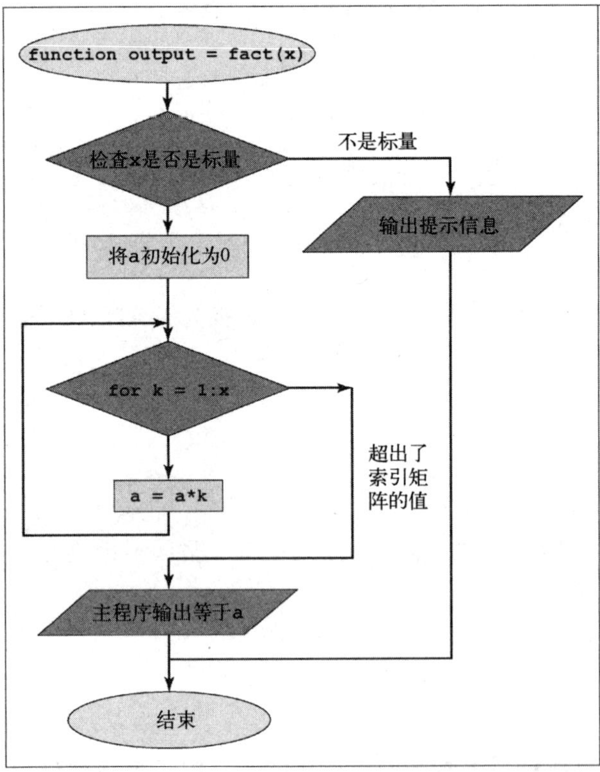


```
function output = fact(x)
% This function accepts a scalar
% input and calculates its factorial
% Check to confirm x is a single
% value array
if(length(x)>1 | x<0)
   error(["Input must be a "+...
    "positive integer"]);
else

   a = 1;  % initialize a
   % Use a loop to calculate the
   % factorial
   for k = 1:x
     a = a*k;
   end
   output = a;
end
end
```

图 9.4　计算阶乘的流程图(包含错误检查)

```
fact(-4)
Error using fact (line 8)
Input must be a positive integer
fact(x)
Error using fact (line 8)
Input must be a positive integer
```

**实训练习 9.1**

使用 for 循环求解以下各题。

1. 创建一个英寸-英尺转换表。
2. 已知下列矩阵，其中有多少个元素的值大于 30？（使用计数器）

$$x = [45, 23, 17, 34, 85, 33]$$

3. 重做第 2 题，这次使用逻辑索引命令。
4. 使用 for 循环对第 2 题中矩阵的元素求和，用 sum 函数检查结果。（若不熟悉 sum 函数，请使用 MATLAB 的帮助。）
5. 使用 for 循环创建一个包含调和级数前 10 个元素的向量，即

$$1/1 \quad 1/2 \quad 1/3 \quad 1/4 \quad 1/5 \ \cdots \ 1/10$$

6. 使用 for 循环创建一个包含交错调和级数前 10 个元素的向量，即

$$1/1 \quad -1/2 \quad 1/3 \quad -1/4 \quad 1/5 \ \cdots \ -1/10$$

## 9.2 while 循环

while 循环与 for 循环相似，其最大的区别在于确定循环次数的方式不同。while 循环会一直进行下去，直到某些条件得到满足。while 循环的格式如下：

```
while  criterion
  commands to be executed
end
```

> **关键知识**
> 当不确定一命令序列需要重复执行多少次时，可使用 while 循环。

例如，

```
k = 0;
while k<3
 k = k+1
end
```

此段程序中，在循环之前初始化了一个用于计数的变量 k(初始化仅表示它被设为初始值)，然后只要 k 小于 3，循环就会重复执行。每循环一次，k 递增 1，这样重复三次，结果为

```
k =
  1
k =
  2
k =
  3
```

注意，当 k=3 时，while 语句中

```
k<3
```

的条件为假，此时，当 MATLAB 检查是否再执行循环时，程序会做出决策(根据判断标准)自动跳转到该结构的尾部。

定义矩阵，可以将 k 当成索引号使用，或仅当成一个计数器使用。大多数 for 循环可以改造为 while 循环，基于上一节中计算 5 的 1、2、3 次幂的 for 循环语句，下面用 while 循环来实现：

```
k = 0;
while k<3
  k = k+1;
  a(k) = 5^k
end
```

关键知识

for 循环可以解决的问题，也可以用 while 循环来解决。

程序返回值为

```
a =
  5
a =
  5   25
a =
  5   25   125
```

每轮循环会在矩阵 a 中添加一个新元素。下面看另一个例子，首先对 a 进行初始化，即

```
a = 0;
```

然后找出第一个大于 10 且为 3 的倍数的值：

```
while(a<10)
  a = a + 3
end;
```

第一轮循环，a 等于 0，因此条件为真，执行了下一条语句(a=a+3)，并重复循环，这次 a 等于 3，条件仍然为真，因此继续执行。经过循环得到

```
a =
  3
a =
  6
a =
  9
a =
  12
```

最后一轮循环开始时，a 等于 9，然后加 3 变为 12。最后一次比较条件，由于 a 等于 12，其值大于 10，所以程序跳到 while 循环的 end 语句处，不再重复执行。

While 循环还可以联合 if 语句来统计条件为真的次数，之前利用 for 循环进行考试分数统计的例子，也可以用 while 循环进行计数：

```
scores = [76,45,98,97];
count = 0;
k = 0;
while k<length(scores)
  k = k+1;
   if scores(k)>90
      count = count + 1;
  end
```

```
end
disp(count)
```

变量 count 用于对大于 90 的分数进行计数，变量 k 用于对循环次数进行计数。

while 循环的基本流程图(见图 9.5)与 for 循环的基本流程图(见图 9.1)相同。

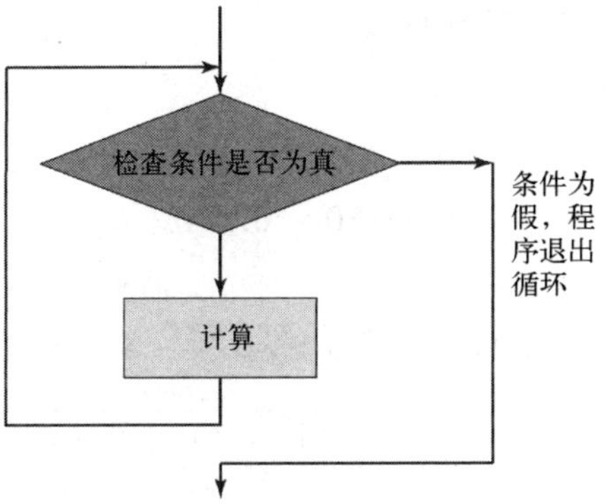


图 9.5　while 循环流程图

while 循环的一个常见用途是检查用户的输入错误。思考如下程序：提示用户输入一个正数，然后计算该值的对数(以 10 为底)，可以使用 while 循环来确认输入的数为正数，如果不为正，则提示用户重新输入符合要求的数，直到用户最终输入有效数值。

```
x = input("Enter a positive value of x:")
while (x<=0)
  disp("log(x) is not defined for negative numbers")
  x = input("Enter a positive value of x:")
end
  y = log10(x);
fprintf("The log base 10 of %4.2f is %5.2f \n",x,y)
```

当执行代码时，如果输入的是正值，则不执行 while 循环体(因为 x 不小于 0)。相反，如果输入的是 0 或负值，则执行 while 循环体，并向命令窗口发送错误消息，提示用户重新输入 x 的值，while 循环将持续执行，直到最终输入的 x 为正值为止。

> **关键知识**
> 用 while 循环很容易建立一个无限循环。

**提示：** 用于控制 while 循环的变量必须在每轮循环中更新，否则将成为一个无限循环。当计算需要很长时间才能完成时，可以检查左下角状态栏的“busy”标志，确认计算机确实正在计算，如果要手动退出计算，请同时按下 Ctrl 键和 C 键。执行此命令时，要确保命令窗口是活动窗口。

**提示：** 许多计算机指导书和手册都用“^”符号表示“Ctrl”键，命令“^C”通常表示同时按下 Ctrl 键和 C 键。

### 例 9.3　用 while 循环创建一个度转弧度的转换表

例 9.2 中利用 for 循环语句创建了一个度转弧度的转换表，也可以用 while 循环语句实现此操作。

1．描述问题

创建一个转换表，将度转换为弧度，转换区间为 0～360 度，增量为 10 度。

2．描述输入和输出

**输入**　　以度为单位的角度值数组

**输出**　　以度和弧度表示的转换表

3．建立手工算例

10 度对应的弧度为

$$10*\pi/180 = 0.1745$$

4．开发 MATLAB 程序

首先绘制一个流程图(见图 9.6)来帮助规划代码，然后将流程图转换为 MATLAB 程序。

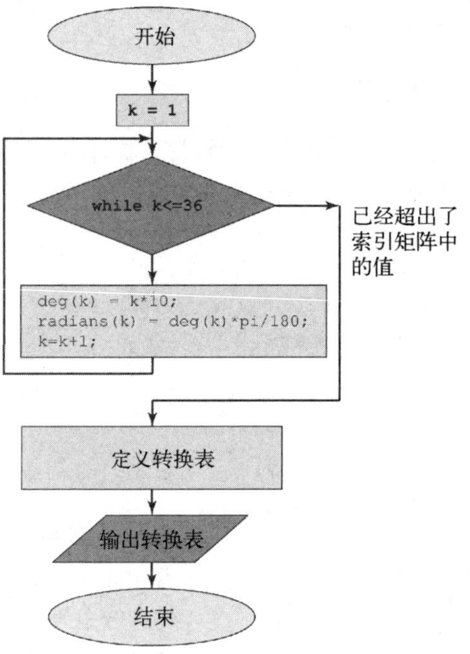


```
%% Example 9.3
% Create a table of degrees to radians
clear, clc
% Use a while loop for the
% calculations
k=1;
while k<=36
    deg(k) = k*10;
    rad(k) = deg(k)*pi/180;
    k = k+1;
end
% Create a table
disp("Degrees to Radians Conversion");
h=["Degrees","Radians"]; % headings
a=table(deg',rad','VariableNames',h);
disp(a);
```

图 9.6　利用 `while` 循环实现度转弧度的流程图

其得出以下结果：

```
Degrees to Radians Conversion

Degrees     Radians
_______     _______
  10        0.17453
  20        0.34907
  30        0.5236        etc.
```

5．验证结果

由 MATLAB 计算的 10 度对应的弧度值与手工计算的值相同。

### 例 9.4　用 `while` 循环计算阶乘

创建一个名为 `fact2` 的新函数，该函数使用 `while` 循环求 N!，其中要包括一个 `if` 语句，用来确保输入为正数的标量。

1. 描述问题

   创建一个名为 fact2 的函数，用于计算任意数的阶乘。

2. 描述输入和输出

   **输入** 标量 N。

   **输出** N!

3. 建立手工算例

$$5! = 1 \times 2 \times 3 \times 4 \times 5 = 120$$

4. 开发 MATLAB 程序

   首先绘制一个流程图(见图 9.7)，以帮助规划代码。然后将流程图转换为 MATLAB 程序。

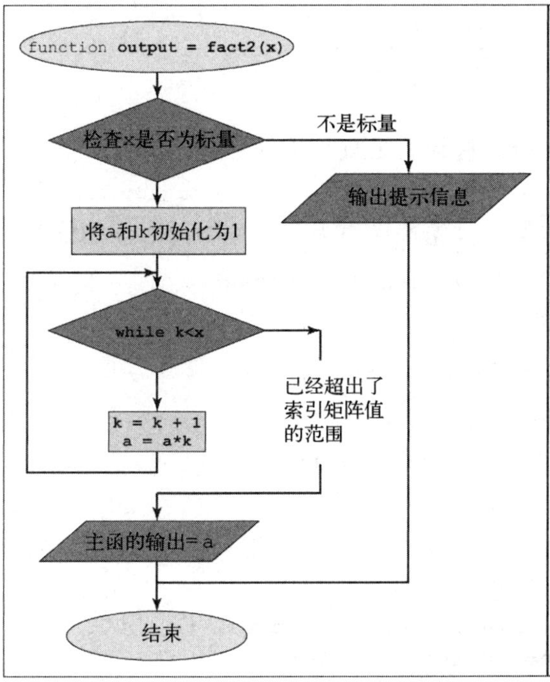


```
function output = fact2(x)
% This function uses a while loop to
% find x!
% The input must be a positive
% integer
if(length(x)>1 | x<0)
    error(["Input must be a "+...
    "positive integer"]);
else
    a = 1; % Initialize the running
% product
    k = 1; % Initialize the counter
while k<x
    k = k + 1; % Increment the counter
    a = a*k; % Calculate the running
% product
end
output = a;
end
end
```

图 9.7 用 while 循环计算阶乘的流程图

5. 验证结果

   在命令窗口中测试如下函数：

```
fact2(5)
ans =
  120
fact2(-10)
Error using fact (line 8)
Input must be a positive integer
fact2([1:10])
Error using fact (line 8)
Input must be a positive integer
```

**例 9.5　交错调和级数**

交错调和级数收敛于 2 的自然对数：

$$\sum_{k=1}^{\infty}\frac{(-1)^{k+1}}{k}=1-\frac{1}{2}+\frac{1}{3}-\frac{1}{4}+\frac{1}{5}-\cdots=\ln(2)=0.6931471806$$

因此，可以用交错调和级数来近似求解 ln(2)，但需要取多少项的级数才能得到最终答案的近似值呢？这可以用 while 循环来解决这个问题。

1．描述问题

使用 while 循环计算交错调和级数的成员和级数的值，直到收敛到增项小于 0.001。将结果与 2 的自然对数进行比较。

2．描述输入和输出

**输入**　　交错调和级数的表达式

$$\sum_{k=1}^{\infty}\frac{(-1)^{k+1}}{k}=1-\frac{1}{2}+\frac{1}{3}-\frac{1}{4}+\frac{1}{5}-\cdots\frac{1}{\infty}$$

**输出**　　满足收敛条件的级数值

绘制级数元素的累加和曲线，直到满足收敛条件

3．建立手工算例

手工计算 1～5 项的交变调和级数的值。首先，求出下列序列中前五项的值：

1.0000　　–0.5000　　0.3333　　–0.2500　　0.2000

然后计算级数 1～5 项的累加和：

1.0000　　0.5000　　0.8333　　0.5833　　0.7833

若求出相邻项之差，则可以看出求和项越来越接近了：

–0.5000　　0.3333　　–0.2500　　0.2000

4．开发 MATLAB 程序

首先，编制一个流程图(见图 9.8)来帮助规划代码；然后将其转换为一个 MATLAB 程序。运行程序时，以下结果将显示在命令窗口中。

```
The sequence converges when the final element is equal to 0.001
At which point the value of the series is 0.6936
This compares to the value of the ln(2), 0.6931
The sequence took 1002 terms to converge
```

这个级数非常接近 ln(2)，但可以取更多的项更加逼近该值。如果将收敛条件改为 0.0001 并运行程序，则得到以下结果：

```
The sequence converges when the final element is equal to -0.000
At which point the value of the series is 0.6931
This compares to the value of the ln(2), 0.6931
The sequence took 10001 terms to converge
```

5．验证结果

观察曲线(见图 9.9)，对比手工求解与 MATLAB 求解的结果，级数的前五个值与图形中显示的值一致，还可以看到，级数大约收敛于 0.69，这就是 2 的自然对数的近似值。

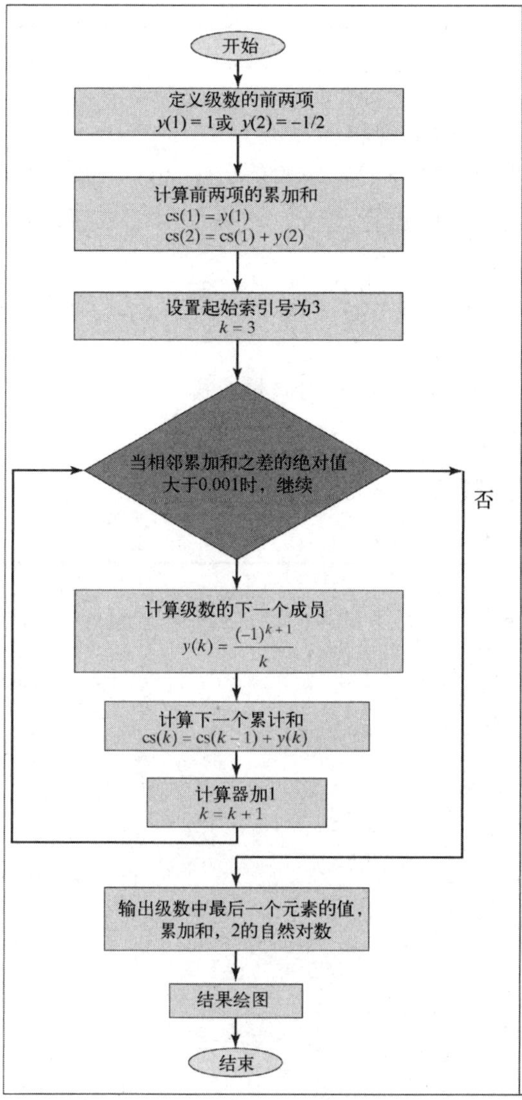


```
%% Example 9.5
% Calculating the Alternating Harmonic
% Series
clear, clc
% Define the first two terms in the
% series
y(1) = 1;
y(2) = -1/2;
% Find the first two cumulative sums
cs(1) = y(1);
cs(2) = cs(1) + y(2);
k=3;
while (abs(cs(k-1) - cs(k-2))> .001)
      y(k) = (-1)^(k+1)/k;
     cs(k) = cs(k-1) + y(k);
     k=k+1;
end

disp("At convergence")
fprintf("y(n) is %8.6f \n", y(k-1));
fprintf("cs(n) is %5.4f \n",cs(k-1))
fprintf("k is %3.0f \n",k)
fprintf("ln(2) is,%5.4f \n", log(2));

%% Plot the results
semilogx(cs)
title("Value of the Alternating
Harmonic Series")
xlabel("Number of Terms")
ylabel("Sum of the terms")
```

图 9.8　计算交错调和级数收敛值的流程图

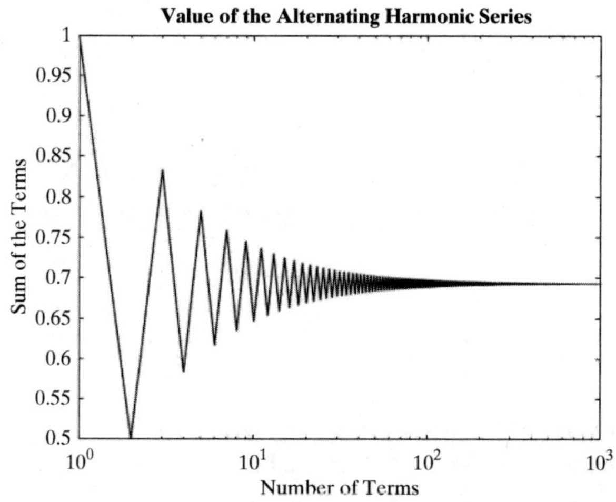


图 9.9　交错调和级数慢慢地向 ln(2) 收敛

**实训练习 9.2**

使用 while 循环求解以下问题。

1. 创建一个英寸-英尺的转换表。在此矩阵表中展现转换结果。
2. 已知矩阵 $x = [45, 23, 17, 34, 85, 33]$，其中有多少个元素的值大于 30？(使用计数器)
3. 将上题的程序与实训练习 9.1 中第 2 题的程序进行比较，这里使用 for 循环和逻辑索引来求解同一问题。
4. 使用 while 循环求第 2 题中矩阵元素之和，用 sum 函数验证结果的正确性。(如果不熟悉 sum 函数，就使用帮助。)
5. 使用 while 循环创建一个包含调和级数前 10 个元素的向量，即

$$1/1 \quad 1/2 \quad 1/3 \quad 1/4 \quad 1/5 \cdots 1/10$$

6. 用 while 循环创建一个包含交错调和级数前 10 个元素的向量，即

$$1/1 \quad -1/2 \quad 1/3 \quad -1/4 \quad 1/5 \cdots -1/10$$

**提示：**要使数字序列中的符号交替变化，可以利用−1 的幂来配合实现。例如，若想生成向量

```
-1 2 -3 4 -5
```

则使用以下循环语句：

```
for k = 1:5
  a(k) = (-1)^k*k
end
```

需要注意的是计算顺序很重要。表达式

```
(-1)^k
```

的结果会根据 k 的值交替变化，但是若没有括号，即

```
-1^k
```

则结果始终为−1。

## 9.3 break 和 continue

break 命令可用于提前终止循环(而第一行中的比较结果仍为真)。因 break 语句而跳出循环时，可能已经进行的 while 循环或 for 循环的次数是最少的。例如，下面的程序：

```
n = 0;
while(n<10)
  n = n+1;
  a = input('Enter a value greater than 0:');
  if(a<=0)
    disp('You must enter a positive number')
    disp('This program will terminate')
    break
```

```
    end
    disp('The natural log of that number is')
    disp(log(a))
end
```

该程序中，n 的初始化是在循环体外进行的，每轮循环，input 命令要求输入一个正数，程序检查输入数据，如果该值为零或负值，则向命令窗口发送错误消息，并且程序跳出循环体。如果 a 的值为正，则程序继续执行并进行下一轮循环，直到 n 的值等于 10，结束循环。

continue 命令与 break 命令类似，但并不是终止当前的循环结构，而是重新进行下一轮循环：

```
n=0;
while(n<10)
    n=n+1;
    a=input("Enter a value greater than 0:");
    if(a<=0)
      disp("You must enter a positive number")
      disp("Try again")
      continue
    end
    disp("The natural log of that number is")
    disp(log(a))
end
```

在本例中，如果输入的是负数，程序将转到下一轮循环，再次提示用户输入 a 值，直到 n 值等于 10 时，结束循环。

## 9.4　中断循环

9.3 节中所描述的循环就是所谓的“中断循环”的示例。在这些结构中，进入循环，处理相关计算，在循环体的任意点上通过判断语句来决定是否退出循环。然后，处理其他计算，重复下一轮循环。此策略可以与 for 循环或 while 循环一起使用。

在 while 循环结构中，循环体继续重复执行，直到循环结构中第一行指定的条件为假。例如，

> **关键知识**
> 中断循环要求循环体中内容至少执行一次。

```
while (x>.001)
    . . . do some calculations that result in updating x
end
```

计算后的 x 和 0.001 进行比较，或者返回 1(表示真)或者返回 0(表示假)。如果返回值为 0，则终止循环。这种结构存在一个潜在问题，即如果 x 的初始值非常小，例如此处为 0.0005，则循环永远不会执行，解决这个问题的方法是强制结果为真，并添加 if 语句和对应的 break 命令。

```
while(1)
    . . . do some calculations
    if (x<=.001)
       break
    end
    . . . do any additional calculations or information
```

```
        processing
    end
```

如果比较为真，MATLAB 将返回 1，则 while(1)等同于始终使 while 循环条件为真，开始 while 循环，实现了循环体继续执行无限次迭代，退出循环的条件由 if/break 结构来控制。这种结构的作用之一就是错误检查，类似于上一个问题中的例子。考虑另一个 MATLAB 程序，该程序提示用户输入购买糖果的数量，然后计算用户应付金额。如果用户输入了一个负数，程序提示用户再试一次，如果用户输入的是正数，程序将完成计算并退出循环。

```
while(1)
candy_bars = input("Enter the number of candy bars");
  if candy_bars<0
    disp("Must be a positive number")
  else
    total = candy_bars *.75;
    fprintf("The total cost is %5.2f dollars \n",total)
    break
  end
end
```

以下是程序执行时的交互信息：

```
Enter the number of candy bars -3
Must be a positive number
Enter the number of candy bars 5
The total cost is 3.75 dollars
```

这种方案也存在一个问题，就是循环永远不会结束。在程序中，若用户一直用负数回复，程序将一直提示输入正数，问题解决方法之一是使用 for 循环，循环中有一个预设的迭代次数，在本例中定义循环体最多执行 3 次。

```
for k=1:3
    candy_bars = input("Enter the number of candy bars:");
    if candy_bars<0
        disp("Must be a positive number")
    else
        total = candy_bars *.75;
        fprintf("The total cost is %5.2f dollars \n",total)
        break
    end
end
```

以下是程序执行时命令窗口中的交互信息：

```
Enter the number of candy bars -3
Must be a positive number
Enter the number of candy bars -2
Must be a positive number
Enter the number of candy bars -5
Must be a positive number
```

经过三次迭代后，循环结束。

以上例子看起来有些简单，例 9.6 是一个更复杂的案例。

**例 9.6**

为了求 ln(2)的近似值，需要计算交错调和级数的值(如例 9.5 所示)，这里采用的是数值计算方法。很多常用函数(如正弦函数和余弦函数)都是利用类似的级数求近似值的，如泰勒级数或麦克劳林级数。交错调和级数是一个收敛的级数，但不是每个级数都收敛，比如，将交错调和级数中交替出现的负号直接改为正号(交错调和级数变为调和级数)得到的级数就是一个发散的级数，它的值随着每个增项而变得越来越大。在这种情况下，需要在循环中指定最大迭代次数，进而保证循环结构能正常退出或结束。

一个不太明显的发散级数为

$$1-2+3-4+5-6\cdots+(n-1)-n$$

可用数学公式表示为

$$\sum_{k=1}^{n}(-1)\wedge(k+1)*k$$

编写一个求和程序，假设并不知道该级数发散，指定退出循环的条件为：当两个相邻的累加和之差小于 0.01 时，则终止循环，另外指定最多迭代 50 次。

1．描述问题

计算交错级数的和，假设级数收敛，和的波动范围小于 0.001。

2．描述输入和输出

**输入**　$\sum_{k=1}^{n}(-1)\wedge(k+1)*k$

**输出**　求每次循环时级数的累加；和绘制累加和关于求和项数的曲线图。

3．建立手工算例

级数的前六项为

$$1\quad -2\quad +3\quad -4\quad +5\quad -6$$

所以前六项的累加和如下表所示：

| | |
|---|---|
| n = 1 | total = 1 |
| n = 2 | total = 1 − 2 = −1 |
| n = 3 | total = 1 − 2 + 3 = 2 |
| n = 4 | total = 1 − 2 + 3 − 4 = −2 |
| n = 5 | total = 1 − 2 + 3 − 4 + 5 = 3 |
| n = 6 | total = 1 − 2 + 3 − 4 + 5 - 6 = −3 |

4．开发 MATLAB 程序

通过流程图描述出程序框架，如图 9.10 所示，然后将流程图转换为伪代码注释，最后插入相应的 MATLAB 程序代码。

程序执行后命令窗口中的结果为

```
Did not converge
Iterations =    50
Total Value = -25.0000
```

程序执行结果的波形如图 9.11 所示。

5．验证结果

对比该级数的前 6 项和，MATLAB 程序计算结果与手工计算结果一致。如果在 for 循环中没有设置最大迭代次数，程序将进入一个无限循环。另一种 while 循环结构是 if 语句和 break 语句配合使用，来判断是否已达到最大迭代次数。

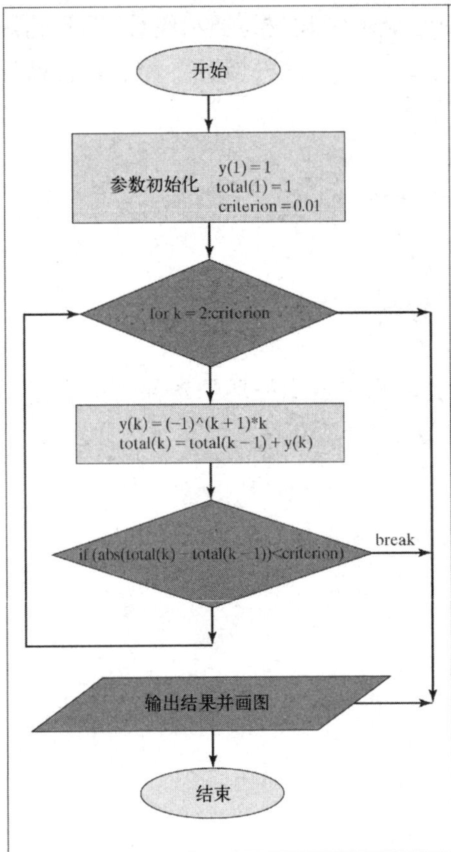


```
%% Example 9.6
% Calculating the Alternating Harmonic Series
clear, clc
% Define the starting parameters
y(1) = 1;
total(1) = y(1);
criterion = 0.01;
max_iterations = 50;
%% Execute the loop
for k=2:max_iterations
    y(k) = (-1)^(k+1)*k;
    total(k) = total(k-1) + y(k);
    if (abs(total(k) - total(k-1))<criterion)
        break
    end
end
%% Specify the output
if k==max_iterations
    disp("Did not converge")
    fprintf("Iterations = %5.0f \n",k)
    fprintf("Total Value = %5.4f
\n",total(k))
else
    disp("Converged")
    fprintf("Iterations = %5.0f \n",k)
    fprintf("y(k) equals %8.3f \n", y(k));
    fprintf("Total Value = %5.4f
\n",total(k))
end
%% Plot the results
plot(total)
title("Summation of Alternating Terms")
xlabel("Number of iterations")
ylabel("Cumulative Sum")
```

图 9.10　计算交变级数累加和的流程图

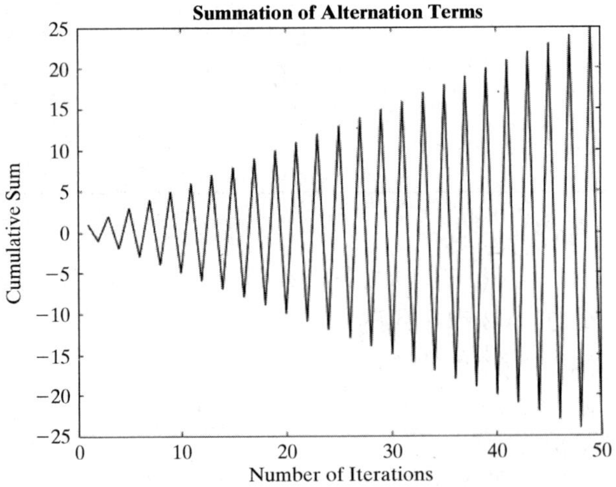


图 9.11　交变级数累加和不收敛，它以零为中心振荡

## 9.5 嵌套循环

在循环中嵌套其他循环是很有用的，许多 MATLAB 内置函数实际上采用的就是这种结构。例如，max 函数用于查找矩阵中每列元素中的最大值。可以开发一个程序，查找 4*4 数组 x 中的最大值。

> **关键知识**
> 嵌套循环用于评估多维数据。

```
x = [1    2    6    3;
     4    8    2    1;
     12   18   3    5;
     6    4    2    13]
```

如果使用 max 函数求解

```
max(x)
```

MATLAB 返回的是数组中每一列元素中的最大值

```
ans =
  12 18 6 13
```

利用嵌套的 for 循环结构可获得同样的结果。首先，需要使用 size 函数确定 x 数组的维数。

```
[rows,cols]=size(x);
```

利用 size 函数得到的信息创建外层 for 循环，每轮循环对应数组中的一列。接着，定义每列的第一个值为临时最大值。最后调用内层 for 循环，每次循环对应数组的一行。

```
for k=1:cols
  maximum(k)=x(1,k);
    for j=1:rows
      if x(j,k)>maximum(k)
      maximum(k)=x(j,k);
    end
  end
end
maximum % returns the results
```

外层 for 循环
内层 for 循环
If 结构

## 9.6 提高循环效率

通常，使用 for 循环(或 while 循环)的 MATLAB 程序的效率低于使用矩阵运算的。可通过一个极大矩阵乘法运算来验证这个断言，这里使用 clock 函数和 etime 函数来测量程序执行时的时间消耗。如果计算机速度很快，则可能需要使用更大的矩阵来测试。测量时间代码的结构如下：

> **关键知识**
> 循环的效率通常低于矢量化计算的效率。

```
t0 = clock;
. . . code to be timed
etime (clock, t0)
```

clock 函数查询计算机时钟的当前时间，etime 函数将当前时间与初始时间相减，得到的值即为代码执行所用时间。

示例如下：

```
clear, clc
A = ones(1000); % Creates a 1000 x 1000 array of ones
t0 = clock;
B = A*pi; % Multiplies 1*pi
time = etime(clock, t0)
```

结果为

```
time =
     0.003
```

阵列计算用时 0.003 秒，每次运行这几行代码会得到不同的结果。使用 clock 函数和 etime 函数来计算 CPU 的运行时间，即初始计时请求和最终计时请求之间所经历的时长，但是除此计算任务外，CPU 还同时在做其他事情，至少在执行系统任务，甚至可能在后台运行其他程序。

为了测量同一个计算循环结构下执行所需的时间，需要清除内存并重新创建全 1 数组：

```
clear
A = ones(1000);
```

这样就能保证从同一个起点开始比较。编写代码如下：

```
t0 = clock;
for k = 1:length(A(:))
   B(k) = A(k)*pi; % Multiplies 1*pi
end
time = etime(clock, t0)
```

运行结果为

```
time =
     0.185
```

**关键知识**

预先分配内存可缩短运行时间。

可以看出，执行该计算需要将近 0.2 秒的时间。(这是在一台旧计算机上运行的结果，时间的长短取决于所使用的计算机。)通过查询矩阵 A 中元素数量能确定 for 循环的迭代次数，这是通过 length 函数来完成的。length 函数返回的是数组的最大维数，对于该矩阵的返回值是 1000，但这并非是想要的结果数值。为了计算数组中元素总数，使用冒号运算符(:)将 A 表示为一个长度为 100 万个元素的列表，然后再用 length 函数，最终返回 1000000 这个值。每执行一次 for 循环，都会向 B 矩阵添加一个新元素，全部时间都耗费在这一步上，因为计算机必须分配额外的内存单元 1000000 次。可以提前创建 B 矩阵来减少计算所需的时间(这样内存分配过程只需要执行一次)，然后在循环中每轮替换一个值，代码如下：

```
clear
A = ones(1000);
t0 = clock;
B = A; % Create a B array of ones
  for k = 1:length(A(:))
    B(k) = A(k)*pi;
  end
time = etime(clock, t0)
```

执行结果为

```
time =
     0.031
```

可以看到很明显的提升。如果创建了一个更大的矩阵，就能看到第一个例程，即简单的矩阵元素乘积和最后例程之间的较大差别。相比之下，中间的例程中没有对 B 进行初始化，这将消耗大量的内存分配时间。

MATLAB 还包括一组名为 tic 和 toc 的函数，其使用方法类似于 clock 函数和 etime 函数，可以为一段代码计时。

```
clear
A = ones(1000);
tic
  B = A;
  for k = 1:length(A(:))
    B(k)  = A(k)*pi;
  end
toc
```

执行结果如下：

```
Elapsed time is 0.031090 seconds.
```

> **关键知识**
> 对于代码量的程序，后台任务占用的时间可能比程序本身执行时间要长。

由于每次执行程序时计算机都忙于执行不同的后台任务，所以执行时间存在差异是预料之中的。这些后台任务通常称为 housekeeping（内务管理）功能。与 clock/etime 一样，tic/toc 命令所测量的时间不仅仅包含本程序执行的时间。

timeit 函数用起来有点复杂，但它计算的只是 CPU 执行程序代码所消耗的时间，而不是总耗时，但需将待计时代码存为一个函数。例如，创建没有输入和输出的函数 f，存储上面示例中的所有逻辑代码。

```
function []= f()
A = ones(1000);
B = A;
for k = 1:length(A(:))
  B(k)  = A(k)*pi;
end
end
```

若要对函数计时，调用 timeit 函数，这里需要将自定义函数 f 的句柄作为输入参数。可以在程序结束时存储该函数（脚本或实时脚本）。

```
t=timeit(@f)
```

执行结果为 0.01685 秒，与前面的结果对比可知，CPU 的运行时间大部分花在了后台任务上，而不是 MATLAB 程序执行上。

两套计时函数都是可编程的，必须将其嵌入 MATLAB 脚本中。运行时间还可以使用编辑器工具栏上的 Run and Time 图标来确定（见图 9.12 和图 9.13）。

**提示：** 使用循环时要确保禁止中间计算结果的显示，将这些值输出到屏幕上会极大地增加执行时间。如果有兴趣，则可以删除前面例子中循环内部的分号，再次执行程序脚本，查看花费的时间。可以用 Ctrl+C 键停止程序的执行，执行 Ctrl+C 键时，要确保命令窗口是活动窗口。

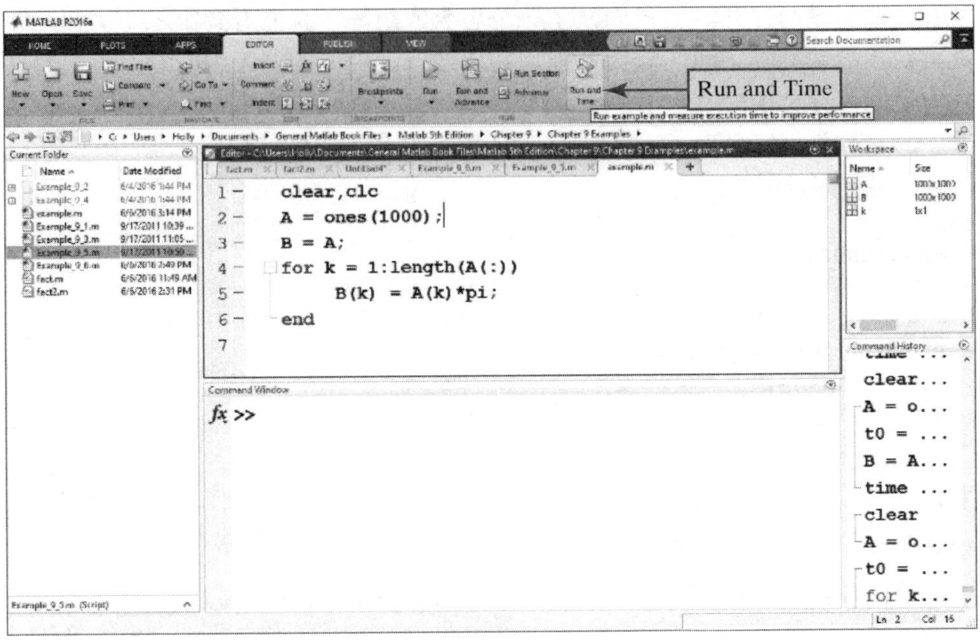


图 9.12 使用 MATLAB 编辑器工具栏中的 Run and Time 图标可以测量程序执行时间

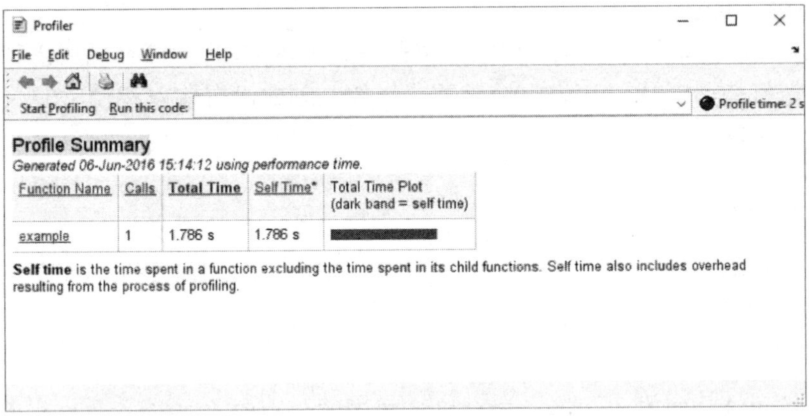


图 9.13 当使用 Run and Time 图标执行脚本时会生成总结概要

## 小结

当一段代码需要重复执行多次时，可以使用循环结构。一般来说，如果发现一段代码需要重复执行三次以上，那么可能就需要利用循环结构了。MATLAB 支持两种类型的循环结构：for 循环和 while 循环。此外，可以用 break 命令和 continue 命令将以上两种类型的循环结构改成中断循环程序段。

当编程人员知道一段命令序列应该重复执行多少次时，主要用 for 循环结构来完成；而当一段命令序列需要一直重复执行，直到条件满足时，用 while 循环结构来完成。大多数问题都可以用结构化方法实现，这样就可以利用 for 或 while 循环组织程序了。

当循环可能要提前退出时，使用 break 和 continue 语句，它们通常与 if 语句一起使用。break 命令用于跳出循环体，执行程序的其余部分；而 continue 命令用于跳过当前一轮的循环，继续执行下一轮循环，直到满足条件。这种循环结构类型称为中断循环，常用于工程中，例如数值分析。

MATLAB 代码的矢量化使其能够更高效、更快速地执行程序，如果可以将 MATLAB 代码表示为矢量化运算格式，则应避免在 MATLAB 程序中使用循环结构。当循环结构的应用不可避免时，可以通过使用占位符值(例如 1 或 0)定义“伪”变量来预先分配内存，进而改善循环的效率。然后在循环中替换这些占位符值，这样就能极大缩短程序执行时间，提高运行效率。这一点可通过计时实验得到证实。

clock 函数和 etime 函数用于查询计算机时钟并确定执行代码段所需时间。该函数计算的时间是“经历”时间，在此期间，计算机不仅运行 MATLAB 代码，还执行后台作业和内务管理功能(内务管理功能是计算机本身的自主活动，如清理磁盘或数据压缩任务)。tic 函数和 toc 函数也具有类似的功能。tic/toc 函数或 clock/etime 函数可用于比较不同代码的执行时间。timeit 函数是确定代码执行所需时间更准确的方法，使用时需要将代码存储为函数。

MATLAB 小结

| 命令与函数 | | 命令与函数 | |
|---|---|---|---|
| break | 终止循环体的执行 | for | 生成循环结构 |
| clock | 确定 CPU 时钟的当前时间 | ones | 创建全 1 矩阵 |
| continue | 终止当前一轮循环，继续执行下一轮 | tic | 开始命令序列的计时 |
| end | 控制结构的结尾标识 | toc | 停止命令序列的计时 |
| error | 终止程序并向屏幕发送消息 | timeit | 计算函数执行所需的时间 |
| etime | 求经历的时间 | while | 生成循环结构 |

## 关键术语

| | | | | | |
|---|---|---|---|---|---|
| 收敛 | 初始化 | 中断循环 | 发散 | 循环 | 嵌套循环 |
| for 循环 | 重复 | while 循环 | 内务管理 | 选择结构 | 级数 |
| 无限循环 | 序列 | 矢量化 | | | |

## 习题

**9.1** 使用 for 循环求如下向量中的元素和，并用 sum 函数验证答案。

$$x = [1, 23, 43, 72, 87, 56, 98, 33]$$

**9.2** 使用 while 循环结构重做习题 9.1。

**9.3** 使用 for 循环结构创建一个 1 到 5 的平方组成的向量。

**9.4** 使用 while 循环结构创建一个 1 到 5 的平方组成的向量。

**9.5** 使用 `primes` 函数创建 100 以下所有质数的列表，然后使用 `for` 循环将列表中相邻值相乘。例如，前四个质数是

2 3 5 7

计算结果应该是

2*3 3*5 5*7

执行结果为

6 15 35

**9.6** 斐波那契序列中的任何元素都是由其前两项之和组成。最简单的斐波那契序列从“1, 1”开始，按如下方式产生：

1, 1, 2, 3, 5, 8, 13, ….

但是，斐波那契序列可以从任意两个起始数字开始，斐波那契序列的示例经常出现在自然界中。例如，鹦鹉螺的外壳(见图 P9.6)是按照斐波那契序列生长的。

请设计 MATLAB 程序，提示用户输入斐波那契序列中的前两个数字，以及序列的元素总数，用 `for` 循环结构求出该斐波那契序列并将其存储在数组中。用序列中元素的编号作为角度，用元素的值作为半径在极坐标上绘制出该序列的曲线。

图 P9.6 鹦鹉螺(Joao Virissimo/ Shutterstock)

**9.7** 使用 `while` 循环重做习题 9.6。

**9.8** 斐波那契序列的一个有趣性质是，序列中相邻元素值的比接近一个称为“黄金比”或Φ(phi)的数字。请编程实现：将用户输入作为斐波那契序列的前两个数字，然后计算序列中的其他值，直到相邻值的比率收敛到 0.001 以内。可以在 `while` 循环中求第 `k` 个元素与第 `k-1` 个元素之比，以及第 `k-1` 个元素与第 `k-2` 个元素之比，然后对这两个比值进行比较，如果称该序列为 `x`，则 while 语句的代码为

```
while abs(x(k)/x(k-1) - x(k-1)/x(k-2)) > 0.001
```

**9.9** 由三角学可知，π/2 和−π/2 的正切值都是无穷大的，因为已知

$$\tan(\theta) = \sin(\theta)/\cos(\theta)$$

且 $\sin(\pi/2) = 1$，$\cos(\pi/2) = 0$，所以，$\tan(\pi/2) =$ 无穷大。

MATLAB 使用了 π 的浮点近似值，将 π/2 的正切值看成一个非常大的数值，而不是无穷大。

设计程序，提示用户输入 π/2 和−π/2 之间的角度 $\theta$，包括 π/2 和−π/2，如果输入的值介于 π/2 和−π/2 之间，但是不等于 π/2 和−π/2，则计算 $\tan(\theta)$ 并在命令窗口中显示结果；如果输入的值等于 π/2 或−π/2，则将结果设置为 `Inf` 并在命令窗口中显示结果；如果输入的值超出指定的范围，则通过命令窗口向用户发送错误消息，并提示用户输入另一个值。只要用户输入的不是有效的数值，就一直提示用户输入新的 $\theta$ 值。

**9.10** 一个新手父母决定为孩子开始大学储蓄计划，希望在 18 年内为孩子攒够钱以支付急剧上涨的教育费用。假设从亲戚那里得到 1000 美元启动资金，自己每个月可以存入 100 美元，利率是每年 6%，按月计算复利，相当于每月 0.5%。由于有利息和月供，每个月银行账户中的余额会按如下公式增加：

新余额=旧余额+利息+月供

请使用 for 循环计算未来 18 年内每月储蓄账户中的金额。(创建一个向量)绘制账户中的金额与时间的关系曲线(横轴为时间，纵轴为账户金额的美元数)。

**9.11** 假设可以预测未来 22 年的学费增长百分比，向量 increase 显示的是预测的每年学费增长的比例：

increase = [10, 8, 10, 16, 15, 4, 6, 7, 8, 10, 8, 12, 14, 15, 8, 7, 6, 5, 7, 8, 9, 8]

假设某个公立学校当年的学费是 9000 美元，请使用 for 循环来计算该校本科教育的总费用。

**9.12** 用 if 语句对习题 9.10 和习题 9.11 的结果进行比较，判断储蓄是否够用？向命令窗口发送估算信息。

**9.13** 埃德蒙·哈雷(因发现哈雷彗星而著名的天文学家)发明了一种计算平方根的快速算法，求 $\sqrt{A}$ 近似值的哈雷算法如下：

先猜测初始值 $x_1$，则新的近似值为

$$Y_n = \frac{1}{A}x_n^2$$

$$x_{n+1} = \frac{x_n}{8}(15 - y_n(10 - 3y_n))$$

重复这两步计算，直到满足收敛条件 $\varepsilon$：

$$|x_{n+1} - x_n| \leqslant \varepsilon$$

编写一个名为 my_sqrt 的函数计算平方根的近似值，应该有两个输入参数：初始猜测值和收敛条件。通过编写的函数求 5 的平方根的近似值，并将其与 MATLAB 内置的 sqrt 函数的计算结果进行比较来测试编写的函数的正确性。

**9.14** cos(x)的值可以用麦克劳林级数近似求解。麦克劳林级数为

$$\cos(x) = 1 - \frac{x^2}{2!} + \frac{x^4}{4!} - \frac{x^6}{6!} + \cdots$$

该式也可表示为

$$\sum_{k=1}^{\infty}(-1)^{k-1}\frac{x^{(k-1)*2}}{((k-1)*2)!}$$

其中，符号“!”代表阶乘。

使用中断循环语句确定麦克劳林级数和中所包含的项数，要求近似值与 cos(2)之间的误差范围小于 0.001，最大重复次数不超过 10 次。

**9.15** sin(x)的值可由如下公式近似求解：

$$\sin(x) = x - \frac{x^3}{3!} + \frac{x^5}{5!} - \frac{x^7}{7!} + \cdots$$

请创建一个名为 my_sin 的函数，使用中断循环估算 sin(x)的近似值，通过比较连续累加和来确定是否收敛，要求两个连续累加和之差的绝对值小于 0.001。利用创建的函数计算 my_sin(2)并将其与 MATLAB 内置的 sine 函数进行比较，进而测试函数的正确性。

**9.16** 可以用格利高里级数和求 π 的近似值

$$\frac{\pi}{4} = 1 - \frac{1}{3} + \frac{1}{5} - \frac{1}{7} + \frac{1}{9} - \cdots$$

或者，

$$\pi = 4 - \frac{4}{3} + \frac{4}{5} - \frac{4}{7} + \frac{4}{9} - \cdots$$

级数收敛得很慢，要求使用中断循环计算 π 的近似值。当求和项每增加一项时，都要比较相邻两个累

加和之差，当该差值小于 0.001 时认为级数满足收敛条件，将最大迭代次数设置为 3000。

**9.17** 应某店主要求编写一个程序，实现结账过程中的相关计算。该程序的需求如下：

- 提示客户输入第一个商品的价格；
- 然后继续提示输入其他商品的价格，直到用户输入 0；
- 显示商品总价；
- 提示客户输入支付的钱数；
- 显示应找给客户的零钱。

**嵌套循环**

**9.18** 在第 8 章中，利用 `find` 函数和逻辑索引对鲍威尔湖的水位数据进行了评估，请用嵌套循环重做该题。lake_powell.dat 数据文件包含表 8.12 中列出的数据。

**循环加速**

**9.19** 只要有可能，最好避免使用循环，因为执行速度较低。

(a) 生成一个 100000 项的随机数向量 `x`，计算该向量中每个元素的平方，并将结果命名为 y；使用 `tic` 命令和 `toc` 命令来进行计时；

(b) 接下来，利用 `for` 循环语句，逐个元素执行相同的运算。在开始之前，请清除变量的值：

```
clear x y
```

并使用 `tic` 和 `toc` 对运算进行计时。

根据不同计算机的性能，可能需要在命令窗口中执行 Ctrl+C 命令来停止计算。

(c) 抑制中间结果的输出可以加快代码的执行速度。显然需要取消这个循环的执行，因为它会花费很长时间。记住，按 Ctrl+C 键可终止程序运行。

(d) 如果在 `for` 循环中将要多次使用一个常量值，只需要计算一次并将其存储起来，而不是每次循环都要计算一次。在 `for` 循环中将常数(sin(0.3)+cos(pi/3))*5！加到长向量中的每个值上，以此来展示该变化对程序速度的影响。(符号“!”表示阶乘，可使用 `factorial` 函数进行计算。)

(e) 如本章所讨论的，如果 MATLAB 必须在每次循环时增加向量的大小，则该过程要花费很多时间，但是如果在循环之前已经创建了大小合适的向量，就会节省很多时间。请重做(b)来证明这个事实。在进入 `for` 循环之前，创建一个全零向量 `y`：

```
y = zeros(1,100000);
```

在循环中重复计算时，每次循环都替换一个零。

(f) 使用 `tic/toc` 函数或 `clock/etime` 函数是分析编码方案优劣的简易方法，然而，计算出的时间包括计算机“内务管理”任务的时间；`timeit` 函数只返回实际代码执行所需的时间，但需将代码打包为函数。创建一个没有输入的匿名函数 `f` 来计算 `x` 的平方，并用 `timeit` 函数计算出函数 `f` 代码的实际执行时间，参考以下代码。

```
f=@() x.^2
timeit(f)
```

**挑战性问题**

**9.20** (a) 创建一个名为 `polygon` 的函数，该函数能在极坐标中绘制多边形，应该只有一个输入参数——多边形的边数。

(b) 使用 for 循环创建包含四个子图的图形，在第一个子图中显示三角形，在第二个子图中显示正方形，在第三个子图中显示五边形，在第四个子图中显示六边形。要使用在(a)中创建的函数来绘制每个多边形，用 for 循环中的索引参数定义子图的序号，并在表达式中确定多边形的边数，此边数作为 polygon 函数的输入参数。

**9.21** 用以下方法来近似计算数学常数 e。首先在 1 到 $K$ 之间的范围内产生 $K$ 个均匀随机整数，然后计算 $J$ 值，$J$ 值即为 1 和 $K$ 之间从未生成的整数的个数。然后用比率 $\frac{K}{J}$ 近似 e 值：

以 $K=5$ 为例，假设以下 5 个整数是在 1 到 5 之间随机生成的：1 1 2 3 2

生成整数的次数统计如下：

| | | | | | |
|---|---|---|---|---|---|
| 整　数： | 1 | 2 | 3 | 4 | 5 |
| 出现次数： | 2 | 2 | 1 | 0 | 0 |

在这个例子中，有两个整数，即 4 和 5 从来没有生成过，这意味着 $J=2$。因此，e 近似于：

$$\frac{5}{2}=2.5$$

编写一个名为 eapprox 的函数，函数的输入为 $K$，并用上述方法近似求 e 的值；用不同的 $K$ 值多次测试该函数，并将计算结果与使用 MATLAB 内置函数 exp(1) 计算的 e 值进行比较。

**9.22** 使用 MATLAB 内置的 histcounts 函数和 sum 函数，将上题创建的函数中的计算矢量化(即用单个语句替换循环)。

**9.23** 例 9.2 中阐述了一种计算阶乘的函数。该函数需要用户输入整数，但并不检查用户输入的是否为整数，所以运行 fact(4) 和 fact(4.3) 的结果相同。请修改例 9.2 的代码，要求使用中断循环以及用户输入提示消息(输入整数)，给定 3 次输入机会，如果用户仍然输入了非法值，则退出函数执行，并显示错误提示消息。

# 第 10 章　矩 阵 代 数

**本章目标**

学完本章后应能够：

- 进行矩阵代数的基本运算；
- 理解数组运算和矩阵运算的区别；
- 在 MATLAB 中使用点积来解决工程问题；
- 在 MATLAB 中使用矩阵乘法来解决工程问题；
- 使用多种内置的 MATLAB 技术求解线性方程组；
- 使用 MATLAB 中的特殊矩阵来演示矩阵代数的概念。

## 引言

在工程中，数组和矩阵这两个术语经常交互使用，但是从定义上看，数组是一组有序的信息，而矩阵是线性代数中使用的二维数组。数组不仅包含了数字信息，也包含字符数据或符号数据和其他类型的数据。因此，并不是所有的数组都是矩阵，只有在满足矩阵的严格定义的情况下才能对矩阵进行线性变换。在本章中，就我们定义的数值数组将用于线性代数的计算，就被称为矩阵。

> **关键知识**
> 所有的矩阵都是数组，但不是所有的数组都是矩阵。

矩阵代数在工程中应用广泛，矩阵代数首先被引入大学代数的课程中，后来又推广到线性代数和微分方程中课程，工程学学生通常是在静力学和动力学中开始使用矩阵代数。

## 10.1　矩阵运算和函数

本章主要介绍矩阵代数中专用的 MATLAB 函数和运算，并将其与 MATLAB 数组的函数和运算进行对比，从而了解它们之间显著的差异。为了保证知识体系的完整，很多内容是回顾以往的知识。

### 10.1.1　转置

转置运算是将矩阵的行转换为列，将列转换为行。在数学书中，转置用上标 T 表示(例如 $A^T$)，不要将这个符号和 MATLAB 中的符号混淆。在 MATLAB 中，转置运算是一个单引号(')，如矩阵 `A` 的转置矩阵是 `A'`。

观察如下的矩阵及其转置

$$A=\begin{bmatrix}1 & 2 & 3\\ 4 & 5 & 6\\ \boxed{7} & 8 & 9\\ 10 & 11 & 12\end{bmatrix}\quad A^{\mathrm{T}}=\begin{bmatrix}1 & 4 & \boxed{7} & 10\\ 2 & 3 & 8 & 11\\ 3 & 6 & 9 & 12\end{bmatrix}$$

矩阵的行和列交换了，矩阵 $A$ 的位置(3,1)的数值被移到了 $A^{\mathrm{T}}$ 中的位置(1,3)，矩阵 $A$ 的位置(4,2)的数值被移到了 $A^{\mathrm{T}}$ 中的位置(2,4)。通常来说，行和列的下标(索引号)相互转换就构造出转置矩阵。

在 MATLAB 中，最常用的转置运算是将行向量转换为列向量。例如，

```
A = [1 2 3];
A'
```

返回

```
A = 1
    2
    3
```

如果是复数，则转置运算后的结果是复数的共轭。例如，定义一个负值的向量，对该向量进行方根运算，然后对得到的矩阵进行转置运算。代码为

```
x = [-1:-1:-3]
```

返回

```
x =
  -1  -2  -3
```

然后，求平方根

```
y = sqrt(x)
y =
  0 + 1.0000i   0 + 1.4142i   0 + 1.7321i
```

最后，对 y 求转置

```
y'
```

得到

```
ans =
  0 - 1.0000i
  0 - 1.4142i
  0 - 1.7321i
```

结果表明，y'的结果是 y 中元素的共轭复数。

> **关键知识**
>
> 数组和矩阵这两个术语经常可以互换使用，尽管它们在技术上有所不同。

## 10.1.2 点积

点积(有时也称为标量积)是将两个向量中对应元素相乘再求和的结果，下面两个向量：

```
A = [ 1 2 3];
B = [ 4 5 6];
```

进行数组乘法的结果是

```
y = A.*B
y =
    4  10  18
```

对输出向量中的元素求和，得到点积的结果是

```
sum(y)
ans =
      32
```

点积的数学表达式为

$$\sum_{i=1}^{n} \boldsymbol{A}_i \cdot \boldsymbol{B}_i$$

在 MATLAB 中可以写为

```
sum(A.*B)
```

MATLAB 中的 dot 函数能实现点积运算

```
dot(A,B)
ans =
     32
```

不论 A 和 B 是行向量还是列向量，只要具有相同的元素个数就可以进行点积运算。

点积运算在计算物体重心(见例 10.1)和向量代数计算(见例 10.2)等工程领域中得到了广泛应用。

**提示：** 不论两个向量是行向量还是列向量，或者一个是行向量另一个是列向量，只要具有相同的元素个数，就可以进行点积运算，且与计算的先后顺序无关。例如，dot(A, B)与 dot(B, A)的计算结果一致，但如果 A 和 B 为矩阵，两者的运算结果就不一定相同。

**例 10.1 计算质心**

航天器的质量是一个非常重要的参数，设计人员在整个设计过程中要记录每个螺母及螺钉的位置和质量。不仅航天器的整体质量很重要，而且与整体质量相关的信息都可以用来确定航天器的质心。航天器的质心非常重要，如果压力中心比重心靠前(重心与质心有关)，那么火箭会有坠毁的可能(见图 10.1)。不妨用纸飞机来证明重心对飞行特征的影响，在纸飞机前段放置一个纸质夹子，然后观察飞行模式中的变化。

虽然计算质心相当简单，但是考虑到燃料燃烧过程，质量及其质量分布就会变得很复杂。

可以将飞行器分解成多个零部件来计算质心的位置，在直角坐标系中，

$$\bar{x}W = x_1W_1 + x_2W_2 + x_3W_3$$
$$\bar{y}W = y_1W_1 + y_2W_2 + y_3W_3$$
$$\bar{z}W = z_1W_1 + z_2W_2 + z_3W_3$$

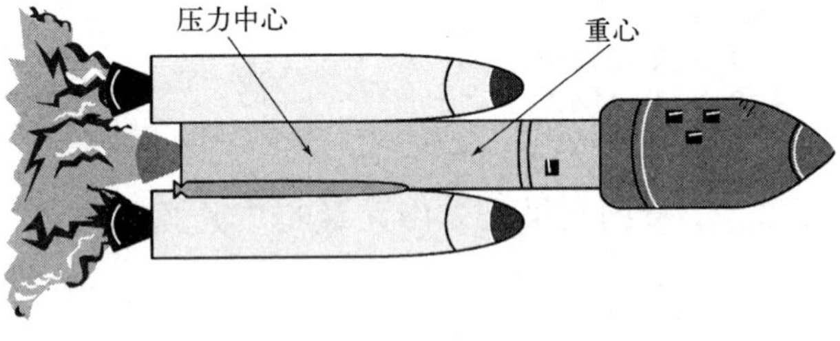

图 10.1 航天器示意图

其中，$\bar{x}$,$\bar{y}$ 和 $\bar{z}$ 是质心的坐标，$W$ 是系统的总质量，$x_1, x_2, x_3,\cdots$分别是系统部件 1, 2, 3,…在 $x$ 轴上的坐标，$y_1, y_2, y_3,\cdots$分别是系统部件 1, 2, 3,…在 $y$ 轴上的坐标，$z_1, z_2, z_3,\cdots$分别是系统部件 1, 2, 3,… 在 $z$ 轴上的坐标，$W_1, W_2, W_3, \cdots$分别是系统部件 1, 2, 3,…的质量。

本例中，将利用组成航天器的各个零部件(见表 10.1)来计算整个航天器的质心，可以根据点积列出一个表达式来求解这个问题。

表 10.1　航天器零部件的位置和质量

| 名称 | $x$(m) | $y$(m) | $z$(m) | 质量(g) |
| --- | --- | --- | --- | --- |
| 螺栓 | 0.1 | 2.0 | 3.0 | 3.50 |
| 螺钉 | 1.0 | 1.0 | 1.0 | 1.50 |
| 螺母 | 1.5 | 0.2 | 0.5 | 0.79 |
| 支架 | 2.0 | 2.0 | 4.0 | 1.75 |

1．描述问题

计算航天器的质心。

2．描述输入和输出

**输入**　　每个零部件在直角坐标系中的位置及其各自的质量。

**输出**　　航天器质心的位置。

3．建立手工算例

重心在 $x$ 轴上的坐标等于

$$\bar{x}=\frac{\sum_{i=1}^{3}x_i m_i}{m_{\text{Total}}}=\frac{\sum_{i=1}^{3}x_i m_i}{\sum_{i=1}^{3}m_i}$$

根据表 10.2 得出

$$\bar{x}=\frac{6.535}{7.54}=0.8667\ \text{m}$$

表 10.2　求重心的 $x$ 轴坐标

| 名称 | $x$(m) | | 质量(g) | $x$×$m$(gm) |
| --- | --- | --- | --- | --- |
| 螺栓 | 0.1 | × | 3.50 | =3.50 |
| 螺钉 | 1.0 | × | 1.50 | =1.50 |
| 螺母 | 1.5 | × | 0.79 | =1.1850 |
| 支架 | 2.0 | × | 1.75 | =3.50 |
| 总计 | | | 7.54 | 6.535 |

注意，零部件在 $x$ 轴上的坐标与其质量的乘积之和可以用点积的形式表示。

4．开发 MATLAB 程序

MATLAB 代码为

```
%% Example 10.1
% Calculating the Center of Mass
mass = [3.5, 1.5, 0.79, 1.75];
x = [0.1, 1, 1.5, 2];
x_bar = dot(x,mass)/sum(mass)
y = [2, 1, 0.2, 2];
y_bar = dot(y,mass)/sum(mass)
z = [3, 1, 0.5, 4];
z_bar = dot(z,mass)/sum(mass)
```

返回的结果为

```
x_bar =
  0.8667
y_bar =
  1.6125
z_bar =
  2.5723
```

5. 验证结果

将 MATLAB 的计算结果和手工计算结果做比较，$x$ 轴上的坐标的计算结果是正确的，同理，也可以验证 $y$ 轴和 $z$ 轴上坐标结果的正确性。将结果绘制出图形，可以进行更直观的分析。

```
%% Plot the results
plot3 (x,y,z,"o",x_bar,y_bar,z_bar,"s")
grid on
xlabel("x-axis"),ylabel("y-axis"),zlabel("z-axis")
title("Center of Mass")
axis([0,2,0,2,0,4])
```

绘制结果如图 10.2 所示。

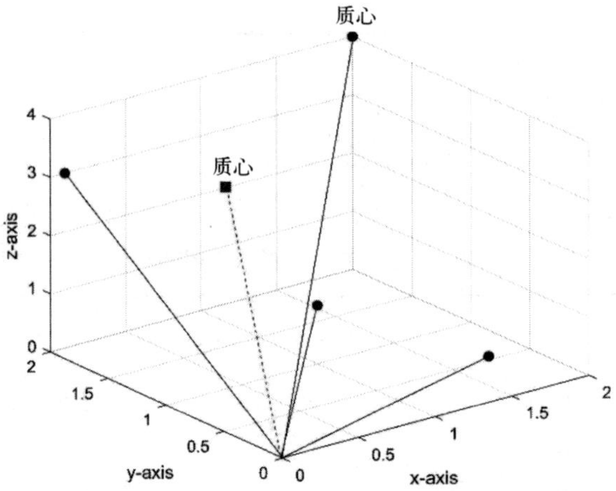


图 10.2 利用 MATLAB 交互式绘图工具得到的绘制结果

上述程序可以用于对任何数量的部件进行计算。对于程序化的处理过程而言，计算 3 个零部件的程序与计算 3000 个零部件的程序是一样的。

**例 10.2 力向量**

静力学用于研究静止系统中的力，因此称为静力，静力通常用向量的形式表达，对向量进行叠加可以确定物体所受的合力。观察图 10.3 中的两个力向量 $A$ 和 $B$。

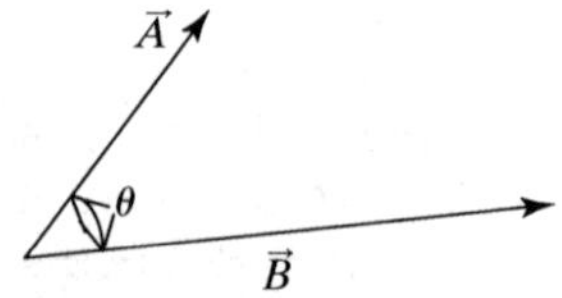


图 10.3 在静力学和动力学的研究中都可以使用力向量

每个力向量都有大小和方向，表示这种向量的典型符号为 $\vec{A}$ 和 $\vec{B}$，每个向量的大小(物理长度)表示为 $A$ 和 $B$，也可以用向量在 $x$ 轴、$y$ 轴和 $z$ 轴上的分量与单位向量 $(\vec{i},\vec{j},\vec{k})$ 相乘再求和来表示，如

$$\vec{A} = A_x\vec{i} + A_y\vec{j} + A_z\vec{k}$$

以及

$$\vec{B} = B_x\vec{i} + B_y\vec{j} + B_z\vec{k}$$

$\vec{A}$ 和 $\vec{B}$ 的点积等于 $\vec{A}$ 和 $\vec{B}$ 的模相乘再乘以两个向量夹角的余弦值：

$$\vec{A} \cdot \vec{B} = AB\cos(\theta)$$

计算向量的模可以使用勾股定理，例如，三维向量的模为

$$A = \sqrt{A_x^2 + A_y^2 + A_z^2}$$

如果用下面的式子定义向量，就能够使用 MATLAB 求解这种类型的题：

```
A = [Ax Ay Az]
```

其中，`Ax`、`Ay` 和 `Az` 分别是力在 $x$ 轴、$y$ 轴和 $z$ 轴上的分量值，请利用 MATLAB 的点积运算求两个向量间的夹角：

$$\vec{A} = 5\vec{i} + 6\vec{j} + 3\vec{k}$$
$$\vec{B} = 1\vec{i} + 3\vec{j} + 2\vec{k}$$

1．描述问题

求两个向量间的夹角。

2．描述输入和输出

**输入** $\vec{A} = 5\vec{i} + 6\vec{j} + 3\vec{k}$

$\vec{B} = 1\vec{i} + 3\vec{j} + 2\vec{k}$

**输出** 两个向量间的夹角 $\theta$

3．建立手工算例

$$\vec{A} \cdot \vec{B} = 5 \cdot 1 + 6 \cdot 3 + 3 \cdot 2 = 29$$
$$A = \sqrt{5^2 + 6^2 + 3^2} = 8.37$$
$$B = \sqrt{1^2 + 3^2 + 2^2} = 3.74$$
$$\cos(\theta) = \vec{A} \cdot \vec{B} / AB = 0.9264$$
$$\cos^{-1}(0.9264) = 0.386$$

这样可以求出两个向量间的夹角为 0.386 rad 或 22.12°。

4．开发 MATLAB 程序

MATLAB 代码：

```
%% Example 10.2
% Find the angle between two force vectors
% Define the vectors
A = [5 6 3];
B = [1 3 2];
%% Calculate the magnitude of each vector
mag_A = sqrt(sum(A.^2));
mag_B = sqrt(sum(B.^2));
```

```
%% Calculate the cosine of the angle
cos_theta = dot(A,B)/(mag_A*mag_B);
%% Calculate the angle
theta = acos(cos_theta);
%% Report the results
fprintf("The angle between the vectors is \n")
fprintf("%4.3f radians \n",theta)
fprintf("or %6.2f degrees \n",theta*180/pi)
```

显示如下的交互信息：

```
The angle between the vectors is
  0.386 radians or 22.12 degrees
```

5. 验证结果

在本例中，利用 MATLAB 重现了手工计算的内容，计算结果相同，从而验证了结果的正确性。可以将该问题进行推广，计算用户输入的任何一对向量间的夹角，举例如下：

```
%% Example 10.2 - expanded
% Finding the angle between two force vectors
% Define the vectors
disp("Component magnitudes should be entered")
disp("Using matrix notation, i.e.")
disp("[ A B C]")
A = input("Enter the x y z component magnitudes of vector A:   ")
B = input("Enter the x y z component magnitudes of vector B:   ")
%% Calculate the magnitude of each vector
mag_A = sqrt(sum(A.^2));
mag_B = sqrt(sum(B.^2));
% Calculate the cosine of the angle
cos_theta = dot(A,B)/(mag_A*mag_B);
% Calculate the angle
theta = acos(cos_theta);
%% Report the results
fprintf("The angle between the vectors is \n")
fprintf("%4.3f radians \n",theta)
fprintf("or %6.2f degrees \n",theta*180/pi)
```

显示如下的交互信息：

```
Component magnitudes should be entered
Using matrix notation, i.e.
 [ A B C]
Enter the x y z component magnitudes of vector A: [1 2 3]
A =
    1   2   3
Enter the x y z component magnitudes of vector B: [4 5 6]
B =
    4   5   6
The angle between the vectors is
0.226 radians
or 12.93 degrees
```

**实训练习 10.1**

1. 用 dot 函数计算下面两个向量的点积：

$$\vec{A}=[1\ \ 2\ \ 3\ \ 4];$$
$$\vec{B}=[12\ \ 20\ \ 15\ \ 7]$$

2. 通过对向量 $\vec{A}$ 和 $\vec{B}$ 进行数组相乘再求和(sum(A.*B))来计算 $\vec{A}$ 和 $\vec{B}$ 的点积。
3. 一群朋友到当地的快餐厅聚餐，共点了 4 个单价为 3.99 美元的汉堡，3 杯单价为 1.49 美元的软饮料，一杯 2.50 美元的奶昔，两个单价为 0.99 美元的油炸食品和价格为 1.29 美元的两个洋葱圈，用点积求花费总额。

### 10.1.3 矩阵乘法

矩阵乘法类似于点积，若定义

```
A = [1 2 3]
B = [ 3;
      4;
      5]
```

则

```
A*B
ans =
 26
```

与点积给出的结果相同，例如，

```
dot(A,B)
ans  =
 26
```

> **关键知识**
> 矩阵乘法的结果是一个数组，数组中的每个元素都是通过点积运算得到的。

矩阵乘法的结果是一个数组，数组中的每个元素都是通过点积运算得到的。上面只是一个很简单的情况，通常，结果是由矩阵 A 的每一行和矩阵 B 的每一列进行点积运算求得的，例如，如果

```
A = [ 1 2 3;
      4 5 6 ]
```

且

```
B = [ 10 20 30;
      40 50 60;
      70 80 90 ]
```

则两个矩阵相乘的结果矩阵中第一个元素是矩阵 A 的第 1 行和矩阵 B 的第 1 列进行点积运算的结果，第二个元素是矩阵 A 的第 1 行和矩阵 B 的第 2 列进行点积运算的结果，以此类推。当矩阵 A 的第一行和矩阵 B 的每一列都进行过点积运算后，则开始计算矩阵 A 的第二行。这样

```
C = A*B
```

返回

```
C =
   300 360 420
   660 810 960
```

> **关键知识**
> 矩阵乘法是不满足交换律的，运算顺序非常重要的。

对于矩阵 C 中第 2 行第 2 列的元素，将其标示为 C(2,2)，它就是矩阵 A 的第 2 行和矩阵 B 的第 2 列做点积运算的结果：

```
dot(A(2,:), B(:,2))
ans =
    810
```

这种关系用数学公式(而不是用 MATLAB 语句)表示为

$$C_{i,j} = \sum_{k=1}^{N} A_{i,k} B_{k,j}$$

由于矩阵乘法是一系列的点积，因此矩阵 A 的列数必须和矩阵 B 的行数相等。若 A 是 $m \times n$ 矩阵，则 B 必须是 $n \times p$ 矩阵，其结果必然是 $m \times p$ 矩阵。本例中，A 是 2×3 的矩阵，B 是 3×3 的矩阵，结果必定是 2×3 的矩阵。

这种规则可视化的方法就是按照计算的顺序并排写出两个矩阵的维度，本例中为

$$2 \times \underline{3 \quad\quad 3} \times 3$$

内侧的两个数字必须相等，外侧的两个数字决定结果矩阵的维度。

一般情况下，矩阵乘法不满足交换律，也就是说

$$\boldsymbol{A} \cdot \boldsymbol{B} \neq \boldsymbol{B} \cdot \boldsymbol{A}$$

当改变在本例中矩阵的相乘顺序后，变为

$$3 \times \underline{3 \quad\quad 2} \times 3$$

由于第一个矩阵的列数和第二个矩阵的行数不相等，因此不能进行点积运算。如果两个矩阵都是方阵，则 A*B 和 B*A 都是可以进行的运算，但是这两种计算的结果却不相同，举例如下：

```
A = [1 2 3
     4 5 6
     7 8 9];
B = [2 3 4
     5 6 7
     8 9 10];
A*B
ans  =
   36    42    48
   81    96   111
  126   150   174
B*A
ans  =
   42    51    60
   78    96   114
  114   141   168
```

**例 10.3　用矩阵乘法计算质心**

在例 10.1 中，采用了点积运算来计算航天器的质心，在第一步中也可以使用矩阵乘法进行计算。为了更清晰起见，将表 10.3 例子中的数据重复列表。

1. 描述问题

   计算航天器的质心。

2. 描述输入和输出

   **输入**　每个零部件在 $x$–$y$–$z$ 直角坐标系中的坐标及其各自的质量。

   **输出**　航天器质心的位置。

表 10.3 航天器零部件的位置和质量

| 名 称 | x(m) | y(m) | z(m) | 质量(g) |
|---|---|---|---|---|
| 螺栓 | 0.1 | 2.0 | 3.0 | 3.50 |
| 螺钉 | 1.0 | 1.0 | 1.0 | 1.50 |
| 螺母 | 1.5 | 0.2 | 0.5 | 0.79 |
| 支架 | 2.0 | 2.0 | 4.0 | 1.75 |

3. 建立手工算例

建立一个包含所有坐标信息的二维矩阵和对应的质量信息的一维矩阵。若有 $n$ 个部件，则坐标信息为 $3\times n$ 的矩阵，质量信息为 $n\times 1$ 的矩阵，运算结果应该是 $3\times 1$ 的矩阵，表示重心在 $x$–$y$–$z$ 坐标轴上的坐标乘以总质量。

4. 开发 MATLAB 程序

MATLAB 代码为

```
%% Example 10.3
coord = [0.1    2      3
         1      1      1
         1.5    0.2    0.5
         2      2      4 ]';
mass = [3.5, 1.5, 0.79, 1.75]';
location = coord*mass/sum(mass)
```

返回的结果为

```
location =
  0.8667
  1.6125
  2.5723
```

5. 验证结果

此结果和例 10.1 中的结果相同。

**实训练习 10.2**

下列哪组矩阵可以进行相乘运算？

1. $A=\begin{bmatrix}2&5\\2&9\\6&5\end{bmatrix}$ $B=\begin{bmatrix}2&5\\2&9\\6&5\end{bmatrix}$

2. $A=\begin{bmatrix}2&5\\2&9\\6&5\end{bmatrix}$ $B=\begin{bmatrix}1&3&12\\5&2&9\end{bmatrix}$

3. $A=\begin{bmatrix}5&1&9\\7&2&2\end{bmatrix}$ $B=\begin{bmatrix}8&5\\4&2\\8&9\end{bmatrix}$

4. $A=\begin{bmatrix}1&9&8\\8&4&7\\2&5&3\end{bmatrix}$ $B=\begin{bmatrix}7\\1\\5\end{bmatrix}$

证明每个问题中 $A\cdot B\neq B\cdot A$。

### 10.1.4 矩阵的幂

求矩阵的幂就是按照需要的次数，对矩阵本身做乘法运算。如 $\boldsymbol{A}^2$ 等于 $\boldsymbol{A}\cdot\boldsymbol{A}$，$\boldsymbol{A}^3$ 等于 $\boldsymbol{A}\cdot\boldsymbol{A}\cdot\boldsymbol{A}$，

在矩阵乘法中必须满足第一个矩阵的列数和第二个矩阵的行数相等这一条件，所以，在做幂运算时，矩阵必须是方阵，行和列数相等。如矩阵

$$\boldsymbol{A}=\begin{bmatrix}1 & 2 & 3\\ 4 & 5 & 6\end{bmatrix}$$

**关键知识**

矩阵必须是方阵才能求幂。

如果对这个矩阵求平方，则会得到错误提示，因为它的行数和列数不相等：

$$2\times 3 \qquad 2\times 3$$

行数和列数必须相等

观察下面的例子，指令

```
A = randn(3)
```

**关键知识**

数组乘法和矩阵乘法是不一样的概念，产生不一样的结果。

创建了一个 3×3 的随机数矩阵，例如，

```
A =
  -1.3362  -0.6918  -1.5937
   0.7143   0.8580  -1.4410
   1.6236   1.2540   0.5711
```

**提示**：randn 函数是用来生成随机数矩阵的，所以使用这个函数时，计算机上显示的数字与上面给出的数字可能会不相同。

若对此矩阵求平方，则结果仍为一个 3 × 3 的矩阵：

```
A^2
ans =
  -1.2963  -1.6677   2.2161
  -2.6811  -1.5650  -3.1978
  -0.3463   0.6690  -4.0683
```

求矩阵的非整数次幂，会得到一个复数：

```
A^1.5
ans =
  -1.8446 - 0.0247i -1.5333 + 0.0153i -0.3150 - 0.0255i
  -0.7552 + 0.0283i  0.0668 - 0.0176i -3.0472 + 0.0292i
   1.3359 + 0.0067i  1.5292 - 0.0042i -1.5313 + 0.0069i
```

**注意**：求 A 矩阵的 2 次幂运算和求 A 数组的 2 次幂运算是不相等的。

```
C = A.^2;
```

求 A 数组的 2 次幂运算得到如下结果：

```
C =
  1.7854  0.4786  2.5399
  0.5102  0.7362  2.0765
  2.6361  1.5725  0.3262
```

相当于对每一项求平方。

### 10.1.5 逆矩阵

在数学中，当提到“求逆运算”时指的什么意思呢？对于一个函数而言，逆运算指对函

数取反。例如，函数 $\sin^{-1}(x)$ 是函数 $\sin(x)$ 的反函数，可以用 MATLAB 来说明这种关系：

```
asin(sin(1.5))    (在 MATLAB 语法中，求正弦的反函数为 asin)

ans =
  1.5
```

**提示：** 注意 $\sin^{-1}(x)$ 不是指 $1/\sin(x)$，大多数教科书中用 $\sin^{-1}(x)$ 表示 $1/\sin(x)$，但是，在计算器和计算机程序中，用 $\sin^{-1}(x)$ 表示 $\mathrm{asin}(x)$。

另一个互为反函数的例子是 $\ln(x)$ 和 $e^x$。

```
log(exp(3))   (在 MATLAB 中，自然对数为 log，而不是 ln)
ans =
    3
```

数字求反又是指什么？数字求反可以这样分析：任何数字都是用 1 乘以这个数字本身。如果对这一过程求逆，重新变回到 1 又该怎么办？显然，再除以这个数或乘以这个数的倒数即可。因此可以认为：$1/x$ 和 $x$ 互为反函数，因为

$$\frac{1}{x}x=1$$

> **关键知识**
> 一个函数与其反函数相乘等于 1。

这是乘法的逆运算，和前面讨论的函数逆运算是不同的。同样，加法也是可逆的，如 $-a$ 和 $a$。那么，究竟什么是矩阵的逆呢？矩阵的逆就是能够和原矩阵进行矩阵乘法运算，并得到单位矩阵的矩阵。单位矩阵的主对角线为 1，其他位置都为 0。

$$\begin{bmatrix}1&0&0&0\\0&1&0&0\\0&0&1&0\\0&0&0&1\end{bmatrix}$$

> **关键知识**
> 一个矩阵乘以它的逆等于单位矩阵。

逆矩阵是少数满足矩阵乘法交换律的矩阵之一，也就是

$$\boldsymbol{A}^{-1}\boldsymbol{A}=\boldsymbol{A}\boldsymbol{A}^{-1}=\mathrm{I}$$

为使上式成立，矩阵必须是方阵，也就是说，存在逆矩阵的前提条件是矩阵为方阵。

可以在 MATLAB 中定义一个矩阵，用该矩阵做实验来演示这个概念。“魔方矩阵”很容易产生，其行、列和任意对角线上的元素之和相等。所以下面用该矩阵做实验：

```
A = magic(3)
A =
 8  1  6
 3  5  7
 4  9  2
```

MATLAB 提供两种求逆矩阵的方法，一种方法是求矩阵 A 的−1 次幂，代码如下：

```
A^-1
ans  =
      0.1472 -0.1444  0.0639
     -0.0611  0.0222  0.1056
     -0.0194  0.1889 -0.1028
```

另一种方法是使用内置函数 inv：

```
inv(A)
ans  =
     0.1472 -0.1444  0.0639
    -0.0611  0.0222  0.1056
    -0.0194  0.1889 -0.1028
```

不管用哪一种方法，矩阵 A 与其逆矩阵的乘积总为单位矩阵：

```
inv(A)*A
ans  =
     1.0000    0        -0.0000
     0         1.0000    0
     0         0.0000    1.0000
```

并且

```
A*inv(A)
ans  =
    1.0000   0        -0.0000
   -0.0000   1.0000    0
    0.0000   0         1.0000
```

结果中的一些值显示–0，这是因为舍入误差造成的。

用手工方法求逆矩阵是很困难的，相关内容可以在《线性代数》中专门学习。不存在逆矩阵的矩阵称为奇异矩阵或病态矩阵。如果在 MATLAB 中对病态矩阵求逆矩阵，则在命令窗口中会出现错误提示信息。

虽然从计算的观点上看，求逆矩阵并没有更有效的方法，但逆矩阵却广泛应用于矩阵代数中。这些内容在线性代数课程中有详细的介绍。

## 10.1.6 行列式

线性代数中会使用行列式，行列式与逆矩阵有关。如果矩阵的行列式的值等于 0，那么该矩阵不存在逆矩阵，称该矩阵为奇异矩阵。行列式的值等于由左向右的对角线上元素的乘积之和减去由右向左对角线上元素的乘积之和。下式为 2×2 的矩阵：

$$\boldsymbol{A}=\begin{bmatrix} A_{11} & A_{12} \\ A_{21} & A_{22} \end{bmatrix}$$

其行列式为

$$|\boldsymbol{A}| = A_{11}A_{22} - A_{12}A_{21}$$

因此，对于

$$\boldsymbol{A}=\begin{bmatrix} 1 & 2 \\ 3 & 4 \end{bmatrix}$$

$$|\boldsymbol{A}| = 1\times4-2\times3= -2$$

**关键知识**

若矩阵的行列式为 0，则这个矩阵没有逆。

MATLAB 提供了求行列式的内置函数 det，可求得行列式的值：

```
A = [1 2;3 4];
det(A)
ans =
    -2
```

弄清楚下面的 3×3 矩阵的对角线元素有些困难，

$$\boldsymbol{A}=\begin{bmatrix} A_{11} & A_{12} & A_{13} \\ A_{21} & A_{22} & A_{23} \\ A_{31} & A_{32} & A_{33} \end{bmatrix}$$

简单的方法是将矩阵前两列分别复制到第 4 列和第 5 列，则对角线就容易找到了，将每一条由左向右对角线上的元素相乘后再求和：

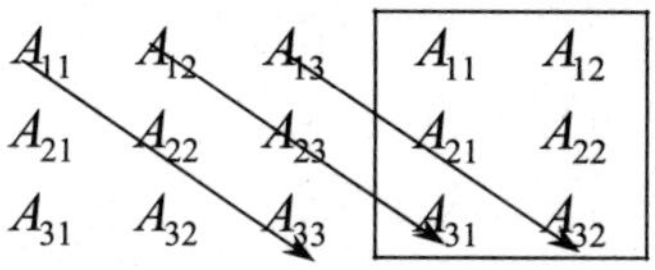

$$(A_{11}A_{22}A_{33})+(A_{12}A_{23}A_{31})+(A_{13}A_{21}A_{32})$$

然后，再将每一条由右向左对角线上的元素相乘再求和：

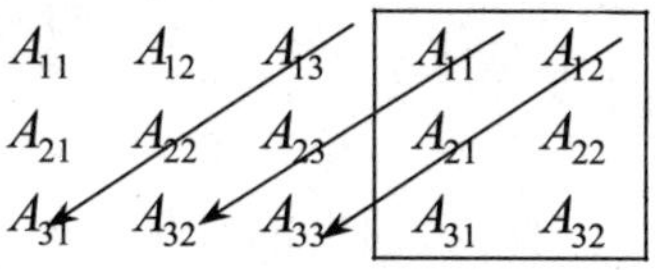

$$(A_{13}A_{22}A_{31})+(A_{11}A_{23}A_{32})+(A_{12}A_{21}A_{33})$$

最后，将第一次的计算结果减去第二次的计算结果。例如，

$$|\boldsymbol{A}|=\begin{bmatrix} 1 & 2 & 3 \\ 4 & 5 & 6 \\ 7 & 8 & 9 \end{bmatrix}=(1\times5\times9)+(2\times6\times7)+(3\times4\times8)$$

$$-(3\times5\times7)-(1\times6\times8)-(2\times4\times9)=225-225=0$$

利用 MATLAB 做同样的计算：

```
A = [1 2 3;4 5 6;7 8 9];
det(A)
ans =
     0
```

因为行列式为 0 的矩阵不存在逆矩阵，所以，在 MATLAB 中求 A 的逆矩阵得到的结果为

```
inv(A)
Warning: Matrix is close to singular or badly scaled.
   Results may be inaccurate. RCOND = 1.541976e-018.
ans =
  1.0e+016 *
  -0.4504    0.9007   -0.4504
   0.9007   -1.8014    0.9007
  -0.4504    0.9007   -0.4504
```

**实训练习 10.3**

1. 求下列魔方矩阵的逆矩阵，分别采用两种方法：使用 inv 函数和求矩阵的−1 次幂。

   (a) magic(3)　　(b) magic(4)　　(c) magic(5)

2. 求上题中每个矩阵的行列式。

3. 已知矩阵

$$A=\begin{bmatrix}1&2&3\\2&4&6\\3&6&9\end{bmatrix}$$

判断该矩阵是否为奇异矩阵(奇异矩阵的行列式为 0，且无逆矩阵)。

### 10.1.7 叉积

叉积又称向量积，与点积不同，点积的结果为标量，叉积的结果为向量。叉积的结果向量通常与两个输入向量所在的平面垂直，这种性质称为正交性。

观察下面两个三维向量的方向和大小(通常用这种方法表示力)，数学表达式为

> **关键知识**
> 叉积的结果是向量。

$$\vec{A}=A_x\vec{i}+A_y\vec{j}+A_z\vec{k}$$
$$\vec{B}=B_x\vec{i}+B_y\vec{j}+B_z\vec{k}$$

其中，$A_x$、$A_y$、$A_z$ 和 $B_x$、$B_y$、$B_z$ 分别表示向量在 $x$ 轴、$y$ 轴、$z$ 轴上的分量。$\vec{i},\vec{j},\vec{k}$ 分别表示 $x$、$y$、$z$ 方向上的单位向量。$\vec{A}$ 和 $\vec{B}$ 的叉积表示为 $\vec{A}\times\vec{B}$，定义为

$$\vec{A}\times\vec{B}=(A_yB_z-A_zB_y)\vec{i}+(A_zB_x-A_xB_z)\vec{j}+(A_xB_y-A_yB_x)\vec{k}$$

通过创建表格可以使计算可视化

$$\begin{matrix}i&j&k\\A_x&A_y&A_z\\B_x&B_y&B_z\end{matrix}$$

然后将前两列复制到表格后两列，如下所示：

$$\begin{matrix}i&j&k&i&j\\A_x&A_y&A_z&A_x&A_y\\B_x&B_y&B_z&B_x&B_y\end{matrix}$$

叉积在 $i$ 方向上的分量等于 $A_y$ 与 $B_z$ 的乘积减去 $A_z$ 与 $B_y$ 的乘积：

$$\begin{matrix}\textcircled{i}&j&k&i&j\\A_x&A_y&A_z&A_x&A_y\\B_x&B_y&B_z&B_x&B_y\end{matrix}$$

在表格中横向移动，叉积在 $j$ 方向上的分量等于 $A_z$ 与 $B_x$ 的乘积减去 $A_x$ 与 $B_z$ 的乘积：

$$\begin{matrix}i&\textcircled{j}&k&i&j\\A_x&A_y&A_z&A_x&A_y\\B_x&B_y&B_z&B_x&B_y\end{matrix}$$

最后，叉积在 $k$ 方向上的分量等于 $A_x$ 与 $B_y$ 的乘积减去 $A_y$ 与 $B_x$ 的乘积：

$$\begin{matrix}i&j&\textcircled{k}&i&j\\A_x&A_y&A_z&A_x&A_y\\B_x&B_y&B_z&B_x&B_y\end{matrix}$$

**提示：可以看出，叉积仅仅是第一行由单位向量组成的行列式的特例。**

在 MATLAB 中，用 cross 函数计算叉积，该函数需要两个输入参数，分别是向量 A 和向量 B。在 MATLAB 中，每个向量都必须有三个元素，因为这三个元素表示向量在三维空间中的分量，例如，

```
A = [1 2 3];                (表示 A = 1i + 2j + 3k)
B = [4 5 6];                (表示 B = 4i + 5j + 6k)
cross(A,B)
ans =
   -3 6 -3                  (表示 C = -3i + 6j + 3k)
```

（表示 $\vec{A}=1\vec{i}+2\vec{j}+3\vec{k}$）（表示 $\vec{B}=4\vec{i}+5\vec{j}+6\vec{k}$）（表示 $\vec{C}=-3\vec{i}+6\vec{j}+3\vec{k}$）

考虑下面两个 $x$–$y$ 平面上的向量(无 $z$ 分量)：

```
A = [1 2 0]
B = [3 4 0]
```

在 MATLAB 中，这些向量在 $z$ 方向的大小需要指定为 0。

叉积的结果必须与向量 A 和 B 所在的平面垂直，也就是说必须垂直于 $x$–$y$ 平面，那就只含有 $z$ 轴方向的分量

```
cross(A,B)
ans  =
     0    0    -2
```

叉积在静力学、动力学、流体力学以及电气工程学领域得到了广泛应用。

### 例 10.4　关于某个点的力矩

关于某个点的力矩可以通过计算力与确定了力与这个点的相对位置的向量的叉积来求得：

$$M_0 = r \times F$$

如图 10.4 所示，力作用于杠杆末端。若将力的作用点移动到接近支点的位置，此时力的作用效果与远离支点的力作用的效果是不相同的，这种作用效果称为力矩。

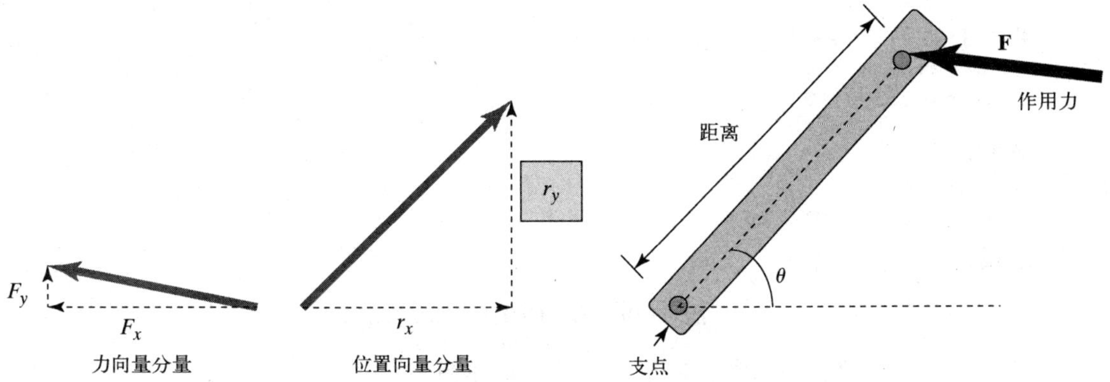


图 10.4　力作用于杠杆支点的力矩

计算关于杠杆上支点的力矩，作用到杠杆上的力为

$$\vec{F} = -100\vec{i} + 20\vec{j} + 0\vec{k}$$

设杠杆的长度为 12 in，与水平线的夹角为 45°，于是位置向量可表示为

$$\vec{r}=\frac{12}{\sqrt{2}}\vec{i}+\frac{12}{\sqrt{2}}\vec{j}+0\vec{k}$$

1. 描述问题

计算力在杠杆支点上产生的力矩。

2. 描述输入和输出

**输入** 位置向量 $\vec{r}=\frac{12}{\sqrt{2}}\vec{i}+\frac{12}{\sqrt{2}}\vec{j}+0\vec{k}$

力向量 $\vec{F}=-100\vec{i}+20\vec{j}+0\vec{k}$

**输出** 杠杆支点上产生的力矩

3. 建立手工算例

可以将这个问题看成求一个 3×3 数组的行列式：

$$M_0=\begin{bmatrix}\vec{i} & \vec{j} & \vec{k}\\ \frac{12}{\sqrt{2}} & \frac{12}{\sqrt{2}} & 0\\ -100 & 20 & 0\end{bmatrix}$$

因为输入的 $\vec{k}$ 方向的分量是 0，结果中 $\vec{i}$ 和 $\vec{j}$ 方向的分量为 0，力矩一定是

$$M_0=\left(\frac{12}{\sqrt{2}}\times 20-\frac{12}{\sqrt{2}}\times(-100)\right)\times\vec{k}=1018.23\vec{k}$$

4. 开发 MATLAB 程序

MATLAB 代码为

```
%% Example 10.4
% Moment about a pivot point
% Define the position vector
r = [12/sqrt(2), 12/sqrt(2), 0];
%% Define the force vector
F = [-100, 20, 0];
%% Calculate the moment
moment=cross(r,F)
```

返回的结果为

```
moment  =
  0      0    1018.23
```

对应的力矩向量为

$$M_0=0\vec{i}+0\vec{j}+1018.23\vec{k}$$

注意，力矩与位置向量和力向量所在的平面垂直。

5. 验证结果

手工计算的结果与 MATLAB 计算的结果一致，这意味着可以对程序进行扩展，并将其应用于更一般性的问题。例如，下面的程序提示用户分别输入位置向量和力向量在 $x$ 轴、$y$ 轴和 $z$ 轴方向上的分量，然后计算力矩：

```
% Example 10.4
% Moment about a pivot point
% Define the position vector
  clear, clc
rx=input("Enter the x component of the position vector: ");
ry=input("Enter the y component of the position vector: ");
rz=input("Enter the z component of the position vector: ");
r = [rx, ry, rz];
  disp("The position vector is")
 fprintf("%8.2f i + %8.2f j  + %8.2f k  ft\n",r)
% Define the force vector
Fx=input("Enter the x component of the force vector: ");
Fy=input("Enter the y component of the force vector: ");
Fz=input("Enter the z component of the force vector: ");
F = [Fx, Fy, Fz];
  disp("The force vector is")
  fprintf("%8.2f i + %8.2f j  + %8.2f k lbf\n",F)
  moment=cross(r,F); % Calculate the moment
  fprintf("The moment vector about the pivot point is \n")
  fprintf("%8.2f i + %8.2f j  + %8.2f k ft-lbf\n",moment)
```

命令窗口显示的交互信息如下：

```
Enter the x component of the position vector: 2
Enter the y component of the position vector: 3
Enter the z component of the position vector: 4
The position vector is
  2.00 i +  3.00 j +  4.00 k ft
Enter the x component of the force vector: 20
Enter the y component of the force vector: 10
Enter the z component of the force vector: 30
The force vector is
  20.00 i +  10.00 j +  30.00 k lbf
The moment vector about the pivot point is
  50.00 i +  20.00 j +  -40.00 k ft-lbf
```

### 10.1.8 单位矩阵

单位矩阵是主对角线为 1、其他位置都为 0 的矩阵。下面是一个四行四列的单位矩阵：

$$\begin{bmatrix} 1 & 0 & 0 & 0 \\ 0 & 1 & 0 & 0 \\ 0 & 0 & 1 & 0 \\ 0 & 0 & 0 & 1 \end{bmatrix}$$

矩阵主对角线上的元素行、列号相同，元素下标为(1,1)，(2,2)，(3,3)等。

在 MATLAB 中，eye 函数可以创建单位矩阵，eye 函数的输入参数与 ones 函数和 zeros 函数的输入参数类似。如果函数的输入参数是标量，则函数会创建一个方阵。例如，eye(6) 会创建一个行数和列数均为 6 的方阵。

```
A = eye(3)
A =
 1 0 0
 0 1 0
 0 0 1
```

前面已经学过，A*inv(A)等于单位矩阵，利用下面的语句可以说明这一点：

**提示：** 不要用字母 i 命名单位矩阵，因为字母 i 通常表示虚数。

```
A = [1,0,2; -1, 4, -2; 5,2,1]
A =
   1   0    2
  -1   4   -2
   5   2    1
inv(A)
ans =
   -0.2222  -0.1111   0.2222
    0.2500   0.2500   0.0000
    0.6111   0.0556  -0.1111
A*inv(A)
ans =
    1.0000   0         0.0000
   -0.0000   1.0000    0.0000
   -0.0000  -0.0000    1.0000
```

如前所述，矩阵乘法不满足交换律，即

$$AB \neq BA$$

然而，与单位矩阵相乘满足交换律，即

$$AI = IA$$

可以用下面的 MATLAB 代码来证明这一点：

```
I = eye(3)
I =
   1   0   0
   0   1   0
   0   0   1
A*I
ans =
    1   0    2
   -1   4   -2
    5   2    1
I*A
ans =
    1   0    2
   -1   4   -2
    5   2    1
```

## 10.2 求解线性方程组

下面的方程组含有三个未知量，三元一次方程组如下：

$$3x + 2y - z = 10$$
$$-x + 3y + 2z = 5$$
$$x - y - z = -1$$

可以用下列矩阵表示方程组：

$$\boldsymbol{A} = \begin{bmatrix} 3 & 2 & -1 \\ -1 & 3 & 2 \\ 1 & -1 & -1 \end{bmatrix} \quad \boldsymbol{X} = \begin{bmatrix} x \\ y \\ z \end{bmatrix} \quad \boldsymbol{B} = \begin{bmatrix} 10 \\ 5 \\ -1 \end{bmatrix}$$

用矩阵乘法，写成方程组的形式为：

$$\boldsymbol{AX} = \boldsymbol{B}$$

## 10.2.1　用逆矩阵解方程

可能求解方程组最直接的方式就是使用逆矩阵，因为已知

$$\boldsymbol{A}^{-1}\boldsymbol{A} = 1$$

将方程 $\boldsymbol{AX} = \boldsymbol{B}$ 的两边同时乘以 $\boldsymbol{A}^{-1}$，可以得到

$$\boldsymbol{A}^{-1}\boldsymbol{AX} = \boldsymbol{A}^{-1}\boldsymbol{B}$$

于是得

$$\boldsymbol{X} = \boldsymbol{A}^{-1}\boldsymbol{B}$$

在矩阵代数中，乘法的顺序至关重要。因为 $\boldsymbol{A}$ 是 3×3 的矩阵，所以逆矩阵 $\boldsymbol{A}^{-1}$ 也是 3×3 的矩阵。乘法 $\boldsymbol{A}^{-1}\boldsymbol{B}$ 为

$$3 \times \underbrace{3 \quad\quad 3}_{} \times 1$$

两个矩阵的维数匹配，相乘的结果 $\boldsymbol{X}$ 为 3×1 的矩阵。若改变相乘的顺序为 $\boldsymbol{BA}^{-1}$，维数不匹配，则无法进行乘法计算。

因为在 MATLAB 中，采用 inv 函数来计算逆矩阵，可以用下面的命令语句来求解：

```
A = [3 2 -1; -1 3 2; 1 -1 -1];
B = [10; 5; -1];
X = inv(A)*B
```

> **关键知识**
> 用逆矩阵求解线性方程组的技术理论上是最直接的方法，但效率不高，且容易产生舍入误差。

代码的返回结果为

```
X =
  -2.0000
   5.0000
  -6.0000
```

另外，可以将逆矩阵表示为 A^-1，所以

```
X = A^-1*B
```

得到相同的结果

```
X =
  -2.0000
   5.0000
  -6.0000
```

尽管在大学的数学课程中介绍了用逆矩阵求解线性方程组的方法，但在实际工程中此方法效率不高，且容易导致产生过度的舍入误差。因此，要尽量避免使用逆矩阵的方法求解线性方程组。

**例 10.5　求解联立方程组：电路**

在进行电路分析时，经常会遇到求解大型的联立方程组的问题。如图 10.5 所示的电路，包含一个独立电压源和五个电阻，可以将电路划分成小的回路并使用电路的两个基本定律进行分析。

根据基尔霍夫(见图 10.6)第二定律，所有回路中电压的代数和等于零。

$$电压 = 电流 \times 电阻 (V = iR)$$

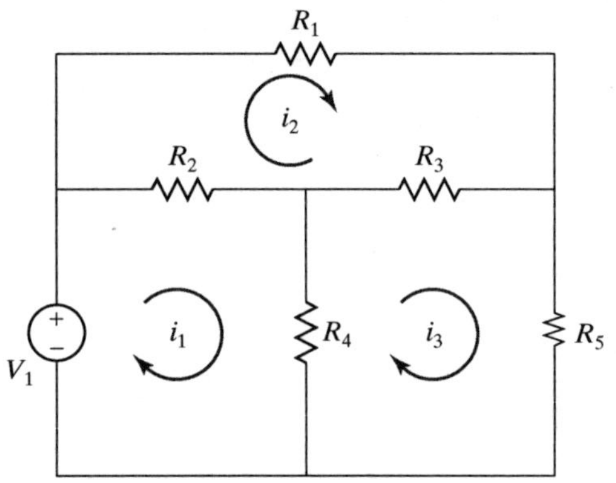


图 10.5　电路

图 10.6　德国物理学家基尔霍夫，他发现了许多电路理论的基本定律

根据电路中左下方的回路，列第一个方程

$$-V_1 + R_2(i_1 - i_2) + R_4(i_1 - i_3) = 0$$

根据电路中上方的回路，列第二个方程

$$R_1 i_2 + R_3(i_2 - i_3) + R_2(i_2 - i_1) = 0$$

最后，根据右下方的回路列最后一个方程

$$R_3(i_3 - i_2) + R_5 i_3 + R_4(i_3 - i_1) = 0$$

因为已知电路中所有的电阻值和电压值，有三个方程和三个未知数。下面对方程式进行整理，得到矩阵求解的形式。换句话说，就是将未知变量 $i$ 分组并全部放在等式左边：

$$(R_2 + R_4)i_1 + (-R_2)i_2 + (-R_4)i_3 = V_1$$

$$(-R_2)i_1 + (R_1 + R_2 + R_3)i_2 + (-R_3)i_3 = 0$$

$$(-R_4)i_1 + (-R_3)i_2 + (R_3 + R_4 + R_5)i_3 = 0$$

请创建 MATLAB 程序，用逆矩阵方法求解方程组，允许从键盘输入五个电阻值 $R$ 和一个电压值。

1. 描述问题

求所示电路的三个网孔电流值。

2. 描述输入和输出

**输入**　　由键盘输入五个电阻值 $R_1$，$R_2$，$R_3$，$R_4$，$R_5$ 和一个电压值 $V$

**输出**　　三个电流值 $i_1$，$i_2$，$i_3$

3. 建立手工算例

根据电路原理，电路中没有电压源就不会有电流存在。若输入电阻为任意值，电压值为零，则输出的电流结果应该为零。

4. 开发 MATLAB 程序

MATLAB 代码为

```
%% Example 10.5
% Finding Currents
clear, clc
R1 = input("Input the value of R1: ");
R2 = input("Input the value of R2: ");
R3 = input("Input the value of R3: ");
R4 = input("Input the value of R4: ");
R5 = input("Input the value of R5: ");
V = input("Input the value of voltage, V: ");
coef = [(R2 + R4), -R2, -R4;
     -R2, (R1 + R2 +R3), (-R3);
     -R4, -R3, (R3 + R4 + R5)];
 result = [V; 0; 0];
I = inv(coef)*result
```

命令窗口中产生下列信息：

```
Input the value of R1: 5
Input the value of R2: 5
Input the value of R3: 5
Input the value of R4: 5
Input the value of R5: 5
Input the value of voltage, V: 0
I =
       0
       0
       0
```

5. 验证结果

输入电压值为零，意味着电路中没有电压源，支路上就没有电流，计算结果为零，这与实际相符。现在用其他数值对程序进行测试：

```
Input the value of R1: 2
Input the value of R2: 4
Input the value of R3: 6
Input the value of R4: 8
Input the value of R5: 10
Input the value of voltage, V: 10
```

可得，

```
I =
    1.6935
    0.96774
    0.80645
```

### 10.2.2 用矩阵左除方法求解方程

高斯消元法是一种有效的求解线性方程组的方法，在高等数学中介绍过这种方法。高斯消元法是德国著名数学家、科学家高斯提出的(见图 10.7)。

图 10.7 德国著名数学家科学家高斯对物理学、天文学和电学有突出贡献

三元一次方程组如下：

$$\begin{aligned} 3x \quad +2y \quad -z \quad &= 10 \\ -x \quad +3y \quad +2z \quad &= 5 \\ x \quad -y \quad -z \quad &= -1 \end{aligned}$$

若手工求解方程组，则需要逐个消去变量，然后再通过代入的方法求出所有变量。例如，利用前两个方程可以消去变量 $x$，为此，需要将第二个方程乘以 3 后与第一个方程相加：

$$\begin{array}{cccc} 3x & +2y & -z & =10 \\ -3x & +9y & +6z & =15 \\ \hline 0 & +11y & +5z & =25 \end{array}$$

对第二个和第三个方程重复前面的过程：

$$\begin{array}{cccc} -x & +3y & +2z & =5 \\ x & -y & -z & =-1 \\ \hline 0 & +2y & +z & =4 \end{array}$$

此时，已经消去了一个变量，将方程组由三元变为二元：

$$\begin{aligned} 11y+5z&=25 \\ 2y + z&=4 \end{aligned}$$

再将第三行的方程乘以–11/2，重复消元的过程：

$$\begin{array}{cccc} 11y & +511z & = & 25 \\ -\frac{11}{2}*2y & -\frac{11}{2}z & = & -\frac{11}{2}*4 \\ \hline 0 & -\frac{1}{2}z & = & 3 \end{array}$$

最后，可以求出 $z$ 的值：

$$z=-6$$

得到 $z$ 的数值之后，将其代回只包含 $y$ 和 $z$ 的两个方程中的任意一个，即

$$\begin{aligned} 11y+5z&=25 \\ 2y+z&=4 \end{aligned}$$

求出

$$y = 5$$

最后一步将 $y$ 和 $z$ 代回原始方程中：

$$\begin{aligned} 3x \quad +2y \quad -z &= 10 \\ -x \quad +3y \quad +2z &= 5 \\ x \quad -y \quad -z &= -1 \end{aligned}$$

求出

$$x = -2$$

高斯消元法是一种有序的消元方法，逐步消去未知变量，直到只剩下一个未知变量存在。然后，将其代入原方程中，从而确定所有未知变量的数值。在 MATLAB 中，可以使用矩阵左除方法来代替高斯消元法来求解方程。因此，

```
X = A\B
```

返回

```
X =
  -2.0000
   5.0000
  -6.0000
```

**关键知识**

与矩阵求逆的方法相比，高斯消元法效率更高，且不易产生舍入误差。

这与用手工计算和利用矩阵逆运算所得结果一致。

**超定方程和欠定方程系统**

MATLAB 用左除方法能够求解超定方程和欠定方程。例如，下面的方程组：

$$\begin{aligned} 3*x \quad +2*y \quad +5*z &= 22 \\ 4*x \quad +5*y \quad -2*z &= 8 \\ x \quad +y \quad +z &= 6 \end{aligned}$$

这个方程组是一个适定方程，刚好定义了 3 个方程和 3 个未知数，可以定义矩阵

```
A = [3   2   5
     4   5   -2

     1   1   1]
```

和

```
B = [22; 8; 6],
```

通过左除求出 $x$，$y$，$z$。

```
X = A\B
```

结果为

```
X =
  1
  2
  3
```

假定有 4 个方程和 3 个未知数，例如，

```
3*x +2*y +5*z =  22
4*x +5*y -2*z =   8
  x    +y    +z =   6
2*x -4*y -7*z = -27
```

这就是超定方程，仍然可以用左除运算来求解。系数矩阵定义如下：

```
A = [3  2  5
     4  5 -2
     1  1  1
     2 -4 -7]
```

结果矩阵为

```
B = [22; 8; 6; -27]
```

当执行语句

```
X = A\B
```

时，得到了相同的结果，因为方程组是一致的。

```
X =
  1
  2
  3
```

然而，当结果矩阵 B 所用的数据存在很小的误差时，最终的数据结果会不同。例如，把上例中第四个方程的结果-27 改成-28，这就要重新调整向量 B。

```
B = [22; 8; 6; -28]
```

当执行语句

```
X = A\B
```

得到了

```
X =
  0.8618
  2.1234
  3.0328
```

**关键知识**

左除运算用最小二乘法求解线性超定方程。

MATLAB 用最小二乘法(又称最小平方法)求与方程组最佳匹配的一组 X 值(对应于方程中的 *x*，*y*，*z*)，若用这些数值来求 B

```
A*X
```

则结果是

```
ans =
   21.9962
    7.9982
    6.0180
  -27.9997
```

最小二乘法使求得的数据 B 与实际数据 B 之差的绝对值为最小，这种方法将在后续的数值方法的章节中详述。

如果是欠定系统的方程，结果会怎样呢？假定有 2 个方程和 3 个未知数。

```
3*x +2*y +5*z = 22
4*x +5*y -2*z =  8
```

此时定义系数矩阵为

```
A = [3  2  5
     4  5 -2]
```

结果矩阵为

```
B = [22; 8]
```

MATLAB 的解决办法是设置第一个变量等于 0，这样就可以有效地减少成 2 个方程和 2 个未知数。

```
X = A\B
```

结果是

```
X =
  0
  2.8966
  3.2414
```

这个仅仅是无穷多个解中的一个，如果代入原方程中，则可以判定是一个正确的结果。

```
A*X
ans =
    22.0000
    8.0000
```

### 10.2.3 利用行阶梯矩阵的逆运算函数求解方程组

与左除方法类似，用简化行阶梯矩阵的函数 rref 来求解线性系统的方程组，该函数采用 Gauss-Jordan 消元法。

已知三元一次方程组

$$\begin{array}{ccccc} 3x & +2y & -z & = & 10 \\ -x & +3y & +2z & = & 5 \\ x & -y & -z & = & -1 \end{array}$$

上述方程组可用下列矩阵来表示：

$$\boldsymbol{A}=\begin{bmatrix} 3 & 2 & -1 \\ -1 & 3 & 2 \\ 1 & -1 & -1 \end{bmatrix} \qquad \boldsymbol{X}=\begin{bmatrix} x \\ y \\ z \end{bmatrix} \qquad \boldsymbol{B}=\begin{bmatrix} 10 \\ 5 \\ -1 \end{bmatrix}$$

rref 函数的输入是个扩展矩阵，该扩展矩阵由方程组的系数矩阵和结果矩阵组成。对于上述方程组，rref 的输入参数为

```
C = [A,B]
C =
   3   2  -1  10
  -1   3   2   5
   1  -1  -1  -1
```

```
rref(C)
ans =
  1   0   0  -2
  0   1   0   5
  0   0   1  -6
```

输出数组的最后一列就是方程组的解，这和其他方法得到的结果一致。

对于这样的简单方程，无论采用哪种方法都是可行的，计算中的舍入误差和运算时间并不是重要因素。然而，对于大型数值计算问题，需要求解包含成千上万甚至数以百万计元素的矩阵，完成一次运算的时间需要以小时或者天来计算，这类数值计算问题不适合用逆矩阵的方法求解。

### 例 10.6　海水淡化装置中的物质平衡问题：求解联立方程

世界上许多地区缺少淡水资源，例如以色列是一个在沙漠中建设起来的工业化国家，为了维持一个现代化工业社会的有效运转，需要依靠地中海岸边的海水淡化工厂来补充内地的淡水资源。现代化的海水淡化工厂使用逆渗透原理，类似于肾脏透析的过程。化学工程师普遍采用物质平衡方法进行分析和设计。

图 10.8 是海水淡化装置示意图，流进装置的海水中包含 4%的盐和 96%的水，装置内部通过逆渗透作用将海水分成两部分，从顶部流出的几乎为纯净水，剩下的部分为浓缩盐水溶液，其浓度为 10%的盐和 90%的水。请计算海水淡化装置底部和顶部两部分水的流量。

这是一个计算反应器中盐和水物质平衡的问题，流入反应器的液体必定与流出反应器的液体总量相等，即

$$m_{\text{inA}} = m_{\text{topsA}} + m_{\text{bottomsA}}$$

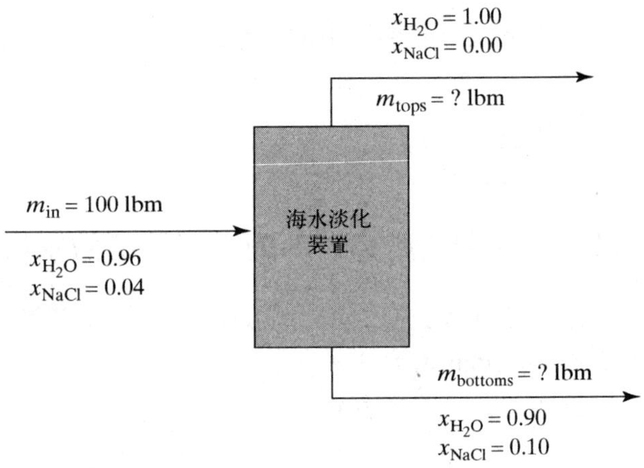


图 10.8　海水淡化装置示意图

可以改写为

$$x_A m_{\text{in total}} = x_{\text{Atops}} m_{\text{tops}} + x_{\text{Abottoms}} m_{\text{bottoms}}$$

将上述问题用一个二元一次方程组来描述：

$$0.96 \times 100 = 1.00 m_{\text{tops}} + 0.90 m_{\text{bottoms}} \text{（水）}$$

$$0.04 \times 100 = 0.00 m_{\text{tops}} + 0.10 m_{\text{bottoms}} \text{（盐）}$$

1. 描述问题
   计算淡化装置中产生的淡水量和废弃的盐水量。
2. 描述输入和输出
   **输入**　注入系统中的水量为 100 磅
   流入海水的浓度：

$$x_{H_2O} = 0.96, \quad x_{NaCl} = 0.04$$

   流出水的浓度：

上部流出的水：

$$x_{H_2O} = 1.00$$

下部流出的盐水：

$$x_{H_2O} = 0.90，x_{NaCl} = 0.10$$

**输出**　　上部流出纯净水的质量

下部流出盐水的质量

3．建立手工算例

由于两个流出水中只有一个含盐(NaCl)，所以求解下列方程组比较容易：

$$0.96 \times 100 = 1.00m_{tops} + 0.90m_{bottoms}(水)$$

$$0.04 \times 100 = 0.00m_{tops} + 0.10m_{bottoms}(盐)$$

首先计算盐的物质平衡，得到

$$4 = 0.1m_{bottoms}$$

$$m_{bottoms} = 40 \text{ lbm}$$

求出 $m_{bottoms}$ 的数值后，代入水的物质平衡方程中：

$$96 = 1m_{tops} + 0.90 \times 40$$

$$m_{tops} = 60 \text{ lb}$$

4．开发 MATLAB 程序

可以用矩阵代数求解此问题，该问题用下面的方程表达：

$$\boldsymbol{AX} = \boldsymbol{B}$$

其中，***A*** 为系数矩阵，表示水和盐的质量分数。***B*** 为结果矩阵，表示流入系统的海水中盐和水的流量。两个矩阵的取值为

$$\boldsymbol{A} = \begin{bmatrix} 1 & 0.9 \\ 0 & 0.1 \end{bmatrix} \qquad \boldsymbol{B} = \begin{bmatrix} 96 \\ 4 \end{bmatrix}$$

未知矩阵 ***X*** 包含从淡化装置顶部和底部流出的水的质量，使用 MATLAB 求解这个联立方程只需三行代码：

```
A = [1, 0.9; 0, 0.1];
B = [96; 4];
X = A\B
```

返回结果为

```
X =
  60
  40
```

5．验证结果

在本例中使用了矩阵左除运算，若使用逆矩阵计算，会得到相同的结果：

```
X = inv(A)*B
X =
  60
  40
```

上述两种方法得到的结果与手工计算的结果一致，多种方法检验更能够证明结果的准确性。计算过水和盐的物质平衡后，其他平衡的计算也可以按同样方法进行。进水量和出水量应该保持平衡：

$$m_{\text{in}} = m_{\text{tops}} + m_{\text{bottoms}}$$

$$m_{\text{in}} = 40 + 60 = 100$$

上述计算表明，流入了净化装置的海水为 100 磅，与流出的淡水和盐水的总量一致，这进一步验证了计算的正确性。

对于这个问题，虽然利用手工计算非常简单，但是绝大部分实际问题要复杂得多，特别是当组件很多、流程很复杂时，利用手工计算真实的物质平衡是非常困难的。所以，对于化工工艺工程师来说，该例中给出的矩阵求解方法是处理工程问题的重要工具。

### 例 10.7　静定桁架的力平衡

静定桁架是静力学课程中较早解决的问题之一，典型的结构如图 10.9 所示。

在铰链(节点 2)处，桁架不能在 $x$ 方向或 $y$ 方向移动。在滚轴(节点 3)处，$x$ 方向允许移动，但 $y$ 方向不允许，于是在节点 2 处的 $x$ 和 $y$ 方向上产生了反作用力，以及节点 3 处仅在 $y$ 方向上有反作用力。如果将外加力(节点 1 处)分解为 $x$ 和 $y$ 方向的分量，则可绘制出如图 10.10 所示的受力图。

假设桁架不动，所有节点(1、2 和 3)上的力在 $x$ 和 $y$ 方向上之和都必须为零，于是总共得到 6 个方程：

$$\sum F_{1,x} = 0 = -F_1\cos(\theta_1) + F_2\cos(\theta_2) + F_{1外加力,x}$$
$$\sum F_{1,y} = 0 = -F_1\sin(\theta_1) - F_2\sin(\theta_2) + F_{1外加力,y}$$
$$\sum F_{2,x} = 0 = +F_{2反作用力,x} + F_1\cos(\theta_1) + F_3$$
$$\sum F_{2,y} = 0 = +F_{2反作用力,y} + F_1\sin(\theta)$$
$$\sum F_{3,x} = 0 = -F_2\cos(\theta_2) + F_3$$
$$\sum F_{3,y} = 0 = -F_2\sin(\theta_2) - F_{3反作用力,y}$$

如果已知外加力的大小和角度，于是得到 6 个方程和 6 个未知数($F_1$，$F_2$，$F_3$，$F_{2反作用力,x}$，$F_{2反作用力,y}$ 和 $F_{3反作用力,y}$)，如果稍微整理一下，就是一个线性方程组。

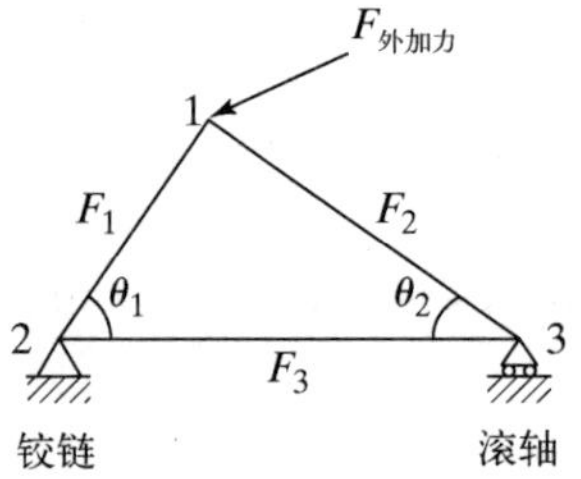


图 10.9　静定桁架典型的结构

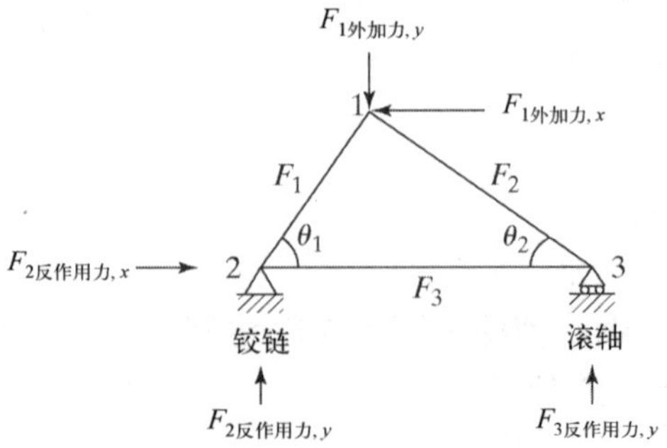


图 10.10　静定桁架的受力图

$$-\cos(\theta_1)*F_1+\cos(\theta_2)*F_2+0*F_3+0*F_{2反作用力,x}+0*F_{2反作用力,y}+0*F_{3反作用力,y}=-F_{1外加力,x}$$
$$-\sin(\theta_1)*F_1+\sin(\theta_2)*F_2+0*F_3+0*F_{2反作用力,x}+0*F_{2反作用力,y}+0*F_{3反作用力,y}=-F_{1外加力,y}$$
$$\cos(\theta_1)*F_1+0*F_2+1*F_3+1*F_{2反作用力,x}+0*F_{2反作用力,y}+0*F_{3反作用力,y}=0$$
$$\sin(\theta_1)*F_1+0*F_2+0*F_3+0*F_{2反作用力,x}+1*F_{2反作用力,y}+0*F_{3反作用力,y}=0$$
$$+0*F_1-\cos(\theta_2)*F_2-1*F_3+0*F_{2反作用力,x}+0*F_{2反作用力,y}+1*F_{3反作用力,y}=0$$
$$+0*F_1+\sin(\theta_2)*F_2+0*F_3+0*F_{2反作用力,x}+0*F_{2反作用力,y}+1*F_{3反作用力,y}=0$$

该系统可以用矩阵形式表示为

$$\begin{bmatrix} -\cos(\theta_1) & \cos(\theta_2) & 0 & 0 & 0 & 0 \\ -\sin(\theta_1) & -\sin(\theta_2) & 0 & 0 & 0 & 0 \\ \cos(\theta_1) & 0 & 1 & 1 & 0 & 0 \\ \sin(\theta_1) & 0 & 0 & 0 & 1 & 0 \\ 0 & -\cos(\theta_2) & -1 & 0 & 0 & 0 \\ 0 & \sin(\theta_2) & 0 & 0 & 0 & 1 \end{bmatrix} * \begin{bmatrix} F_1 \\ F_2 \\ F_3 \\ F_{2反作用力,x} \\ F_{2反作用力,y} \\ F_{3反作用力,y} \end{bmatrix} = \begin{bmatrix} -F_{1外加力,x} \\ -F_{1外加力,y} \\ 0 \\ 0 \\ 0 \\ 0 \end{bmatrix}$$

现在得到了方程组，当 $\theta_1 = 45°$，$\theta_2 = 45°$和节点 1 处在负的垂直方向上的外加力为 1000 lbf 时，试解这个方程组。

1. 描述问题

   求在桁架上所加的外加力，如图 10.10 所示。

2. 描述输入和输出

   **输入** 节点 1 处垂直方向向下的力 1000 lbf

   $\theta_1 = 45°$，$\theta_2 = 45°$

   **输出** 桁架的每个梁的受力 $F_1$、$F_2$、$F_3$，铰链的反作用力 $F_{2反作用力,x}$，$F_{2反作用力,y}$，滚轴处的反作用力 $F_{3反作用力,y}$

3. 建立手工算例

   将已知数据代入前面导出的矩阵，得到

$$\begin{bmatrix} -0.7071 & +0.7071 & 0 & 0 & 0 & 0 \\ -0.7071 & -0.7071 & 0 & 0 & 0 & 0 \\ +0.7071 & 0 & 1 & 1 & 0 & 0 \\ +0.7071 & 0 & 0 & 0 & 1 & 0 \\ 0 & -0.7071 & -1 & 0 & 0 & 0 \\ 0 & +0.7071 & 0 & 0 & 0 & 1 \end{bmatrix} * \begin{bmatrix} F_1 \\ F_2 \\ F_3 \\ F_{2反作用力,x} \\ F_{2反作用力,y} \\ F_{3反作用力,y} \end{bmatrix} = \begin{bmatrix} 0 \\ 1000 \\ 0 \\ 0 \\ 0 \\ 0 \end{bmatrix}$$

下面用矩阵代数来解这个方程，从图 10.11 中的桁架图可以得到一个更简单的求法。由于这里没有水平的外力，则在节点 2 处产生的水平方向上的反作用力必须为零。由于桁架的几何结构是对称的，因此可以得出节点 2 和节点 3 也必须有同样的反作用力。因此，为了使垂直方向上的合力等于零，$F_{2反作用力,y}$和 $F_{3反作用力,y}$必须都为 500 lbf，这样就确定了如下三个未知数：

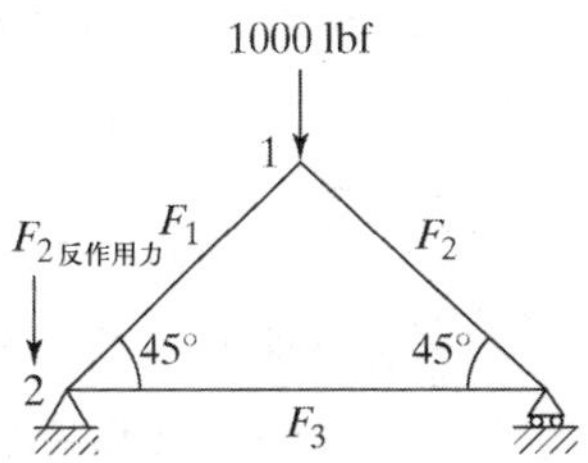


图 10.11 平衡桁架的受力图

$$F_{2反作用力,x}=0$$
$$F_{2反作用力,y}=500\ \text{lbf}$$
$$F_{3反作用力,y}=500\ \text{lbf}$$

观察这个方程组，可以看到，根据节点 2 处垂直方向上的力平衡，可以求解：

$$\sum F_{2,y}=0=+F_{2反作用力,y}+F_1\sin(\theta_1)$$
$$\sum F_{2,y}=0=+500+F_1\sin(45°)$$
$$F_1=\frac{-500}{\sin(45°)}=-707.1\ \text{lbf}$$
$$F_2=-707.1\ \text{lbf}$$

最终，根据节点 3 在水平方向的力平衡，可以求出

$$\sum F_{3,x}=0=-F_2\cos(\theta_2)-F_3$$
$$F_3=-F_2\cos(\theta_2)=707.1*\cos(45°)=500\ \text{lbf}$$

4. 开发 MATLAB 程序

开发出求解这个问题的通解程序，并使用给定的数据进行检验。

```
theta1=45  % angle in degrees
theta2=45  % angle in degrees
F1x=0    % horizontal load
F1y=-1000 % vertical load
A= [-cosd(theta1),cosd(theta2),0,0,0,0
   -sind(theta1),-sind(theta2),0,0,0,0
   cosd(theta1),0,1,1,0,0
   sind(theta1),0,0,0,1,0
   0,-cosd(theta2),-1,0,0,0
   0,sind(theta2),0,0,0,1]
B=[F1x,-F1y,0,0,0,0]'
x=(A\B)' % use left division
```

代码的返回结果为

```
x =
  -707.11   -707.11   500.00   0   500.00   500.00
```

和手工计算的结果一致。

5. 验证结果

这个例子使用了矩阵左除法，若使用逆矩阵，则会得到相同的结果：

```
x = ( inv(A)*B)'
```

在命令窗口中返回下面的结果：

```
x =
  -707.11   -707.11   500.00   0   500.00   500.00
```

这两种方法的结果均与手工计算的结果一致，且不依赖矩阵代数。现在，可以用相同的程序来分析不同条件下的桁架。例如，假设

$$\theta_1=30°，\theta_2=60°$$

且节点 1 处在水平方向上施加的外力为 1000 lbf。MATLAB 代码做如下的修改：

```
theta1=30 % angle in degrees
theta2=60 % angle in degrees
F1x=1000 % horizontal load
F1y=0 % vertical load
A= [-cosd(theta1),cosd(theta2),0,0,0,0
-sind(theta1),-sind(theta2),0,0,0,0
cosd(theta1),0,1,1,0,0
sind(theta1),0,0,0,1,0
0,-cosd(theta2),-1,0,0,0
0,sind(theta2),0,0,0,1]
B= [F1x,-F1y,0,0,0,0]'
x=inv(A)*B
x=A\B
```

得出的结果为

```
x =
 -866.03  500.00  -250.00  1000.00  433.01  -433.01
```

注意，数组中的第四个值，也就是对应节点 2 处 $x$ 方向上的反作用力是 1000，正好符合期望。

## 10.3 特殊矩阵

MATLAB 中有许多非常有用的矩阵，可用于验证数值计算、算法研究，或仅出于兴趣。

| | | |
|---|---|---|
| pascal | 使用 Pascal 三角创建 Pascal 矩阵 | **pascal(4)**<br>**ans = 1 1 1 1**<br>**1 2 3 4**<br>**1 3 6 10**<br>**1 4 10 20** |
| magic | 创建一个魔方矩阵，所有的行、列以及对角线元素之和均相等 | **magic(3)**<br>**ans = 8 1 6**<br>**3 5 7**<br>**4 9 2** |
| rosser | Rosser 矩阵用作特征值的测试矩阵，没有输入量 | **rosser**<br>**ans = [8 x 8]** |
| gallery | 该函数包含 50 多种测试矩阵 | 不同 gallery 的函数的语法也不相同，查看帮助函数确定所需的函数 |

## 小结

转置是一种最常用的矩阵运算，将矩阵的行和列进行对调。在数学教科书中，转置用上标 T 表示，记为 $\boldsymbol{A}^{\mathrm{T}}$。MATLAB 中，转置运算用撇号表示，A 的转置矩阵表示为

```
A'
```

另一个常用的矩阵运算是点积，即向量中对应元素的乘积之和。进行点积运算的两个向量的长度必须相等：

$$C=\sum_{i=1}^{N} A_i * B_i$$

MATLAB 中完成点积运算的函数为

```
dot(A,B)
```

矩阵乘法与点积运算类似，其结果矩阵的每个元素是通过点积运算得到的：

$$C_{i,j}=\sum_{k=1}^{N} A_{i,k} B_{k,j}$$

在 MATLAB 中，用星号运算符表示矩阵乘法：

```
C = A*B
```

上式表示按照矩阵代数运算规则，将矩阵 $\boldsymbol{A}$ 乘以矩阵 $\boldsymbol{B}$，矩阵乘法不满足交换律，即

$$\boldsymbol{AB} \neq \boldsymbol{BA}$$

求矩阵的幂类似于矩阵自乘：

$$\boldsymbol{A}^3=\boldsymbol{AAA}$$

因为只有方阵才能满足矩阵自乘的条件，所以只有方阵才能做幂运算。当矩阵进行非整数幂运算时，运算结果是一个复数矩阵。

一个矩阵乘以它的逆矩阵，结果为单位矩阵：

$$\boldsymbol{AA}^{-1}=\mathrm{I}$$

MATLAB 提供两种求逆矩阵的方法，一种是使用函数 inv：

```
inv_of_A = inv(A)
```

另一种是求矩阵的–1 次幂：

```
inv_of_A = A^-1
```

如果矩阵的行列式为零，则该矩阵是奇异矩阵，不存在逆矩阵。MATLAB 中求行列式的函数为

```
det(A)
```

除点积运算外，MATLAB 函数还可以计算三维空间中两个向量的叉积。因为输出的结果是一个向量，所以叉积又称为向量积：

$$\boldsymbol{C}=\boldsymbol{A}\times\boldsymbol{B}$$

叉积运算后产生的向量与两个输入向量所在的平面垂直，这种性质称为正交性。叉积运算的结果可视为矩阵的行列式，该矩阵包括 $x$ 轴、$y$ 轴和 $z$ 轴方向上的单位向量和两个输入向量：

$$\boldsymbol{C}=\begin{vmatrix} \vec{i} & \vec{j} & \vec{k} \\ A_x & A_y & A_z \\ B_x & B_y & B_z \end{vmatrix}$$

在 MATLAB 中用函数 cross 实现叉积运算：

```
C = cross(A,B)
```

逆矩阵多用于求解线性方程组，例如，方程组

$$3x+2y-z=10$$
$$-x+3y+2z=5$$
$$x-y-z=-1$$

可以用矩阵表示为

$$\boldsymbol{AX}=\boldsymbol{B}$$

在 MATLAB 中求解这个方程组，可以用 A 的逆矩阵乘以矩阵 B：

```
X = inv(A)*B
```

然而，这种方法不如高斯消元法有效，在 MATLAB 中，高斯消元法可使用左除运算来实现：

```
X = A\B
```

左除方法也可用于求解超定方程和欠定方程，对于超定方程，用最小平方法求最佳结果，对于欠定方程，要先设一个或多个变量为零，然后计算剩下的变量。

MATLAB 中包含许多特殊矩阵，这些特殊矩阵可以使数值计算变得简单，也可以用于数值计算的测试。pascal 函数和 magic 函数可以分别用于创建帕斯卡矩阵和魔方矩阵，这两种矩阵没有特殊的用途，仅仅在数学上具有一定的趣味性。gallery 函数包含 50 多种矩阵，这些矩阵是专门用于测试数值计算方法的。

### MATLAB 小结

下表列出了本章介绍的 MATLAB 特殊字符、命令和函数。

| 特殊字符 | 说明 | 特殊字符 | 说明 |
|---|---|---|---|
| ' | 矩阵转置 | \ | 矩阵左除 |
| * | 矩阵乘法 | ^ | 矩阵求幂 |

| 命令和函数 | 说明 | 命令和函数 | 说明 |
|---|---|---|---|
| cross | 求叉积 | inv | 求逆矩阵 |
| det | 求矩阵的行列式 | magic | 创建魔方矩阵 |
| dot | 求点积 | pascal | 创建 pascal 矩阵 |
| eye | 生成单位矩阵 | rref | 用简化行阶梯形格式解线性方程组 |
| gallery | 示例矩阵 | size | 求矩阵的行数和列数 |

## 关键术语

| | | | | | |
|---|---|---|---|---|---|
| 数组 | 单位向量 | 正交 | 交换律 | 病态矩阵 | 奇异矩阵 |
| 叉积 | 逆 | 方程组 | 行列式 | 矩阵 | 转置 |
| 点积 | 矩阵乘法 | 单位向量 | 高斯消元法 | 法线 | |

# 习题

## 点积

**10.1** 计算下面两组向量的点积，然后证明：

$$\boldsymbol{A}\cdot\boldsymbol{B}=\boldsymbol{B}\cdot\boldsymbol{A}$$

(a) $\boldsymbol{A}=[1, 3, 5]$，$\boldsymbol{B}=[-3, -2, 4]$。

(b) $\boldsymbol{A}=[0, -1, -4, -8]$，$\boldsymbol{B}=[4, -2, -3, 24]$。

**10.2** 用点积计算表 P10.2 中成分的总质量。

**10.3** 用点积计算表 P10.3 中的超市购物的总账单。

表 P10.2　成分质量特性

| 成分 | 密度 ($g/m^3$) | 体积 ($m^3$) |
|---|---|---|
| 推进燃料 | 1.2 | 700 |
| 钢 | 7.8 | 200 |
| 铝 | 2.7 | 300 |

表 P10.3　购物账单

| 项目 | 数量 | 单价 | 项目 | 数量 | 单价 |
|---|---|---|---|---|---|
| 牛奶 | 2 加仑 | \$3.50/加仑 | 汤 | 5 罐 | \$1.55/罐 |
| 鸡蛋 | 1 打 | \$1.25/打 | 饼干 | 1 包 | \$3.15/包 |
| 谷物 | 2 盒 | \$4.25/盒 | | | |

**10.4** 弹式量热计用于确定化学反应所释放出的能量。弹式量热计的热容用各个成分的质量与其热量的乘积之和定义，即

$$\mathrm{CP}=\sum_{i=1}^{n} m_i C_i$$

其中，$m_i$ 为成分 $i$ 的质量，单位为 g；$C_i$ 为成分 $i$ 的热容，单位为 J/(g·K)；CP 为总热容，单位为 J/K。使用表 P10.4 中的热量数据计算弹式热量计的总热容。

表 P10.4　热量数据

| 成分 | 质量 (g) | 热容量 (J/(g·K)) |
|---|---|---|
| 钢 | 250 | 0.45 |
| 水 | 100 | 4.2 |
| 铝 | I0 | 0.90 |

**10.5** 有机化合物的基本成分为碳、氢和氧，因此，有机化合物也称为碳氢化合物。有机化合物的分子量 MW 等于每个元素的原子数 $Z$ 与原子量 AW 的乘积之和。

$$\mathrm{MW}=\sum_{i=1}^{n}\mathrm{AW}_i\cdot Z_i$$

碳、氢和氧的原子量分别近似为 12, 1, 16。乙醇 ($C_2H_5OH$) 包含 2 个碳原子，1 个氧原子和 6 个氢原子，用点积计算乙醇的分子量。

**10.6** 通常把空气看成一种单质，它的分子量(摩尔质量)是由各种不同气体分子量的平均值所决定的。在误差允许范围内，可以认为空气中只包含氮气、氧气和氩气，利用这三种气体的分子量可以近似估算空气的分子量。根据表 P10.6 提供的数据，利用点积运算近似计算空气的分子量。

表 P10.6　空气的组成

| 成分 | 比例 | 分子量 (g/mol) |
|---|---|---|
| 氮气 | 0.78 | 28 |
| 氧气 | 0.21 | 32 |
| 氩气 | 0.01 | 40 |

**矩阵乘法**

**10.7** 计算下面两组矩阵的矩阵乘法 $\boldsymbol{A}*\boldsymbol{B}$：

(a) $\boldsymbol{A}=\begin{bmatrix}12 & 4\\ 3 & -5\end{bmatrix}$ $\boldsymbol{B}=\begin{bmatrix}2 & 12\\ 0 & 0\end{bmatrix}$

(b) $\boldsymbol{A}=\begin{bmatrix}1 & 3 & 5\\ 2 & 4 & 6\end{bmatrix}$ $\boldsymbol{B}=\begin{bmatrix}-2 & 4\\ 3 & 8\\ 12 & -2\end{bmatrix}$

并验证 $\boldsymbol{A}*\boldsymbol{B}$ 不等于 $\boldsymbol{B}*\boldsymbol{A}$。

**10.8** 购物清单和物品单价如表 P10.8 所示。

**表 P10.8 Alfonzo 和 Mattie 的购物清单**

| 项目 | Alfonzo 的数量 | Mattie 的数量 |
|---|---|---|
| 牛奶 | 2 加仑 | 3 加仑 |
| 鸡蛋 | 1 打 | 2 打 |
| 谷物 | 2 盒 | 1 盒 |
| 汤 | 5 罐 | 4 罐 |
| 饼干 | 1 包 | 3 包 |

| 项目 | 单价 |
|---|---|
| 牛奶 | \$3.50/加仑 |
| 鸡蛋 | \$1.25/打 |
| 谷物 | \$4.25/盒 |
| 汤 | \$1.55/罐 |
| 饼干 | \$3.15/包 |

请计算每位购物者的花费。

**10.9** 用弹式热量计进行了一系列试验，每次试验的用水量也不同，使用矩阵乘法计算每次试验热量计的总热容。热容的相关信息由表 P10.9 给出。

**表 P10.9 弹式热量器的热特性**

| 试验 | 水的质量(g) | 钢的质量(g) | 铝的质量(g) |
|---|---|---|---|
| 1 | 110 | 250 | 10 |
| 2 | 100 | 250 | 10 |
| 3 | 101 | 250 | 10 |
| 4 | 98.6 | 250 | 10 |
| 5 | 99.4 | 250 | 10 |

| 成分 | 热容(J/gK) |
|---|---|
| 钢 | 0.45 |
| 水 | 4.2 |
| 铝 | 0.90 |

**10.10** 有机物的分子量 MW 是每个元素的原子数 $Z$ 与原子量 AW 的乘积之和，表示为

$$\text{MW}=\sum_{i=1}^{n}\text{AW}_i\cdot Z_i$$

表 P10.10 列出了前五个直链醇的组成。根据碳、氢和氧的原子量(分别是 12、1 和 16)，采用矩阵乘法计算每种醇的分子量(准确说是分子质量)。

**表 P10.10 醇的组成**

| 名称 | 碳 | 氢 | 氧 |
|---|---|---|---|
| 甲醇 | 1 | 4 | 1 |
| 乙醇 | 2 | 6 | 1 |
| 丙醇 | 3 | 8 | 1 |
| 丁醇 | 4 | 10 | 1 |
| 戊醇 | 5 | 12 | 1 |

**矩阵的幂**

**10.11** 已知矩阵

$$\boldsymbol{A}=\begin{bmatrix}-1 & 3\\ 4 & 2\end{bmatrix}$$

(a)利用数组的幂运算求 **A** 的二次方(必要时使用 `help`);

(b)利用矩阵的幂运算求 **A** 的二次方;

(c)解释为什么两种运算的结果不一样。

**10.12** 使用 `pascal` 函数创建名为 **A** 的 3×3 矩阵:

```
pascal (3)
```

(a)利用数组的幂运算求 **A** 的三次方;

(b)利用矩阵的幂运算求 **A** 的三次方;

(c) 解释为什么两种运算的结果不一样。

### 行列式和逆矩阵

**10.13** 已知数组 $A = [-1,3; 4,2]$,利用手工计算和 MATLAB 编程两种方法求 **A** 的行列式。

**10.14** 并非所有的矩阵都有逆矩阵。如果一个矩阵的行列式等于 0(即$|A| = 0$),那么 **A** 是奇异矩阵(不存在逆矩阵)。使用行列式函数检验下面各个矩阵是否存在逆矩阵:

$$\boldsymbol{A}=\begin{bmatrix}2 & -1\\ 2 & 5\end{bmatrix}\qquad \boldsymbol{B}=\begin{bmatrix}4 & 2\\ 2 & 1\end{bmatrix}\qquad \boldsymbol{C}=\begin{bmatrix}2 & 0 & 0\\ 1 & 2 & 2\\ 5 & -4 & 0\end{bmatrix}$$

若存在逆矩阵,则计算它的逆矩阵。

### 叉积

**10.15** 计算图 P10.15 中力在支点上产生的力矩。根据三角知识确定位置向量和力向量在 $x$ 轴与 $y$ 轴方向上的分量。力矩可以用叉积计算:

$$M_0 = r \times F$$

200 lbf 的力垂直作用于杠杆一端,距离支点 20 ft,杠杆与水平线成 60°角。

**10.16** 计算托架在墙壁上的固定点处的力矩。托架伸出墙壁 10 in,向上延伸 5 in 结构如图 P10.16 所示。一个 35 lbf 的力作用于托架,该力与水平方向成 55°角。计算结果的单位要求用 ft-lbf 表示,要求做单位换算。

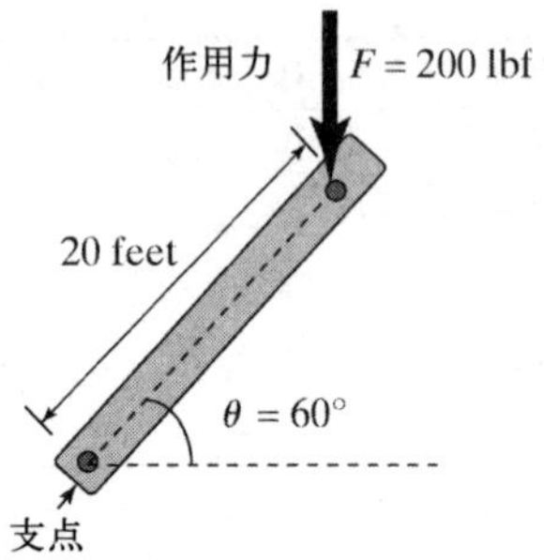


图 P10.15 作用于杠杆上的力在原点产生的力矩

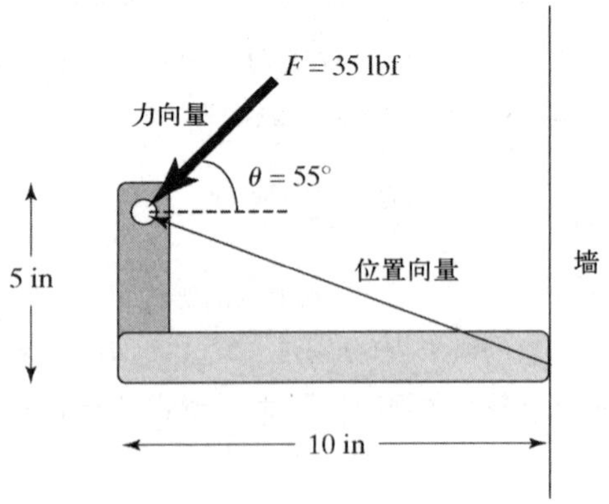


图 P10.16 固定在墙上的托架

**10.17** 一个矩形搁板通过两个支架固定在墙上，两个支架分别位于 $A$ 和 $B$ 两点，相隔 12 英寸，如图 P10.17 所示。一个 10 磅重的物体通过绳子悬挂于搁板边缘的 $C$ 点，计算 $C$ 点重物在 $A$ 点和 $B$ 点产生的力矩。通过两次计算分别确定每个支架的力矩，每次计算求出一个支架的力矩，或者创建 2×3 的位置向量矩阵和 2×3 的力向量矩阵，矩阵的每一行对应不同的支架，用 `cross` 函数得到一个 2×3 的矩阵，该矩阵的每一行分别对应不同支架的力矩。

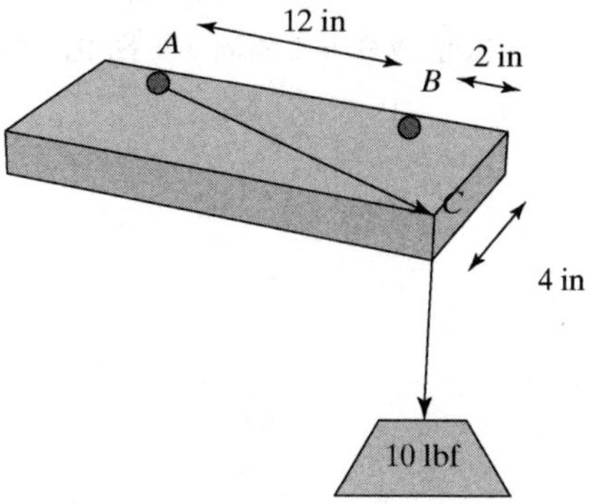

图 P10.17　计算三维空间中的力矩

**求解线性方程组**

**10.18** 分别使用矩阵左除和逆矩阵两种方法求解下面的方程组：

(a) $-2x + y = 3$

$x + y = 10$

(b) $5x + 3y - z = 10$

$3x + 2y + z = 4$

$4x - y + 3z = 12$

(c) $3x + y + z + w = 24$

$x - 3y + 7z + w = 12$

$2x + 2y - 3z + 4w = 17$

$x + y + z + w = 0$

**10.19** 通常情况下求解方程组时，利用矩阵左除要比求逆矩阵方法得到的结果更快、更准确。分别使用两种方法求解下面的方程组，并用 `tic` 函数和 `toc` 函数来记录执行时间。

$$3x_1 + 4x_2 + 2x_3 - x_4 + x_5 + 7x_6 + x_7 = 42$$

$$2x_1 - 2x_2 + 3x_3 - 4x_4 + 5x_5 + 2x_6 + 8x_7 = 32$$

$$x_1 + 2x_2 + 3x_3 + x_4 + 2x_5 + 4x_6 + 6x_7 = 12$$

$$5x_1 + 10x_2 + 4x_3 + 3x_4 + 9x_5 - 2x_6 + x_7 = -5$$

$$3x_1 + 2x_2 - 2x_3 - 4x_4 - 5x_5 - 6x_6 + 7x_7 = 10$$

$$-2x_1 + 9x_2 + x_3 + 3x_4 - 3x_5 + 5x_6 + x_7 = 18$$

$$x_1 - 2x_2 - 8x_3 + 4x_4 + 2x_5 + 4x_6 + 5x_7 = 17$$

如果计算机的运算速度很快，就无法发现两种方法在执行时间上的差异，如果想找到两者的区别，需要求解更复杂的方程组。

**10.20** 在例 10.5 中，图 10.5 中的电路图可以用下面的线性方程组表示：

$$(R_2 + R_4)\,i_1 + (-R_2)\,i_2 + (-R_4)\,i_3 = V_1$$

$$(-R_2)\,i_1 + (R_1 + R_2 + R_3)\,i_2 + (-R_3)\,i_3 = 0$$

$$(-R_4)\,i_1 + (-R_3)\,i_2 + (R_3 + R_4 + R_5)\,i_3 = 0$$

请先用逆矩阵方法求解该方程组，再用矩阵左除的方法求解方程组。

**10.21** 水、乙醇和甲醇三种混合液体流入一个处理设备进行分离处理。处理设备流出两种液体，每种液体所含有的成分各不相同，如图 P10.21 所示。

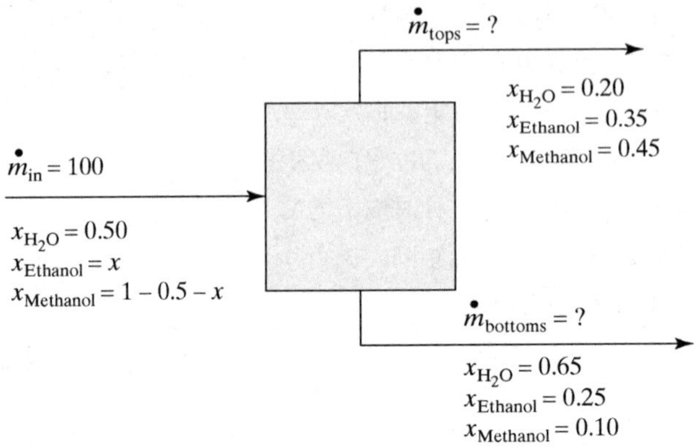


图 P10.21 分离过程示意

计算流入分离器液体的流量，以及从分离器上和下两部分流出的液体的流量。

(a) 首先对三种不同成分分别建立物质平衡方程：

水

$$(0.5)(100) = 0.2\dot{m}_{tops} + 0.65\dot{m}_{bottoms}$$
$$50 = 0.2\dot{m}_{tops} + 0.65\dot{m}_{bottoms}$$

乙醇

$$100x = 0.35\dot{m}_{tops} + 0.25\dot{m}_{bottoms}$$
$$0 = -100x + 0.35\dot{m}_{tops} + 0.25\dot{m}_{bottoms}$$

甲醇

$$100(1-0.5-x) = 0.45\dot{m}_{tops} + 0.1\dot{m}_{bottoms}$$
$$50 = 100x + 0.45\dot{m}_{tops} + 0.1\dot{m}_{bottoms}$$

(b) 将 (a) 中的方程整理成矩阵的形式：

$$\boldsymbol{A} = \begin{bmatrix} 0 & 0.2 & 0.65 \\ -100 & 0.35 & 0.25 \\ 100 & 0.45 & 0.1 \end{bmatrix} \qquad \boldsymbol{B} = \begin{bmatrix} 50 \\ 0 \\ 50 \end{bmatrix}$$

(c) 用 MATLAB 求解该线性方程组。

**10.22** 考虑图 P10.22 所示的静定桁架，施加外力的大小为 1000 lbf，与水平方向成 30°角，内角 $\theta_1$ 和 $\theta_2$ 分别为 45°和 65°。求出桁架上各个力的值，以及在铰链和滚轴处所受的反作用力(节点 2 和节点 3)。

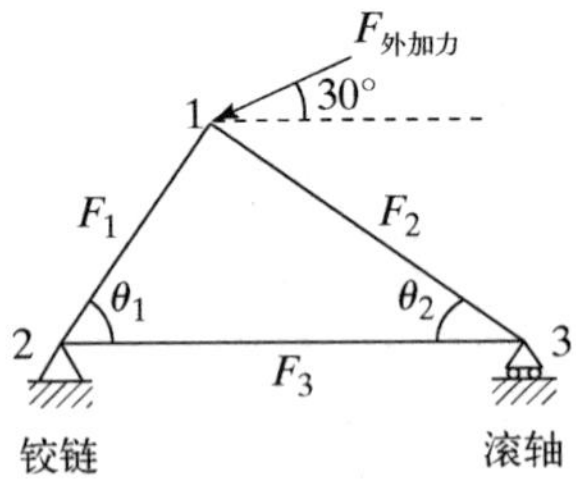


图 P10.22 静定桁架

**挑战问题**

**10.23** 使用嵌套的 `for` 循环创建一个名为 my_matrix_solver 的 MATLAB 函数来求解线性方程组，不要使用 MATLAB 的内置运算或函数，编写的函数能够输入一个系数矩阵和一个结果矩阵，并且返回变量的值。例如，想求解关于 $\boldsymbol{X}$ 的矩阵方程

$$\boldsymbol{AX} = \boldsymbol{B}$$

编写的函数要求输入是 $\boldsymbol{A}$ 和 $\boldsymbol{B}$，返回 $\boldsymbol{X}$。用上一个问题中的方程组测试一下所编写的函数。

# 第 11 章　其他类型的数组

**本章目标**

学完本章后应能够：

- 认识 MATLAB 中使用的不同类型的数据；
- 创建和使用各种不同类型的数值数组；
- 创建和使用字符和字符串数组；
- 创建和使用逻辑数组、时间数组以及分类数组等特殊数组；
- 创建多维数组并能访问其中的数据；
- 创建和使用元胞数组、结构数组、表格数组和时间表数组。

## 引言

MATLAB 中主要的数据类型(也称为类)是数组，在数组中，还支持许多不同的次要的数据类型。由于 MATLAB 是在 C 语言环境下编写的，所以许多数据类型与 C 语言一致。通常一个数组内部的数据必须具有相同的数据类型，但是，MATLAB 中含有数据类型转换的函数，也包含能将不同类型的数据存储在同一数组中的数组类型。本章将探讨不同的 MATLAB 数据类型和用于存储它们的数组。

能存储到 MATLAB 中的数据类型如图 11.1 所示，主要包括数值型、文本型、逻辑型、分类型、时间型、符号型和函数句柄。每种类型的数据都可以存储到指定类型的数组中，也可以存储到可存储多种数据类型的数组中。表格数组、元胞数组、映射数组和结构数组都属于后者(见图 11.2)。最近新增了一个独立的数据类型，带有时间戳行的专用表格数组，这样处理大型数据集更容易。

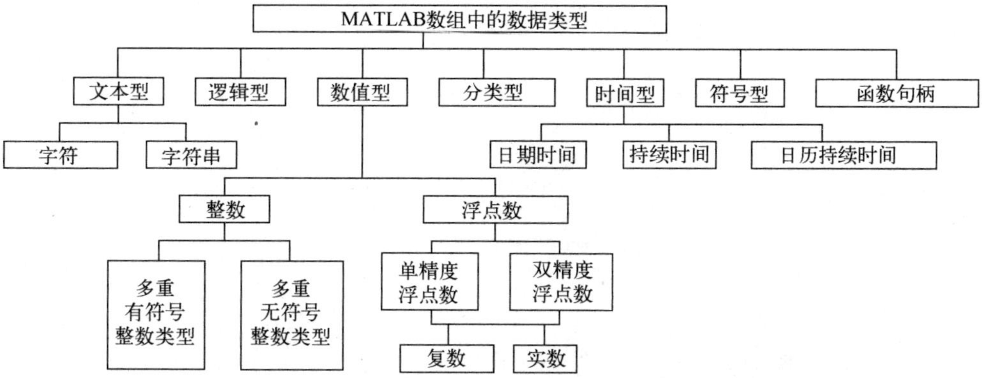


图 11.1　能存储到 MATLAB 中的数据类型

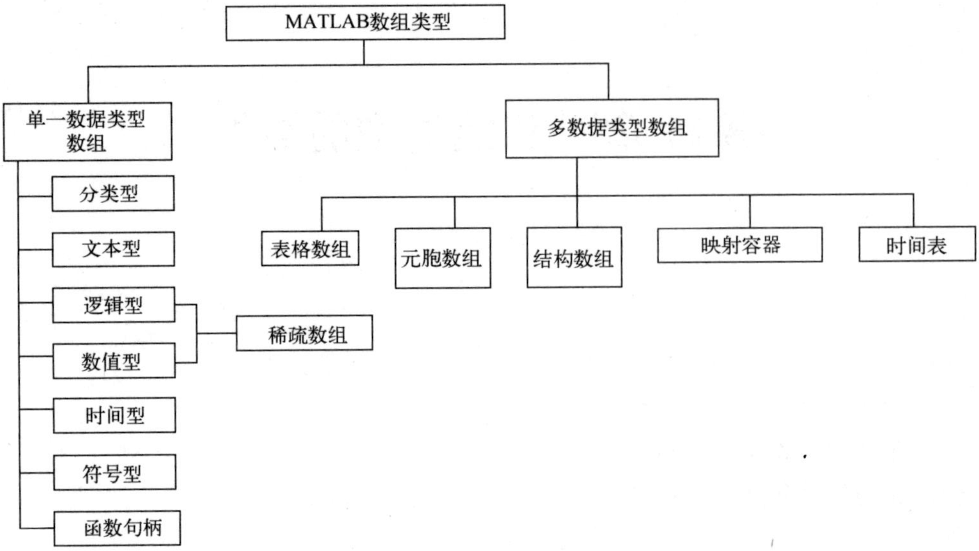


图 11.2　MATLAB 中的数组类型

## 11.1　数值型数据类型

MATLAB 包括用于存储多种类型的数字数据的数组。它们包括双精度浮点数、单精度浮点数和各种整型数。虽然工程师和科学家最常用的是双精度数，但每种数据类型都有不同的用途，都是解决问题的有用工具。

### 11.1.1　双精度浮点数

MATLAB 中默认的数据类型是 IEEE 754 标准定义的双精度浮点数，IEEE 是电气和电子工程师协会的英文缩写，是电气和电子工程师的专业组织。前面学过，当创建一个变量 `A=1` 时，在工作区窗口中就会列出该变量，其类型为“双精度”型，如图 11.3 所示，该数组需要 8 字节的存储空间，每字节占 8 位，所以数值 1 需要 64 位的存储空间。同理可得图 11.3 中的变量 `B` 和 `C` 需要的存储空间。

```
B = 1:10;                C=[1,2,3; 4,5,6];
```

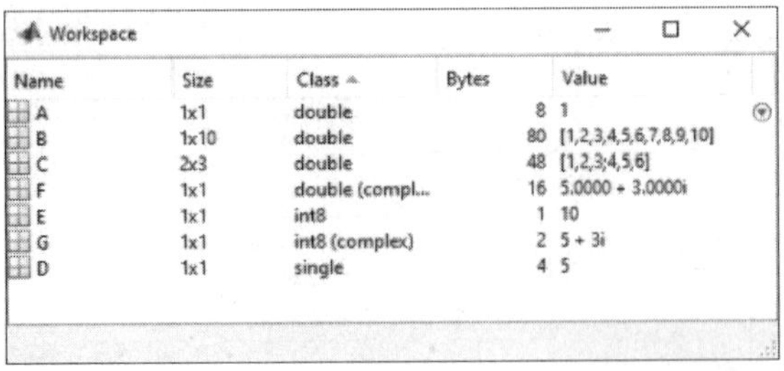


图 11.3　MATLAB 中数值数据类型在工作区窗口中列出

由于每个数值需要 8 字节，变量 `B` 有 10 个数值，共需要 80 字节。变量 `C` 有 6 个数值，共需要 48 字节。

可以使用 realmax 函数和 realmin 函数来确定双精度浮点数能表示的最大值。

```
realmax
ans =
  1.7977e+308
realmin
ans =
  2.2251e-308
```

> **关键知识**
> MATLAB 支持多种数据类型。

如果输入数据的绝对值大于 realmax，或者计算出的数值结果超出此范围，则 MATLAB 将对其赋值为正或负无穷大：

```
x = 5e400
x =
   Inf
```

同样地，如果输入数值的绝对值小于 realmin，则 MATLAB 会将其赋值为零：

```
x = 1e-400
x =
   0
```

### 11.1.2　单精度浮点数

单精度浮点数只占用双精度浮点数存储空间的一半，因此只能存储一半的信息。每个数值只需要 4 字节的存储空间，即 $4 \times 8 = 32$ 位的存储空间，当定义 D 为一个单精度数时，工作空间显示结果如图 11.3 所示：

```
D = single(5)
D =
   5
```

> **关键知识**
> 单精度浮点数只占用双精度浮点数存储空间的一半。

用 single 函数把数值 5(默认类型为双精度)转换成一个单精度数。同样，double 函数可以将变量转换为双精度数，如语句

```
double(D)
```

就把变量 D 转换为双精度数。

由于单精度数只占用双精度数存储空间的一半，因此单精度数的数值范围比双精度数的数值范围小，可以用 realmax 和 realmin 函数来证明这一点：

```
realmax('single')
ans =
  3.4028e+038
realmin('single')
ans =
  1.1755e-038
```

> **关键知识**
> 大多数工程问题使用双精度浮点数。

工程师们很少会将数据转换为单精度数，因为现在的计算机有足够的存储空间，并且会在极短的时间内完成计算。然而，在进行数值分析时，把双精度数据转换成单精度数据将会缩短求解复杂问题的运行时间，其缺点是会使大多数问题的求解产生舍入误差。

下面用实例说明单精度计算相对于双精度计算产生的舍入误差造成的后果。已知级数

$$\sum\left(\frac{1}{1}+\frac{1}{2}+\frac{1}{3}+\frac{1}{4}+\frac{1}{5}+\frac{1}{6}+\cdots+\frac{1}{n}+\cdots\right)$$

该级数等于数列各项的和，称为调和级数，用简化符号表示调和级数为

$$\sum_{n=1}^{\infty}\frac{1}{n}$$

调和级数是发散的，也就是说，当求和项数越多，其值就越大。可以用下面的命令表示调和级数的前 10 项：

```
n = 1:10;
harmonic = 1./n
```

如果改为有理数格式，则结果是分数形式：

```
format rat
harmonic =
1    1/2    1/3    1/4    1/5    1/6    1/7    1/8    1/9    1/10
```

也可以用 short 格式，即用小数表示，结果为：

```
format short
harmonic =
1.0000    0.5000    0.3333    0.2500    0.2000    0.1667    0.1429
          0.1250    0.1111    0.1000
```

无论在屏幕上用哪种数据格式显示，它们在计算机内部都是以双精度浮点数的形式存储的。通过计算级数的部分和(也称为累加和)可以看到项数增加对部分和的影响：

```
partial_sum = cumsum(harmonic)
partial_sum =
 Columns 1 through 6
  1.0000    1.5000    1.8333    2.0833    2.2833    2.4500
 Columns 7 through 10
  2.5929    2.7179    2.8290    2.9290
```

累加和函数(cumsum)计算出来的是数组中累加到已显示的元素序号，例如上述结果中第 3 列的数据是输入数组 harmonic 中第 1 列至第 3 列的元素之和。调和数组中元素数量越多，数组的累加和就越大。

在计算过程中，harmonic 中的数值越来越小，当 $n$ 足够大时，计算机将无法分辨 1./n 的值与零的差别。相对于双精度运算来说，在单精度运算中很快就会出现这种情况。令数组中 $n$ 的值很大，可以对这一性质加以印证：

```
n = 1:1e7;
harmonic = 1./n;
partial_sum = cumsum(harmonic);
```

因为在 MATLAB 中双精度是默认的数据类型，所以计算都采用双精度运算。将计算结果可视化可以观察其变化特点。

```
plot(partial_sum)
```

现在转换成单精度数值重新计算，由于运算速度取决于系统中可用内存的多少，因此，在此之前要清理一下计算机内存。

```
n = single(1:1e7);
harmonic = 1./n;
partial_sum = cumsum(harmonic);
hold on
plot(partial_sum,'--')
```

**关键知识**

单精度运算的舍入误差远大于双精度运算。

运算结果如图 11.4 所示，实线表示双精度运算的累加和结果，虚线表示单精度运算的累加和结果。单精度运算结果趋于平稳，因为每个相邻点都差很小，以至于计算机设置为 0 的点，要约 200 万次迭代时达到。即使经过 1000 万次迭代，双精度值仍然可以求和。

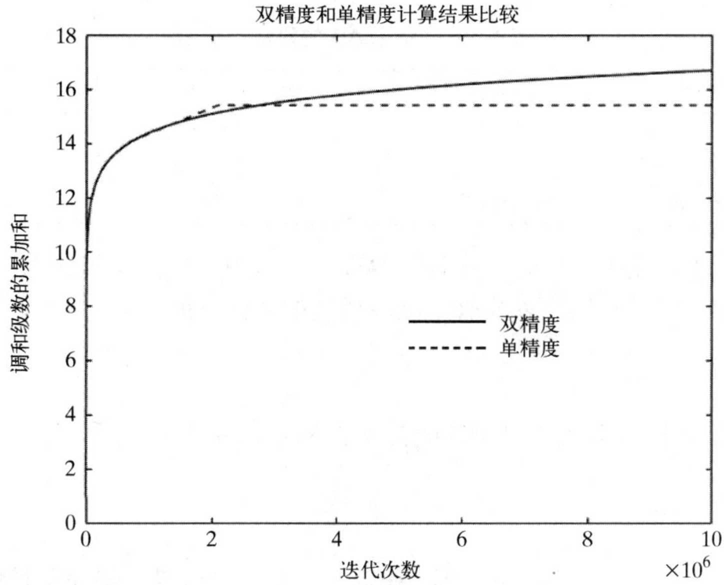


图 11.4 运算结果

### 11.1.3 整数

虽然双精度浮点数是 MATLAB 默认的数据类型，但也还可以使用整型数据，通常整数用于计数，例如，一个房间里不能有 2.5 人，数组中不能指定 1.5 个元素。MATLAB 支持 8 种不同类型的整型数据，其差别分配的存储空间不同，以及是有符号整数还是无符号整数，分配的存储空间越大，能表示的数值范围也就越大。表 11.1 列出了 8 种整型数。

> **关键知识**
>
> 通常用整数来存储图像数据。

因为 8 位为 1 字节，所以当指定 E 为 int8 数据类型时

```
E = int8(10)
E =
  10
```

变量 E 只需要 1 字节的存储空间，如图 11.3 所示。

利用 intmax 函数可以确定不同整型数的最大值，例如代码

```
intmax("int8")
ans =
  127
```

表示 8 位有符号整数的最大值是 127。

四种有符号整型数需要分配存储空间来定义数据的正负号。四个无符号整型数都假设数值是正的，因此不需要存储数据的符号信息，这样就有更多的存储空间用来存储数值本身。

代码如下：

```
intmax("uint8")
ans =
  255
```

结果表明 8 位无符号整数的最大值是 255。

**表 11.1 MATLAB 的整数类型**

| | | | |
|---|---|---|---|
| 8 位有符号整数 | int8 | 8 位无符号整数 | unit8 |
| 16 位有符号整数 | int16 | 16 位无符号整数 | unit16 |
| 32 位有符号整数 | int32 | 32 位无符号整数 | unit32 |
| 64 位有符号整数 | int64 | 64 位无符号整数 | unit64 |

整数数组常用于存储图像信息，这种数组很大，但用于创建图像的颜色数量有限。用无符号整数数组来表示图像数据可以显著地减少所需的存储空间。

### 11.1.4 复数

复数默认的存储类型是双精度型，因为实部和虚部都需要储存，所以需要两倍的存储空间：

```
F = 5+3i;
```

因此，存储一个双精度的复数需要 16 字节(=128 位)。复数也可以存储为单精度数或整型数(见图 11.3)，下面的代码说明了这一点：

```
G = int8(5+3i);
```

**实训练习 11.1**

1. 将下列数字输入下面不同类型的数组中：

   [1, 4, 6; 3, 15, 24; 2, 3, 4]

   (a) 数组 A 为双精度浮点型；

   (b) 数组 B 为单精度浮点型；

   (c) 数组 C 为有符号整型(任选一种类型)；

   (d) 数组 D 为无符号整型(任选一种类型)。

2. 用 A 加 B 创建新矩阵 E：

   E = A + B

   其结果是何种类型？

3. 定义 x 和 y 为整型，x 值等于 1，y 值等于 3。

   (a) x/y 的结果是什么？

   (b) 结果的数据类型是哪一种？

   (c) 当 x 定义为整数 2，y 定义为整数 3 时，做除法运算会得到怎样的结果？

4. 用 intmax 函数确定所定义的各种数据类型的最大值(一定要包含 8 种整型数)。

5. 用 MATLAB 确定所定义的各种数据类型的最小值(一定要包含 8 种整型数)。

6. 整数通常用于存储图像信息，因为整数比双精度需要的存储空间更少。为了证明这一点，可以使用 randi 函数创建一个 1000×1000 的数组，数组由从 1 到 255 的随机数组成，默认情况下创建的数组将存储为双精度，然后将其转换为 uint8，比较新数组与原数组所需的存储量的大小。

## 11.2　字符数据和字符串数据

MATLAB 中用字符数据类型和字符串数据类型来存储文本信息。MATLAB R2016b 版本中增加了字符串数据类型，与字符数据类型相比有多个优点。大量的旧代码使用了字符数组，但对于创建的大多新程序，应当选择字符串数组。MATLAB 函数现在允许输入字符数组或字符串数组时，并将其更改为在函数中适合使用的数据类型。

> **关键知识**
>
> 每个字符(包括空格)都是字符数组中的一个独立的元素。

### 11.2.1　创建字符数组和字符串数组

单引号用于创建字符数组，双引号用于创建字符串数组。字符数组存储单个字符，而字符串数组将整个文本块存储为数组元素。因此

```
H='Emanuel';
```

创建了一个 1 × 7 的字符数组，但是

```
J = "Sarah";
```

创建一个 1 × 1 的字符串数组，如图 11.5 所示。

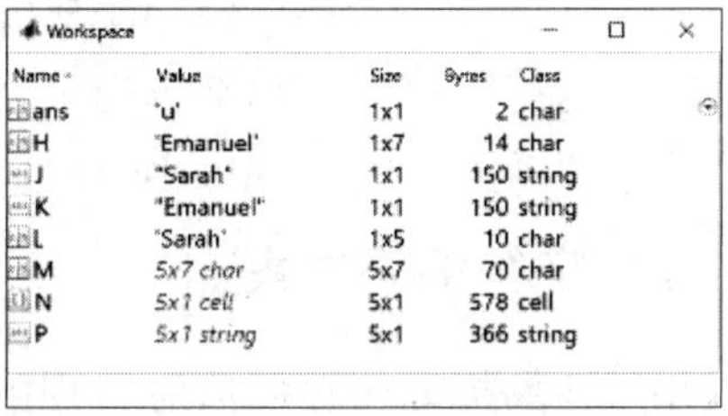


图 11.5　MATLAB 中存储文本的数组包括字符数组和字符串数组

将字符数组转换为字符串数组，可使用 string 函数，如下所示：

```
K=string(H);
```

并且，将字符串数组转换为字符数组，可使用 char 函数。

```
L=char(J);
```

因为字符数组存储单个字符，而且数组需要是矩形的，所以在数组中存储字符数据不方便。可以采用的两种策略：用空格填充数组中的空缺或创建字符数组的元胞数组。元胞数组将在本章后面进行更详细的讨论。

使用 char 函数创建带填充的字符数组，如下所示：

```
M=char('Steven','Jasmin','David','Terrell','Maria')
M = 5×7 char array
    'Steven '
    'Jasmin '
    'David  '
    'Terrell'
    'Maria  '
```

请注意输出中单引号中的空格。字符函数中的输入参数之间需要一个逗号。

创建字符数组的元胞数组使用元胞数组的构造形式，即使用“花括号”或大括号。在元胞数组之间需要分号。

```
N = {'Steven';'Jasmin';'David'; 'Terrell';'Maria'}
N = 5×1 cell
'Steven'
'Jasmin'
'David'
'Terrell'
'Maria'
```

存储文本的一种更有效的方法是使用字符串数组，如：

```
P=["Steven";"Jasmin";"David";"Terrell";"Maria"]
P = 5×1 string
"Steven"
"Jasmin"
"David"
"Terrell"
"Maria"
```

如图 11.5 所示，相同文本的字符串数组比字符数组需要更多的内存，但相同信息的字符串数组比存储在元胞数组中的字符数组需要更少的内存。元胞数组 N 与字符串数组 P(名称列表)包含了相同的信息，但它需要 578 字节的内存，而字符串数组为 366 字节。字符串数组是文本的首选，因为它们更容易操作，而且它们比元胞数组更节省内存。

索引到数值数组的技术也用于同样适用于字符和字符串数组。操作字符和字符串数组的方法在前面的章节中已经讨论论过。

### 11.2.2　字符编码方案

知道计算机如何存储信息对理解字符很重要。在计算机中，任何信息都是用一系列的1和0存储的，实现这种编码的方案主要有两种，即 ASCII 码和 EBCDIC 码，大多数小型计算机使用 ASCII 编码方案，但是许多大型计算机(如 IBM)和超大型计算机都使用 EBCDIC 编码方案。可以把一系列的 0 和 1 视为以 2 为基数的二进制数，从这个意义上讲，计算机所有的信息都以数值形式存储，每个二进制数都有与之对应的十进制数，前几个数字的两种进制对应关系如表 11.2 所示。

> **关键知识**
>
> 计算机使用二进制编码方案，如 ASCII 或 EBCDIC 码来存储数据。

每一个 ASCII(或 EBCDIC)字符既可以用二进制数表示，也可以用十进制数表示。在 MATLAB 中，当将字符型转换成双精度后，返回的数就是 ASCII 码所代表的十进制数。

```
double('a')
ans =
  97
```

相反地，char 函数可以把双精度数转换为该十进制数在 ASCII 码中代表的字符，例如

```
char (98)
ans =
  b
```

表 11.2　二进制-十进制转换

| 二进制 | 十进制 |
|---|---|
| 1 | 1 |
| 10 | 2 |
| 11 | 3 |
| 100 | 4 |
| 101 | 5 |
| 110 | 6 |
| 111 | 7 |
| 1000 | 8 |

如果数组中既包含数值又包含字符，那么 MATLAB 会将所有数据转换为字符数组：

```
['a',98]
ans =
  ab
```

(字符 b 相当于数值 98。)并不是所有的数字都有对应的字符，此时，在生成的字符数组中用空白或方框表示。

```
['a',3]
ans =
  a
```

尽管这个结果看起来像数组中只有一个字符，但是检查工作区窗口后会看到，这是一个 $1\times2$ 的字符数组。

如果数值和字符间进行数学运算，那么 MATLAB 会将字符转换成相对应的十进制数：

```
'a' + 3
ans =
  100
```

由于 a 相当于十进制的 97，所以问题转换为

$$97+3=100$$

**提示：**对于字符和字符串，+运算会执行了不同的功能。

当+运算用于字符时，'a+3'的结果是双精度的，因为字符'a'转换为对应的数值。结果就是 97+3=100。

当+运算用于字符串时，+运算将 3 加入字符串，"a"+3 的结果是生成一个新的字符串 a3。

**实训练习 11.2**

1. 创建一个由本人姓名的字母构成的字符数组。
2. 字母 g 的十进制数是多少？
3. 大小写字母的 ASCII 码值相差 32(大写字母在前)，请使用嵌套的函数将字符串'matlab'转换为大写的'MATLAB'。

### 例 11.1　创建简单的密码编码方案

电子时代保持信息的私密性变得越来越困难，一种解决方法是将信息加密，未授权人即使得到加密后的信息，也看不懂信息的内容。编码信息最著名的例子之一是 Enigma 系统[见图 11.6(a)]，在第二次世界大战期间，纳粹广泛使用它来加密军事信息。

艾伦·图灵[见图 11.6(b)]是一位英国计算机科学家，也是密码学发展的主要贡献者。很多人都认为他是人工智能之父。

现代编码技术极其复杂，本例简单说明了如何操作字符信息并与整数信息相结合，这是创建复杂编码的第一步。一种简单的编码方案是：在字符信息中加上一个固定整数，就可以将数组转换为一种难以理解的内容。

1. 描述问题

   对一串字符信息进行编码和解码。

2. 描述输入和输出

**输入** 命令窗口输入的字符信息

**输出** 编码信息

(a) 军事 Enigma 机

(b) 艾伦·图灵

图 11.6

3. 建立手工算例

   小写字母 a 等于十进制数 97，如果将 a 加上 5，并转换为字符，则 a 变为字母 f。

4. 开发 MATLAB 程序

```
%% Example 11.1
% Prompt the user to enter some text.
clear, clc
A=input('Enter some text to be encoded: \n','s');
encoded = char(A+5);
disp("Your input has been transformed!");
disp(encoded);
disp("Would you like to decode this message?");
response = menu("yes or no?","YES","NO");
switch response
    case 1
        disp(char(encoded-5));
    case 2
       disp("OK - Goodbye");
end
```

5. 验证结果

   运行程序并观察结果，程序提示用户输入信息，必须以字符串的格式输入：

```
Enter some text to be encoded:
'I love rock and roll'
```

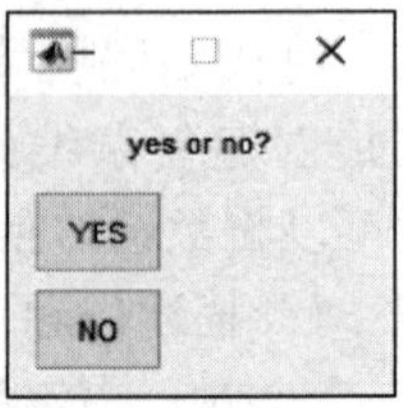


信息输入完毕后，一旦按回车键，程序会做出如下响应：

```
Your input has been transformed!
N%qt{j%wthp%fsi%wtqq
Would you like to decode this message?
```

因为使用菜单选项作为响应，所以程序执行后弹出菜单窗口。选择“YES”后，程序响应为

```
I love rock and roll
```

若选择“NO”，则响应为

```
OK - Goodbye
```

## 11.3　符号数据

符号工具箱创建的函数句柄和符号变量都存储在符号数组中。函数句柄已在前面章节中介绍过，符号工具箱将在后面介绍。

符号工具箱使用符号数据进行符号代数运算。用 syms 命令创建一个符号变量 x：

```
syms x
```

符号变量可以组合成符号方程，例如

```
S = x^2-2
S =
x^2-2
```

符号对象所需的存储空间取决于符号对象的大小，但是注意，在图 11.7 中，S 是一个 1×1 的数组，S 之后的符号对象可以组合成一个数学表达式数组。图 11.7 的左边一列显示的符号变量图标是一个立方体。

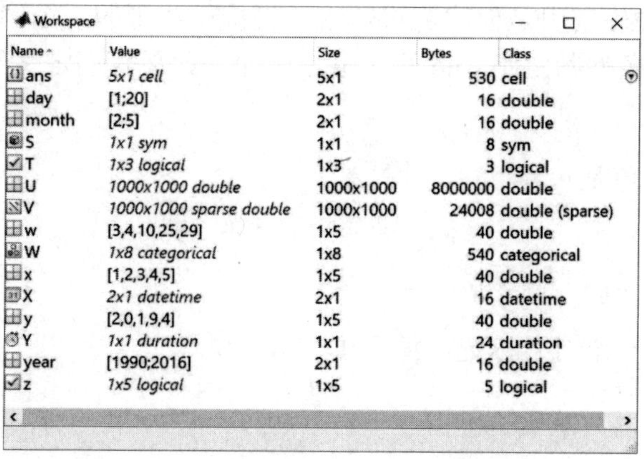

Workspace

| Name | Value | Size | Bytes | Class |
|---|---|---|---|---|
| ans | 5x1 cell | 5x1 | 530 | cell |
| day | [1;20] | 2x1 | 16 | double |
| month | [2;5] | 2x1 | 16 | double |
| S | 1x1 sym | 1x1 | 8 | sym |
| T | 1x3 logical | 1x3 | 3 | logical |
| U | 1000x1000 double | 1000x1000 | 8000000 | double |
| V | 1000x1000 sparse double | 1000x1000 | 24008 | double (sparse) |
| w | [3,4,10,25,29] | 1x5 | 40 | double |
| W | 1x8 categorical | 1x8 | 540 | categorical |
| x | [1,2,3,4,5] | 1x5 | 40 | double |
| X | 2x1 datetime | 2x1 | 16 | datetime |
| y | [2,0,1,9,4] | 1x5 | 40 | double |
| Y | 1x1 duration | 1x1 | 24 | duration |
| year | [1990;2016] | 2x1 | 16 | double |
| z | 1x5 logical | 1x5 | 5 | logical |

图 11.7　MATLAB 提供各种数据类型，数据类型列在了工作区窗口的 Class 列，变量名前面的是类型图标

## 11.4　逻辑数据

逻辑数组表面上是由 0 和 1 构成的数组，那是因为 MATLAB(和其他计算机语言一样)采用数字 1 和 0 分别表示 true 和 false：

```
T = [true,false,true]
T =
  1   0   1
```

> **关键知识**
> 计算机语言使用数字 0 表示 false，数字 1 表示 true。

一个由 0 和 1 组成的双精度数组可以转换为一个逻辑数组，数组包含逻辑数据和逻辑函数。例如，如果 T 被定义为：

```
T = [1, 0, 1];
```

它将被存储为双精度数组，这可以在工作区窗口中进行确认。将其转换为逻辑数组类型

```
T = logical(T)
```

在 MATLAB 中并不采用上面这种方法创建逻辑数组，一般情况下，逻辑数组是逻辑运算的结果。例如，

```
x = 1:5;
y = [2,0,1,9,4];
z = x>y
```

返回结果

```
z =
  0   1   1   0   1
```

变量 z 是一个逻辑数组。运算结果的含义是：对于条件 x>y，元素 1 和元素 3 不满足，结果是 false；元素 2、元素 3 和元素 5 满足，结果是 true。这样的数组常在逻辑函数中使用，通常用户看不到。例如，

```
find(x>y)
ans =
  2   3   5
```

结果说明，x 数组的元素 2、元素 3 和元素 5 比 y 数组中对应的元素大，因此没必要对逻辑运算的结果进行分析。逻辑索引是创建逻辑数组并直接做决策的一个例子。示例中定义的 z 数组可以用来提取已有的条件判定是 true 的向量。例如，如果我们定义了一个数组 w 为

```
w = x.^2 + y
```

在 x>y 的条件下，w 的值是

```
w(z)
ans =
     4     10     29
```

代表逻辑数组的图标是一个对号标记，如图 11.7 所示。

## 11.5 稀疏数组

双精度数组和逻辑数组既可以存储到全矩阵中，也可以存储到稀疏矩阵中。稀疏矩阵就是“稀疏填充的”矩阵，即矩阵中的大多数元素值为零(单位矩阵就是一个稀疏矩阵)。若用全矩阵形式存储稀疏矩阵，则每个元素值都需要 8 字节的存储空间。但事实上，稀疏矩阵只需保存非零元素值以及该元素的位置信息，不存储零元素，这种矩阵存储策略可以节省大量内存。

例如，定义一个 1000×1000 的单位矩阵，具有 100 万个元素：

```
U = eye(1000);
```

每个元素需要 8 字节表示，因此存储此矩阵需要 8 MB 的容量。如果将其转换为稀疏矩阵，则可以节省存储空间。

```
V = sparse(U);
```

注意到在工作区窗口中，数组 V 只需要 24008 字节的存储空间。在数值计算中稀疏矩阵可像全矩阵一样使用。在内存成为限制因素的一些数值方法应用中这一点很重要。稀疏矩阵的图标为一组对角线(见图 11.7)。

## 11.6　分类数组

一个分类数组可以存储有限类别列表中的信息。在这点上，分类数组类似于逻辑数组，逻辑数组中的元素只能是“ture”或“false”，而分类数组中的元素必须是自定义值的列表中的一个，分类数组通常用作相关信息的表格中的一部分，可以用字符串数组或含字符数组的元胞数组和分类函数来创建分类数组。例如，创建一个某次测验成绩的数组：

```
W = categorical(["A","C","B","D","E","D","B","A"])
 or
W = categorical({'A','C','B','D','E','D','B','A'})
both of which return
W =
     A C B D E D B A
```

注意到在工作区窗口中，W 是按照分类数组的类别列出(见图 11.7)，对应的图标是一个包含三个圆圈的正方形，这让人联想到维恩图。用 categories 函数显示列出类别列表，

```
categories(W)
ans =
  5×1 cell array
    'A'
    'B'
    'C'
    'D'
    'E'
```

返回的结果按字母顺序排列，逻辑运算中可以使用类别，例如，

```
find(W=='A')
ans =
     1     8
```

结果表明，W 数组中的元素 1 和元素 8 是 A 类别的。分类数组作为表格数组的一部分尤其有用，可以根据类别对表格中的数据进行分类。

## 11.7　时间数组

日期和时间数据可以存储到日期数组中，这些数组的优点在于可以将信息存储成标准的日期和时间格式，甚至可以求出给定的日期或者时间之间的差值，这些结果存储在持续时间数组中。创建一个日期数组有很多种方法，这里仅举一个例子。首先创建一个年数组，然后是月数组，最后是日数组。为了简便起见，这里只用了两个日期。

```
year = [1990;2016];
month = [2;5];
day = [1;20];
```

用 datetime 函数把这些向量组合成一个日期数组

```
X = datetime(year,month,day)
X =
   01-Feb-1990
   20-May-2016
```

可以看出，在工作区窗口中，X 数组按照日期数组列出来，它的图标看起来像一个日历页面。为了求出这两个日期的差值，使用差分函数 diff，或者用 X(2)减去 X(1)。

```
Y = diff(X); or
Y = X(2) - X(1)
Y =
   230520:00:00
```

结果是按照小时、分钟和秒计算的差值。注意，Y 在图 11.7 中被列为持续时间数组，图标看起来像一个表盘。

日期数组在对数据进行分析和绘图时特别有用。将表 11.3 中在丹佛国际机场采集的 2015 年的月度总结数据，和其他气候数据一起存储在一个电子表格中，命名为 Denver_Climate_Data_2015.xlsx。

美国国家气象局收集信息的每个地方都有类似的信息。

在 MATLAB 中双击 Excel 文件，打开导入向导导入数据。选择要导入的两列 DATE 和 EMXT 数据，数据类型为双精度数。然后选择页面顶端的“Import Selection”按钮。

表 11.3　2015 年丹佛温度数据

| 月　份 | 月的最高值 |
|---|---|
| 20150101 | 75 |
| 20150201 | 73.9 |
| 20150301 | 81 |
| 20150401 | 79 |
| 20150501 | 84.9 |
| 20150601 | 93.9 |
| 20150701 | 97 |
| 20150801 | 98.1 |
| 20150901 | 91.9 |
| 20151001 | 87.1 |
| 20151101 | 75 |
| 20151201 | 69.1 |

第一列表示采集数据的月份，前四位数字是年份，中间两个是月份，后两个是天数。数据存储在一个名为 DATE 的向量中，导入文件时，MATLAB 自动选择双精度的数据类型。第二列表示当月的最大值，存储在一个名为 EMXT 的列中，一旦下载到 MATLAB 中，就被重新命名为 HIGH。数据的柱状图如图 11.8(a)所示，用常规方式添加了注释。

```
bar(DATE,HIGH)
```

横轴上的日期信息混叠，很难看懂。如果每天都收集数据，会更难看懂，因为这些值会遗漏，例如从 20150131 到 20150201，这正是图 11.8(c)中绘制的奥兰多降水数据的情况。可以用 `datetime` 函数将 `DATE` 数据转换为一个日期数组，然后绘制如图 11.8(b)所示的图形。

```
date = datetime(DATE,'ConvertFrom','YYYYMMDD')
```

注意，需要使用“ConvertFrom”选项转换格式。一种更简单的方法是从一开始就将 `DATE` 数据作为日期数组导入，这是导入向导中的选项之一。

一旦 `DATE` 数组被转换为新的格式，就很容易重建绘图。

```
bar(DATE,HIGH)
```

结果图形沿 $x$ 轴使用月份名称，并调整方向使标记清晰可见。

图 11.8(d)中的图也以完全相同的方式被修改。`DATE` 数据被转换为日期数组并重新绘制，更容易被接受的形式。

例 11.2 展示了如何使用包含大量数据的电子表格和日期时间数组，以创建易读易用的图。

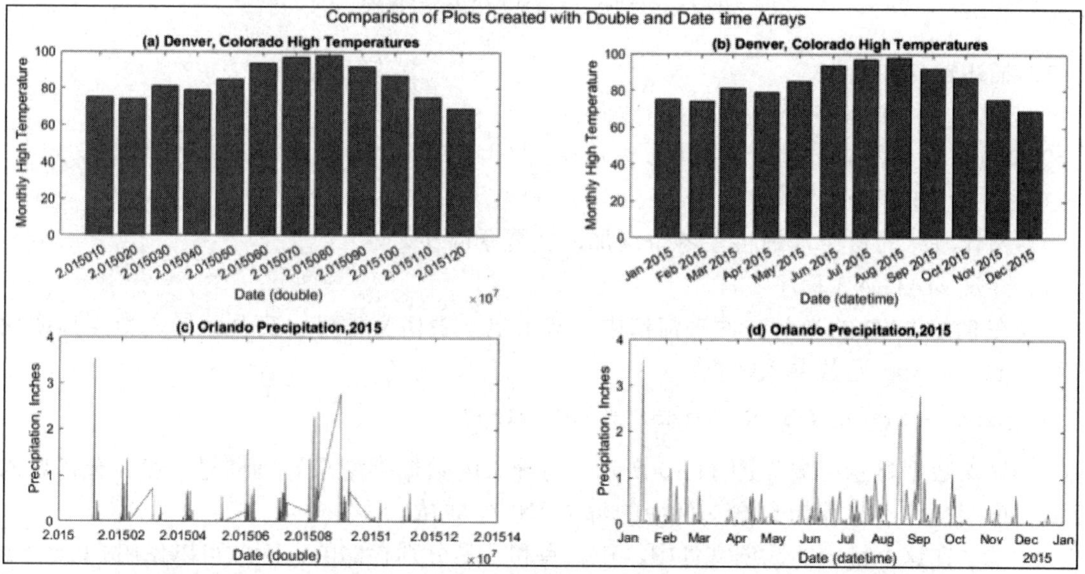


图 11.8 2015 年丹佛每月的最高温度：(a)该条形图是使用存储在双精度数值数组中的日期信息创建的；(b)该条形图中，日期信息存储在一个日期数组中；(c)2015 的降水量(双精度数据)；(d)2015 的降水量(日期时间数组)

### 例 11.2 使用日期数组将北极海冰的变化进行可视化表示

最近，人们对北极和南极的海冰变化很感兴趣。请用 NOAA 美国国家环境信息中心每日所采集的数据绘制了一个海冰覆盖范围的图形。数据可以从 NOAA 在线获得，但是本例中，数据存储在一个名为 NH_seaice_extent_final.xlsx 的 EXCEL 电子表格中。

1. 描述问题

   利用 NH_seaice_extent_final.xlsx 中的数据绘制一个北半球(北极)的海冰覆盖范围图。电子表格的前几行如图 11.9 所示。

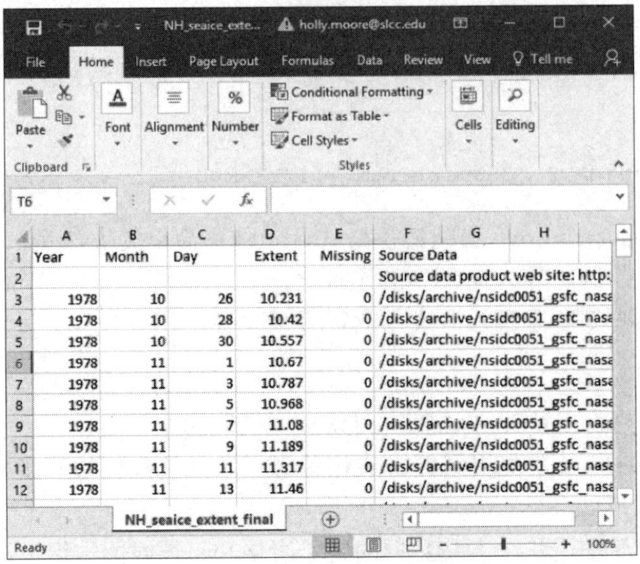

| | A | B | C | D | E | F |
|---|---|---|---|---|---|---|
| 1 | Year | Month | Day | Extent | Missing | Source Data |
| 2 | | | | | | Source data product web site: http: |
| 3 | 1978 | 10 | 26 | 10.231 | 0 | /disks/archive/nsidc0051_gsfc_nasa |
| 4 | 1978 | 10 | 28 | 10.42 | 0 | /disks/archive/nsidc0051_gsfc_nasa |
| 5 | 1978 | 10 | 30 | 10.557 | 0 | /disks/archive/nsidc0051_gsfc_nasa |
| 6 | 1978 | 11 | 1 | 10.67 | 0 | /disks/archive/nsidc0051_gsfc_nasa |
| 7 | 1978 | 11 | 3 | 10.787 | 0 | /disks/archive/nsidc0051_gsfc_nasa |
| 8 | 1978 | 11 | 5 | 10.968 | 0 | /disks/archive/nsidc0051_gsfc_nasa |
| 9 | 1978 | 11 | 7 | 11.08 | 0 | /disks/archive/nsidc0051_gsfc_nasa |
| 10 | 1978 | 11 | 9 | 11.189 | 0 | /disks/archive/nsidc0051_gsfc_nasa |
| 11 | 1978 | 11 | 11 | 11.317 | 0 | /disks/archive/nsidc0051_gsfc_nasa |
| 12 | 1978 | 11 | 13 | 11.46 | 0 | /disks/archive/nsidc0051_gsfc_nasa |

图 11.9　北半球海冰覆盖范围数据

2. 描述输入和输出

   **输入**　　Excel 电子表格中的数据。

   **输出**　　覆盖范围数据的 *x-y* 波形图。

3. 建立手工算例

   预计海冰的覆盖范围将在冬季增加，在夏季减少。

4. 开发 MATLAB 程序

   在 MATLAB 的当前文件夹窗口中，双击电子表格文件可以交互式导入数据，或使用 `uiimport` 函数导入数据：

```
uiimport("NH_seaice_extent_final.xlsx")
```

导入数据显示结果如图 11.10 所示。为导入的数据类型选择列向量，然后选择导入选项图标，于是就为数据文件中的每个列创建向量。

在这个特定的数据文件中，年、月和日是分别存储的，因此可以使用 `datetime` 函数创建表示时间的单个变量。只要创建了时间向量，就可以与覆盖范围向量一起创建图形。

```
%% Example 11.2
t = datetime(Year,Month,Day);
plot(t,Extent)
xlabel("date")
ylabel("Arctic Sea Ice Extent, millions of square miles")
title("Variation of Arctic Sea Ice with the Seasons")
grid on
```

结果产生的图形如图 11.11(a)所示。使用位于工具条上的“Tools”菜单中的缩放功能，可以更好地查看短期时间范围内的图形，如图 11.11(b)所示。缩放过程中会注意到 $x$ 轴标记和网格可以自动缩放到适当的间距。

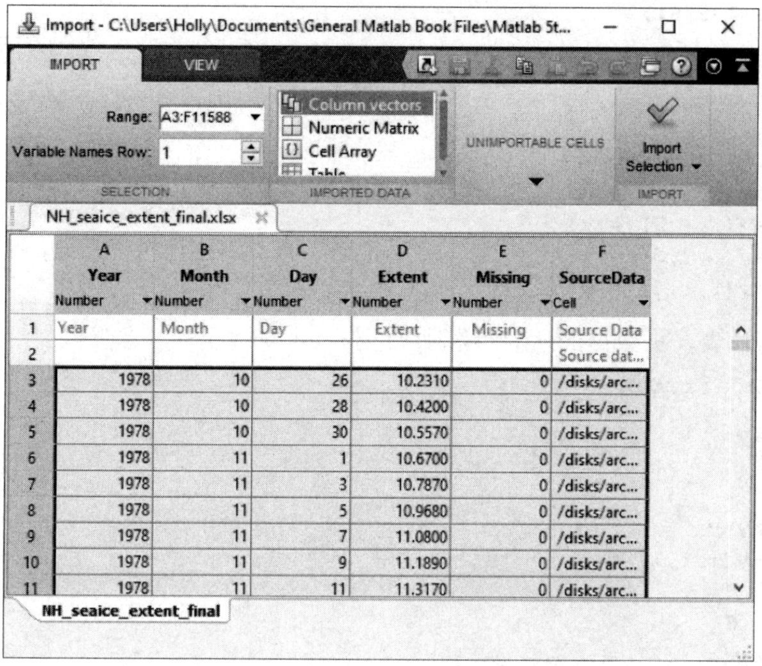


图 11.10　允许用户选择从电子表格导入数据的格式

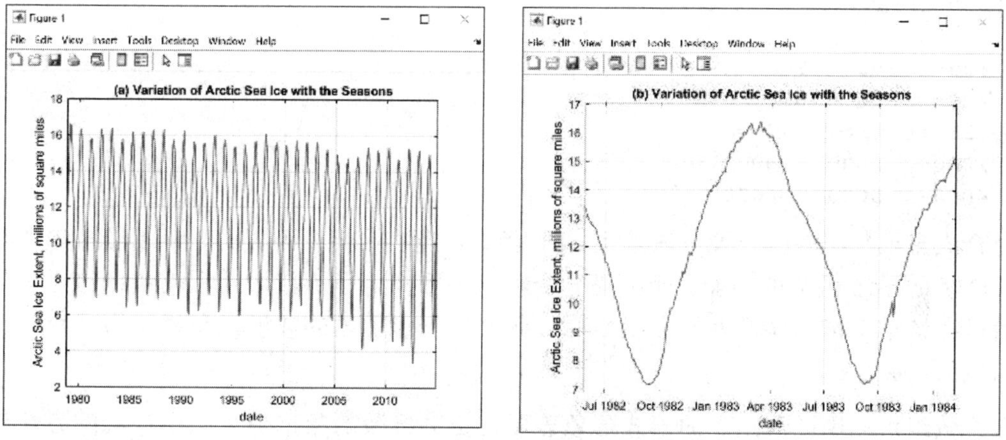


(a)　　　　(b)

图 11.11　(a)结果产生的图形；(b)对选定的部分图表使用缩放功能后查看短期时间范围内的图形

5．验证结果

图表中所描绘的特征显示了在年周期下海冰范围的增加和减少，最大值出现在冬季，最小值出现在夏季，和预期相符。

## 11.8　多维数组

当需要将数据以多维数组形式存储时，MATLAB 将在其他页面上表示数据。假如想将以下四个二维数组合并成一个三维数组：

```
x = [1,2,3;4,5,6];
y = 10*x;
z = 10*y;
w = 10*z;
```

> **关键知识**
> MATLAB 支持二维以上的数组。

则需要分别定义每一页的内容：

```
my_3D_array(:,:,1) = x;
my_3D_array(:,:,2) = y;
my_3D_array(:,:,3) = z;
my_3D_array(:,:,4) = w;
```

每一条语句代表一页数据的所有行和所有列。

调用 my_3D_array：

```
my_3D_array
```

运行结果为

```
my_3D_array
my_3D_array(:,:,1) =
  1    2    3
  4    5    6
my_3D_array(:,:,2) =
  10    20    30
  40    50    60
my_3D_array(:,:,3) =

  100    200    300
  400    500    600
my_3D_array(:,:,4) =
  1000    2000    3000
  4000    5000    6000
```

组合成多维数组的另一种方法是用 cat 函数，当连接一个列表时，将成员按顺序组合到一起，这就是 cat 函数的功能。函数第一个输入参数指定了连接数组所使用的维数，第二个参数就是在该维上按顺序排列的数组名称。例如，创建上述的数组，其语法为

```
cat(3,x,y,z,w)
```

多维数组可以用图 11.12 的形式形象表示，更高维数的数据也可以用相似的方法创建。例如，可以将页面分组为抽屉，以创建第四个维度。

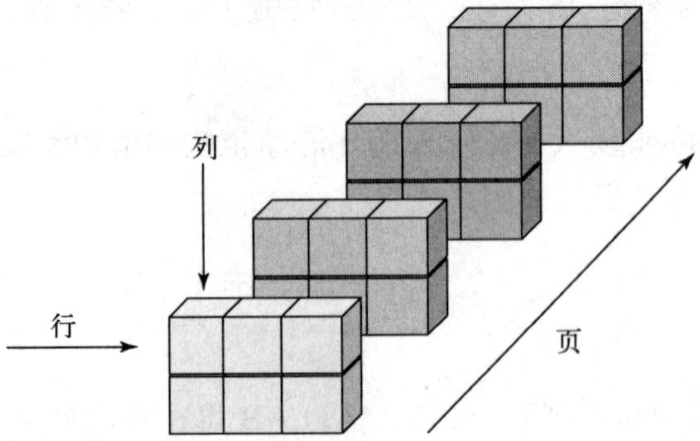


图 11.12　按页组合的多维数组

**提示**：squeeze 函数可用于消除多维数组中的维数值为 1 的维度。例如，考虑三维数组：3 × 1 × 4，表示一个包含 3 行、1 列和 4 页的数组，通过 squeeze 函数可以将第 2 维的 1 消掉，将其降维存储为二维数组，提高存储效率，得到一个新的 3 × 4 维的数组。`b = squeeze(a)`

**实训练习 11.3**

1. 创建一个三维数组，其中包含：一个 3 × 3 的魔方数组，一个 3 × 3 的全零数组和一个 3 × 3 的全 1 数组。
2. 使用三重索引，如 A(m, n, p)确定练习 1 所创建数组中的第 1 页，第 3 行，第 2 列的元素值。
3. 求数组中所有页第 2 行，第 3 列的数值。
4. 求数组中所有页所有行中第 3 列的数值。

## 11.9　元胞数组

不同于前面已经讨论过的所有数组，元胞数组可以将不同类型的数据存储到同一数组中，数组中的每个元素也是一个数组。例如，以下三个不同的数组：

```
A = 1:3;
B = 'abcdefg'
C = single([1,2,3;4,5,6]);
```

> **关键知识**
> 元胞数组可以用各种类型的数据存储信息。

三个独立的数组具有不同的大小和不同的数据类型。数组 A 是双精度型，数组 B 是字符型，数组 C 是单精度型。使用花括号构造元胞数组(创建标准数组时使用的是方括号)，将这三个数组合并成一个元胞数组：

```
my_cellarray = {A,B,C}
```

返回结果

```
my_cellarray =
[1x3 double] 'abcdefg' [2x3 single]
```

图 11.13 所示的工作区窗口列出了这个数组，带有花括号的图标表示元胞数组。为了节省空间，对于大的元胞数组，仅列出了大小。

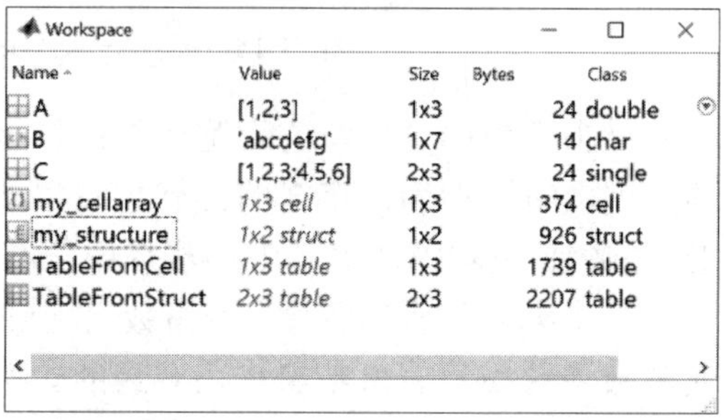


图 11.13　元胞、结构和表格数组可以包含许多不同类型的数据

用 celldisp 函数可以显示数组的全部内容：

```
celldisp(my_cellarray)
my_cellarray{1} =
  1    2    3
my_cellarray{2} =
abcdefg
my_cellarray{3} =
  1    2    3
```

元胞数组使用的索引方法与其他数组相同，可以使用单一索引，也可以使用行-列索引。从元胞数组中检索信息的方法有两种，一种是使用小括号，如

```
my_cellarray(1)
ans =
  [1x3 double]
```

则返回一个新的元胞数组。另一种是使用花括号，如

```
my_cellarray{1}
ans =
  1    2    3
```

这种情况下，返回结果是双精度的。若想访问存储在元胞数组中的某个元素，则必须联合使用花括号和小括号，如

```
my_cellarray{3}(1,2)
ans =
  2
```

元胞数组可能会变得相当复杂，cellplot 函数是一种以图形结构查看数组内容的有效方法，如图 11.14 所示。

```
cellplot(my_cellarray)
```

元胞数组在复杂的编程项目或数据库应用中非常有用。在工程应用中，元胞数组可将来自项目的各种数据存储到一个变量名称中，将来可以对该变量进行拆分和使用。但是，通常是用元胞数组把信息组合起来作为其他函数的输入。例如，在一个包含两行的图表上创建标题，就需要创建一个包含两个元素的元胞数组，两个元素排为一列，该元胞数组为 title 函数的输入，则语句为

```
title({'My Graph '; 'Contains a lot of data '})
```

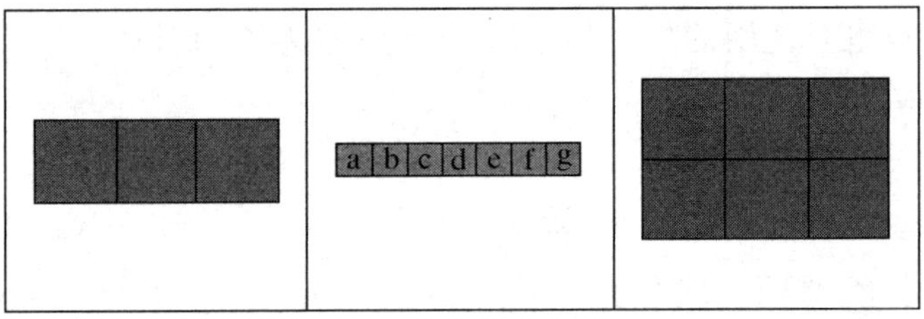


图 11.14 cellplot 函数能将元胞数组的结构表示成图形

过去常用的是字符的元胞数组；但是使用字符串的元胞数组更有效，将会避免使用字符的元胞数组。然而，字符的元胞数组仍然存在于老代码中，因此了解它们是如何工作的很重要。2021b 版本中，表格中仍然使用字符的元胞数组。

对于大多数应用程序，表格数组已经大量地被元胞数组取代了。用 cell2table 函数将元胞数组转换为表格数组是很容易的。例如，可以转换变量 my_cellarray 的类型：

```
TableFromCell = cell2table(my_cellarray)
TableFromCell = 1×3 table
```

| | my_cellarray1 | | | my_cellarray2 | my_cellarray3 |
|---|---|---|---|---|---|
| 1 | 1 | 2 | 3 | 'abcdefg' | [1,2,3;4,5,6] |

结果是一个 1×3 的表格数组(见图 11.13)。类似地，如果需要一个元胞数组，可以使用 table2cell 函数。

## 11.10　结构数组

结构数组类似于元胞数组，具有不同数据类型的多个数组可以存储在结构数组中，与存储在元胞数组中一样。然而，结构数组不使用内容索引，存储的每个矩阵被分配了一个位置，称为字段。例如，定义上一节中元胞数组使用的三个数组：

```
A = 1:3;
B = 'abcdefg';
C = single([1,2,3;4,5,6]);
```

> **关键知识**
> 结构数组能够存储不同数据类型的信息。

使用点符号创建一个简单的结构数组，名称为 my_structure：

```
my_structure.some_numbers = A
```

返回

```
my_structure =
  some_numbers: [1 2 3]
```

结构数组的名称为 my_structure，该结构数组含有一个字段，名称为 some_numbers。再次使用点符号将字符数组 B 添加到第二个字段 some_letters 中：

```
my_structure.some_letters = B
my_structure =
  some_numbers: [1 2 3]
  some_letters: 'abcdefg'
```

最后，将数组 C 中的单精度浮点数添加至第三个字段 some_more_numbers 中：

```
my_structure.some_more_numbers = C
my_structure =
  some_numbers: [1 2 3]
  some_letters: 'abcdefg'
  some_more_numbers: [2x3 single]
```

工作区窗口如图 11.13 所示，注意到结构数组(称为一个 struct)是 1 × 1 的数组，包含三个不同类型的矩阵的所有信息，该结构数组中有三个字段，每个字段包含不同的数据类型：

| | |
|---|---|
| some_numbers | 双精度数据 |
| some_letters | 字符数据 |
| some_more_numbers | 单精度数据 |

可向结构数组添加更多内容，通过向已定义的字段添加更多矩阵来扩展数组的大小：

```
my_structure(2).some_numbers = [2 4 6 8]
my_structure =
1x2 struct array with fields:
  some_numbers
  some_letters
  some_more_numbers
```

用矩阵名称、字段名称和索引号可以访问结构数组中的信息，其语法与其他类型矩阵所使用的相似，例如，

```
my_structure(2)
ans =
            some_numbers: [2 4 6 8]
```

```
              some_letters: []
         some_more_numbers: []
```

注意，some_letters 和 some_more_numbers 是空矩阵，因为没有向这些字段添加信息。

若只想访问某一个字段，需要添加相应的字段名：

```
my_structure(2).some_numbers
ans =
    2    4    6    8
```

最后，若想访问某个字段中的元素，则必须在域名后指定该元素的索引号：

```
my_structure(2).some_numbers(2)
ans =
    4
```

disp 函数能显示结构数组中的元素，例如，

```
disp(my_structure(2).some_numbers(2))
```

返回

```
4
```

也可以使用变量编辑器访问结构数组(以及其他数组)中的内容，在工作区窗口中双击结构数组，变量编辑器就会打开(如图 11.15 所示)，显示了字段及其内容。

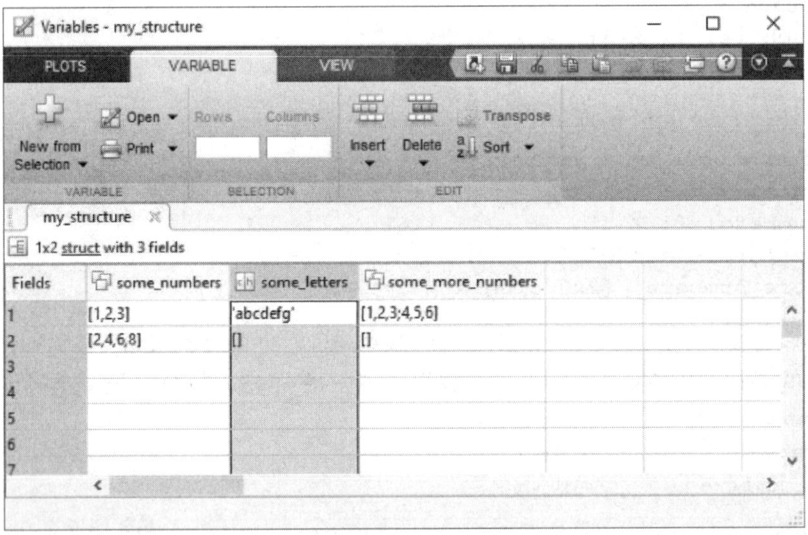


图 11.15　变量编辑器显示了结构数组的内容，可以在屏幕上修改已存储的值或者添加新值

结构数组广泛地应用于大型计算机程序中的函数间传递信息，在数据库管理等应用程序中也非常有用。由于大量的工程数据经常存储在数据库中，因此结构数组对于数据分析非常有用。下面的实例进一步说明结构数组的处理和使用方法。

自从 MATLAB R2016b 以来，表格数组在很大程度上取代了结构数组。然而，使用结构数组还是表格数组在很大程度上是一个风格问题。有一个重要的老代码库使用了结构数组，因此了解其工作方式是很重要的，这样便于与现有的函数和程序进行交互。矩形结构数组可通过 struct2table 函数转换为表格数组，将 my_structure 数组转换为表格数组类型：

```
TableFromStruct = struct2table(my_structure)
```

这将返回一个错误消息，除非已经将数据添加到空字段中，因为结构数组不是矩形的。如果需要，可以在变量编辑器中添加信息。如果不知道添加什么，可以使用 NaN。类似地，如果确实需要一个结构数组，可以用 `table2struct` 函数将表格数组转换为结构数组。

### 例 11.3　用结构数组存储行星的数据

结构数组的使用类似于数据库，可以存储数字、字符和 MATLAB 支持的其他类型的数据。请创建一个存储行星有关信息的结构数组，并提示用户输入数据。

1. 描述问题

   创建一个存储行星数据的结构数组，输入信息如表 11.4 所示。(尽管冥王星不再被认为是一颗行星，但这里仍然包括它的相关数据。)

**表 11.4　行星数据**

| 行星名 | 质量(地球的倍数) | 年龄(地球的倍数) | 平均轨道速度(km/s) |
| --- | --- | --- | --- |
| 水星 | 0.055 | 0.24 | 47.89 |
| 金星 | 0.815 | 0.62 | 35.03 |
| 地球 | 1 | 1 | 29.79 |
| 火星 | 0.107 | 1.88 | 24.13 |
| 木星 | 318 | 11.86 | 13.06 |
| 土星 | 95 | 29.46 | 9.64 |
| 天王星 | 15 | 84.01 | 6.81 |
| 海王星 | 17 | 164.8 | 5.43 |
| 冥王星 | 0.002 | 247.7 | 4.74 |

2. 描述输入和输出

   **输入**　　表 11.4 的数据。

   **输出**　　存储数据的结构数组。

3. 建立手工算例

   对于这个问题进行手工计算比较困难，使用流程图更为方便。

4. 开发 MATLAB 程序

```
%% Example 11.3
% Create a structure with 4 fields
clear, clc
k=1;
response = menu("Would you like to enter planetary
data?","yes","no");
while response==1
    planetary(k).name=input("Enter a planet : ",'s');
    planetary(k).mass=input("Enter the mass in multiples of
earth's mass: ");
    planetary(k).year=input("Enter the length of the
planetary year in Earth years: ");
    planetary(k).velocity=input("Enter the mean orbital
velocity in km/sec: ");
    % Review the input
    planetary(k)
```

```
        increment = menu("Was the data correct?","Yes","No");
        switch increment
            case 1
                increment = 1;
            case 2
                increment = 0;
        end
        k=k+increment;
        response = menu("Would you like to enter more planetary
    data?","yes","no");
    end
    %%
    planetary     %output the information stored in planetary
```

运行程序并输入数据后，命令窗口出现如下简单的交互信息：

```
Enter a planet name: Mercury
Enter the planetary mass in multiples of Earth's mass: 0.055
Enter the length of the planetary year in Earth years: 0.24
Enter the mean orbital velocity in km/sec: 47.89
ans =
    name: 'Mercury'
    mass: 0.0550
    year: 0.2400
    velocity: 47.8900
```

5. 验证结果

输入数据并将数组与表格做比较。作为程序的一部分，将输入值重新显示在屏幕上，方便用户检查其正确性。如果用户发现数据错误，则下一次可通过循环语句重写信息，同时用菜单代替一些问题的自由应答，以免造成答案的歧义。所创建的结构数组 planetary 已经在工作区窗口中列出。若双击变量 planerary，则会打开变量编辑器，可以查看数组中任何数据，如图 11.16 所示，也可以更新变量编辑器中的任何值。

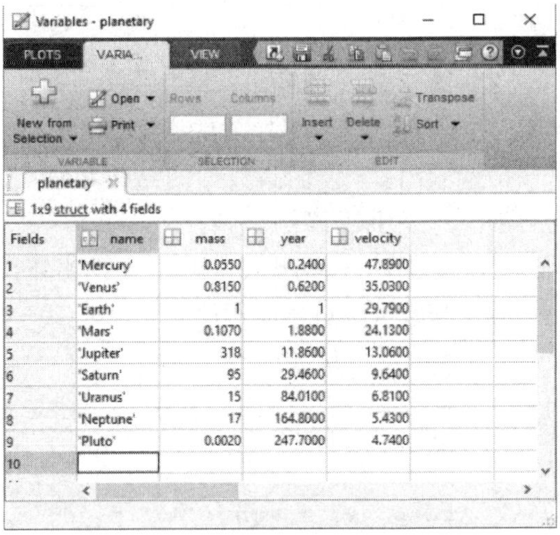


图 11.16 可以在变量编辑器中查看或者修改结构数组中的数据

例 11.4 中将使用该结构数组进行一些其他计算，需要将结果保存。

```
save    planetary_information    planetary
```

该命令语句将结构数组 planetary 保存至文件 planetary_information.mat 中。

## 例 11.4　提取并使用结构数组中的数据

结构数组在存储信息方面具有一些优点：第一，使用字段名来确定数组组件；第二，很容易向数组中添加信息，且信息始终与数组相关联；第三，很难对结构数组中的信息造成偶然的破坏。为展示这些优点，对文件 planetary_information.mat 中的数组进行如下操作：

- 标识数组中的字段名并对其内容列表；
- 创建行星名称的列表；
- 创建一个结构数组中的数据报告，将字段名作为报告的列标题；
- 计算并报告平均轨道速度；
- 找出最大的行星并报告它的名字和大小；
- 计算并报告木星的轨道周期。

1. 描述问题

   编写程序完成上面列出的各项任务。

2. 描述输入和输出

   **输入** 存储在当前目录中的文件 planetary_information.mat。

   **输出** 在命令窗口创建一个报告。

3. 建立手工算例

   利用数组编辑器访问行星结构数组中的信息，以此来完成大部分指定的任务。

4. 开发 MATLAB 程序

```
%% Example 11.4
  clear, clc
  load planetary_information
%% Identify the field names in the structure array planetary
% recalls the contents of the structure array named planetary
  planetary
%% Create a list of planets in the file
  planetary.name
  fprintf('\n')    % Creates an empty line in the output
%% Create formated output with fprintf and a loop
disp("     Planet       mass        year    velocity");
for k=1:length(planetary)
fprintf(" %10s \t %8.4f  %8.4f  %8.4f \n ",planetary(k).
name,planetary(k).mass,planetary(k).year, planetary(k).
velocity)
end
%% Find the average planet mean orbital velocity
MOV = mean([planetary.velocity]);
fprintf("The mean orbital velocity is %8.2f km/sec\n",MOV)
%% Find the planet with the maximum mass
max_mass = max([planetary.mass]);
fprintf('The maximum mass is %8.2f times the earth''s
\n',max_mass)
%% Jupiter is planet #5
% Find the orbital period of Jupiter
planet_name = planetary(5).name;
planet_year = planetary(5).year;
fprintf(' %s has a year %6.2f times the earth''s \n',planet_
name,planet_year)
```

这个程序中包含格式化命令。在分析代码之前，在 MATLAB 中运行程序并观察结果。

5. 验证结果

将从数组中抽取的信息和数组编辑器中的信息做比较，随着文件中存储的数据量增加，使用数组编辑器就越来越不方便。必要时，很容易添加新的字段和新的信息。例如，可以向现有的每颗行星的结构数组中增加月球的数量：

```
%% Add a new field for the number of moons
planetary(1).moons = 0;
planetary(2).moons = 0;
planetary(3).moons = 1;
planetary(4).moons = 2;
planetary(5).moons = 60;
planetary(6).moons = 31;
planetary(7).moons = 27;
planetary(8).moons = 13;
planetary(9).moons = 1;
```

利用命令在命令窗口中报告每颗行星的月球的数量。

```
disp("The number of moons orbiting each planet")
disp([planetary.moons]')
```

## 11.11 表格数组

表格数组(也称表格)在 MATLAB R2013b 中引入，从此其被定期扩展和改进。在前面的章节中，探讨了如何使用表格来显示数据信息，但其作用远不止于此。表格数组中可以存储任何其他数据类型的信息，特别适用于存储电子表格中的列表数据。

### 11.11.1 从工作区变量中创建表格

MATLAB 包含了展示如何创建表格的样本数据，来自现有数组或数据文件。首先清除工作区，然后通过 patients.mat 文件中加载数据在工作区中创建一些变量。

```
clear, clc
load patients
```

如图 11.17 所创建的各种变量，所有这些变量都是 100 行的向量。注意到在创建这些数组时，会选择将文本存储在字符的元胞数组中。对于大多数应用程序来说，字符串数组是一个更好的选择。例如，LastName 数组需要 11616 个字节存储为元胞数组。将其转换为一个字符串数组，如在

```
LastName = string(LastName);
```

所需的存储量降到 5784 字节。

Location 数组是一个收集数据位置的列表。最好存储为分类数组，而不是元胞数组。

```
Location=categorical(Location);
```

从存储的变量中创建表格数组，使用 table 函数。例如，要创建一个名为 T 的表格，包含 LastName，Location，Smoker 和 Gender 的信息。

```
T=table(LastName,Location,Smoker,Gender);
```

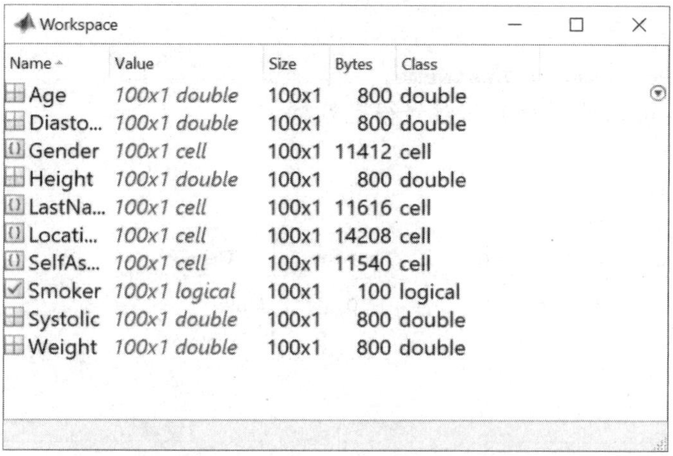

Workspace

| Name | Value | Size | Bytes | Class |
|---|---|---|---|---|
| Age | 100x1 double | 100x1 | 800 | double |
| Diasto... | 100x1 double | 100x1 | 800 | double |
| Gender | 100x1 cell | 100x1 | 11412 | cell |
| Height | 100x1 double | 100x1 | 800 | double |
| LastNa... | 100x1 cell | 100x1 | 11616 | cell |
| Locati... | 100x1 cell | 100x1 | 14208 | cell |
| SelfAs... | 100x1 cell | 100x1 | 11540 | cell |
| Smoker | 100x1 logical | 100x1 | 100 | logical |
| Systolic | 100x1 double | 100x1 | 800 | double |
| Weight | 100x1 double | 100x1 | 800 | double |

图 11.17　表格数组可以从工作区变量中创建，例如从 patients.mat 文件中的样本数据中下载。该文件来自标准的 MATLAB 安装程序

要索引到表格，其方法和数值数组相同；指定行号和列号。如要确定第二行的患者是否是吸烟者，对应于第 2 行，第 3 列：

```
T(2,3)
```

返回

```
ans = 1×1 table
```

| | Smoker |
|---|---|
| 1 | 0 |

Smoker 变量是一个逻辑数组，因此 0 的结果对应于“false”。在实时编辑器中，表格显示的格式与命令窗口中略有不同。无论什么格式，这些信息都是相同的。

查看指定的行或列上的所有内容要使用冒号符号。如要查看 patient 第二行的所有信息：

```
T(2,:)
```

返回

```
ans = 1×4 table
```

| | LastName | Location | Smoker | Gender |
|---|---|---|---|---|
| 1 | "Johnson" | VA Hospital | 0 | 'Male' |

工作区中使用变量名的列会自动命名，但是可以使用 table 函数中的 VariableNames 属性定义不同的名字。例如，重命名第二列 Hospital，用以下代码。

```
names=["LastName","Hospital","Smoker","Gender"];
T=table(LastName,Location,Smoker,Gender,'VariableNames',names);
```

输入的 table 函数的 name 数组，可以是字符的元胞数组或者字符串数组。然而，VariableNames 属性必须用单引号；换句话说，它必须是一个字符数组。这是函数必须是一个字符数组的少数实例之一。

表格数组中的行也可以命名。如果该变量存在于工作区中，可以直接用，如：

```
T.Properties.RowNames=LastName;
```

用点符号引用表中的变量，如：

```
T.Properties.RowNames=T.LastName;
```

一旦分配了行名，就可以使用行名和冒号符提取行，

```
T("Johnson",:)
ans = 1×4 table
```

| | LastName | Location | Smoker | Gender |
|---|---|---|---|---|
| 1 | "Johnson" | VA Hospital | 0 | 'Male' |

或者

```
T(["Martinez","Bryant"],:)
ans = 2×4 table
```

| | LastName | Hospital | Smoker | Gender |
|---|---|---|---|---|
| 1 Martinez | "Martinez" | Count General Hospital | 0 | 'Male' |
| 2 Bryant | "Bryant" | County General Hospital | 0 | 'Female' |

类似地，还可以提取基于行名和列名的部分内容。例如，为了确定 Johnson 和 Garcia 在哪个医院，输入：

```
    T(["Johnson","Garcia"],["Hospital"])
ans = 2×1 table
```

| | Hospital |
|---|---|
| 1 Johnson | VA Hospital |
| 2 Garcia | VA Hospital |

### 11.11.2 从数据文件中创建表格数组

MATLAB 提供了从多种类型的数据文件中将表格数据导入到表格数组的功能，包括像 Excel 这样的电子表格，.csv、.txt 或.dat 等后缀的文本文件。主要条件是数据需要是矩形的。这些函数可以忽略标题中的信息，并可以评估在每列中存储的信息的类型，从而确定适当的数据类型。例如，数值将作为双精度存储，文本将存储为字符串或字符的元胞数组。数据文件 patients.dat 中的信息可以使用 `uiimport` 函数交互加载或者使用 `readtable` 函数自动加载到 MATLAB 中，这两种方法都有各自的优缺点。

#### 使用 readtable 函数

首先使用 `readtable` 函数自动导入数据。清除工作区，并使用 `T2` 作为数组的新名字。

```
clear, clc
T2=readtable("patients.dat");
```

工作区报告了表格数组中内容的简短描述，`summary` 函数提供了更详细的细节，包括每列的名字、数据类型，以及一些统计信息。事实上，这与在工作区窗口中获取的单列数组显示的信息是相同的。还可以通过双击工作区窗口中的变量名，在变量编辑窗口中查看数组中的信息(见图 11.18)。变量编辑器将会自动打开。

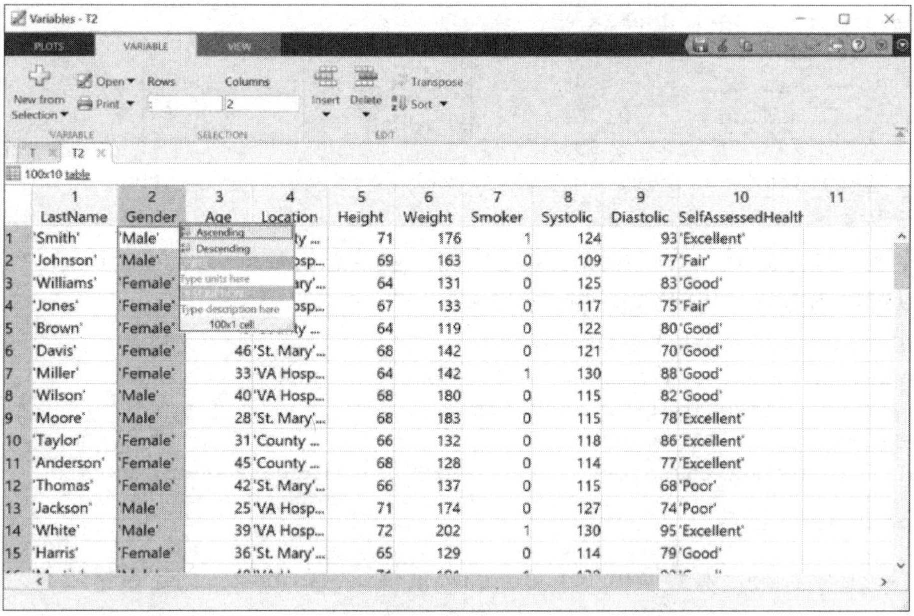


图 11.18　在变量编辑窗口中查看数组中的信息

```
summary(T2)
Variables:
    LastName: 100×1 cell array of character vectors
    Gender: 100×1 cell array of character vectors
    Age: 100×1 double
        Values:
            Min           25
            Median        39
            Max           50
    Location: 100×1 cell array of character vectors
    Height: 100×1 double
        Values:
            Min           60
            Median        67
            Max           72
    Weight: 100×1 double
        Values:
            Min           111
            Median      142.5
            Max           202
    Smoker: 100×1 double
        Values:
            Min           0
            Median        0
            Max           1
    Systolic: 100×1 double
        Values:
            Min           109
            Median        122
            Max           138
```

```
    Diastolic: 100×1 double
        Values:
            Min            68
            Median       81.5
            Max            99
    SelfAssessedHealthStatus: 100×1 cell array of character
vectors
```

如前所述，如果想要更改已存储在数组中的一些信息的数据类型，由于它已经在 T2 数组中，所以可以用点符号访问列来进行更改。

```
T2.LastName=string(T2.LastName);
T2.Gender=categorical(T2.Gender);
T2.Location=categorical(T2.Location);
T2.Smoker=logical(T2.Smoker);
T2.SelfAssessedHealthStatus=categorical(T2.SelfAssessedHealthStatus);
```

### 使用 uiimport 函数

uiimport 函数为导入数据提供了更大的灵活性，因为可以在创建表格数组之前决定如何分配数据类型。假如一个研究项目要生成多个要导入的数据集，使用 uiimport 函数来决定应该如何存储数据，然后生成一个函数重建未来的文件。

使用 uiimport 函数打开 patients.dat 文件。

```
clear, clc
T3=uiimport("patients.dat")
```

导入向导将打开，如图 11.19 所示。

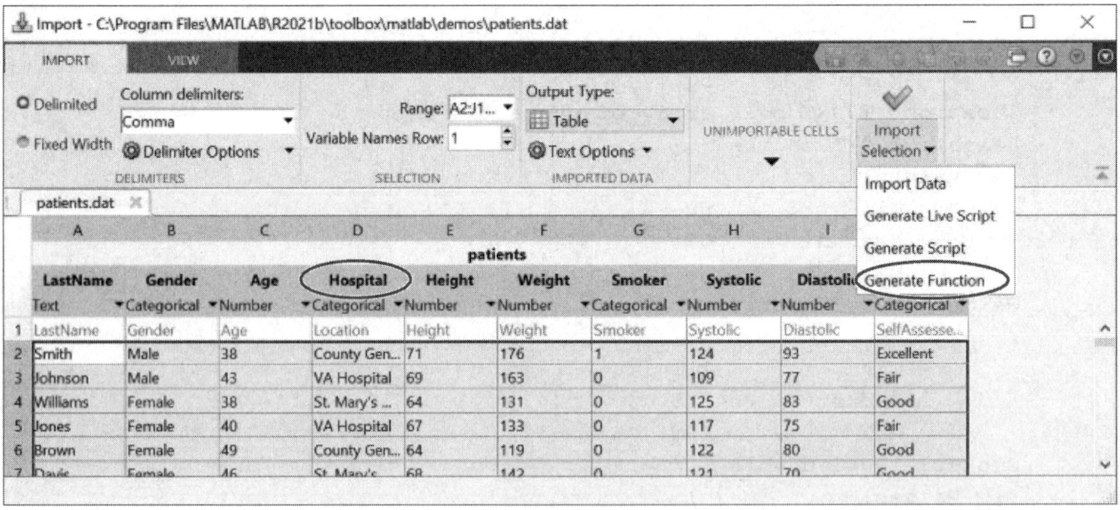

图 11.19　导入向导允许用户将文件导入到表格中。通过选择 Import Selection，可以生成导入未来选项的函数

当查看导入向导屏幕时，请注意列标题的下拉菜单。允许用户为每列选择不同的数据类型。此时，向导已经为文本列选择了字符串，而不是字符的元胞数组类型。Location、Gender 和 SelfAssessedHealthStatus 选择成为分类数组。这里没有逻辑数组的选项，所以不能将 Smoker 数组的数据类型更改为逻辑数据类型，但可以将其改为分类数组。将 Location 数组的名称更改为 Hospital，将 SelfAssessedHeathStatus 更改为 SAHS。完成所有更

改后，选择没有列标题的数据(第 2 行及以下)，然后选择“Import Selection”复选框来导入数据，这时命名为 patients 的数组出现在工作区窗口中，因为该文件被命名为 patients.dat。

一旦确认满足需要的数组已经创建了，就可以返回打开的导入向导，并选择“Import Selection”按钮的下拉菜单。生成函数选项将会根据所选的导入选项创建一个函数。下面是使用本例中的选项创建的函数。与其他函数一样，需要将其保存到同名函数的文件中。

```
function patients = importfile(filename, dataLines)
% IMPORTFILE1 Import data from a text file
% PATIENTS = IMPORTFILE1(FILENAME) reads data from text file
% FILENAME
% for the default selection. Returns the data as a table.
%% PATIENTS = IMPORTFILE1(FILE, DATALINES) reads data for the
% specified
% row interval(s) of text file FILENAME. Specify DATALINES as a
% positive scalar integer or an N-by-2 array of positive scalar
% integers
% for dis-contiguous row intervals.
%% Example:
% patients = importfile("C:\Program Files\MATLAB\R2021b\
% toolbox\matlab\demos\patients.dat", [2, Inf]);
%% See also READTABLE.
%% Auto-generated by MATLAB on 23-Jul-2021 10:52:27
%% Input handling
% If dataLines is not specified, define defaults
if nargin < 2
    dataLines = [2, Inf];
end
%% Set up the Import Options and import the data
opts = delimitedTextImportOptions("NumVariables", 10);
% Specify range and delimiter
opts.DataLines = dataLines;
opts.Delimiter = ",";
% Specify column names and types
opts.VariableNames = ["LastName", "Gender", "Age", "Hospital", ...
"Height", "Weight", "Smoker", "Systolic", "Diastolic", "SAHS"];
opts.VariableTypes = ["string", "categorical", "double", ...
"categorical", "double", "double", "categorical", "double", ...
"double", "categorical"];
% Specify file level properties
opts.ExtraColumnsRule = "ignore";
opts.EmptyLineRule = "read";
% Specify variable properties
opts = setvaropts(opts, "LastName", "WhitespaceRule", ...
"preserve");
opts = setvaropts(opts, ["LastName", "Gender", "Hospital", ...
"Smoker", "SAHS"], "EmptyFieldRule", "auto");
% Import the data
patients = readtable(filename, opts);
end
```

这是一个如何使用函数的例了。可以指定完整路径找到文件位置，或者在当前目录在 MATLAB 搜索路径时直接指定文件名。在这种情况下，patients 文件在 MATLAB 搜索路径上，可以使用函数和下面的代码加载。

```
T3=importfile("patients.dat");
```

任何具有类似信息的新数据文件都可以被上传和分析，不需要每次都进行修改。不需要使用函数生成器建议的函数文件名，可以使用对项目有意义的名字。

### 11.11.3 使用表格信息

表格是一种存储和组织信息的方法，特别应用于多种不同数据类型。例如，分类信息用于在变量编辑器中以交互的方式对表格进行排序，也可以使用逻辑索引来提取特定信息。为了提取所有健康状况是“Fair”且在 VA Hospital 就诊的女性患者，首先根据标准创建一个逻辑索引数组。这将生成一个包含 1 和 0(“真”和“假”)的数组，然后索引到表格中。

```
k=(T3.SAHS=="Fair"&
T3.Gender=="Female"&T3.Hospital=="VA Hospital");
T3(k,:)
ans = 5×10 table
```

| | LastName | Gender | Age | Hospital | Height | Weight | Smoker | Systolic | Diastolic | SAHS |
|---|---|---|---|---|---|---|---|---|---|---|
| 1 | "Jones" | Female | 40 | VA Hospital | 67 | 133 | 0 | 117 | 75 | Fair |
| 2 | "Garcia" | Female | 27 | VA Hospital | 69 | 131 | 1 | 123 | 79 | Fair |
| 3 | "Rodriguez" | Female | 39 | VA Hospital | 64 | 117 | 0 | 123 | 79 | Fair |
| 4 | "Lewis" | Female | 41 | VA Hospital | 62 | 137 | 0 | 114 | 88 | Fair |
| 5 | "Watson" | Female | 40 | VA Hospital | 64 | 127 | 1 | 122 | 91 | Fair |

可以用表格中的数据执行计算，并将其添加到数组中。例如，脉压是收缩压和舒张压测量值之间的差值。它代表了心脏每次收缩时产生的力量。用数据集中的 Systolic 和 Diastolic 变量计算新变量 PulsePressure。

```
T3.PulsePressure = T3.Systolic - T3.Diastolic;
```

检查工作区会显示，此时的表格已增长为 100 × 11 数组。

因为很容易从表格中提取数据，所以可以对表格数据进行 MATLAB 运算。例如，可以绘制出 Height 与 Weight 间的关系图。

```
plot(T3.Weight,T3.Height,'o')
title("Relationship Between Height and Weight")
xlabel("Height,inches"), ylabel("Weight, lbm")
```

结果如图 11.20(a)所示。数据明显分成两组，可能是性别的关系导致的。图 11.20(b)绘制了使用分类数据和绘图的结果。

```
k=T3.Gender=="Male";
j=T3.Gender~="Male";
plot(T3.Weight,T3.Height,'o')
plot(T3.Weight(k),T3.Height(k),'o',MarkerFaceColor='blue')
hold on
plot(T3.Weight(j),T3.Height(j),'o',MarkerFaceColor='red')
hold off
```

在图中添加颜色并分离出两组数据，可以使关系更加清晰。在这种情况下推测，这些数据可能是为了说明问题而人为设计的。

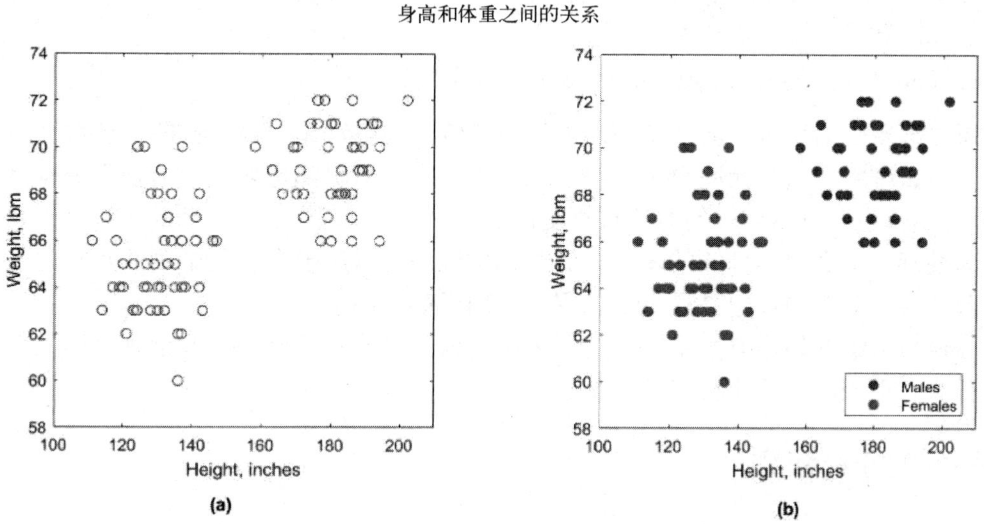


图 11.20　用存储在表格中的数据可以很容易地创建用于评估数据的图形

表格的另一个优点是可以在列表头中添加单位。在下一章中将描述这些单位在符号代数工具箱中的计算。可以通过在变量编辑器中选择下拉菜单来交互式地添加单位，如图 11.18 所示，也可以用编程的方式。还可以在变量编辑器中添加对变量的描述，用以说明文档，例如用于计算脉压的公式或用于血压读数的定义。

此外。同时以编程方式为所有变量添加单位，或者使用 properties 命令为每列添加单位。每个表的属性都存储在 MATLAB 表格符号对象中，键入<array name>.Properties，如

```
T3.Properties
ans =
  TableProperties with properties:
             Description: ''
                UserData: []
          DimensionNames: {'Row'   'Variables'}
           VariableNames: {'LastName'   'Gender'   'Age'
'Hospital'   'Height'   'Weight'   'Smoker'   'Systolic'
'Diastolic'   'SAHS'   'PulsePressure'}
    VariableDescriptions: {}
           VariableUnits: {}
      VariableContinuity: []
                RowNames: {}
        CustomProperties: No custom properties are set.
      Use addprop and rmprop to modify CustomProperties.
```

使用点符号确定名称：

```
T3.Properties.DimensionNames
ans = 1×2 cell
'Row' 'Variables'
```

任何一个属性中的值都可以通过赋值语句进行修改。输入字符串数组或字符的元胞数组。

```
T3.Properties.VariableUnits=["","","yrs","","in","lb","","mm
Hg","mm Hg","","mm Hg"];
```

要想更改单个属性，必须先检查存储时的属性名。从检索到的列表中看到，属性名存储为字符的元胞数组，因此语法为：

```
T3.Properties.VariableUnits{'Height'} = 'inch'
```

如果更改单位后检查，会注意到，无论怎样输入单位，无论是字符的元胞数组还是字符串数组，结果都将存储为元胞数组。(直到 2021 版本，情况都是如此，但未来版本可能会改变。)其他属性也可以以同样的方式进行更改。

作为图形或图表中的标签的输入，这些单位现在可以用于在计算中确认尺寸的一致性，或在实际的符号计算中。也许最重要的用途是用于简单的文档。

在 MATLAB 文档中有大量关于使用表格的信息。一旦开始创建和使用数据文件，将希望操作信息，而表格是一个很好的选择。

## 11.12 时间表数组

MATLAB 包括一种特殊类型的时间表数组，用于处理带时间戳的数据。常规表格数组的所有功能时间表数组都有，此外，时间表数组还有一些允许用户操作数据的功能。

MATLAB 中包含了两个数据集，分别称为 indoors 和 outdoors。indoors 数据集以.csv 文件的形式存储，因此可以将其作为时间表数组类型加载到工作区中：

```
indoors = readtimetable('indoors.csv');
```

outdoors 数据集存储在一个.mat 文件中，因此加载的方式为

```
load outdoors;
```

这两个命令都会在工作区窗口中创建一个时间表数组。要在变量编辑器中检查结果数组，使用 summary 函数查看表格内容摘要，如下所示：

```
summary(indoors)
RowTimes:
    Time: 60×1 datetime
        Values:
            Min          2015-11-15 00:00:24
            Median       2015-11-16 11:59:45
            Max          2015-11-17 23:59:07
Variables:
    Humidity: 60×1 double
        Values:
            Min            35
            Median         37
            Max            37
    AirQuality: 60×1 double
        Values:
            Min            77
            Median         80
            Max            85
```

和

```
summary(outdoors)
RowTimes:
    Time: 51×1 datetime
        Values:
            Min          2015-11-15 00:00:24
            Median       2015-11-16 13:30:24
            Max          2015-11-18 01:30:24
Variables:
    Humidity: 51×1 double
        Values:
            Min          47.3
            Median       48.5
            Max          49.5
    TemperatureF: 51×1 double
        Values:
            Min          50.7
            Median       51.5
            Max          51.8
    PressureHg: 51×1 double
        Values:
            Min           29.6
            Median       29.61
            Max          29.62
```

尽管这两个数组所包含的数据覆盖了相同的时间段，但它们的行数并不相同。此外，这些数据并不是完全同时采集的。每个数据集可以单独创建绘图，如图 11.21 所示，也可以分层创建单个图，但如果两个数据集可以在等效的时间估值内聚合在一起，这将是有益的。

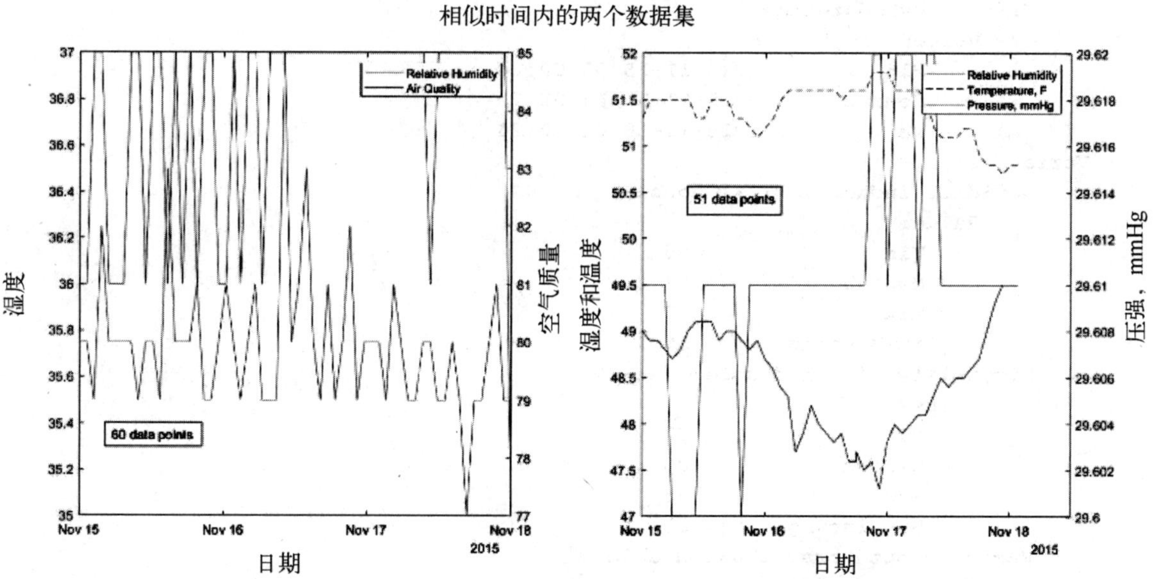


(a) 输入数据　　(b) 输出数据

图 11.21　两个数据集的绘图

### 同步时间表

要将两个数据集聚合为一个文件，使用 synchronize 函数。

```
combined_data=synchronize(indoors,outdoors)
```

结果是一个 110×5 的时间表，因为在单个数组的时间是不相同的。缺失的值可以添加 NaN 值，如下部分结果所示：

```
combined_data = 110×5 timetable
```

| | Time | Humidity_indoors | AirQuality | Humidity_outdoors | TemperatureF | PressureHg |
|---|---|---|---|---|---|---|
| 1 | 2015-11-15 00:00:24 | 36 | 80 | 49 | 51.3 | 29.61 |
| 2 | 2015-11-15 01:13:35 | 36 | 80 | NaN | NaN | NaN |
| 3 | 2015-11-15 01:30:24 | NaN | NaN | 48.9 | 51.5 | 29.61 |

size 函数可用于确定结果数组的维数，而 summary 函数可用于两个数组聚合。注意，名为 Humidity_indoors 的列缺少 50 个值。当具有同名的列聚合时，MATLAB 会重命名它们，以便同时保留两组数据集。

```
size(combined_data)
ans = 1×2
   110      5
summary(combined_data)
RowTimes:
    Time: 110×1 datetime
        Values:
            Min          2015-11-15 00:00:24
            Median       2015-11-16 13:03:22
            Max          2015-11-18 01:30:24
Variables:
    Humidity_indoors: 110×1 double
        Values:
            Min               35
            Median            37
            Max               37
            NumMissing        50
    AirQuality: 110×1 double
        Values:
            Min               77
            Median            80
            Max               85
            NumMissing        50
    Humidity_outdoors: 110×1 double
        Values:
            Min             47.3
            Median          48.5
            Max             49.5
            NumMissing        59
```

```
        TemperatureF: 110×1 double
            Values:
            Min             50.7
            Median          51.5
            Max             51.8
            NumMissing      59
    PressureHg: 110×1 double
        Values:
            Min             29.6
            Median          29.61
            Max             29.62
            NumMissing      59
```

聚合表格可能不是问题所需要的，然而，聚合数据并用线性插值填充缺失的信息将是有利的。

```
combined_data_linear =
synchronize(indoors,outdoors,'union','linear');
```

这也生成了一个 110×5 的数组。在变量编辑器中检查结果(如图 11.22 所示)，会发现缺失的数据点已按照预期被替换了。然而，时间的间距是非常不规则的。有些时间只相隔几分钟，有些时间却相隔一个半小时。要创建数据的均匀间距，可以使用所需的时间值设定日期时间数组，也可以从标准选项中选择。这两种选择都需要使用 retime 函数。例如，要创建一个样条型，用小时计的时间变量：

```
regular_spacing=retime(combined_data_linear,'hourly','spline');
```

所得到的数组被减少到只有 75 个均匀间隔的值，如 size 函数所示。

```
size(regular_spacing)
ans = 1×2
    75      5
```

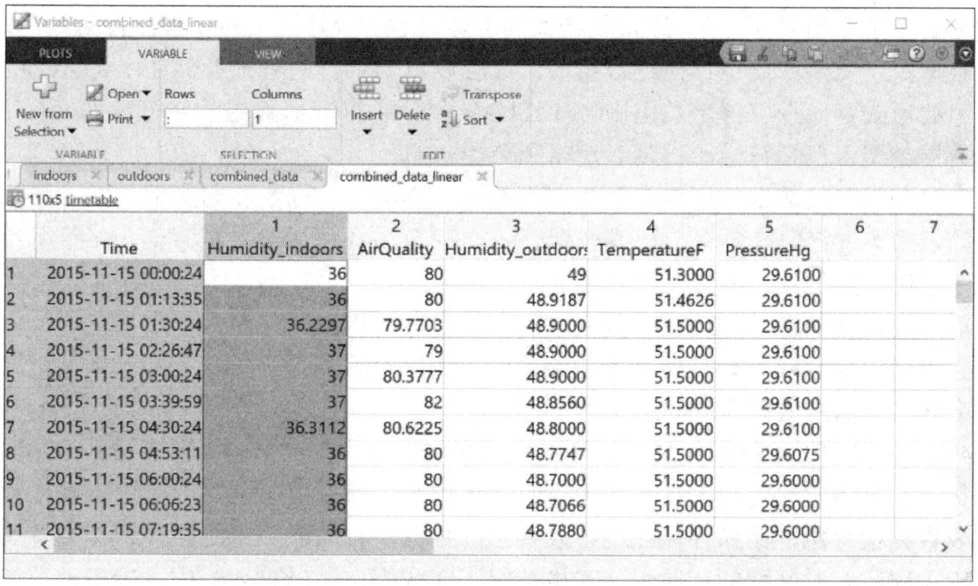


图 11.22　变量编辑器可以查看表格或时间表数组的内容

请参阅 MATLAB 文档可以找到关于 `retime` 函数的其他选项的更多细节。为了便于比较，图 11.23 显示了聚合后的平滑数据与原始数据点叠加的图形。

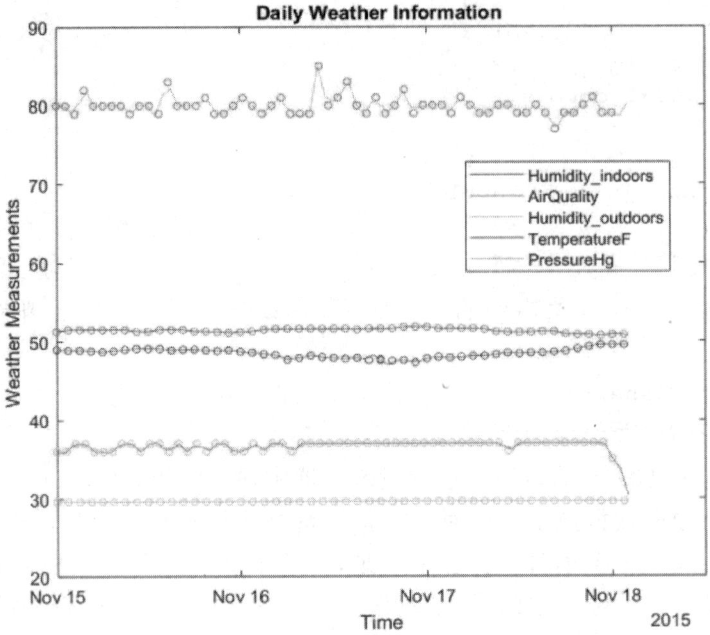


图 11.23　聚合后的平滑数据与原始数据点叠加的图形

## 小结

MATLAB 中的主要数据结构就是数组，在数组中可以存储多种不同类型的数据。默认的数值数据类型是双精度浮点数，通常是指双精度数。MATLAB 还支持单精度浮点数，以及 8 种不同的整型数。文本信息也存储在数组中，或者以单个字符的形式存储在字符数组中，或者以字符串的形式存储在字符串数组中。MATLAB 中除了有数值数据和字符数据，还有很多种其他的数据类型，包括符号、日期、逻辑和分类数组。

所有这些类型的数据都可以存储为二维数组，实际上，标量和向量都是以二维数组的方式存储的，只不过它们只含有一行或一列。MATLAB 中还可以将数据存储为多维数组，每个三维或者更高维数的数组的二维切片称为页。

一般来说，存储在 MATLAB 数组中的数据应具有相同的类型。如果字符和数值混合存储，则数值会根据 ASCII 码的等效十进制数转换为字符。相反，如果字符和数值混合运算，则字符会转换为 ASCII 码的对应值。

MATLAB 提供了三种数组类型，可以同时存储多种类型的数据，即表格数组、元胞数组和结构数组，元胞数组使用大括号构造数组，结构数组通过字段名进行操作。表格数组尤其对于列表数据很有用，比如存储在电子表格中的数据。时间表数组是一种特殊类型的表格数组，用于关联带有时间戳的行数组。表格数组正在成为在 MATLAB 中存储多种类型数据的主要数组类型。

## MATLAB 小结

下表列出了本章介绍的 MATLAB 特殊字符、命令和函数。

| 特殊字符 | 说明 |
|---|---|
| { } | 构造元胞数组 |
| ' ' | 字符信息 |
| " " | 字符串信息 |
|  | 字符数组 |
|  | 字符串数组 |
|  | 数字数组 |
|  | 符号数组 |
|  | 逻辑数组 |
|  | 稀疏数组 |
|  | 时限数组 |
|  | 日期数组 |
|  | 分类数组 |
|  | 元胞数组 |
|  | 结构数组 |
| | 表格数组 |

| 命令和函数 | |
|---|---|
| cell2table | 将元胞数组转换为表格数组 |
| celldisp | 显示元胞数组的内容 |
| char | 创建字符数组 |
| cumsum | 求数组的累加和 |
| categories | 类别 |
| categorical | 分类 |
| datetime | 日期时间 |
| double | 把数组转换为双精度数组 |
| duration | 持续时间 |
| eye | 创建单位矩阵 |
| format rat | 用分数形式显示 |
| int16 | 16-bit 有符号整数 |
| int32 | 32-bit 有符号整数 |
| int64 | 64-bit 有符号整数 |
| int8 | 8-bit 有符号整数 |
| intmax | MATLAB 存储的整数类型的最大值 |
| intmin | MATLAB 存储的整数类型的最小值 |
| num2str | 将数值型数组转换为字符型数组 |
| properties | 当附加到结构变量名时，它列出可用的属性，如名称属性 |
| realmax | MATLAB 中的最大实数 |
| realmin | MATLAB 中的最小实数 |
| readtable | 从各种格式的文件中导入数据文件的内容 |
| readtimetable | 作为时间表导入数据文件的内容 |
| retime | 均匀地分配时间表中的值，以创建指定的间隔 |

续表

| 命令和函数 | |
|---|---|
| single | 将数组转换为单精度数组 |
| summary | 列出了表格数组中的变量及其内容的摘要 |
| sparse | 将全矩阵转换为稀疏数组 |
| squeeze | 删除多维数组中的单一维 |
| str2num | 将字符数组转换为数值数组 |
| string | 创建一个字符串数组 |
| struct2table | 将结构数组转换为表格数组 |
| synchronize | 将时间表聚合到单数组 |
| table | 创建一个表格数组 |
| table2cell | 将表格数组转换为元胞数组 |
| table2struct | 将表格数组转换为结构数组 |
| uiimport | 打开文件导入向导 |
| unit16 | 16-bit 无符号整数 |
| unit32 | 32-bit 无符号整数 |
| unit64 | 64-bit 无符号整数 |
| unit8 | 8-bit 无符号整数 |

## 关键术语

| | | | | | |
|---|---|---|---|---|---|
| ASCII 编码 | 双精度 | 页 | 基数为 2 | 抽屉 | 有理数 |
| 二进制 | EBCDIC 码 | 单精度 | 元胞 | 浮点数 | 字符串 |
| 字符 | IEEE | 结构体 | 类 | 整数 | 符号 |
| 复数 | 老程序 | 表格 | 数据类型 | 逻辑数据 | 时间表 |

## 习题

### 数值数据类型

**11.1** 分别使用双精度和单精度数据类型计算调和级数前 1000 万项之和(不是部分和):

$$\frac{1}{1}+\frac{1}{2}+\frac{1}{3}+\frac{1}{4}+\frac{1}{5}+\frac{1}{6}+\cdots+\frac{1}{n}+\cdots$$

比较结果，并对两种方法的差异做出解释。

**11.2** 使用类型 int8 定义前 10 个整数构成的数组，用这些整数计算调和级数的前 10 项。对结果进行解释说明。

**11.3** 对于大多数工程计算问题，请解释为什么 MATLAB 的默认数据类型是双精度浮点数而不是单精度数或整型数。

**11.4** 根据计算结果 MATLAB 可以自动创建复数，也可以用实部和虚部相加的方法直接输入复数，并且复数可以存储为任何数据类型。定义两个变量，一个为单精度复数，另一个为双精度的复数，如

$$\text{doublea} = 5+3i$$
$$\text{singlea} = \text{single}(5+3i)$$

求每个数字的 100 次幂。解释运算结果的差异。

**字符和字符串数据**

**11.5** 在网上查找 ASCII 码和 EBCDIC 码的字符对应的二进制数值。简要说明两个编码方案的不同。

**11.6** 有时数字既可以表示为数值数据又可以表示为字符数据，非常容易产生混乱。用 MATLAB 将“85”表示为字符数组。

(a) 该数组有多少元素？

(b) 字符 8 的等效数值是多少?

(c) 字符 5 的等效数值是多少?

**11.7** (a) 创建一个具有 5 个不同名字的字符数组；

(b) 创建名为 `birthdays` 的二维数值数组来表示每个人的生日。数组如下所示：

```
birthdays=
           6    11    1983
           3    11    1985
           6    29    1986
          12    12    1984
          12    11    1987
```

(c) 用 `num2str` 函数将数组 `birthdays` 转换成字符数组；

(d) 用 `disp` 函数显示名字和生日的表格；

(e) 创建一个日期时间数组来表示生日。

**11.8** 使用字符串数组而不是字符数组重复前面的问题。

(a) 创建一个具有 5 个不同名字的字符串数组。

(b) 创建名为 `birthdays` 的二维数值数组来表示每个人的生日。数据如下所示：

```
birthdays=
           6    11    1983
           3    11    1985
           6    29    1986
          12    12    1984
          12    11    1987
```

(c) 用 `fprintf` 函数显示名字和生日的表格。(这里无须把名字和生日组合起来。)

**11.9** 假设有下列字符数组，表示一些集装箱的尺寸：

```
box_dimensions =
box1    1    3    5
box2    2    4    6
box3    6    7    3
box4    1    4    3
```

为了计算需要为运输部门订购多少个集装箱，需要计算每个集装箱的体积。因为该数组是一个 4 × 12 的字符数组，数值信息以字符的形式存储在数组的第 6 列至第 12 列。使用 `str2num` 函数把字符数组转换成数值数组，并利用这些数据来计算每个集装箱的容量(需要用 `char` 函数以文本数据格式输入 `box_dimensions` 数组)。

**11.10** 文件 thermocouple.dat 的内容如表 P11.10 所示。

(a) 用程序实现：

- 将文件 thermocouple. dat 加载到 MATLAB 中；
- 确定文件的大小(行数和列数)；

- 分别提取每只热电偶的数据集，并将其单独存储到独立的文件中，文件名分别为 thermocouplel.mat，thermocouple2.mat 等；

(b) 程序应该能够处理任何大小的二维数组文件，不能假设仅有三列，让程序决定数组大小并为其设置合适的文件名。

**表 P11.10 热电偶数据**

| 热电偶 1 | 热电偶 2 | 热电偶 3 |
|---|---|---|
| 84.3 | 90.0 | 86.7 |
| 86.4 | 89.5 | 87.6 |
| 85.2 | 88.6 | 88.3 |
| 87.1 | 88.9 | 85.3 |
| 83.5 | 88.9 | 80.3 |
| 84.8 | 90.4 | 82.4 |
| 85.0 | 89.3 | 83.4 |
| 85.3 | 89.5 | 85.4 |
| 85.3 | 88.9 | 86.3 |
| 85.2 | 89.1 | 85.3 |
| 82.3 | 89.5 | 89.0 |
| 84.7 | 89.4 | 87.3 |
| 83.6 | 89.8 | 87.2 |

**11.11** 创建一个程序对用户输入的文本进行编码并将其存储到文件中，编码方式为将输入字符所对应的十进制数加 10。

**11.12** 创建一个程序，将存储在数据文件中的信息解码，解码方式为将每个字符所对应的十进制数减 10。

### 日期数组

**11.13** 表 P11.13 所示的数据是 NOAA 2015 年在丹佛国际机场收集的气候信息，可以从 NOAA 美国国家环境信息中心在线获取。应该有名为 Denver_Climate_ Data_2015 的 Excel 电子表格，请将数据下载到列向量中。

**表 P11.13 2015 年丹佛国际机场气候数据**

| 日期 | 每日最大降雨量(英寸) | 月总降水量(英寸) | 月总降雪量(英寸) | 极端最高温度(°F) | 极端最低温度(°F) | 月平均最高温度(°F) | 月平均最低温度(°F) | 月平均温度(°F) |
|---|---|---|---|---|---|---|---|---|
| 20150101 | 0.12 | 0.37 | 7.2 | 75 | –9.8 | 46.8 | 21.2 | 34 |
| 20150201 | 0.37 | 1.25 | 22.4 | 73.9 | –5.8 | 46.6 | 21.2 | 34 |
| 20150301 | 0.34 | 0.79 | 2.9 | 81 | 2.1 | 58.8 | 31.3 | 45.1 |
| 20150401 | 1.22 | 2.65 | 5.3 | 79 | 27.1 | 62.1 | 35.4 | 48.7 |
| 20150501 | 1.08 | 3.76 | 4 | 84.9 | 27.1 | 63.3 | 42.8 | 53.1 |
| 20150601 | 0.99 | 2.54 | 0 | 93.9 | 51.1 | 82.9 | 56.1 | 69.4 |
| 20150701 | 0.33 | 1.07 | 0 | 97 | 52 | 87.6 | 57.9 | 72.7 |
| 20150801 | 0.68 | 1.18 | 0 | 98.1 | 43 | 89.8 | 58.3 | 74.1 |
| 20150901 | 0.07 | 0.11 | 0 | 91.9 | 44.1 | 85.3 | 53.6 | 69.4 |
| 20151001 | 0.79 | 1.76 | 0 | 87.1 | 28.2 | 70.2 | 42.8 | 56.5 |
| 20151101 | 0.5 | 2.13 | 11.2 | 75 | 3.2 | 51.3 | 25.7 | 38.5 |
| 20151201 | 0.32 | 0.71 | 11.3 | 69.1 | 0.1 | 41 | 18.1 | 29.5 |

(a) 依据表格中的日期列创建一个日期时间数组，依据月总降水量列(TPCP)创建一个数值数组。需要使用 `datetime` 函数中的 `ConvertFrom` 属性转换日期信息；

(b) 绘制月总降水量关于日期的条形图，并添加适当的注释，如标题和坐标轴名称；

(c) 在一个单独的 $x$-$y$ 图形上，绘制极端最高温度(EMXT)、极端最低温度(EMNT)和月平均温度(MNTM)关于日期的曲线。仍然要添加适当的注释，如标题、坐标轴名称和图例。

**11.14** 和上题提到的丹佛一样，大多数美国主要城市都有类似的气候数据。下载最近一年的数据。

(a) 依据表格中的日期列创建一个日期数组，依据月总降水量列创建一个数值数组。需要使用 `datetime` 函数中的 `ConvertFrom` 属性转换日期信息；

(b) 绘制柱形图，并添加适当的注释，如标题和坐标轴名称；

(c) 在一个单独的 $x$-$y$ 图形上，绘制极端最高温度(EMXT)、极端最低温度(EMNT)和平均温度(MNTM)关于日期的曲线。仍然要添加适当的注释，如标题、坐标轴名称和图例。

**多维数组**

**11.15** 创建下面各数组：

$$A=\begin{bmatrix}1 & 2\\ 3 & 4\end{bmatrix},\quad B=\begin{bmatrix}10 & 20\\ 30 & 40\end{bmatrix},\quad C=\begin{bmatrix}3 & 16\\ 9 & 12\end{bmatrix}$$

(a) 将它们合并成一个 2×2×3 的多维数组，并命名为 `ABC`；

(b) 提取每个矩阵的第 1 列组成 2×3 数组，并命名为 `Column_A1B1C1`；

(c) 提取每个矩阵的第 2 行组成 3×2 数组，并命名为 `Row_A2B2C2`；

(d) 提取第 1 行、第 2 列、第 3 页的数值。

**11.16** 大学教授要对学生每年的测验成绩进行比较。每年的数据存储在二维数组中。第一年和第二年的数据如下：

| 第一年 | 问题 1 | 问题 2 | 问题 3 | 问题 4 | 第二年 | 问题 1 | 问题 2 | 问题 3 | 问题 4 |
|---|---|---|---|---|---|---|---|---|---|
| 学生 1 | 3 | 6 | 4 | 10 | 学生 1 | 2 | 7 | 3 | 10 |
| 学生 2 | 5 | 8 | 6 | 10 | 学生 2 | 3 | 7 | 5 | 10 |
| 学生 3 | 4 | 9 | 5 | 10 | 学生 3 | 4 | 5 | 5 | 10 |
| 学生 4 | 6 | 4 | 7 | 9 | 学生 4 | 3 | 3 | 8 | 10 |
| 学生 5 | 3 | 5 | 8 | 10 | 学生 5 | 3 | 5 | 2 | 10 |

(a) 用第一年的数据创建二维数组 `year1`，用第二年的数据创建二维数组 `year2`；

(b) 将两个数组合并成一个含两页的三维数组，命名为 `testdata`；

(c) 对三维数组完成下列计算：

- 计算每年每道题的平均分数，并把结果存储到二维数组中(答案应该是 2×4 数组或 4×2 数组)；
- 用所有的数据计算每个问题的平均分数；
- 提取每年问题 3 的数据，并按下列格式创建一个数组：

| | 问题 3，第一年 | 问题 3，第二年 |
|---|---|---|
| 学生 1 | | |
| 学生 2 | | |
| … | | |

**11.17** 如果上题中的教师想比较测验 2 和测验 3 的结果，那么就必须创建一个四维数组(第四维有时也称为抽屉)，数组中的所有数据都包含在一个名为 test_results.mat 的文件中，与习题 11.8 类似，该文件包含 6 个二维数组，数组名称分别为

```
test1year1
test2year1
test3year1
test1year2
test2year2
test3year2
```

将这些数据合并成如下形式的一个四维数组：

| | | |
|---|---|---|
| 1 维 | （行） | 学生 |
| 2 维 | （列） | 问题 |
| 3 维 | （页） | 年份 |
| 4 维 | （抽屉） | 测验 |

(a) 提取学生 1 在第 1 年的测验 3 中、第 2 题的分数；

(b) 创建一个一维数组来表示学生 1 在两年中测验 2 第 1 题的分数；

(c) 创建一个一维数组来表示学生 2 在第 2 年中测验 1 所有题的分数；

(d) 创建一个二维数组来表示两年中所有学生测验 2 第 3 题的分数。

**元胞数组**

**11.18** 创建一个名为 `sample_cell` 的元胞数组用于存储下列各数组：

$$A=\begin{bmatrix}1 & 3 & 5\\ 3 & 9 & 2\\ 11 & 8 & 2\end{bmatrix}\text{（双精度浮点数组）}$$

$$B=\begin{bmatrix}fred & ralph\\ ken & susan\end{bmatrix}\text{（字符数组）}$$

$$C=\begin{bmatrix}4\\ 6\\ 3\\ 1\end{bmatrix}\text{（int8 整型数组）}$$

(a) 从 `sample_cell` 中提取数组 `A`；

(b) 从 `sample_cell` 中提取数组 `C` 的第 3 行信息；

(c) 从 `sample_cell` 中提取名字 `fred`，注意 `fred` 是一个 1 × 4 数组，并非一个单一的实体。

**11.19** 元胞数组不必填充字符数组就可用于存储字符信息。为下面的每个字符串创建一个单独的字符数组，并存储在元胞数组中。

aluminum　copper　iron　molybdenum　cobalt

**11.20** 金属的相关信息如下表所示。

| 金属 | 符号 | 原子数 | 原子量 | 密度 (g/cm$^3$) | 晶体结构 |
|---|---|---|---|---|---|
| 铝 | Al | 13 | 26.98 | 2.71 | FCC |
| 铜 | Cu | 29 | 63.55 | 8.94 | FCC |
| 铁 | Fe | 26 | 55.85 | 7.87 | BCC |
| 钼 | Mo | 42 | 95.94 | 10.22 | BCC |
| 钴 | Co | 27 | 58.93 | 8.9 | HCP |
| 钒 | V | 23 | 50.94 | 6.0 | BCC |

(a) 创建下列数组：

- 将每种金属的名字存入一个单独的字符数组，并将所有的字符数组存储到一个元胞数组中；
- 将所有金属的符号存入一个单一的填充字符数组中；
- 将原子数存入一个 `int8` 整型数组中；
- 将原子量存入一个双精度数值数组中；
- 将密度存入一个单精度数值数组中；
- 将晶体结构存入一个分类数组中。

(b) 将(a)中创建的数组合并到一个单一的元胞数组中；

(c) 从元胞数组中提取下列信息：

- 提取表中第四个元素的名称、原子量和晶体结构；
- 提取数组中所有元素的名字；
- 计算所有元素的平均原子量(需要从元胞数组中提取用于计算的信息)。

**结构数组**

**11.21** 将上题中的信息存储到结构数组中。使用创建的结构数组来确定密度最大的元素。

**11.22** 编写一个程序，由用户输入下列信息，并将信息添加到上题所创建的结构数组中。

| 金属 | 符号 | 原子数 | 原子量(g/mol) | 密度($g/cm^3$) | 晶体结构 |
|---|---|---|---|---|---|
| 锂 | Li | 3 | 6.94 | 0.534 | BCC |
| 锗 | Ge | 32 | 72.59 | 5.32 | 金刚石立方 |
| 金 | Au | 79 | 196.97 | 19.32 | FCC |

**11.23** 利用上题所创建的结构数组找出原子量最大的元素。

**表格数组**

**11.24** 上题的组合信息如表 P11.24 所示，将其存储在一个表格数组中。

- 金属名称列存储为字符串
- 符号列存储为字符数组
- 原子数列存储为整型数组
- 原子量列存储为双精度数组
- 密度列存储为双精度数组
- 晶体结构列存储为分类数组

(a) 用 `find` 函数确定哪些元素是 BCC 结构，用 `fprintf` 函数创建一个报告；

(b) 绘制一个原子量关于原子数的曲线，$x$ 轴是原子数、$y$ 轴是原子量。

**表 P11.24　元素数据**

| 金属 | 符号 | 原子数 | 原子量(g/mol) | 密度($g/cm^3$) | 晶体结构 |
|---|---|---|---|---|---|
| 铝 | Al | 13 | 26.98 | 2.71 | FCC |
| 铜 | Cu | 29 | 63.55 | 8.94 | FCC |
| 铁 | Fe | 26 | 55.85 | 7.87 | BCC |
| 钼 | Mo | 42 | 95.94 | 10.22 | BCC |

续表

| 金属 | 符号 | 原子数 | 原子量(g/md) | 密度($g/cm^3$) | 晶体结构 |
|---|---|---|---|---|---|
| 钴 | Co | 27 | 58.93 | 8.9 | HCP |
| 钒 | V | 23 | 50.94 | 6.0 | BCC |
| 锂 | Li | 3 | 6.94 | 0.534 | BCC |
| 锗 | Ge | 32 | 72.59 | 5.32 | 钻石立方 |
| 金 | Au | 79 | 196.97 | 19.32 | FCC |

**11.25** 将习题 11.13 中的丹佛气候数据导入一个表格数组中，为每列设置适当的数据类型。注意，日期列需要转换为日期时间数组。

(a) 绘制月总降雪量关于日期的曲线，并加上适当的注释，如标题和坐标轴名称。

(b) 在单独的 *x-y* 图上，绘制出月平均最高温度(MMXT)、月平均最低温度(MMNT)和月平均温度(MNTM)关于日期的曲线。添加适当的注释，例如标题、坐标轴名称和图例。

(c) 用字符串数组为所做的图形创建包含两行文本信息的恰当标题。

# 第 12 章　符号数学运算

**本章目标**

学完本章后应能够：

- 创建与处理符号变量；
- 分解和化简数学表达式；
- 求解符号表达式；
- 求解方程组；
- 创建和使用符号函数；
- 求表达式的符号微分；
- 对表达式进行符号积分；
- 求解符号微分方程。

## 引言

MATLAB 符号工具箱允许创建符号数组，它可以对符号表达式进行处理和化简、符号求解和数值计算。同时，还可以进行微分、积分和对线性代数的运算。更高级的功能还包括拉普拉斯变换、傅里叶变换和可变精度运算。虽然符号工具箱在专业版的 MATLAB 中是可选的，但它在学生版的软件中是标准的。

## 12.1　符号代数

符号数学运算常用于数学、工程和科学课程当中。在用数值替换变量之前，可以用符号代数的方法求解数学方程式。例如，下面的方程：

$$y=\frac{2(x+3)^2}{x^2+6x+9}$$

看起来 $y$ 是一个关于 $x$ 的复杂函数，但是如果把 $(x+3)^2$ 展开，显然该方程可以化简为

> **关键知识**
>
> 符号工具箱是专业版的可选组件，但是学生版的标准组件。

$$y=\frac{2*(x+3)^2}{x^2+6x+9}=\frac{2*(x^2+6x+9)}{(x^2+6x+9)}=2$$

这种化简可以进行也可以不进行，因为化简导致了一些信息的丢失。例如，当 $x=-3$ 时 $y$ 是不定式，因为 $x+3=0$，同样，$x^2+6x+9$ 也等于零。因此，

$$y=\frac{2(-3+3)^2}{9-18+9}=2\frac{0}{0}=\text{不定式}$$

MATLAB 的符号代数功能可以处理这种方程的化简，或者分别处理分子和分母。

关系式并不总是以这么简单处理的形式构成的。例如，方程

$$k = k_0 e^{-Q/(RT)}$$

若已知 $k_0$，$Q$，$R$ 和 $T$ 的值，则很容易求出 $k$ 的值。但是，若已知 $k$，$k_0$，$R$ 和 $Q$ 的值，则求 $T$ 的值就不那么简单。计算之前必须把 $T$ 移到方程的左边，再用代数知识求得：

> **关键知识**
> MATLAB 使得符号化求解方程变得更加容易。

$$\ln(k) = \ln(k_0) - \frac{Q}{RT}$$

$$T = \frac{Q}{R\ln(k_0 / k)}$$

虽然手工求解 $T$ 比较棘手，但用 MATLAB 的符号功能进行求解就很简单。在本章中，将探讨使用符号工具箱来执行符号数学任务的各种方法，以及如何将结果转换为数值。

### 12.1.1 创建符号变量

求解任何方程之前，都需要创建符号对象。在 MATLAB 中可以使用几种不同类型的符号对象，包括简单变量、表达式、函数(一种表达式)和方程等。最基本的变量是简单的变量。简单的符号变量可以用两种方法创建。例如创建符号变量 x，输入

```
x = sym('x')
```

或

```
syms x
```

上面两种方法都可以把字符'x'定义为一个符号变量。第一种方法使用 sym 命令指定字符 x 为符号数据类型，然后将它赋值(赋值操作符=)给一个名为 x 的计算机内存位置。第二种方法用一个语句完成。对于大多数程序员来说，第二种方法是更直接的方法。可以用已有的符号变量创建整个表达式的符号对象，如下面的表达式：

```
y = 2*(x + 3)^2/(x^2 + 6*x + 9)
```

创建符号函数的方法是类似的。首先定义一个函数名，用 syms 输入：

```
syms fun(x,z)
```

不仅创建了符号函数，而且还同时创建了指定为函数输入的符号变量。第二步是定义函数本身。例如：

```
fun(x,z)=2*x^2+4*z
```

则

```
fun(3,4)
```

返回

```
ans =
34
```

这也可以使用工作空间中存在的数值变量来实现。如果指定了数值变量 a 和 b：

```
a = 2; b=2;
```

在函数定义中使用变量：

```
fun(x,z)=a*x^2+4*z
```

用相同的值进行替换，就会得到相同的结果

```
fun(3,4)
```

返回

```
ans =
34
```

将来可以更改 a 和 b 的值，而不影响函数定义。

> 关键知识
> 符号对象有多种类型，包括变量、表达式、函数和方程式。

**提示：**如果已经定义了函数中使用的符号变量，则可以跳过 syms 定义步骤，只定义函数。例如，如果 x 已经是一个符号变量：f(x) = x^2 + 2。一步创建符号函数 f。

注意，在工作区窗口(如图 12.1 所示)中，x、y 和 z 是符号变量，fun 是符号函数，每个的数组大小为 1×1。它们每个都是符号对象。还要注意，a 和 b 是数值数组(双精度)。

> 关键知识
> 表达式与方程不同。

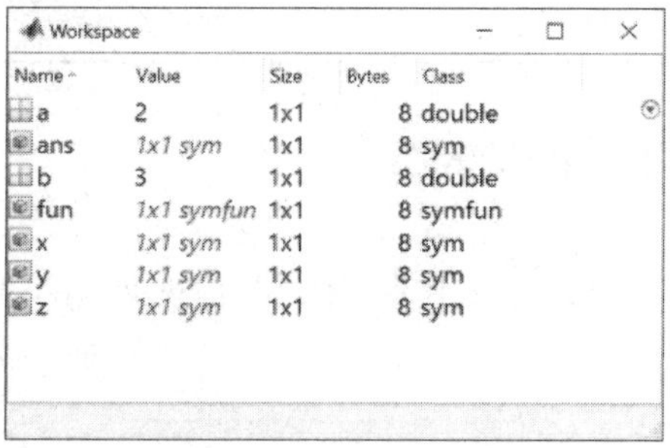


图 12.1　工作区窗口

syms 命令可以同时创建多个符号变量，例如

```
syms Q R T k0
```

这些变量可以用数学的方法组合到一起，创建另一个符号变量 k:

```
k = k0*exp(-Q/(R*T))
```

注意使用了标准的代数运算符号而不是数组运算符号，如.*或.^，数组运算符号定义的是数组中元素间的相关计算，在这里并不适用。

在这个例子中，设表达式 k0*exp(-Q/(R*T))等于变量 k，也可以整个方程命名一个名字。例如，要想定义理想气体定律，可以先定义符号变量，然后将它们组合成一个方程：

```
syms P V n R Temp
ideal_gas_law = P*V == R*Temp*n
```

注意，方程定义中使用了等号操作符= =，而不是赋值操作符=。

> 关键知识
> 符号工具箱使用标准的代数运算。

本节讨论了三种创建符号对象的方法。第一种是创建一个表达式中，命名如下：

```
k = k0*exp(-Q/(R*T))
```

第二种方法是定义和命名了整个方程，例如：

```
ideal_gas_law = P*V == R*Temp*n
```

方程的每一边都是一个单独的表达式，用等号操作符==相连。

第三种方法是创建一个函数，它允许用不同的值来代替自变量。

```
fun(x,z)=2*x^2+4*z
```

函数是表达式的一种类型。符号对象定义的这三种方法都有其各自的用途。一般来说，如果对代数操作感兴趣，那么可以使用简单的表达式和方程式完成。如果对代换或者自变量在指定范围内执行计算感兴趣，那么用函数更好。

**提示**：需要特别注意的是，符号工具箱保留了一些常用的变量。这些变量可以被覆盖，但是如果在表达式或方程中使用被覆盖的变量名称，可能会出错，应尽量避免这些名字，例如，

**D, E, I, O, beta, zeta, theta, psi, gamma, Ci, Si, Ei**

**提示**：注意，在使用符号变量时，MATLAB 不对符号变量的运算进行格式的缩进，与数值运算结果的显示格式不同，这样做可以帮助跟踪变量类型而无须参考工作区窗口。

### 实训练习 12.1

1．用 syms 命令创建下列符号变量：

```
x, a, b, c, d
```

2．确认练习 1 中创建的变量在工作区窗口中是被列为符号变量，用它们创建下面的符号表达式：

```
ex1 = x^2-1
ex2 = (x+1)^2
ex3 = a*x^2-1
ex4 = a*x^2 + b*x + c
ex5 = a*x^3 + b*x^2 + c*x + d
ex6 = sin(x)
```

3．创建下面的符号函数。因为已经创建了符号变量，所以在创建函数之前不需要定义函数名称。

```
fex1(x) = x^2-1
fex2(x) = (x+1)^2
fex3(x) = a*x^2-1
fex4(x) = a*x^2 + b*x + c
fex5(x) = a*x^3 + b*x^2 + c*x + d
fex6(x) = sin(x)
```

4．创建下面的符号方程：

```
eq1 = x^2==1
eq2 = (x+1)^2==0
eq3 = a*x^2==1
eq4 = a*x^2 + b*x + c==0
eq5 = a*x^3 + b*x^2 + c*x + d==0
eq6 = sin(x)==0
```

保存本练习中已经创建的变量、表达式和方程，以便在后面的练习中使用。

## 12.1.2　符号表达式和符号方程的处理

首先需要弄清楚表达式和方程的区别，方程是个等式，而表达式不是。设变量 ideal_gas_law 等于一个方程。若输入

```
ideal_gas_law
```

则 MATLAB 将返回

```
ideal_gas_law =
P*V == R*Temp*n
```

然而，若输入

```
k
```

则返回

```
k =
k0*exp(-Q/(R*T))
```

或者输入

```
y
```

返回

```
y =
2*(x+3)^2/(x^2+6*x+9)
```

> **关键知识**
> 没必要每次使用 x 时，都将其重新定义为符号变量。

变量 k 和 y 是表达式，而变量 ideal_gas_law 是方程，多数情况下用到的都是符号表达式。如前所述，函数是表达式的一种类型，因为不用设置等价值。如果输入

```
fun
```

返回

```
fun(x, z) =
2*x^2 + 4*z.
```

大多数 MATLAB 函数用表达式作为输入。输出简单表达式或函数的形式。

MATLAB 包含很多为计算符号变量设计的函数，包括展开表达式的函数或对表达式进行因式分解的函数，以及以多种方式化简表达式的函数。

**化简函数**

构成“简单”方程的要素并不总是很明显的，使用 MATLAB 内置的化简规则，simplify 函数可以化简表达式或方程的每个部分。例如，假设 z 已经定义为

```
sym a
z = a+2*a+(a-3)^2-(a^2+2*a+1)
```

MATLAB 会自动合并一些同类项且返回

```
z =
a+(a-3)^2-a^2-1
```

命令

```
simplify (z)
```

返回

```
ans =
8-5*a
```

同样，如果函数 f2 被定义为：

```
syms f2(x)
f2(x) = (x-2)*(x+2)
```

然后

```
simplify(f2(x))
```

返回

```
ans(x) =
x^2-4
```

**关键知识**

MATLAB 定义一个表达式的最短的形式就是其最简形式。

simplify 函数也适用于方程。如果方程 w 已经定义为

```
sym x
w = x^3-1 == (x-3)*(x+3)
```

然后

```
simplify(w)
```

返回

```
ans =
x^3+8==x^2
```

**关键知识**

许多(不是所有的)符号函数同时适用于表达式、函数和方程式。

simplify 函数是所有化简方法中最一般的化简方法，表 12.1 列出了其他用于处理表达式和方程的函数。

**表 12.1 用于处理表达式和方程的函数**

| | | |
|---|---|---|
| expand(S) | 将表达式或方程全部展开 | syms x<br>expand((x-5)*(x+5))<br>ans =<br>x^2-25 |
| factor(S) | 对表达式或方程做因式分解 | syms x<br>factor(x^3-1)<br>ans =<br>x-1,x^2+x+1 |
| collect(S) | 合并同类项 | syms x<br>S = 2*(x+3)^2+x^2+6*x+9<br>collect(S)<br>ans =<br>3*x^2+18*x+27 |
| simplify(S) | 依据 MATLAB 的化简规则化简 | syms a<br>simplify(exp(log(x)))<br>ans =<br>a |

续表

| | | |
|---|---|---|
| numden(S) | 找出表达式的分子，<br>该函数不能用于方程 | syms x<br>numden((x-5)/(x+5))<br>ans =<br>x-5 |
| [num, den] = numden(S) | 找出表达式的分子和分母，<br>这个函数不能用于方程 | syms x<br>[num,den]=numden((x-5)/(x+5))<br>num =<br>x-5<br>den =<br>x+5 |

**提示：**使用 poly2sym 函数是创建符号多项式的最简捷方法，该函数要求向量 a 作为输入，创建一个多项式 $a_1x^{n-1}+a_2x^{n-2}+\cdots+a_n$，用该向量表示多项式的系数。

```
a = [1,3,2];
b = poly2sym(a)
b =
x^2+3*x+2
```

同理，sym2poly 函数可以把多项式转换为系数向量：

```
c = sym2poly(b)
c =
   1    3    2
```

**实训练习 12.2**

在下面的实训练习中使用实训练习 12.1 中定义的变量。

1. 将 ex1 乘以 ex2，结果命名为 y1。
2. 将 ex1 除以 ex2，结果命名为 y2。
3. 用 numden 函数从 y1 和 y2 中提取分子和分母。
4. 用 factor、expand、collect 和 simplify 函数对 y1、y2 进行处理。
5. 使用实训练习 12.1 中创建的符号函数(fex1 和 fex2)重新完成问题 1 到问题 4。

## 12.2　求解表达式和方程

符号工具箱中非常有用的函数是 solve 函数，可用于求表达式的根，求单变量表达式的数值解，求未知变量的符号解。solve 函数也可以求解线性或非线性方程组，当与替换函数(subs)配合时，solve 函数可用于求各种问题的解析解。

### 12.2.1　solve 函数

当 solve 函数用于求解表达式时，会设表达式等于零并求根。例如，假设已经定义符号变量 x，如果

```
E1 = x-3
```

然后命令

```
solve(E1)
```

返回

```
ans =
3
```

solve 函数可以应用于表达式名称，也可以直接创建一个符号表达式作为函数的输入。因此输入

```
solve(x^2-9)
```

返回

```
ans =
-3
3
```

注意，ans 是一个 2×1 的符号数组，可以轻松地求解含有多个符号变量的表达式。例如，对于二次表达式 $ax^2+bx+c$，

```
syms x a b c
solve(a*x^2+b*x+c)
```

> **关键知识**
> MATLAB 优先求解 x。

返回

```
ans =
-(b+(b^2-4*a*c)^(1/2))/(2*a)
-(b-(b^2-4*a*c)^(1/2))/(2*a)
```

MATLAB 会优先求解 x，如果表达式中没有 x，MATLAB 会找到按字母排序最接近 x 的变量。如果想求解指定的变量，只需将该变量放在输入参数的第二个字段中即可。例如，要求解二次表达式中的 a，命令

```
solve(a*x^2+b*x+c, a)
```

> **关键知识**
> 即使 solve 函数的结果是一个数字，仍然存储为符号变量。

返回

```
ans =
-(c+b*x)/x^2
```

求解一个不等于零的表达式时，有这两种方法。如果方程比较简单，可以将左边减去右边，就转换成一个表达式。例如，

$$5x^2+6x+3=10$$

可以重新表示为

$$5x^2+6x-7=0$$

```
solve(5*x^2+6*x-7)
ans =
-(2*11^(1/2))/5-3/5
(2*11^(1/2))/5-3/5
```

或者，该方程可以直接输入 solve 函数，也可以指定表达式名称后作为输入。在方程中重要的是运算符==。例如，

```
e2 = 5*x^2+6*x+3 == 10
solve(e2)
```

返回

```
ans =
-(2*11^(1/2))/5-3/5
(2*11^(1/2))/5-3/5
```

在前面两种情况中，输出结果会以分数(即有理数)的形式表示为最简单的表达式，在工作区窗口中，ans 是 2×1 的符号数组，可以利用 double 函数把符号转换为双精度浮点数：

```
double(ans)
ans =
0.7266
-1.9266
```

solve 函数特别适用于多变量符号表达式的求解：

```
syms P P0 r t
e3 = P==P0*exp(r*t)
solve(e3,t)
ans =
log(P/P0)/r
```

(其中 log 函数是自然对数。)

根据其他变量再重新定义变量常常很有用，例如下式中的 t：

```
t = solve(e3,t)
t =
log(P/P0)/r
```

**实训练习 12.3**

利用实训练习 12.1 中定义的变量和表达式来做下面的练习。

1. 用 solve 函数求解 ex1 和 fex1 的根，并求解 eq1 的 x。
2. 用 solve 函数求解 ex2 和 fex2 的根，并求解 eq2 的 x。
3. 用 solve 函数求 ex3、fex3 和 eq3 中的变量 x 和 a。
4. 用 solve 函数求 ex4、fex4 和 eq4 中的变量 x 和 a。
5. ex4 和 eq4 均表示二次方程，是二阶多项式的一般形式。该实训练习中的 ex5 和 eq5 是一个三阶多项式的一般形式，求解方法明显更加复杂，直接使用 solve 函数时，得不到结果，需要指定多项式的阶数，强制使用语句 solve(ex5, 'MaxDegree', 3) 的方法求解。
6. 用 solve 函数求解 ex6、fex6 和 eq6，根据所掌握的三角函数知识对这种求解方法进行解释。

### 例 12.1　使用符号数学

计算机利用 MATLAB 的符号功能可以进行数学运算。

反应速率常数方程为

$$k = k_0 \exp\left(\frac{-Q}{RT}\right)$$

请用 MATLAB 求解方程中的 $Q$。

1. 描述问题

   解方程求 $Q$。

2. 描述输入和输出

   **输入** 反应速率常数 $k$ 的方程

   **输出** $Q$ 的表达式

3. 建立手工算例

$$k = k_0 \exp\left(\frac{-Q}{RT}\right)$$

$$\frac{k}{k_0} = \exp\left(\frac{-Q}{RT}\right)$$

$$\ln\left(\frac{k}{k_0}\right) = \frac{-Q}{RT}$$

$$Q = RT\ln\left(\frac{k_0}{k}\right)$$

   请注意，由于右边有负号，导致自然对数内的值变为其倒数。

4. 开发 MATLAB 程序

   首先，定义一个符号方程并命名：

```
syms k k0 Q R T
X = k == k0*exp(-Q/(R*T))
X =
k == k0/exp(Q/(R*T))
```

   然后，利用 MATLAB 求解上面的方程，明确指明 MATLAB 求解方程的 $Q$，

```
solve(X,Q)
ans =
-R*T*log(k/k0)
```

   与其让返回结果为 ans(默认变量名)，不如给结果命名更有意义的名字 Q：

```
Q = solve(X,Q)
Q =
-R*T*log(k/k0)
```

5. 验证结果

   将 MATLAB 的解与手工推导的解进行比较，唯一不同的是负号放到了对数表达式的外面，同时对 $k/k_0$ 取倒数。MATLAB(以及大部分计算机程序)将 ln 用 log 表示($\log_{10}$ 表示为 log10)。

**提示：** symvar 命令在确定符号表达式或方程中存在哪些变量时非常有用，在前面的例子中，变量 X 定义为

```
X = k == k0*exp(-Q/(R*T))
```

symvar 函数能识别其中的所有变量，并将它们组成为一个符号数组。

```
symvar(X)
ans =
[ Q, R, T, k, k0]
```

## 12.2.2　求解方程组

solve 函数不仅能求解含任意个变量的单个方程或表达式，还可以求解方程组。例如，以下面三个符号方程为例：

> **关键知识**
> solve 函数可以求解线性方程组和非线性方程组。

```
syms x y z
one = 3*x + 2*y - z == 10;
two = -x + 3*y + 2*z == 5;
three = x - y - z == -1;
```

为了求解方程组中的变量 x、y 和 z，在 solve 函数中列出全部的三个方程：

```
answer = solve(one,two,three)
answer =
struct with fields:
 x: -2
 y: 5
 z: -6
```

> **关键知识**
> solve 函数的结果按字母表顺序列出。

这些结果看起来有点奇怪，每个解都是 1×1 的符号变量，但是在工作区窗口中它们被列为符号，而不是数值。另外，工作区窗口中列出的结果 answer 是一个 1×1 的结构数组。在前一章中介绍了结构数组。要得到其实际值，需要使用结构数组的语法：

```
answer.x
ans =
-2
answer.y
ans =
5
answer.z
ans =
-6
```

为了不使用结构数组及相关语法强制使其显示结果，必须为每个变量命名。

```
[x,y,z] = solve(one,two,three)
x =
-2
y =
5
z =
-6
```

结果按字母表顺序排列。例如，如果在符号表达式中用到变量 q、x 和 p，那么返回的结果就按照 p、q 和 x 的顺序排列，与指定的名称顺序无关。

注意，在上例中，虽然结果是数值，但 x、y 和 z 在列表中还是符号变量。solve 函数的返回结果是符号变量，名称为 ans 或者用户自定义的名称。求输入为双精度浮点数的 MATLAB 表达式中使用该结果，则需要用 double 函数更改变量的类型。例如，

```
double(x)
```

将 x 从符号变量更改为相应的双精度浮点数变量。

**提示**：与线性代数方法相比，solve 函数求解方程组既有优点也有缺点。一般情况下，如果问题可以用矩阵进行求解，则矩阵法运算速度较快。然而线性代数的方法只限于一阶方程的求解。solve 函数虽然运算时间要长一些，但可以求解非线性问题和带有符号变量的问题。表 12.2 列出了 solve 函数的一些应用。

**表 12.2 solve 函数的一些应用**

| | | |
|---|---|---|
| solve (S) | 求解单变量表达式 | syms x<br>solve(x-5)<br>ans=<br>5 |
| solve (S) | 求解单变量方程 | syms x<br>solve(x^2 - 2 == -5)<br>ans =<br>7^(1/2)<br>- 7^(1/2) |
| solve (S) | 求解解为复数的方程 | syms x<br>solve(x^2==-5)<br>ans =<br>i*5^(1/2)<br>-i*5^(1/2) |
| solve (S) | 求解多变量方程中的 x<br>或最接近 x 的变量 | syms x y<br>solve(y== x^2 + 2)<br>ans = (y-2)^(1/2)<br>- (y-2)^(1/2) |
| solve(S,y) | 求解多变量方程中指定的自变量 | syms x y<br>solve(y + 6*x,x)<br>Ans =<br>-y/6 |
| solve(S1,S2,S3) | 求解方程组，将结果表示为结构数组 | syms x y z<br>one = 3*x+2*y-z==10;<br>two = -x+3*y+2*z==5;<br>three = x-y-z==-1;<br>solve(one,two,three)<br>ans =<br>x: [1x1 sym]<br>y: [1x1 sym]<br>z: [1x1 sym] |

续表

| | | |
|---|---|---|
| [A,B,C]=<br>solve(S1,S2,S3) | 求解方程组并将结果赋值给自定义变量名，按字母顺序显示结果 | one = 3*x+2*y-z==10;<br>two = -x+3*y+2*z==5;<br>three = x-y-z==-1;<br>[x,y,z] =<br>solve(one,two,three)<br>x = -2<br>y = 5<br>z = -6 |

**实训练习 12.4**

使用线性方程组

$$5x+6y-3z=10$$
$$3x-3y+2z=14$$
$$2x-4y-12z=24$$

1. 用第 10 章中讨论的线性代数法求解方程组。
2. 创建上述方程组的符号方程，用 solve 函数求解 x，y 和 z。
3. 利用结构数组语法显示练习 2 的结果。
4. 指定输出的变量名，并显示练习 2 的结果。
5. 非线性方程式如下：

$$x^2+5y-3z^3=15$$
$$4x+y^2-z=10$$
$$x+y+z=15$$

用 solve 函数求解该非线性方程组。使用 double 函数对结果进行化简。

### 12.2.3　替换和符号函数

> **关键知识**
> 一旦某个变量在工作窗口中被列为符号变量，就不需要在每个符号计算中重新定义了。

对于工程师和科学家来说，一旦定义了符号表达式，就经常需要用数值替换符号表达式的变量。以二次方程为例：

```
syms x a b c
e4 = a*x^2+b*x+c
```

可以做不同形式的替换。例如，用变量 y 替换变量 x，为此，subs 函数需要三个输入参数，分别是：要修改的表达式，要修改的变量，待输入的新变量。用 y 替代所有的 x，使用如下命令：

```
syms y
subs(e4,x,y)
```

返回

```
ans =
a*y^2 + b*y + c
```

变量 e4 没有改变，但是新的信息存储在 ans 中了，或者新的信息赋给了一个新的名称，比如 e5：

```
e5 = subs(e4,x,y)
e5 =
a*y^2 + b*y + c
```

重新调用 e4，发现它没有改变：

```
e4
e4 =
a*x^2+b*x+c
```

用数值替换变量时，使用相同的方法：

```
subs(e4,x,3)
ans =
9*a + 3*b + c
```

将所有变量放到数组中，可以实现多重替换：

```
subs(e4,{a,b,c,x},{1,2,3,4})
ans =
      27
```

还可以用数值数组进行替换。例如，首先构造一个仅含 x 的新表达式：

```
e6 = subs(e4,{a,b,c},{1,2,3})
```

得到的结果是

```
e6 =
x^2+2*x+3
```

现在定义一个数值数组并将其代入 e6 中：

```
numbers = 1:5;
subs(e6,x,numbers)
ans =
      [6    11    18    27    38]
```

这个过程不能一步完成，因为数组中的每个元素都必须具有相同的大小，这样，subs 函数才能正常执行。

另一种方法是使用符号函数，由于 x 已经被定义为符号变量，因此函数可以定义为

```
f(x) = x^2+2*x+3
```

然而，symfun 函数可以将存储为变量的表达式转换为符号函数，不需要重新键入任何代码。symfun 函数需要两个输入：一个符号表达式和一个变量名数组。

```
f = symfun(e6,x)
```

返回符号函数

```
f(x)
x^2+2*x+3
```

再例如，一个带有两个符号变量的符号表达式，用于 symfun 函数的输入：

```
g = symfun(x^2+y^2,[x,y])
```

返回结果是

```
g(x, y) =
x^2 + y^2
```

现在可以对指定的 x 和 y 值计算这个新函数。

```
g(1,3)
ans =
10
```

**实训练习 12.5**

1. 使用 subs 函数，用数值 4 替换实训练习 12.1 中定义的每个表达式或方程中的 x，对得到的结果进行分析。
2. 使用 symfun 函数为下面的表达式创建一个符号函数 g：

```
x^2+sin(x)*x
```

并计算 g(a)、g(3)和 g([1:5])。

**例 12.2　用符号数学求解弹道问题**

可以用 MATLAB 的符号数学功能来探索无动力炮弹弹道的方程，炮弹发射示意图如图 12.2 所示。

由基础物理学可知，炮弹水平方向飞行距离是

$$d_x = v_0 t\cos(\theta)$$

垂直方向飞行距离为

$$d_y = v_0 t\sin(\theta) - \frac{1}{2}gt^2$$

其中，$v_0$ 为发射速度；$t$ 为时间；$\theta$ 为发射角；$g$ 为重力加速度。

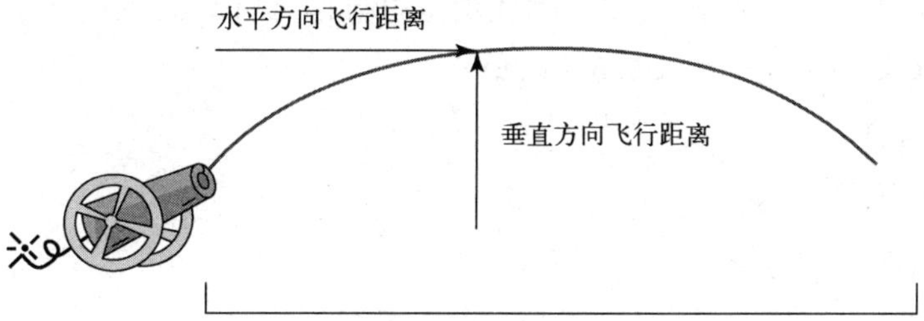


图 12.2　炮弹发射示意图

请用这些方程和 MATLAB 的符号运算功能求得炮弹落地时的水平方向飞行距离(即射程)的方程。

1. 描述问题

   求射程的方程。

2. 描述输入和输出

   **输入**　　水平方向飞行距离和垂直方向飞行距离的方程

   **输出**　　射程方程

3. 建立手工算例

$$d_y = v_0 t\sin(\theta) - \frac{1}{2}gt^2 = 0$$

整理可得

$$v_0 t\sin(\theta)=\frac{1}{2}gt^2$$

化简得到

$$t=\frac{2v_0\sin(\theta)}{g}$$

将此式代入水平方向飞行距离方程可得

$$d_x=v_0 t\cos(\theta)$$

$$射程=v_0\left(\frac{2v_0\sin(\theta)}{g}\right)\cos(\theta)$$

由三角函数公式可知，$2\sin(\theta)\cos(\theta)$ 等于 $\sin(2\theta)$，需要时可以对公式进行进一步简化。

4. 开发 MATLAB 程序

先定义符号变量：

```
syms v0 t theta g
```

然后定义垂直方向飞行距离的符号表达式：

```
Distancey = v0 * t *sin(theta) - 1/2*g*t^2;
```

再定义水平方向飞行距离的符号表达式：

```
Distancex = v0 * t *cos(theta);
```

落地时垂直方向飞行距离为零，因此由垂直方向飞行距离表达式求得落地时间：

```
impact_time = solve(Distancey,t)
```

返回两个结果：

```
impact_time =
[              0]
[2*v0*sin(theta)/g]
```

这个结果是合理的，因为开始发射和发射后落地这两个时刻的垂直距离均为零，所以有两个结果。只有第二个结果是有意义的，仅需将落地时间 impact_time(2)代入水平方向飞行距离表达式：

```
impact_distance = subs(Distancex,t,impact_time(2))
```

炮弹落地时水平方向飞行距离方程为

```
impact_distance =
(2*v0^2*cos(theta)*sin(theta))/g
```

5. 验证结果

将 MATLAB 结果和手工计算结果相比较，两种方法得到的结果相同。

尽管结果已经很简单，但 MATLAB 还可以对结果进行化简。输入命令

```
simplify(impact_distance)
```

返回

```
ans =
 (v0^2*sin(2*theta))/g
```

# 12.3 符号绘图

符号工具箱中含有一组绘图函数，能绘制用符号表示的函数的图形。最基本的是 fplot 函数，曾在前面章节中介绍过。给出一个重载函数的示例，相同的函数名可以用于多个应用程序。MATLAB 会根据输入来决定合适的应用程序。当提供了符号信息时，MATLAB 将使用符号绘图工具。

## 12.3.1 fplot 函数

对于简单的关于 x 的函数，例如，

```
syms x
y = x^2-2
```

符号变量 y 可以作为 fplot 函数的输入，不需要被存储为一个实际的符号函数。如

```
f(x) = x^2-2
```

迄今为止，符号变量和符号函数的使用方法都相同的。绘制该函数的图形时，使用

```
fplot(y)
```

输出图形如图 12.3 所示。fplot 函数默认的 x 范围为–5 到+5，MATLAB 从中选择 x 的值，并计算相应的 y 值来绘制该函数的波形，这样就可以产生一条平滑的曲线。

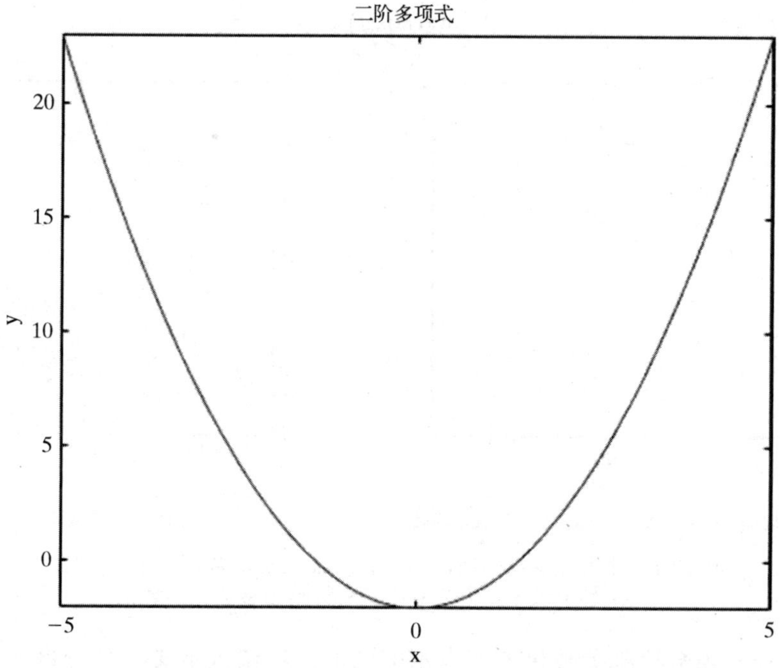


图 12.3 用 fplot 函数可以绘制符号表达式的波形，使用标准的 MATLAB 标注函数向 fplot 中添加标题、坐标轴标签和其他注释

不愿意使用默认范围的用户可以在 fplot 函数的第二个字段中指定 x 的最小值和最大值：

```
fplot(y,[-10,10])
```

方括号内的两个值表示自定义范围的端点值，是表示绘图范围的数组中的元素。和其他MATLAB 图形一样，也可以指定标题、坐标轴标签和注释。例如，在图形中添加标题和坐标轴标签，使用的语句为

```
title("Second-Order Polynomial")
xlabel("x"), ylabel("y")
```

fimplicit 函数可以绘制关于 $x$ 和 $y$ 的隐函数的波形。例如，隐函数方程如下：

$$x^2 + y^2 = 1$$

这是半径为 1 的圆的方程，可以解方程求得 $y$，但是没必要用 fimplicit 函数求解 $y$。下面的命令

```
syms x y
fimplicit(x^2 + y^2 == 1,[-1.5,1.5])
fimplicit(x^2 + y^2 -1,[-1.5,1.5])
```

和

```
z = x^2 + y^2 -1
fimplicit(z,[-1.5,1.5])
```

都可以用来绘制图 12.4 左侧的圆形。

**关键知识**

将物理系统定义为参数方程通常更容易，每个因变量如位置都是以一个自变量如时间来定义的。

另一种定义类似方程的方法是定义参数化方程，就是用第三个变量分别定义 $x$ 和 $y$ 的方程。圆的参数化方程可以定义为

$$x = \sin(t)$$
$$y = \cos(t)$$

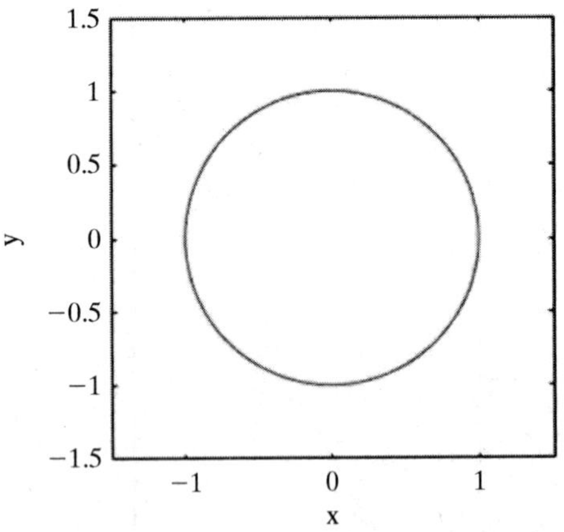


(a) 用fimplicit函数绘制隐函数方程表示的圆

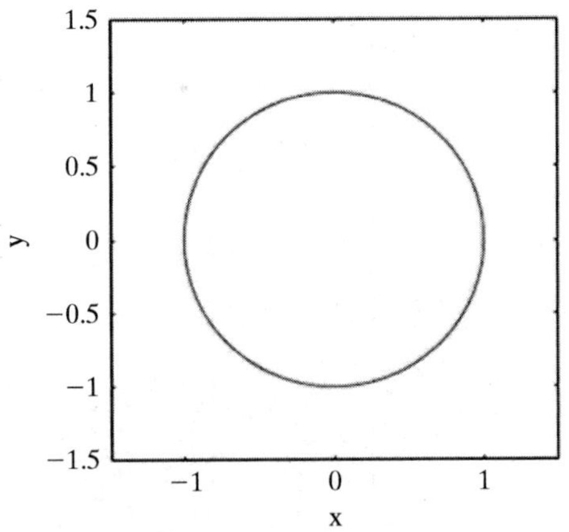


(b) 用fplot函数绘制参数化方程表示的圆

图 12.4 除了单变量函数，(a) fimplicit 函数可用于绘制隐函数的波形；(b) fplot 函数绘制参数化函数的波形

为了用 fplot 函数绘制参数化方程表示的圆形，应该先定义符号变量 t，

```
syms t
fplot(sin(t),cos(t),[0,2*pi])
axis([-1.5,1.5,-1.5,1.5])
axis square
```

结果如图 12.4(b)所示。

虽然符号绘图和标准的数值绘图的注释方法相同，但是要在同一个坐标系中绘出多条曲线，需要用到 hold on 命令，与数值绘图方法一样，可以在绘图窗口调整颜色、线型和标记样式。例如，在同一个坐标系中绘制 sin(x)、sin(2x)和 sin(3x)的波形，首先定义符号表达式：

```
syms x
y1 = sin(x)
y2 = sin(2*x)
y3 = sin(3*x)
```

**关键知识**

如果没发出 hold on 命令，就不要发出 hold off 命令。

然后绘制每个表达式的波形，根据需要定义线条样式和颜色

```
fplot(y1,"-r")
hold on
fplot(y2,"-g")
fplot(y3,":b")
title("Multiple Symbolic Plots")
xlabel("x"), ylabel("y")
```

结果如图 12.5 所示。完成绘图时，不要忘记执行下面的命令：

```
hold off
```

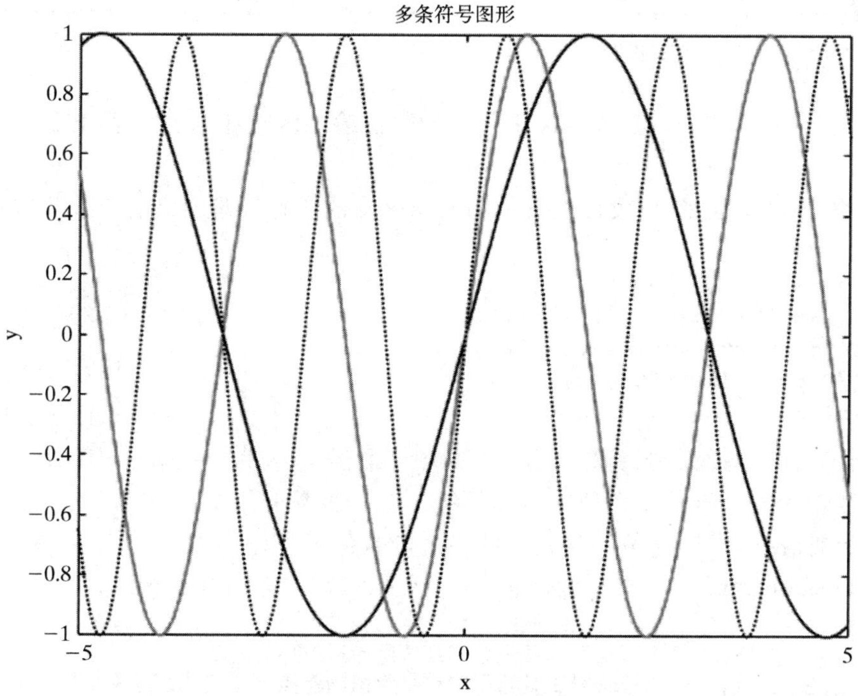


图 12.5　使用 fplot 绘制多条符号曲线

**提示**：大多数符号函数既允许用表示函数的符号变量作为输入参数，也允许把函数本身作为输入参数，或者当定义了符号函数 f(x)时的函数句柄 f。例如

```
syms x
y = x^2-1
fplot(y)
```

等价于

```
fplot(x^2-1)
```

**实训练习 12.6**

记得为每个绘制的图形添加标题和坐标轴标签。

1. 在$-2\pi$到$+2\pi$范围内用 `fplot` 函数绘制 `ex1`。
2. 在$-10$到$+10$范围内用 `fplot` 函数绘制 `ex2`。
3. 在$-2\pi$到$+2\pi$范围内用 `fplot` 函数绘制 `ex6`。
4. 用符号表达式 `fex1`、`fex2` 和 `fex6` 的函数形式重复问题 1 到问题 3。
5. 在$-2\pi$到$+2\pi$范围内用 `fplot` 函数绘制 $\cos(x)$，不必定义表达式 $\cos(x)$，仅将其直接输入 `fplot` 函数中：

   ```
   fplot(@(x) cos(x), [-2*pi, 2*pi])
   ```

6. 用 `fimplicit` 函数绘制隐函数 `x^2 - y^4 = 5` 的图形。
7. 用 `fplot` 函数在同一坐标系中绘制 $\sin(x)$和 $\cos(x)$的图形，再用注释工具改变正弦曲线的颜色。
8. 用 `fplot` 函数绘制参数方程 $x=\sin(t)$ 和 $y=3\cos(t)$ 的图形。

## 12.3.2 其他的符号绘图函数

其他的符号绘图函数与 MATLAB 中使用的数值绘图函数相对应，表 12.3 列出了其他的符号绘图函数。

为了说明三维曲面绘图函数(`fmesh` 和 `fsurf`)的工作原理，首先定义一个符号表示的 `peaks` 函数：

```
syms x y
z1 = 3*(1-x)^2*exp(-(x^2)-(y+1)^2)
z2 = -10*(x/5-x^3-y^5)*exp(-x^2-y^2)
z3 = -1/3*exp(-(x+1)^2-y^2)
z = z1+z2+z3
```

> **关键知识**
> 大多数用于数组的 MATLAB 绘图函数都有相对应的符号绘图函数。

为了便于计算机输入，把函数拆分为三部分。注意，因为这些表达式都是符号表达式，所以没有使用点运算符。这些函数的用法与其对应的数值函数情况类似，简单的表达式或符号函数都可以作为输入。

```
t=tiledlayout(1,2);
nexttile
fmesh(z)
title("(a) fmesh")
nexttile
fsurf(z)
title("(b) fsurf")
```

这些命令的绘图结果如图12.6所示。用标准的MATLAB方法绘制同一图形时，必须定义$x$和$y$的数组，作为坐标平面，并根据二维数组计算$z$的值。符号工具箱里的符号绘图功能使创建这些图形更加简单。所有的图形都可以用标准的MATLAB函数来注释，如`title`、`xlabel`和`text`等。

```
title(t,["The Peaks Function";"Rendered with Symbolic Plotting Tools"])
```

**表 12.3　符号绘图函数**

| | | |
|---|---|---|
| fplot | 函数的绘图函数 | 若 z 是 x 的函数：fplot(z) |
| fplot3 | 三维参数曲线的绘图函数 | 若 x、y 和 z 都是 t 的函数：fplot3 (x, y, z) |
| fmesh | 网格图绘图函数 | 若 z 是 x 和 y 的函数：fmesh(z) |
| fsurf | 曲面绘图函数 | 若 z 是 x 和 y 的函数：fsurf (z) |
| fimplicit | 隐函数绘图函数 | 若 z 是 x 和 y 的函数：fimplicit (z) |
| fimplicit3 | 三维隐函数绘图函数 | 若 w 是 x、y 和 z 的函数：fimplicit3 (w) |
| fcontour | 等高线图绘图函数 | 若 z 是 x 和 y 的函数：fcontour (z) |
| ezpolar | 极坐标绘图函数 | 若 z 是 x 的函数：ezpolar(z) |

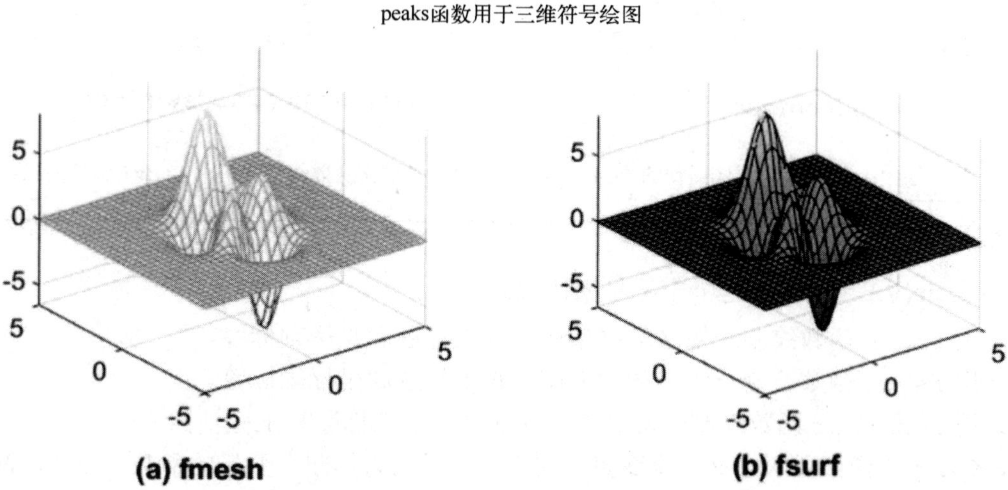


图 12.6　绘制三维符号曲面图示例：(a)用 fmesh 绘制的 peaks 函数；(b)用 fsurf 绘制的 peaks 函数

二维绘图与等高线图和相应的数值绘图函数类似。例如，等高线图是三维函数 peaks 的二维表示方法，如图 12.7(a)所示。

```
t=tiledlayout(1,2);
nexttile
fcontour(z)
title ("(a) fcontour")
```

这些函数(fmesh，fsurf，fcontour)中的任何一个都可以处理参数化函数(一个函数表示 $x$，一个函数表示 $y$，一个函数表示 $z$)。例如，下面的代码得到如图 12.7(b)所示的圆环。

```
nexttile
syms u v
x=4+(3+cos(v))*sin(u)
y=4 + (3 + cos(v))*cos(u)
z=4+sin(v)
fsurf(x,y,z)
title("(b) A Parameterized fsurf Plot")
title(t,["Symbolic Plots"])
```

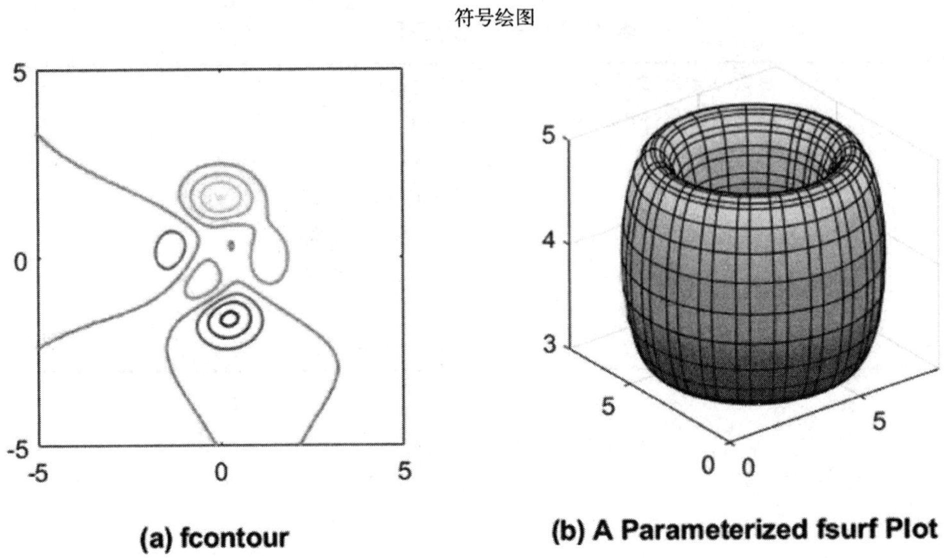


图 12.7　符号绘图：(a) 以等高线图呈现的 `peaks` 函数；(b) 由参数化函数创建并使用 `fsurf` 渲染的三维圆环

**实训练习 12.7**

为 $Z=\sin(\sqrt{X^2+Y^2})$ 创建一个符号表达式。

1．用 `fmesh` 函数绘制一幅 $Z$ 的网格图，加上标题和坐标轴标签。
2．用 `fsurf` 函数绘制一幅 $Z$ 的曲面图，加上标题和坐标轴标签。
3．用 `fcontour` 函数绘制一幅 $Z$ 的等高线图，加上标题和坐标轴标签。
4．`fplot3` 函数要求定义三个变量，这三个变量均为第四个变量的函数。为此，首先将 `t` 定义为符号变量，然后令

$$x=t$$
$$y=\sin(t)$$
$$z=\cos t(t)$$

使用 `fplot3` 函数绘制该参数函数的图形，范围是从 0 到 30。

5．一个球体可以被参数化定义为

$$x=\cos(\phi)\times\cos(\theta)$$
$$y=\cos(\phi)\times\sin(\theta)$$
$$z=\sin(\phi)$$

其中，$\phi$ 和 $\theta$ 值均为 $-\pi$ 到 $+\pi$。使用 `fsurf` 绘制相应的图形。

**例 12.3　用符号绘图来解释弹道问题**

在例 12.2 中，使用 MATLAB 的符号功能得到了炮弹射程的方程，水平方向飞行距离公式为

$$d_x=v_0t\cos(\theta)$$

垂直方向飞行距离公式为

$$d_y = v_0 t\sin(\theta) - \frac{1}{2}gt^2$$

其中，$v_0$ 为发射速度；$t$ 为时间；$\theta$ 为发射角；$g$ 为重力加速度。
两式联立求解得到

$$射程 = v_0\left(\frac{2v_0\sin(\theta)}{g}\right)\cos(\theta)$$

请用 MATLAB 的符号绘图功能绘制发射角从 0 到 π/2 范围内射程的图形。假设初速度为 100 m/s，重力加速度为 9.8 m/s$^2$。

1．描述问题

绘制射程与发射角的关系曲线。

2．描述输入和输出

**输入**　　射程的符号方程

$$v_0 = 100\ \text{m/s}$$

$$g = 9.8\ \text{m/s}^2$$

**输出**　　射程与发射角的关系曲线

3．建立手工算例

$$射程 = v_0\left(\frac{2v_0\sin(\theta)}{g}\right)\cos(\theta)$$

由三角函数公式可知，$2\sin\theta\cos\theta$ 等于 $\sin2\theta$ 因此，射程公式进一步化简为

$$射程 = \frac{v_0^2}{g}\sin(2\theta)$$

利用此方程可以很容易地计算一些数据点。

| 发射角 | 射程 (m) |
|---|---|
| 0 | 0 |
| π/6 | 884 |
| π/4 | 1020 |
| π/3 | 884 |
| π/2 | 0 |

初期随着发射角的增加，射程也增加，之后随着发射角增加，射程又会减小，直到当发射角垂直向上时，射程为零。

4．开发 MATLAB 程序

首先，为了使其包含发射速度和重力加速度的影响因素，需要对例 12.2 中的方程进行修改，即

```
impact_distance =
2*v0^2*sin(theta)/g*cos(theta)
```

用 subs 函数将数值代入方程中，

```
impact_100 = subs(impact_distance,{v0,g},{100, 9.8})
```

返回结果为

```
impact_100 =
100000/49*sin(theta)*cos(theta)
```

最后，绘制曲线并添加标题和坐标轴标签：

```
fplot(impact_100,[0, pi/2])
title("Maximum Projectile Distance Traveled")
xlabel("angle, radians")
ylabel("range, m")
```

上述程序生成图 12.8。

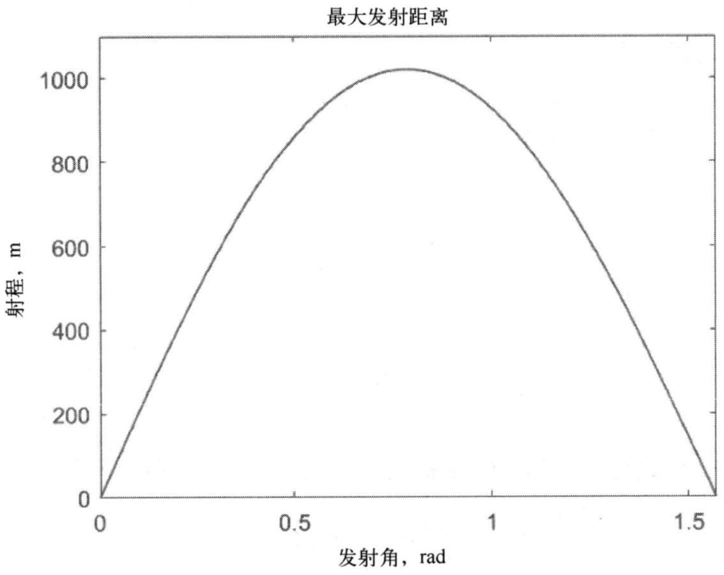


图 12.8　炮弹射程与发射角的关系曲线

5．验证结果

MATLAB 的计算结果与手工计算结果相同。对于炮弹垂直向上发射和炮弹水平发射两种情况，炮弹的射程都为零。当发射角度为 0.8 rad 时，射程达到最大值，此时发射角大约等于 45°。

## 12.4　计量单位

工程师在执行计算时所做的最重要的事情之一就是记录测量单位。不幸的是，在计算机计算的过程中很容易丢失单位。符号工具箱提供了一种给变量附加单位的方法。这些单位与其他代数参数一样，允许用户检查一致性，进行单位转换，甚至在计算中不直接输入就列出了重要的物理常量。

添加单位的第一步是在工作区中添加 symunit。

```
u=symunit
```

返回

```
u =
  symbolicUnitsCollection with units:

          ampere:  [A]
          kelvin:  [K]
        kilogram:  [kg]
           meter:  [m]
            mole:  [mol]
          second:  [s]
         candela:  [cd]
 Show all units.
```

所示的七种单位代表了用于定义测量系统的 7 个基本单位，在本例中是 SI 系统(国际系统)。常见测量单位都内置在 MATLAB 的 symbolicUnitsCollection 中。通过在命令窗口中选择显示 all units，花一分钟时间就可以浏览该列表。

使用结构数组中的点命名法来指定一个单位。要为名为 distance1 的变量添加单位米和数值 5，如果已指定了符号单位的变量名为 u，输入

```
distance1 = 5*u.m
```

返回

```
distance1 =
5*[m]
```

如果不确定单元名是否正确，那么可以使用扩展选项卡来查看该列表。例如，输入

```
distance2= 10*u.feet
```

此时将生成一条错误消息。再试一次，但这次停止并在“u.”之后选择 Tab。如图 12.9 所示。出现的列表是按字母顺序排列的。

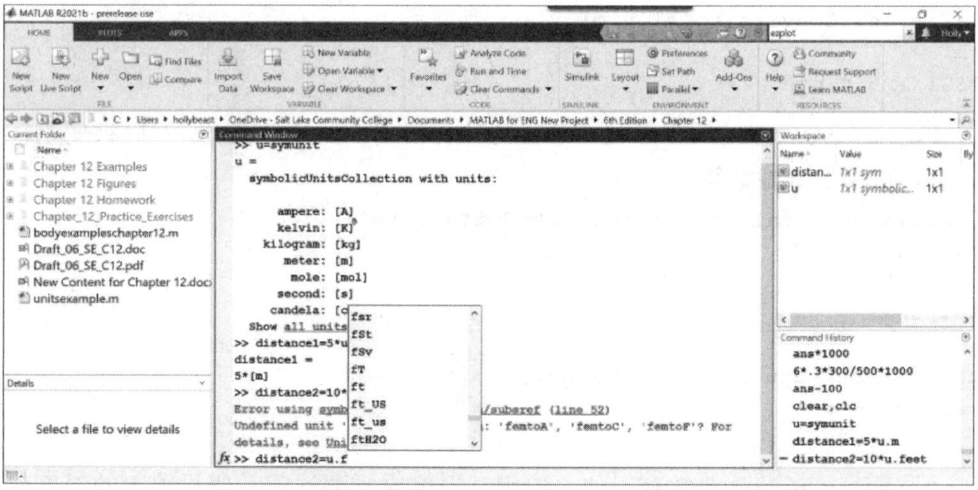

图 12.9 MATLAB 符号工具箱允许用户给数值添加单位，并用扩展选项卡 symbolicUnits Collection 查找单位名

一旦打开，就可以开始试探地输入。弹出来两个选择，foot 或 ft。MATLAB 将接受其中一种选择：

```
distance2=10*u.ft
```

当完成运算时，单位不会自动地简化。例如，下面的除法问题出现了混合单位：

```
ratio = distance1/distance2
ratio =
(1/2)*([m]/[ft])
```

使用 simplify 函数：

```
ratio = simplify(ratio)
ratio =
625/381
```

这个结果仍然是一个符号类型，如果需要，可以将它转换为双精度浮点数。

下面给出一个稍微复杂的例子。首先，添加几个带有附加单位的变量：

```
distance3=15*u.m;
velocity = 10*u.m/u.sec;
time = 15*u.sec;
```

然后，组合起来

```
total = velocity*time + distance1 + distance3 + distance2
```

返回

```
total =
10*[ft] + 170*[m]
```

请注意，这些单位自动地合并和取消。使用 simplify 函数，得到的结果是：

```
total = simplify(total)
total =
(216310/381)*[ft]
```

simplify 函数选择简化的单位。使用 unitConvert 函数可以将结果改为所期望的单位。

```
total = unitConvert(total,u.m)
total =
(21631/125)*[m]
```

可以使用 separateUnits 函数将单位与计算得出的数值分离开，然后将变量转换为双精度浮点数，以用于其他计算。

```
[total_value,total_unit]= separateUnits(total)
total_value =
21631/125
total_unit =
[m]
total_value = double(total_value)
total_value =
       173.05
```

unitConvert 函数是非常有用的，但用于温度时需要注意。假设输入的温度值都是温差，而不是实际的温度值。如下面的计算：

```
delta_T_C = 5*u.Celsius;
delta_T_K = unitConvert(delta_T_C,u.K)
```

返回

**关键知识**

符号代数工具箱允许在计算中添加单位。

```
    delta_T_K =
5*[K]
```

如果需要改变成实际的测量温度，需要在函数的输入中指定绝对值(相对于差值)。

```
    T_C=5*u.Celsius;
T_K=unitConvert(T_C,u.K,"Temperature","Absolute")
```

结果为

```
T_K =
(5563/20)*[K]
```

### 例 12.4 用符号单位解决理想气体定律问题

大多数新生的化学课都引入了理想气体定律。法则概念和方程式本身相对容易理解。然而，许多计算错误是由单位转换的问题造成的。

在机械工程中使用的理想气体定律是：

$$PV = mRT$$

其中，$P$ 为绝对气压，$V$ 为体积，$m$ 为摩尔数，$T$ 为热力学温度，$R$ 是常量，每种气体定义为 $R_u / M$，通用气体常数除以摩尔质量。对于空气而言，$R$ 为 0.2870 kJ/(kg·K)。

考虑以下问题。一个 500 升的水箱包含 26℃的 6 千克空气。当大气压力为 98 kPa 时，箱内的表压是多少？使用 MATLAB 解决这个问题，并给变量添加单位。

1．描述问题

计算水箱中的表压。

表压是绝对压力和大气压力之间的差值，

$$P_{\text{gage}} = P_{\text{absolute}} - P_{\text{atm}}$$

2．描述输入和输出

**输入**

$$V = 500\ \text{L}$$
$$m = 6\ \text{kg}$$
$$T = 26℃$$
$$R = 0.2870\ \text{kJ/(kg}\cdot\text{K)}$$

**输出** 表压 $P_{\text{page}}$

3．建立手工算例

$$P_{\text{absolute}} = \frac{mRT}{V}$$
$$P_{\text{gage}} = P_{\text{absolute}} - P_{\text{atm}}$$

估算结果：

$$P_{\text{absolute}} = \frac{6\ \text{kg}*0.3\ \text{kJ/(kg}\cdot\text{K)}*300\ \text{K}}{0.5\ \text{m}^3} = 1080\ \text{kPa}$$
$$P_{\text{gage}} = 1080\ \text{kPa} - 100 = 980\ \text{kPa}$$

4. 开发 MATLAB 程序

首先添加 symunit，然后定义每个附加单位的变量。

```
u=symunit;
V=500*u.liter;
m=6*u.kg;
T=26*u.Celsius;
Patm=98*u.kPa;
Rair=0.2870*u.kJ/u.kg/u.K
```

温度变量 T 必须转换为绝对值。

```
T= unitConvert(T,u.K,"Temperature","absolute")
```

可以计算出绝对压力:

```
P=m*Rair*T/V
```

返回

```
P =
(5151363/5000000)*([kJ]/[l])
```

这个单位结果并不是很有用，kJ/L。因此，unitConvert 函数可以用来生成期望的单位，本例中为 kPa。

```
P = unitConvert(P,u.kPa)
P =(5151363/5000)*[kPa]
```

现在可以计算表压，将单位从结果中分离出来，并将数值转换为双精度浮点数。

```
Pgage = P-Patm;
[P_value,P_units]=separateUnits(Pgage);
P_value=double(P_value)
```

最终的结果是

```
P_value =
932.27
```

5. 验证结果

MATLAB 解出的结果与估计值是一致的。此外，由代数运算产生的单位是预期的压力单位(kPa)。

## 12.5 微积分运算

MATLAB 的符号工具箱可以进行符号微分和符号积分运算，可以求出许多问题的解析解，而不是近似数值解。

### 12.5.1 微分

在微积分学课程中普遍学习了微分学，可以认为导数是函数的斜率或者函数的变化率。例如，赛车的速度可以看成单位时间内距离的变化量，假设在整个比赛中，开始时速度很慢，到达终点时达到最大速度。为了避免冲入看台，汽车必须慢慢减速直至停下来。可以用一个正弦曲线模拟汽车行驶，如图 12.10 所示。相关的方程为

$$d = 20 + 20\sin\left(\frac{\pi(t-10)}{20}\right)$$

图 12.10 中的波形是使用 fplot 函数和符号代数绘制的。首先定义一个符号变量 t 和表示距离的符号表达式：

```
syms t
dist = 20+20*sin(pi*(t-10)/20)
```

定义了符号表达式后，就可以将其代入 fplot 函数中，并对绘出的曲线进行注释：

```
p=tiledlayout(1,3);
nexttile
fplot(dist,[0,20])
title("(a) Car Position")
xlabel("Time"), ylabel("Distance")
text(10,20,"Finish Line")
```

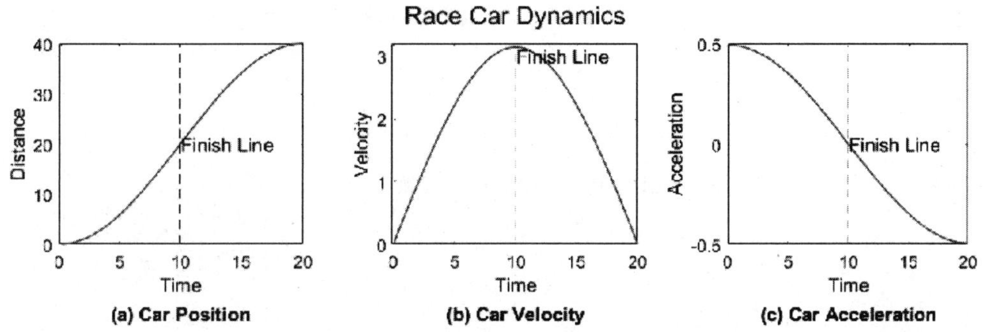


图 12.10　正弦曲线模拟汽车行驶：(a)汽车位移；(b)汽车速度；(c)汽车加速度

速度是位移的导数，为了求汽车的速度方程，使用 diff 函数：

```
velocity = diff(dist)
```

结果是

```
velocity =
pi*cos((pi*(t-10))/20)
```

然后用 fplot 函数绘制速度曲线，

```
nexttile
fplot(velocity,[0,20])
title("(b) Car Velocity")
xlabel('Time'), ylabel('Velocity')
text(10,3,"Finish Line")
```

结果如图 12.10(b)所示。

汽车的加速度是单位时间内速度的变化率，所以加速度是速度的导数，

```
acceleration = diff(velocity)
```

返回

```
acceleration =
-(pi^2*sin((pi*(t-10))/20))/20
```

速度曲线[如图 12.10(c)所示]也是用符号绘图函数绘制的。使用 subplots 命令将所有 3 个图放在同一个图中，添加注释，并在图的顶部添加一个标题。

```
nexttile
fplot(acceleration,[0,20])
title("(c) Car Acceleration")
xlabel('Time'), ylabel('Acceleration')
text(10,0,'Finish Line')
hold on
plot([10,10],[-0.5,+0.5],"--k")
hold off
title(p,"Race Car Dynamics")
```

**关键知识**

符号代数工具箱可以完成基本的微积分操作，如微分和积分。

加速度是速度的一阶导数，是位移的二阶导数。MATLAB 提供了多种不同的方法求一阶导数和 $n$ 阶导数(见表 12.4)。

**表 12.4　符号微分**

| | | |
|---|---|---|
| diff(f) | 返回表达式 f 对默认自变量 x 的导数 | syms x z<br>y=x^3+z^2<br>diff(y)<br>ans =<br>3*x^2 |
| diff(f,t) | 返回表达式 f 对变量 t 的导数 | syms x z<br>y=x^3+z^2<br>diff(y, z)<br>ans =<br>2*z |
| diff(f,n) | 返回表达式 f 对默认自变量的 n 阶导数 | syms x z<br>y=x^3+z^2<br>diff(y,2)<br>ans =<br>6*x |
| diff(f,t,n) | 返回表达式 f 对变量 t 的 n 阶导数 | syms x z<br>y=x^3+z^2<br>diff(y, z, 2)<br>ans =<br>2 |

对于更复杂的多元方程，比如

```
syms x z t
y = x^2+t-3*z^3
```

MATLAB 将对默认变量 x 求导

```
diff(y)
ans =
2*x
```

得到的结果是 y 关于 x 的变化率(若将其他变量看作常量)，通常用 $\partial y/\partial x$ 表示，称为偏导数。若想考察 y 关于其他变量，如 t 的变化率，则必须在 diff 函数中指明变量 t(所有变量已经预先定义为符号变量)

```
diff(y,t)
ans =
1
```

同理，把其他变量看作常量，可以得到 y 关于 z 的变化率，即

```
diff(y,z)
ans =
-9*z^2
```

求解高阶导数时，可以嵌套使用 diff 函数，也可以在 diff 函数中指定导数的阶数。即

```
diff(y,2)
```

或者

```
diff(diff(y))
```

返回的结果相同：

```
ans =
2
```

虽然计算结果显示的是数值，但实际是一个符号变量，为了可以在 MATLAB 计算中使用，需要用 double 函数将其转换为双精度浮点数。

若想求 y 对非默认变量的高阶导数，就需要同时指定导数的阶数和变量。例如，求 y 关于 z 的二阶导数，需要输入

```
diff(y,z,2)
ans =
-18*z
```

**实训练习 12.8**

1．求下列表达式对 $x$ 的一阶导数：

$$x^2+x+1 \qquad \sin(x) \qquad \tan(x) \qquad \ln(x)$$

2．求下列表达式对 $x$ 的一阶偏导数：

$$ax^2+bx+c \qquad x^{0.5}-3y \qquad \tan(x+y) \qquad 3x+4y-3xy$$

3．求练习 1 和练习 2 中每个表达式对 $x$ 的二阶导数。

4．求下列表达式对 $y$ 的一阶导数：

$$y^2-1 \qquad 2y+3x^2 \qquad ay+bx+cz$$

5．求练习 4 中表达式对 $y$ 的二阶导数。

### 例 12.5　用符号数学求解最佳发射角

在例 12.2 射程公式的基础上，例 12.3 利用 MATLAB 的符号绘图功能绘制了发射角与射程的关系曲线。射程公式如下：

$$射程=v_0\left(\frac{2v_0\sin(\theta)}{g}\right)\cos(\theta)$$

其中，$v_0$ 为发射速度，为 100 m/s；$\theta$ 为发射角；$g$ 为重力加速度，取 9.8 m/s$^2$。

请用 MATLAB 的符号功能求射程最大时的发射角，并求出最大射程。

1. 描述问题

   求射程最大时的发射角。

   求最大射程。

2. 描述输入和输出

   **输入**　　射程的符号方程：

$$v_0 = 100\ \text{m/s}$$

$$g = 9.8\ \text{m/s}^2$$

   **输出**　　最大射程对应的发射角

   　　　　最大射程

3. 建立手工算例

   从图 12.11 中可知，最大射程时的发射角约 0.7 rad 或 0.8 rad，此时的最大射程约 1000 m。

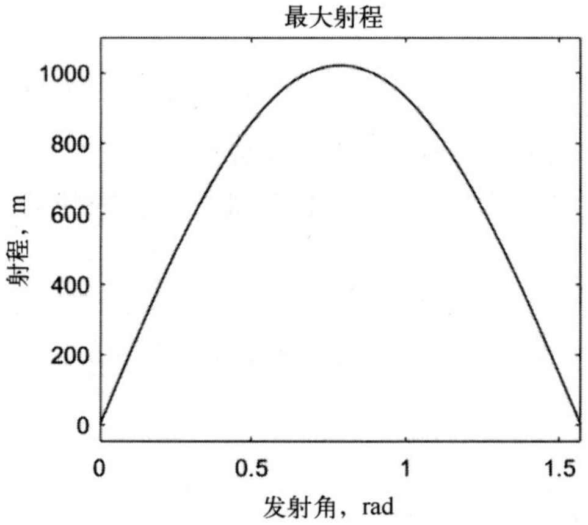


图 12.11　射程是发射角的函数

4. 开发 MATLAB 程序

   当 $v_0 = 100$ m/s，　$g = 9.8$ m/s$^2$ 时，射程的符号表达式为

```
impact_100 =
100000/49*sin(theta)*cos(theta)
```

由图 12.11 中的曲线可知，最大射程发生在曲线斜率为零的时候。曲线斜率是表达式 `impact_100` 的导数，所以令导数为零，并求解方程。因为 MATLAB 自动设置表达式等于零，所以有

```
max_angle = solve(diff(impact_100))
```

返回最大射程时的角度

```
max_angle =
pi/4
```

然后将结果代入射程的表达式：

```
max_distance = subs(impact_100,theta,max_angle)
```

最后，应该将结果转换为双精度数

```
double(max_distance)
ans =
1.0204e+003
```

## 12.5.2　积分

积分可以认为是微分(求导)的反运算，甚至有时候也称为反导数，通常可以理解为求曲线下的面积。例如，一个活塞-缸筒装置[如图 12.12(a)所示]，通过对 $PdV$ 积分可以求出其上下运动时所做的功，即

**关键知识**

积分是微分数的反运算。

$$W=\int_1^2 P\mathrm{d}V$$

为了进行计算，需要知道 $P$ 随 $V$ 变化的规律，例如，若 $P$ 是一个常数，则产生如图 12.12(b)所示的曲线。

移动活塞位置时所消耗或产生的功就是从初始体积变化到最终体积时曲线下面积的变化量。例如，如果将活塞从 1 $\mathrm{cm}^3$ 移动到 4 $\mathrm{cm}^3$，则活塞所做的功将对应于图 12.12(b)所示的面积。

从积分课程知道，积分很简单：

$$W=\int_1^2 P\mathrm{d}V=P\int_1^2\mathrm{d}V=PV\,|_1^2=PV_2-PV_1=P\Delta V$$

如果

$$P=100\ \mathrm{psia},\quad \Delta V=3\ \mathrm{cm}^3$$

那么

$$W=3\ \mathrm{cm}^3\times 100\ \mathrm{psia}$$

符号工具箱能很容易地实现复杂函数的积分运算。例如，如果想求一个不定积分(没有指定积分限的积分)，可以使用 int 函数。首先定义函数：

```
syms x
y = x^3 + sin(x)
```

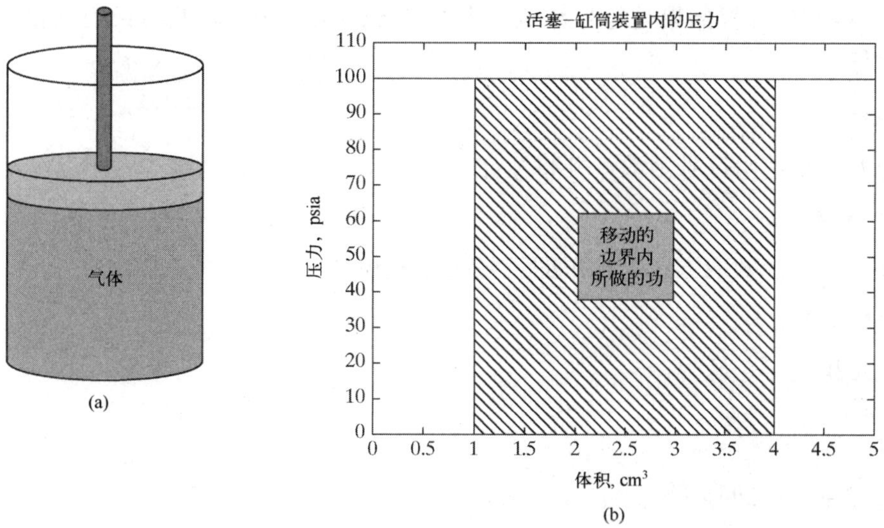


图12.12　(a)活塞-缸筒装置；(b)在活塞-缸筒装置中产生的功是压力-体积曲线所覆盖的面积

用 int 函数求不定积分，输入

```
int(y)
ans =
x^4/4-cos(x)
```

int 函数以 x 作为默认变量，例如，如果所定义的是二元函数，那么 int 函数将对被定义函数求关于变量 x 的积分，或求按字母排序与 x 最接近的变量的积分：

```
syms x t
y = x^3 +sin(t)
int(y)
ans =
x^4/4+sin(t)*x
```

如果用户定义了积分变量，那么需要在 int 函数输入参数的第二个字段中予以声明：

```
int(y,t)
ans =
t*x^3-cos(t)
```

求定积分时需要指定积分区间。考虑下面的表达式：

```
y = x^2
```

若不指定积分区间，则得到

```
int(y)
ans =
x^3/3
```

可以用 subs 函数在区间 2 到区间 3 上求积分：

```
yy = int(y)
yy =
x^3/3
subs(yy,3) - subs(yy,2)
ans =
  19/3
```

注意，subs 函数的计算结果是符号数值，需要用 double 函数将其转换为双精度浮点数。

```
double(ans)
ans =
  6.3333
```

另一种方法是使用符号函数，并将 y 定义为一个符号函数：

```
y(x) = x^2
```

int 函数处理符号函数的方式与简单的符号表达式相同：

```
yy = int(y)
```

正如所料，结果是一个函数：

```
yy(x) =
x^3/3
```

在积分极限(2 和 3)之间计算 yy

```
yy(3)-yy(2)
```

返回

```
ans =
19/3
```

求两点间积分时较简单方法是在 int 函数内指定积分限：

```
int(y,2,3)
ans =
19/3
```

如果要同时指定变量和积分区间，那么需要在函数的输入参数中全部列出：

```
syms x z
y = sin(x)+cos(z)
int(y,z,2,3)
ans =
sin(3)-sin(2)+sin(x)
```

积分限既可以是数值也可以是符号变量：

```
syms b c
int(y,z,b,c)
ans =
sin(c) - sin(b) - sin(x)*(b-c)
```

表 12.5 给出了与积分相关的 MATLAB 函数。输入表达式中的 y 既可以是简单的符号表达式，也可以是符号函数。

**表 12.5　符号积分**

| | | |
|---|---|---|
| int(f) | 返回表达式 f 对默认变量的积分 | syms x z<br>y = x^3+z^2<br>int(y)<br>ans =<br>1/4*x^4+z^2*x |
| int(f,t) | 返回表达式 f 关于变量 t 的积分 | Syms x z<br>y = x^3+z^2<br>int(y,z)<br>ans =<br>x^3*z+1/3*z^3 |
| int(f, a, b) | 返回表达式 f 对默认变量在区间 a 到 b 上的积分 | syms x z<br>y = x^3+z^2<br>int(y,2,3)<br>ans =<br>65/4+z^2 |
| int(f, t, a, b) | 返回表达式 f 对变量 t 在数值区间 a 到 b 上的积分 | syms x z<br>y = x^3+z^2<br>int(y,z,2,3)<br>ans =<br>x^3+19/3 |
| int(f, t, a, b) | 返回表达式 f 对变量 t 在符号区间 a 到 b 上的积分 | syms x z a b<br>y = x^3+z^2<br>int(y,z,a,b)<br>ans =<br>-a^3/3-a*x^3+b^3/3+b*x^3 |

**实训练习 12.9**

1．求下面表达式对 $x$ 的积分:

$$x^2+x+1 \qquad \sin(x) \qquad \tan(x) \qquad \ln(x)$$

2．求下面表达式对 $x$ 的积分：

$$ax^2+bx+c \qquad x^{0.5}-3y \qquad \tan(x+y) \qquad 3x+4y-3xy$$

3．求实训练习 12.1 和实训练习 12.2 中各表达式对 $x$ 的二重积分。

4．求下面表达式对 $y$ 的积分：

$$y^2-1 \qquad 2y+3x^2 \qquad ay+bx+cz$$

5．求实训练习 12.4 中各表达式对 $y$ 的二重积分。

6．求实训练习 12.1 中各表达式对 $x$ 在区间 0 到 5 上的积分。

**例 12.6　用符号代数方法求活塞-缸筒装置中所做的功**

活塞-缸筒装置广泛应用于科学仪器和工程设备，最常见的是内燃机(见图 12.13)，通常使用在四到八个汽缸。

活塞-缸筒装置所做的功取决于缸筒内部的压力和活塞的移动量，活塞移动导致缸筒内体积的变化。数学上表示为

$$W=\int P\mathrm{d}V$$

为了对该方程进行积分，需要知道压力随体积变化的规律，假设把可燃气体视为空气，并假设满足理想气体定律

$$PV=nRT$$

图 12.13　内燃机

其中，$P$ 为压力，单位为 kPa；$V$ 为体积，单位为 $\mathrm{m}^3$；$n$ 为摩尔数，单位为 kmol；$R$ 为理想气体常数，约为 8.314 $(\mathrm{kPa\cdot m^3})/(\mathrm{kmol\cdot K})$；$T$ 为温度，单位为 K。

设 1 mol 气体的温度为 300 K，工作过程中温度保持不变，可以利用上述方程计算气体在两个已知体积之间进行压缩或膨胀时，对气体所做的功或气体产生的功。

1．描述问题

计算在温度不变的条件下，活塞-缸筒装置中单位摩尔气体在两个已知体积之间压缩和膨胀所做的功。

2．描述输入和输出

**输入**　温度 = 300 K。

理想气体常数 = 8.314 $(\mathrm{kPa\cdot m^3})/(\mathrm{kmol\cdot K})$ = 8.314 $\mathrm{kJ/(kmol\cdot K)}$。

初始体积和最终体积中的任意值，这里取

初始体积 = 1 $\mathrm{m}^3$

最终体积 = 5 $m^3$

**输出**　活塞-缸筒装置所做的功，单位为 kJ。

3．建立手工算例

首先根据理想气体方程求 $P$：

$$PV = nRT$$
$$P = nRT / V$$

因为整个过程中 $n$、$R$ 和 $T$ 都是常数，所以积分运算为

$$W = \int \frac{nRT}{V} \mathrm{d}V = nRT \int \frac{\mathrm{d}V}{V} = nRT \ln\left(\frac{V_2}{V_1}\right)$$

代入数值，得到

$$W = 1\,\mathrm{kmol} \times 8.314\,\mathrm{kJ/(kmol \cdot K)} \times 300\,\mathrm{K} \times \ln\left(\frac{V_2}{V_1}\right)$$

若令 $V_1 = 1\ \mathrm{m}^3$ 和 $V_2 = 5\ \mathrm{m}^3$，那么所做的功为

$$W = 4014\,\mathrm{kJ}$$

因为功是正值，表明由(而不是对)系统产生的功。

4．开发 MATLAB 程序

首先根据理想气体定律求压力。代码如下：

```
syms P V n R T V1 V2                  % Define variables
ideal_gas_law = P*V == n*R*T          % Define ideal gas law
P = solve(ideal_gas_law,P)            % Solve for P
```

返回

```
P =
n*R*T/V
```

使用 int 函数来计算 V1 和 V2 之间的积分运算：

```
W = int(P,V,V1,V2)          % Integrate P with respect
                            % to V from V1 to V2
```

返回

```
W =
piecewise([V1 <= 0 and 0 <= V2, R*T*n*int(1/V, V == V1..,
V2)],
[0 < V1 or V2 < 0, -R*T*n*(log(V1) - log(V2))])
```

出现这个奇数是因为零或负数的对数是无定义的。

最后，把这些值代入方程

```
work = subs(W,{n,R,V1,V2,T},{1,8.314,1,5,300.0})
```

返回

```
work =(12471*log(5))/5
```

可以用 double 函数来简化

```
work = double(work)
work =
4.0143e+03
```

5. 验证结果

最直接的检验方法是比较手工和计算机求出的值。然而，结果相同只能表明采用了同样的计算方法。更合理的检验方法是建立 *PV* 关系曲线，并估算曲线下的面积。

为了创建 *PV* 曲线，将 *n*、*R* 和 *T* 的值代入 *P* 的表达式：

```
p = subs(P,[n,R,T],[1,8.314,300])
```

返回 *P* 的方程

```
p =
12471/5/V
```

然后利用 fplot 函数创建 *PV* 关系曲线[见图 12.14(a)]：

```
fplot(p,[1,5])  % Plot the pressure vs. V
title("(a) Pressure change with Volume for an Isothermal
System")
xlabel("Volume, m^3"), ylabel("Pressure, kPa")
axis([1,5,0,2600])
```

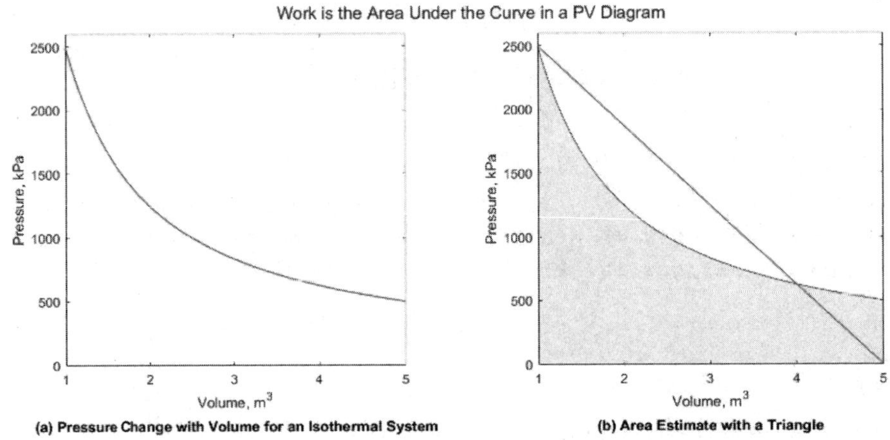


图 12.14 (a)等温系统下压力随体积的变化；(b)利用三角形近似估算曲线下的面积

利用一个三角形区域估算所做的功，如图 12.14(b)所示，有

$$\text{area} = \frac{1}{2}\text{base} * \text{height}$$

$$\text{area} = 0.5 * (5-1) * 2400 = 4800$$

约为 4800 kJ，这个值与计算值 4014 kJ 很接近。

现在上述计算过程用 MATLAB 程序已经验证，提示用户可以修改输入体积的变化值：

```
clear, clc
syms P V n R T V1 V2                 % Define variables
ideal_gas_law = P*V == n*R*T         % Define ideal gas law
P = solve(ideal_gas_law,P)           % Solve for P
W = int(P,V,V1,V2)                   % Integrate to find work
% Now let the user input the data
temp=input("Enter a temperature: ")
v1=input("Enter the intial volume: ")
v2=input("Enter the final volume: ")
work=subs(W,[n,R,V1,V2,T],[1,8.314,v1,v2,temp])
double(work)
```

程序生成了下面的交互过程：

```
Enter a temperature: 300
temp =
   300
Enter the initial volume: 1
v1 =
   1
Enter the final volume: 5
v2 =
   5
work =
   4.0143e+003
```

## 12.6　微分方程

微分方程包含因变量及其对自变量的导数。例如，微分方程：

$$\frac{\mathrm{d}y}{\mathrm{d}t}=y$$

其中，$y$ 是因变量，$t$ 是自变量。

虽然自变量和因变量都可以使用任何符号表示，但是在 MATLAB 中常系数微分方程中默认的自变量是 $t$(一般多用于常微分方程)。已知下面简单的方程：

$$y=\mathrm{e}^t$$

> **关键知识**
> MATLAB 中微分方程的默认自变量为 $t$。

$y$ 对 $t$ 的导数为

$$\frac{\mathrm{d}y}{\mathrm{d}t}=\mathrm{e}^t$$

因为 $y=\mathrm{e}^t$，所以也可以将其表示为微分方程

$$\frac{\mathrm{d}y}{\mathrm{d}t}=y$$

求解微分方程时，就是求一个 $y$ 关于 $t$ 的表达式，微分方程一般有多个解，下面这类关于自变量 $t$ 的方程都能用同一个微分方程($\mathrm{d}y/\mathrm{d}t=y$)表示：

$$y=C_1\mathrm{e}^t$$

指定初始条件后，就定义了一个特殊的方程，例如，

$$y(0)=1$$

有

$$C_1=1$$

另一个稍微复杂的函数为

$$y=t^2$$

$y$ 对 $t$ 的导数为

$$\frac{\mathrm{d}y}{\mathrm{d}t}=2t$$

上面的方程可以整理为

$$\frac{\mathrm{d}y}{\mathrm{d}t}=\frac{2t^2}{t}=\frac{2y}{t}$$

因为这个方程同时包含一个导数(d$y$/d$t$)和因变量($y$)，所以它是一个微分方程。求解微分方程就是用自变量($t$)求解因变量($y$)。

符号工具箱中的 dsolve 函数可用于求解微分方程，也就是求 $y$ 关于 $t$ 的表达式。

## 12.6.1 一阶微分方程

使用 dsolve 求解微分方程时，用符号函数作为输入。如果命名了因变量 y 和自变量 t，结果(方程的解)将是一个用 $t$ 表示 $y$ 的函数。要创建 dsolve 函数的输入，第一步是将 y 函数定义为一个符号变量：

```
syms y(t)
```

然后，定义微分方程，例如：

$$\frac{\mathrm{d}y}{\mathrm{d}t}=\frac{2y}{t}$$

可以定义一个变量 eqn，并使用 diff 函数来表示 $y(t)$ 的导数。

```
eqn = diff(y(t),t)==y(t)/t
```

另一种语法是：

```
eqn = diff(y,t)==y/t
```

只要 y 被定义为一个符号函数，就可以使用 y(t)或者使用方程定义中的函数句柄 y。结果都是一样的，符号函数：

```
eqn(t) =
diff(y(t), t) == (2* y(t))/t
```

dsolve 函数的输入是 eqn，返回微分方程的解。

```
dsolve(eqn)
 ans =
C1*t^2
```

也可以在 dsolve 函数中直接输入方程，得到相同的结果：

```
dsolve(diff(y,t)==2*y/t)
 ans =
C1*t^2
```

微分方程有多个解，除非指定了一个边界条件。常数 C1 有无限个值。dsolve 函数第二个字段可以输入边界条件。可以定义一个单独的方程式并给它起一个名称，或者直接在 dsolve 函数中定义。例如，设置当 t=-1 时，y=1 的边界条件时，在第二个输入字段中输入 y(-1)==1。

```
dsolve(eqn,y(-1)==1)
ans =
t^2
```

因此，可以求出 C1=1。不同的边界条件会产生不同的 C 值，并不是所有的边界条件都能求出解。

## 12.6.2　高阶微分方程

高阶微分方程的求解方法与一阶方程相似。以微分方程为例：

$$100\frac{d^2x}{dt^2}+4\frac{dx}{dt}+20x=0$$

指定边界条件 $x(0)=1$ 和 $dx(0)=1$。除了定义 x 的符号函数，dx 的符号函数 Dx 也需要定义，它也是边界条件定义所需要的。当调用 diff 函数时，Dx 会自动创建。

```
syms x(t)
Dx=diff(x)
```

方程的定义更长，但与之前的示例遵循相同的规则。由于该方程是一个二阶微分方程，因此在 dsolve 函数中需要两个边界条件。首先定义微分方程：

```
eqn=100*diff(x,t,2)+4*diff(x,t)+20*x==0
```

返回：

```
eqn(t) = 20*x(t) + 200*diff(x(t),t) + 20*diff(x(t),t,t) == 0
```

然后使用 dsolve 函数求解：

```
dsolve(eqn,x(0)==1,Dx(0)==1)

ans =(6^(1/2)*exp(t*(2*6^(1/2) - 5))*(6^(1/2) + 3))/12 ...
 - exp(-t*(2*6^(1/2) + 5))*(6^(1/2)/4 - 1/2)
```

## 12.6.3　微分方程组

现在考虑求解微分方程组：

$$\frac{dx}{dt}=y$$

$$\frac{dy}{dt}=x$$

首先，定义符号函数

```
syms x(t) y(t)
```

然后用 dsolve 函数求解列出的方程。

```
a=dsolve(diff(x)==y,diff(y)==x)
a =
  struct with fields:
    y: [1×1 sym]
    x: [1×1 sym]
```

结果是一个结构数组。可以按通常的方式添加边界条件。在一个线性微分方程组中，每个变量都需要一个边界条件。如果包含高阶导数，则必须添加其他的边界条件。每个结果都可以用结构数组的语法来读取。

```
a.y
ans =
C1*exp(t) + C2*exp(-t)
a.x
ans =
C1*exp(t) - C2*exp(-t)
```

MATLAB 无法用符号函数方法求解所有的微分方程。无论求解工具多么强大，许多微分方程都无法得到解析解。对这些方程，只能用数值方法求解。

## 12.7 将符号表达式转换为匿名函数

在传统的 MATLAB 函数中使用运算结果之前，对数学表达式进行符号运算通常很有用。为了在函数中使用符号计算的结果，需要先使用 matlabFunction 函数将符号表达式转换为匿名函数。下面是一个非常简单的例子。

```
syms x
y=cos(x)
dy=diff(y)
```

此段程序返回 cos(*x*)的导数

```
dy =
-sin(x)
```

为了将符号变量 dy 转换为匿名函数，采用下面的方法：

```
f=matlabFunction(dy)
```

返回结果为

```
f =
        @x -sin(x)
```

现在，f 可以用来求$-\sin(x)$的值。例如，求$-\sin(x)$在 $x=2$ 处的值

```
f(2)
ans =
     -0.9093
```

下面给出一个更复杂的例子，也包含了符号运算求导数。这次使用函数表示法，也是一种同样有效的方法。

```
syms x
y(x)=(exp(-x)-1)/x
dy=diff(y)
g=matlabFunction(dy)
```

返回一个新的匿名函数 g：

```
g=
  @(x)-exp(-x)./x-1.0./x.^2.*(exp(-x)-1.0)
```

匿名函数可以像所有其他 MATLAB 函数一样使用。

## 小结

符号工具箱是专业版 MATLAB 的一个可选组件，学生版 MATLAB 包含了该组件。

在 MATLAB 中，符号变量用 syms 命令创建：

```
syms x
```

一条语句中可以创建多个符号变量：

```
syms a b c
```

一旦定义了符号变量，就可用来创建更复杂的符号表达式。由于 x、a、b、c 被定义为符号变量，可以将它们结合起来创建二次方程：

```
EX = a*x^2 + b*x + c
```

MATLAB 可以处理符号表达式、符号函数(一种表达式类型)和符号方程。方程就是等式，而表达式不是，本小结中，前面所有语句创建的都是表达式。为了做比较，下面的语句定义了一个符号方程。

```
EQ = n == m/MW
```

符号表达式和符号方程都可以使用符号工具箱中的 MATLAB 内置函数来处理。numden 函数能从表达式中提取分子和分母，但对方程无效。expand、factor 和 collect 函数都可用于改写表达式或方程。simplify 函数能根据内置基本规则化简表达式或方程。

solve 是一个非常有用的符号函数，用于求方程的符号解，如果该函数的输入是表达式，则 MATLAB 会假设该表达式等于零，然后进行求解。solve 函数不仅可以求解指定变量的单个方程，还可以求解方程组。与矩阵代数中求解方程组的方法不同，solve 函数的输入不一定必须是线性的，对非线性方程组也可以求解。

替换函数 subs 能实现用新的变量或数值替换原有变量。若定义 y 为

```
syms m n p
y = m +2*n + p
```

命令

```
subs(y,{m,n,p}, {1,2,3})
```

返回

```
ans =
    8
```

subs 命令可用来完成对数值和符号变量的替换。

另一种方法是用函数形式来定义表达式。这可以容易地转换成表达式。可以直接使用 syms 创建函数，如：

```
syms f(x,y)
```

或者可以使用现有表达式的 symfun 函数转换为函数。

使用 symunit 函数可以在 MATLAB 工作区中添加单位。允许给符号变量增加单位，带着单位计算，并进行单位换算。

MATLAB 的符号绘图功能可能照搬了标准绘图功能。工程和科学上用得最多的绘图函数是直角坐标 *x*-*y* 绘图函数 fplot。该函数允许输入一个符号表达式，并在自变量从$-2\pi$到$+2\pi$区间上绘制图形，用户也可以设定自变量的最大值和最小值。符号绘图使用标准的 MATLAB 绘图语法进行注释。

符号工具箱包含很多微积分函数，其中最基本的是 diff(微分)函数和 int(积分)函数，diff 函数可以求关于默认变量($x$ 或表达式中最接近 $x$ 的变量)的导数，也可以求指定微分变量的导数，还可以指定导数的阶数。int 函数可以求关于默认变量($x$)或指定变量的积分，既可以计算定积分也可以计算不定积分。MATLAB 还包含一些本章中没有介绍的其他微积分函数，可以通过 help 得到更多有关微积分函数的信息。

微分方程可以用 dsolve 函数求解。

解题时，在创建 MATLAB 函数之前，先对符号表达式进行处理通常是有用的。matlabFunction 函数可以轻松完成此操作。

### MATLAB 小结

下列 MATLAB 小结列出了本章定义的所有特殊字符、命令和函数：

| 命令和函数 | |
|---|---|
| collect | 合并同类项 |
| diff | 对符号表达式求导 |
| double | 将符号变量转换为双精度浮点数 |
| dsolve | 微分方程求解器 |
| expand | 展开表达式和方程 |
| ezpolar | 创建极坐标图 |
| fcontour | 创建等高线图 |
| fimplicit | 绘制隐式方程的二维图 |
| fimplicit3 | 绘制隐式方程的三维图 |
| fmesh | 创建符号表达式的网格图 |
| fplot | 绘制符号表达式的波形(直角坐标图) |
| fplot3 | 创建三维曲线图 |
| fsurf | 绘制符号表达式的曲面图 |
| factor | 对表达式或方程进行因式分解 |
| int | 求符号表达式的符号积分 |
| matlabFunction | 将符号表达式转换为匿名函数 |
| numden | 从表达式中提取分子和分母 |
| poly2sym | 将多项式的系数转换为符号多项式 |
| separateUnits | 将变量的量纲和数值分离 |
| simplify | 用内置的化简规则进行化简 |
| solve | 求解符号表达式或方程 |
| subs | 代入符号表达式或方程 |
| sym | 创建符号变量、表达式或方程 |
| sym2poly | 将符号多项式转换为多项式的系数数组 |
| symfun | 创建符号函数 |
| syms | 创建多个符号变量 |
| symunit | 将物理量纲添加到工作空间中 |
| symvar | 决定函数中所有符号变量，按照字母排序返回的结果 |
| unitConvert | 单位转换 |

## 关键术语

| | | |
|---|---|---|
| 不定积分 | 线性 | 参数方程 |
| 求导 | 非线性 | 方程的根 |
| 方程 | 数值 | 符号 |
| 表达式 | 对象 | 变量 |
| 函数 | 运算符 | |
| 积分 | 重载函数 | |

## 习题

### 符号代数

**12.1** 创建符号变量

**a b c d x**

并用它们创建下面的符号表达式：

(a) `se1 = x^3 - 3*x^2 + x`

(b) `se2 = sin(x) + tan(x)`

(c) `se3 = (2*x^2 - 3*x - 2)/(x^2 - 5*x)`

(d) `se4 = (x^2 -9)/(x+3)`

**12.2** se1 除以 se2。

(a) se3 乘 se4。

(b) se1 除以 x。

(c) se1 加上 se3。

**12.3** 创建符号变量

**a b c d x**

并用它们创建下面的符号表达式：

(a) `fse1(x) = x^3 - 3*x^2 + x`

(b) `fse2(x) = sin(x) + tan(x)`

(c) `fse3(x) = (2*x^2 - 3*x - 2)/(x^2 - 5*x)`

(d) `fse4(x) = (x^2 -9)/(x+3)`

**12.4** fse1 除以 fse2。

(a) fse3 乘 fse4。

(b) fse1 除以 x。

(c) fse1 加上 fse3。

**12.5** 创建下面的符号方程：

(a) `sq1 = x^2 + y^2 == 4`

(b) `sq2 = 5*x^5 - 4*x^4 + 3*x^3 + 2*x^2 - x == 24`

(c) `sq3 = sin(a) + cos(b)-x*c == d`

(d) `sq4 = (x^3 -3*x)/(x-3) == 14`

**12.6** 试用 `numden` 函数从 `se4`、`fse4` 和 `sq4` 中提取分子和分母，该函数对表达式和方程都适用吗？描述二者的结果有什么不同？并解释这些不同。

**12.7** 把 `expand`、`factor`、`collect` 和 `simplify` 函数应用于 `se1` 到 `se4`、`fse1` 到 `fse4` 和 `sq1` 到 `sq4`。用自己的语言描述这些函数是如何用于不同类型的表达式和方程的。(符号函数是符号表达式的一种类型。)

### 符号求解和 subs 函数的使用

**12.8** 对习题 12.1 中创建的关于 x 的每个表达式进行求解。

**12.9** 对习题 12.3 中创建的关于 x 的每个函数进行求解。

**12.10** 对习题 12.5 中创建的关于 x 的每个方程进行求解。

**12.11** 对习题 12.5 中创建的方程 `sq3` 求 `a` 的解。

**12.12** 钟摆是一个悬于无摩擦支点上的刚性物体(见图 P12.12)。假如钟摆在给定惯性矩作用下前后摆动，则可以求得振动的频率，其方程为

$$2\pi f = \sqrt{\frac{mgL}{I}}$$

其中，$f$ 为频率；$m$ 为钟摆质量；$g$ 为重力加速度；$L$ 为支点到钟摆重心的距离；$I$ 为惯性矩。使用符号求解长度 $L$。

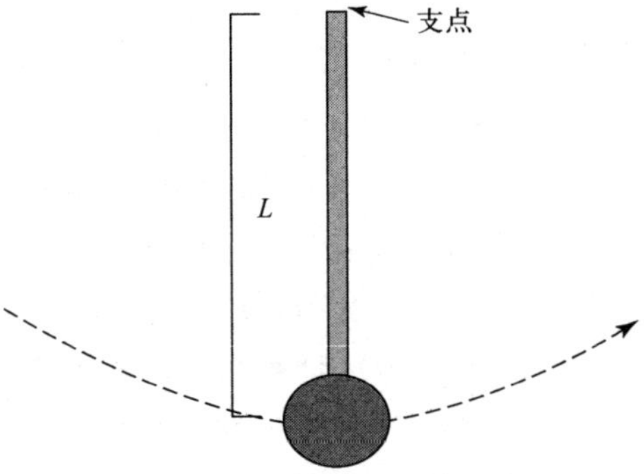


图 P12.12　钟摆

**12.13** 在上题的基础上，令钟摆的质量、频率和惯性矩分别为下面的值：

$$m = 10 \text{ kg}$$
$$f = 0.2 \text{ s}^{-1}$$
$$I = 60 \text{ kg}\cdot\text{m/s}$$

假设钟摆是在地球上($g = 9.8 \text{ m/s}^2$)，其重心到支点的距离为多少？(用 `subs` 函数求解该问题)。

**12.14** 动能定义为

$$\text{KE} = \frac{1}{2}mV^2$$

其中，KE 为动能，单位为 J；$m$ 为质量，单位为 kg；$V$ 为速度，单位为 m/s。创建动能的符号方程，并求速度 $V$。

**12.15** 求解汽车的动能，汽车质量为 2000 lbm，速度为 60 mph，如图 P12.15 所示，动能的单位是 $\text{lbm}\cdot\text{mile}^2/\text{h}^2$。计算出结果后，用下面的转换关系，把动能单位转换为 Btu：

$$1 \text{ lbf} = 32.174 \text{ lbm}\cdot\text{ft/s}^2$$
$$1 \text{ h} = 3600 \text{ s}$$
$$1 \text{ mile} = 5280 \text{ ft}$$
$$1 \text{ Btu} = 778.169 \text{ ft}\cdot\text{lbf}$$

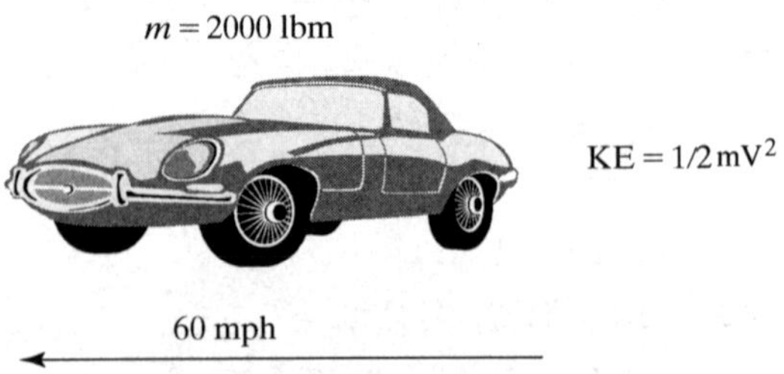


图 P12.15　习题 12.15 中描述的汽车

**12.16** 重复前面的问题，使用符号单位将单位附加到计算结果中，使用内置的 unitConvert 函数将单位转换为 Btu。

**12.17** 气体的热容可以表示为下面的方程。其中，$a$、$b$、$c$ 和 $d$ 为经验常数，温度 $T$ 的单位是 K。

$$C_P = a + bT + cT^2 + dT^3$$

经验常数没有任何物理意义，只是为了拟合方程。请创建热容的符号方程，并求解温度 $T$。

**12.18** 把下面给出的 $a$、$b$、$c$ 和 $d$ 的值代入上面的热容方程，并将计算结果重新命名［这些值取自当温度在 273 K 到 1800 K 之间变化时为氮气的热容建模的值，氮气的热容单位为 kJ/(kmol·K)］：

$$a = 28.90 \qquad b = -0.1571\times10^{-2} \qquad c = 0.8081\times10^{-5} \qquad d = -2.873\times10^{-9}$$

当热容($C_p$)为 29.15 kJ/(kmol·K)时，解新方程求温度 $T$。

**12.19** 安托尼方程用经验常数把气体的蒸汽压表示为温度的函数。方程式如下：

$$\log_{10}(P) = A - \frac{B}{C+T}$$

式中，$P$ 为压力，单位为 mmHg；$A$、$B$ 和 $C$ 均为经验常数；$T$ 为温度，单位为℃。

液体的标准沸点是当气体的蒸汽压力等于大气压力，即 760 mmHg 时的温度值。请用 MATLAB 的符号功能求苯的标准沸点，其中的经验常数分别为

$$A = 6.89272 \qquad B = 1203.531 \qquad C = 219.888$$

**12.20** 两个大学生去自助餐厅买午饭。第二天花费是第一天的两倍，第三天比第二天少 1 美元。三天内共花费 70 美元。那么，该大学生每天花费多少钱？用 MATLAB 的符号功能求解该问题。

### 求解方程组

**12.21** 考虑下面的方程组：

$$\begin{aligned}
3x_1 + 4x_2 + 2x_3 - x_4 + x_5 + 7x_6 + x_7 &= 42\\
2x_1 - 2x_2 + 3x_3 - 4x_4 + 5x_5 + 2x_6 + 8x_7 &= 32\\
x_1 + 2x_2 + 3x_3 + x_4 + 2x_5 + 4x_6 + 6x_7 &= 12\\
5x_1 + 10x_2 + 4x_3 + 3x_4 + 9x_5 - 2x_6 + x_7 &= -15\\
3x_1 + 2x_2 - 2x_3 - 4x_4 - 5x_5 - 6x_6 + 7x_7 &= 10\\
-2x_1 + 9x_2 + x_3 + 3x_4 - 3x_5 + 5x_6 + x_7 &= 18\\
x_1 - 2x_2 - 8x_3 + 4x_4 + 2x_5 + 4x_6 + 5x_7 &= 17
\end{aligned}$$

为每个方程定义一个符号方程，并使用 MATLAB 的符号功能求解每个未知数。

**12.22** 用 tic 函数和 toc 函数计时，比较用左除和用符号数学中的函数计算上面方程组所用的时间。tic 函数和 toc 函数的语法如下：

```
tic
:
code to be timed
:
toc
```

**12.23** 用 MATLAB 的符号功能求解下面的问题。考虑分离过程，其中水、乙醇和甲醇的混合液体注入处理单元，从单元的两个出口流出处理后的液体，每个出口流出的液体所含的三种成分含量不同，见图 P12.23。

确定流入处理单元的液体流量以及从处理单元顶部和底部流出的液体流量。

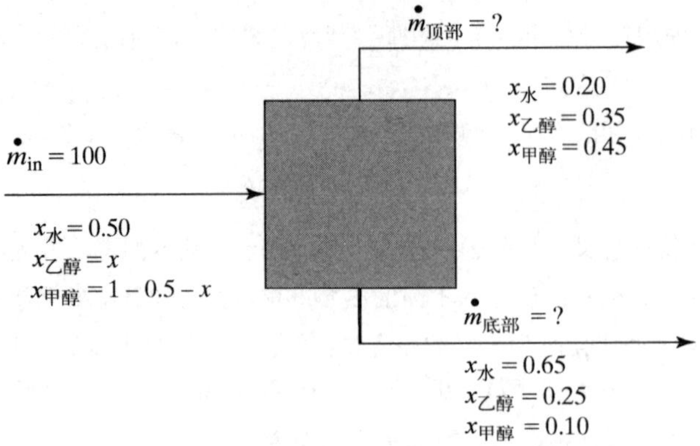


图 P12.23 水、甲醇、乙醇三种物质的分离过程

(a) 首先建立三种物质的平衡方程如下：

水

$$0.5(100) = 0.2\dot{m}_{顶部} + 0.65\dot{m}_{底部}$$
$$50 = 0.2\dot{m}_{顶部} + 0.65\dot{m}_{底部}$$

乙醇

$$100x = 0.35\dot{m}_{顶部} + 0.25\dot{m}_{底部}$$
$$0 = -100x + 0.35\dot{m}_{顶部} + 0.25\dot{m}_{底部}$$

甲醇

$$100(1-0.5-x) = 0.45\dot{m}_{顶部} + 0.1\dot{m}_{底部}$$
$$50 = 100x + 0.45\dot{m}_{顶部} + 0.1\dot{m}_{底部}$$

(b) 为每种物质的平衡关系创建符号方程。

(c) 用 `solve` 函数求解方程组中的三个未知量。

**12.24** 考虑下面的两个方程：

$$x^2 + y^2 = 42 \qquad x + 3y + 2y^2 = 6$$

为每个方程创建符号方程，并用 MATLAB 的符号功能进行求解。(需要使用 `double` 函数查看结果的数值解。)能用矩阵求解该方程组吗？

**符号绘图**

**12.25** 绘制下面表达式的图形，变量 $x$ 的取值为 0 到 10：

(a) $y = e^x$

(b) $y = \sin(x)$

(c) $y = ax^2 + bx + c$ ，其中，$a = 5,\ b = 2,\ c = 4$

(d) $y = \sqrt{x}$

每个图形应包含标题、$x$ 轴标签、$y$ 轴标签和网格。

**12.26** 用 `fplot` 函数在同一坐标中绘制下面的表达式的波形，变量 $x$ 的取值范围从$-2\pi$ 到$+ 2\pi$ (需要使用 `hold on` 命令)。

$$y_1 = \sin(x) \qquad y_2 = \sin(2x) \qquad y_3 = \sin(3x)$$

为每条曲线指定不同的线型和颜色。

**12.27** 用 fimplicit 函数绘制下面隐函数方程的图形：

(a) $x^2+y^3=0$　(b) $x+x^2-y=0$　(c) $x^2+3y^2=3$　(d) $x\cdot y=4$

**12.28** 用 fplot 函数绘制下面参数方程的图形：

(a) $f_1(t)=x=\sin(t)$
$f_2(t)=y=\cos(t)$

(b) $f_1(t)=x=\sin(t)$
$f_2(t)=y=3\cos(t)$

(c) $f_1(t)=x=\sin(t)$
$f_2(t)=y=\cos(3t)$

(d) $f_1(t)=x=10\sin(t)$　从$t=0$到30
$f_2(t)=y=t\cos(t)$

(e) $f_1(t)=x=t\sin(t)$　从$t=0$到30
$f_2(t)=y=t\cos(t)$

**12.29** 炮弹以 $\theta$ 角发射后的飞行距离是一个关于时间的函数，可以分解为水平距离和垂直距离(见图 P12.29)，相应的方程分别为

$$h(t)=tV_0\cos(\theta)$$

和

$$v(t)=tV_0\sin(\theta)-\frac{1}{2}gt^2$$

式中，$h(t)$ 为 $x$ 方向飞行的距离；$v(t)$ 为 $y$ 方向飞行的距离；$V_0$ 为炮弹的初速度；$g$ 为重力加速度，9.8 m/s²；$t$ 为时间，单位为 s。

假设炮弹以 100 m/s 的初速度和 π/4 弧度(45°)的发射角发射。用 fplot 函数分别在 $x$ 轴和 $y$ 轴上绘制水平距离和垂直距离，时间 $t$ 从 0 到 20 s。

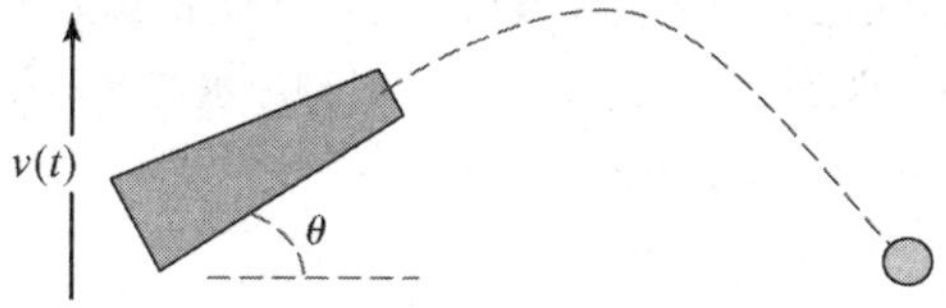


图 P12.29　弹道轨迹

**12.30** 使用 ezpolar 函数绘制下面每个表达式的波形，并使用 tiledlayout 函数将 4 个图形放在同一个图形窗口中。参考 help 功能使用合适的语法：

(a) $\sin^2(\theta)+\cos^2(\theta)$

(b) $\sin(\theta)$

(c) $e^{\theta/5}$, $\theta$ 从 0 到 20

(d) $\sinh(\theta)$, $\theta$ 从 0 到 20

**12.31** 用 fplot3 函数绘制下面函数的三维线图：

$$f_1(t)=x=t\sin(t)$$
$$f_2(t)=y=t\cos(t)$$
$$f_3(t)=z=t$$

**12.32** 用下面的方程创建符号函数 $Z$：

$$Z=\frac{\sin(\sqrt{X^2+Y^2})}{\sqrt{X^2+Y^2}}$$

(a) 用 fmesh 函数绘制 $Z$ 的三维图；

(b) 用 fsurf 函数绘制 $Z$ 的三维图；

(c) 用 fcontour 函数绘制 $Z$ 的等高线图。

用 subplots 函数把所有图形绘制在同一个图形窗口中。为整个图形添加一个标题。

**微积分**

**12.33** 用 MATLAB 的符号函数求下面函数的一阶和二阶导数：

(a) $f_1(x)=y=x^3-4x^2+3x+8$　　(b) $f_2(x)=y=(x^2-2x+1)(x-1)$

(c) $f_3(x)=y=\cos(2x)\sin(x)$　　(d) $f_4(x)=y=3xe^{4x^2}$

**12.34** 用 MATLAB 的符号函数求下面各表达式的积分：

(a) $\int(x^2+x)\mathrm{d}x$　(b) $\int_{0.3}^{1.3}(x^2+x)\mathrm{d}x$　(c) $\int(x^2+y^2)\mathrm{d}x$　(d) $\int_{3.5}^{24}(ax^2+bx+c)\mathrm{d}x$

**12.35** 下面的多项式表示放飞气象气球后 48 小时内的高度，以 m 为单位：

$$h(t)=-0.12t^4+12t^3-380t^2+4100t+220$$

假设时间 $t$ 的单位为 h。

(a) 速度是高度的一阶导数，用 MATLAB 求出气球的速度方程；

(b) 加速度是速度的一阶导数，或者是高度的二阶导数，用 MATLAB 求出气球加速度的方程；

(c) 用 MATLAB 求解气球什么时候会着地。因为 $h(t)$ 是四阶多项式，有 4 个解，但是只有一个是有物理意义的；

(d) 用 MATLAB 的符号绘图功能绘制时间 $t$ 从 0 到着地时刻［该值已经在(c)中求出］的时段内高度、速度和加速度的波形。因为高度、速度和加速度的单位各不相同，所以需要分别绘制波形；

(e) 求气球能达到的最大高度。当达到最大高度时，气球的速度为 0。

**12.36** 假设向一个空水罐中注水，见图 P12.36。已知在 $t$ 时刻注水速率是 $(50-t)$ L/s。前 $x$ s 内注入的水量 $Q$ 等于表达式 $(50-t)$ 从 0 到 $x$ s 的积分*。

(a) 求 $x$ s 后水罐水量的符号方程；

(b) 求 30 s 后的水罐水量；

(c) 求注水后 10 s 到 15 s 之间注入水罐的水量。

**12.37** 一个左端固定，右端可以沿 $x$ 轴自由移动的弹簧，见图 P12.37。假设弹簧静止时右端在原点 $x=0$ 处。当弹簧被拉伸时，弹簧的右端会处于一个大于 0 的 $x$ 值处。当弹簧被压缩时，弹簧右端会处于一个小于 0 的某个值处。设弹簧自然长度为 1ft，一个 10 lbf 的力使弹簧压缩为 0.5 ft。将弹簧从自然位置拉伸到 $n$ ft 位置所做的功(单位为 ft·lbf)是 $20x$ 在 0 到 $(n-1)$ 区间上的积分。

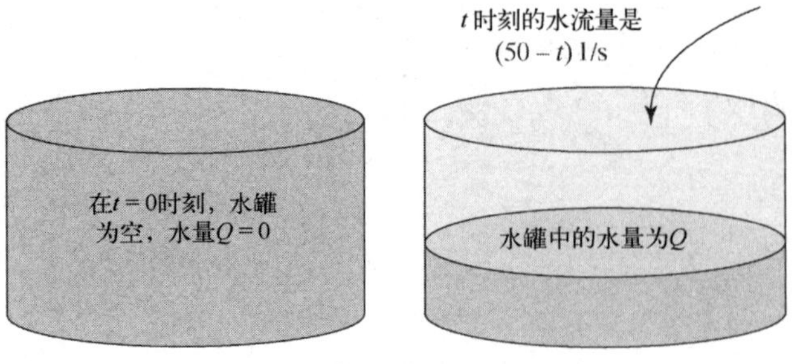


图 P12.36　水罐注水问题

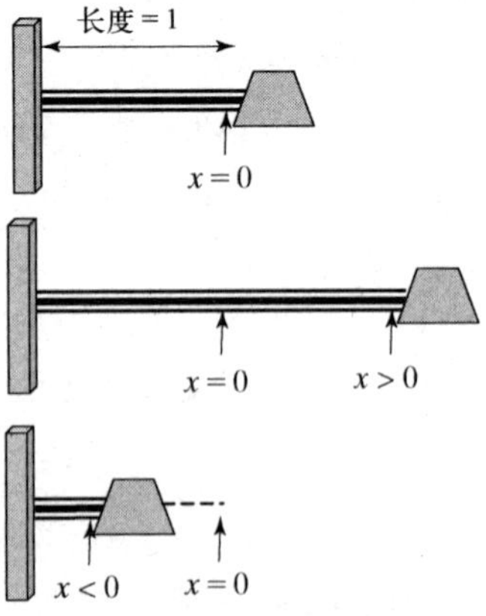


图 P12.37　习题 12.37 的弹簧问题

(a) 当弹簧被拉伸后总长为 $n$ ft 时，用 MATLAB 求所做的功的符号表达式；

(b) 弹簧被拉伸后总长为 2 ft 时所做的功是多少？

(c) 当所做的功为 25 ft·lbf 时，拉伸后弹簧的长度为多少？

**12.38** 气体的恒压热容 $C_p$ 可以用下面的经验公式表示：

$$C_p = a + bT + cT^2 + dT^3$$

其中，$a$、$b$、$c$ 和 $d$ 是经验常数；$T$ 是温度，单位为 K。当气体从 $T_1$ 加热到 $T_2$ 时，焓(能量的量度)的变化量是上面方程关于 $T$ 的积分值：

$$\Delta h = \int_{T_1}^{T_2} C_p \mathrm{d}T$$

求氧气从 300 K 加热到 1000 K 时焓的变化量。计算中氧气的 $a$、$b$、$c$ 和 $d$ 值为

$$a = 25.48 \qquad b = 1.520 \times 10^{-2} \qquad c = -0.7155 \times 10^{-5} \qquad d = 1.312 \times 10^{-9}$$

**由符号表达式创建匿名函数**

**12.39** 一阶多项式常表示为

$$ax + b = 0$$

(a) 使用 MATLAB 的符号代数功能来求解方程中的 $x$；

(b) 用 `matlabFunction` 函数将(a)的结果转换为匿名函数；

(c) 用下面的输入值计算函数的值：$a = 4$，$b = 3$。

**12.40** 考虑简单的三角函数 $\tan(x)$。

(a) 使用 MATLAB 中的符号代数功能求该函数的积分；

(b) 使用 `matlabFunction` 函数将(a)的结果转换为匿名函数；

(c) 从−5 到+5，使用 `fplot` 绘制函数的波形。

# 第 13 章　数值计算方法

**本章目标**

学完本章后应能够：

- 用线性或三次样条模型对数据进行插值；
- 用多项式对一组数据点建模；
- 使用基本的拟合工具分析数据；
- 使用曲线拟合工具箱；
- 进行数值微分；
- 进行数值积分；
- 求解微分方程的数值解。

## 13.1　插值

在进行测量时，不必采集所有可能数据点上的数值。已知在实验中采集到的一组 $x$，$y$ 的数据，使用插值方法就能估算出未测量点 $x$ 对应的 $y$ 值[如图 13.1(a)所示]。最常用的两种插值方法是线性插值法和三次样条插值法，MATLAB 支持这两种插值方法。

> **关键知识**
> 估计两个已知点之间的一个数据点最常用方法是线性插值。

### 13.1.1　线性插值

估计两个已知点之间的一个数据点最常用方法是线性插值。在这一方法中，假设两点之间用一条直线来近似，如图 13.1(a)所示。如果找到由这两个点定义的直线的方程，就可以计算出任何 $x$ 所对应的 $y$ 值。两个点越接近，近似值就越精确。

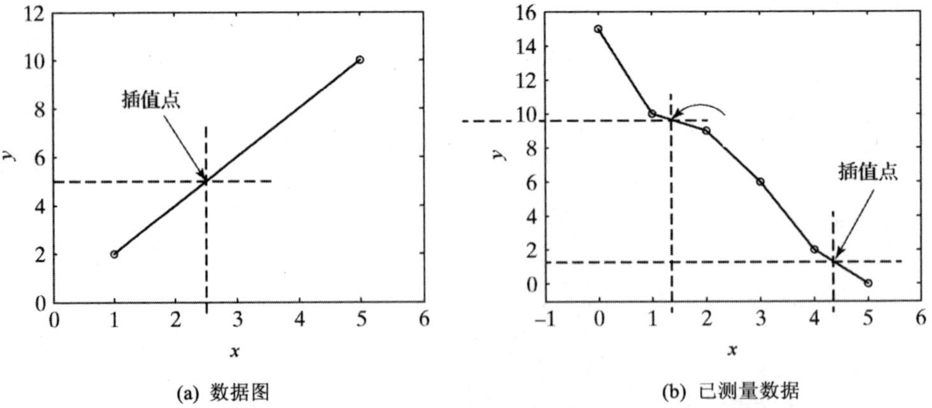


(a) 数据图　　　　(b) 已测量数据

图 13.1　(a)在线性插值中，假设因变量($y$)与自变量($x$)是线性关系，则可以估计出中间值，相当于在两点之间画一条直线；(b)如果因变量和自变量之间不是线性关系，那么要得到更好的近似效果就需要多比较接近的数据

**提示：**对采集到的数据范围以外的数据，如果假设数据的变化规律不变，那么就可以使用外差法。虽然这种方法可行，但是不可取，因为这种假设往往会造成很大的估计误差。

**提示：**函数名 interp1 最后一个字符是数字 1。由于字体的原因，看起来像小写字母 l。

在 MATLAB 中可以用 interp1 函数来实现线性插值。创建图 13.1(b)所使用的数据如下：

```
x = 0:5;
y = [15, 10, 9, 6, 2, 0];
```

进行单点插值时，interp1 函数的输入参数有 x，y，以及用于估计 y 值的新的 x 的值。例如，当 $x=3.5$ 时，要估计对应的 y 值，输入：

```
interp1(x,y,3.5)
ans =
   4
```

如果要同时进行多点插值，可以将插值函数 interp1 的第三个输入参数 x 写成向量的形式。例如，x 取值为 0 到 5，步长 0.2，估算对应的 y 值，输入：

```
new_x = 0:0.2:5;
new_y = interp1(x,y,new_x)
```

结果为：

```
new_y =
  Columns 1 through 5
  15.0000 14.0000 13.0000 12.0000 11.0000
…
  Column 26
       0
```

下述语句可以将插值结果与原始数据绘制在同一幅图中，如图 13.2(a)所示：

```
plot(x,y,new_x,new_y,'o')
```

(为了简便起见，省略了用于添加标题和坐标轴名称的命令。)

interp1 函数默认的估计方法是线性插值。但是，也可以用其他方法进行插值，这些内容将在下一部分介绍。如果要指定 interp1 函数使用线性插值法，可以在函数的第 4 个输入字段中定义：

```
interp1(x,y,3.5,"linear")
ans =
  4
```

> **关键知识**
> 大多数 MATLAB 函数接受字符矩阵或字符串矩阵的文本输入，因此可以使用单引号或双引号。

## 13.1.2　三次样条插值

用直线连接数据点来估计中间值虽然是最简单的方法，但不一定是最佳方法。在 interp1 函数中，还可以使用三次样条曲线的插值方法，这种方法可以绘制一条更平滑的曲线。此方法用三阶多项式，因此对数据进行建模至少需要 4 个数据点。要调用三次样条曲线，需要在 interp1 函数中添加第 4 个输入字段。例如，当 $x=3.5$ 时估计 $y$ 的值，使用三次样条插值函数的代码为：

```
interp1(x,y,3.5,"spline")
```

返回

```
ans =
  3.9417
```

可以使用三次样条插值方法产生一个新的矩阵，该矩阵由矩阵 x 中每个元素对应的 y 的近似值构成：

```
new_y_spline =
interp1(x,y,new_x,"spline");
```

将上面得到的数据与已测量数据绘制在同一幅图中，见图 13.2(b)，生成两条不同的曲线。绘图命令为

```
plot(x,y,new_x,new_y_spline,'-o')
```

图 13.2(b)中的曲线是使用插值数据绘制的，由直线段构成的折线是只使用原始数据绘制的。

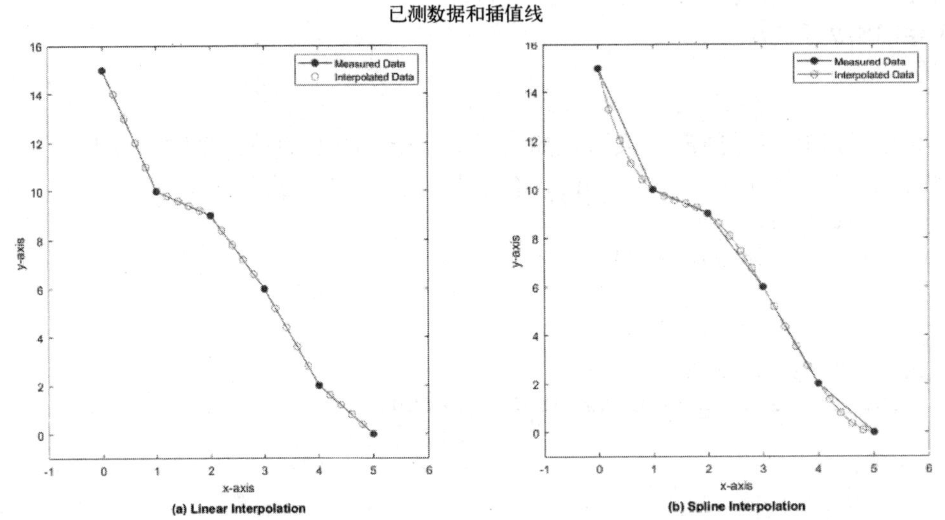


图 13.2　已测数据和插值数据绘制在同一幅图中：(a)线性插值，所有计算数据点落在测量数据点之间的直线上；(b)三次样条插值，计算数据点落在曲线上。每个测量数据点也落在曲线上

虽然线性插值和样条曲线插值是最常用的插值方法，但 MATLAB 还提供了一些其他插值方法，如表 13.1 所示。

**表 13.1　interp1 函数中的插值选项**

| | | |
|---|---|---|
| linear | 线性插值，是默认选项 | interp1(x,y,3.5,"linear")<br>ans =<br>4 |
| nearest | 最近邻内插，返回最近的数据点的值 | interp1(x,y,3.5,"nearest")<br>ans =<br>2 |
| spline | 分段三次样条插值 | interp1(x,y,3.5,"spline")<br>ans =<br>3.9417 |
| pchip | 保形分段三次内插 | interp1(x,y,3.5,"pchip")<br>ans =<br>3.9048 |
| cubic | 同'pchip' | interp1(x,y,3.5,"cubic")<br>ans =<br>3.9048 |
| v5cubic | 来自于 MATLAB 第 5 版的三次内插，若 x 为非等间隔，则不能外插并使用'spline'方法 | interp1(x,y,3.5,"v5cubic")<br>ans =<br>3.9375 |

### 例 13.1　热力学特性：蒸汽表格的使用

热力学中常常使用表格的形式来描述热力学特性，虽然许多热力学特性可以用非常简单的方程来描述，但是还有一些性质很难理解，或者描述这些性质的方程非常复杂。较为简单的方法是将这些数值制成表格。例如，表 13.2 所示为蒸汽在 0.1 MPa(约 1 atm)时内能与温度的关系(见图 13.3)。

**表 13.2　0.1 Mpa 时蒸汽的内能与温度的关系**

| 温度(℃) | 内能，u(kJ/kg) |
|---|---|
| 100 | 2506.7 |
| 150 | 2582.8 |
| 200 | 2658.1 |
| 250 | 2733.7 |
| 300 | 2810.4 |
| 400 | 2967.9 |
| 500 | 3131.6 |

数据来源：Joseph H. Keenan, Frederick G. Keyes, Philip G. Hill, and Joan G. Moore, *Steam Tables, SI units* (New York: John Wiley & Sons, 1978)。

图 13.3　间歇喷泉喷出高温高压的水和蒸汽

请用线性插值法确定温度为 215℃时的内能。如果内能为 2600 kJ/kg，则使用线性插值法确定其温度。

1. 描述问题

   用线性插值法求蒸汽的内能。

   用线性插值法求蒸汽的温度。

2. 描述输入和输出

   **输入**　温度和内能表

   　　　$u$ 未知

   　　　$T$ 未知

   **输出**　内能

   　　　温度

3. 建立手工算例

   首先需要求出温度为 215℃时的内能。表格中列出了温度为 200℃和 250℃时的内能值，需要首先确定数值 215 在 200 和 250 之间的距离之比：

$$\frac{215-200}{250-200}=0.30$$

   假设内能和温度为线性关系，那么内能也应是列表对应数值间距的 30%：

$$0.30=\frac{u-2658.1}{2733.7-2658.1}$$

   求解 $u$ 得：

$$u=2680.78\text{kJ/kg}$$

4. 开发 MATLAB 程序

在脚本中编写 MATLAB 程序，然后在命令环境中运行：

```
%% Example 13.1
% Thermodynamics
clear, clc, format shortg
T = [100, 150, 200, 250, 300, 400, 500];
u = [2506.7, 2582.8, 2658.1, 2733.7, 2810.4, 2967.9, 3131.6];
newu = interp1(T,u,215,"linear")
newu = interp1(T,u,215,"spline")
newT = interp1(u,T,2600,"linear")
newT = interp1(u,T,2600,"spline")
```

代码返回结果

```
newu =
   2680.78
newT =
   161.42
```

5. 验证结果

MATLAB 结果与手工计算结果一致。这种方法适用于蒸汽表格中列出的任何蒸汽特性的分析。国家标准与技术研究所发布的 JANAF 表是热力学特性数据来源之一。

**例 13.2　热力学性质：对蒸汽表格进行扩展**

由例 13.1 可知，蒸汽表格在热力学中有着广泛的应用。表 13.3 只是蒸汽表格的一部分(见图 13.4)。通常，很多实验都是在大气压下进行的，经常用到此表格。

注意，表格中温度值的间距前半部分是 50℃，后半部分是 100℃。如果某个项目要使用此表，但是又不希望每次使用时都重复进行线性插值。请用 MATLAB 创建一个用线性插值法扩展的表格，设置温度间隔为 25℃。

图 13.4　将蒸汽作为“工作流体”的发电厂

**表 13.3　在 0.1MPa(约 1 atm)条件下蒸汽的特性**

| 温度(℃) | 比容，$v$(m$^3$/kg) | 内能，$u$(kJ/kg) | 焓，$h$(kJ/kg) |
|---|---|---|---|
| 100 | 1.6958 | 2506.7 | 2676.2 |
| 150 | 1.9364 | 2582.8 | 2776.4 |
| 200 | 2.172 | 2658.1 | 2875.3 |
| 250 | 2.406 | 2733.7 | 2974.3 |
| 300 | 2.639 | 2810.4 | 3074.3 |
| 400 | 3.103 | 2967.9 | 3278.2 |
| 500 | 3.565 | 3131.6 | 3488.1 |

数据来源：Joseph H. Keenan, Frederick G. Keyes, Philip G. Hill, and Joan G. Moore, *Steam Tables, SI units* (New York: John Wiley & Sons, 1978)。

1. 描述问题

每隔 25℃计算一次蒸汽的比容、内能和焓。

2. 描述输入和输出

**输入** 温度和内能关系表格

新表格温度间隔 25℃

**输出** 表格

3. 建立手工算例

在例 13.1 中已经计算了 215℃时的内能。由于输出表格中不需要 215℃，因此需要重新计算 225℃时的数值：

$$\frac{225-200}{250-200}=0.50$$

和

$$0.50=\frac{u-2658.1}{2733.7-2658.1}$$

求解 $u$ 得

$$u=2695.9\ \text{kJ/kg}$$

使用相同的计算方法可以验证所创建表格中的数据的正确性。

4. 开发 MATLAB 程序

编写 MATLAB 程序，然后在命令环境中运行：

```
%% Example 13.2
% Thermodynamics
clear, clc
T = [100, 150, 200, 250, 300, 400, 500]';
v = [1.6958, 1.9364, 2.172, 2.406, 2.639, 3.103, 3.565]';
u = [2506.7, 2582.8, 2658.1, 2733.7, 2810.4, 2967.9, 3131.6]';
h = [2676.2, 2776.4, 2875.3, 2974.3, 3074.3, 3278.2, 3488.1]';
props = [v,u,h];
newT = [100:25:500]';
newprop = interp1(T,props,newT);
disp("Steam Properties at 0.1 MPa")
disp("Temp  Specific Volume Internal Energy Enthalpy")
disp("C  m^3/kg  kJ/kg  kJ/kg")
fprintf("%6.0f %10.4f  %8.1f  %8.1f \n",[newT,newprop]')
```

程序返回以下结果：

```
Steam Properties at 0.1 MPa
Temp Specific Volume Internal Energy Enthalpy
C      m^3/kg      kJ/kg    kJ/kg
100     1.6958    2506.7    2676.2
125     1.8161    2544.8    2726.3
…
500   3.5650    3131.6    3488.1
```

5. 验证结果

MATLAB 结果与手工计算结果一致，可见程序可以正确执行。修改 `newT` 的定义可以创建一个数据量更大的扩充表格。例如，将向量 `newT`

```
newT = [100:25:500]';
```

修改为温度增量较小的向量:

```
newT = [100:1:500]';
```

**实训练习 13.1**

根据右表的数据创建向量 $x$ 和 $y$:

1. 在 $x$-$y$ 坐标系上绘制图形。
2. 当 $x = 15$ 时，使用线性插值法估算 $y$ 的值。
3. 当 $x = 15$ 时，使用三次样条插值法估算 $y$ 的值。
4. 当 $y = 80$ 时，使用线性插值法估算 $x$ 的值。
5. 当 $y = 80$ 时，使用三次样条插值法估算 $x$ 的值。
6. 当 $x$ 值在 10 到 100 之间以 2 等间隔分布时，使用三次样条插值法估算对应的 $y$ 值。
7. 在 $x$-$y$ 坐标系上绘制原始数据，不要连线。同时，绘制练习 6 中计算出的数据。

| $x$ | $y$ |
|---|---|
| 10 | 23 |
| 20 | 45 |
| 30 | 60 |
| 40 | 82 |
| 50 | 111 |
| 60 | 140 |
| 70 | 167 |
| 80 | 198 |
| 90 | 200 |
| 100 | 220 |

### 13.1.3 外插法

在 interp1 函数中添加两个新的输入字段可以实现数据外插，但这种方法并不是很好。已知前面使用的 $x$ 和 $y$ 的样本值

```
x = 0:5;
y = [15, 10, 9, 6, 2, 0];
```

要在 $x > 5$ 的地方对 $y$ 进行外插，例如 $x = 6$，需要首先指定插值类型(如线性插值或样条插值)，然后运行 MATLAB 进行外插。

```
y_new = interp1(x,y, 6, 'linear','extrap')
ans =
                    -2
```

插值方法不同，得到的结果也有很大差别。

```
y_new=interp1(x,y,6,'spline','extrap')
ans =
                    3.0667
```

### 13.1.4 多维插值

假设有一组数据 $z$ 依赖两个变量 $x$ 和 $y$，如下表所示:

| | $x=1$ | $x=2$ | $x=3$ | $x=4$ |
|---|---|---|---|---|
| $y=2$ | 7 | 15 | 22 | 30 |
| $y=4$ | 54 | 109 | 164 | 218 |
| $y=6$ | 403 | 807 | 1210 | 1614 |

如果要确定 $y = 3$，$x = 1.5$ 时 $z$ 的值，则必须进行两次插值。先用 interp1 函数求出 $y = 3$

时所有给定的 $x$ 值对应的 $z$ 值，于是得到一个新的表格，然后在新表中再进行第二次插值。先在 MATLAB 中定义 $x$、$y$ 和 $z$：

```
y = 2:2:6;
x = 1:4;
z = [ 7    15    22    30
     54   109   164   218
    403   807  1210  1614];
```

现在使用 interp1 函数求解 $y=3$ 时所有 $x$ 值对应的 $z$ 值：

```
new_z = interp1(y,z,3)

new_z =
   30.50    62.00    93.00    124.00
```

最后，由于得到了 $y=3$ 处的所有 $z$ 值，可以再次使用 interp1 函数求解 $y=3$ 和 $x=1.5$ 处的 $z$ 值：

```
new_z2 = interp1(x,new_z,1.5)
new_z2 =
    46.25
```

虽然这种方法有效，但是分两步计算很麻烦。MATLAB 提供了一个二维线性插值函数 interp2，可以一步完成上述两步的结果：

```
interp2(x,y,z,1.5,3)
ans =
  46.2500
```

interp2 函数中的第一个输入字段必须是定义一个向量，该向量的值与每一列相关(在本例中为 x)，第二个输入字段必须是定义一个向量，该向量的值与每一行相关(在本例中为 y)。矩阵 z 的列数必须与 x 中的元素个数相等，矩阵 z 的行数必须与 y 中的元素个数相等。interp2 函数第 4 个和第 5 个输入字段是确定新的 z 值所对应的 x 和 y 的值。

MATLAB 还提供了一个用于三维插值函数 interp3 和 $n$ 维插值函数 interpn。有关如何使用函数 interp3 和 interpn 的详细信息，请参阅帮助。所有这些函数默认为采用线性插值法，也可以采用表 13.1 中列出的其他任何插值方法。

## 实训练习 13.2

创建向量 $y$ 和向量 $z$ 来表示以下数据，每个 $x$ 的值对应一个向量：

| | $x=15$ | $x=30$ |
|---|---|---|
| $y=10$ | $z=23$ | 33 |
| 20 | 45 | 55 |
| 30 | 60 | 70 |
| 40 | 82 | 92 |
| 50 | 111 | 121 |
| 60 | 140 | 150 |
| 70 | 167 | 177 |
| 80 | 198 | 208 |
| 90 | 200 | 210 |
| 100 | 220 | 230 |

1．在同一幅图上绘制两组 $y$-$z$ 数据曲线。并用图例说明与每个数据集对应的 $x$ 值。
2．当 $y = 15$ 和 $x = 20$ 时，使用二维线性插值法估算 $z$ 的值。
3．当 $y = 15$ 和 $x = 20$ 时，使用二维三次样条插值法估算 $z$ 的值。
4．使用线性插值法创建一个新的子表，对应 $x = 20$ 和 $x = 25$ 以及所有的 $y$ 值。

## 13.2 曲线拟合

虽然可以使用插值方法求出已测 $x$ 值之间的值对应的 $y$ 值，但是如果用 $y = f(x)$ 来拟合实验数据，则会更方便，这样可以计算出任意 $x$ 值对应的 $y$ 值。如果已知 $x$ 和 $y$ 之间的一些内在关系，则可以根据这些关系确定一个方程。例如，理想气体定律基于以下两个基本假设：

> 关键知识
> 曲线拟合是一种用方程对数据进行建模的方法。

- 所有气体分子进行弹性碰撞。
- 气体分子不占据容器的任何空间。

这两种假设都不完全准确，所以理想气体定律只是在对实际情况的近似估算时使用。尽管如此，很多情况下理想气体定律还是极有价值的。当真实气体不符合这个简单的关系时，有两种方法可以对气体行为进行建模。一种是通过实验了解其物理性质，并相应地修正方程；另一种是仅凭经验对获取的数据进行建模。经验公式与基础理论无关，但是能很好地预测参数之间的变化关系。

MATLAB 提供内置的曲线拟合函数，可以用来对经验数据进行建模。值得注意的是，这些模型只有在采集的数据范围之内有效。如果 $y$ 随 $x$ 的真实变化规律未知，那么对于采集的数据范围之外的数据，就无法预测拟合结果是否有效。

### 13.2.1 线性回归

将一组数据建模为一条直线是最简单的方法。回顾 13.1.1 节的数据：

```
x = 0:5;
y = [15, 10, 9, 6, 2, 0];
```

> 关键知识
> 线性回归是一种最佳直线模型拟合的技术。

如果把这些数据在图 13.5 中绘制出，可以绘制出一条经过这些数据点的直线来进行粗略建模。这个近似过程通常称为“目测”，意思是没有进行任何计算，只是看起来拟合效果较好。

从图中可以看出，有几个数据点正好落在直线上，但其他的点以不同的距离偏离了直线。为了将该直线拟合效果和其他可能的拟合效果进行比较，需要计算实际的 $y$ 值和估算值之间的差，这个差称为残差。

可以利用 $x = 0$，$y = 15$ 和 $x = 5$，$y = 0$ 这两点确定图 13.5 中的直线方程，此直线方程的斜率为

$$\frac{\Delta y}{\Delta x} = \frac{y_2 - y_1}{x_2 - x_1} = \frac{0 - 15}{5 - 0} = -3$$

该直线在 15 处与 $y$ 轴相交，方程为

$$y = -3x + 15$$

y 的真实值与计算值之差列于表 13.4 中。

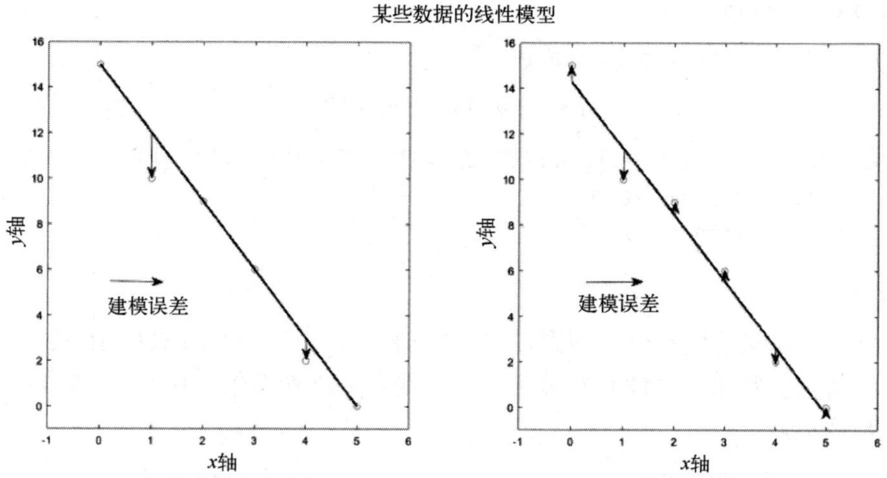


(a)“目测”数据拟合　(b) 一阶线性回归拟合

图 13.5　数据点建模为一条直线

**表 13.4　真实值与计算值之差**

| x | y(真实值) | y_calc(计算值) | 差=y-y_calc |
|---|---|---|---|
| 0 | 15 | 15 | 0 |
| 1 | 10 | 12 | –2 |
| 2 | 9 | 9 | 0 |
| 3 | 6 | 6 | 0 |
| 4 | 2 | 3 | –1 |
| 5 | 0 | 0 | 0 |

线性回归使用最小二乘拟合法来比较不同的模型方程拟合的精确程度。这种方法需要计算真实值和计算值之差的平方和，其优点是正负偏差不会相互抵消。利用 MATLAB 的 `sum` 函数可以计算该参数，y 值计算为

> **关键知识**
> 线性回归一种最佳直线模型拟合技术

```
y_calc = -3*x +15;
```

使用 `sum` 函数，

```
sum_of_the_squares = sum((y-y_calc).^2)
```

其结果为

```
sum_of_the_squares =
  5
```

本书只对线性回归方法的不同模型进行比较，并选择平方和最小的一种。至于线性回归方法的原理已经超出了本书范围，不再赘述。在 MATLAB 中，线性回归用 `polyfit` 函数实现。`polyfit` 函数需要三个输入字段：即向量 x、向量 y 和一个用于表示多项式拟合阶数的整数。由于直线是一阶多项式，所以在 `polyfit` 函数中输入数字 1：

```
polyfit(x,y,1)
ans =
  -2.9143 14.2857
```

其结果是最佳拟合一阶多项式方程的系数：

$$y = -2.9143x + 14.2857$$

这个结果是否比目测的结果更准确？可以用计算平方和的方法来检验：

```
best_y = -2.9143*x+14.2857;
new_sum = sum((y-best_y).^2)
new_sum =
  3.3714
```

平方和计算的结果确实小于目测直线对应的值，因此可以说 MATLAB 找到了数据更好的拟合结果。将测量数据与线性回归最优拟合直线用如下命令绘制出来(见图 13.5)，可以看出直线拟合数据更好：

```
plot(x,y,'o',x,best_y)
```

### 13.2.2 过零点线性回归

有时，根据一个系统的物理特性就可以知道模型是否经过零点。例如施加在风筝上的力。如果风速为零，则施加的力就应该为零。polyfit 函数没有强制过零点拟合的选项，因此需要用其他的方法。

| 风速，$x$ | 产生的力，$y$ |
|---|---|
| 0 | 0 |
| 10 | 24 |
| 20 | 38 |
| 30 | 64 |
| 40 | 82 |
| 50 | 90 |

上一章介绍了左除运算符“\”，它采用高斯消元法来求解线性方程组。然而，如果方程组是超定方程组，即方程个数多于变量个数，则左除算子就会采用 polyfit 函数所使用的最小二乘拟合方法。右表所列的数据中，自变量 $x$ 表示风速，因变量 $y$ 表示产生的力。

如果用 polyfit 函数对这些数据进行拟合，所得的拟合直线不会经过零点。

```
a = polyfit(x,y,1)
a =
   1.8571  3.2381
```

**关键知识**

使用左除法用过原点处的截距创建直线模型。

该结果对应如下方程：

$$y = a(1) * x + a(2)$$
$$y = 1.8571 * x + 3.2381$$

用左除法可以强制该模型过零点

```
a = x'\y'
a =
    1.9455
```

这个结果对应于下面的方程：

$$y = a(1) * x$$

或者

$$u = 1.9455 * x$$

结果如图 13.6 所示。(注意，这种方法要求向量 $x$ 和 $y$ 均表示为列向量。)虽然这种模型不如用基于平方和方法的 polyfit 函数所创建的线性模型“好”，但是基于对物理系统的理解，这是较好的模型。

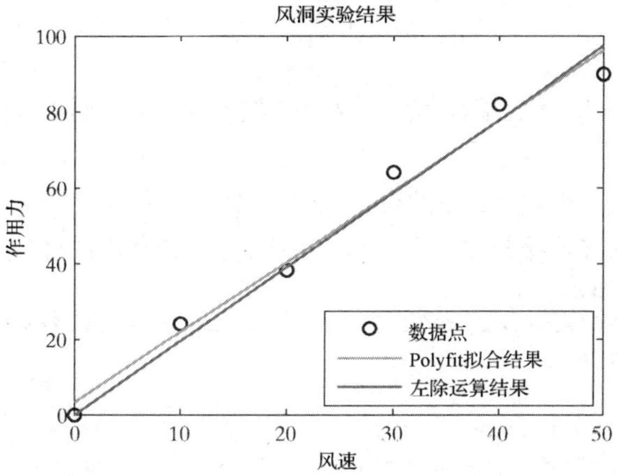


图 13.6　左除法可强制一阶数据拟合结果过零点

左除算子是一个功能强大的工具，且可用于对许多不同的线性系统进行建模。有关详细信息可参阅 MATLAB 帮助。

## 13.2.3　多项式回归

直线方程不是回归技术采用的唯一方法。泰勒定理指出，任何光滑函数都可以近似为一个多项式，所以，通常是用如下形式的高阶多项式来拟合数据：

$$y = a_1x^n + a_2x^{n-1} + a_3x^{n-2} + \cdots + a_nx + a_{n+1}$$

通过使计算值与测量数据之差的平方和的最小化，多项式回归就可以获得最佳拟合。在 MATLAB 中，polyfit 函数能轻松实现这一功能。再次使用采样数据：

```
x = 0:5;
y = [15, 10, 9, 6, 2, 0];
```

用以下命令可以将样本数据拟合为二阶和三阶多项式方程：

```
a = polyfit(x,y,2)
a =
   0.0536    -3.1821    14.4643
```

和

```
a = polyfit(x,y,3)
a =
  -0.0648     0.5397    -4.0701    14.6587
```

该结果对应的方程为

$$y_2 = 0.0536x^2 - 3.1821x + 14.4643$$

$$y_3 = -0.0648x^3 + 0.5397x^2 - 4.0701x + 14.6587$$

通过计算平方和可以确定哪种多项式拟合效果更好：

```
y2 = 0.0536*x.^2-3.182*x + 14.4643;
sum((y2-y).^2)
ans =
```

```
  3.2643
y3 = -0.0648*x.^3+0.5398*x.^2-4.0701*x + 14.6587;
sum((y3-y).^2)
ans =
 2.9921
```

方程中的项数越多，拟合效果越好，至少在某种程度上测量数据和预测数据之间的距离随项数的增加而减小。

为了绘制新方程定义的曲线，需要的数据点要多于线性模型中使用的 6 个数据点。MATLAB 是用直线将计算出的数据点连接起来绘制折线，所以要得到平滑的曲线就需要更多的数据点：

```
smooth_x = 0:0.2:5;
smooth_y2 = 0.0536*smooth_x.^2-3.182*smooth_x + 14.4643;
t = tiledlayout(1,2);
nexttile
plot(x,y,'o',smooth_x,smooth_y2)
xlabel("x-axis"),ylabel("y-axis")
title("(a) Second-Order Model")
smooth_y3 = -0.0648*smooth_x.^3+0.5398*smooth_x.^2-...
4.0701*smooth_x + 14.6587;
nexttile
plot(x,y,'o',smooth_x,smooth_y3)
xlabel("x-axis"),ylabel("y-axis")
title("(b) Third-Order Model")
title(t,"Higher Order Polynomial Fits")
```

结果如图 13.7 所示。注意每个模型都有轻微的曲度。尽管在数学上这些模型能更好地拟合数据，但不一定像直线那样较好地表示数据的实际值。在工程实际中，需要对所建模型进行评估，了解所建模型的物理过程以及测量的准确性和可重复性。

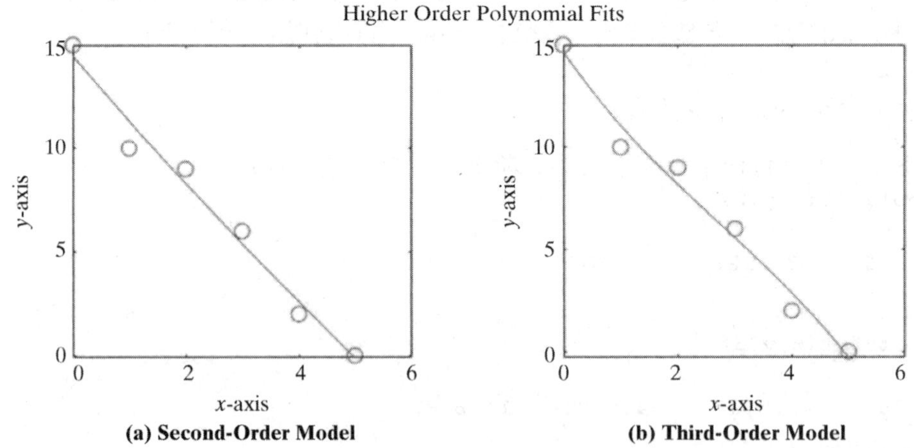


图 13.7　二阶和三阶多项式拟合

## 13.2.4 polyval 函数

polyval 函数可以根据回归条件返回最佳拟合的多项式系数。上一节将对应的多项式系数输入 MATLAB 表达式中，并计算出相应的 $y$ 值。polyval 函数也可以执行相同的操作，而且无须重新输入系数。

polyval 函数需要两个输入参数。第一个是类似由 polyfit 函数创建的系数矩阵。第二个是 $x$ 矩阵，用来计算对应的新的 $y$ 值。例如，

```
coef = polyfit(x,y,1)
y_first_order_fit = polyval(coef,x)
```

**关键知识**

数据建模不仅要基于所采集的数据，还要基于对物理过程的理解。

这两行代码可以通过嵌套化简为一行：

```
y_first_order_fit = polyval(polyfit(x,y,1),x)
```

下面根据对 polyfit 函数和 polyval 函数最新的理解来编写程序，计算并绘制 13.1.1 节中数据的四阶和五阶拟合曲线：

```
y4 = polyval(polyfit(x,y,4),smooth_x);
y5 = polyval(polyfit(x,y,5),smooth_x);
nexttile
plot(x,y,'o',smooth_x,y4)
axis([0,6,-5,15])
xlabel("x-axis"),ylabel("y-axis")
title("(a) Fourth-Order Model")
nexttile
plot(x,y,'o',smooth_x,y5)
axis([0,6,-5,15])
xlabel("x-axis"),ylabel("y-axis")
title("(b) Fifth-Order Model")
title(t,"Higher Order Polynomial Fits")
```

图 13.8 给出了绘图结果。

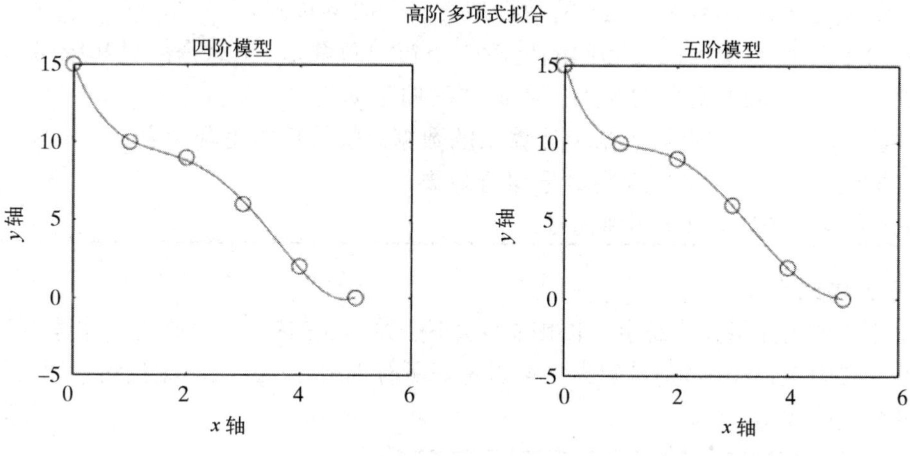


图 13.8 6 个数据点的四阶和五阶拟合曲线

正如所料，拟合多项式的阶数越高，数据匹配效果就越好。因为上例中数据点只有 6 个，所以五阶模型可以完全与实际数据相吻合。

**提示：** 使用 for 循环，结合 tiles 函数和 sprintf 函数，可以将图 13.7 和图 13.8 中的四张图绘制在一起。

```
x = 0:5;
y = [15, 10, 9, 6, 2, 0];
```

```
smooth_x = 0:0.2:5;
t=tiledlayout(2,2);
for k = 1:4
nexttile
plot(x,y,'o',smooth_x,polyval(polyfit(x,y,k+1),smooth_x))
axis([0,6,-5,15])
a = sprintf('Polynomial plot of order %1.0f \n',k+1);
title(a)
xlabel("x-axis"),ylabel("y-axis")
end
title(t,"Higher Order Polynomial Fit")
```

**实训练习 13.3**

创建向量 $x$ 和 $y$ 来表示以下数据：

| $z$ = 15 | | $z$ = 30 | |
|---|---|---|---|
| $x$ | $y$ | $x$ | $y$ |
| 10 | 23 | 10 | 33 |
| 20 | 45 | 20 | 55 |
| 30 | 60 | 30 | 70 |
| 40 | 82 | 40 | 92 |
| 50 | 111 | 50 | 121 |
| 60 | 140 | 60 | 150 |
| 70 | 167 | 70 | 177 |
| 80 | 198 | 80 | 208 |
| 90 | 200 | 90 | 210 |
| 100 | 220 | 100 | 230 |

1. 使用 `polyfit` 函数将 $z$ =15 的数据拟合为一阶多项式。
2. 在 10 到 100 范围内以 2 为间隔创建一个新的向量 $x$，用这个向量和练习 1 得到的系数作为 `polyval` 函数的输入，生成新的向量 $y$。
3. 在同一幅图中画出原始数据和计算出的数据。原始数据用圆圈表示，不要连线，计算出的数据用实线连接。观察数据拟合效果。
4. 设 $z$ = 30，重做练习 1 至练习 3。

### 例 13.3 水渠中的水流量

确定水渠中的水流量并非易事。水渠的形状不一致(见图 13.9)，障碍物和摩擦力等都可能是影响流量的重要因素。利用数值计算方法可以考虑所有因素并建立实际流量的行为模型。下表是从水渠中采集到的数据。

| 高度(ft) | 流量($ft^3$/s) |
|---|---|
| 0 | 0 |
| 1.7 | 2.6 |
| 1.95 | 3.6 |
| 2.60 | 4.03 |
| 2.92 | 6.45 |
| 4.04 | 11.22 |
| 5.24 | 30.61 |

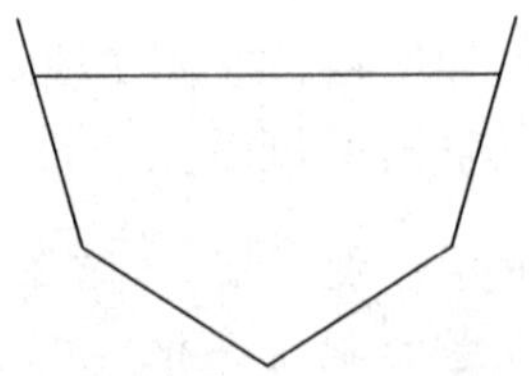

图 13.9 水渠的横截面

试计算上述数据的一次、二次和三次多项式的最佳拟合，（一次、二次和三次分别表示一阶、二阶和三阶。）另外包括一个强制过零点的线性模型。将结果绘制在一幅图中。哪个模型的拟合效果最好？

1. 描述问题

   对数据进行多项式回归，将结果绘图，并确定几阶多项式拟合效果最好。

2. 描述输入和输出

   **输入**　　水渠高度和流量数据

   **输出**　　绘制图形

3. 建立一个手工算例

   手工绘制一个近似的曲线，要保证起点为零，因为如果水渠中水的高度为零，则流量也应为零(见图 13.10)。

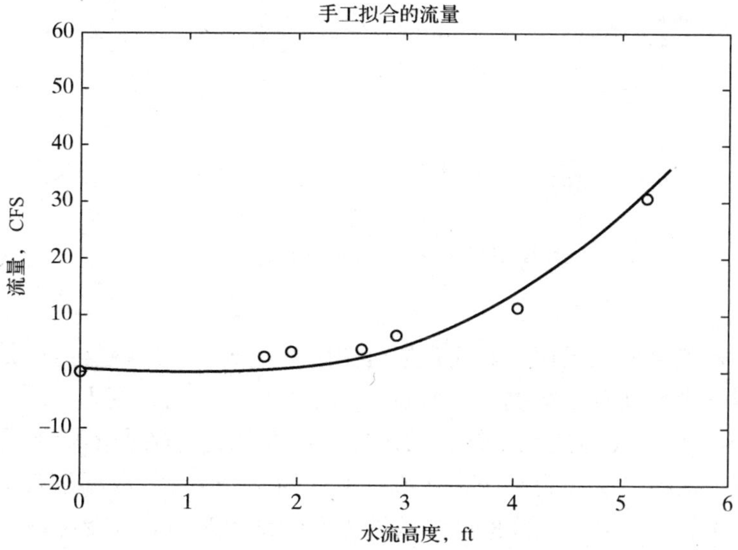


图 13.10　手工绘制的流量曲线

4. 开发 MATLAB 程序

   在 MATLAB 中编写代码，在命令环境下运行：

```
%% 13.3 Example - Water in a Culvert
height = [0, 1.7, 1.95, 2.6, 2.92, 4.04, 5.24];
flow = [0, 2.6, 3.6, 4.03, 6.45, 11.22, 30.61];
new_height=0:0.5:6;
newf0=height'\flow'*new_height;
newf1=polyval(polyfit(height,flow,1),new_height);
newf2=polyval(polyfit(height,flow,2),new_height);
newf3=polyval(polyfit(height,flow,3),new_height);
plot(height,flow,'o',new_height,newf0,new_height,newf1, ...
new_height,newf2,new_height,newf3)
title("Fit of Water Flow")
xlabel("Water Height, ft")
```

```
ylabel("Flow Rate, CFS")
legend("Data","Linear Fit Through 0","Linear Fit", ...
"Quadratic Fit","Cubic Fit")
```

MATLAB 代码产生的结果如图 13.11 所示。

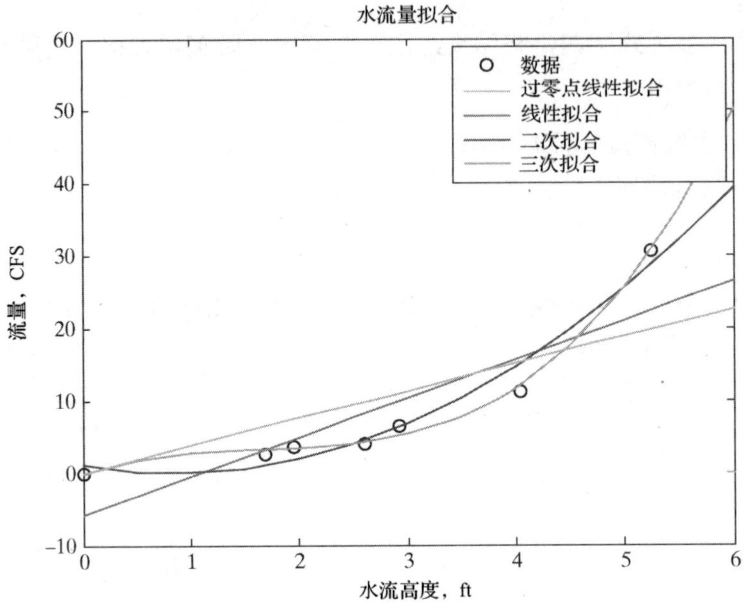


图 13.11 不同的曲线拟合方法

5．验证结果

很难说哪种拟合效果最好。多项式拟合的阶数越高，匹配数据点的效果越好，但却不一定能很好地反映真实数据。根据线性拟合结果，水流高度为 0 时，预测的水流量约为−5 CFS，这与实际情况不符。而过零点线性拟合与数据形状不匹配，因此拟合效果不够好。根据二次拟合结果，水流高度约为 1.5 m 时，水流量最小，这一结果也与实际情况不符。三次(三阶)拟合与数据点匹配效果最好，可能是最佳的多项式拟合方法。将 MATLAB 结果与手工结果进行比较，三阶(三次)拟合与手工拟合结果几乎是一样的。

**例 13.4 气体的热容**

气体温度上升 1℃所需要的能量称为气体的热容，热容不仅取决于气体本身的性质，还与气体的温度有关。这种关系通常用多项式来建模表示。例如，表 13.5 给出了二氧化碳的热容。

用 MATLAB 将这些数据表示为一个多项式，然后将结果与 B. G. Kyle 在 Chemical and Process Thermodynamics (Upper Saddle River, NJ: Prentice Hall PTR, 1999) 中给出的模型相比较，该模型为

$$C_p = 1.698\times10^{-10}T^3 - 7.957\times10^{-7}T^2 + 1.359\times10^{-3}T + 5.059\times10^{-1}$$

1．描述问题

创建一个经验数学模型，将热容表示为温度的函数。并将结果与文献中的模型进行比较。

2．描述输入和输出

**输入**　　温度和热容数据表

**输出**　　求描述数据关系的多项式系数绘制图形

3．建立手工算例

通过数据绘图(见图 13.12)，可以看出线性拟合(一阶多项式)不能很好地近似数据，需要计算几种不同的模型，例如从一阶到四阶。

**表 13.5　二氧化碳的热容**

| 温度 $T$(K) | 热容 $C_p$(kJ/(kg·K)) |
|---|---|
| 250 | 0.791 |
| 300 | 0.846 |
| 350 | 0.895 |
| 400 | 0.939 |
| 450 | 0.978 |
| 500 | 1.014 |
| 550 | 1.046 |
| 600 | 1.075 |
| 650 | 1.102 |
| 700 | 1.126 |
| 750 | 1.148 |
| 800 | 1.169 |
| 900 | 1.204 |
| 1000 | 1.234 |
| 1500 | 1.328 |

数据来源：*Tables of Thermal Properties of Gases*, NBS Circular 564, 1955.

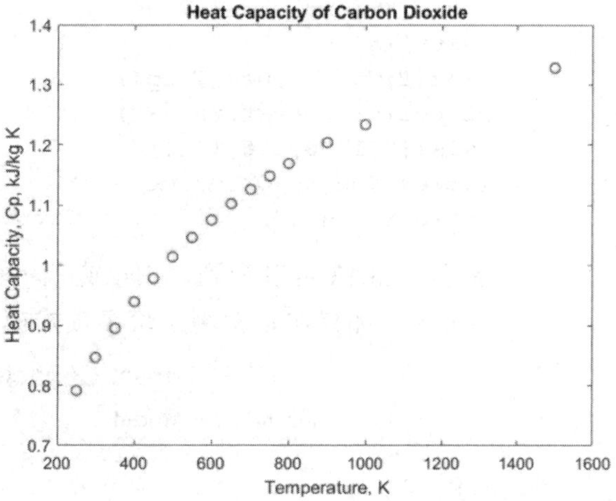


图 13.12　二氧化碳的热容是温度的函数

4．开发 MATLAB 程序

```
%% Example 13.4 Heat Capacity of a Gas
clear, clc
% Define the measured data
T=[250:50:800,900,1000,1500];
Cp=[0.791, 0.846, 0.895, 0.939, 0.978, 1.014, 1.046, 1.075,
   1.102,...
1.126, 1.148, 1.169, 1.204, 1.234, 1.328];
% Define a finer array of temperatures
new_T=250:10:1500;
% Calculate new heat capacity values, using four different
% polynomial models
Cp1=polyval(polyfit(T,Cp,1),new_T);
Cp2=polyval(polyfit(T,Cp,2),new_T);
Cp3=polyval(polyfit(T,Cp,3),new_T);
Cp4=polyval(polyfit(T,Cp,4),new_T);
```

```
% Plot the results
t=tiledlayout(2,2);
nexttile
plot(T,Cp,'o',new_T,Cp1)
ylabel("Heat Capacity, kJ/kg K")
axis([0,1700,0.6,1.6])
title("First-Order Model")
nexttile
plot(T,Cp,'o',new_T,Cp2)
axis([0,1700,0.6,1.6])
title("Second-Order Model")
nexttile
plot(T,Cp,'o',new_T,Cp3)
xlabel("Temperature, K"), ylabel("Heat Capacity, kJ/kg K")
axis([0,1700,0.6,1.6])
title("Third-Order Model")
nexttile
plot(T,Cp,'o',new_T,Cp4)
xlabel("Temperature, K")
axis([0,1700,0.6,1.6])
title("Fourth-Order Model")
title(t,"Heat Capacity of Carbon Dioxide")
```

通过图 13.13 可以看到，二阶或三阶模型在该温度范围内可以充分地描述热容与温度的关系。如果决定使用三阶多项式模型，则可以用 `polyfit` 函数求解系数：

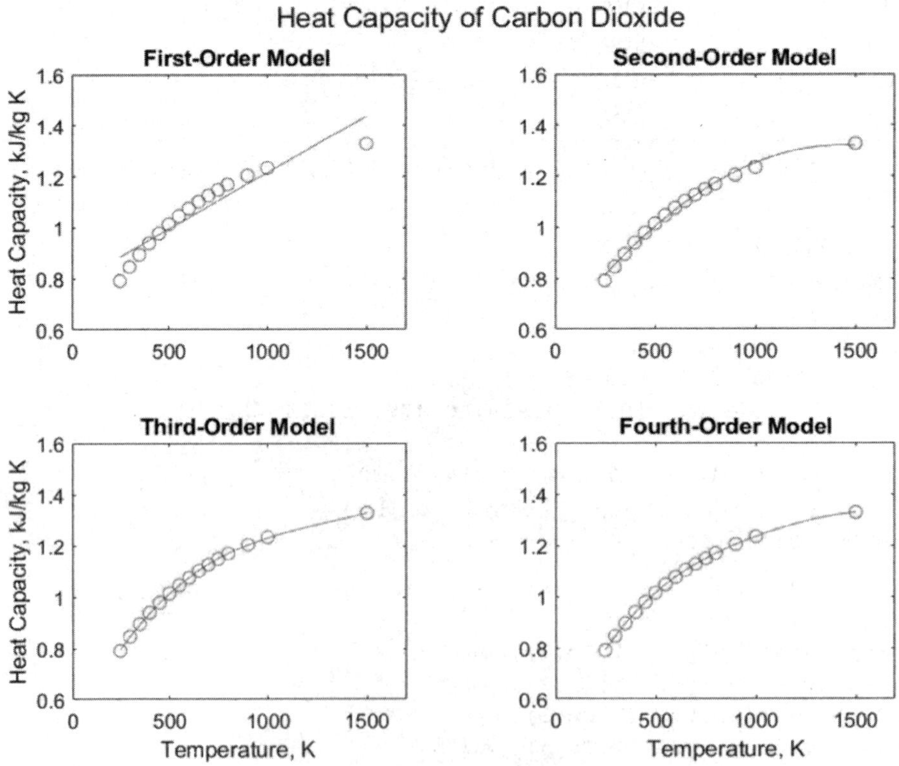


图 13.13　不同多项式拟合二氧化碳热容的比较

```
polyfit(T,Cp,3)
ans =
2.7372e-010 -1.0631e-006 1.5521e-003 4.6837e-001
```

对应的方程为

$$C_p = 2.7372\times10^{-10}T^3 - 1.0631\times10^{-6}T^2 + 1.5521\times10^{-3}T + 4.6837\times10^{-1}$$

5. 验证结果

将所得结果与文献给出的结果进行比较，可以看到它们很接近，但并不完全一致：

$C_p = 2.737\times10^{-10}T^3 - 10.63\times10^{-7}T^2 + 1.552\times10^{-3}T + 4.683\times10^{-1}$（本例的拟合模型）

$C_p = 1.698\times10^{-10}T^3 - 7.957\times10^{-7}T^2 + 1.359\times10^{-3}T + 5.059\times10^{-1}$（文献的拟合模型）

这并不奇怪，因为建模使用的数据点数量有限。而文献中的模型使用了更多的数据，因此可能更准确。

## 13.3　交互式拟合工具

MATLAB 提供了交互式绘图工具，允许用户在不使用命令窗口的情况下绘图并进行注释。还提供了基本曲线拟合、复杂曲线拟合和统计工具。

### 13.3.1　基本拟合工具

为了使用基本拟合工具，首先用下面的代码绘制一个图形：

```
x = 0:5;
y = [0,20,60,68,77,110]
plot(x,y,'o')
axis([-1,7,-20,120])
```

这些命令使用一些样本数据绘制了一个图形（见图 13.14）。

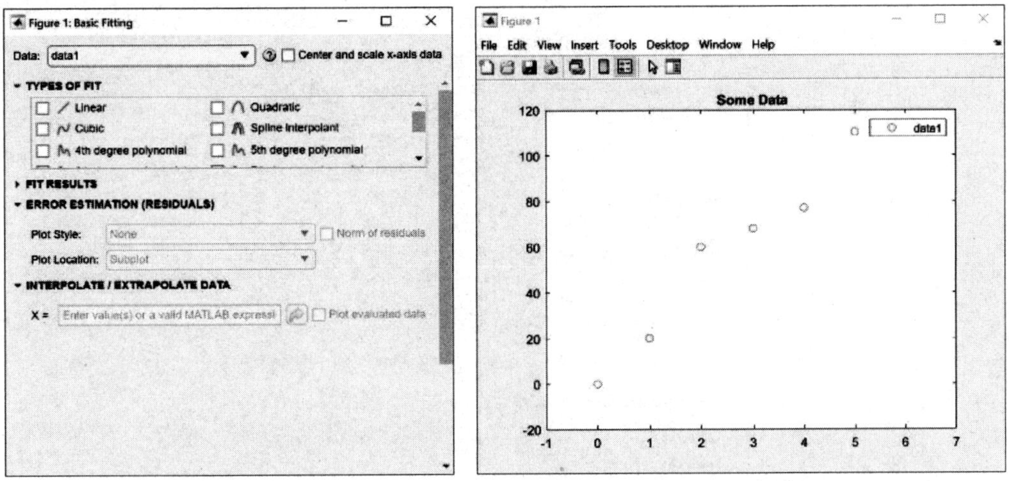


(a)　　　　(b)

图 13.14　绘制图形

为了激活曲线拟合工具，需要在图形窗口的菜单栏中选择 Tools 然后选择 Basic Fitting，于是在新窗口中会打开基本拟合窗口。若勾选 linear，cubic 和 show Equations（见图 13.16），就可以产生图 13.15(a) 所示的图形。

**关键知识**

残差用于评估回归策略中的曲线拟合技术。

若勾选 Error Estimation（残差）项，则可以产生第二个图形，该图显示每个数据点与拟合线间的距离，如图 13.15(b) 所示。

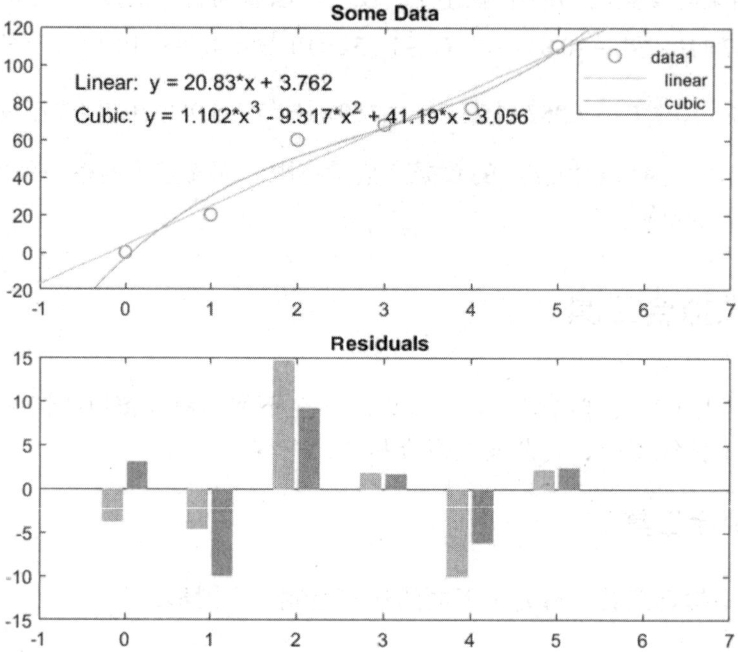


图 13.15 (a) 拟合曲线；(b) 残差

在基本拟合窗口的右下角有一个箭头按钮。选择该按钮会显示将这些结果保存到工作区的选项。

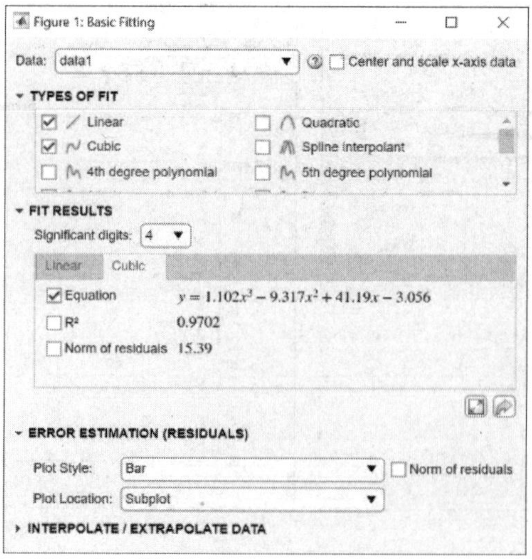


图 13.16 基本拟合窗口

最后，点击“Interpolate/Extrapolate Data”选项，可以选择 $x$ 值，并根据中间面板中显示的公式计算 $y$ 值。

除了基本拟合窗口，还可以从图形窗口的菜单栏访问数据统计窗口(见图 13.17)。访问方法是在图形窗口中选择 Tools→Data Statistics。利用数据统计窗口可以对数据进行交互式的统计计算，例如计算平均值和标准差等，并将结果保存到工作区。

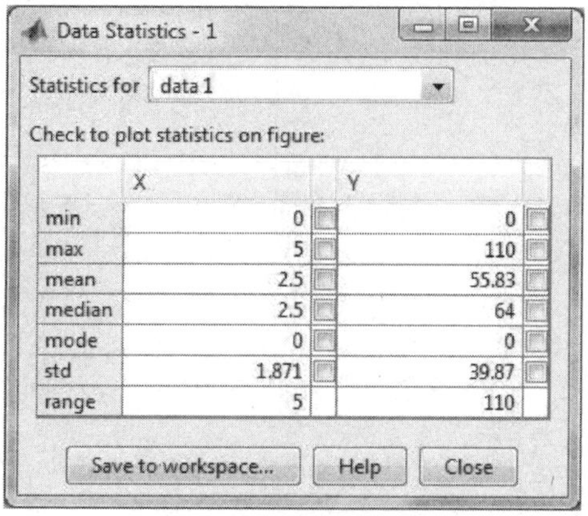

图 13.17　数据统计窗口

### 13.3.2　曲线拟合工具箱

除了基本拟合工具，MATLAB 还提供了用于专门的统计和数据拟合操作的工具箱。特别是曲线拟合工具箱还提供了一个应用程序，该应用程序不仅可以完成多项式拟合，还包括其他形式的曲线拟合。尽管曲线拟合工具箱需要单独购买，但是在学生版本中是标准配置，因此可以使用。

## 13.4　差分与数值微分

### 13.4.1　diff 函数

函数 $y=f(x)$ 的导数可以衡量 $y$ 随 $x$ 而变化的情况。如果能够定义一个关于 $x$ 和 $y$ 的方程，则可以使用符号工具箱中的函数得到一个微分方程。如果只有数据，那么可以用 $y$ 的变化量除以 $x$ 的变化量来近似求导：

> **关键知识**
> diff 函数既可用于符号表达式的求导，也可应用于数值型矩阵。

$$\frac{dy}{dx} \approx \frac{\Delta y}{\Delta x} \approx \frac{y_2 - y_1}{x_2 - x_1}$$

如果用 13.1 节中用过的数据绘图，

```
x = 0:5;
y = [15, 10, 9, 6, 2, 0];
```

那么导数的近似值就是用于连接数据点的线段的斜率，如图 13.18 所示。

> **关键知识**
> diff 函数是一个典型的重载函数，具有两个不同的定义。MATLAB 软件会根据输入参数决定使用哪个函数。

如果这些数据表示反应室里不同时刻的温度测量值，则斜率表示每个时间段内的冷却速度。MATLAB 内置的 diff 函数可以求出向量中各元素值之差，并用于计算有序数据对的斜率。(diff 函数是一个典型的重载函数。MATLAB 提供了两种版本的 diff 函数，一个是用于符号代数计算的版本，另一个是使用离散数据点的版本。软件根据提供的输入来决定调用哪个版本。)

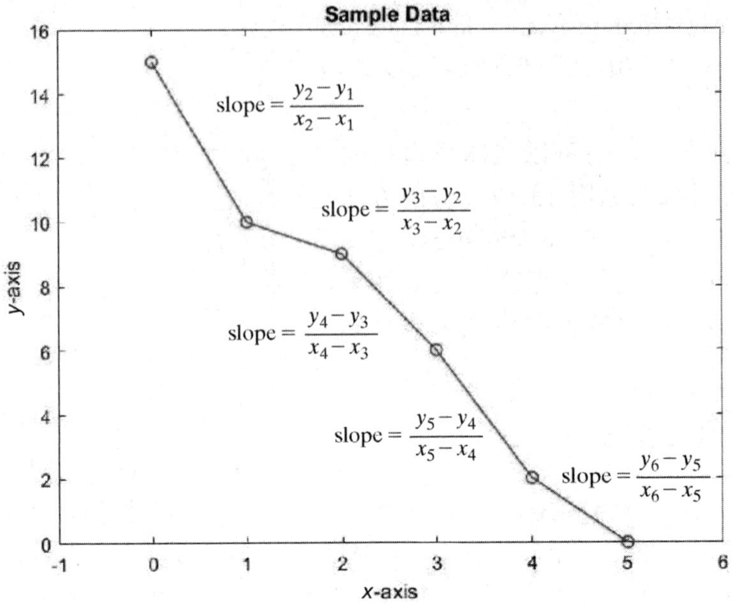


图 13.18　通过求数据点间直线段的斜率估算数据集的导数

例如，要求出 x 的变化量，输入

```
delta_x = diff(x)
```

由于 x 是等间隔的，所以返回

```
delta_x =
     1     1     1     1     1
```

同理，y 的差值为

```
delta_y = diff(y)
delta_y =
    -5 -1 -3 -4 -2
```

若想求斜率，只需要用 delta_y 除以 delta_x：

```
slope = delta_y./delta_x
slope =
    -5 -1 -3 -4 -2
```

或者

```
slope = diff(y)./diff(x)
slope =
    -5 -1 -3 -4 -2
```

注意，因为计算的是差值，在使用 diff 函数时返回的向量比输入向量少一个元素。使用 diff 函数计算斜率，计算的是各个 $x$ 值之间的一个范围内的斜率，不是某个值的斜率。因为变化率不是连续的，如果要绘制关于 $x$ 的斜率，最好的方法可能是绘制柱状图。将 $x$ 值调整为各个线段的平均值：

```
x = x(:,1:5)+diff(x)/2;
bar(x,slope)
```

所得结果的柱状图如图 13.19 所示。

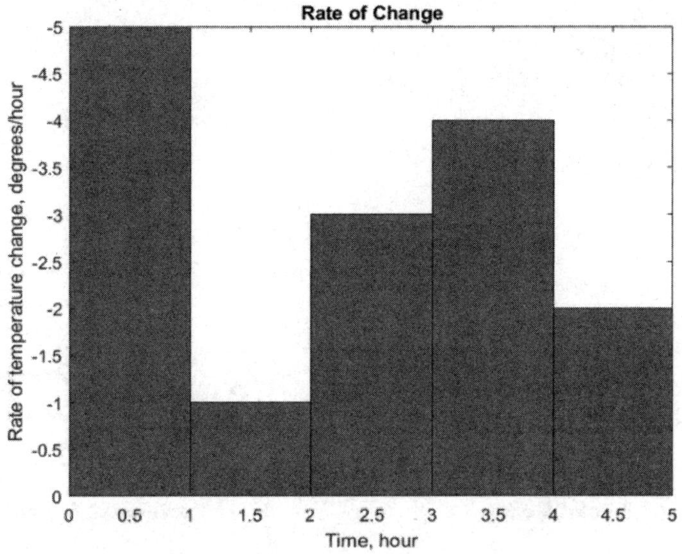


图 13.19　基于数据计算的斜率的柱状图

如果已知 $x$ 和 $y$ 之间的关系，diff 函数也可以用来近似计算数值导数，例如，若

$$y = x^2$$

对于任意数量的 $x$ 值，可以创建一组有序对，$x$ 和 $y$ 的值越多，图形就越平滑。下面两组 $x$ 和 $y$ 向量用于绘制图 13.20(a) 中的图形：

```
x = -2:2
y = x.^2;
big_x = -2:0.1:2;
big_y = big_x.^2;
plot(big_x,big_y,x,y,'-o')
```

图 13.20(a) 中的两条线都是用直线连接指定的点而形成的折线；但是，因为 big_x 和 big_y 值的间隔都太小了，所以图形就像连续的曲线。以下代码是用 diff 函数计算 $x$-$y$ 曲线的斜率，绘制图形如图 13.20(b) 所示：

```
slope5 = diff(y)./diff(x);
x5 = x(:,1:4)+diff(x)./2;
% These values were based on a 5-point model
bar(x5,slope5)
```

图 13.20(b) 所示柱状图用交互式绘图工具稍微进行了修改。如果使用更多的数据，尽管图形仍然不连续，但是可以获得更加平滑的图形：

```
x = -2:0.5:2;
y = x.^2;
plot(big_x,big_y,x,y,'-o')
slope9 = diff(y)./diff(x);
x9 = x(:,1:8)+diff(x)./2;
% These values were based on a 9-point model
bar(x9,slope9)
```

结果如图 13.20(c) 和图 13.20(d) 所示。使用更多的数据可以使得 x 函数的斜率更为平滑，计算如下：

```
plot(big_x,big_y,'-o')
slope41 = diff(big_y)./diff(big_x);
x41 = big_x(:,1:40)+diff(big_x)./2;    % 41-point model
bar(x41,slope41)
```

结果如图 13.20(e)和图 13.20(f)所示。

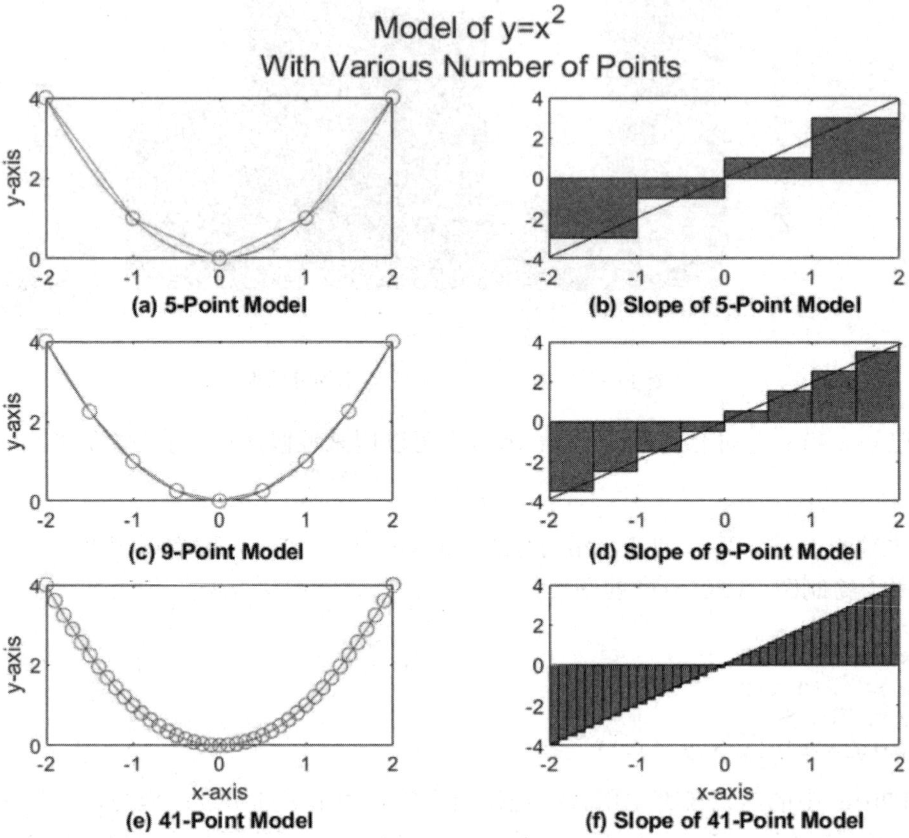


图 13.20 用更多的点来建模函数时，函数的斜率更精确

## 13.4.2 前向、后向和中心差分法

前面讨论了在一个区间内求导数的方法，如果要求一个点处的导数，该怎么办？一种方法是使用相邻点之间的斜率作为单个 $x$ 值处导数的近似值。

$$\left(\frac{\mathrm{d}y}{\mathrm{d}x}\right)_i = \frac{y_{i+1} - y_i}{x_{i+1} - x_i}$$

可用差分函数来实现，

```
fd = diff(y)./diff(x)
```

并将结果设定为该区间内第一个点的导数，因为是通过向前看，用矩阵中的下一组 $x$ 和 $y$ 值来近似求导，所以称为前向差分。

以正弦函数为例，其解析导数为余弦函数。可以用下面的代码将前向差分导数近似解与解析解进行比较。首先，为自变量 $x$ 和因变量 $y$ 创建一个矩阵。

```
x = linspace(0,pi/2,10)
y = sin(x)
```

经过基本的计算可知，sin(x)的导数是 cos(x)，表示为

$$\frac{dy}{dx}=\cos(x)$$

因此，为了在 MATLAB 中解析求导，需要用下述代码：

```
dydx=cos(x)
```

为了估算 x 矩阵(总共有 10 个值)中前 9 个值处的导数，代码如下：

```
fd=diff(y)./diff(x)
```

这种方法无法求出矩阵 x 中最后一个点处的导数的近似值，所以用 NaN(非数值)作为占位符。注意，为了使代码更具通用性，使用 length 函数定义最后一个元素序号，在本例中，返回的值是 10。

```
fd(length(x))=NaN;
```

使用下面的方程可以求出此近似值与实际值之间的百分比误差：

$$\text{百分比误差}=\frac{\text{实际值}-\text{近似值}}{\text{实际值}}\times 100$$

其对应的代码为

```
error_percentage=(dydx-fd)./dydx*100
```

最后，使用以下代码来计算结果并创建一个输出列表：

```
a=["X","cos(x)","Forward Approximation","% Error"];
table(x',dydx',fd',error_percentage','VariableNames',a)
```

根据列表提供的信息可见，当解析结果接近零时，近似值有较大误差，但绝对误差较小。

**前向差分法估算 sin(x) 导数的结果**

| x | dy/dx | dy/dx | 百分比误差 |
|---|---|---|---|
| | cos(x) | 前向估值 | (实际值—估计值)/实际值*100 |
| 0.0000 | 1.0000 | 0.9949 | 0.5069 |
| 0.1745 | 0.9848 | 0.9647 | 2.0418 |
| 0.3491 | 0.9397 | 0.9052 | 3.6751 |
| 0.5236 | 0.8660 | 0.8181 | 5.5325 |
| 0.6981 | 0.7660 | 0.7062 | 7.8109 |
| 0.8727 | 0.6428 | 0.5728 | 10.8806 |
| 1.0472 | 0.5000 | 0.4221 | 15.5836 |
| 1.2217 | 0.3420 | 0.2585 | 24.4224 |
| 1.3963 | 0.1736 | 0.0870 | 49.8727 |
| 1.5708 | 0.0000 | NaN | NaN |

注意，x 的最后一个点处不存在近似导数，所以(在代码中)在结果中添加了一个 NaN(非数值)。用 20 个值再计算一遍，并将 10 个值和 20 个值情况下的计算结果绘制在图 13.21 中。

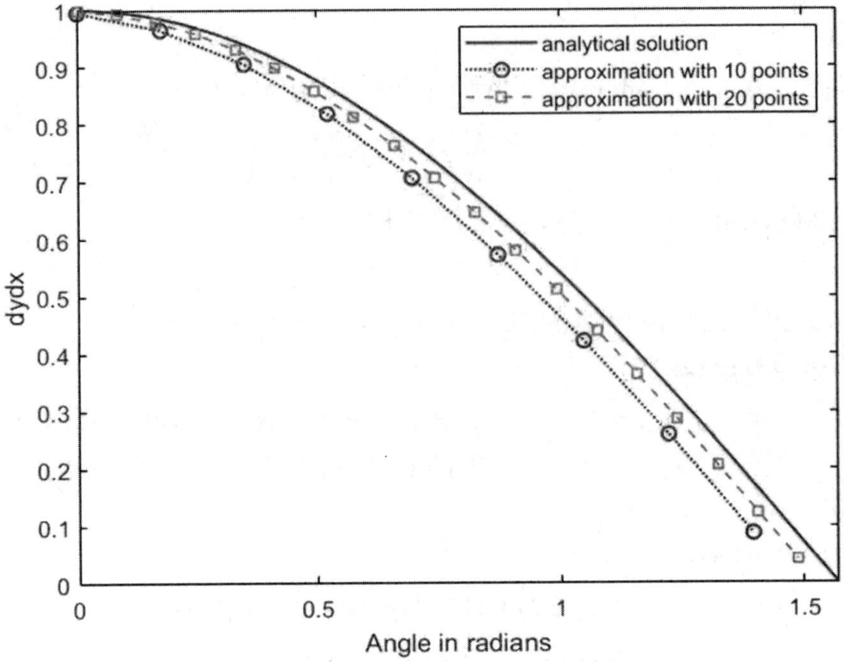


图 13.21 不同点数下的计算结果

通过设置更多的 $x$ 值(数据点更紧凑)可以更好地估算导数。

后向差分与前向差分类似，但后向差分不是将导数的近似值赋给该区间的第一个值，而是赋给后一个值，即

$$\left(\frac{\mathrm{d}y}{\mathrm{d}x}\right)_i=\frac{y_i-y_{i-1}}{x_i-x_{i-1}}$$

为了在 MATLAB 中求解该问题，仍然需要使用 diff 函数。与第一个例题类似，在矩阵 bd(后向差分)中添加了一个 NaN，但是要将它作为第一个值，而不是最后一个值，代码如下：

```
%% Backward difference
x=linspace(0,pi/2,10);
y=sin(x);
dydx=cos(x);
bd=diff(y)./diff(x);
bd=[NaN,bd];
error_percentageb = (dydx-bd)./dydx*100;
b=["X","cos(x)","Backward Approximation","% Error"];
table(x',dydx',bd',error_percentageb','VariableNames',a)
```

程序运行得到的表格如下。

**后向差分近似计算 sin(x) 的导数**

| $x$ | dy/dx | dy/dx | 百分比误差 |
|---|---|---|---|
| | cos(x) | 后向估值 | (实际值—估值)/实际值*100 |
| 0.0000 | 1.0000 | NaN | NaN |

续表

| $x$ | dy/dx | dy/dx | 百分比误差 |
|---|---|---|---|
| 0.1745 | 0.9848 | 0.9949 | −1.0279 |
| 0.3491 | 0.9397 | 0.9647 | −2.6613 |
| 0.5236 | 0.8660 | 0.9052 | −4.5186 |
| 0.6981 | 0.7660 | 0.8181 | −6.7970 |
| 0.8727 | 0.6428 | 0.7062 | −9.8667 |
| 1.0472 | 0.5000 | 0.5728 | −14.5697 |
| 1.2217 | 0.3420 | 0.4221 | −23.4085 |
| 1.3963 | 0.1736 | 0.2585 | −48.8588 |
| 1.5708 | 0.0000 | 0.0870 | −142155539756746180.0000 |

前向差分方法与后向差分方法产生的误差绝对值非常接近。(后向差分表中最后一个误差值很大，这是由于被 0 除所致。)为了减小这一误差，可以使用既向前看又向后看的中心差分法，这样就更加靠近并最终聚集到实际感兴趣的中心点上来了。其近似值为

$$\left(\frac{\mathrm{d}y}{\mathrm{d}x}\right)_i=\frac{y_{i+1}-y_{i-1}}{x_{i+1}-x_{i-1}}$$

这种方法的一个缺点是对矩阵中的第一个和最后一个值均无法计算其中心差分。

MATLAB 提供了一个梯度函数 `gradient`，该函数对矩阵中的第一个点使用前向差分方法求导数，对矩阵中最后一个点使用后向差分方法求导数，对其余点采用中心差分方法求导。该函数需要两个输入参数，即矩阵 $y$ 和 $x$：

```
g = gradient(y,x)
```

并返回导数的近似值。如果不输入矩阵 $x$，程序就会将其默认为等间距且步长为 1。三种方法所得的结果如图 13.22 所示。

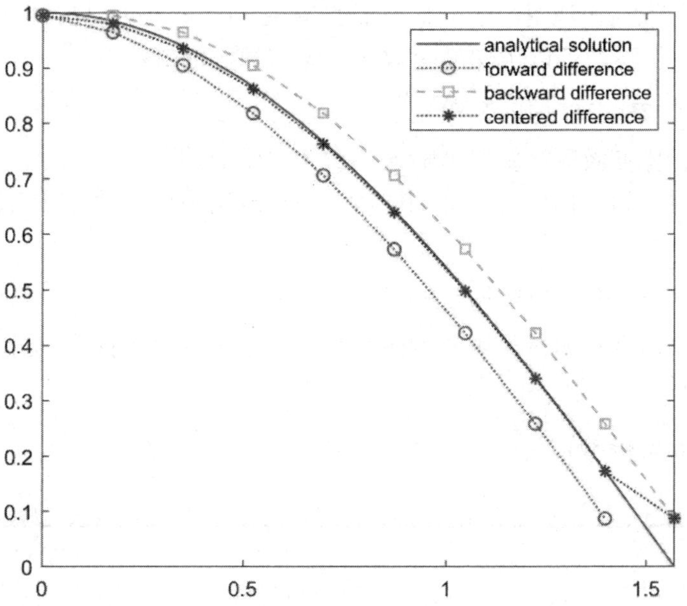


图 13.22　三种方法比较

梯度函数 gradient 也可以用来近似求解二维矩阵的偏导数。为展示梯度函数的使用方法，需要通过如下代码创建一个二维矩阵，代码如下：

```
X = -2:.1:2;
Y = -2:.1:2;
[x,y]=meshgrid(X,Y);
z = 3*(1-x).^2.*exp(-(x.^2) - (y+1).^2) ...
- 10*(x/5 - x.^3 - y.^5).*exp(-x.^2-y.^2) ...
- 1/3*exp(-(x+1).^2 - y.^2);
```

程序中的方程就是内置于 MATLAB 中用于演示 peaks 函数的方程式。要直观的观察函数的特点，可以绘制一个如图 13.23(a)所示的曲面图。

```
surf(x,y,z)
```

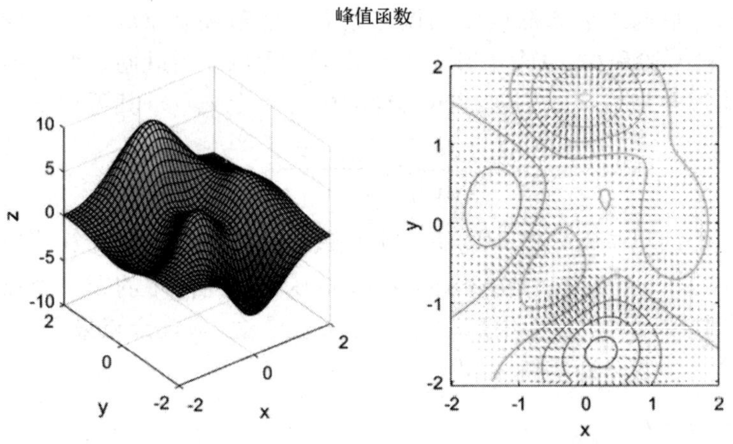


(a) 曲面图　　(b) 偏导数

图 13.23　(a)三维数据通过曲面图可视化；(b)等高线图和矢量场图的组合说明了偏导数的大小

$z$ 关于 $x$ 的偏导数$\partial z/\partial x$ 是图中沿 $x$ 方向上的斜率。同样，$z$ 关于 $y$ 的偏导数$\partial z/\partial y$ 是图形中沿 $y$ 方向上的斜率。下面可以用梯度函数计算这些导数的值：

```
[dzdx, dzdy] = gradient(z,X,Y)
```

在这种情况下，梯度函数需要三个输入参数：二维矩阵、x 方向的一维矩阵和 y 方向的一维矩阵。如果 x 向量和 y 向量都是等间隔的，还可以用另外一种语法直接定义每个方向的间隔，如

```
[dzdx, dzdy] = gradient(z,0.1,0.1)
```

结合等高线的绘图函数和矢量场的绘图函数，可使该结果可视化[见图 13.23(b)]。

```
contour(x,y,z)
hold on
quiver(x,y,dzdx,dzdy)
hold off
```

## 实训练习 13.4

1．已知下面的方程：

$$y = x^3 + 2x^2 - x + 3$$

定义向量 $x$ 为从−5 到+5，结合 diff 函数，用前向差分方法求 $y$ 关于 $x$ 的导数。解析的导数表达式为

$$\frac{dy}{dx}=y'=3x^2+4x-1$$

用前面定义的向量 $x$ 计算该函数的值，比较结果有什么不同？

2．用下面的函数和导数重做上题。

| 函　数 | 导　数 |
|---|---|
| $y=\sin(x)$ | $\frac{dy}{dx}=\cos(x)$ |
| $y=x^5-1$ | $\frac{dy}{dx}=5x^4$ |
| $y=5xe^x$ | $\frac{dy}{dx}=5e^x+5xe^x$ |

3．对以上问题用 gradient 函数求导数。

4．将两种方法所得的结果绘图并比较。由于前向差分法所得的结果比矩阵 $x$ 少一个值，为便于绘图，将结果矩阵的最后一个值填充为 NaN。

## 13.5　数值积分

积分结果通常被认为是等于曲线下所覆盖的面积，有时称为正交技术。例如，图 13.24 中所绘制的样本数据，曲线下的面积可以划分为很多小矩形，然后求所有矩形面积之和：

$$A=\sum_{i=1}^{n-1}(x_{i+1}-x_i)(y_{i+1}+y_i)/2$$

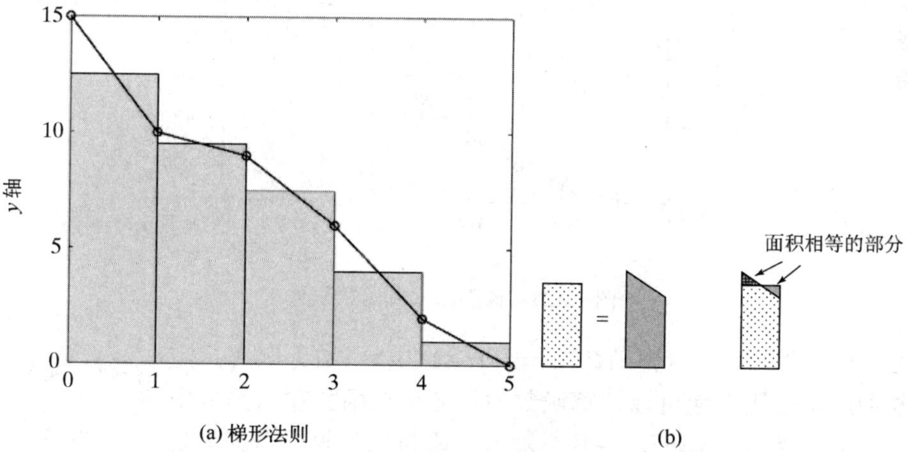


图 13.24　(a) 曲线下的面积可以用梯形法近似计算；(b) 梯形面积可以用矩形面积代替

用 MATLAB 命令计算这些面积：

```
avg_y = y(1:5)+diff(y)/2;
sum(diff(x).*avg_y)
```

由于矩形的面积与相邻元素之间梯形面积相等，如图 13.24(b) 所示，所以该方法称为梯形法。

MATLAB 提供了一个内置函数 trapz，可以得到相同的结果，其语法为

```
trapz(x,y)
```

可以创建一组有序对 $x$-$y$ 来近似计算由函数而不是数据定义的曲线下的面积。向量 $x$ 和 $y$ 中的元素越多，近似效果越好。例如，要求解下面的函数在 0 到 1 区间内曲线下的面积：

$$y = f(x) = x^2$$

可以定义一个由 11 个值组成的向量 $x$，并计算对应的 $y$ 值：

```
x = 0:0.1:1;
y = x.^2;
```

将计算结果绘制在图 13.25 中，并用于计算曲线下的面积：

```
trapz(x,y)
```

得到面积的近似值为

```
ans =
  0.3350
```

该结果对应 $x$ 从 0 到 1 区间内的积分的近似值，即

$$\int_0^1 x^2 dx$$

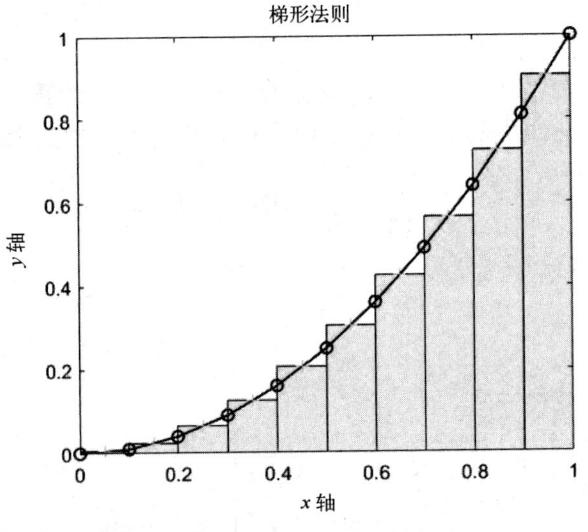


图 13.25　梯形法估算函数积分

MATLAB 提供了一个内置函数 integral，该函数无须用户定义图 13.25 中所示的矩形就可以计算函数的积分。该函数输入参数中的第一个输入字段为函数句柄，后两个输入字段为积分限，本例中是从 0 到 1。

> **关键知识**
> trapz 用于对有序的数据进行积分计算，integral 用于对函数进行积分计算。

例如，要定义一个三阶多项式的匿名函数：

```
fun_handle = @(x) -x.^3 + 20*x.^2 -5
```

现在绘制该函数的波形并观察函数的变化规律，最简单的方法是使用

fplot 函数，因为该函数也接受函数句柄作为输入：

```
fplot(fun_handle,[-5,25])
```

其结果如图 13.26(a)所示。该函数的积分为

$$\int_{-5}^{25} -x^3 + 20x^2 - 5$$

等于曲线下的面积，如图 13.26(b)所示。

**关键知识**

数值积分使用多种正交形式计算几何图形的面积。

最后，将函数句柄作为输入，用 integral 函数计算积分。

```
integral(fun_handle,0,25)
ans =
  6.3854e+003
```

以前的 MATLAB 版本没有使用较新的 integral 函数，而是使用非常相似的 quad 函数和 quadl 函数来实现数值积分。quad 函数和 quadl 函数在早期的代码中可能仍然出现，但最终将被删除。

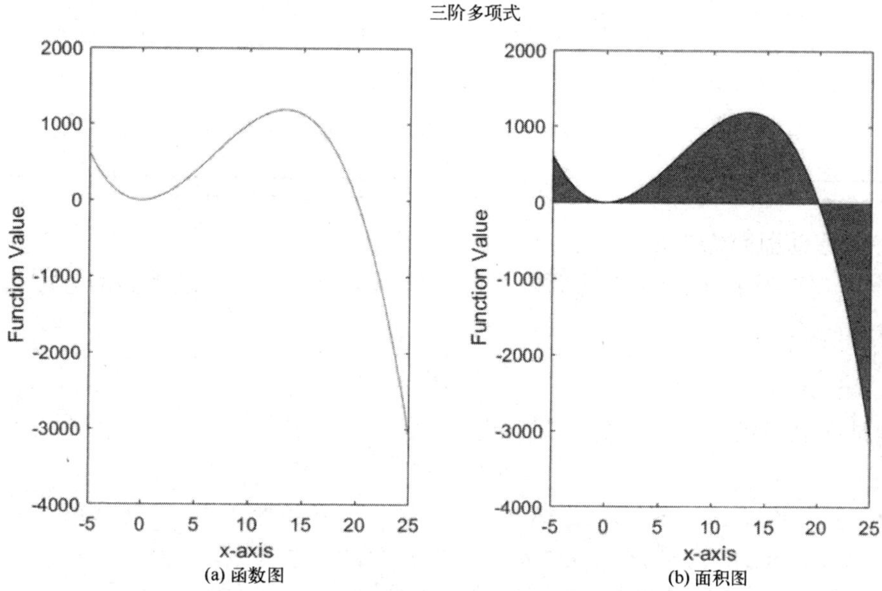


(a) 函数图　(b) 面积图

图 13.26　函数在两点之间的积分可以认为是曲线下所覆盖的面积大小：(a)由 fplot 函数创建的图形，用函数句柄表示三阶多项式；(b)由 area 函数创建的图形，图中阴影部分表示函数在−5 到 25 之间的积分

integral2 函数和 integral3 函数非常相似，分别用于求解二重积分和三重积分。要了解更多数值积分的知识，可参考相关书籍，如由 John H. Mathews 和 Kurtis D. Fink 所著的 *Numerical Methods Using MATLAB*，第四版.(Upper Saddle River, NJ: Pearson, 2004)。

## 实训练习 13.5

1．已知方程

$$y = x^3 + 2x^2 - x + 3$$

(a) 用 trapz 函数估算 $y$ 关于 $x$ 的积分，积分区间为−1 到 1。用 $x$ 的 11 个值计算对

应的 $y$ 值作为 `trapz` 函数的输入。

(b) 用 `integral` 函数求 $y$ 关于 $x$ 的积分，积分区间为–1 到 1。

(c) 将所得结果与使用符号工具箱中的 `int` 函数以及下面的解析表达式所得结果进行比较。(注意，`integral` 函数可以用矩阵运算符作为输入，如.*或^，但 `int` 函数不能使用这些运算符作为输入，而要使用符号表达式。)

$$\int_a^b (x^3+2x^2-x+3)\mathrm{d}x = \left(\frac{x^4}{4}+\frac{2x^3}{3}-\frac{x^2}{2}+3x\right)\Bigg|_a^b$$

$$=\frac{1}{4}(b^4-a^4)+\frac{2}{3}(b^3-a^3)-\frac{1}{2}(b^2-a^2)+3(b-a)$$

2．对下列函数重复执行练习 1 中的计算过程。

| 函　数 | 积　分 |
|---|---|
| $y=\sin(x)$ | $\int_a^b \sin(x)\mathrm{d}x=\cos(x)\big\|_a^b=\cos(b)-\cos(a)$ |
| $y=x^5-1$ | $\int_a^b (x^5-1)\mathrm{d}x=\left(\frac{x^6}{6}-x\right)\Big\|_a^b=\left(\frac{b^6-a^6}{6}-(b-a)\right)$ |
| $y=5x*\mathrm{e}^x$ | $\int_a^b (5\mathrm{e}^x)\mathrm{d}x=(-5\mathrm{e}^x+5x\mathrm{e}^x)\big\|_a^b=(-5(\mathrm{e}^b-\mathrm{e}^a)+5(b\mathrm{e}^b-a\mathrm{e}^a))$ |

**例 13.5　计算移动面所做的功**

在本例中，将利用 MATLAB 的数值积分函数 `integral`，通过下面的方程来计算活塞-缸筒装置所做的功：

$$W=\int P\mathrm{d}V$$

该方程是在以下条件下得到的，即假设

$$PV=nRT$$

其中，$P$ 为压强，单位为 kPa；$V$ 为体积，单位为 $\mathrm{m}^3$；$n$ 为摩尔数，单位为 kmol；$R$ 为理想气体常数，单位为 8.314 $\mathrm{kPa\cdot m^3/(kmol\cdot K)}$；$T$ 为温度，单位为 K。

同时还要假设：(1)缸筒内有 1 mol 气体，温度为 300 K；(2)气体在整个过程中保持恒温。

1．描述问题

求图 13.27 中活塞-缸筒装置所做的功。

2．描述输入和输出

**输入**　$T=300$ K

$n=1$ kmol

$V_1=1\ \mathrm{m}^3$, $V_2=5\ \mathrm{m}^3$ } 积分限

**输出**　活塞-缸筒装置所做的功

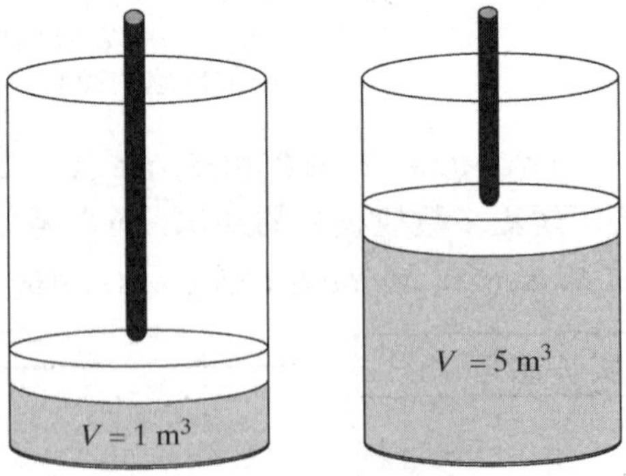

图 13.27　活塞-缸筒设备

3. 建立手工算例

理想气体定律表示为

$$PV = nRT$$

或

$$P = nRT / V$$

对 $P$ 进行积分得

$$W = \int \frac{nRT}{V} \mathrm{d}V = nRT \int \frac{\mathrm{d}V}{V} = nRT \ln\left(\frac{V_2}{V_1}\right)$$

代入数值得

$$W = 1\,\mathrm{kmol} \times 8.314\,\mathrm{kJ/(kmol \cdot K)} \times 300\,\mathrm{K} \times \ln\left(\frac{V_2}{V_1}\right)$$

由于积分限为 $V_2 = 5\ \mathrm{m}^3$ 和 $V_1 = 1\ \mathrm{m}^3$，所以做功为

$$W = 4014\,\mathrm{kJ}$$

做功为正，表示系统对外做功而不是外界对系统做功。

4. 开发 MATLAB 程序

```
%% Example 13.5
% Calculating boundary work, using MATLAB's
% Quadrature functions
clear, clc
% Define constants
n=1;
R=8.314;
T=300
% Define an anonymous function for P
P=@(V) n*R*T./V;
%% Use integral to evaluate the integral
integral(P,1,5)
```

上述代码在命令窗口返回如下结果：

```
ans =
  4.0143e+003
```

注意，这里定义了一个 `P` 的匿名函数，并使用函数句柄作为函数 `integral` 的输入。

5. 验证结果

将 MATLAB 所得结果与手工计算结果进行比较，结果是一样的。还可以用符号工具箱来求解。之所以采用这两种 MATLAB 求解方法，是因为有些问题无法用 MATLAB 的符号工具求解，而有些问题(具有奇异性的问题)又不适合用数值方法求解。

## 13.6　求微分方程的数值解

MATLAB 提供了很多函数可用来求如下形式的常微分方程的数值解：

$$\frac{dy}{dt}=f(t,y)$$

> **关键知识**
> MATLAB 中有很多微分方程的求解函数。

为了求解高阶微分方程(和微分方程组)，必须将方程改写成一阶表达式的方程组。本节简要介绍常微分方程求解函数的主要特征。更详细的信息请查阅帮助。

不同的微分方程有不同的求解方法，因此 MATLAB 提供了多种微分方程求解函数(见表 13.6)。但是所有求解函数都具有相同的格式，只需更改函数名就可以轻松地用不同的求解方法求解。

**表 13.6 MATLAB 的微分方程求解函数**

| 常微分方程求解函数 | 适用的问题类型 | 数值求解方法 | 注释 |
|---|---|---|---|
| **ode45** | 非刚性微分方程 | 龙格-库塔法 | 如果对函数不太了解，它是最佳首选解法。使用显式的龙格-库塔公式(4,5)，被称为 Dormand-Prince 对 |
| **ode23** | 非刚性微分方程 | 龙格-库塔法 | 使用显式的 Bogacki 和 Shampine 对龙格-库塔公式(2,3)，与 ode45 相比，更适用于中等刚性方程的求解 |
| **ode78** | 非刚性微分方程 | 7 阶和 8 阶龙格-库塔法 | 在非刚性平滑方面比 ode45 更有效 |
| **ode89** | 非刚性微分方程 | 8 阶和 9 阶龙格-库塔法 | 比 ode78 更平滑 |
| **ode113** | 非刚性微分方程 | Adams | 该方法与 ode45，ode23 单步求解函数不同，属于多步求解函数 |
| **ode15s** | 刚性微分方程和微分代数方程 | NDFs (BDFs) | 用数值微分公式(NDF)和后向差分公式(BDF)求解。很难预测哪种方法对刚性微分方程最适合 |
| **ode23s** | 刚性微分方程 | Rosenbrock | 改进的二阶 Rosenbock 公式 |
| **ode23t** | 中等性刚性微分方程 | 梯形法 | 适用于无数值衰减的问题方程和微分代数方程 |
| **ode23tb** | 刚性微分方程 | TR-BDF2 | 该函数使用了梯形法的隐式龙格-库塔公式和二阶后向差分公式(BDF2)进行求解 |
| **ode15i** | 全隐式微分方程 | BDF | 使用后向差分公式(BDF)求解具有 $f(y, y', t) = 0$ 形式的隐式微分方程 |

每个求解函数至少需要以下三个量作为输入：

- 描述关于 $t$ 和 $y$ 的一阶微分方程或微分方程组的函数句柄 `fun`；
- 时间范围，`tspan = [t0,tf]`；
- 方程组中每个方程的初始条件，`i_cond=[y1(1),y2(1), y3(1)...]`。

所有求解函数均返回 $t$ 和 $y$ 的矩阵：

```
[t,y]=odesolver(fun,tspan,icond)
```

如果未赋值给返回矩阵 `[t,y]`，则函数会将结果以图形的方式绘制出来。

## 13.6.1　函数句柄输入

如前所述，函数句柄是函数的一个别称，它既可以是以 M 文件或 MLX 文件形式存储的 MATLAB 函数，也可以是匿名的 MATLAB 函数。讨论过的微分方程的形式为

$$\frac{dy}{dt}=f(t,y)$$

因此，函数句柄等价于 d$y$/d$t$。

下面是一个简单微分方程的匿名函数：

```
dydt = @(t,y) 2*t
```

对应于 $\frac{dy}{dt}=2t$ 。

虽然这个特殊函数 $2t$ 中没有用到 $y$，但是作为 ode 求解函数认可的输入，$y$ 仍然需要作为输入的一部分。

如果要定义一个方程组，那么定义一个函数的 M 文件或 MLX 文件是很容易的事。函数的输出必须是一阶导数的列向量，例如，

```
function dy=twofuns(t,y)
dy(1) = y(2);
dy(2) = -y(1);
dy=[dy(1); dy(2)];
end;
```

此函数表示方程组：

$$\frac{dy}{dt}=x$$
$$\frac{dx}{dt}=-y$$

也可以再更紧凑的符号表示为

$$y_1'=y_2$$
$$y_2'=-y_1$$

其中上标的撇表示对时间的导数，$y_1$ 和 $y_2$ 表示时间的函数。同理，$y''$ 表示二阶导数，$y'''$ 表示三阶导数：

$$y'=\frac{dy}{dt'},\quad y''=\frac{d^2y}{dt^{2\prime}},\quad y'''=\frac{d^3y}{dt^3}$$

## 13.6.2　求解过程中要注意的问题

时间范围和每个方程的初始条件都要以向量形式表示，并与函数句柄一起输入求解函数的方程中。为了展示这一过程，下面求解方程

$$\frac{dy}{dt}=2t$$

为该常微分方程创建一个匿名函数 dydt，在–1 到 1 之间计算 $y$ 的值，指定初始条

件为：

$$y(-1)=1$$

如果不知道方程或方程组的特性，可以先尝试使用函数 ode45：

```
[t,y] = ode45(dydt,[-1,1],1)
```

该命令返回 $t$ 值的矩阵及其对应的 $y$ 值的矩阵。这些数据可以由用户自己绘制图形，如果不指定输出矩阵，也可以由求解函数绘制，命令如下：

```
ode45(dydt,[-1,1],1)
```

所得结果如图 13.28 所示，该结果与解析法求得的结果一致，解析法求得的结果为

$$y=t^2$$

注意，该函数的一阶导数是 $2t$，并且当 $t=-1$ 时，$y=1$。

当输入函数或方程组存储在独立的 M 文件或 MLX 文件中的时候，其语法稍有不同。现有文件的函数句柄定义为@ file_name。例如，为了求解上一节介绍的 twofuns 中定义的方程组，需要用到如下命令：

```
ode45(@twofuns,[-1,1],[1,1])
```

也可以为函数文件指定函数句柄，如

```
some_fun = @twofuns
```

并将它作为微分方程求解函数的输入，即

```
ode45(some_fun,[-1,1],[1,1])
```

如果函数作为局部函数存储在程序文件的末尾，则使用相同的语法。

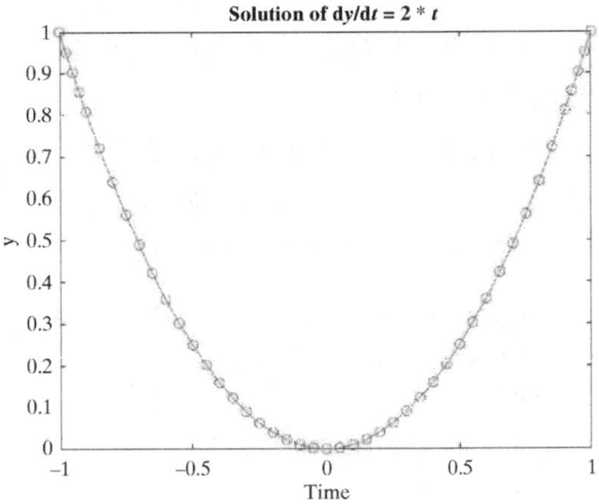


图 13.28　由 ode45 函数自动生成的图形，标题和坐标是用常规方法添加上去的

时间范围从–1 到 1，每个方程的初始条件都是 1。需要注意的是，方程组中的每个方程都有一个初始条件，结果如图 13.29 所示。

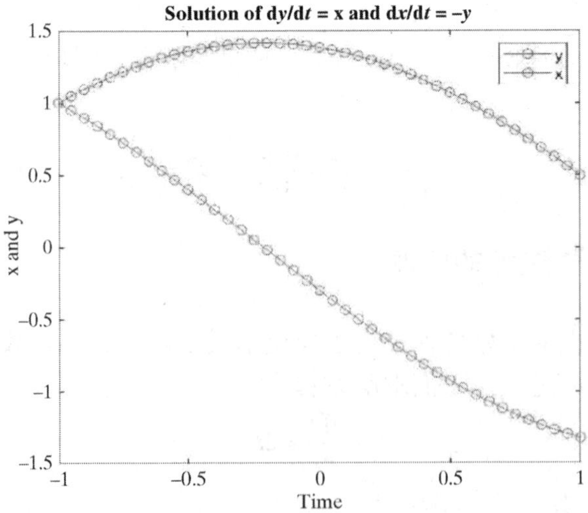


图 13.29　使用 ode45 函数求解方程组，用常规方法添加标题，坐标和图例

### 13.6.3　求解高阶微分方程

ode 求解函数(如 ode45 和 ode32)可用于求解一阶微分方程或一阶微分方程组。对于高阶微分方程，需要通过某种简单的替换，从而将其转换为方程组的形式。例如，下面的方程：

$$\frac{d^2y}{dt^2}+\frac{dy}{dt}=y+t$$

通过引入一个新的变量 $z$，可以将方程转化为方程组的形式，令

$$z=\frac{dy}{dt}$$

显然有

$$\frac{dz}{dt}=\frac{d^2y}{dt^2}$$

代入原始方程，可得

$$\frac{dz}{dt}+\frac{dy}{dt}=y+t$$

这个表达式就是一阶微分方程。实际上，这一过程是将方程

$$\frac{d^2y}{dt^2}+\frac{dy}{dt}=y+t$$

用如下两个方程进行代替，从而转变为求解包含两个因变量 $y$ 和 $z$ 的一阶微分方程组的问题。

$$\frac{dy}{dt}=z$$

和

$$\frac{dz}{dt}=y+t-\frac{dy}{dt}$$

现在只需要创建一个在 ode 求解函数中使用的函数文件。该函数应该有两个输入，一般是 $t$ 和 $y$。$t$ 是自变量，$y$ 是因变量矩阵。本例中，$y(1)$ 对应上式中的 $y$，$y(2)$ 对应 $z$。含有方程组的函数可以用下面代码描述：

```
function dydt = twoeq(t,y)
dydt(1) = y(2);
dydt(2) = y(1) + t - dydt(1);
dydt = dydt';
end;
```

按照 ode 求解函数的要求，函数的输出已经格式化为列向量。函数的名称是任意的，叫什么都可以，但是 twoeq 是描述性的，比较合适。

只要在函数中定义了方程组，就可以将其作为 ode 求解函数的输入。例如，如果定义时间范围从–1 到 1，初始条件为 $y=0$ 和 $z=0$(等同于 $y=0$ 和 $dy/dt=0$)，那么命令变成：

```
ode45(@twoeq,[-1,1],[0,0])
```

结果如图 13.30 所示。初始值已知的问题称为初值问题。

在本例中，微分方程系统 twoeq 可以存储为单独的文件，也可以存储为主程序末尾的局部函数。这两种情况下的语法相同。

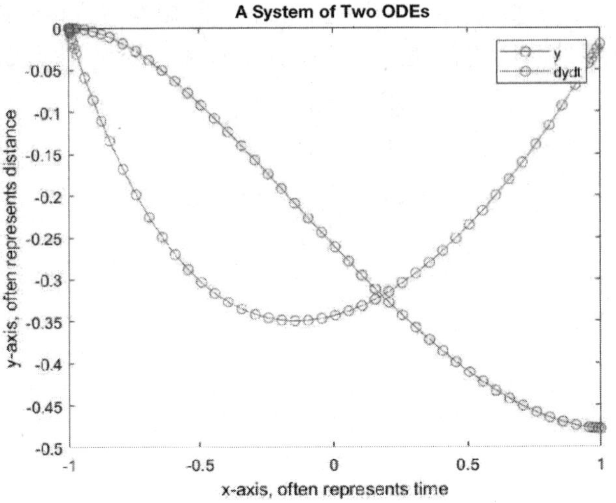


图 13.30 通过建立等价的方程组来求解高阶微分方程，二阶常微分方程需要两个方程，会产生两条线，一条表示 $y$，一条表示 $dy/dt$

## 13.6.4 边值问题

初值问题是一般边值问题的特例。在初值问题中，因变量的初值是已知的。在一般的边值问题中，因变量的值在某些点是已知的，这些点不一定是初始点。再看上一节中的函数，它描述了两个常微分方程组，如果不知道 $y$ 和 $dy/dt$ 的初始值，而是知道 $t=-1$ 和 $t=1$ 时 $y$ 的值，此时要怎么办呢？这个问题不能用 ode 函数族来求解，但可以用 bvp4c 函数来求解。bvp4c 函数需要三个输入：

- 用于在 ode 函数族中求解的函数句柄；
- 另一个函数的句柄，该函数根据已知的边界条件以及这些点上的预测值来求函数的残差(误差)；
- 对初始条件的一组猜测值。

第一个函数的句柄就是用 ode 函数族求解时的一组函数，包含了导数的方程，其结果必须是列向量。

为了求解这个问题，要对所有因变量的初始值进行猜测，然后求解过程中，程序通过将计算的边界值和实际值进行比较来检查其效果。例如，当

$$t=-1,\quad y=0 \quad 和 \quad t=1,\quad y=3$$

程序根据猜测的 $y$ 和 $dy/dt$ 的初始值来求解方程组，然后检查所得结果在 $t=-1$ 和 $t=+1$ 时的接近程度(即检查是否在 $t=-1$ 时 $y=0$，在 $t=+1$ 时 $y=3$)。这个过程是通过使用边界条件函数来实现的，该边界条件函数中设计了方程或方程组，若计算出了正确的边界条件，则该函数值为零。本例代码如下：

```
function residual=bc(y_initial, y_final)
residual(1) = y_initial(1) + 0;
```

```
residual(2) = y_final(1) - 3;
residual = residual';
end;
```

函数 bc 的输入是两个矩阵，本例中命名为 y_initial 和 y_final，每个矩阵都是由问题中的因变量组成的，通常为 y，dydt 等，因此，y_initial(1)是 y 的初始值，y_initial(2)是 dydt 的初始值。如果在 y_initial(1)=0 和 y_final(1)=3 的条件下执行此函数，则结果将是一个值为 0 的列向量。任何其他结果都表示程序计算的 y_initial 和 y_final 是错误的，并且此时必须根据函数的算法重新假设初始条件，这是一种有限差分策略。

bvp4c 函数的最后一个输入是解的一个猜测网格，作为求解的初始条件。MATLAB 提供了一个辅助函数 bvpinit 来创建这个网格并以结构矩阵的形式存储。该函数需要两个输入：一个是自变量的矩阵(在本例中为 $t$)，另一个是每个由 ode 方程组中定义的变量的初始猜测值。在本例中，有两个方程，所以需要猜测 $y$ 和 $dy/dt$ 的值。网格不需要特别精细，初始假设也不需要非常好。例如，

```
initial_guess = bvpinit(-1:.5:1, [0, -1])
```

定义了 5 个 $t$ 值，即从–1 到 1(–1, –0.5, 0, 0.5, 1)，并对所有 $t$ 值给出了初始猜测 $y=0$ 和 $dy/dt=-1$。

一旦创建了描述 ode 系统的函数、定义残差的函数以及用 bvpinit 创建的初始猜测，就可以执行 bvp4c 函数了。

> **关键知识**
>
> 可以将 odesolver 和 bvp4c 的输入函数存储在单独的文件中，也可以存储在主程序文件末尾的本地函数中，或者存储为匿名函数。

```
bvp4c(@twoeq, @bc, initial_guess)
```

此命令返回

```
ans =
       x: [1x9 double]
       y: [2x9 double]
      yp: [2x9 double]
  solver: 'bvp4c'
```

该结果是一个结构矩阵，其中 x 是自变量(在本例中表示为 $t$)，y 矩阵对应于 ode 系统的解，在这里为 $y$ 和 $dy/dt$。bvp4c 函数假设 $x$ 为默认自变量，也可以用 $t$ 表示自变量。由于边值问题通常是基于位置的变化，而不是时间的变化，所以默认值用 $x$ 表示。

为了访问 x 矩阵的值，只需简单地使用结构语法 ans.x。如果结果不是默认的 ans，而是冠以其他名称如 solution，则该结构体就称为 solution，x 的值将存储在 solution.x 中。要访问最想知道的 y 值，也可以使用结构语法，如 solution.y。要得到与 ode 求解函数绘制的类似的图形，可以使用如下代码：

```
plot(ans.x,ans.y, '-o')
```

或者，如果结果命名为 solution，则代码为

```
plot(solution.x, solution.y, '-o'),
```

结果如图 13.31 所示。注释(标题、图例等)是以常规的方法添加的。

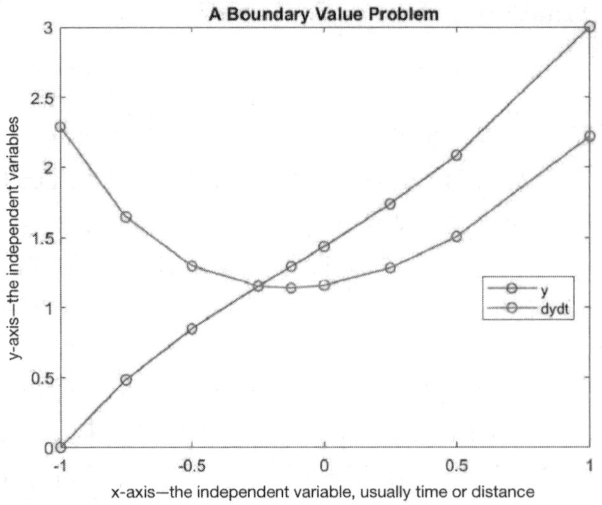


图 13.31 使用 bvp4c 函数求解边值问题

### 13.6.5 偏微分方程

MATLAB 还提供了一个功能有限的偏微分方程求解函数 pdepe。有关详细信息请参阅 MATLAB 的帮助功能。

```
doc pdepe
```

## 小结

数据表格在总结技术信息时非常有用。但是，如果在表格内没有需要的数值，则必须使用某种插值方法来估算该数值。MATLAB 提供了这样一种方法，即使用 interp1 函数。此函数需要三个输入参数：一组 $x$ 值、一组相应的 $y$ 值和一组要估算 $y$ 值所对应的 $x$ 值。该函数默认的插值方式为线性插值，将 $y$ 的中间值近似为 $x$ 的线性函数，即

$$y = f(x) = ax + b$$

每两个数据点构成一对，并确定一个线性函数，以确保估算数据点的直线始终经过表格中的数据点。

interp1 函数也可以采用高阶近似来对数据进行建模，其中最常见的是三次样条插值。interp1 函数的第四个输入字段是一个可选字符串。如果该字段未指定，则函数默认为线性插值。其语法如下：

```
new_y = interp1(tabulated_x, tabulated_y, new_x, 'spline')
```

除了 interp1 函数，MATLAB 还提供了二维插值函数 interp2、三维插值函数 interp3 和多维插值函数 interpn。

曲线拟合过程与内插方法类似，但不连接数据点，而是寻找一个尽可能精确地对数据进行建模的方程。一旦求出了方程，就可以计算对应的 $y$ 值。建立的模型曲线不一定经过测量数据点。MATLAB 提供的曲线拟合函数为 polyfit，采用最小二乘回归技术将数据建模为多项式，函数返回如下形式多项式方程的系数：

$$y = a_1x^n + a_2x^{n-1} + a_3x^{n-2} + \cdots + a_nx + a_{n+1}$$

这些系数可用于在 MATLAB 中创建近似表达式，也可以用作 polyval 函数的输入来计算任意 $x$ 处的 $y$ 值。例如，以下语句先求出拟合 $x$-$y$ 数据的二阶多项式的系数，然后用第一条语句中确定的多项式计算新的 $y$ 值：

```
coef = polyfit(x,y,2)
y_first_order_fit = polyval(coef,x)
```

这两行代码可以通过嵌套函数压缩为一行：

```
y_first_order_fit = polyval(polyfit(x,y,1),x)
```

为了将数据拟合为过零点的直线，可以使用左除法来计算模型 $y = a*x$ 的系数，

```
a = x'\y'
```

输入的 x 和 y 矩阵必须是列矩阵。

MATLAB 还提供了交互式曲线拟合功能，不仅可以用多项式对数据建模，还可以用更复杂的数学函数进行建模。基本曲线拟合工具可以通过图形窗口的 Tools 菜单调用。曲线拟合工具箱中提供了更多的可用工具。

在实际工程中，数值计算方法广泛应用于求导数和积分。符号工具箱中也有求导数和积分的函数。

MATLAB 中的 diff 函数可以计算向量中相邻元素之间的差值。给定向量 x 和 y，使用函数 diff 可以实现近似求导，命令如下：

```
slope = diff(y)./diff(x)
```

x 和 y 的数据间距越小，导数的近似程度越高。

gradient 函数用前向差分方法来近似矩阵中第一个数据点处的导数，用后向差分方法近似矩阵中最后一个数据点处的导数，用中心差分方法求其余数据点处的导数。一般来说，中心差分法比其他两种方法更能精确地求导数。

利用 trapz 函数和梯形法则可以完成对有序数据对的积分。这种方法也可以求函数的积分，此时需要根据一组 $x$ 值和对应的 $y$ 值创建一组有序数据对。

直接用积分函数 integral 计算函数的积分。此函数要求用户输入函数和积分区间。函数可以表示为匿名函数，也可以是存储在单独文件中的函数。积分函数 integral 返回值的精度几乎可以达到 $1\times10^{-6}$。

MATLAB 提供了一系列一阶常微分方程和方程组的求解函数。所有求解函数都使用如下通用格式：

```
[t,y] = ode solver(function_handle,[initial_time,
        final_time], [initial_cond_array])
```

通常首选的是求解函数 ode45，它采用了龙格-库塔法。其他求解函数已经格式化，用于刚性微分方程和隐式方程的求解。

ode 求解函数要求知道问题的初始条件。相反，如果已知边界条件而不是初始条件，则可以使用 bvp4c 函数。

## MATLAB 小结

下表列出本章介绍的所有命令和函数。

| 命令和函数 | |
|---|---|
| bvp4c | 常微分方程边值问题求解函数 |
| diff | 计算输入矩阵中相邻元素间的差值。若输入为符号表达式，则求其符号微分 |
| gradient | 结合前向、后向和中心差分技术求数值导数 |
| int | 求符号积分 |
| integral | 计算函数的积分 |
| interp1 | 使用默认的线性插值方法或指定的高阶方法求近似的中间值 |
| interp2 | 二维插值函数 |
| interp3 | 三维插值函数 |
| interpn | 多维插值函数 |
| ode45 | 常用微分方程求解函数 |
| ode23 | 常用微分方程求解函数 |
| ode78 | 常用微分方程求解函数 |
| ode89 | 常用微分方程求解函数 |
| ode113 | 常用微分方程求解函数 |
| ode15s | 常用微分方程求解函数 |
| ode23s | 常用微分方程求解函数 |
| ode23t | 常用微分方程求解函数 |
| ode23tb | 常用微分方程求解函数 |
| ode15i | 常用微分方程求解函数 |
| polyfit | 计算最小二乘多项式系数 |
| polyval | 计算给定 $x$ 值处的多项式的值 |
| trapz | 根据有序数据对计算积分的近似值 |

## 关键术语

| | | | | |
|---|---|---|---|---|
| 近似值 | 差分 | 最小二乘法 | 后向差分 | 外插 |
| 线性插值 | 边值问题 | 前向差分 | 线性回归 | 中心差分 |
| 二次方程 | 三次方程 | 正交 | 三次样条 | 插值 |
| 梯形法 | 初值问题 | 残差 | | |

# 习题 13

### 插值

**13.1** 假设活塞-缸筒装置中的气体温度保持恒定，改变体积后，测量了压强。下表列出了体积和压强的数据：

(a) 用线性插值法计算体积为 3.8 $m^3$ 时气体的压强。

(b) 用三次样条插值法计算体积为 3.8 $m^3$ 时气体的压强。

(c) 用线性插值法计算气体压强为 1000 kPa 时气体的体积。

(d) 用三次样条插值法计算气体压强为 1000 kPa 时气体的体积。

| 体积 ($m^3$) | 压强 (kPa)，温度 $T$=300 K |
|---|---|
| 1 | 2494 |
| 2 | 1247 |
| 3 | 831 |
| 4 | 623 |
| 5 | 499 |
| 6 | 416 |

**13.2** 利用习题 13.1 中的数据和线性插值创建一个体积-压强数据表格，体积计量步长为 0.2 $m^3$。将计算值和测量值绘制在同一幅图中，测量值用圆圈表示，不连线，计算值用实线表示。

**13.3** 用三次样条插值法重做习题 13.2。

**13.4** 在更高温度条件下重做习题 13.1 的实验，记录数据如下表所示：

| 体积($m^3$) | 压强(kPa)，温度 $T = 300$ K | 压强(kPa)，温度 $T = 500$ K |
|---|---|---|
| 1 | 2494 | 4157 |
| 2 | 1247 | 2078 |
| 3 | 831 | 1386 |
| 4 | 623 | 1039 |
| 5 | 499 | 831 |
| 6 | 416 | 693 |

根据表中的数据回答下列问题：

(a) 当温度为 300 K 和 500 K 时，近似计算 5.2 $m^3$ 气体的压强。(提示：创建一个包含表格中给出的两组数据的压强矩阵，体积的矩阵为 6×1，压强的矩阵为 6×2。)用线性插值法计算。

(b) 用三次样条插值法，重复上述计算过程。

**13.5** 根据习题 13.4 的数据求解下列问题：

(a) 用线性插值法创建一列 $T = 400$ K 时的压强数据。

(b) 创建一个扩充的体积-压强数据表格，体积变化步长为 0.2 $m^3$，每列压强值分别与温度 $T = 300$ K，$T = 400$ K 和 $T = 500$ K 对应。

**13.6** 用 `interp2` 函数和习题 13.4 的数据，计算体积为 5.2 $m^3$，温度为 425 K 时的压强。

**曲线拟合**

**13.7** 用 `polyfit` 函数对习题 13.1 的数据进行一阶、二阶、三阶和四阶多项式拟合，要求：

- 将结果绘制在同一幅图中。
- 实际数据图用圆圈表示，不连线。
- 根据多项式回归结果计算并画图，间隔 0.2 $m^3$。
- 图中不用标出计算值，仅用实线连接。
- 确定哪种模型效果最好。

**13.8** 压强与体积的关系通常不用多项式表示，而根据理想气体定律，它们成反比关系：

$$P = \frac{nRT}{V}$$

如果以 $P$ 为 $y$ 轴，以 $1/V$ 为 $x$ 轴，则压强-体积关系可以画成一条直线，斜率就是 $nRT$。用 `polyfit` 函数可以计算斜率，函数的输入为 $P$ 和 $1/V$：

polyfit(1./V,P,1)

(a) 假设 $n$ 值为 1mol，$R$ 值为 8.314 kPa/(kmol·K)，证明实验所用的温度确实为 300 K。

(b) 以 $P$ 为 $y$ 轴，以 $1/V$ 为 $x$ 轴绘制图形。

(c) 用过零点线性回归法重复上述步骤。

**13.9** 电路中电阻和电流成反比：

$$I=\frac{V}{R}$$

图 P13.9 所示电路施加未知的恒压源，测得的数据如下表所示：

| 电阻(Ω) | 测量电流(A) |
|---|---|
| 10 | 11.11 |
| 15 | 8.04 |
| 25 | 6.03 |
| 40 | 2.77 |
| 65 | 1.97 |
| 100 | 1.51 |

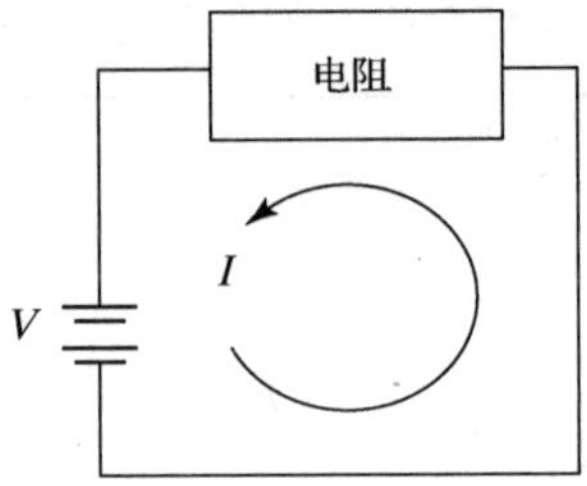


图 P13.9 电路

(a) 以电阻($R$)为 $x$ 轴，以测量电流($I$)为 $y$ 轴绘图。

(b) 以 $1/R$ 为 $x$ 轴，以测量电流($I$)为 $y$ 轴绘图。

(c) 用 `polyfit` 函数计算(b)中所示直线的系数，直线的斜率就是外加电压。

(d) 根据所用的电阻，用 `polyval` 函数计算电流($I$)。将结果与测量数据绘制在另一幅图中。

(e) 用左除法计算(c)中的电压，并将结果与使用 `polyfit` 函数计算的结果进行比较。哪种方法更好？

**13.10** 很多物理过程可以用指数方程来建模。例如，化学反应速率取决于反应速率常数，该常数是温度和活化能量的函数：

$$k=k_0 e^{-Q/RT}$$

其中，$R$ 为通用气体常数，单位为 8.314 kJ/(kmol·K)；$Q$ 为活化能量，单位为 kJ/kmol；$T$ 为温度，单位为 K；$k_0$ 为常数，其单位取决于反应特性，一种可能的单位为 $s^{-1}$。

根据实验数据求 $k_0$ 和 $Q$ 值的方法是以 $k$ 的自然对数为 $y$ 轴，以 $1/T$ 为 $x$ 轴，将数据绘制出来，这样会得到一条斜率为 $-Q/R$，截距为 $\ln(k_0)$ 的直线，公式为

$$\ln(k)=\ln(k_0)-\frac{Q}{R}\left(\frac{1}{T}\right)$$

该方程具有以下形式：

$$y=ax+b$$

其中，$y=\ln(k)$，$x=1/T$，$a=-Q/R$，$b=\ln(k)$。

根据右侧数据表格，回答问题。

| $T$ (K) | $k$ ($s^{-1}$) |
|---|---|
| 200 | $1.46\times10^{-7}$ |
| 400 | 0.0012 |
| 600 | 0.0244 |
| 800 | 0.1099 |
| 1000 | 0.2710 |

(a) 以 $1/T$ 为 $x$ 轴，以 $\ln(k)$ 为 $y$ 轴，将数据绘制出来。

(b) 用 `polyfit` 函数计算曲线斜率 $-Q/R$ 和截距 $\ln(k_0)$。

(c) 计算 $Q$ 的值。

(d) 计算 $k_0$ 的值。

**13.11** 电的功率通常表示为

$$P=I^2R$$

其中，$P$ 为功率，单位为瓦特(W)；$I$ 为电流，单位为安培(A)；$R$ 为电阻，单位为欧姆(Ω)。

| 功率(W) | 电流(A) |
|---|---|
| 50 000 | 100 |
| 200 000 | 200 |
| 450 000 | 300 |
| 800 000 | 400 |
| 1 250 000 | 500 |

(a) 根据右侧表数据，用 `polyfit` 函数对数据进行二阶多项式建

模，并求电路中的电阻值。

(b) 对数据进行二阶多项式建模，画出其图形并用图形窗口的曲线拟合工具确定 $R$ 的值。

**13.12** 用多项式对函数建模非常重要，但是用该方法对样本之外的数据进行外插通常是危险的行为。为了验证这一点，可以建立正弦波的三阶多项式模型。

(a) 定义 `x=-1:0.1:1`。

(b) 计算 `y=sin(x)`。

(c) 根据这些数据用函数 `polyfit` 建立拟合的三阶多项式模型，求多项式的系数。

(d) 根据上面的多项式，向量 $x$ 从–1 到 1，用 `polyval` 函数计算新的 `y(modeled_y)`的值。

(e) 将两组数据绘制在同一幅图中，比较哪种方法拟合效果更好。

(f) 创建一个新的向量 `x`，`new_x = -4:0.1:4`。

(g) 计算定义为 `sin(new_x)`的 `new_y` 的值。

(h) 利用问题(c)得到的系数，在–1 到 1 范围内建立向量对 `x`，`y` 和 `new_y` 的模型，用 `polyfit` 函数对 `new_modeled_y` 进行外插。

(i) 将两组新的数据绘制在同一幅图中，观察–1 到 1 数据范围之外的拟合效果。

## 近似导数

**13.13** 已知下列方程：

$$y = 12x^3 - 5x^2 + 3$$

(a) 在–5 到 5 范围内定义向量 $x$，并应用 `diff` 函数近似计算 $y$ 关于 $x$ 的导数。

(b) 求 $y$ 关于 $x$ 的解析导数，其结果是

$$\frac{dy}{dx} = y' = 36x^2 - 10x$$

用前面定义的向量 $x$ 计算该函数，比较两个结果有何不同？

**13.14** 导数的常用功能之一就是计算速度。右面给出的是从犹他州盐湖城到科罗拉多州丹佛的驾车行驶数据：

(a) 计算汽车每小时的平均速度，单位 mph(英里/小时)。

(b) 将结果绘制成条形图，编辑图形，使得每个条形都能在图形中完整地显示。

| 时间(h) | 距离(mile) |
|---|---|
| 0 | 0 |
| 1 | 60 |
| 2 | 110 |
| 3 | 170 |
| 4 | 220 |
| 5 | 270 |
| 6 | 330 |
| 7 | 390 |
| 8 | 460 |

**13.15** 下表是从盐湖城到洛杉矶的驾车行驶数据：

| 时间(h) | 距离(mile) | 时间(h) | 距离(mile) | 时间(h) | 距离(mile) |
|---|---|---|---|---|---|
| 0 | 0 | 4.0 | 300 | 8.0 | 580 |
| 1.0 | 75 | 5.2 | 380 | 8.7 | 635 |
| 2.2 | 145 | 6.0 | 430 | 9.7 | 700 |
| 2.9 | 225 | 6.9 | 510 | 10 | 720 |

(a) 计算行驶过程中每段路程的平均速度，单位 mph。

(b) 将速度值对应每个时间段的起始时间，并画出速度的图形。

(c) 用 `find` 命令判断每段路程的平均速度是否超过上限 75 mph。

(d) 判断全程的平均速度是否超过上限。

**13.16** 下表给出的是三级模型火箭发射的数据。

| 时间(s) | 高度(m) | 时间(s) | 高度(m) | 时间(s) | 高度(m) | 时间(s) | 高度(m) | 时间(s) | 高度(m) |
|---|---|---|---|---|---|---|---|---|---|
| 0 | 0 | 5.00 | 484.60 | 10.00 | 570.00 | 15.00 | 954.51 | 20.00 | 1150.00 |
| 1.00 | 107.37 | 6.00 | 550.00 | 11.00 | 699.18 | 16.00 | 940.00 | 21.00 | 1158.24 |
| 2.00 | 210.00 | 7.00 | 583.97 | 12.00 | 850.00 | 17.00 | 910.68 | 22.00 | 1100.00 |
| 3.00 | 307.63 | 8.00 | 580.00 | 13.00 | 927.51 | 18.00 | 930.00 | 23.00 | 1041.76 |
| 4.00 | 400.00 | 9.00 | 549.53 | 14.00 | 950.00 | 19.00 | 1041.52 | 24.00 | 1050.00 |

(a) 以时间为 $x$ 轴，高度为 $y$ 轴，绘制时间与高度的曲线。

(b) 用 `diff` 函数计算每个时间段内的速度，并在每个时间段的起点处绘制速度图。

(c) 用 `diff` 函数计算每个时间段内的加速度，并在每个时间段的起点处绘制加速度图。

(d) 分析已绘制的图形，估计分级时间(即抛弃耗尽一级到下一级点火开始的时间)。

**数值积分**

**13.17** 对下面的方程，用 `integral` 函数求解 $y$ 关于 $x$ 的积分，积分区间为–1 到 1。

$$y = 5x^3 - 2x^2 + 3$$

将结果与使用符号工具箱函数 `int` 得到的值以及下面的解析解进行比较：

$$\int_a^b (5x^3 - 2x^2 + 3)\mathrm{d}x = \left(\frac{5x^4}{4} - \frac{2x^3}{3} + 3x\right)\Bigg|_a^b$$

$$= \frac{5}{4}(b^4 - a^4) + \frac{2}{3}(b^3 - a^3) + 3(b - a)$$

**13.18** 方程

$$C_p = a + bT + cT^2 + dT^3$$

是一个经验多项式，表示热容 $C_p$ 随开氏温度变化的情况。气体从 $T_1$ 加热到 $T_2$ 时焓(能量的度量值)的变化量是该方程关于 $T$ 的积分：

$$\Delta h = \int_{T_1}^{T_2} C_p \mathrm{d}T$$

使用 MATLAB 正交函数积分求出氧气从 300 K 加热到 1000 K 时焓的变化，氧气的 $a$、$b$、$c$、$d$ 值如下：

$$a = 25.48 \qquad b = 1.520\times10^{-2} \qquad c = -0.7155\times10^{-5} \qquad d = 1.312\times10^{-9}$$

**13.19** 在本章的一些例题中，探讨了活塞-缸筒装置做功的问题，得出了移动边界做功问题的方程。气体或液体流过泵、涡轮机或压缩机时做功也有类似的方程(见图 P13.19)。

在这种情况下，不存在移动边界，只有杠杆做功，方程如下：

$$\dot{W}_{做功} = -\int_{入口}^{出口} \dot{V}\mathrm{d}P$$

如果能知道 $\dot{V}$ 和 $P$ 之间的关系，那么可以对这个方程进行积分。对于理想气体，这个关系表示为

$$\dot{V} = \frac{\dot{n}RT}{P}$$

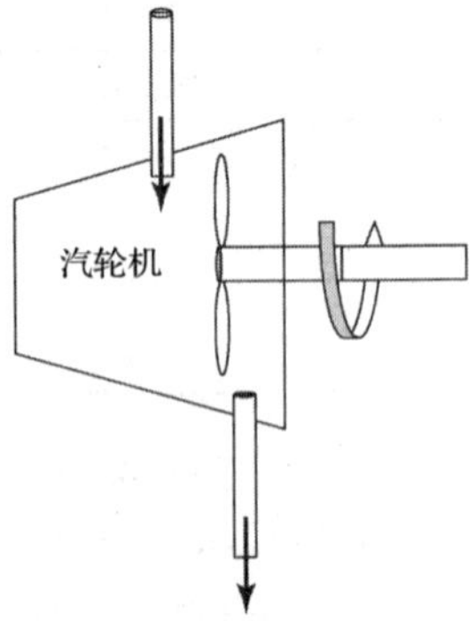


图 P13.19 用于发电的汽轮机

如果该过程是恒温的，则做功的方程变为：

$$\dot{W} = -\dot{n}RT\int_{入口}^{出口}\frac{dP}{P}$$

其中，$\dot{n}$ 为摩尔流速，单位为 kmol/s；$R$ 为理想气体常数，单位为 8.314 kJ/(kmol·K)；$T$ 为温度，单位为 K；$P$ 为压强，单位为 kPa；$\dot{W}$ 为功率，单位为 kW。

求恒温条件下汽轮机产生的功率，其中，$\dot{n}$ 为 0.1 kmol/s；$R$ 为理想气体常数，单位为 8.314 kJ/(kmol·K)；$T$ 为 400 K；$P_{入口}$ = 500 kPa；$P_{出口}$ = 100 kPa。

**微分方程**

**13.20** 设 $t$ 从 0 到 4，且当 $t=0$ 时，初始条件 $y=1$，求解下面的微分方程：

$$\frac{dy}{dt} + \sin(t) = 1$$

(a) 求出解析解，或使用 MATLAB 的符号工具箱函数求解。

(b) 使用函数 `ode45` 求解。

(c) 将上面两种结果绘制出来。

**13.21** 设 $t$ 从 0 到 1，且当 $t=0$ 时，初始条件 $y=0$，求解下面的微分方程：

$$\frac{dy}{dt} = t^2 + y$$

**13.22** Blasius 在 1908 年指出，平板上的层流边界层中非压缩流场由下列三阶非线性常微分方程求出：

$$2\frac{d^3f}{d\eta^3} + f\frac{d^2f}{d\eta^2} = 0$$

经过替换，将此方程重写为三个一阶方程组，替换关系如下：

$$h_1(\eta) = f$$

$$h_2(\eta) = \frac{df}{d\eta}$$

$$h_3(\eta) = \frac{d^2f}{d\eta^2}$$

给定初始条件如下，用函数 `ode45` 进行求解：

$$h_1(0) = 0$$

$$h_2(0) = 0$$

$$h_3(0) = 0.332$$

# 第14章　高级绘图

**本章目标**

学完本章后应能够：

- 掌握三种不同类型的图像文件；
- 为图形分配一个对象名称并调整图形属性；
- 用 MATLAB 的两种方法之一创建动画；
- 调整光源参数、相机位置和透明度值；
- 用可视化技术处理三维空间中的标量和矢量信息。

## 引言

工程中一些基本的常用图形主要是 $x$-$y$ 坐标图、极坐标图和曲面图等，还有商业应用中更普遍使用的饼形图、条形图和直方图。MATLAB 提供了大量的控制图形外观的功能，以便处理图像(如数码照片)，并创建数据和物理过程模型的三维表示方法(曲面图除外)。

## 14.1　图像

本节通过学习 image 函数和 imagesc 函数对图像的处理过程，开始讨论一些 MATLAB 更高级的绘图功能。因为 MATLAB 是一个矩阵处理程序，所以将图像存储为矩阵是有实际意义的。

若想绘制 peaks 函数的三维曲面图，则需要输入语句

```
surf(peaks)
```

使用交互式图形处理工具可对该图形[见图 14.1(a)]进行处理，这样就可以得到自上向下看的图形效果[见图 14.1(b)]。

用伪彩色绘图函数可以实现同样的效果，这种方法更简单，即

```
pcolor(peaks)
```

若指定 shading 选项，还可以删除自动绘制的网格线，即

```
shading flat
```

图 14.1～图 14.3 的颜色对应 $z$ 轴的值，$z$ 轴较大的正值对应黄色，较大的负值对应蓝色。$z$ 矩阵中的第一个元素的值 $z(1,1)$ 显示在图形的左下角[见图 14.2(b)]。

虽然这种表达数据的方法对于绘图中通常使用的坐标系是合适的，但是用来表示如照片

等图像就没有意义。图像存储在矩阵中，数据的表示方法通常是从图像的左上角开始向右和向下进行排列的[见图 14.3(a)]。在 MATLAB 中，`image` 函数和 `imagesc` 函数就使用这种格式显示图像。与伪彩色绘图函数(`pcolor`)类似，尺度图像函数(`imagesc`)使用完整的调色板来表示数据，输入：

```
imagesc(peaks)
```

结果如图 14.3(b)所示。

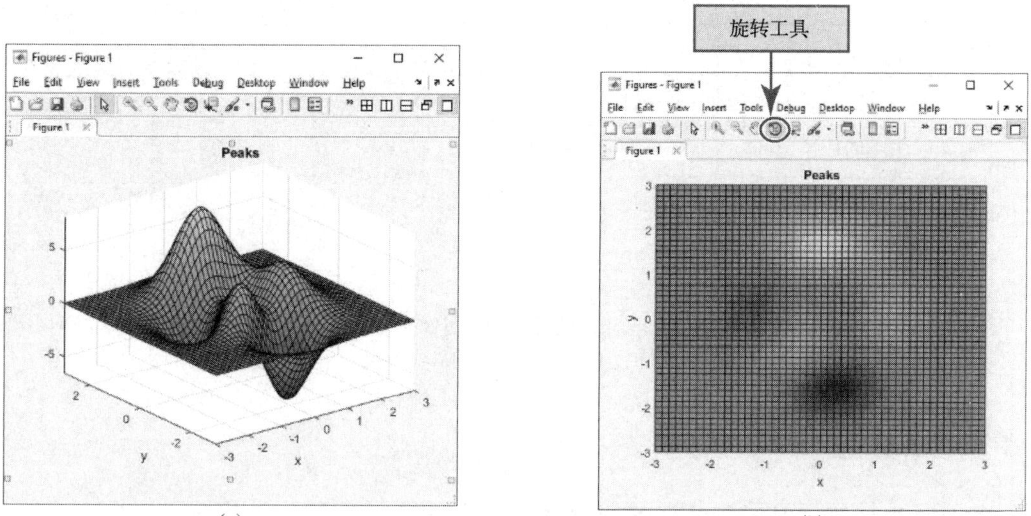


(a)　　(b)

图 14.1　(a)函数 `peaks` 是 MATLAB 的内置函数，用于演示图形功能；(b)沿 $z$ 轴向下观察函数 `peaks` 的曲面图的结果

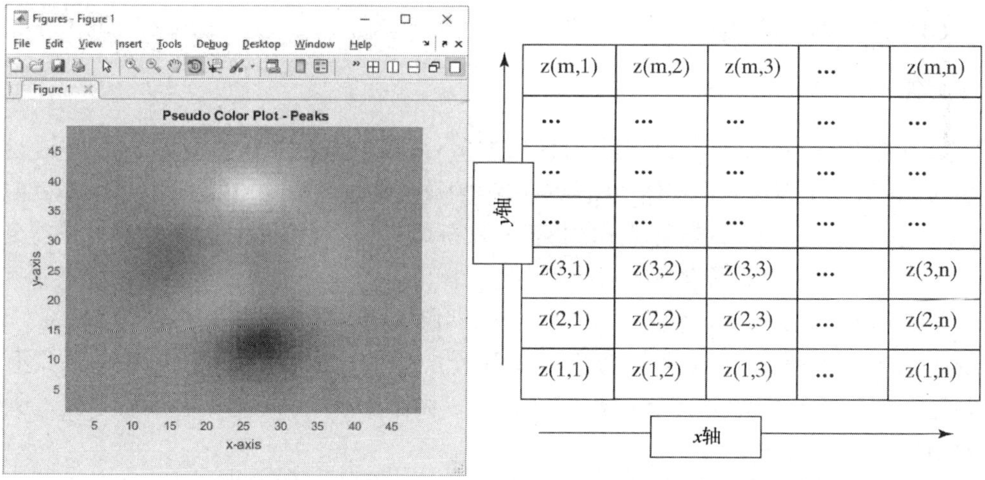


(a)　　(b)

图 14.2　(a)伪彩色图(左图)与从曲面图顶端垂直向下看的视图是相同的；(b)伪彩色图基于右手规则组织数据，起点位于右图(0,0)的位置

与伪彩色图相比，这个图像是上下颠倒的。当然，在许多图形应用程序中，数据如何表示并不重要，只要了解了约定的数据表示方式即可。但是，照片在垂直镜像中上下颠倒，就令人无法接受了。

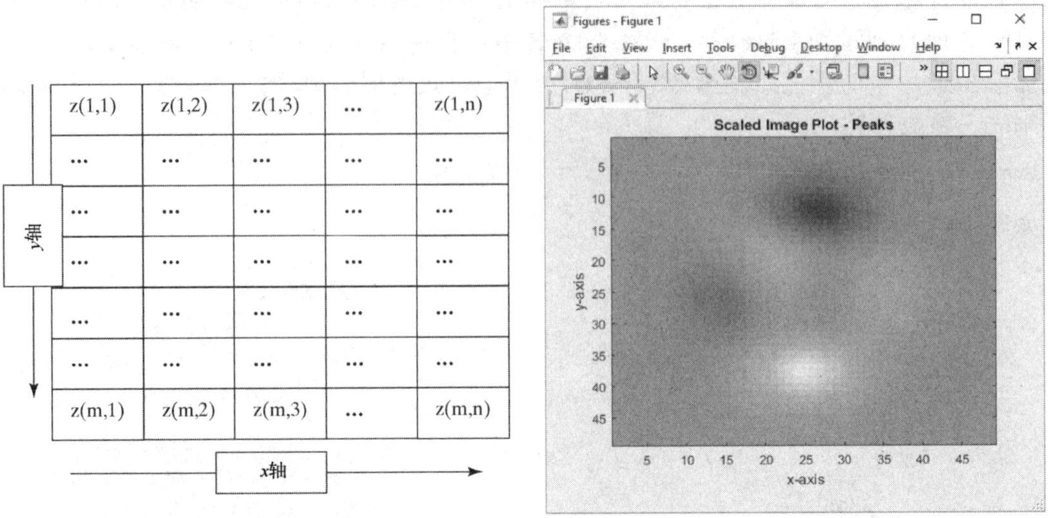


(a) (b)

图 14.3 用 imagesc 函数显示 peaks 函数：(a)图像数据的表示方法从左上角开始，向右向下移动，像读书一样；(b)pcolor 图和 imagesc 图在竖直方向上相互镜像

## 14.1.1 图像类型

MATLAB 提供了三种不同的图像存储和表示方法：

强度(或灰度)图像
索引图像
RGB(或真彩色)图像

> **关键知识**
> 函数 imagesc 和 image 用于显示图像。

**强度图像**

尺度图像函数 imagesc 可以利用强度图像产生 peaks 函数的图形(见图 14.3)。在这种方法中，图像的颜色取决于调色板，存储在图像矩阵中的数值经过缩放与已知的调色板相对应(默认调色板为 parula colormap)。当所显示的参数与实际颜色值不对应时，使用这种方法得到的效果比较好。例如，peaks 函数通常对应山脉和山谷，但是，海拔高度为多少时用黄色表示？从美学的角度来说是可以任意选择的，但除了美观，使用调色板还可以增强图像中的一些特征。

传统的 X 射线图像是将胶片在 X 射线下曝光产生的。如今，许多 X 射线图像不再使用胶片，而是处理为数字图像并存储在数据文件中。由于 X 射线的强度与颜色无关，所以可以根据需要对文件进行处理。

MATLAB 提供了一个示例文件，是一张数字化的脊椎 X 光图像，该图像适合使用尺度图像函数进行显示。首先加载文件：

```
load spine
```

该文件包含许多矩阵(见工作区窗口)，强度矩阵命名为 X。因此，

```
imagesc(X)
```

就会生成一幅图像，其颜色由当前的调色板决定，默认的是 parula 调色板。如果使用 bone

调色板，则图片看起来更像传统的 X 光片，若输入命令：

```
colormap(bone)
```

则产生的图像如图 14.4 所示。

该脊椎图像文件还包含了一个自定义的调色板，与 bone 调色板一致，该调色板命名为 map，显示强度图时自定义调色板不是必须的，而命令

```
colormap(map)
```

会产生与前面相同的结果。

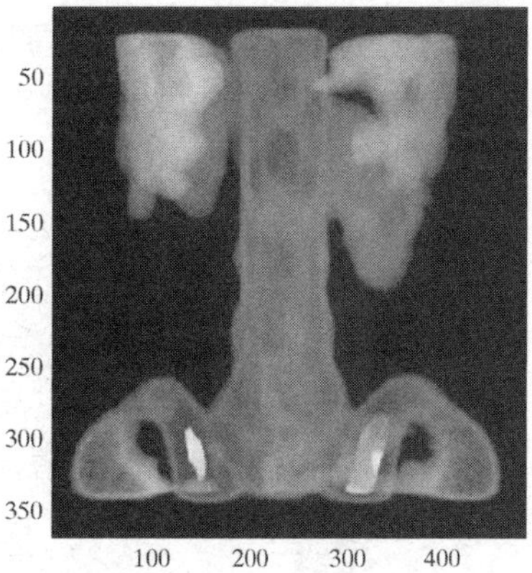


图 14.4 用 imagesc 函数和 bone 调色板显示的数字化 X 光图像

虽然把图像数据看成矩阵很方便，但是这种数据不一定要以标准的图形格式存储。MATLAB 有一个函数 imfinfo，该函数可以读取标准图形文件并确定文件中包含的数据类型。例如从 NASA 网站上下载的文件 mimas.jpg，命令

```
imfinfo("mimas.jpg")
```

返回以下信息(保证作为文件名的字符串要放在单引号或者双引号内；图像是灰度图像，也称强度图像)：

> **关键知识**
> 图像的颜色由调色板来控制。

```
ans =
  struct with fields:
           Filename: 'C:\Users\Holly\Documents\Gen…'
        FileModDate: '25-May-2013 11:42:23'
           FileSize: 5971
             Format: 'jpg'
      FormatVersion: ''
              Width: 200
             Height: 210
           BitDepth: 8
          ColorType: 'grayscale'
    FormatSignature: ''
    NumberOfSamples: 1
       CodingMethod: 'Huffman'
      CodingProcess: 'Sequential'
            Comment: {'Created with The GIMP'}
```

若要根据这个文件创建一个 MATLAB 矩阵，需要使用图像读取函数 imread，并将结果赋值给一个变量，例如 X：

```
X = imread("mimas.jpg");
```

然后就可以用 imagesc 函数和 gray 调色板将结果显示出来：

```
imagesc(X)
colormap(gray)
```

结果如图 14.5(a)所示。

### 索引图像函数

当图像颜色很重要时，有一种创建图像的方法称为索引图像，该矩阵不是强度值列表，而是颜色值列表。这种图像的创建过程就如同用数字涂料绘画，矩阵中每个元素都是一个与

颜色相对应的数字，一个称为调色板的独立的矩阵中列出了各种颜色，该矩阵是一个 $n\times3$ 的矩阵，定义了 $n$ 种不同的颜色，每种颜色都是由红色、绿色和蓝色组成。每一幅图像可以使用自定义调色板和内置调色板。

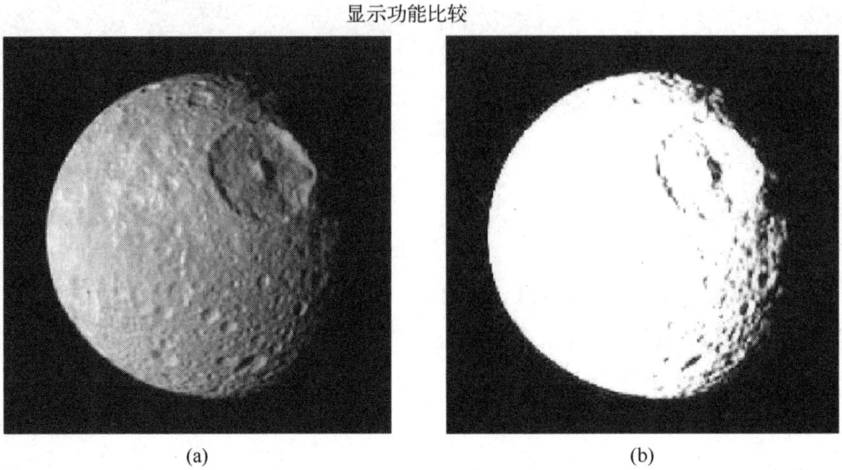


图 14.5　(a)使用尺度图像函数 `imagesc` 和 `gray` 调色板显示的土卫一(土星的卫星之一)图像；(b)使用索引图像函数 `image` 和 `gray` 调色板显示的土卫一(土星的卫星之一)图像(NASA)

对于一个内置样本图像文件 mandrill，加载该文件的方法为

```
load mandrill
```

该文件包含名称为 `X` 的索引矩阵和名称为 `map` 的调色板(检查工作区窗口确认这些文件已加载；这些名称通常用于从 MATLAB 程序保存的图像)。`image` 用于显示索引图像：

```
image(X)
colormap(map)
```

MATLAB 显示图像时要填充整个图形窗口，因此图像看上去有些扭曲。用 `axis` 命令可以强制显示正确的图像比例：

```
axis image
```

结果如图 14.6 所示。

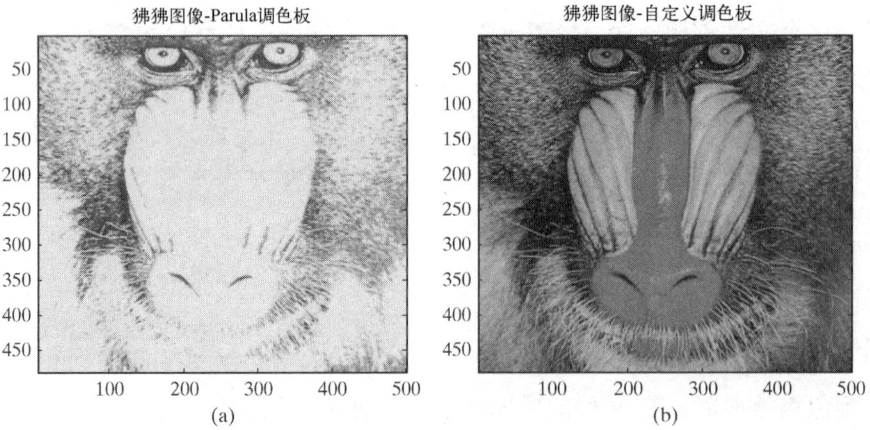


图 14.6　(a)使用自定义调色板之前绘制的狒狒图像；(b)使用自定义调色板绘制的狒狒图像

image 函数和 imagesc 函数相似，但是绘图结果却大不相同。图 14.5(b) 中的土卫一图像是由 image 函数产生的，显然用 imagesc 函数更合适。gray 调色板与强度图像中存储的颜色值不一致，图像看上去像水洗过一样，对比度不足。因此，确定文件类型很重要，这有助于选择最佳的图像显示方式。

图 14.7 以 GIF 格式存储的图像

以 GIF 图形格式存储的文件常常按索引图像存储，当用 imfinfo 函数指定文件参数时，文件格式就不一定是这样了。例如图 14.7 中的图像是一张 GIF 图像，将该图像复制到当前文件夹中，并使用 imfinfo 函数确定文件类型：

```
imfinfo("sunflower.gif")
ans =
  struct with fields:
            Filename: 'C:\Users\Holly\Documents\General
         FileModDate: '24-Aug-2016 12:33:17'
            FileSize: 342287
              Format: 'GIF'
       FormatVersion: '89a'
                Left: 1
                 Top: 1
               Width: 1024
              Height: 768
            BitDepth: 8
           ColorType: 'indexed'
     FormatSignature: 'GIF89a'
     BackgroundColor: 1
         AspectRatio: 0
          ColorTable: [256×3 double]
          Interlaced: 'no'
           DelayTime: 0
    TransparentColor: 253
      DisposalMethod:                            'DoNotspecify'
```

上述代码的运行结果并没有提供多少信息，但是若双击当前目录中的文件名，则会弹出 Import Wizard 窗口(如图 14.8 所示)，并建议创建两个矩阵：cdata 和 colormap。其中 cdata 是索引图像矩阵，colormap 就是对应的调色板。实际上，colormap 作为名称并不合适，因为一旦使用该名称，则 colormap 函数就会被覆盖。因此，需要对其重新命名，如 map。修改名称的方法是在完成导入过程之前，单击 Import Wizard 窗口中的变量名称，然后进行修改。完成导入后，可以通过以下代码查看图像：

```
axis image
axis off
```

**提示**：MATLAB 提供了很多内置的以索引图像格式存储的示例图像，输入下面的命令可以获取这些图像：

```
load <imagename>
```

其中的部分图像有

```
flujet
durer
detail
mandrill
clown
spine
cape
earth
gatlin
```

每幅图像的索引值矩阵都是 X，调色板是 map。例如，要看图像 earth，输入：

```
load earth
image(X)
colormap(map)
```

还需要调整显示比例和去掉坐标轴，命令为：

```
axis image
axis off
```

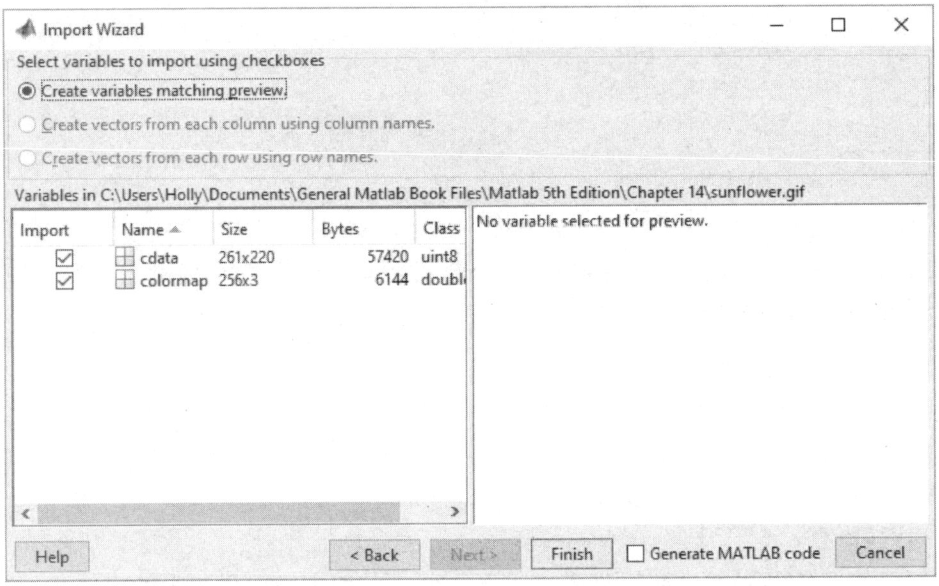


图 14.8 Import Wizard 窗口用于创建来自 gif 文件的索引图像矩阵和调色板

### 真彩色(RGB)图像

第三种存储图像数据的方法是将图像数据存储在 $m \times n \times 3$ 的三维矩阵中。三维矩阵由行、列和页构成。真彩色图像文件包含三页，分别表示红色、绿色和蓝色(R,G,B)的强度值，如图 14.9 所示。结果通常称为图像图形。

以文件 airplanes.jpg 为例，将这个文件或其他类似的文件(彩色的.jpg 图像)复制到当前目录中，以便用真彩色图像进行实验。可以用 `imfinfo` 函数来查看文件 airplanes 存储图像的方式：

> **关键知识**
> 光的三原色为红色、绿色和蓝色。

```
imfinfo("airplanes.jpg")
ans =
  struct with fields:
Filename: 'airplanes.jpg'
FileModDate: '12-Sep-2005 17:51:48'
FileSize: 206397
Format: 'jpg'
FormatVersion: ''
Width: 1800
Height: 1200
BitDepth: 24
ColorType: 'truecolor'
FormatSignature: ''
NumberOfSamples: 3
CodingMethod: 'Huffman'
CodingProcess: 'Sequential'
Comment: {}
```

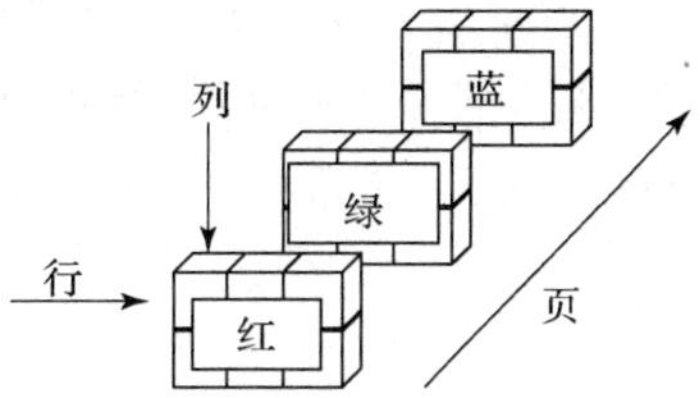

图 14.9 真彩色图像用多维矩阵表示每个元素的颜色

注意到颜色类型为'truecolor'，样本数为 3 个，其含义是每个样本代表一页，而每一页表示的是颜色强度。

可以用 imread 函数加载图像，用 image 函数显示图像，代码如下：

```
X = imread("airplanes.jpg");
image(X)
axis image
axis off
```

在工作区窗口中，X 是一个 1200×1800×3 的矩阵，且每页对应一种颜色。由于该矩阵(见图 14.10)包含了颜色强度的信息，所以不必再加载调色板。

图 14.10 飞机的真彩色图像，所有颜色信息都存储在一个三维矩阵中

### 例 14.1 MANDELBROT 和 JULIA 集合

Benoit Mandelbrot 对当今分形几何的发展做出了巨大的贡献，他的工作是建立在法国数学大师 Gaston Julia 在 1919 年发表的论文 *Mémoire sur l'iteration des fonctions rationelles* 中所提概念的基础之上。因受到当时计算机尤其是计算机图形学的发展现状的限制，Gaston Julia 的研究工作不得不停止。二十世纪七十年代，Benoit Mandelbrot 在 IBM 重新开始并对

Gaston Julia 的研究内容进行了拓展，开发出了首个能够显示复杂而又美妙的分形图的计算机绘图程序，今天，这些分形图以他的名字命名。

若已知复平面上的每个点 $x+yi$，则可以画出 Mandelbrot 图像，设 $z(0)=x+yi$，根据以下规则进行递推：

$$z(0)=x+yi$$
$$z(1)=z(0)^2+z(0)$$
$$z(2)=z(1)^2+z(0)$$
$$z(3)=z(2)^2+z(0)$$
$$z(n)=z(n-1)^2+z(0)$$

该级数要么收敛，要么发散，Mandelbrot 集合由收敛点组成。通过对某个点的 $z$ 值进行多次迭代计算，当计算结果超过某个阈值时，对迭代次数进行计数，然后就可能会生成一幅漂亮的图片，阈值通常设为 5 的平方根。虽然无法证明，但是可以做一个假设，如果能够达到阈值，那么级数会继续增大并最终趋于无穷大。

1．描述问题

编写 MATLAB 程序来显示 Mandelbrot 集合。

2．描述输入和输出

**输入**　　已知 Mandelbrot 集合位于复平面上某处，并且满足

$$-1.5\leqslant x\leqslant 1.0$$
$$-1.5\leqslant y\leqslant 1.5$$

复平面上的点可以表示为

$$z=x+yi$$

3．建立手工算例

先对某个点进行前几次迭代计算，希望该点是收敛的，如($x=-0.5$，$y=0$)：

$$z(0)=-0.5+0i$$
$$z(1)=z(0)^2+z(0)=(-0.5)^2-0.5=0.25-0.5=-0.25$$
$$z(2)=z(1)^2+z(0)=(-0.25)^2-0.5=0.0625-0.5=-0.4375$$
$$z(3)=z(2)^2+z(0)=(-0.4375)^2-0.5=0.1914-0.5=-0.3086$$
$$z(4)=z(3)^2+z(0)=(-0.3086)^2-0.5=0.0952-0.5=-0.4048$$

该序列似乎收敛于−0.4(练习编写一个 MATLAB 程序，计算出级数的前 20 项并绘图)。

4．开发 MATLAB 程序

```
%% Example 14.1 Mandelbrot Image
clear, clc, clf
iterations = 80;
grid_size = 500;
x=linspace(-1.5,1.0,grid_size);
y=linspace(-1.5,1.5,grid_size);
[x,y]=meshgrid(x,y);
c = x+i*y;
```

```
z = zeros(size(x));               % set the initial array to 0
map = zeros(size(x));             % create a map of all grid
                                  % points equal to 0

%% For Loop
for k = 1:iterations
z = z.^2 +c;
a = find(abs(z)>sqrt(5));         % Determine which elements have
                                  % exceeded sqrt(5)

map(a) = k;
end
figure(1)
image(map)                        % Create an image
colormap(jet)
```

此代码所产生的图像如图 14.11 所示。

5. 验证结果

由图可知，图中深蓝色区域的像素值小于 5 的平方根。验证结果的另一种方法是不使用迭代次数而根据各点的值绘图。为了能获取全部的颜色，将每个像素值乘以一个公因子(否则这些像素值太接近)。MATLAB 代码如下：

```
figure(2)
multiplier = 100;
map = abs(z)*multiplier;
image(map)
colormap(jet)
```

结果如图 14.12 所示。

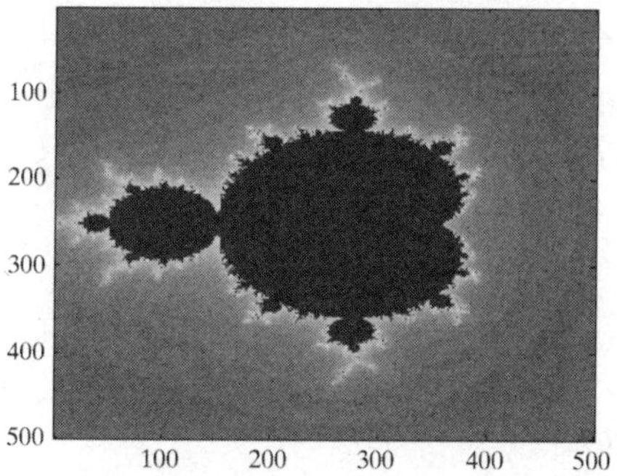


图 14.11　Mandelbrot 图像。通过迭代计算的元素值大于 5 的平方根时的迭代次数来绘图

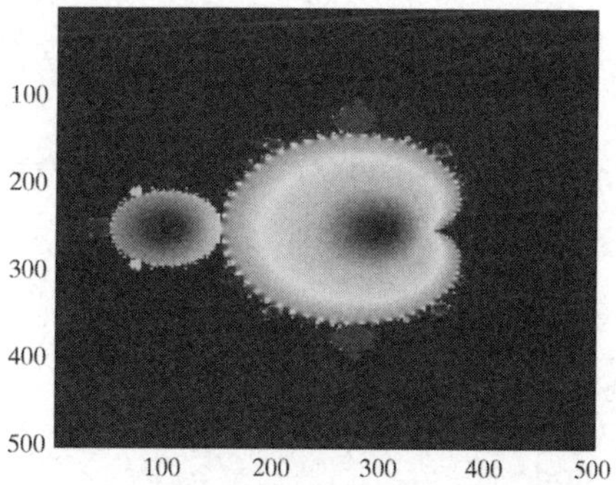


图 14.12　由 Mandelbrot 集合生成的图像，显示出集合元素的变化情况。真正有趣的部分在集合的边缘

现在已经生成了完整的 Mandelbrot 集合的图像，近距离观察边缘处的结构会看到有趣的现象。在程序中添加下面的代码，就可以反复放大图像中的任意一点。

```
while(cont==1)
figure(1)
disp('Now lets zoom in')
disp('Move the cursor to the upper left-hand corner of the area
you want to expand')
[y1,x1]=ginput(1);
disp('Move to the lower right-hand corner of the area you want
```

```
to expand')
[y1, x1] = ginput(1);
disp('Move to the lower right-hand corner of the area you
   want to expand')
[y2, x2] = ginput(1);
xx1 = x(round(x1),round(y1));
yy1 = y(round(x1),round(y1));
xx2 = x(round(x2),round(y2));
yy2 = y(round(x2),round(y2));
%%
[x, y] = meshgrid(linspace(xx1,xx2,grid_size),...
    linspace(yy1, yy2,grid_size));
c = x+i*y;
z = zeros(size(x));
map = zeros(size(x));
for k=1:iterations
    z=z.^2 +c;
    a=find(abs(z)>sqrt(5)& map==0);
    map(a)=k;
end
image(map)
colormap(jet)
again = menu('Do you want to zoom in again? ','Yes','No');
switch again
   case 1
     cont=1;
   case 2
     cont=0;
end
end
again = menu('Do you want to zoom in again? ','Yes','No');
switch again
   case 1
     cont = 1;
   case 2
     cont = 0;
end
end
```

图 14.13 显示的是重复计算越来越小的区域生成的图像。

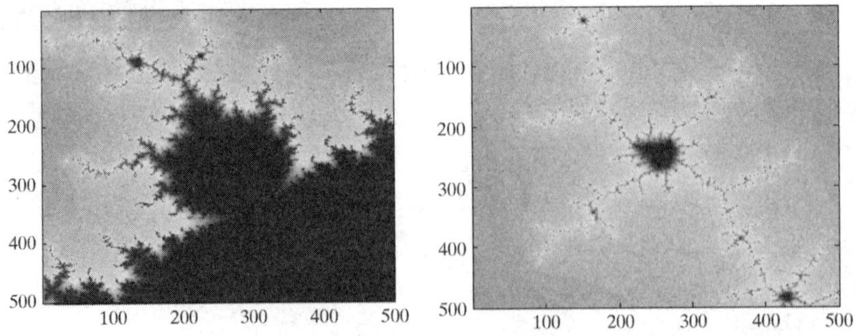

图 14.13 用 MATLAB 程序对 Mandelbrot 集合进行放大生成的图像

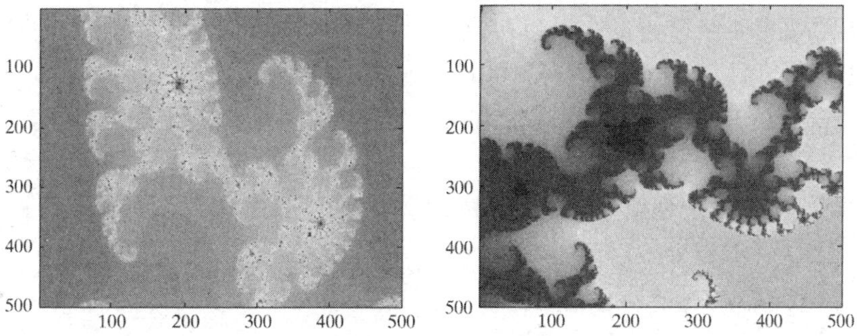


图 14.13　用 MATLAB 程序对 Mandelbrot 集合进行放大生成的图像(续)

用 `image` 函数和 `imagesc` 函数生成图像，观察图像有何不同，尝试用不同的调色板进行实验。

## 14.1.2　读写图像文件

在探讨三种图像信息存储方法的时候，还介绍了读图像文件的函数，MATLAB 还提供了对任何格式的自建图像的写函数，本节将详细介绍这些读写函数。

### 读取图像信息

也许将图像信息读入 MATLAB 的最简单方法是利用交互式的导入导航功能 Import Wizard。在当前目录下，双击准备导入的图像文件名即可打开 Import Wizard，MATLAB 建议合适的变量名称，并且在编辑窗口可以对矩阵进行预览(见图 14.8)。

交互式导入数据的问题是在 MATLAB 程序中无法包含这种指令，因此需要使用一个导入函数。对于大多数标准图像格式而言，如.jpg 或.tif，使用函数 `imread` 比较合适。但是，如果文件格式是.mat 或.dat，那么导入数据的最简单的方法是使用函数 `load`：

```
load <filename>
```

对于.mat 文件，可以不写扩展名。但是，对于.dat 文件，必须写扩展名：

```
load <filename.dat>
```

这就是前文介绍过的加载内置图像文件的方法，例如，

```
load cape
```

该语句将图像矩阵和调色板导入当前目录。下面的代码就生成如图 14.14 所示的图像。

```
image(X)
colormap(map)
axis image
axis off
```

图 14.14　加载内置文件生成的图像

### 保存图像信息

将 MATLAB 中创建的图像保存起来的方法与任何其他图形的保存方法相同，先确保图形窗口处于激活状态，然后选择 File，再选择 Save

As，然后再选择图像想要保存的文件类型和位置即可。例如，要保存例 14.1 中创建的 Mandelbrot 集合的图像图 14.11，可以指定文件为.jpg 格式，如图 14.15 所示。

也可以使用 imwrite 函数保存图像文件，此函数的输入参数根据喜好，可以是多种不同类型的数据。

例如，如果输入参数是强度(灰度)矩阵或真彩色矩阵(RGB)，那么 imwrite 函数的输入格式为

```
imwrite(arrayname,"filename.format")
```

其中，arrayname 是存储数据的 MATLAB 矩阵名；filename 是用来保存数据的文件名；.format 是文件扩展名，如.jpg 或.tif。

若想将一个 RGB 图像保存到 flowers.jpg 文件中，则命令为

```
imwrite(X,"flowers.jpg")
```

有关 MATLAB 支持的图形格式列表，请参阅帮助文件。

对于索引图像(带有自定义调色板的图像)，则需要同时保存矩阵和调色板：

```
imwrite(arrayname, colormap_name,"filename.format")
```

例如，保存 Mandelbrot 集合的图像，需要保存矩阵和用于选择图像颜色的调色板：

```
imwrite(map,jet,"my_mandelbrot.jpg")
```

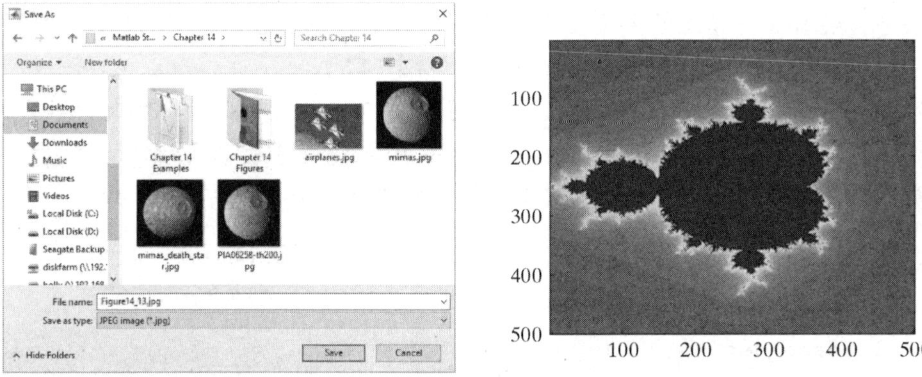


图 14.15 Mandelbrot 集合的图像保存为.jpg 格式文件

## 14.2 图形对象

在 MATLAB 中，句柄就是对象的别称。对 MATLAB 中使用的图形系统进行完整的描述非常复杂，超出了本书范围(更多细节可参考 MATLAB 帮助教程)。本书只简要介绍如何为图形对象分配句柄，然后展示一些使用方法。

**关键知识**

句柄是 MATLAB 中对象的别称。

MATLAB 使用层次化结构来绘制图形(见图 14.16)。基本的绘图对象是图形，图形包含许多不同的对象，包括一组坐标轴，将坐标轴看成覆盖在图形窗口上面的一个层。坐标轴也包含了很多不同的对象，包括如图 14.17 所示的一条线。同样，绘制的图形被看成覆盖在坐标轴上面的一个层。

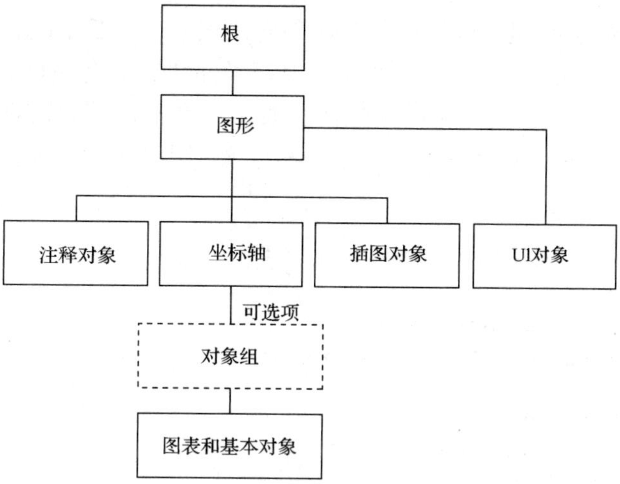


图 14.16　MATLAB 使用层次化结构来组织绘图信息

无论是从命令窗口还是从程序中执行 plot 函数，MATLAB 都会自动绘制图形以及相应的坐标轴，然后在坐标轴上绘图。对于许多绘制的对象的属性，MATLAB 使用默认值。例如，绘制的第一条线始终为蓝色，除非用户专门进行修改。

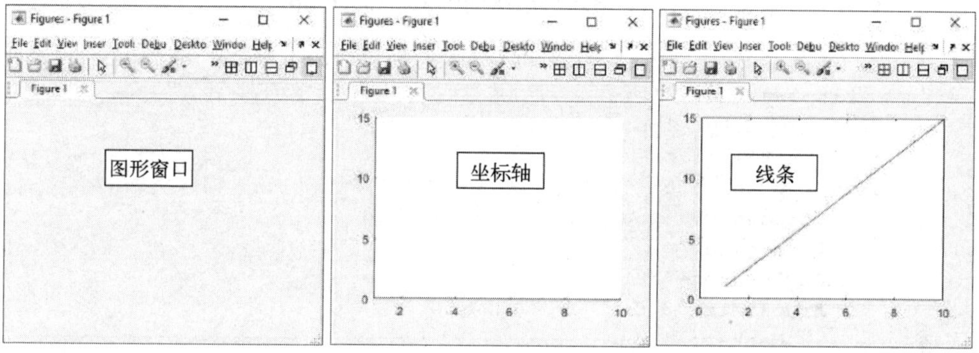


(a)　(b)　(c)

图 14.17　图形剖析：(a)很多事情都会使用图形窗口，包括图形用户接口和画图，要画一条线就需要图形窗口；(b)在图形窗口中绘图之前需要有一组坐标轴；(c)知道坐标轴的位置和属性(如刻度)后就可以绘图

## 14.2.1　曲线句柄

为曲线指定名称(称为句柄)能很容易地让 MATLAB 列出曲线对象的属性。例如，绘制一个简单的如图 14.18(a)所示的曲线，并为其分配一个句柄：

> **关键知识**
> MATLAB 函数，如 title 和 xlabel，将字符矩阵或字符串矩阵作为输入。

```
clear,clc,clf
x=linspace(-10,10);
y=cos(x);
h=plot(x,y)
```

以常规方式添加标题和轴标签：

```
title("Trigonometric Function Plot")
xlabel("angle, radians"), ylabel("cos(x)")
```

变量 h 是曲线的句柄(也可以使用任何变量命名)，在工作区窗口显示为 matlab.graphics.chart.primitive.Line，并且保存了曲线的所有属性。因为没有使用分号抑制输出，所以代码运行后会返回该曲线属性的列表，以及指向其余属性的链接。在旧版本的 MATLAB 中(2014b 之前的版本)，需要使用 get 函数查询曲线的属性：

```
get(h)
```

返回结果是在坐标系内所画曲线的属性的全部列表。

```
(h)
    AlignVertexCenters: off
            Annotation: [1×1 matlab.graphics.eventdata.
Annotation]
          BeingDeleted: off
            BusyAction: 'queue'
         ButtonDownFcn: ''
              Children: [0×0 GraphicsPlaceholder]
              Clipping: on
                 Color: [0 0.447 0.741]
             ColorMode: 'auto'
           ContextMenu: [0×0 GraphicsPlaceholder]
             CreateFcn: ''
       DataTipTemplate: [1×1 matlab.graphics.datatip.
DataTipTemplate]
             DeleteFcn: ''
           DisplayName: ''
      HandleVisibility: 'on'
               HitTest: on
         Interruptible: on
              LineJoin: 'round'
             LineStyle: '-'
         LineStyleMode: 'auto'
             LineWidth: 0.5
                Marker: 'none'
       MarkerEdgeColor: 'auto'
       MarkerFaceColor: 'none'
         MarkerIndices: [1 2 3 4 5 6 7 8 9 10 11 12 13 14 15 16
17 18 19 20 21 22 23 … ]
            MarkerMode: 'auto'
            MarkerSize: 6
                Parent: [1×1 Axes]
         PickableParts: 'visible'
              Selected: off
    SelectionHighlight: on
           SeriesIndex: 1
                   Tag: ''
                  Type: 'line'
              UserData: []
               Visible: on
                 XData: [-10 -9.798 -9.596 -9.3939 -9.1919
-8.9899 -8.7879 -8.5859 ... ]
             XDataMode: 'manual'
           XDataSource: ''
                 YData: [-0.83907 -0.93116 -0.98538 -0.99952
```

```
-0.97301 -0.90692 … ]
          YDataSource: ''
                ZData: [1×0 double]
          ZDataSource: ''
```

曲线句柄 h 指的是在坐标上绘制的曲线，与坐标轴或图形窗口不同。要更改图形对象的属性，可以使用点符号，也可以用 2014b 之前的版本中的 set 函数。例如对于句柄为 h 的曲线，可以利用句柄将曲线颜色改变为红色，可以输入指令：

```
set(h, 'Color', 'red'),
set(h,Color='red')
```

或

```
h.Color='red'
```

点符号的一个优点是可以得到填充项的列表。例如已经创建了曲线句柄 h 后，先输入：

```
h.
```

就会出现一个填充项列表，如图 14.18(a)所示，再从中选择一个属性名称并双击，就可以将其添加到命令行中，还可以用填充项查看属性值，如图 14.18(b)所示。

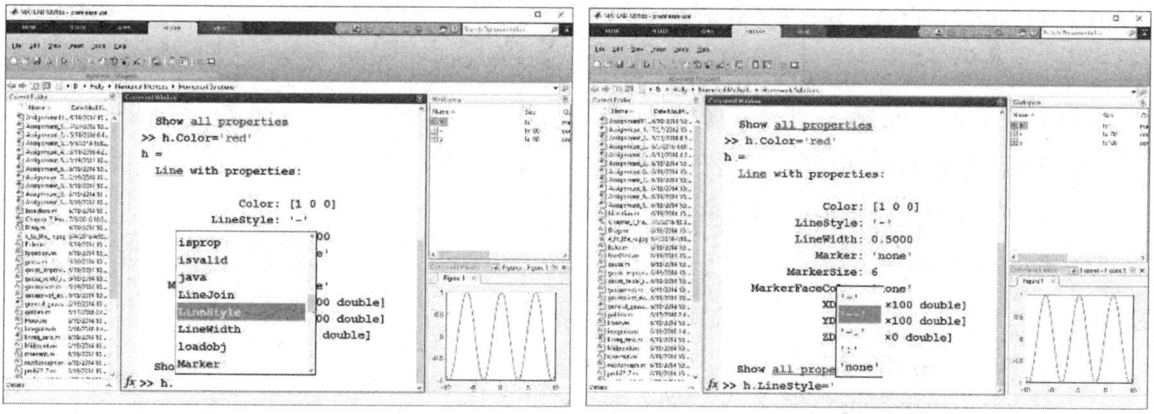


(a)　　　　　　　　　　　　(b)

图 14.18　为图形对象添加的句柄可用于调整曲线、图形窗口和坐标轴的属性。使用点符号时，用 tab 键可以访问填充项列表。填充项中包括(a)中的属性名称和(b)中的属性值

**提示**：对于感兴趣的属性，输入该属性名称的首字母，就可以缩小属性列表的显示范围。例如，对于曲线句柄 h，输入：

```
h.l
```

再按下 tab 键，就会显示仅以字母 l 开头的属性名称。

填充项功能在脚本和实时脚本中略有不同，可根据情况进行选择。

## 14.2.2　图形窗口句柄

可以为图形窗口指定对象名称(句柄)，因为是在名为 Figure 1 的图形窗口中绘图，所以指定图形窗口句柄的命令为

```
f_handle = figure(1)
```

图形窗口句柄在工作区窗口中显示为 matlab.ui.Figure，用 get 函数可以返回类似的结果。不过，除非使用以前的代码或旧版本的 MATLAB，否则不必使用 get 函数。

```
get(f_handle)
f_handle =
  Figure (1) with properties:

      Number: 1
        Name: ''
       Color: [0.9400 0.9400 0.9400]
    Position: [1 1 390 402]
       Units: 'pixels'
```

可以看出，图形窗口的属性与绘制的曲线的属性不同。例如，颜色(窗口的背景颜色)为[0.9400, 0.9400, 0.9400]，表示红色、绿色和蓝色强度相等，结果产生了一个浅灰色的背景。修改背景颜色可以使用点符号或函数 set，如

```
f_handle.Color=[0.4,0.4,0.4]
```

或

```
set(f_handle,'Color',[0.4,0.4,0.4])
```

或

```
set(f_handle,Color=[0.4,0.4,0.4])
```

其结果产生的是深灰色的背景。

同样，可以改变图形窗口的名称：

```
f_handle.Name = "My Graph"
```

或

```
set(f_handle,Name="My Graph")
```

如果没有为图形窗口指定句柄名称，可以使用 gcf 命令让 MATLAB 确定当前图形窗口的属性，其命令为

```
get(gcf)
```

该命令返回图形窗口的属性。这样，利用 gcf 和 set 命令，就可以将背景颜色改回默认值：

```
set(gcf,'Color',[0.94,0.94,0.94])
```

### 14.2.3 坐标轴句柄

正如为图形窗口和曲线分配对象名称一样，也可以为坐标轴分配对象名称(句柄)，即使用 gca 函数(获取当前坐标轴)，命令为

```
h_axes = gca
```

此命令返回坐标轴的属性，也可以使用句柄(本例中为 h_axes)和 get 命令查看其属性：

```
get(h_axes)
                    ALim: [0 1]
                ALimMode: 'auto'
```

```
        ActivePositionProperty: 'outerposition'
             AmbientLightColor: [1 1 1]
                  BeingDeleted: 'off'
                           Box: 'on'
                      BoxStyle: 'back'
                    BusyAction: 'queue'
                 ButtonDownFcn: ''
                          CLim: [0 1]
                      CLimMode: 'auto'
                CameraPosition: [5 7.5000 17.3205]
            CameraPositionMode: 'auto'
                              CameraTarget: [5 7.5000 0]
```

正如曲线句柄和图形窗口句柄一样，可以用坐标轴句柄来改变其属性。这一点对于自定义的坐标轴刻度非常有用，例如图 14.18 所示的曲线，其中 $x$ 轴表示弧度数，通常最好是用 $\pi$ 的倍数来表示。要标出刻度就需要对刻度进行定位，此时可以分配坐标轴句柄，并使用坐标轴句柄的 `XTick` 和 `YTick` 属性对刻度进行定位，再用 `XTick` 属性对其进行适当地标记。注意下面代码中的反斜杠(\)是用来将单词 pi 转换为符号 π 的：

```
h_axes.XTick = [-3*pi, -2*pi, -pi, 0, pi, 2*pi, 3*pi]
h_axes.YTick = [-1, -0.5, 0, 0.5, 1]
h_axes.XTickLabel = ["-3\pi","-2\pi","-\pi","0","\pi",...
    "2\pi","3\pi"];
h_axes.YTickLabel = ["min = -1","-0.5","0","0.5","max = 1"];
```

代码中将字符串矩阵作为坐标轴刻度标记，而之前是使用字符矩阵的单元格。

最后，将坐标轴刻度标记旋转一个角度后效果会更好，输入：

```
h_axes.XTickLabelRotation = 45;
h_axes.YTickLabelRotation = 45;
```

与曲线句柄和图形窗口句柄一样，点符号也可以修改坐标轴句柄的属性，还可以使用 `set` 函数。

结果如图 14.19(a)所示(用常规方法添加标题和坐标轴名称)。本例取自 MATLAB 帮助文档，其中还有很多示例方法可以用来改善绘图效果。

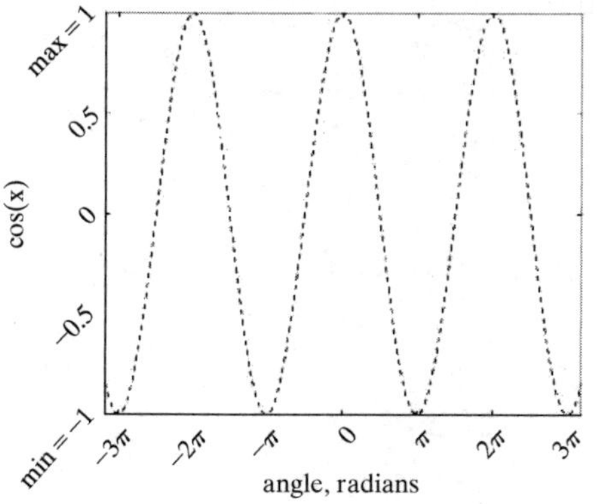


(a) Trigonometric Function Plot

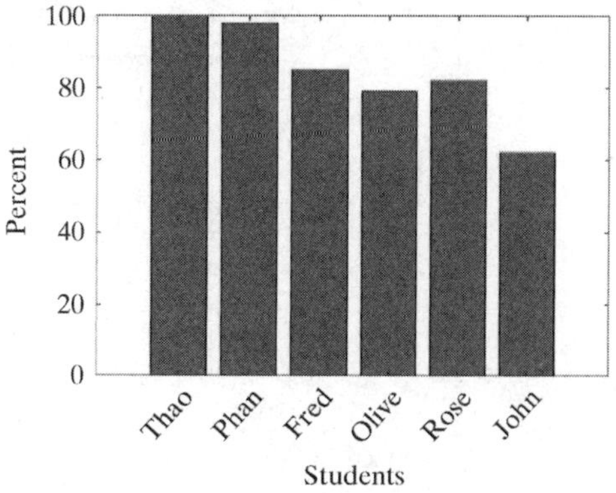


(b) Scores for Test #1

图 14.19　(a)对象名(句柄)可用于调整任何由 MATLAB 生成的图形外观；(b)用坐标轴对象名和点符号为条形图添加名称

下面是另一个例子，已知一组学生的考试分数，可用条形图表示，$x$ 轴的标定使用姓名比使用数字更合适。为了画图，首先创建一个姓名矩阵和一个分数矩阵：

```
names = ["Thao","Phan","Fred","Olive","Rose","John"];
scores =[100;98;85;79;82;62];
```

然后用 bar 函数绘制图形，使用 gca 函数获得当前坐标轴并创建坐标轴句柄：

```
bar(scores)
ax = gca;
```

现在用该坐标轴句柄为 $x$ 坐标轴添加姓名，为了方便阅读，将姓名标记旋转 45°：

```
ax.XTickLabel=names;
ax.XTickLabelRotation=45;
```

同样，可以调整字体大小和粗细：

```
ax.FontSize=14;
ax.FontWeight="bold";
```

最后，以常规的方式添加标题和坐标轴名称：

```
title("(b) Scores for Test #1")
xlabel("Students"), ylabel("Percent")
```

结果如图 14.19(b)所示。

### 14.2.4 坐标轴注释

除了上面介绍的三个对象层，还有一个透明层，该层可用来向图形中插入注释对象，如线型、图例或文本框等。这些注释对象的属性可以通过分配的句柄进行修改，与图形窗口、曲线和坐标轴的修改方式类似。

### 14.2.5 属性编辑器

属性可以通过交互进行调整，其方法是从图形窗口的菜单栏中选择 View，再选择属性编辑器 Property Editor[见图 14.20(a)]。

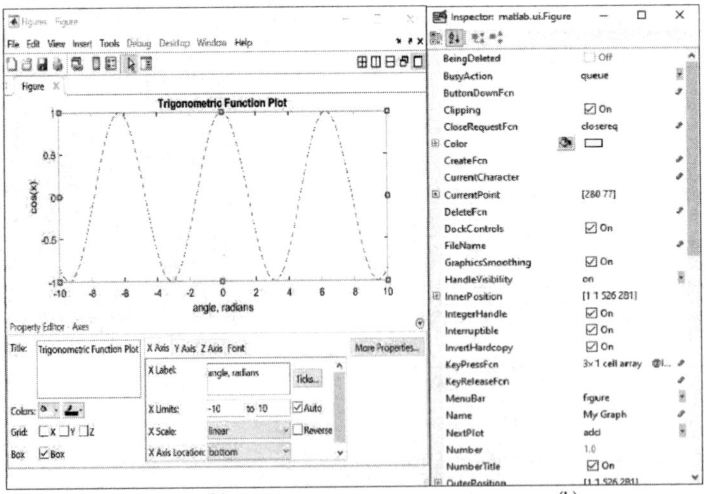


(a) (b)

图 14.20 交互式属性编辑：(a)选择 View→Property Editor 后，从属性编辑器编辑一个 MATLAB 图形；(b)单击属性检测器 More Properties 可看到更多选项

在弹出的属性编辑器窗口中选择 More Properties，可以查看所有属性[见图 14.20(b)]。浏览查看器(Inspector)窗口是找出每个图形对象的属性最好的方法。

# 14.3　动画

在 MATLAB 中有两种创建动画的方法：

- 重绘和擦除
- 创建电影

每种情形下都创建对象名称(句柄)来帮助创建动画。

## 14.3.1　重绘和擦除

要通过重绘和擦除来创建动画，首先要生成一个曲线，然后通过循环的方式，每次调整图形属性。例如，下面的方程定义了一组抛物线：

$$y = kx^2 - 2$$

式中，每个 $k$ 值定义了一条不同抛物线，可以用三维曲线来表示这些数据；另一种方法是创建一个动画，在这个动画中绘制一系列图形，每个图形对应一个不同的 $k$ 值，代码如下：

```
clear, clc, clf
x = -10:0.01:10;          % Define the x-values
k = -1;                   % Set an initial value of k
y = k*x.^2-2;             % Calculate the first set of y-values
h = plot(x,y);            % Create the figure and assign
                          % a handle to the graph
grid on
axis([-10,10,-100,100])              % Specify the axes
while k<1                            % Start a loop
    k = k + 0.01;                    % Increment k
    y = k*x.^2-2;                    % Recalculate y
    h.YData = y;                     % Reassign the y
                                         % values used in the graph
    drawnow                      % Redraw the graph now - don't wait
                                 % until the program finishes running
end
```

在这个例子中，每次循环时仅仅是重绘图形，而不是重新创建图形窗口，使用曲线中的 `YData` 对象为准备绘制的 $y$ 数据点赋值($x$ 值不变)。用 `set` 函数指定新的 $y$ 值，并在每次调用 `drawnow` 函数时生成不同的图形。图 14.21 是从程序生成的动画中选取的几帧图形。

一种更为复杂的动画方式是只有一个对象移动，而图形的其他部分保持静止。例如，一个球向上滚动并越过山顶，山可以用正弦函数的一部分来建模。首先绘制正弦函数曲线，并让其在动画中保持不动。

```
clear, clc
theta = linspace(-pi/2,pi/2,1000);  % Define 'hill' parameters
x=linspace(0,20,1000);
y=20*cos(theta);
plot(x,y)                         % Create the plot of the sine wave
axis([-1,21,-1,21])  % Specify the axis
title("A Ball on a Hill")
hold  on
```

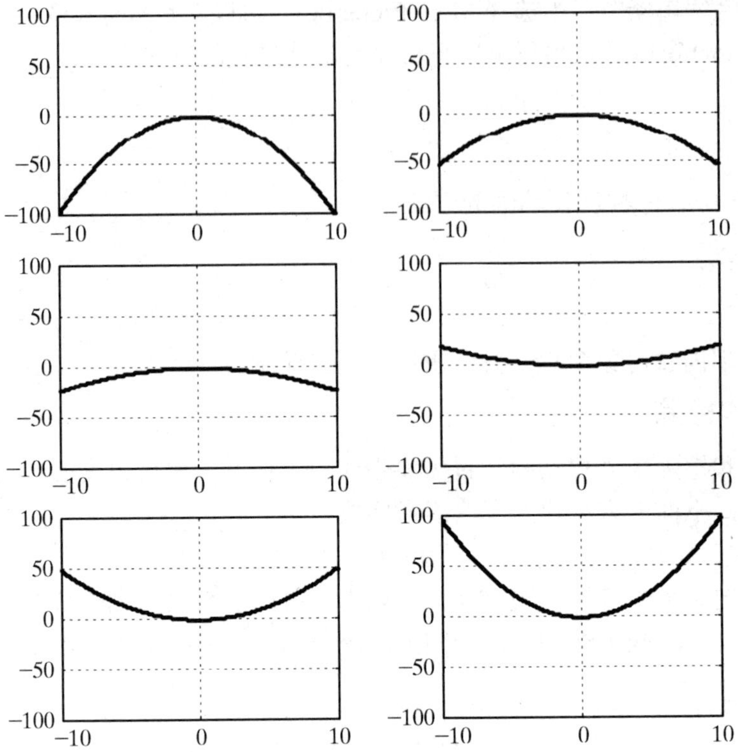


图 14.21 多次重绘产生的动画作品

接下来用 patch 函数创建一个圆形对象，并在播放动画期间移动。需要注意的是，在工作区窗口中，t 被列为 matlab.graphics.primitive.Patch。

```
theta2 = linspace(-pi,pi);  % Define parameters used to draw the
% circle
xc = cos(theta2);
yc = -sin(theta2);
t=patch(xc,yc,'red');   % Create a circular object
hold  off
```

最后设计一个循环程序，在每次执行循环时，重新绘制这个圆。

```
%%
for j = 1:length(theta)
    xnew = xc + x(j);  % define new circle position
    ynew = yc + y(j);
    t.XData = xnew; % update data properties
    t.YData = ynew;
    drawnow  % display updates
end
```

运行此代码时，红色圆就会向上移动并越过正弦函数表示的“山”，如图 14.22 所示。如果使用的是实时脚本，那么会生成动画播放控件，这些控件能控制动画回放速度，并能导出多种常见视频格式(包括.mp4 和.avi)的动画。

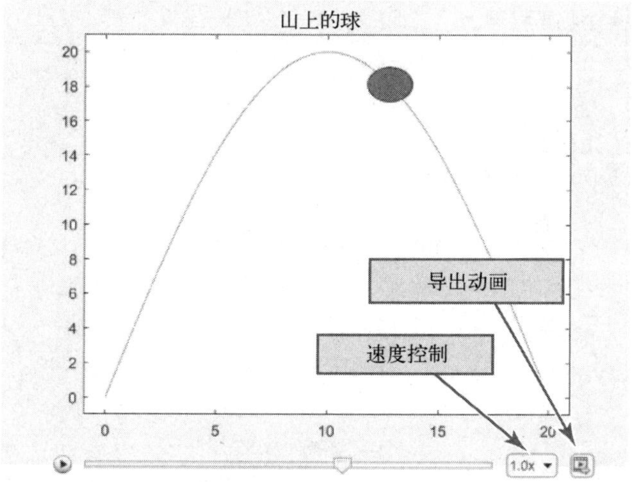


图 14.22　MATLAB 允许图形对象在静止背景下动画显示，在实时脚本中创建动画会生成播放控件，并能导出多种常见视频格式的动画

## 14.3.2　电影

曲线的动画运动效果不是通过密集的计算产生的，很容易就能做出漂亮、流畅的动作。下面的代码产生了更复杂的曲面图形动画：

```
clear, clc
x = 0:pi/100:4*pi;
y = x;
[X, Y] = meshgrid(x,y);
z = 3*sin(X)+ cos(Y);
h = surf(x,y,z);
title("Waves in a Pond")
axis([0,4*pi,0,4*pi,-3,3])
shading interp
colormap(jet)
for k = 0:pi/100:2*pi
  z = (sin(X) + cos(Y)).*sin(k);
  h.Zdata = z;
  drawnow
end
```

此动画中的一帧图形如图 14.23 所示。

如果计算机的运算速度很快，那么看到的动画效果可能是平滑的。但是，如果计算机的运算速度很慢，当程序创建每一幅新图形时，看到的动画就会出现跳跃和暂停的现象。为了避免这个问题，可以编写一个程序来捕捉每一帧图像，当所有计算完成后，再将所有的图像帧以电影的形式放映出来。代码如下：

```
clear, clc
x = 0:pi/100:4*pi;
y = x;
[X, Y] = meshgrid(x,y);
z = 3*sin(X)+ cos(Y);
h = surf(x,y,z);
```

```
axis([0,4*pi,0,4*pi,-3,3])
shading interp
colormap(jet)
m = 1;
for k = 0:pi/100:2*pi
z = (sin(X) + cos(Y)).*sin(k);
h.ZData = z;
M(m) = getframe; % Creates and saves each frame
% of the movie
m = m+1;
end
movie(M,2) % Plays the movie twice
```

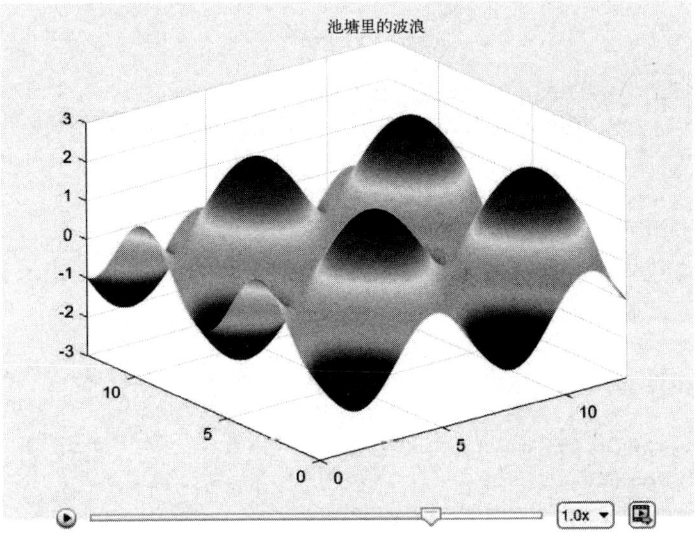


图 14.23　上下移动的图形动画，就像池塘里的波浪

运行此程序时，实际上将会看三次电影：一次是创建电影时，另外两次是在 movie 函数中指定的。(在早期版本的 MATLAB 中，加载动画时，还会再播放一次电影。)这种方法的一个优点是，由于信息存储在(本例中)名为 M 的矩阵中，可以在不重复计算的情况下重复播放电影。在工作区窗口中(见图 14.24)，M 是一个中等大小的结构矩阵(约 49 MB)。

**关键知识**

电影记录的是可以回放的动画。

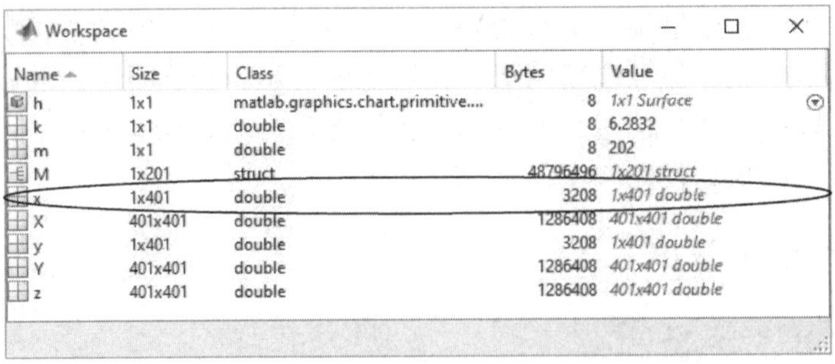


图 14.24　电影数据保存在一个结构矩阵中，如图所示的 M 矩阵中

**例 14.2 Mandelbrot 电影**

产生 Mandelbrot 图像需要大量的计算机资源，并且要花费几分钟的时间。如果要放大 Mandelbrot 图像中的某个点，一种合理的做法就是计算并创建一个电影，以便将来观看。本题在例 14.1 的程序的基础上创建一个含 100 帧的电影。

1. 描述问题

   创建一个放大 Mandelbrot 集合的电影。

2. 描述输入和输出

   **输入** 例 14.1 中描述的全部 Mandelbrot 图像

   **输出** 一个 100 帧的电影

3. 建立手工算例

   手工计算对本例没什么意义，但是，可以编写一个程序，进行少量迭代和产生少量测试用的数据，然后再利用该程序产生一个更详细的、计算密集型的序列。下面是第一个程序：

```
%% Example 14.2 Mandelbrot Image
% The first part of this program is the same as Example 14.1
clear, clc, clf
iterations=20; % Limit the number of iterations in this first
% pass
grid_size = 50; % Use a small grid to make the program run
% faster
X=linspace(-1.5,1.0,grid_size);
Y=linspace(-1.5,1.5,grid_size);
[x,y]=meshgrid(X,Y);
c = x+i*y;
z=zeros(size(x));
map=zeros(size(x));
%%
for k=1:iterations
    z=z.^2 +c;
    a=find(abs(z)>sqrt(5)& map==0);
    map(a)=k;
end
%%
figure(1)
h=imagesc(map)

%% New code section

N(1)=getframe; % Get the first frame of the movie
disp("Now lets zoom in")
disp("Move the cursor to a point where you'd like to zoom")
[y1,x1]=ginput(1) % Select the point to zoom in on

xx1=x(round(x1),round(y1))
yy1=y(round(fx1),round(y1))
```

```
%%
for k=2:60 % Calculate and display the new images
   k % Send the iteration number to the command window
[x,y]=meshgrid(linspace(xx1-1/1.1^k,xx1+1/1.1^k,...
    grid_size),linspace(yy1-1/1.1^k,yy1+1/1.1^k,grid_size));
c = x+i*y;
z=zeros(size(x));
map=zeros(size(x));
for j=1:iterations
    z=z.^2 +c;
    a=find(abs(z)>sqrt(5) & map==0);
    map(a)=j;
end
%%
h.CData = map;% Retrieve the image data from the variable map
colormap(jet)
N(k)=getframe; % Capture the current frame
end
movie(N,2) % Play the movie twice
```

该程序执行速度快，返回的是低分辨率图像(见图 14.25)，说明该程序是可行的。

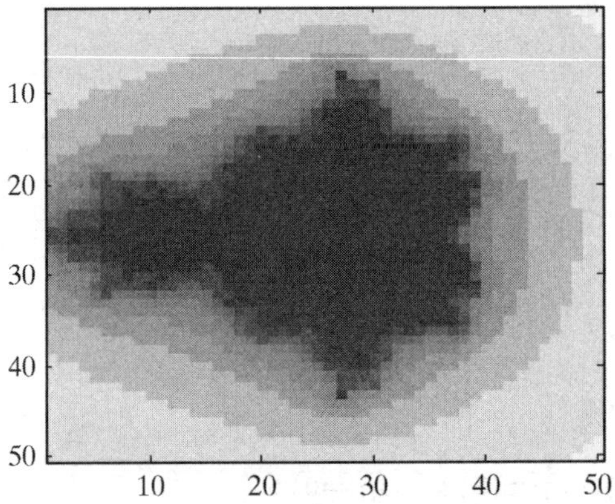


图 14.25 用来测试动画程序的低分辨率 Mandelbrot 图像

4. 开发 MATLAB 程序

仅仅改变两行代码就得到最终版本的程序：

```
iterations = 80;    % Increase the number of iterations
grid_size = 500;    % Use a large grid to see more detail
```

这个完整版的程序在一个内存 2.0 GB，主频 3.0 GHz 的 AMD 双核处理器上运行时间约为 40 s。选出的画面帧如图 14.26 所示。当然，程序运行时间取决于计算机资源配置情况。该程序创建的电影播放一个循环大约需要 10 s。

5. 验证结果

多次运行程序，并观察对 Mandelbrot 集合的不同点放大而产生的图像。可以增加生成图像的迭代次数，并结合调色板进行实验。

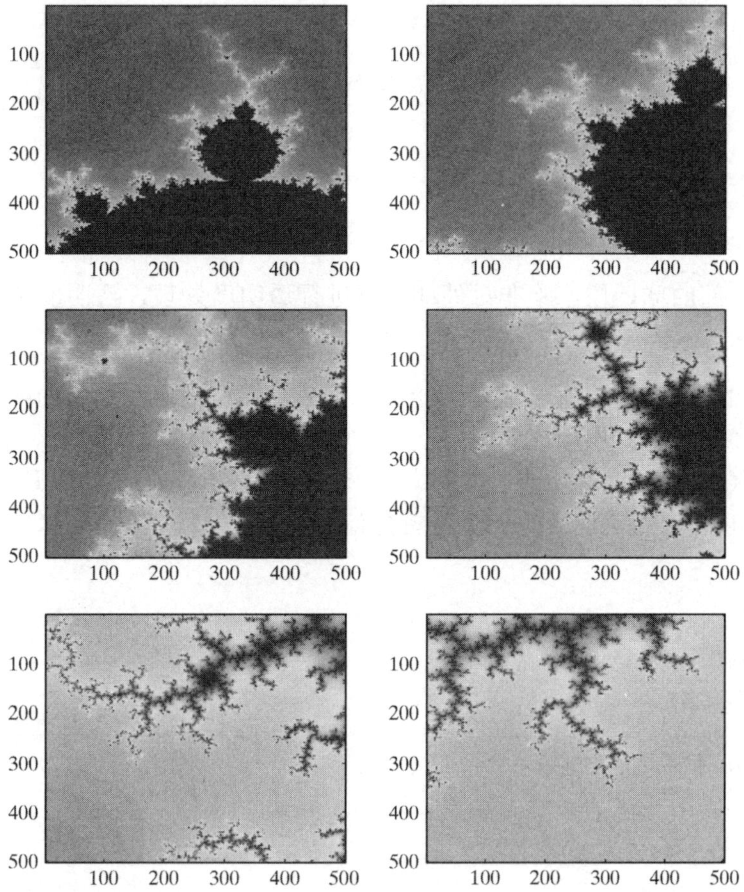

图 14.26　从本例中创建电影的程序中捕获的一组 Mandelbrot 图像帧。由于放大的点不同，所以电影就不同

## 14.4　其他可视化方法

### 14.4.1　透明度

在 MATLAB 中对曲面进行渲染时，通常使用不透明的着色方案。对于很多曲面来说，这种方法非常好，但是对其他一些曲面来说有可能会使一些细节变得模糊。例如，下面一组命令绘制了两个球体，其中一个球体在另一个球体之内：

```
clear, clc, clf % Clear the command window and current
% figure window
n = 20; % Define the surface of a sphere,
% using spherical coordinates
Theta = linspace(-pi,pi,n);
Phi = linspace(-pi/2,pi/2,n);
[theta,phi] = meshgrid(Theta,Phi);
X = cos(phi).*cos(theta); % Translate into the xyz
% coordinate system
Y = cos(phi).*sin(theta);
Z = sin(phi);
```

```
surf(X,Y,Z) % Create a surface plot of a sphere of radius 1
axis square
axis([-2,2,-2,2,-2,2]) % Specify the axis size
hold on
pause (2) % Pause the program
surf(2*X,2*Y,2*Z) % Add a second sphere of radius 2
pause (2) % Pause the program
alpha(0.5) % Set the transparency level
```

内部的球被外部的球挡住，除非对外部球体进行透明度处理，透明度处理命令为

```
alpha(0.5)
```

该命令设置了透明度级别，数值 1 表示不透明，0 表示完全透明，结果如图 14.27 所示。可以为曲面、图像和切片对象添加透明度。

命令 alpha(0.5)可以对所有在坐标轴上绘制的对象设置透明度，还可以使用图形句柄来指定某个图形对象的透明度。例如，首先清空绘图窗口，但不清除工作区窗口，命令如下：

```
clf
```

然后为每个曲面图分配一个句柄

```
h1 = surf(X,Y,Z);
hold on
h2=surf(2*X, 2*Y,2*Z);
```

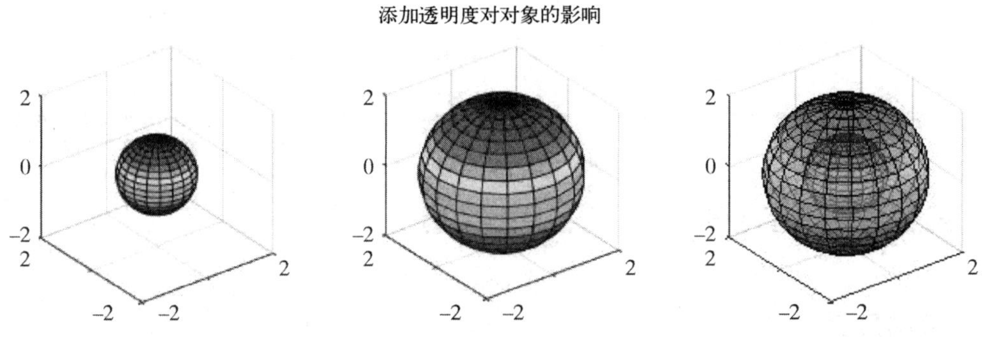


(a) 内部球　　(b) 外部球　　(c) 透明球

图 14.27　增加曲面的透明度可以看到隐藏的细节

最后改变外球面的透明度：

```
h2.FaceAlpha=0.3
```

## 14.4.2　隐藏线

使用网格线绘图的时候，被遮挡的部分就自动隐藏，这样看上去比较自然。图 14.28 所示的两个球体绘制在 $x$ 轴，$y$ 轴和 $z$ 轴三轴坐标系上，下面是 MATLAB 程序：

```
figure(3)
tiledlayout(1,2)
nexttile
mesh(X,Y,Z)
```

```
title("(a) Mesh Lines Hidden")
axis square
nexttile
mesh(X,Y,Z)
axis square
hidden off
title("(b) Mesh Lines Revealed")
```

hidden 命令的默认值是 on，绘制的结果将遮挡的网格线自动隐藏，如图 14.28(a)所示。使用 hidden off 命令会得到图 14.28(b)所示结果。

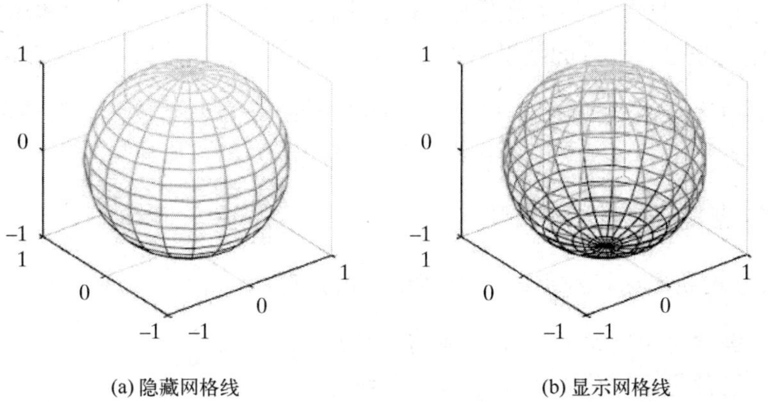


图 14.28　(a)网格中不显示被实体图形遮挡的网格线；(b)命令 hidden off 强制程序绘制出隐藏的网格线

### 14.4.3　光源

光源用于表示曲面图形，MATLAB 提供了很多处理光源的方法，虚拟光源的位置可以更改，甚至可以在播放动画期间进行调整。图形工具栏上的图标提供了交互式调整光源的方法，以便获得想要的灯光效果。然而，大多数图形实际上只需要光源打开或关闭就够了，可以通过 camlight 函数实现（其默认值为 off）。图 14.29 所示为 camlight 函数作用于一个简单球体上的情形，代码如下：

> **关键知识**
> camlight 函数能够调整图形光源。

```
sphere
camlight
```

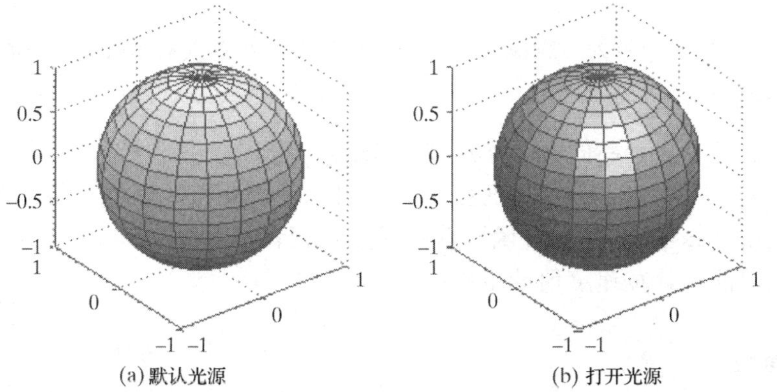


图 14.29　(a)默认光源是散射的；(b)发出 camlight 命令时，建立光源模型，放在相机位置

camlight 的默认位置在“相机”的右上方，位置选项有以下几个：

```
camlight right                          相机的右上方(默认值)
camlight left                           相机的左上方
camlight headlight                      相机位置
camlight(azimuth,elevation)             自定义光源位置
camlight('infinite')                    光源定位于无穷远(如同太阳光)
```

## 14.5　三维体可视化简介

MATLAB 提供了一些分析三维数据的可视化方法，例如，在不同位置和高度测量得到的风速。还可以将三个变量进行计算的结果可视化，如 $y=f(x,y,z)$。这些可视化方法分为如下两类：

- 标量数据的三维体可视化(采集或计算的数据在每个点上是单一的值，如温度)；
- 矢量数据的三维体可视化(采集或计算的数据是矢量，如速度)。

### 14.5.1　标量数据的三维体可视化

要以三维的方式处理标量数据，需要四个三维矩阵：

- X 数据，包含每个网格点的 $x$ 坐标的三维矩阵；
- Y 数据，包含每个网格点的 $y$ 坐标的三维矩阵；
- Z 数据，包含每个网格点的 $z$ 坐标的三维矩阵；
- 与每个网格点相对应的标量值，例如温度或压力。

通常用 meshgrid 函数创建 $x$，$y$ 和 $z$ 矩阵，例如，

```
x = 1:3;
y = [2,4,6,8];
z = [10, 20];
[X,Y,Z] = meshgrid(x,y,z);
```

计算产生了三个 4×3×2 的矩阵，并定义了每个网格点位置。所需的第 4 个矩阵维数与此相同并包含测量数据或计算值。例如第 4 个矩阵可能包含了每个位置的温度测量值，或者速度标量值。

**等值面**

MATLAB 提供了一个名为 flow 的文件，就是以这种格式存储信息，调试代码如下：

```
[x,y,z,v]=flow;
```

工作区窗口创建了 4 个新的 25 × 50 × 25 的矩阵。其中 x，y 和 z 矩阵表示位置信息，v 矩阵表示在无限大水槽中水下射流的速度分布。可以使用矩阵编辑器计算矩阵的值，但是效果不好，可以使用 max 函数和 min 函数获得更多信息。

下面这段代码能够计算速度值的范围：

```
max(v(:))
ans = 2.4832
min(v(:))
ans = -11.542
```

不过与数值方式相比，绘图更加直观形象。

验证速度值图形的一种方法是使用等值面，概念上与等高线图类似。曲面上每个数据点的值相等。`isosurface` 函数有多个选项，最简单的方法是输入 x，y 和 z 矩阵，一个标量矩阵，用以创建曲面的单个数值。例如，创建一个所有速度都等于-3 的曲面，代码如下：

```
isosurface(x,y,z,v,-3);
```

结果如图 14.30(a)所示。增加光线和改变视角可以改善图像，代码如下：

```
view(30,-15)
camlight left
```

结果如图 14.30(b)所示。

MATLAB 文档提供了多个示例介绍如何使用等值面进行标量数据可视化。

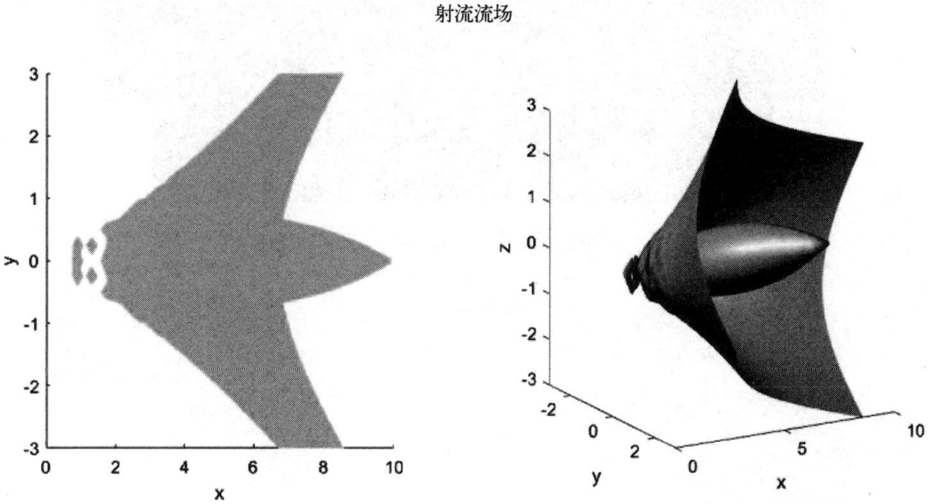


(a) 默认视角　　(b) 使用Camlight调节视角

图 14.30　图像表示无限水箱中水下射流的恒定速度值，可以从 MATLAB 的示例程序 `flow` 中获得这些数据：(a)速度值为-3 的等值面；(b)使用 `Camlight` 函数调节视角的等值面

### 等高线图切片

等值曲面的另一种表示方法是使用等高线图切片。等高线图切片可以对三维数据进行切片并创建等高线图。图 14.31 所示为 CT 扫描结果。对矩阵进行切片可以得到二维数据，进而可以使用常用的方法绘制图形。

使用水下射流的流量数据，在 z = 0 的平面上绘制等高线图，如下：

```
[x,y,z,v]= flow;
zslice = 0;
contourslice(x,y,z,v,[],[],zslice)
```

`zslice` 变量用于指定绘制切片的平面。因为没有指定 x 和 y 的值，所以平面与 $z$ 轴正交(成直角)，结果如图 14.32(a)所示。如果要得到多个彼此平行的切片，则只需增加 `zslice` 的输入值即可，例如：

```
zslice = [0,1,2];
contourslice(x,y,z,v, [],[],zslice);
view(3)
```

view(3) 指令表示强制生成三维视图以便观察数据，同时，图中增加了调色板，如图 14.32(b)所示。MATLAB 帮助中提供了多个使用等高线图切片观察数据的实例。

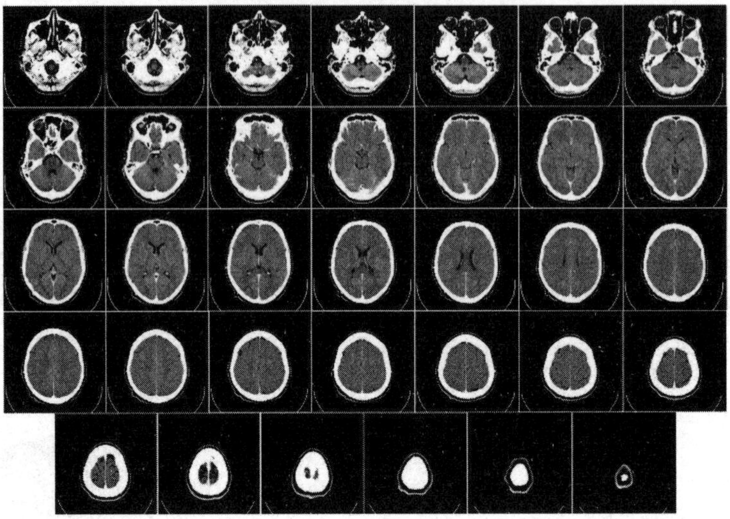

图 14.31　人脑的计算机断层扫描，从头骨底部到顶部

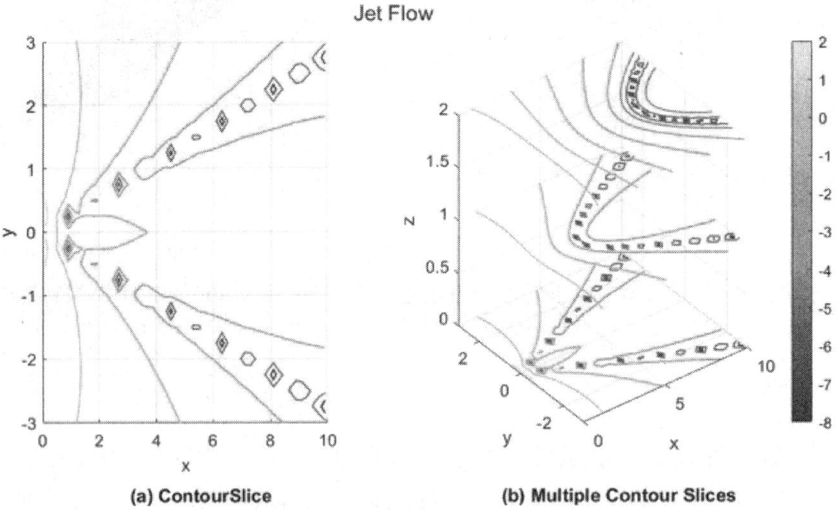


图 14.32　(a)描述可视化技术的水下射流流场与 $z$ 轴正交(直角)；(b) 使用多个等高线图切片创建便于数据分析的流畅可视化图片

## 14.5.2　矢量数据的三维体可视化

要显示矢量数据，需要 6 个三维矩阵。

- 三个三维矩阵用来定义每个网格点的 $x$，$y$ 和 $z$ 位置。
- 三个三维矩阵用来定义矢量数据 $u$，$v$ 和 $w$。

矢量数据的一个例子是速度，速度中包含运动的方向而不仅仅是速率。

MATLAB 中有一个数据文件，包含了一组三维矢量数据的样本集，名为 wind，输入以下命令：

```
load wind
```

可以将六个三维矩阵发送到工作区。对这种数据实现可视化有多种不同的方法，例如，

- 锥形图
- 流线型图
- 旋度图

矢量数据经处理后可以转换为标量，然后使用上一节介绍的标量可视化方法进行处理。但是，速度不仅仅是速度的大小，而是速度大小加上方向信息，因此，速度是矢量数据，可以在 $x$、$y$ 和 $z$ 方向上(分别称为 $u$、$v$ 和 $w$)分解。利用下面的公式可以将矢量速度转换为标量速度：

```
speed = sqrt(u.^2 + v.^2 + w.^2)
```

速度数据可以表示为一个或多个等高线或等值面(在其他方法中)。图 14.33(a)是速度在 $z$ 方向第 8 级高度上数据集的等高线图切片，由下面的命令产生：

```
contourslice(x,y,z,speed,[ ],[ ], 8)
```

图 14.33(b)是一组等高线图切片。利用交互的方式进行调整，这样就可以看到全部四层的切片，其命令为

```
contourslice(x,y,z,speed,[ ],[ ],[1, 5, 10, 15])
```

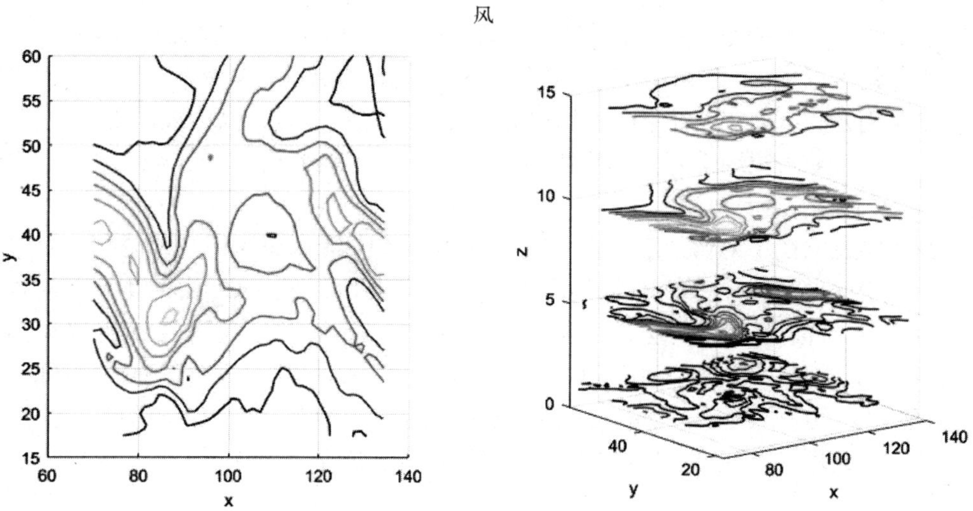


(a) 单个等高线图切片　　(b) 多个等高线图切片

图 14.33　随 MATLAB 程序一起提供的风速数据的等高线图切片

用同样的数据产生的锥形图可能更形象。参照帮助手册中使用 coneplot 函数的实例和使用说明，绘制图 14.34 所示的锥形图。

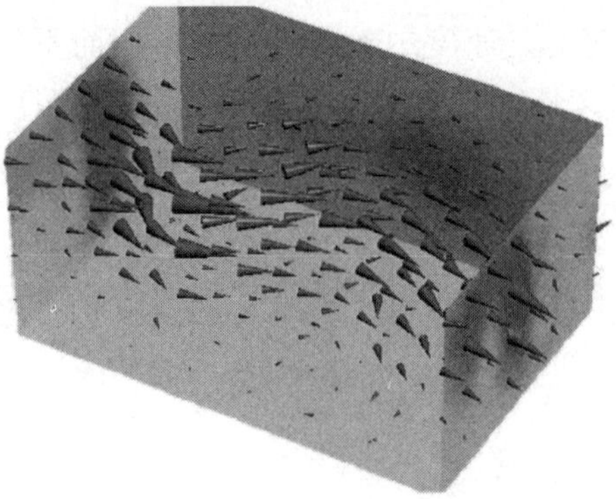

图 14.34 随 MATLAB 程序一起提供的风速数据的锥形图

## 小结

MATLAB 提供了以下三种不同的存储和表示图像的方法：

- 强度(或灰度)图像；
- 索引图像；
- RGB(或真彩色)图像。

imagesc 函数用于显示强度图像，有时称为灰度图像。索引图像用 image 函数显示，并且需要使用调色板来确定图像的颜色。绘制图像时，可以为每个图像创建自定义的调色板，也可以使用内置的调色板。RGB(真彩色)图像也用 image 函数显示，由于颜色的信息包含在图像文件中，所以不需要调色板。

如果不知道要处理的是哪种图像数据，可以使用 imfinfo 函数来分析文件。一旦知道了文件类型，就可以用 imread 函数将图像文件加载到 MATLAB 中，或者使用软件提供的交互式数据控制方式。load 命令可以加载.dat 或.mat 文件。为了以标准图像格式保存图像，需要使用 imwrite 函数或交互式的数据控制方式，也可以使用 save 命令将图像数据保存为.dat 或.mat 文件。

句柄是 MATLAB 中对象的另一种说法。MATLAB 显示的图形包含多个不同的对象，每个对象都对应一个句柄。基本的绘图对象是图形窗口；位于图形窗口上一层的是坐标轴对象；位于坐标轴上面的一层是实际的曲线对象。每个对象的属性都可以用带有点符号的对象名和属性名来确定，也可以用 get 函数和 set 函数确定。如果不知道相应的句柄名称，则可以用 gcf 函数(get current figure)返回当前的图形窗口句柄，使用 gca(get current axis)函数返回当前的坐标轴句柄。例如，要更改名为 h 的曲线(绘制的曲线)的颜色，使用命令：

```
set(h,Color = "red")
```

或

```
h.Color = 'red'
```

在 MATLAB 中可以用两种方法来产生动画效果，即重绘和擦除，或创建电影。通常，重绘和擦除的方法更容易制作动画，能快速计算且看上去也不复杂的数据用这种方法表示。对于需要巨大计算量的情况，通常简单的方法是将每一帧捕获下来，然后组合成电影，将来再播放。

复杂的曲面通常很难进行可视化处理，特别是在曲面下还有其他曲面的情况。这时可以调整透明度渲染隐藏的曲面，看到隐藏的细节。这一功能是通过 alpha 函数实现的。该函数的输入参数在 1 到 0 之间变化，表示完全透明到不透明。

默认情况下不绘制隐藏的线段，这样曲面看上去就更自然。使用 hidden off 命令可以强制程序绘制出这些隐藏的线段。

尽管 MATLAB 具有很强的光源操控能力，但通常只要能打开或关闭直射功能就足够了。默认情况下，光源是散射的，不过可以用 camlight 函数将其更改为直射。

三维体可视化方法有多种不同的方式显示三维数据。三维体数据分为两类：标量数据和矢量数据。标量数据包括温度或压力等，矢量数据包括速度或力等。MATLAB 的帮助函数提供了很多可视化方法的示例。

## MATLAB 小结

下表列出了本章介绍的命令和函数。

| 命令和函数 | |
|---|---|
| alpha | 设置当前曲线对象的透明度 |
| axis | 控制坐标轴的属性 |
| bone | 使图像具有 X 射线效果的调色板 |
| cape | MATLAB 提供的样例图像文件 |
| camlight | 打开相机光源 |
| clown | MATLAB 提供的样例图像文件 |
| colormap | 定义绘图函数使用的调色板 |
| coneplot | 创建含代表矢量方向的锥形图 |
| contourslice | 为每个数据切片绘制一个等高线图 |
| detail | MATLAB 提供的 Dürer 木雕局部图像的文件 |
| drawnow | 强制 MATLAB 立即画图 |
| durer | MATLAB 提供的 Dürer 木雕图像文件 |
| earth | MATLAB 提供的 earth 图像文件 |
| flow | 包含可视化数据的内置程序 |
| flujet | MATLAB 提供的流体特性图像文件 |
| gatlin | MATLAB 提供的照片图像文件 |
| gca | 获得当前坐标轴的句柄 |
| gcf | 获得当前图形窗口的句柄 |
| get | 返回指定对象的属性 |
| getframe | 获得当前图形并将其作为一幅电影帧保存到结构化矩阵中 |
| gray | 灰度图像的调色板 |
| hidden off | 强制 MATLAB 显示隐藏的网格线 |
| image | 绘制二维图像 |

续表

| 命令和函数 | |
|---|---|
| imagesc | 用缩放后的数据绘制二维图像 |
| imfinfo | 读取标准图形文件，确定其包含的数据类型 |
| imread | 读取图形文件 |
| imwrite | 写入图形文件 |
| isosurface | 绘制三维等值曲面 |
| mandrill | MATLAB 提供的狒狒图像文件 |
| movie | 播放以 MATLAB 结构化矩阵格式存储的电影 |
| patch | 绘制封闭的图形 |
| pcolor | 伪彩色图(与等高线图类似) |
| peaks | 绘制样本图 |
| set | 设定指定对象的属性 |
| shading | 确定曲面图和伪彩色图中使用的阴影方法 |
| spine | MATLAB 提供的 X 光脊椎图像文件 |
| wind | MATLAB 提供的风速信息图像文件 |

## 关键术语

| | | | | |
|---|---|---|---|---|
| 句柄 | 等值面 | 对象 | 矢量数据 | 图像绘制 |
| RGB(真彩色) | 速度 | 三维体可视化 | 索引图像 | 标量数据 |
| 强度图像 | 曲面图 | | | |

## 习题

**14.1** 在网上分别找一幅强度图像、索引图像和 RGB 图像，将这些图像导入 MATLAB，并且以 MATLAB 图像形式显示出来。

**14.2** 二次茹利亚集的表达式为 $z(n+1)=z(n)^2+c$，其中，当 $c=-0.123+0.745\text{i}$ 时的特例称为 Douday 的 rabbit 分形。参照例 14.1，用这个 $c$ 值绘制一幅图像。对于 Mandelbrot 图像，令所有 $z$ 值均从 0 开始。应该从 $z=x+yi$ 开始，令 $x$ 和 $y$ 的变化范围均为–1.5 至 1.5。

**14.3** 二次茹利亚集的表达式为 $z(n+1)=z(n)^2+c$，其中，当 $c=-0.391-0.587\text{i}$ 时的特例称为 Siegel 盘分形。参照例 14.1，用这个 $c$ 值绘制一幅图像。对于 Mandelbrot 图像，令所有 $z$ 值均从 0 开始。应该从 $z=x+yi$ 开始，令 $x$ 和 $y$ 的变化范围均为–1.5 至 1.5。

**14.4** 二次茹利亚集的表达式为 $z(n+1)=z(n)^2+c$，其中，当 $c=-0.75$ 时的特例称为 San Marco 分形。参照例 14.1，用这个 $c$ 值绘制一幅图像。对于 Mandelbrot 图像，令所有 $z$ 值均从 0 开始。应该从 $z=x+yi$ 开始，令 $x$ 和 $y$ 的变化范围均为–1.5 至 1.5。

**14.5** 绘制下列函数的图形：

$$y=\sin(x)$$

其中，$x$ 的变化范围为–2π 至 2π。为曲线指定一个对象名(句柄)，用该句柄的点符号更改以下属性(如果对于给定的属性不能确定其对象名，可以使用 `get` 函数查看属性名称列表)：

(a) 将曲线颜色从蓝色改为绿色；

(b) 将线型改为虚线；

(c) 将线宽改为 2。

**14.6** 为习题 14.5 中的图形指定一个句柄，并使用点符号更改以下属性(如果对于给定的属性不能确定其对象名，可以使用 get 函数查看属性名称列表)：

(a) 将背景颜色改为红色；

(b) 将图形名改为“正弦函数”。

**14.7** 为习题 14.5 中所绘图形的坐标轴指定一个句柄，并使用点符号更改以下属性(如果对于给定的属性不确定其对象名，可以使用函数 get 查看属性名称列表)：

(a) 将背景颜色改为蓝色；

(b) 将 $x$ 坐标轴改为对数坐标轴。

**14.8** 重做习题 14.5 至习题 14.7，使用交互式属性查看器修改属性。试着修改其他属性并观察图形结果。

**14.9** 利用下表的库存数据绘制图形，该图形包含两条曲线，每年对应一条曲线。创建坐标轴句柄，用该句柄指定 $x$ 轴上每个月对应的刻度线，并用相应月份的名称标记每个数据点。为便于阅读，将名称标记旋转 45°。添加图例和合适的标题。

| | Year 1 | Year 2 |
|---|---|---|
| 一月 | 2345 | 2343 |
| 二月 | 4363 | 5766 |
| 三月 | 3212 | 4534 |
| 四月 | 4565 | 4719 |
| 五月 | 8776 | 3422 |
| 六月 | 7679 | 2200 |
| 七月 | 6532 | 3454 |
| 八月 | 2376 | 7865 |
| 九月 | 2238 | 6543 |
| 十月 | 4509 | 4508 |
| 十一月 | 5643 | 2312 |
| 十二月 | 1137 | 4566 |

**14.10** 采用条形图的形式，重做习题 14.9。

**14.11** 为下面的函数创建一个动画：

$y = \sin(x-a)$　　$x$ 从 $-2\pi$ 到 $2\pi$　　$a$ 从 0 到 $8\pi$

- 选择适当的 $x$ 的步长，绘制平滑曲线；
- 令 $a$ 为动画变量(为每一个 $a$ 值绘制一幅新的图形)；
- 选择适当的 $a$ 的步长，产生变化平滑的动画。步长越小，动画看起来变化越缓慢。

**14.12** 为习题 14.11 描述的函数创建一个电影。

**14.13** 为下面的函数创建一个动画：

$x$ 从 $-2\pi$ 到 $2\pi$　　$y = \sin(x)$　　$z = \sin(x-a)\cos(y-a)$　　$a$ 为动画变量

首先创建 $x$ 和 $y$ 的二维网格矩阵，然后根据生成的矩阵数据计算 $z$ 的值。

**14.14** 为习题 14.13 描述的函数创建一个电影。

**14.15** 编写程序，对习题 14.2 中的 rabbit 分形图进行放大，并利用该结果创建一个电影(参见例 14.2)。

**14.16** 用曲面绘图函数绘制 `peaks` 函数的曲面图，发出 `hold on` 命令，再绘制一个球形，该球形覆盖已绘制的图形，调整透明度，观察球形内部的细节。

**14.17** 绘制 `peaks` 函数，执行 `camlight` 命令，改变其位置，观察对绘图的影响。

**14.18** 使用 `Load` 命令将风数据集加载到 MATLAB 工作空间

```
load wind
```

根据 $u$、$v$ 和 $w$ 的值计算风速的标量值。

```
speed = sqrt(u.^2 + v.^2 + w.^2);
```

使用 `isosurface` 函数绘制风速为 10、20、30、40、50、60 和 70 mph 时的等值面，建议使用如下命令：

```
tiledlayout("flow")
```

和 `for` 循环，根据结果判断等值面是否有利于集中数据集信息？

**14.19** 使用上一个问题中的风数据，根据计算的速度，为四个等间隔的 $x$ 创建与 $x$ 轴正交的等高线图切片。

**14.20** 使用 `Load` 命令将 fluidtemp.mat 文件加载到 MATLAB 工作空间中。文件包含了位置和温度数据。使用 `min` 函数和 `max` 函数确定等值面的合理温度，然后使用 `tiledlayout` 函数创建不同温度下至少 5 个不同的等值面。判断这种方法是否适合观察流体的行为？

**14.21** 使用 `fluidtemp` 数据集中的数据，创建与 `x` 轴正交的多个等高线图切片。

# 第 15 章　Simulink 简介

**本章目标**

学完本章后应能够：

- 用 Simulink 模块表示常见数学过程；
- 建立并运行简单的 Simulink 模型；
- 用 Simulink 模型求解微分方程；
- 将 Simulink 的结果导入 MATLAB。

## 引言

Simulink 是一个交互式的、基于图形的程序，可以使用一组内置的模块建立模型来解题，是 MATLAB 套件的一部分，需要在 MATLAB 环境下运行。学生版 MATLAB 软件中包括 Simulink，但是专业版 MATLAB 软件的标准安装过程不包含 Simulink，也就是说不同版本的 MATLAB 可能包含 Simulink，也可能不包含 Simulink。

## 15.1　应用

Simulink 旨在为动态系统，即随时间变化的系统提供一种便捷的分析方法，尤其是很早以前就在信号处理领域得到了应用，并在模拟计算机的编程上曾经得到了应用。事实上，可以把 Simulink 看成一台虚拟的模拟计算机。模拟计算机需要在加法器、乘法器、积分器等电子元器件之间建立真实的物理连接，并在示波器上显示计算机的输出信号。这一点在 Simulink 中使用的模块名称以及表示各种操作的图标上都得到了体现。

不能草率地认为 Simulink 仅用于分析电气系统，它还可以分析具有类似的数学方程的系统，例如动态机械系统、化学反应系统和动态流体系统等。实际上，在向学生介绍电的特性时，以管道流量问题进行类比是很常见的。

Simulink 的优势在于能对动态系统进行建模，其数学模型为微分方程。通常情况下，这些系统随时间而变化，当然自变量也可以是位置。在 MATLAB 中，可以利用函数如 `ode45`，采用龙格-库塔法来求解微分方程的数值解，也可以使用符号代数求微分方程的解析解。Simulink 使用的是类似的方法，但对用户是透明的，不直接对方程进行编程，而是选择合适的 Simulink 模块，然后用 GUI 将这些模块连接起来，最后创建可视化模型。

## 15.2　入门

启动 Simulink 时，首先要启动 MATLAB，然后在命令窗口中输入：

```
Simulink
```

也可以在工具栏中单击 Simulink 图标，如图 15.1 所示。

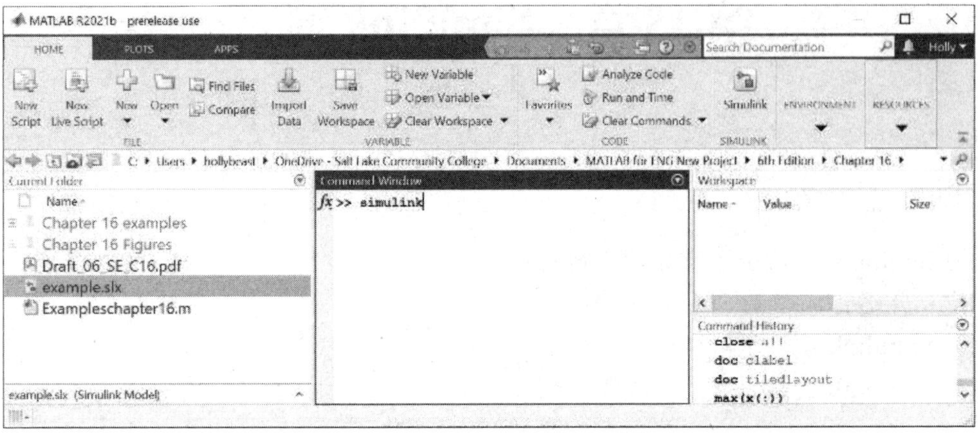

图 15.1 从命令窗口启动 Simulink，也可以在工具栏中单击 Simulink 图标

然后，打开 Simulink Start Page 页面(见图 15.2)，显示了模型示例、模板和空白文件。建立新模型时，选择 Blank Model(见图 15.3)，模型窗口就是建立和执行 Simulink 模型的工作区。

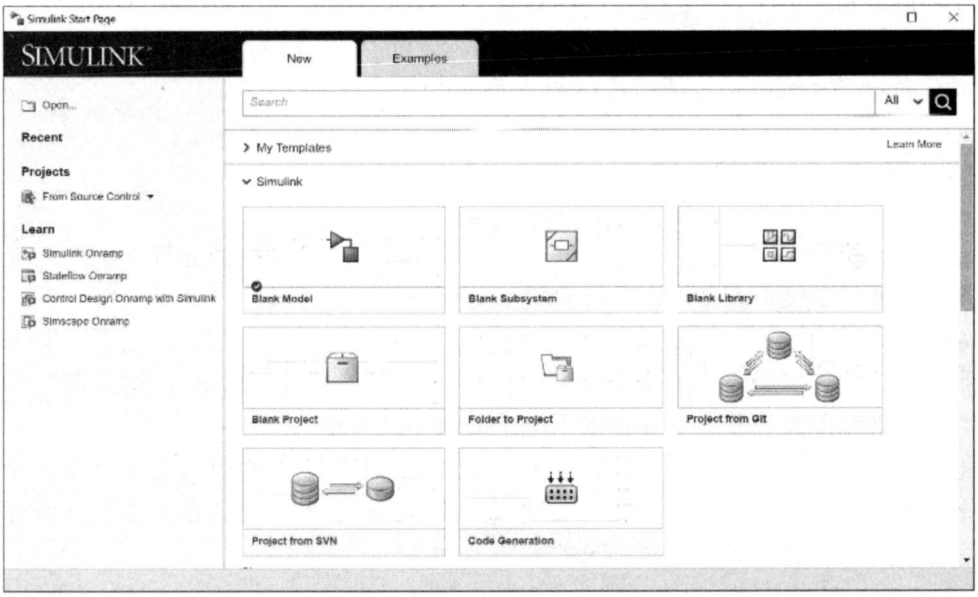

图 15.2 Simulink Start Page 页面，包含用于建立 Simulink 模型的模型示例、模板和空白文件

若想建立一个模型，需要在模型窗口中单击图标打开库窗口，即 Library Browser，该窗口包含了用于建立模型的模块库(见图 15.4)，在这里可以选择相应模块并将其拖动到模型工作区。花点时间仔细研究一下窗口。要查看每个库中的可用模块，可以从左侧面板中选择相应的库名，或者双击右侧面板中的图标。尤其是要查看一下通用模块库，即 Commonly Used Blocks，其中包括信源和信宿库，即 Sources 库和 Sinks 库，还包括数学运算库，即 Math Operations 库。

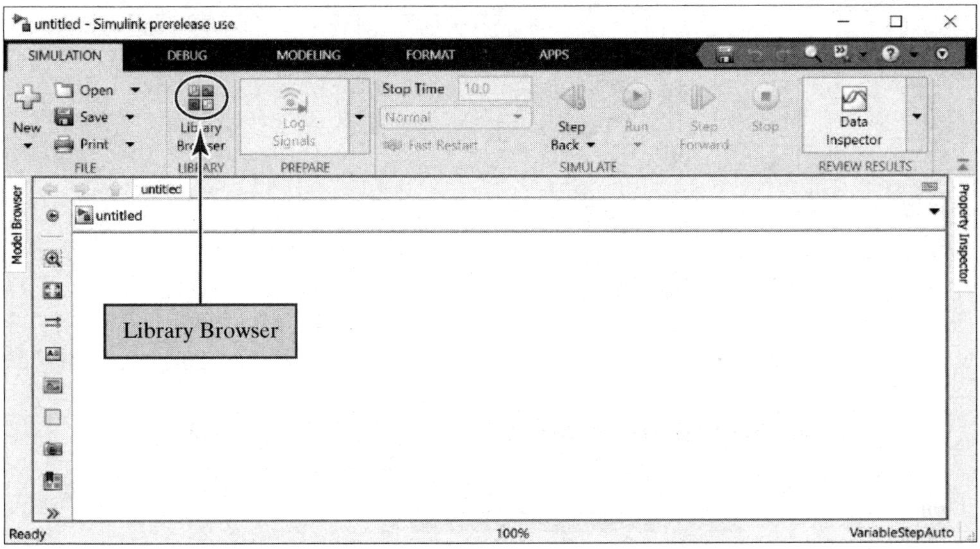


图 15.3　模型窗口是建立和运行 Simulink 模型的工作区，单击 Library Browser 图标访问模块库

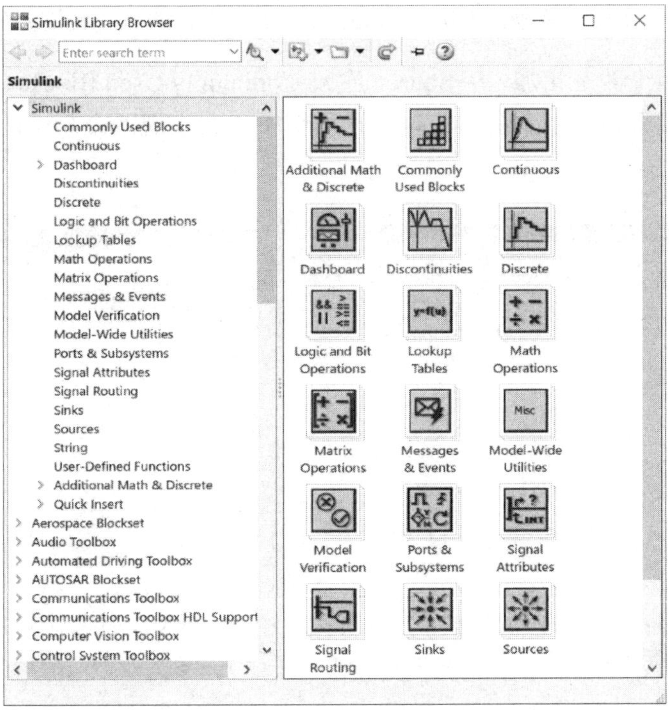


图 15.4　Simulink 的 Library Browser 包含了大量用于建立 Simulink 模型的模块

Simulink 的强项是求解复杂的动态系统，在研究复杂系统之前，先构建一些非常简单的静态模型来演示求解过程。为了方便起见，调整 Library Browser 窗口和模型窗口大小，这样就可以在计算机屏幕上同时看到这两个窗口，同时保持 MATLAB 处于打开状态，并调整窗口至适合的大小和位置，保证不要遮挡其他窗口，如图 15.5 所示。

**关键知识**

在 Simulink 中创建的任何模型都可以在 MATLAB 中创建。

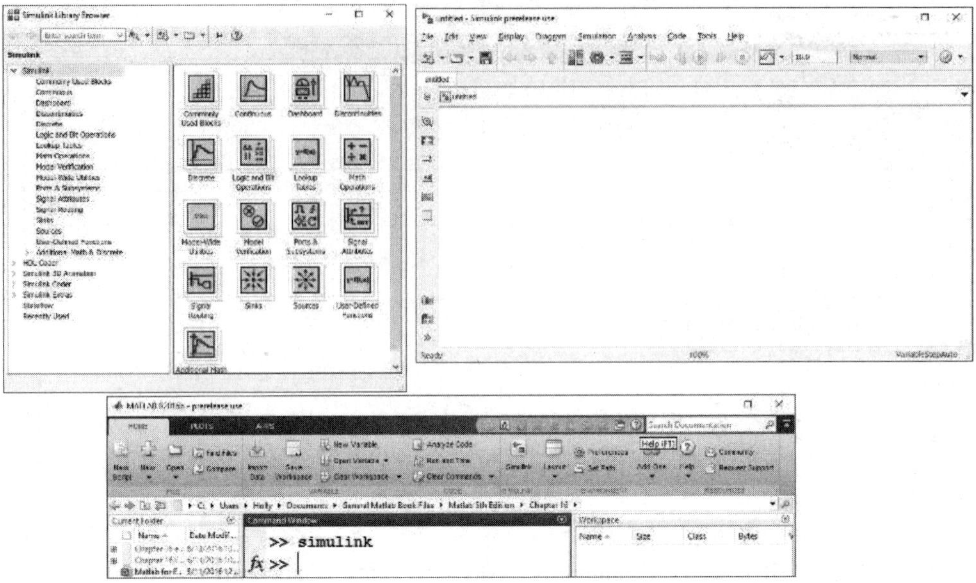


图 15.5　Simulink 用到多个窗口。将窗口在计算机桌面上进行合理排列，以便很容易地将模块从 Simulink 的库浏览器拖动到模型窗口中

第一个模型为两个数字相加，从 Source 库或 Commonly Used Blocks 库中，单击 Constant 模块并将其拖拽到模型窗口。重复这一过程，模型窗口会出现两个相同的 Constant 模块，如图 15.6(a)所示。

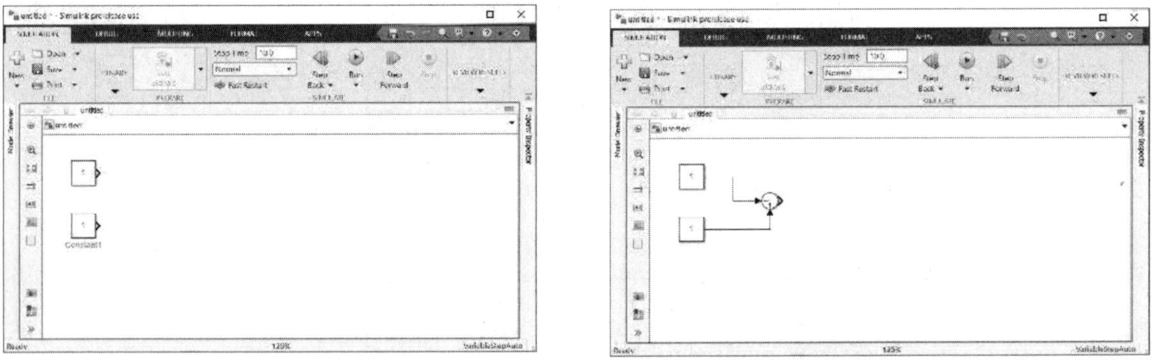

(a)　　(b)

图 15.6　(a)模型中添加了两个 Constant 模块；(b)Constant 与 Sum 模块相连，双击 Constant value 字段来更改 Constant 模块的值

现在将 Sum 模块拖拽到模型中，Sum 模块在 Commonly Used Blocks 库和 Math Operations 库中都可以找到。注意到 Sum 模块有两个“端口”，在一个端口上单击左键并拖动光标至另一个端口就可以连接 Constant 模块和 Sum 模块，如图 15.6(b)所示。应该注意到，在连接端口时，光标变为十字线。现在，模型只实现了 1+1，并没有显示答案，需要修改两个 Constant 模块，设置成与默认值不同的值，本例中默认值为 1。双击每个 Constant 模块，更改 constant value 字段。例如，在上面的模块中输入 5，在下面的模块中输入 6。

进入 Sink 库，查找并添加 Display 模块。本例中只需要 Display 模块，将其拖拽到模型中，并将其连接到 Sum 模块的输出端口。运行模型前的最后一件事情就是在菜单栏中的方框内调整仿真时间(如图 15.7 所示)，由于该模型中的任何计算内容都不随时间改变，因此，可以将该值设置为 0。单击工具栏中的运行按钮(黑色三角形)或从菜单栏中选择 Simulation，再选择 Run 运行该模型。

选择 File，再选择 Save，并添加适当的文件名，用通常的方法保存模型文件，文件扩展名为.slx(在 Simulink 的早期版本中，文件扩展名为.mdl)。

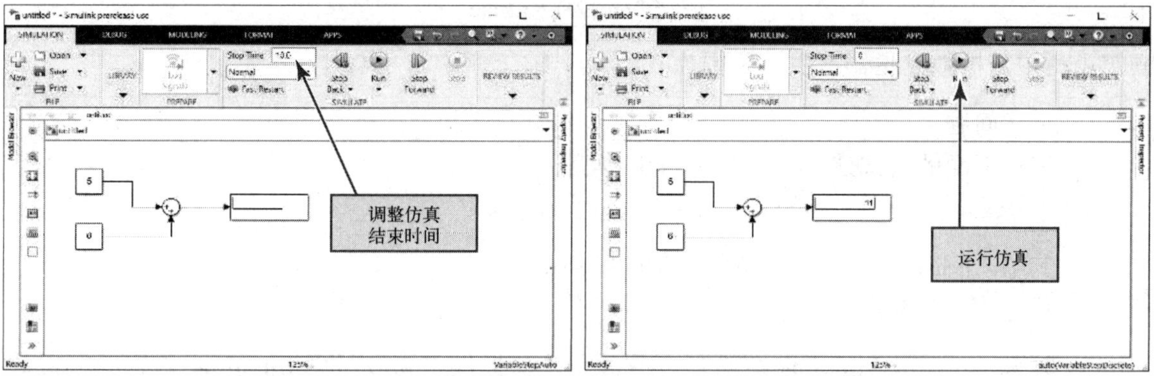


(a) (b)

图 15.7 (a)已经完成的模型；(b)单击 Simulation Run 图标运行文件，结果显示在 Display 模块中

由于 Sum 模块同时具有加法和减法功能，因此，可以用同样的模型实现减法运算。双击模型中的 Sum 模块，打开模块参数窗口，如图 15.8 所示。

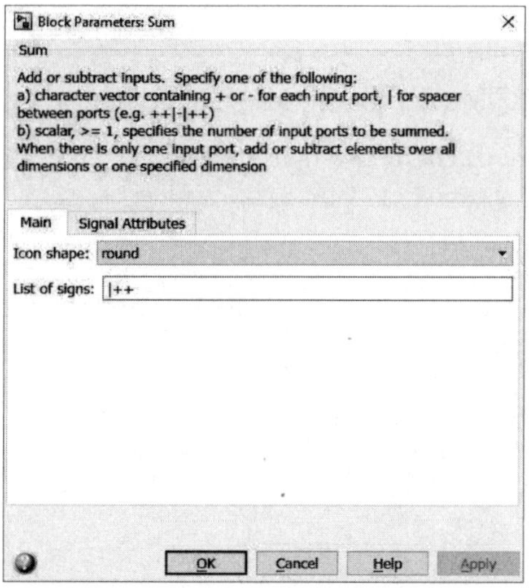


图 15.8 Sum 模块可以实现减法运算，也可以调整为 2 个以上的输入端

模块含义和使用说明位于参数窗口的顶端，本例中为 Sum 模块。根据描述，将输入|++改为|+–，就可以将 Sum 模块设置为减法模块。还可以对模块的输入端口数进行调整，修改 list of signs 字段为三个加号，就可以添加三个输入端口。在研究 Sum 模块过程中可以多次调整参数并运行。

**提示：Simulink 提供了一个减法模块，但是打开模块参数窗口会看到模块标题是 sum。**

前面介绍的是一个非常简单的例子。例 15.1 描述了一个稍微复杂且结果随时间变化的模型。

**例 15.1 随机数**

正如在例 3.5 中看到的，随机数可用来模拟收音机中听到的静态噪音，尽管 MATLAB 可以求解类似的问题，但这里使用 Simulink。在本例中，不用音乐文件，而使用正弦波作为输入信号并添加噪声，如下所示：

$$y = 5 * \sin(2t) + \text{noise}$$

噪声由均匀随机数发生器产生，范围为 0 到 1。

1. 描述问题

   根据下面的公式建立一个 Simulink 模型：

$$y = 5 * \sin(2t) + \text{noise}$$

   其中，noise 是由一个随机数产生的噪声。

2. 描述输入和输出

   **输入**　　用 Simulink 内置的正弦波发生器提供正弦波，用 Simulink 内置的随机数发生器模拟噪声。

   **输出**　　用 Simulink 的 Scope 模块观察结果。

3. 建立手工算例

   因为已经熟悉 MATLAB 了，所以本例中使用 MATLAB 求解方案代替手工算例：

```
t = 0:0.1:10;
noise = rand(size(t));
y = 5*sin(2*t)+noise;
plot(t,y)
title("A sine wave with noise added")
xlabel("time,s"), ylabel ("function value")
```

   结果的波形如图 15.9 所示。

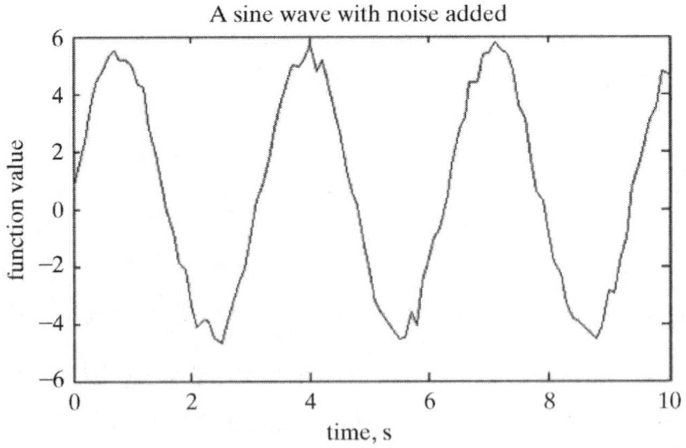


图 15.9　添加噪声的正弦波。噪声可以用 MATLAB 实现，也可以用 Simulink 实现

4. 开发 Simulink 程序

   Simulink 提供了正弦波和均匀随机数发生器的模块(要选择均匀随机数，也可以生成高斯随机数)，这两个模块在 Source 库中都能找到，还需要添加一个 Add 模块，这个

模块在数学库或常用模块中。最后添加 Scope 模块（其名称来自于示波器“oscilloscope”）来观察曲线，模型应该如图 15.10 所示。为了产生正弦波，可以使用 Source 库中的正弦波发生器模块[见图 15.10(a)]，也可以设置一个时钟信号源(像钟表的符号)和一个对信号进行运算的模块[见图 15.10(b)]，三角函数模块在 Math Operations 库中可以找到。请注意，模型窗口右上角的时间字段设置为 10 s，另外还有两个示波器用来观察正弦波发生器、随机数发生器和叠加后的输出波形。

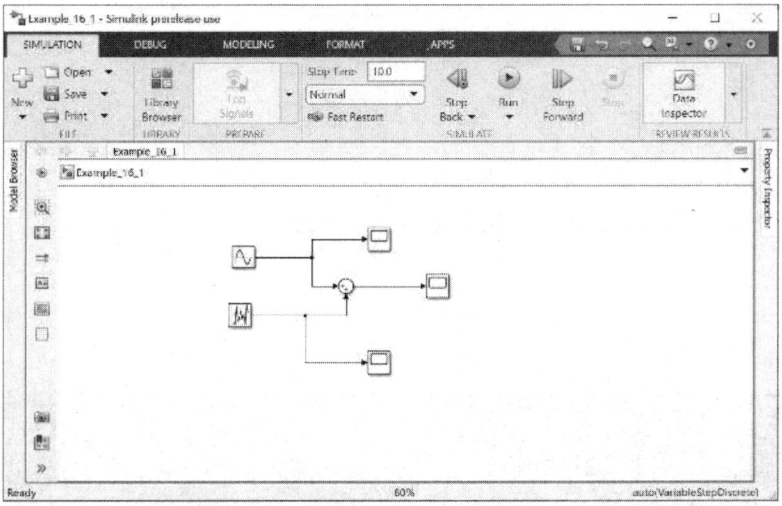

(a)

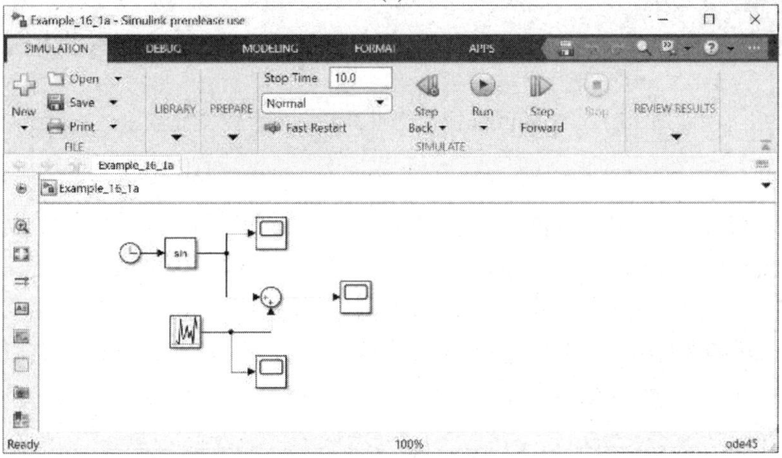

(b)

图 15.10　向正弦波叠加噪声的 Simulink 模型。(a)使用 Source 库中的正弦波发生器模块产生正弦波；(b)使用时钟信号源和数学运算库中的三角函数模块产生正弦波

模型中只定义了一个正弦波，而不是表达式中的正弦分量 5*sin(2*t*)。双击模型中的 Sine Wave 图标，打开信源模块的参数窗口(如图 15.11 所示)，根据需要设置振幅、频率和其他参数，将振幅更改为 5，频率更改为 2，此时，模块代表了方程式中的第一项。同样，在随机数发生器参数窗口中将最小值设置为 0，最大值设置为 1。单击黑色三角形图标，或者选择 Simulation 再选择 Run 运行模型。为了观察输出，可以双击每个 Scope。可能需要缩放图像，图 15.12 所示为三个示波器的输出。

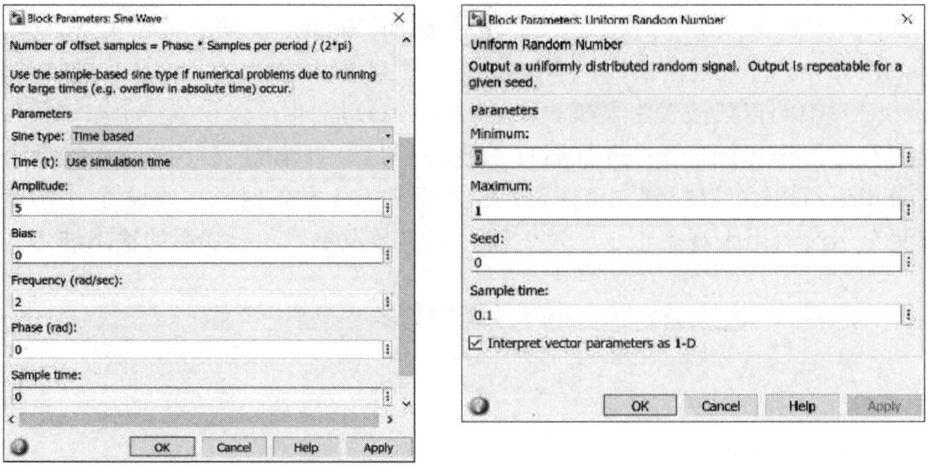


图 15.11　每个 Simulink 模块的参数窗口都可以修改输入参数的默认值。双击模块可以打开参数窗口。(a)正弦波参数窗口；(b)均匀随机数参数窗口

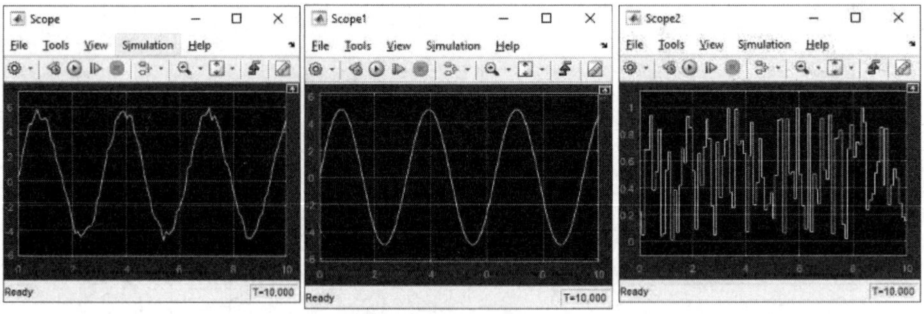


图 15.12　Simulink 模型中设置的三个示波器的输出

5. 验证结果

将该结果与 MATLAB 方法的结果进行比较，发现可以对模型进行优化，也就是用 Simout 模块代替混合信号的示波器 Scope 模块，这样就能将结果发送得到 MATLAB，如图 15.13 所示。Simout 模块在 Sink 库中可以找到。Simout 模块有多个可选项。在运行 Simulink 模块时，如果选择默认选项，那么在 MATLAB 的工作区窗口会创建一个名为 out 的符号对象(如图 15.13 所示)，然后可以用于绘图。

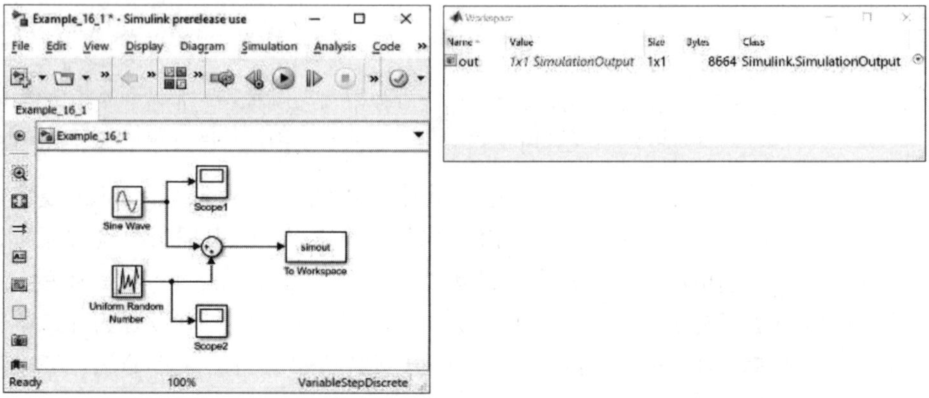


图 15.13　Simout 模块将仿真结果发送到 MATLAB 的工作区窗口，这些结果可根据需要用于其他计算

运行 plot 命令

```
plot(out)
```

结果如图 15.14 所示。请注意，Simulation Data Inspector 也被打开，并显示其他变量存储在 out 内。这些变量可以使用变量编辑器提取，也可以使用点符号编程提取。

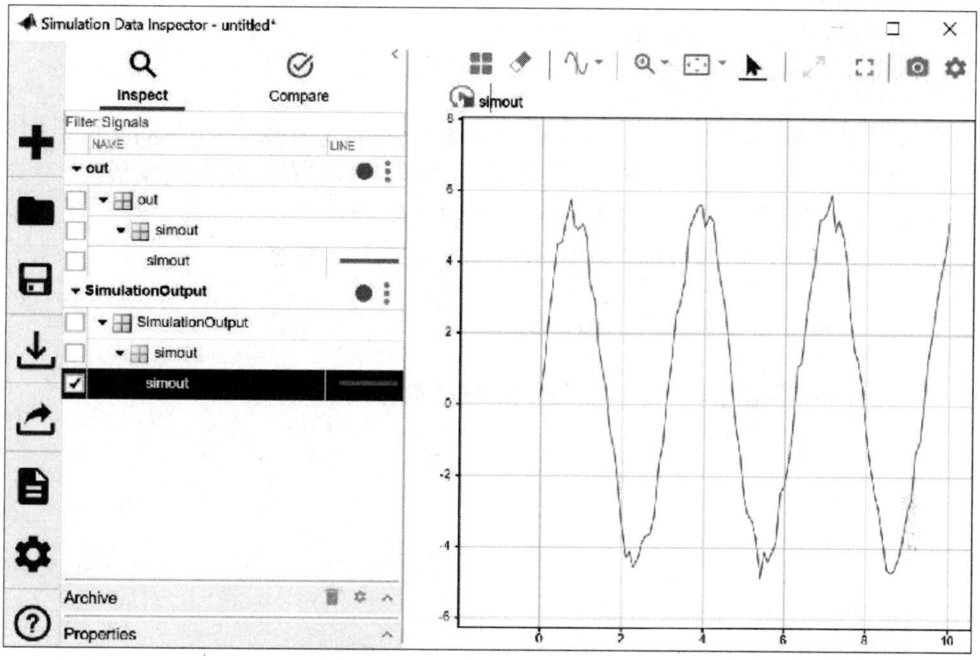


图 15.14　当使用 Simou 模块时，将打开 Simulation Data Inspector，可以查看和分析 MATLAB 工作区窗口中的输出数据

## 15.3　Simulink 求解微分方程

到目前为止，已经在 Simulink 中建立模型并求解的问题在 MATLAB 中更容易求解，但 Simulink 更擅长求解微分方程。一般来说，微分方程包含因变量、自变量和因变量对自变量的导数。例如，微分方程

$$\frac{\mathrm{d}y}{\mathrm{d}t}=t^2+y$$

式中，$y$ 是因变量，$t$ 是自变量，$\mathrm{d}y/\mathrm{d}t$ 是 $y$ 关于 $t$ 的导数，可以用函数表示为

$$\frac{\mathrm{d}y}{\mathrm{d}t}=f(t,y)$$

> **关键知识**
>
> Simulink 使微分方程组的可视化变得容易。

要求解 $y$，可以求积分：

$$y=\int\frac{\mathrm{d}y}{\mathrm{d}t}\mathrm{d}t=\int f(t,y)\mathrm{d}t$$

上式将有无穷多个解，因为 $y$ 没有定义初始值。要解决这个问题，可以设 $y(0)=0$。

要在 Simulink 中求解该问题，可以将必要的模块拖到模型窗口并连接模块，从而建立模型，如图 15.15 所示。

建立模型所需的模块包括：

- 一个时钟模块，产生时间信号(Sources 库)
- 一个 Math function 模块，在参数窗口修改，将模块的输入求平方(Math Operations 库)
- 一个 Sum 模块(Commonly Used Blocks 库)
- 一个 Integrator 模块(Continuous 库)
- 一个 Scope 模块(Sinks 库)

在参数窗口中调整 Integrator 模块，设置初始条件为 0。运行模型后，Scope 输出如图 15.16 所示(可能需要调节示波器窗口大小，以便能在示波器屏幕中看到完整的波形)。

另一种求解这个微分方程的方法是使用 MATLAB 的符号代数功能，前一章已经介绍过了。因为这是一个简单的微分方程，所以可以使用 dsolve 函数：

```
syms y(t)
y=dsolve(diff(y,t)==t^2+y,y(0)==0)
```

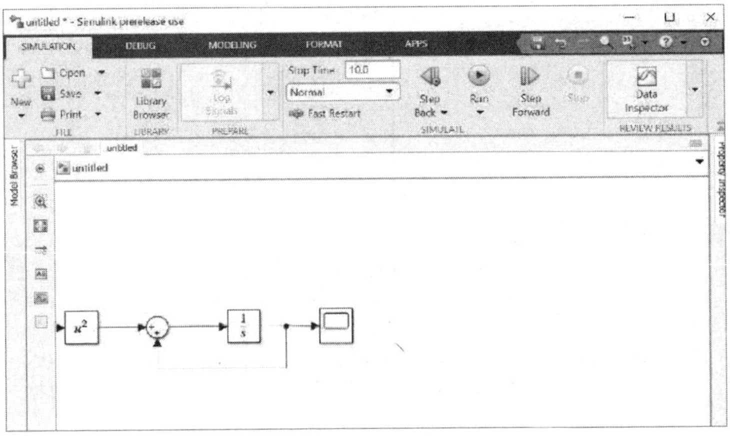

图 15.15 求解微分方程 $dy/dt = t^2 + y$ 的 Simulink 模型

返回的解析解为

```
y =
2*exp(t) - 2*t - t^2 - 2
```

使用 fplot 函数绘制符号计算的结果，如图 15.16(b)所示。

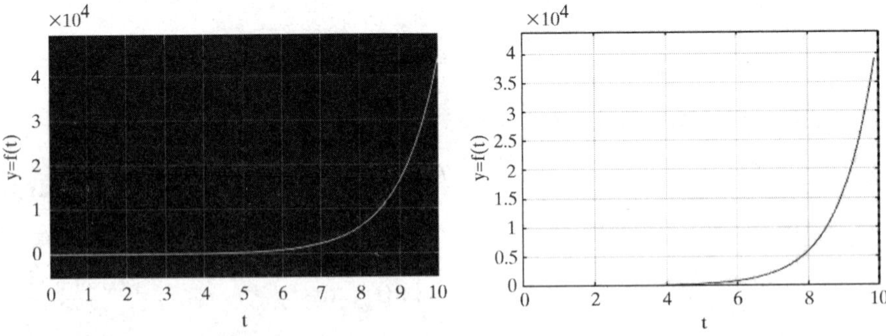


(a) Differential Equation Solution Using Simulink

(b) Differential Equation Solution Using Simulink

图 15.16 常微分方程 $dy/dt = t^2 + y$，令 $y(0) = 0$ 的解的波形。(a) Simulink 绘制的波形；(b) 在 MATLAB 中使用符号代数绘制的波形

## 例 15.2　落体的速度

一个落向地面的物体，众所周知，落体速度的微分方程为

$$\frac{\mathrm{d}v}{\mathrm{d}t}=g-\frac{c}{m}v^2$$

其中，$g$ 是重力加速度；$v$ 是速度；$m$ 是质量；$c$ 是二阶阻力系数。

试求解方程，求速度在前 15 s 内随时间变化的关系曲线。

1．描述问题

使用 Simulink 求解物体的下落的时间与速度的关系。

2．描述输入和输出

**输入**　$g$ = 9.81 m/s$^2$；$m$ = 70 kg

$c$ = 0.3 kg/m；$v$ (0) = 0 m/s

**输出**　0～15 s 内速度与时间的关系曲线

3．建立手工算例

假设初始速度为 0，预计下落速度会迅速增加，但由于空气的阻力影响，速度最终会趋于平稳并达到一个极限值，预期结果与图 15.17 所示曲线类似。

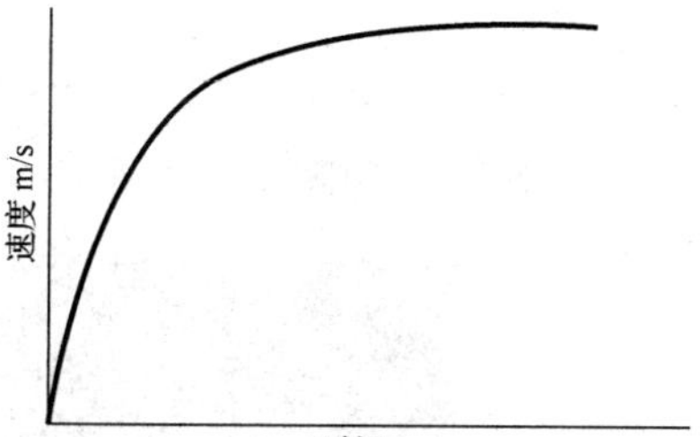


图 15.17　落体的速度与时间的预测曲线

4．开发 Simulink 程序

Simulink 模型如图 15.18 所示，结果曲线显示在 Scope 上。该模型由以下模块组成：

- 三个 Constant 模块
- 一个 Divide 模块和一个 Product 模块
- 一个 Add 模块
- 一个 Integrator 模块
- 一个 Math function 模块，对 Integrator 模块的输出求平方

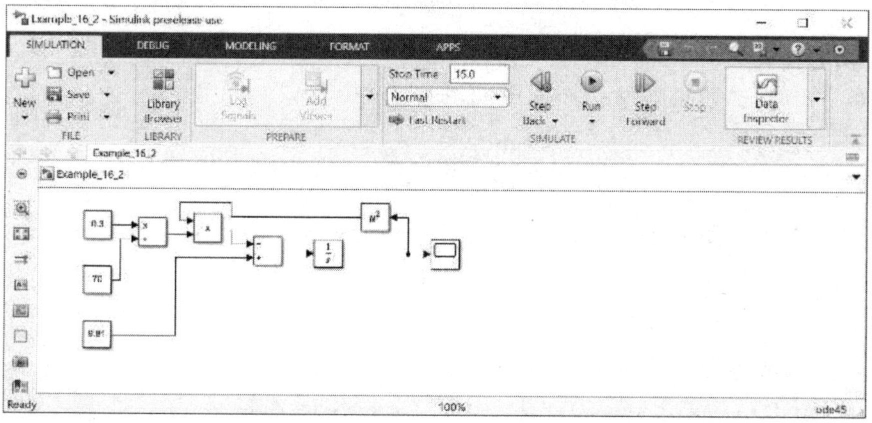


图 15.18　求解落体问题的 Simulink 模型

在建立模型时，会发现有的模块与标准的方向相反。要解决这个问题，先将模块放置

到模型中，然后鼠标右键单击图标，从下拉菜单中选择 Format，其中有很多选项可以方便的选择模块的方向。尤其要注意，Math function 模块的方向是反向的，这样方便接收来自 Integrator 模块的数据流。另外，将时钟模块的参数设置为 15 s。

如果用 Simout 模块替换 Scope 模块，则输出数据就会发送到 MATLAB 中，于是就可以在其他程序中使用，或者以常规方式画出波形。

5. 验证结果

使用符号代数工具箱中的工具来求解该问题。

```
clear, clc
syms v(t)
g=9.81; c=0.3; m=70;
y=dsolve(diff(v,t)==g-c/m*v^2,v(0)==0)
fplot(y,[0,15])
title("A falling object")
grid on
xlabel("time,s"), ylabel("velocity, m/s")
```

其结果如图 15.19(b)所示，与 Simulink 模型的 Scope 输出非常吻合。

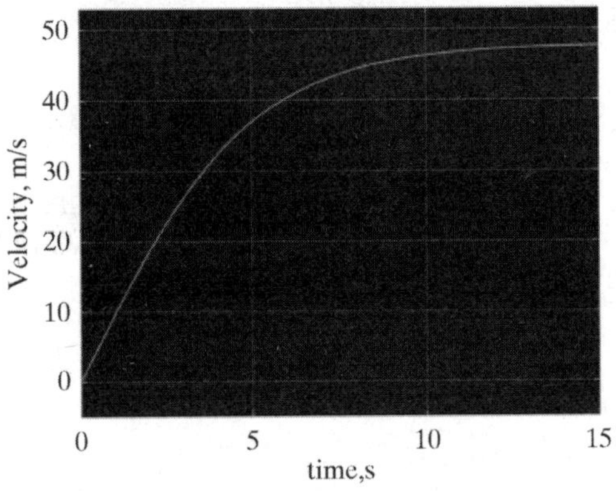

(a) 落体速度的Simulink解

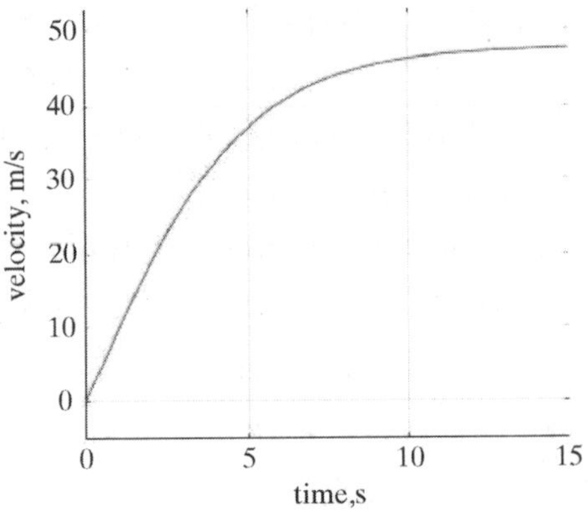

(b) 落体速度的解析解

图 15.19 落体的速度曲线(a)使用 Simulink 绘制的曲线；(b)使用 MATLAB 的符号代数工具绘制的曲线。两种情况下，速度都接近 47 m/s

**例 15.3 落体的位置**

前面的例子求解了随时间变化的速度的微分方程：

$$\frac{\mathrm{d}v}{\mathrm{d}t}=g-\frac{c}{m}v^2$$

然而，速度也可以用导数来表示，即位置随时间的变化率：

$$v=\frac{\mathrm{d}x}{\mathrm{d}t}$$

根据位置可以重新将速度方程表示为

$$\frac{\mathrm{d}^2x}{\mathrm{d}t^2}=g-\frac{c}{m}\left(\frac{\mathrm{d}x}{\mathrm{d}t}\right)^2$$

请用 Simulink 生成物体下降距离随时间变化的曲线，求解二阶微分方程。

1．描述问题

求解下列二阶微分方程：

$$\frac{d^2x}{dt^2} = g - \frac{c}{m}\left(\frac{dx}{dt}\right)^2$$

其中，$x$ 是 $t$ 的函数。

2．描述输入和输出

**输入**　$g = 9.81\ \text{m/s}^2$

$m = 70\ \text{kg}$

$c = 0.3\ \text{kg/m}$

$y(0) = 0$

$x(0) = 0$

$t = 0\text{–}15\text{seconds}$

**输出**　使用 Simulink 的 Scope 模块显示波形，观察 $x$ 随时间变化的情况，同时将结果发送到 MATLAB。

3．建立手工算例

如前面的例子所示，随着物体下落，最终将达到一个最终速度，从此刻开始，$x$ 应该以稳定的速率增加。预期的曲线如图 15.20 所示。

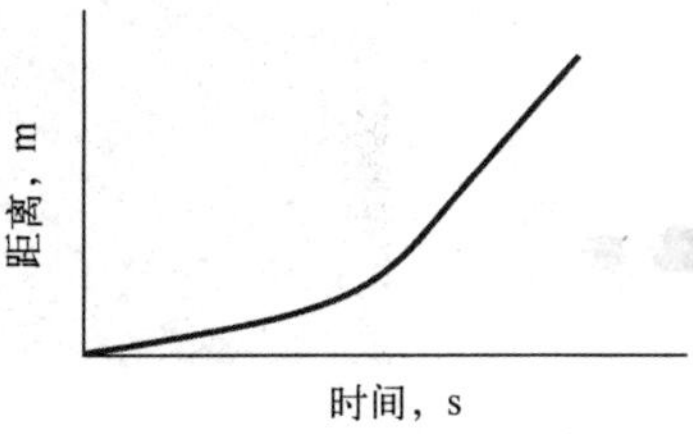


图 15.20　物体达到极限速度时的预期位置

4．开发 Simulink 程序

对前面的例子中建立的模型进行扩展，即添加一个积分模块，将输出信号进行拆分，分别指向 Scope 模块和 Simout 模块（见图 15.21），调整 Simout 模块以矩阵的形式发送数据。在 Scope 中产生的波形如图 15.22(a)所示。

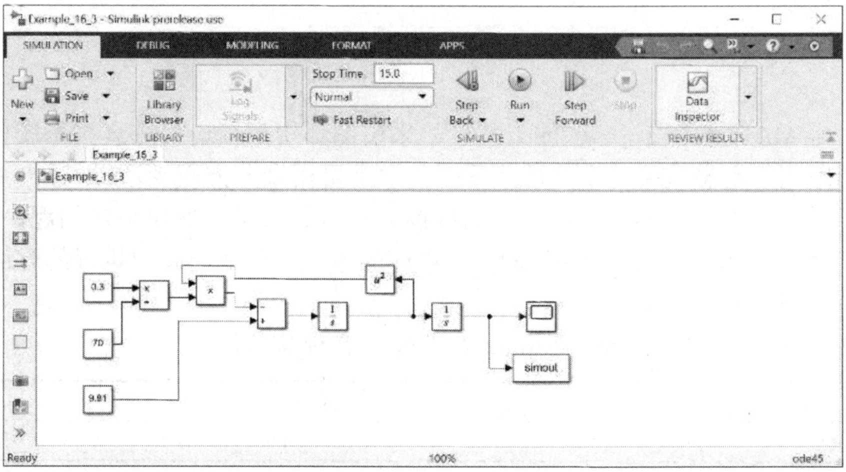


图 15.21　求解二阶微分方程 $\frac{d^2x}{dt^2} = g - \frac{c}{m}\left(\frac{dx}{dt}\right)^2$ 的 Simulink 模型

5. 验证结果

再次使用 MATLAB 的符号代数工具箱来求解二阶微分方程，代码如下：

```
syms x(t)
syms g c m
Dx(t)=diff(x,t)
x=dsolve(diff(x,t,2)==g-c/m*Dx^2,x(0)==0, Dx(0)==0)
x = subs(x,[g,c,m],[9.81,0.30,70])
fplot(x(1),[0,15])
title(["(b) A Falling Object";"Analytical Solution"])
xlabel("time,s"), ylabel("distance, m")
```

**关键知识** 使用多种工具解决问题很重要。在某些任务上 Simulink 优于 MATLAB，而其他任务上 MATLAB 优于 Simulink。

结果曲线[见图 15.22(b)]与 Scope 输出一致，从而验证了计算结果的正确性。

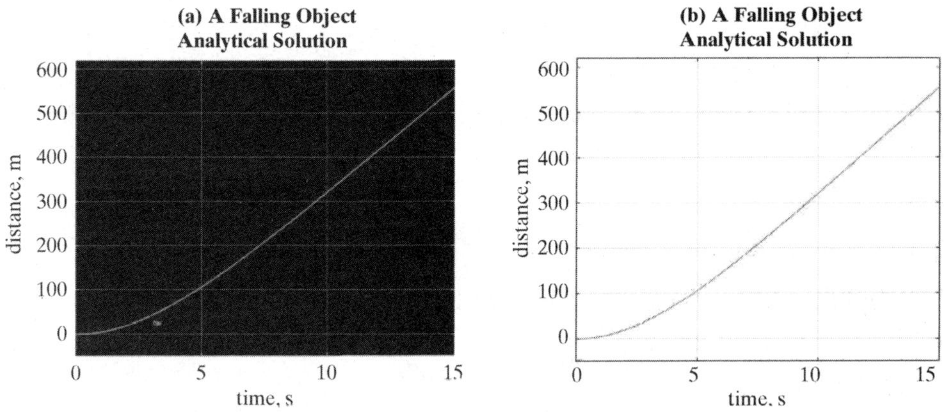


图 15.22 落体的位置：(a) 由 Simulink Scope 显示的曲线；(b) 在 MATLAB 中使用符号代数方法得到的曲线

同时使用 Simulink 和符号代数方法，能增强开发 Simulink 程序的信心。并非所有的问题都能用符号运算的方式求解，所以采用两种方法求解很重要，尤其是很多有趣的微分方程没有解析解。

## 小结

Simulink 是 MATLAB 程序家族的一部分，采用图形用户接口促进真实系统模型的开发。Simulink 非常适用于动态系统建模，这些系统数学上可用微分方程表示。

Simulink 依赖一个大型的模块库，将这些模块组合起来可以解决很多问题，这种可视化方法替代了前面介绍的数值法构建 MATLAB 程序的方法。但是当模型执行的时候，Simulink 也采用了同样的算法(如 ode45)。

MATLAB 的帮助包含大量有关 Simulink 的使用教程和示例。

| 命令和函数 | |
|---|---|
| Simulink | 打开 Simulink library browser |

## 关键术语

模拟计算机　　微分方程　　模型　　模块　　动态系统　　仿真

# 习题

**15.1** 在电气工程应用中经常使用 `sinc` 函数，定义为

$$\sin c(x) = \frac{\sin(x)}{x}$$

使用 Simulink 对 `sinc` 函数建模，时间范围为–20～20 s，在 Scope 模块中显示结果。在模型窗口中的菜单栏中选择 Simulation，再选择 Configuration Parameters 来调整仿真时间。

**15.2** 圆的方程可以用参数表示为

$$x = \sin(t)$$
$$y = \cos(t)$$

其中，$t$ 的范围为 0～2*pi。在 Sinks 库中选择 *xy* graph 模块，建立一个 Simulink 模型，绘制参数化圆形。为了建立 Cosine 模型，需要修改 Sine 模块的参数。

**15.3** multiplexer 模块(Mux)可以接收多个输入信号，然后能将这些信号发送给 Scope 模块，从而绘制多个信号的波形。请用两个 Sine 模块产生一个表示 sin($t$)和 cos($t$)的信号，并与 Mux 模块(在 Commonly Used Blocks 库中)组合，使用一个 Scope 模块显示两个波形，时间从 0 到 20 s。

**15.4** Derivative 模块可以求输入信号的导数(变化率)。建立一个 Simulink 模型，求解下式的导数：

$$y = \frac{1}{t}$$

并在 Scope 窗口中绘制 $y$ 和 d$y$/d$t$ 的波形，时间从 0 到 10 s。除了 Scope 模块，还需要一个 Clock(时钟)模块、Math Function 模块、Derivative 模块和 Mux 模块。

**应用**

**15.5** 在给定的温度范围内，理想气体的内能变化量(kJ/kmol)可用下面的公式表示：

$$\Delta u = \int_{T_1}^{T_2} (a - R + bT + cT^2 + dT^3)\mathrm{d}T$$

其中，$T$ 为温度，单位为 K。对于氮气，式中的常量为 $a = 28.90$；$b = -0.1571\times10^{-2}$；$c = 0.8081\times10^{-5}$；$d = -2.873\times10^{-9}$；$R = 8.31447$ kJ/kmol K。使用 Simulink 绘制温度在 0 K 到 1000 K 之间的内能变化值($\Delta u$)。(用 Time 模块模拟 $T$ 值。)

**15.6** 牛顿冷却定律指出，物体冷却的速度与物体和周围环境之间的温差成正比(见图 P15.6)，可以表示为

$$\frac{\mathrm{d}T}{\mathrm{d}t} = k(T - T_{\text{surroundings}})$$

其中，$k$ 为比例常数。例如一杯热咖啡，如果环境温度为 70°F，常数为 0.5 min$^{-1}$，初始温度为 110°F，绘制咖啡在 10 min 内温度随时间变化的曲线。

图 P15.6 根据牛顿冷却定律冷却一杯咖啡

**15.7** 化学反应速率与反应物的浓度有关。例如，一级反应物的变化率与浓度之间满足以下关系：

$$\frac{\mathrm{d}[A]}{\mathrm{d}t} = -k^*[A]$$

稍微复杂一点的反应与反应物浓度的平方有关：

$$\frac{\mathrm{d}[A]}{\mathrm{d}t}=-k^{*}[A]^{2}$$

对一级反应物和二级反应物，使用 Simulink 对浓度[$A$]随时间的变化率建模，假设一级反应 $k=0.1\ \mathrm{min}^{-1}$，二级反应 $k=0.1$ L/(mol • min)，初始浓度[$A$]为 5 mol/L，在 Simulink Scope 模块中显示结果。(根据中间结果选择合适的仿真时间)

**15.8** Blasius 在 1908 年指出，在平板上的层流边界层中非压缩流场的解可以由以下三阶非线性常微分方程求出：

$$2\frac{\mathrm{d}^3 f}{\mathrm{d}\eta^3}+f\frac{\mathrm{d}^2 f}{\mathrm{d}\eta^2}=0$$

为了求解这个系统的 $f$，首先求最高阶导数：

$$\frac{\mathrm{d}^3 f}{\mathrm{d}\eta^3}=-0.5f\frac{\mathrm{d}^2 f}{\mathrm{d}\eta^2}$$

请使用 Simulink 建模，除了一个 Scope 模块用于观察输出，还需要添加三个 Integration 模块，一个 Multiplier 模块和一个 Gain 模块(Gain 模块乘以一个常数)，初始条件如下：

$$\frac{\mathrm{d}^2 f(0)}{\mathrm{d}t^2}=0.332$$

$$\frac{\mathrm{d}f(0)}{\mathrm{d}t}=0$$

$$f(0)=0$$

**15.9** 如果垂直发射了一个发射物，如子弹或火箭，那么作用在发射物上的唯一的力就是重力。由力的平衡关系得到下式：

$$\frac{\mathrm{d}^2 x}{\mathrm{d}t^2}=-g\left(\frac{R^2}{(R+x)^2}\right)$$

其中，$x$ 是从地表测得的垂直距离，单位为 m；$R$ 是地球半径，$6.4\times10^6$ m；$g$ 是重力加速度，9.81 m/s$^2$。

假设初始高度为 0，初始速度为 100 m/s(在 $t=0$ 处，$\mathrm{d}x/\mathrm{d}t=100$)。使用 Simulink 对该方程建模，绘制发射物的高度 $x$ 随时间变化的曲线。

**15.10** 钟摆的运动(见图 P15.10)可以用一个二阶常微分方程建模，如下式所示：

$$\frac{\mathrm{d}^2\theta}{\mathrm{d}t^2}=-\frac{g}{L}\sin(\theta)$$

其中，$\theta$ 为垂直角度；$g$ 为重力加速度，9.81 m/s$^2$；$L$ 为钟摆的长度，2 m。假设初始角 $\theta$ 为 30° (π/6 弧度)，初始角速度为 0 ($\mathrm{d}\theta/\mathrm{d}t=0$)。使用 Simulink 为钟摆的运动建模(即角度随时间变化的函数)。

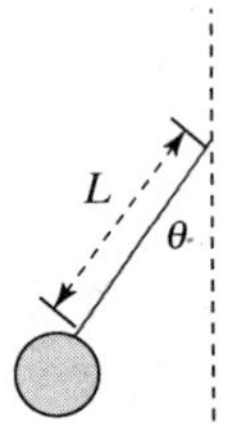

图 P15.10 用二阶微分方程描述钟摆的运动

**15.11** 图 P15.11 所示为简单的 RC 串联电路。在 0 时刻将开关闭合，假设施加恒定电压，那么电路的响应可以用微分方程表示为

$$R\frac{\mathrm{d}i}{\mathrm{d}t}+\frac{i}{C}=0$$

上式可以化简为

$$\frac{\mathrm{d}i}{\mathrm{d}t}=-\frac{1}{RC}*i$$

使用 Simulink 为系统响应建模，假设 $R=100000\ \Omega$，$C=1\times10^{-6}$ F。当系统上施加 5 V 的恒定电压时，

根据欧姆定律计算初始电流值，欧姆定律为

$$V = iR$$

**15.12** 流过图 P15.12 所示电路的电流 $i$ 可用二阶微分方程描述为

$$L\frac{\mathrm{d}^2 i}{\mathrm{d}t^2} + R\frac{\mathrm{d}i}{\mathrm{d}t} + \frac{1}{C}i = 0$$

将上式整理为

$$\frac{\mathrm{d}^2 i}{\mathrm{d}t^2} = -\frac{R\mathrm{d}i}{L\mathrm{d}t} - \frac{1}{LC}i$$

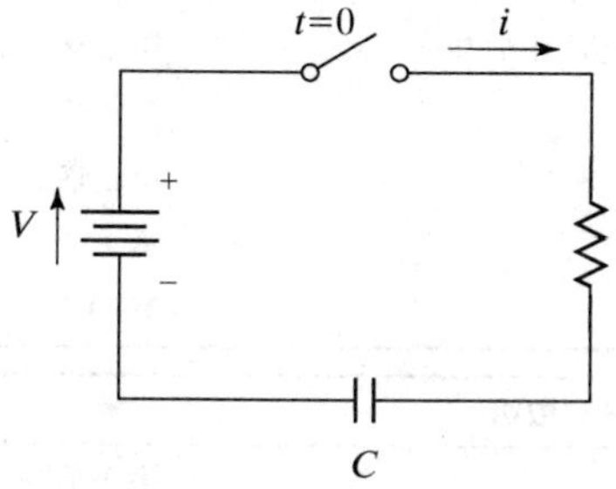


图 P15.11 一个简单的 RC 串联电路

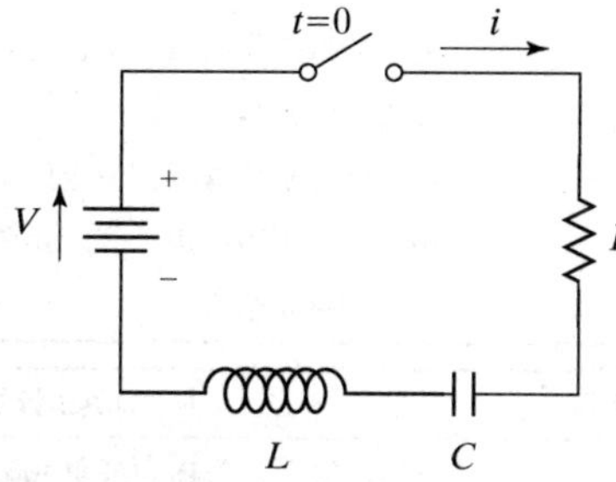


图 P15.12 二阶微分方程描述的一个简单的 RCL 电路

该系统的运行取决于 $L$、$C$ 和 $R$(电感、电容和电阻)的相对值。

当 $R^2 > \frac{4L}{C}$ 时，系统为过阻尼；

当 $R^2 < \frac{4L}{C}$ 时，系统为欠阻尼；

当 $R^2 = \frac{4L}{C}$ 时，系统为临界阻尼。

假设 $R = 100\,000\ \Omega$，$C = 1\times10^{-6}$ F，选择 $L$ 值以满足上述每个阻尼条件，使用 Simulink 对系统响应建模。对系统加 5 V 的恒定电压，根据欧姆定律计算初始电流值：

$$V = iR$$

# 附录 A　特殊字符、命令和函数

本附录中的表格按类别分组，大致按照章节顺序排列。

| 特殊字符 | 矩阵定义符 | 章 |
|---|---|---|
| [ ] | 定义矩阵 | 第 2 章 |
| ( ) | 用于分组操作的语句中；与矩阵名一起使用，标识矩阵中的某一元素 | 第 2 章 |
| , | 分隔矩阵元素 | 第 2 章 |
| ; | 矩阵定义中分隔行；命令中禁止窗口输出 | 第 2 章 |
| : | 用于生成矩阵；用于表示矩阵中所有行或所有列 | 第 2 章 |
| { } | 用于创建元胞数组 | 第 11 章 |

| 特殊字符 | MATLAB 计算中使用的运算符(标量和数组) | 章 |
|---|---|---|
| = | 赋值运算符。为内存某单元赋值；不是等号运算符 | 第 2 章 |
| % | 程序的注释符 | 第 2 章 |
| %% | 创建节，用于管理代码 | 第 2 章 |
| + | 标量和数组加法运算符 | 第 2 章 |
| – | 标量和数组减法运算符 | 第 2 章 |
| * | 标量乘与矩阵乘运算符 | 第 2 章 |
| .* | 数组乘法(点乘)运算符(点乘) | 第 2 章 |
| / | 标量除与矩阵除运算符 | 第 2 章 |
| ./ | 数组除法(点除)运算符 | 第 2 章 |
| ^ | 标量指数与矩阵指数运算符 | 第 2 章 |
| .^ | 数组指数(点幂)运算符 | 第 2 章 |
| … | 省略号，代表下一行继续 | 第 4 章 |
| [] | 空矩阵 | 第 4 章 |
| \ | 左除，矩阵高斯消元法实现 | 第 10 章 |

| 命令 | 格式化 | 章 |
|---|---|---|
| format + | 将格式设置为仅加号和减号显示 | 第 2 章 |
| format compact | 将格式设置为紧凑格式 | 第 2 章 |
| format long | 将格式设置为小数点后 14 位 | 第 2 章 |
| format long e | 将格式设置为 14 位指数位 | 第 2 章 |
| format long eng | 将格式设置为小数点后 14 位的工程格式 | 第 2 章 |
| format long g | 将格式设置为 14 位小数最佳格式(定点或浮点) | 第 2 章 |
| format loose | 将格式设置为非压缩默认格式 | 第 2 章 |
| format short | 将格式设置为小数点后 4 位默认格式 | 第 2 章 |
| format short e | 将格式设置为小数点后 4 位的科学记数法格式 | 第 2 章 |
| format short eng | 将格式设置为小数点后 4 位的工程符号格式 | 第 2 章 |
| format short g | 将格式设置为 4 位小数最佳格式(定点或浮点) | 第 2 章 |
| format rat | 将格式设置为有理(分数)格式 | 第 2 章 |

| 命令 | 基本工作空间命令 | 章 |
|---|---|---|
| ans | 存储 MATLAB 计算结果的默认变量 | 第 2 章 |
| clc | 清除命令窗口 | 第 2 章 |
| clear | 清除工作空间 | 第 2 章 |
| exit | 退出(终止)MATLAB | 第 2 章 |
| help | 帮助程序 | 第 2 章 |
| load | 从文件加载矩阵数据 | 第 2 章 |
| quit | 退出(终止)MATLAB | 第 2 章 |
| save | 将变量保存到文件中 | 第 2 章 |
| who | 列出内存中的变量 | 第 2 章 |
| whos | 列出内存中的变量和大小 | 第 2 章 |
| help | 打开帮助函数 | 第 3 章 |
| helpwin | 打开窗口式帮助函数 | 第 3 章 |
| clock | 返回当前时间 | 第 3 章 |
| date | 返回当前日期 | 第 3 章 |
| intmax | 返回最大整数 | 第 3 章 |
| intmin | 返回最小整数 | 第 3 章 |
| realmax | 返回最大浮点数 | 第 3 章 |
| realmin | 返回最小浮点数 | 第 3 章 |
| ascii | 以标准 ASCII 格式保存数据 | 第 2 章 |
| pause | 暂停程序的执行，直到按下任意键 | 第 5 章 |

| 特殊函数 | 具有特殊含义的函数，不需要输入参数 | 章 |
|---|---|---|
| pi | $\pi$ 的数值近似值 | 第 2 章 |
| eps | 最低分辨率 | 第 3 章 |
| i | 虚数 | 第 3 章 |
| Inf | 无穷大 | 第 3 章 |
| j | 虚数 | 第 3 章 |
| NaN | 非数值 | 第 3 章 |
| clock | 返回时间 | 第 3 章 |
| date | 返回日期 | 第 3 章 |

| 函数 | 初等数学 | 章 |
|---|---|---|
| abs | 求实数的绝对值或复数的模 | 第 3 章 |
| erf | 计算误差函数 | 第 3 章 |
| exp | 求 $e^x$ 值 | 第 3 章 |
| factor | 求质数因子 | 第 3 章 |
| factorial | 计算阶乘 | 第 3 章 |
| gcd | 求最小公倍数 | 第 3 章 |
| isprime | 判断一个数是否为质数 | 第 3 章 |
| isreal | 判断一个数是否为实数 | 第 3 章 |
| lcn | 求最小公约数 | 第 3 章 |

续表

| 函数 | 初等数学 | 章 |
|---|---|---|
| log | 计算自然对数($log_e$) | 第 3 章 |
| log10 | 计算以 10 为底的对数 | 第 3 章 |
| log2 | 计算以 2 为底的对数 | 第 3 章 |
| nthroot | 求矩阵的 *n* 次实根 | 第 3 章 |
| primes | 求小于输入值的质数 | 第 3 章 |
| prod | 矩阵元素相乘(按列) | 第 3 章 |
| rats | 将输入转换为有理表达式(即分数) | 第 3 章 |
| rem | 求余数 | 第 3 章 |
| sign | 确定符号(正或负) | 第 3 章 |
| sqrt | 求平方根 | 第 3 章 |
| sum | 数组元素求和 | 第 3 章 |

| 函数 | 三角函数 | 章 |
|---|---|---|
| asin | 计算反正弦 | 第 3 章 |
| asind | 计算反正弦，输出单位为度 | 第 3 章 |
| cos | 计算余弦 | 第 3 章 |
| sin | 计算正弦 | 第 3 章 |
| sind | 计算以度为输入单位的正弦 | 第 3 章 |
| sinh | 计算双曲正弦 | 第 3 章 |
| tan | 计算以弧度为输入单位的正切 | 第 3 章 |
| deg2rad | 将度转换为弧度 | 第 3 章 |
| rad2deg | 将弧度转换为度 | 第 3 章 |

注：MATLAB 包含所有三角函数；此处仅列出文中专门讨论的这些函数。

| 函数 | 复数 | 章 |
|---|---|---|
| abs | 计算复数的模 | 第 3 章 |
| angle | 当复数以极坐标表示时计算角度 | 第 3 章 |
| complex | 创建复数 | 第 3 章 |
| conj | 创建复数的共轭复数 | 第 3 章 |
| imag | 求复数的虚部 | 第 3 章 |
| isreal | 判断一个数是实数还是复数 | 第 3 章 |
| real | 求复数的实部 | 第 3 章 |

| 函数 | 舍入函数 | 章 |
|---|---|---|
| ceil | 向无穷大方向取最接近的整数(向上取整) | 第 3 章 |
| fix | 向零方向取最接近的整数 | 第 3 章 |
| floor | 向无穷小方向取最接近的整数(向下取整) | 第 3 章 |
| round | 四舍五入取整数 | 第 3 章 |

| 函数 | 数据分析 | 章 |
|---|---|---|
| cumprod | 数组元素的累乘 | 第 3 章 |
| cumsum | 数组元素的累加 | 第 3 章 |
| length | 求数组的最大维数 | 第 3 章 |
| max | 找出数组的最大值，确定最大值所在的位置 | 第 3 章 |
| mean | 计算数组元素的平均值 | 第 3 章 |
| median | 查找数组元素的中值 | 第 3 章 |
| min | 找出数组的最小值，确定最小值所在的位置 | 第 3 章 |
| mode | 查找数组中出现次数最多的数值 | 第 3 章 |
| nchoosek | 求从 $n$ 个元素中选择 $k$ 个元素的可能组合数 | 第 3 章 |
| numel | 确定数组元素的总数 | 第 3 章 |
| size | 确定数组的行列数 | 第 3 章 |
| sort | 对向量中的元素进行排序 | 第 3 章 |
| sortrows | 根据第一列值对向量的行进行排序 | 第 3 章 |
| prod | 数组元素相乘 | 第 3 章 |
| sum | 数组元素求和 | 第 3 章 |
| std | 求标准偏差 | 第 3 章 |
| var | 求方差 | 第 3 章 |

| 函数 | 随机数 | 章 |
|---|---|---|
| rand | 产生均匀分布的随机数 | 第 3 章 |
| randn | 产生正态(高斯)分布的随机数 | 第 3 章 |
| randi | 产生随机整数 | 第 3 章 |

| 函数 | 矩阵表示、处理和分析 | 章 |
|---|---|---|
| meshgrid | 将向量映射到二维数组中 | 第 4、5 章 |
| diag | 提取对角矩阵 | 第 4 章 |
| fliplr | 矩阵左右翻转 | 第 4 章 |
| flipud | 矩阵上下翻转 | 第 4 章 |
| linspace | 生成线性间隔向量 | 第 2 章 |
| logspace | 生成对数间隔向量 | 第 2 章 |
| cross | 计算叉积 | 第 10 章 |
| det | 计算矩阵的行列式 | 第 10 章 |
| dot | 计算点积 | 第 10 章 |
| inv | 求逆矩阵 | 第 10 章 |
| rref | 用行简化阶梯格式方法求解线性方程组 | 第 10 章 |

| 函数 | 二维绘图 | 章 |
|---|---|---|
| bar | 生成条形图 | 第 5 章 |
| barh | 生成水平条形图 | 第 5 章 |
| contour | 生成三维曲面等高线图 | 第 5 章 |
| contourf | 生成填充等高线图 | 第 5 章 |
| comet | 绘制伪动画序列 $x$-$y$ 图 | 第 5 章 |

续表

| 函数 | 二维绘图 | 章 |
|---|---|---|
| fplot | 根据函数绘制 *x-y* 曲线图 | 第 5 章 |
| histogram | 生成直方图 | 第 5 章 |
| histcounts | 返回每个窄条中的项数 | 第 5 章 |
| loglog | 生成双对数的 *x-y* 图 | 第 5 章 |
| pcolor | 创建类似于等高线图的伪彩色图 | 第 5 章 |
| pie | 生成饼形图 | 第 5 章 |
| plot | 生成 *x-y* 图 | 第 5 章 |
| polarplot | 绘制极坐标图 | 第 5 章 |
| semilogx | 生成半对数 *x-y* 图，*x* 轴以对数单位缩放 | 第 5 章 |
| semilogy | 生成半对数 *x-y* 图，*y* 轴以对数单位缩放 | 第 5 章 |

| 函数 | 三维绘图 | 章 |
|---|---|---|
| bar3 | 生成三维条形图 | 第 5 章 |
| bar3h | 生成水平三维条形图 | 第 5 章 |
| comet3 | 绘制伪动画序列三维线图 | 第 5 章 |
| mesh | 生成曲面的网格图 | 第 5 章 |
| peaks | 三维图样例，展示函数(二元高斯分布概率密度函数)绘图 | 第 5 章 |
| pie3 | 生成三维饼形图 | 第 5 章 |
| plot3 | 生成三维曲线图 | 第 5 章 |
| sphere | 三维图样例，展示函数(球体函数)绘图 | 第 5 章 |
| surf | 生成曲面图 | 第 5 章 |
| surfc | 产生包含曲面和等高线的图 | 第 5 章 |

| 特殊字符 | 绘图外观控制 | 章 |
|---|---|---|
| **标记符号** | **线型** | |
| - | 实线 | 第 5 章 |
| : | 点线 | 第 5 章 |
| -. | 点画线 | 第 5 章 |
| -- | 虚线 | 第 5 章 |
| **标记符号** | **点型** | |
| . | 点 | 第 5 章 |
| o | 圈 | 第 5 章 |
| x | “x” 号 | 第 5 章 |
| + | “+” 号 | 第 5 章 |
| * | 星号 | 第 5 章 |
| s | 方形 | 第 5 章 |
| d | 菱形 | 第 5 章 |
| v | 向下三角形 | 第 5 章 |
| ^ | 向上三角形 | 第 5 章 |
| < | 向左三角形 | 第 5 章 |

续表

| 特殊字符 | 绘图外观控制 | 章 |
|---|---|---|
| > | 向右三角形 | 第 5 章 |
| p | 五角星 | 第 5 章 |
| h | 六角形 | 第 5 章 |
| **标记符号** | **颜色** | |
| b | 蓝色 | 第 5 章 |
| g | 绿色 | 第 5 章 |
| r | 红色 | 第 5 章 |
| c | 青色 | 第 5 章 |
| m | 品红 | 第 5 章 |
| y | 黄色 | 第 5 章 |
| k | 黑色 | 第 5 章 |
| w | 白色 | 第 5 章 |

| 函数 | 图形控制和标注 | 章 |
|---|---|---|
| axis | 为后续的绘图冻结当前轴缩放比例，或指定坐标轴的范围 | 第 5 章 |
| axis equal | 强制图中每个坐标轴的缩放间距相等 | 第 5 章 |
| colormap | 曲面图中的颜色方案 | 第 5 章 |
| figure | 打开一个新的绘图窗口 | 第 5 章 |
| Gtext | 类似于 text 命令，单击图形窗口以交互方式确定文本框放置的位置 | 第 5 章 |
| grid | 仅在当前图中添加网格 | 第 5 章 |
| grid off | 关闭网格 | 第 5 章 |
| grid on | 向当前图形窗口中的所有子图添加网格 | 第 5 章 |
| hold off | 向当前绘图窗口添加新图前，清除窗口中的原图 | 第 5 章 |
| hold on | 向当前绘图窗口添加新图时，保留窗口中的原图 | 第 5 章 |
| legend | 添加图例 | 第 5 章 |
| nexttile | 使程序移到可用于绘图的另一个面板 | 第 5 章 |
| shading flat | 对曲面图中每个网格使用一种颜色进行着色 | 第 5 章 |
| shading interp | 通过插值对曲面图进行着色 | 第 5 章 |
| tiledlayout | 将图形窗口分隔成多个子图窗口 | 第 5 章 |
| text | 向图形中添加文本框 | 第 5 章 |
| title | 向图形中添加一个标题 | 第 5 章 |
| xlabel | 添加 $x$ 轴标签 | 第 5 章 |
| ylabel | 添加 $y$ 轴标签 | 第 5 章 |
| zlabel | 添加 $z$ 轴标签 | 第 5 章 |

| 函数 | 绘图颜色方案 | 章 |
|---|---|---|
| autumn | 曲面图中使用的可选调色板 | 第 5 章 |
| bone | 曲面图中使用的可选调色板 | 第 5 章 |
| colorcube | 曲面图中使用的可选调色板 | 第 5 章 |
| cool | 曲面图中使用的可选调色板 | 第 5 章 |
| copper | 曲面图中使用的可选调色板 | 第 5 章 |
| flag | 曲面图中使用的可选调色板 | 第 5 章 |
| hot | 曲面图中使用的可选调色板 | 第 5 章 |

续表

| 函数 | 绘图颜色方案 | 章 |
|---|---|---|
| hsv | 曲面图中使用的可选调色板 | 第 5 章 |
| jet | 曲面图中使用的可选调色板 | 第 5 章 |
| parula | 曲面图中使用的默认调色板 | 第 5 章 |
| pink | 曲面图中使用的可选调色板 | 第 5 章 |
| prism | 曲面图中使用的可选调色板 | 第 5 章 |
| spring | 曲面图中使用的可选调色板 | 第 5 章 |
| summer | 曲面图中使用的可选调色板 | 第 5 章 |
| white | 曲面图中使用的可选调色板 | 第 5 章 |
| winter | 曲面图中使用的可选调色板 | 第 5 章 |

| 函数和特殊字符 | 函数创建与应用 | 章 |
|---|---|---|
| addpath | 将目录添加到 MATLAB 搜索路径中 | 第 6 章 |
| function | 将 M 文件定义为函数 | 第 6 章 |
| nargin | 确定函数输入参数的个数 | 第 6 章 |
| nargout | 确定函数输出参数的个数 | 第 6 章 |
| pathtool | 打开交互式路径管理工具 | 第 6 章 |
| varargin | 表示函数输入参数的数量是可变的 | 第 6 章 |
| @ | 表示一个函数的句柄，例如匿名函数中使用的任意句柄 | 第 6 章 |
| % | 注释 | 第 6 章 |
| matlabFunction | 将符号表达式转换为 MATLAB 函数 | 第 13 章 |

| 特殊字符 | 格式控制 | 章 |
|---|---|---|
| ' | 字符串开始和结束的标识符 | 第 7 章 |
| % | fprintf 命令中使用的占位符 | 第 7 章 |
| %f | 定点或十进制格式 | 第 7 章 |
| %d | 十进制格式 | 第 7 章 |
| %e | 指数表示格式 | 第 7 章 |
| %g | 定点或指数格式 | 第 7 章 |
| %s | 字符串格式 | 第 7 章 |
| %% | 分节符 | 第 7 章 |
| \n | 换行符 | 第 7 章 |
| \r | 回车(类似换行)符 | 第 7 章 |
| \t | 制表符 | 第 7 章 |
| \b | 退格符 | 第 7 章 |

| 函数 | 输入/输出(I/O)控制 | 章 |
|---|---|---|
| disp | 在命令窗口中显示字符串或矩阵 | 第 7 章 |
| fprintf | 创建可发送到命令窗口或文件的格式化输出 | 第 7 章 |
| ginput | 用户从图形中取值 | 第 7 章 |
| input | 允许用户输入值 | 第 7 章 |
| pause | 暂停程序的执行 | 第 7 章 |

续表

| 函数 | 输入/输出(I/O)控制 | 章 |
| --- | --- | --- |
| sprintf | 与 fprintf 函数作用相似创建格式化输出，输出存储到字符数组变量中 | 第 7 章 |
| uiimport | 打开导入导航窗口 | 第 7 章 |
| xlsimport | 从 Excel 文件中导入数据 | 第 7 章 |
| xlswrite | 导出数据到 Excel 文件中 | 第 7 章 |
| load | 从文件中加载矩阵数据 | 第 2 章 |
| save | 将变量数据存入文件 | 第 2 章 |
| celldisp | 显示元胞数组的内容 | 第 11 章 |
| imfinfo | 读取标准图形文件中数据，并确定所包含的数据类型 | 第 14 章 |
| imread | 读入一个图形文件数据 | 第 14 章 |
| imwrite | 将数据写入一个图形文件 | 第 14 章 |
| readtable | 导入表格数据 | 第 7 章 |
| writetable | 将数据作为表格导出为常用的数据格式 | 第 7 章 |

| 函数 | 比较运算符 | 章 |
| --- | --- | --- |
| < | 小于 | 第 8 章 |
| <= | 小于等于 | 第 8 章 |
| > | 大于 | 第 8 章 |
| >= | 大于等于 | 第 8 章 |
| == | 等于 | 第 8 章 |
| ~= | 不等于 | 第 8 章 |

| 特殊字符 | 逻辑运算符 | 章 |
| --- | --- | --- |
| & | 与 | 第 8 章 |
| \| | 或 | 第 8 章 |
| ~ | 非 | 第 8 章 |
| xor | 异或 | 第 8 章 |

| 函数 | 控制结构 | 章 |
| --- | --- | --- |
| break | 终止当前执行的循环 | 第 9 章 |
| case | 分支响应 | 第 8 章 |
| continue | 跳过本轮循环，继续执行下一轮循环 | 第 9 章 |
| else | 若 if 语句结果为假时的执行路径 | 第 8 章 |
| elseif | 若 if 语句结果为假时，测试一个新的逻辑执行路径 | 第 8 章 |
| end | 控制结构的结束 | 第 8 章 |
| for | 产生一个次数循环结构 | 第 9 章 |
| if | 检查条件语句为真或假 | 第 8 章 |
| menu | 创建用于输入的菜单框 | 第 8 章 |
| listdlg | 创建用于输入的菜单框 | 第 8 章 |
| otherwise | case 选择结构的一部分 | 第 8 章 |
| switch | case 选择结构的一部分 | 第 8 章 |
| while | 产生一个条件循环结构 | 第 9 章 |

| 函数 | 逻辑函数 | 章 |
|---|---|---|
| all | 检查数组中的所有元素是否满足条件 | 第 8 章 |
| any | 检查数组中的任意元素是否满足条件 | 第 8 章 |
| find | 判断矩阵中哪些元素符合输入条件 | 第 8 章 |
| isprime | 判别输入值是否为质数 | 第 3 章 |
| isreal | 判别输入值是实数还是复数 | 第 3 章 |

| 函数 | 定时 | 章 |
|---|---|---|
| clock | 获取 CPU 时钟的当前时间 | 第 9 章 |
| etime | 求经历的时间 | 第 9 章 |
| tic | 开始计时 | 第 9 章 |
| toc | 停止计时 | 第 9 章 |
| date | 获取当前日期 | 第 3 章 |
| timeit | 获取函数代码的执行时间 | 第 9 章 |

| 函数 | 特殊矩阵 | 章 |
|---|---|---|
| eye | 创建一个单位矩阵 | 第 10 章 |
| magic | 创建一个魔方矩阵 | 第 10 章 |
| ones | 创建一个全 1 矩阵 | 第 10 章 |
| pascal | 创建一个 Pascal 矩阵 | 第 10 章 |
| zeros | 创建一个全 0 矩阵 | 第 10 章 |
| gallery | 包含矩阵示例 | 第 10 章 |

| 特殊符号 | 数据类型 | 章 |
|---|---|---|
| { } | 元胞数组构造符号 | 第 11、12 章 |
| '' | 字符串数据(字符信息) | 第 11、12 章 |
|  | 字符数组 | 第 11 章 |
|  | 数值数组 | 第 11 章 |
|  | 符号数组 | 第 11 章 |
|  | 逻辑数组 | 第 11 章 |
|  | 稀疏矩阵 | 第 11 章 |
|  | 元胞数组 | 第 11 章 |
|  | 结构数组 | 第 11 章 |

| 函数 | 数据类型操作 | 章 |
|---|---|---|
| celldisp | 显示元胞数组内容 | 第 11 章 |
| cell2table | 将元胞数组转换为表数组 | 第 11 章 |
| char | 创建字符填充数组 | 第 11 章 |
| double | 将数组转换为双精度型数组 | 第 11 章 |
| int16 | 16 位的有符号整型 | 第 11 章 |
| int32 | 32 位的有符号整型 | 第 11 章 |
| int64 | 64 位的有符号整型 | 第 11 章 |
| int8 | 8 位的有符号整型 | 第 11 章 |
| num2str | 将数值型数组转换为字符型数组 | 第 11 章 |
| single | 将数组转换为单精度数组 | 第 11 章 |
| sparse | 将完整矩阵转换为稀疏矩阵 | 第 11 章 |

续表

| 函数 | 数据类型操作 | 章 |
|---|---|---|
| string | 创建字符串数组 | 第11章 |
| str2num | 将字符数组转换为数值数组 | 第11章 |
| sym2poly | 将符号多项式转换为数组 | 第11章 |
| table | 创建表格数组 | 第4、11章 |
| uint16 | 16位的无符号整型 | 第11章 |
| uint32 | 32位的无符号整型 | 第11章 |
| uint64 | 64位的无符号整型 | 第11章 |
| uint8 | 8位的无符号整型 | 第11章 |
| Properties | 获得结构变量的可用的属性 | 第11章 |

| 函数 | 符号表达式的处理 | 章 |
|---|---|---|
| collect | 合并同类项 | 第12章 |
| diff | 求函数的导数或差分 | 第12章 |
| dsolve | 求解微分方程 | 第12章 |
| expand | 展开表达式或方程 | 第12章 |
| factor | 将表达式或方程因式分解 | 第12章 |
| int | 求符号函数的符号积分 | 第12章 |
| matlabFunction | 将符号表达式转换为匿名MATLAB函数 | 第12章 |
| numden | 从表达式或方程中提取分子和分母 | 第12章 |
| simplify | 使用MATLAB内置规则化简符号表达式 | 第12章 |
| solve | 求解符号表达式或方程 | 第12章 |
| subs | 代入符号表达式或方程 | 第12章 |
| sym | 创建符号变量、表达式或方程 | 第12章 |
| symfun | 创建一个符号函数 | 第12章 |
| syms | 创建一些符号变量 | 第12章 |
| symvar | 查找函数中的符号变量，按最接近 $x$ 的字母顺序返回结果 | 第12章 |
| symunit | 定义一个符号单位集合 | 第12章 |
| unitConvert | 单位转换 | 第12章 |
| separateUnits | 将变量分割两部分：值与单位名称 | 第12章 |

| 函数 | 符号函数绘图 | 章 |
|---|---|---|
| fcontour | 绘制等高线图 | 第12章 |
| fcontourf | 绘制带填充的等高线图 | 第12章 |
| fimplicit | 创建隐函数的二维绘图 | 第12章 |
| implicit3 | 创建隐函数的三维绘图 | 第12章 |
| fmesh | 绘制符号函数的三维网格图 | 第12章 |
| fplot | 绘制符号函数的 $x$-$y$ 二维曲线图 | 第12章 |
| fplot3 | 绘制符号函数的三维曲线图 | 第12章 |
| ezpolar | 绘制符号函数的极坐标图 | 第12章 |
| fsurf | 绘制符号函数的曲面图 | 第12章 |

| 函数 | 数值计算 | 章 |
|---|---|---|
| bvp4c | 常微分方程边值问题求解 | 第 13 章 |
| cftool | 打开曲线拟合的 GUI 界面 | 第 13 章 |
| diff | 若输入是一个矩阵，则计算数组中相邻元素之差，若输入是一个符号表达式，则计算符号表达式的微分 | 第 13 章 |
| fminbnd | 用于求函数局部极小值的符合函数，输入为函数句柄或函数表达式 | 第 6 章 |
| fzero | 用于求函数最接近指定值的零点的复合函数，输入为函数句柄或函数表达式 | 第 6 章 |
| gradient | 联合使用前向差分，后向差分以及中心差分求数值微分 | 第 13 章 |
| interp1 | 使用默认的线性插值法或指定的高阶方法来近似求中间值 | 第 13 章 |
| interp2 | 二维插值函数 | 第 13 章 |
| interp3 | 三维插值函数 | 第 13 章 |
| interpn | N 维插值函数 | 第 13 章 |
| ode45 | 常微分方程求解器 | 第 13 章 |
| ode23 | 常微分方程求解器 | 第 13 章 |
| ode113 | 常微分方程求解器 | 第 13 章 |
| ode15s | 常微分方程求解器 | 第 13 章 |
| ode23s | 常微分方程求解器 | 第 13 章 |
| ode23t | 常微分方程求解器 | 第 13 章 |
| ode78 | 常微分方程求解器 | 第 13 章 |
| ode89 | 常微分方程求解器 | 第 13 章 |
| ode23tb | 常微分方程求解器 | 第 13 章 |
| ode15i | 常微分方程求解器 | 第 13 章 |
| polyfit | 计算最小二乘法多项式的系数 | 第 13 章 |
| polyval | 计算某个 $x$ 值处多项式的值 | 第 13 章 |
| integral | 计算曲线下的面积 | 第 13 章 |

| 函数 | 示例数据集以及其图像 | 章 |
|---|---|---|
| cape | 海角样例图像文件 | 第 14 章 |
| clown | 小丑样例图像文件 | 第 14 章 |
| detail | 部分 Dürer 木雕样例图像文件 | 第 14 章 |
| durer | Dürer 木雕样例图像文件 | 第 14 章 |
| earth | 地球样例图像文件 | 第 14 章 |
| flujet | 展示流体特性的样例图像文件 | 第 14 章 |
| gatlin | 一张照片的样例图像文件 | 第 14 章 |
| mandrill | 山魈样例图像文件 | 第 14 章 |
| mri | MRI(核磁共振)数据样本集 | 第 14 章 |
| peaks | 绘制山峰样例图像 | 第 14 章 |
| seamount | 海底火山样例图像文件 | 第 5 章 |
| spine | 脊柱 X 光片样例图像文件 | 第 14 章 |
| wind | 风速数据样例图像文件 | 第 14 章 |
| sphere | 绘制球体样例图像 | 第 5 章 |
| census | 一组展示数值技术的内置数据集 | 第 13 章 |
| handel | 展示 sound 函数的内置数据集 | 第 3 章 |

| 函数 | 高级可视化 | 章 |
| --- | --- | --- |
| alpha | 设置当前绘图对象的透明度 | 第 14 章 |
| camlight | 开启相机灯光 | 第 14 章 |
| coneplot | 绘制带有箭头的图形，箭头表示输入向量的方向 | 第 14 章 |
| contourslice | 根据数据切片绘制等高线图 | 第 14 章 |
| drawnow | 强制 MATLAB 立即绘图 | 第 14 章 |
| gca | 获取当前的坐标轴句柄 | 第 14 章 |
| gcf | 获取当前图形的句柄 | 第 14 章 |
| get | 获取指定图形对象的属性 | 第 14 章 |
| getframe | 获取当前图像帧，将其另存为电影帧 | 第 14 章 |
| image | 创建二维图像 | 第 14 章 |
| imagesc | 通过缩放数据创建二维图像 | 第 14 章 |
| imfinfo | 读取标准图形文件并确定其中数据的类型 | 第 14 章 |
| imread | 将图形文件数据读入数组 | 第 14 章 |
| imwrite | 将数组数据写入图形文件 | 第 14 章 |
| isosurface | 创建相同大小连接体积数据的曲面 | 第 14 章 |
| movie | 播放以 MATLAB 结构数组方式存储的影片 | 第 14 章 |
| set | 设置指定图形对象的属性 | 第 14 章 |
| shading | 设置曲面图和伪彩色图中使用的着色技术 | 第 14 章 |

# 附录 B　坐标轴放缩技术

若要确定 $y$ 值如何随 $x$ 变化，有效方法是使用不同的坐标轴放缩技术绘制数据曲线。下面将对这种方法进行演示。

## 线性关系

如果 $x$ 和 $y$ 之间是线性关系，标准的 $x$-$y$ 曲线图将是一条直线，例如，

$$y = ax + b$$

$x$-$y$ 曲线图是斜率为 $a$，$y$ 轴截距为 $b$ 的一条直线。

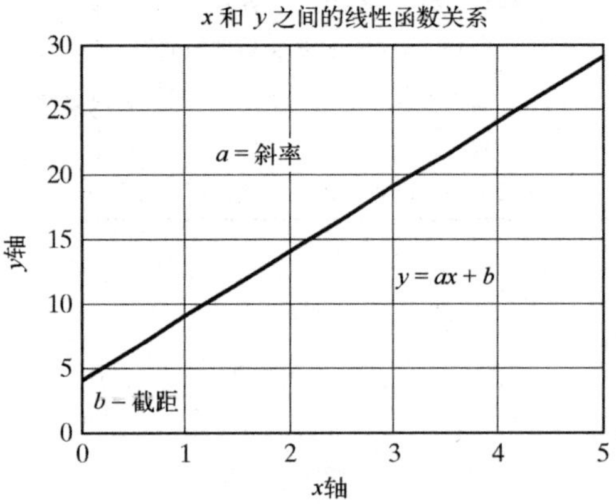


## 对数关系

如果 $x$ 和 $y$ 是对数相关的，例如，

$$y = a\log_{10}(x) + b$$

在等间隔分布的网格上，其标准图形是一条曲线。但如果 $y$ 轴保持均匀的线性放缩，而 $x$ 轴按对数放缩，则绘制的曲线是以 $a$ 为斜率的直线，$y$ 轴截距不存在，因为 $\log_{10}(0)$ 未定义。但当 $x = 1$ 时，$\log_{10}(1)$ 为 0，$y$ 等于 $b$。

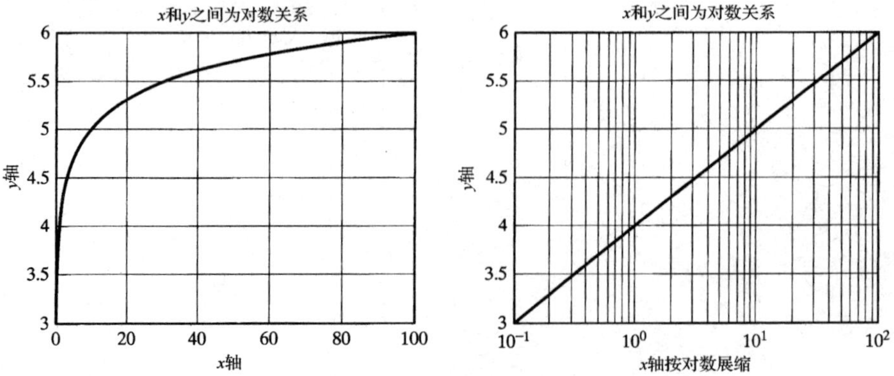

## 指数关系

当 $x$ 和 $y$ 是指数关系时，比如，

$$y = b * a^x$$

函数 $\log_{10}(y)$ 关于 $x$ 的曲线图是一条直线，这是因为

$$\log_{10}(y) = \log_{10}(a) * x + \log_{10}(b)$$

此时曲线的斜率为 $\log_{10}(a)$。

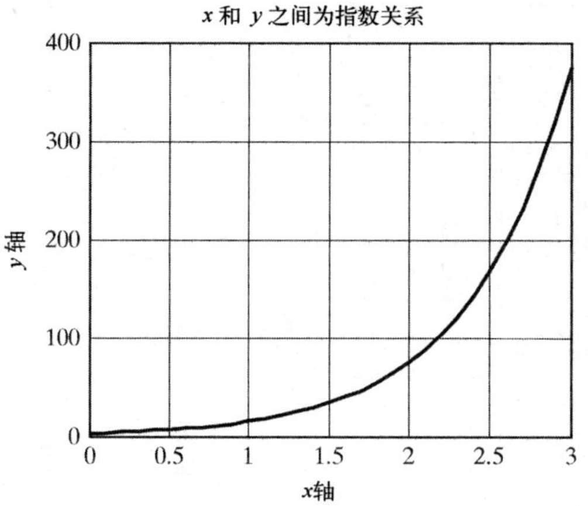


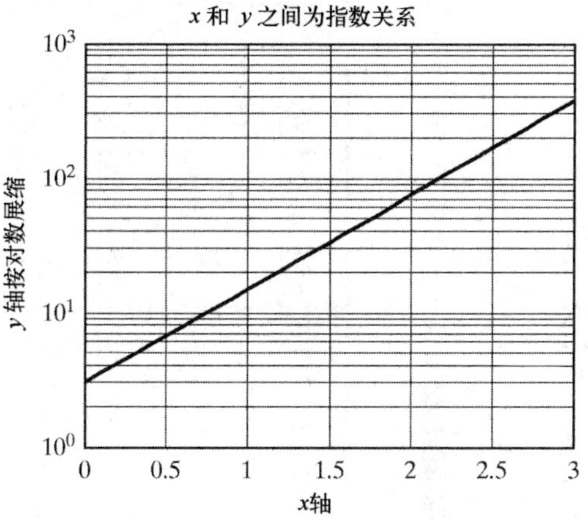


## 幂函数关系

最后，如果 $x$ 和 $y$ 是幂函数关系，比如，

$$y = bx^a$$

在 $x$、$y$ 轴上都按对数绘图，将产生一条斜率为 $a$ 的直线。当 $x$=1 时，$\log_{10}(1)$ 为 0，$\log_{10}(y)$ 就等于 $\log_{10}(b)$。

$$\log_{10}(y) = a * \log_{10}(x) + \log_{10}(b)$$

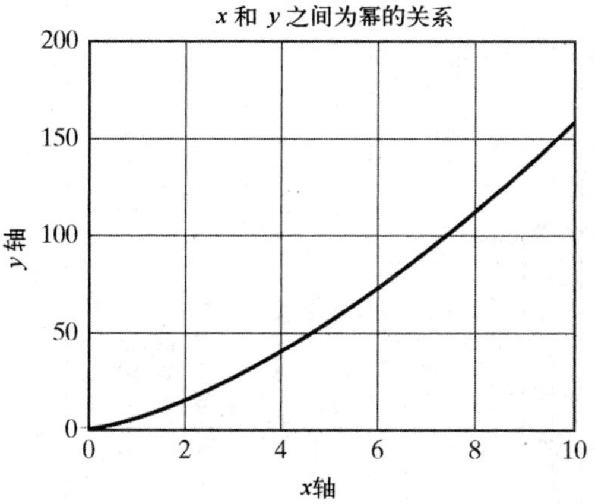


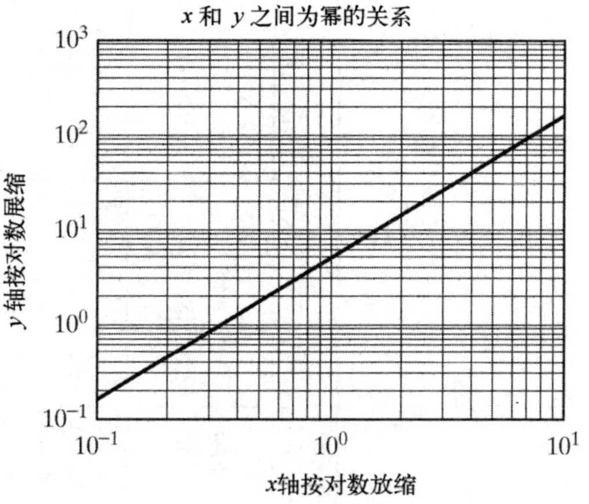

# 附录 C　年度气象数据汇总

表 C.1　北卡罗来纳州阿什维尔市 1999 年天气数据(海拔 2240 英尺；北纬 35°36′，西经 82°32′)

| 日期 | 温度(°F) | | | | | | | | | | | | | | 降水量(inch) | | | | | | | | | |
|---|---|---|---|---|---|---|---|---|---|---|---|---|---|---|---|---|---|---|---|---|---|---|---|---|
| Elem-> | MMXT | MMNT | MNTM | DPNT | HTDD | CLDD | EMXT | | EMNP | | DT90 | DX32 | DT32 | DT00 | TPCP | DPNP | EMXP | | TSNW | MXSD | | DP01 | DP05 | DP10 |
| 1999 月份 | 平均最大值 | 平均最小值 | 平均值 | 偏离正常值 | 采暖度日数 | 降温度日数 | 最高 | 高日期 | 最低 | 低日期 | 天数 | | | | 总计 | 偏离正常值 | 观察到最大值 | | 雪，雨夹雪 | | | 天数 | | |
| | | | | | | | | | | | 最大 >=90° | 最大 <=32° | 最小 <=32° | 最小 <=0° | | | 天 | 日期 | 总降雪量 | 最大深度 | 最大日期 | >= 0.10 | >= 0.50 | >=1.0 |
| 1 | 51.4 | 31.5 | 41.5 | 5.8 | 725 | 0 | 78 | 27 | 9 | 5 | 0 | 2 | 16 | 0 | 4.56 | 2.09 | 1.61 | 2 | 2.7 | 1 | 31 | 9 | 2 | 2 |
| 2 | 52.6 | 32.1 | 42.4 | 3.5 | 628 | 0 | 66 | 8 | 16 | 14 | 0 | 2 | 16 | 0 | 3.07 | –0.18 | 0.79 | 17 | 1.2 | 0T | 1 | 6 | 3 | 0 |
| 3 | 52.7 | 32.5 | 42.6 | –4.8 | 687 | 0 | 76 | 17 | 22 | 8 | 0 | 0 | 19 | 0 | 2.47 | –1.41 | 0.62 | 3 | 5.3 | 1 | 26 | 8 | 1 | 0 |
| 4 | 70.1 | 48.2 | 59.2 | 3.6 | 197 | 30 | 83 | 10 | 34 | 19 | 0 | 0 | 0 | 0 | 2.10 | –1.02 | 0.48 | 27 | 0.0T | 0T | 2 | 6 | 0 | 0 |
| 5 | 75.0 | 51.5 | 63.3 | –0.1 | 69 | 25 | 83 | 29 | 40 | 2 | 0 | 0 | 0 | 0 | 2.49 | –1.12 | 0.93 | 7 | 0.0 | 0 | | 5 | 2 | 0 |
| 6 | 80.2 | 60.9 | 70.6 | 0.3 | 4 | 181 | 90 | 8 | 50 | 18 | 1 | 0 | 0 | 0 | 2.59 | –0.68 | 0.69 | 29 | 0.0 | 0 | | 6 | 2 | 0 |
| 7 | 85.7 | 64.9 | 75.3 | 1.6 | 7 | 336 | 96 | 31 | 56 | 13 | 8 | 0 | 0 | 0 | 3.87 | 0.94 | 0.80 | 11 | 0.0 | 0 | | 10 | 4 | 0 |
| 8 | 86.4 | 63.0 | 74.7 | 1.9 | 0 | 311 | 94 | 13 | 54 | 31 | 7 | 0 | 0 | 0 | 0.90 | –2.86 | 0.29 | 8 | 0.0 | 0 | | 4 | 0 | 0 |
| 9 | 79.1 | 54.6 | 66.9 | 0.2 | 43 | 106 | 91 | 2 | 39 | 23 | 3 | 0 | 0 | 0 | 1.72 | –1.48 | 0.75 | 28 | 0.0 | 0 | | 4 | 1 | 0 |
| 10 | 67.6 | 45.5 | 56.6 | 0.4 | 255 | 1 | 78 | 15 | 28 | 25 | 0 | 0 | 2 | 0 | 1.53 | –1.24 | 0.59 | 4 | 0.0 | 0 | | 3 | 2 | 0 |
| 11 | 62.2 | 40.7 | 51.5 | 4.0 | 397 | 0 | 76 | 9 | 26 | 30 | 0 | 0 | 8 | 0 | 3.48 | 0.56 | 1.71 | 25 | 0.3 | 0 | | 5 | 3 | 1 |
| 12 | 53.6 | 30.5 | 42.1 | 2.7 | 706 | 0 | 69 | 4 | 15 | 25 | 0 | 0 | 20 | 0 | 1.07 | –1.72 | 0.65 | 13 | 0.0T | 0T | 17 | 3 | 1 | 0 |
| 每年 | 68.0 | 46.3 | 57.2 | 1.6 | 3718 | 990 | 96 | 七月 | 9 | 一月 | 19 | 4 | 81 | 0 | 29.85 | –8.12 | 1.71 | 十一月 | 9.5 | 1 | 三月 | 69 | 21 | 3 |

**注释**

(空白)未报告

– 发生在该月的一天或更早以前的日期。日期字段中的日期是发生的最后一天。仅用于 1983 年 12 月。

A 累计值。此值是一个总数，可能包括上个月或前一年的数据(相对年度值来说)。

B 调整后的总量。基于整个月的比例可用数据的月度值总量。

E 一个估计的月或年的总数。

X 基于不完全时间序列的月平均数或总数。缺少 1 到 9 日，年度平均数或总数包括一个或多个月，其中缺失 1 至 9 日数据。

M 用于指明缺少数据元素。

T 降水、降雪或积雪深度的跟踪。降水数据值等于零。

S 降水量在持续累加。总量将包括在其后的每月或每年值。例如：第 1～20 日降水量为 1.35 inch，然后开始一段时间的累积。然后，元素 TPCP 将为 00135S，总计量值将出现在随后的月度值中。如果 TPCP = “M”，则该月没有测得降水量。标志设置为 “S”， 累计总额将显示在随后的每月值中。

美国国家海洋和大气管理局(NOAA)